CAD/CAM/CAE 工程应用丛书

Creo 机械设计实例教程（6.0 版）

钟日铭　编著

机 械 工 业 出 版 社

Creo 6.0是一套功能强大的CAD/CAM/CAE软件套件，为用户提供了从设计到制造的完整CAD解决方案，其在机械设计的各领域应用广泛。

本书以Creo Parametric 6.0中文版作为软件应用蓝本，通过大量实例介绍Creo Parametric 6.0在机械设计中的典型应用知识，着重阐释了具体机械零件设计的基本思路、操作步骤以及应用技巧等。本书共13章，具体内容包括：垫圈类零件及轴套设计，轴类零件设计，盘盖类零件设计，叉架类零件设计，箱体类零件设计，弹簧类零件设计，常见齿轮设计，蜗杆、蜗轮设计，轴承设计，螺纹与滚花结构设计，建立标准件库与通用零件参数化模型，机械装配及分析，骨架模型的应用实例等。

本书结构严谨、实例丰富、重点突出、应用性强，对开拓设计思路和解决在机械设计中遇到的实际问题有很大的帮助。

本书适合具有一定Pro/ENGINEER或Creo Parametric使用基础的广大工程技术人员和CAD爱好者阅读使用，同时也适合作为大中专院校相关专业的参考教材。

图书在版编目(CIP)数据

Creo机械设计实例教程：6.0版/钟日铭编著．—北京：机械工业出版社，2020.6

(CAD/CAM/CAE工程应用丛书)

ISBN 978-7-111-65614-2

Ⅰ．①C… Ⅱ．①钟… Ⅲ．①机械元件-计算机辅助设计-应用软件-教材 Ⅳ．①TH13-39

中国版本图书馆CIP数据核字(2020)第081924号

机械工业出版社(北京市百万庄大街22号 邮政编码 100037)

策划编辑：李晓波 责任编辑：李晓波

责任校对：张艳霞 责任印制：郜 敏

北京中兴印刷有限公司印刷

2020年6月第1版·第1次印刷

184mm×260mm·27.5印张·682千字

0001-2000册

标准书号：ISBN 978-7-111-65614-2

定价：119.00元

电话服务

客服电话：010-88361066

010-88379833

010-68326294

网络服务

机 工 官 网：www.cmpbook.com

机 工 官 博：weibo.com/cmp1952

金 书 网：www.golden-book.com

机工教育服务网：www.cmpedu.com

前　言

Creo 6.0 是功能强大的 CAD/CAM/CAE 软件套件，它为用户提供了从设计到制造的完整 CAD 解决方案，其在机械设计的各领域应用广泛。Creo Parametric 6.0 是 2019 年正式发布的新版本软件，具有许多新增或者增强的实用功能。

本书以 Creo Parametric 6.0 中文版作为软件蓝本，通过大量实例介绍该软件在机械设计中的典型应用，着重阐释了具体机械零件设计的基本思路、操作步骤以及应用技巧等。本书立足于解决机械设计中的实际问题，以应用实例为主线，引导读者掌握使用 Creo Parametric 6.0 进行机械设计的方法、步骤以及技巧等方面的知识，从而有效开拓读者设计思路，提高读者对知识综合运用的能力。

本书适合具有一定 Pro/ENGINEER 或 Creo Parametric 使用基础的广大工程技术人员和 CAD 爱好者阅读使用，同时也适合作为大中专院校相关专业的参考教材。

1. 本书内容及知识结构

本书共 13 章，每一章都由 3 个部分组成：第 1 部分是指定类别的零件的结构分析或者指定知识的应用基础；第 2 部分是具体的应用实例；第 3 部分则是“初试牛刀”，提供用于练习的典型设计题目，以有效巩固本章所学的知识。

本书各章节内容从易到难、由浅入深，将应用技巧和实用知识融合到典型实例中。各章内容具体说明如下。

第 1 章　扼要地分析垫圈类、轴套类零件的结构，通过平垫圈、开口异形垫圈、双耳止动垫圈、锥销锁紧挡圈、轴套等零件设计实例介绍此类零件的设计方法。

第 2 章　分析轴类零件的特点及结构，通过光轴、阶梯轴、花键轴和曲轴等典型轴类零件实例介绍此类零件的创建方法及步骤。

第 3 章　分析盘盖类零件的特点及结构，通过若干详尽的实例介绍典型盘盖类零件（端盖、轴承盖、阀盖、V 带轮等）的创建方法及步骤。

第 4 章　通过连杆、拨叉、支架、支座等零件设计实例讲解叉架类零件的设计方法。

第 5 章　通过泵体、减速器箱体设计实例讲解箱体类零件的设计方法。

第 6 章　主要介绍弹簧类零件的设计，精彩实例包括等螺距圆柱螺旋弹簧设计、变螺距圆柱螺旋弹簧设计、圆锥螺旋弹簧设计、蜗卷形盘簧设计、建立通用的参数化弹簧零件模型以及设置弹簧挠性。

第 7 章　介绍常见齿轮的设计思路、方法等，精彩实例有渐开线直齿圆柱齿轮、渐开线斜齿圆柱齿轮、齿轮轴和直齿锥齿轮。

第 8 章　阐述蜗杆、蜗轮的设计思路和方法，精彩实例有圆柱蜗杆齿轮段设计、阿基米德蜗杆轴和蜗轮设计。

第 9 章　主要介绍如何设计滚动轴承，如深沟球滚动轴承、圆柱滚子轴承等。

第 10 章　重点剖析金属零件的螺纹与滚花结构设计思路，并详细地介绍几个有代表性的设计实例，加深读者对螺纹与滚花结构设计方法的理解和掌握。

第 11 章　通过典型实例介绍如何建立零件族表和通用零件的参数化模型。

第 12 章　讲解机械装配及运动分析的相关实用知识，所列实例包含了约束装配、连接装配、模型分析、机构分析、动画回放等内容。

第 13 章　简单地介绍骨架模型的应用知识，然后重点介绍应用骨架模型的两个典型实例：利用骨架模型进行链条装配设计、利用运动骨架模型进行连杆机构的运动仿真。

2. 本书特点及阅读注意事项

本书结构严谨、实例丰富、重点突出、步骤详尽、应用性强，兼顾设计思路和设计技巧，是一本内容全面并具有较高参考价值的机械设计应用指南。

书中实例特别适用于具体的培训教学，可以快速引导学员掌握机械设计的基础、应用知识以及软件操作技巧等。

每章都配置了经典的设计题目，读者可以通过练习复习并巩固所学知识。

具有一定 Pro/ENGINEER 或 Creo Parametric 操作经验的读者，可以根据自身情况选读相关的实例内容，而不一定从头至尾地阅读学习。如果按照书中介绍的步骤进行上机实际操作，学习效果更佳。

本书配有资料包供下载，内含各章节所需的源文件（原始练习文件）、完成的模型文件以及精选的几个操作视频文件。

在阅读本书时，需要重点注意如下两点。

（1）书中有些实例涉及尺寸关系式等方面的设置（编辑），读者在实际操作时，模型中自动赋予（显示）的某些尺寸参数符号可能与书中出现的尺寸参数符号不相同，这是正常的。只要保证自己编辑的关系式中的尺寸参数符号与软件中对应项目当前显示的尺寸参数符号相一致即可。

（2）书中实例使用的单位制以采用的绘图模板为基准，本书采用的绘图模板是满足中国用户使用的模板，例如其长度单位采用毫米（mm）。

3. 配套资料包使用说明

书中应用范例的源文件（素材文件）以及大部分制作完成的实例文件均放在配套资料包根目录下的 CH#文件夹（#代表各章号）里。

配套资料包里赠送了丰富的 Creo 学习视频文件，统一放在配套资料包根目录下的“视频课堂”文件夹里。操作视频文件采用 MP4 格式，可以在大多数的播放器中播放，如 Windows Media Player、迅雷播放器等较新版本的播放器。

建议用户事先将配套资料包中的内容下载或复制粘贴到计算机硬盘中，以方便练习操作。注意本书源文件需要用 Creo Parametric 6.0 或者更高版本的 Creo 兼容软件才能正常打开。

4. 技术支持及答疑

如果您在阅读本书时遇到什么问题，可以通过 E-mail 方式与我们联系，作者的电子邮箱为 sunsheep79@163.com。欢迎读者关注作者的微信公众号“桦意设计”（对应的微信号为

HUAYI_ID）以及今日头条号“CAD 钟日铭”，可以获阅更多的学习资料和观看相关的操作演示视频。

本书由深圳桦意智创科技有限公司组织策划，由国内 CAD 领域知名专家钟日铭编著。

书中如有疏漏之处，请广大读者不吝赐教。

天道酬勤、熟能生巧，以此与读者共勉。

钟日铭

目　录

第1章 垫圈类零件及轴套设计

本章导读：

垫圈类、轴套类零件的造型与结构都比较简单，是用作紧固件的常用机械零件，其应用十分广泛。

在本章中，首先扼要地分析垫圈类、轴套类零件的结构，然后介绍使用 Creo Parametric 6.0 进行建模的几个典型实例，如平垫圈、开口异形垫圈、双耳止动垫圈、锥销锁紧挡圈、轴套等零件。通过本章的学习，读者基本上能够掌握利用 Creo Parametric 6.0 进行简单零件设计的一般方法及步骤。

本章精彩范例：

- 平垫圈
- 开口异形垫圈
- 双耳止动垫圈
- 锥销锁紧挡圈
- 轴套

1.1 垫圈类零件、轴套零件结构分析

在机械设计中，垫圈类零件、轴套（衬套）零件是常用的机械零件，多用作紧固件或者定位件，它们的造型结构较为简单。

1.1.1 垫圈类零件

垫圈类零件可以分为圆形垫圈、异形垫圈、弹簧及弹簧垫圈、止动垫圈、挡圈等类型，它们同属于一类标准紧固件。具体的结构特点可以参考相关的标准件资料。

1. 圆形垫圈

圆形垫圈包括平垫圈、圆形小垫圈（A 级）、圆形大垫圈（A 级和 C 级）和圆形特大垫圈（C 级）。圆形垫圈一般用于金属零件的连接，以增加支承面积，防止损伤重要的零件表面；而圆形大垫圈多用于木质结构中。根据圆形垫圈的主要造型结构，可以采用旋转的方式来进行建模，即通过旋转一个剖面来生成圆形垫圈。

2. 异形垫圈

异形垫圈包括工字钢用方斜垫圈、槽钢用方斜垫圈、球面垫圈、锥面垫圈和开口垫圈等。其中，方斜垫圈用于槽钢、工字钢翼缘类倾斜面垫平，使连接件尽量免受弯矩作用；球面垫圈与锥面垫圈配合使用，具有自动调位作用，多用于工装设备；开口垫圈便于装配和拆卸，可从侧面装拆，用于工装设备。根据异形垫圈的主要造型结构，多采用拉伸的方式对其进行建模，或者采用多种建模方式结合进行。

3. 弹簧及弹簧垫圈

这一类垫圈主要包括标准型弹簧垫圈、重型弹簧垫圈、轻型弹簧垫圈、波形弹簧垫圈、鞍形弹簧垫圈、锥形锁紧垫圈、锥形锯齿锁紧垫圈、内齿锁紧垫圈、外齿锁紧垫圈等。其中，标准型弹簧垫圈、重型弹簧垫圈、轻型弹簧垫圈是靠弹性及斜口摩擦防松的，广泛用于经常拆装的连接部件中；波形弹簧垫圈和鞍形弹簧垫圈靠弹性变形压紧紧固件防松，波形弹力较大而受力均匀，鞍形变形大而支承面积小；锥形锁紧垫圈和锥形锯齿锁紧垫圈的防松可靠，受力均匀，不宜用在经常拆装和材料较软的连接中；内齿锁紧垫圈用于螺钉头部尺寸较小的连接，外齿锁紧垫圈应用较广，防松可靠。

这类垫圈的造型结构比较特殊，常采用螺旋扫描的方式或者钣金冲压等方式来进行设计。

4. 止动垫圈

止动垫圈主要包括单耳止动垫圈、双耳止动垫圈、外舌止动垫圈、圆螺母止动垫圈等。其中，使用单耳止动垫圈、双耳止动垫圈和外舌止动垫圈时，允许螺母拧紧在任意位置加以锁合，防松可靠；圆螺母止动垫圈与圆螺母配合使用，可用于滚动轴承的固定。

止动垫圈的建模，需要根据具体的结构要求，选择合适的建模命令来进行设计，如选择“拉伸”命令、“旋转”命令等。

5. 挡圈

常见的挡圈有螺栓紧固轴端挡圈、螺钉紧固轴端挡圈、螺钉锁紧挡圈和带锁圈的螺钉锁紧挡圈等。挡圈用于锁紧固定在轴端的零件。多采用“拉伸”命令或者“旋转”命令等来设计挡圈造型结构。

1.1.2 轴套（衬套）零件

本书所指的轴套（衬套）零件主要用在轴上，起到锁紧固定或者定位轴上其他零件的作用。轴套（衬套）零件的模型多采用旋转方式来创建，即绘制旋转剖面，然后将剖面绕中心轴线旋转 360°，可以根据实际情况，在该旋转体（或称回转体）上继续建构其他特征，如切除材料、创建孔特征、倒角等，以进一步完善模型。

有时，也将一些轴套（衬套）零件归纳在盘盖类零件范畴中，因为它们的主要结构基本相同。有关盘盖类零件设计的详细介绍参考本书第 3 章的内容。

1.2 平垫圈实例

平垫圈装配于螺母（或螺栓、螺钉头部）与被联接件表面之间，保护被联接件表面，

使之避免被螺母擦伤，并增大被联接件与螺母等之间的接触面积，降低螺母等作用在被联接件表面上的单位面积压力。

本实例要求使用 Creo Parametric 6.0 建立一个平垫圈的三维模型，该平垫圈的尺寸规格如图 1-1 所示，其内径 $d_1=37$ mm，外径 $d_2=66$ mm，厚度 $h=5$ mm，这可以在相关机械设计手册的 GB/T 97.2 中查到。

本实例要完成的平垫圈三维模型效果如图 1-2 所示。在该实例中，将应用到旋转工具和倒角工具。

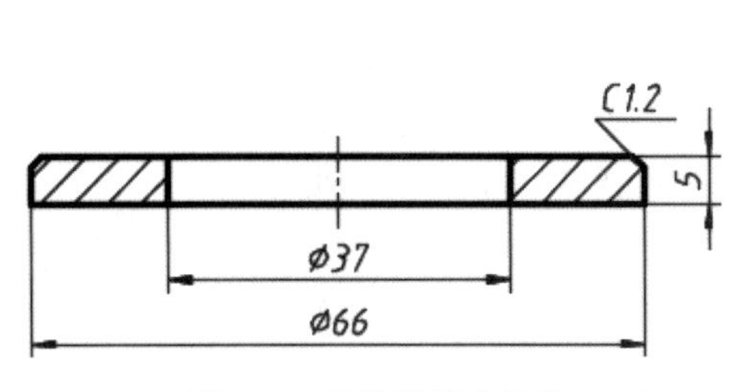

图 1-1 平垫圈尺寸规格

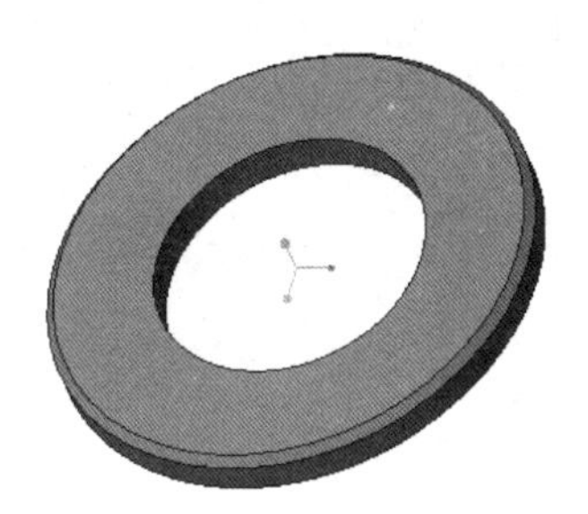

图 1-2 平垫圈三维模型

下面是具体的操作步骤。

步骤 1：新建零件文件。

（1）启动 Creo Parametric 6.0 软件程序。

（2）在“快速访问”工具栏上单击“新建”按钮，弹出“新建”对话框。

（3）在“类型”选项组中选择“零件”单选按钮，在“子类型”选项组中选择“实体”单选按钮；在“名称”文本框中输入 HY_1_1；并取消勾选“使用默认模板”复选框。此时，“新建”对话框如图 1-3 所示。

（4）在“新建”对话框中单击“确定”按钮，弹出图 1-4 所示的“新文件选项”对话框。

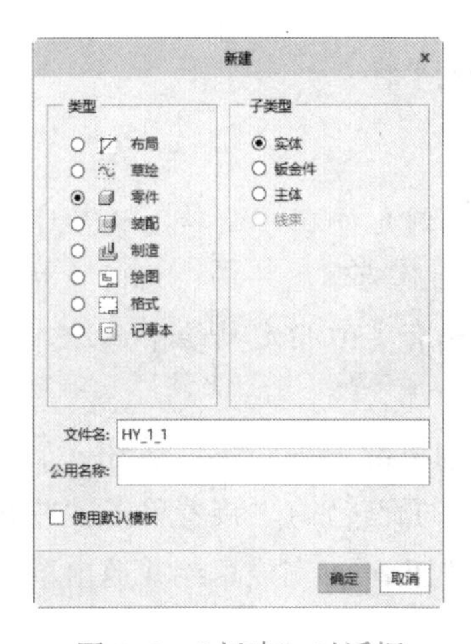

图 1-3 “新建”对话框

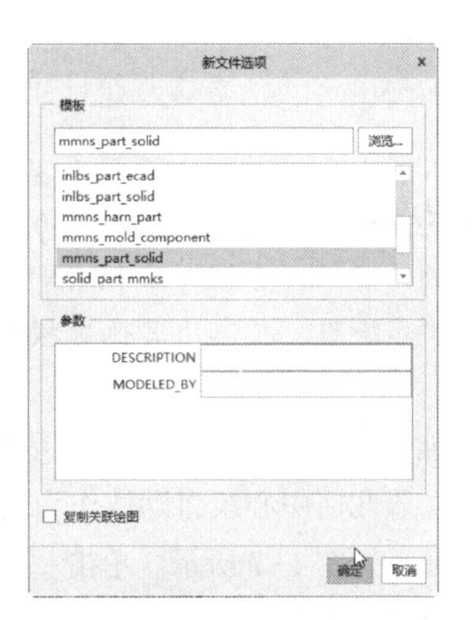

图 1-4 “新文件选项”对话框

（5）在“模板”选项组中选择 mmns_part_solid 选项。推荐用户使用该模板。

（6）单击“确定”按钮，进入零件设计模式。

步骤 2：以旋转的方式创建平垫圈的基本体。

（1）在功能区“模型”选项卡的“形状”组中单击“旋转”按钮，打开“旋转”选项卡，在“旋转”选项卡上默认指定要创建的模型特征为“实心”。

（2）单击“旋转”选项卡上的“放置”按钮，打开“放置”下滑面板，如图 1-5 所示。接着单击位于草绘收集器右侧的“定义”按钮，弹出“草绘”对话框。

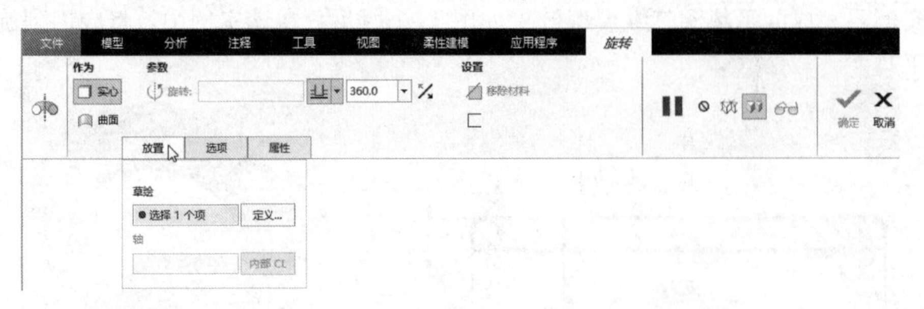

图 1-5 “旋转”选项卡

选择 FRONT 基准平面作为草绘平面，接受其他默认设置，如图 1-6 所示。接着单击“草绘”按钮，进入草绘模式中，此时功能区出现“草绘”选项卡。

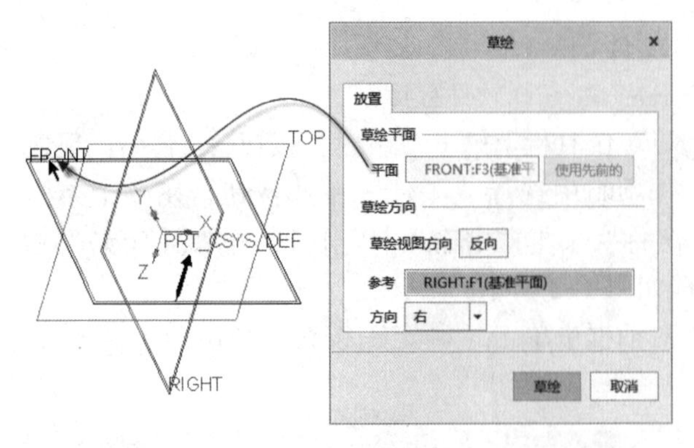

图 1-6 定义草绘平面

知识点拨 在 Creo Parametric 6.0 中，本例允许在“旋转”选项卡中不打开“放置”下滑面板的情况下，直接选择 FRONT 基准平面作为草绘平面，此时系统将以默认的草绘方向设置进入草绘器。在使用其他建模工具时也有类似指定草绘平面进入草绘器的快捷操作。

（3）在功能区“草绘”选项卡的“基准”组中单击“中心线”按钮，绘制一条竖直的几何中心线（该几何中心线将默认作为旋转特征的旋转轴）。接着单击“拐角倒角”按钮绘制旋转剖面，如图 1-7 所示。单击“确定”按钮，完成草绘并退出草绘模式。

（4）接受默认的旋转角度为 360°。

（5）在“旋转”选项卡上单击“确定”按钮，完成了平垫圈基本体的创建。按〈Ctrl+D〉快捷键以默认的标准方向显示模型，如图 1-8 所示。

步骤 3：创建倒角特征。

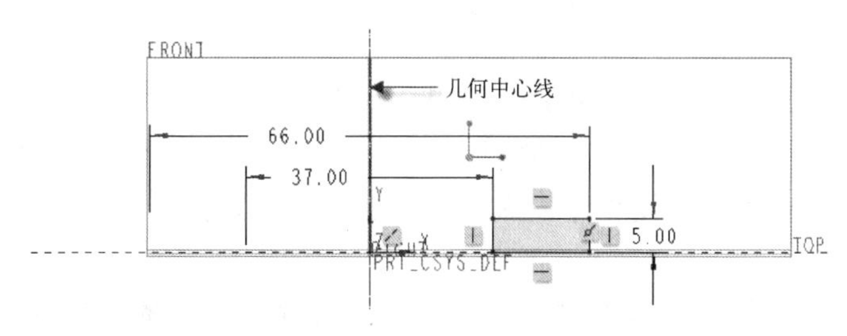

图 1-7 草绘剖面

(1) 在“工程”组中单击“边倒角”按钮，打开“边倒角”选项卡。

(2) 在“边倒角”选项卡上选择边倒角标注形式为 D×D，在 D 尺寸框中输入 1.2，如图 1-9 所示。

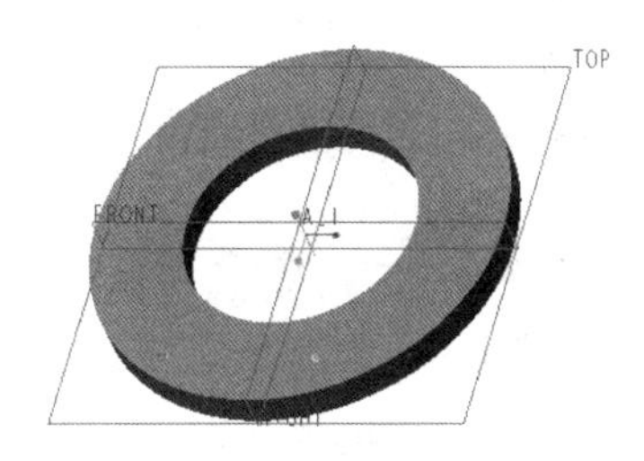

图 1-8 平垫圈的基本体

图 1-9 “边倒角”选项卡

(3) 在模型中选择图 1-10 所示的边线。

(4) 在“边倒角”选项卡上单击“确定”按钮，完成的平垫圈效果如图 1-11 所示。

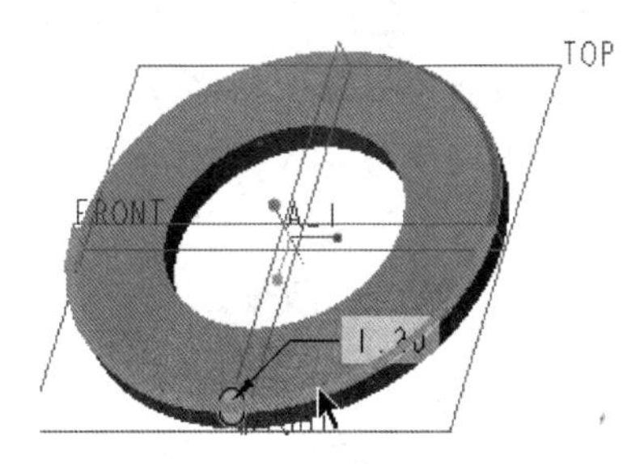

图 1-10 指定要倒角的边参考

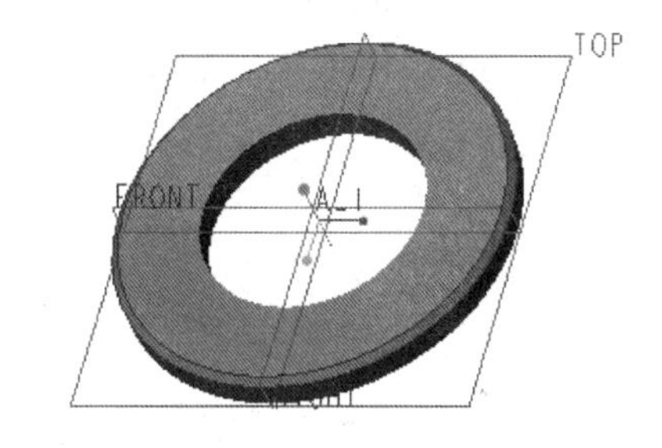

图 1-11 完成的平垫圈

1.3 开口异形垫圈实例

开口垫圈属于一种异形垫圈，它用于工装设备中，可以从侧面对其进行装配或者拆卸。

本实例要求建立一个具有标准尺寸规格的开口垫圈，其完成的三维模型如图 1-12 所示。

在本实例中，所应用到的主要知识点包括创建拉伸特征、创建倒角特征。

具体的操作步骤如下。

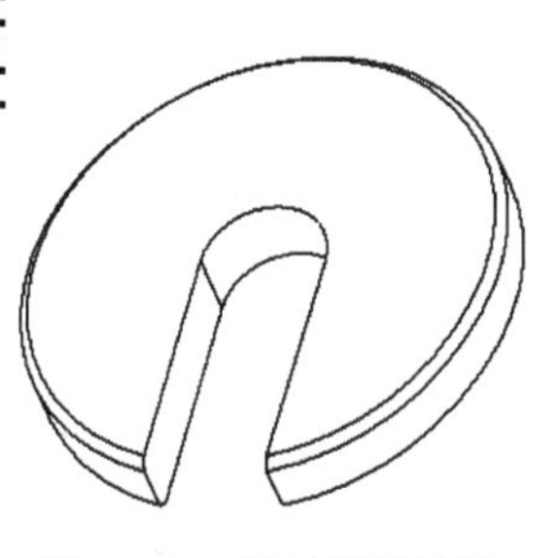

图 1-12 开口异形垫圈

步骤 1：新建零件文件。

（1）在“快速访问”工具栏上单击“新建”按钮，弹出“新建”对话框。

（2）在“类型”选项组中选择“零件”单选按钮，在“子类型”选项组中选择“实体”单选按钮；在“名称”文本框中输入 HY_1_2；并取消勾选“使用默认模板”复选框以不使用系统默认模板。

（3）在“新建”对话框上单击“确定”按钮，弹出“新文件选项”对话框。

（4）在“模板”选项组的“模板”列表框中选择 mmns_part_solid 选项。

（5）单击“确定”按钮，进入零件设计模式。

步骤 2：创建拉伸特征。

（1）单击“形状”组中的“拉伸”按钮，打开“拉伸”选项卡。接着在“拉伸”选项卡上指定要创建的模型特征为“实心”，如图 1-13 所示。

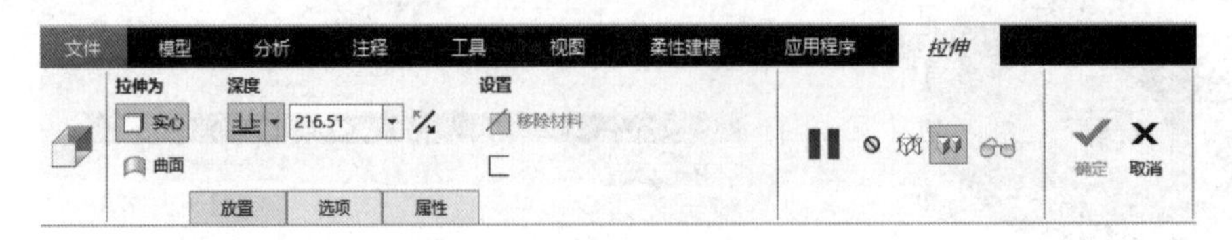

图 1-13 拉伸选项卡

（2）选择 TOP 基准平面作为草绘平面，自动快速地进入草绘器中。

（3）绘制图 1-14 所示的拉伸剖面。单击“确定”按钮，完成草绘并退出草绘模式。

（4）在拉伸选项卡上接受默认的深度类型选项为（盲孔），输入拉伸深度值为 14。

（5）在拉伸选项卡上单击“确定”按钮，完成一个开口异形垫圈基本体的创建，此时在键盘上按〈Ctrl+D〉快捷键，则模型以默认的标准方向来显示，如图 1-15 所示。

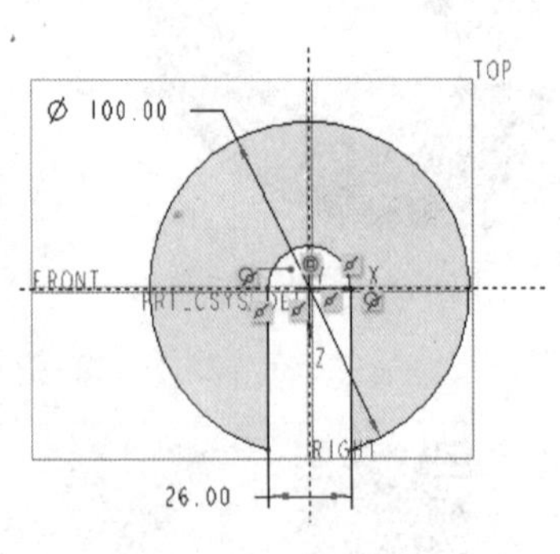

图 1-14 草绘剖面

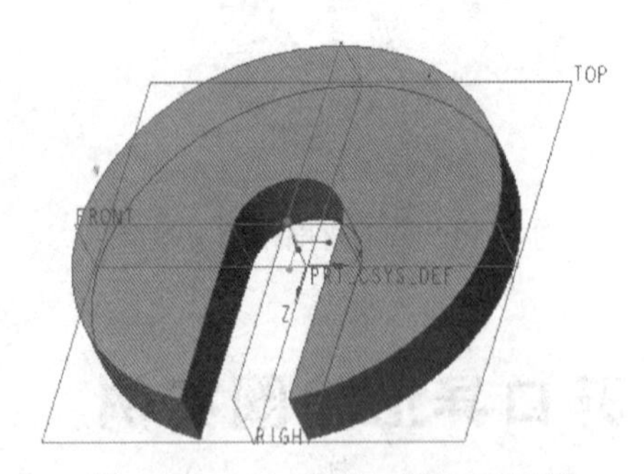

图 1-15 开口异形垫圈的基本体

步骤 3：创建倒角特征。

（1）单击“边倒角”按钮，打开“边倒角”选项卡。

（2）在“边倒角”选项卡上，选择边倒角标注形式为 45×D，在 D 尺寸框中输入 2。

（3）在模型中，结合使用〈Ctrl〉键选择图 1-16 所示的 4 条边线。

（4）在“边倒角”选项卡上单击“确定”按钮，完成的平垫圈效果如图 1-17 所示。至此，开口异形垫圈的三维模型设计完毕。

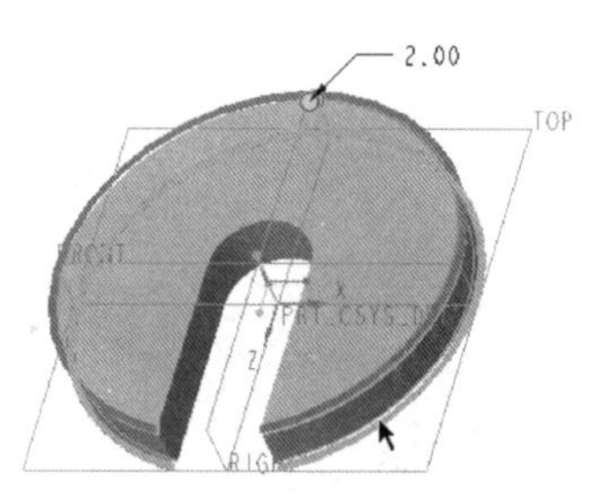

图 1-16 选择边线

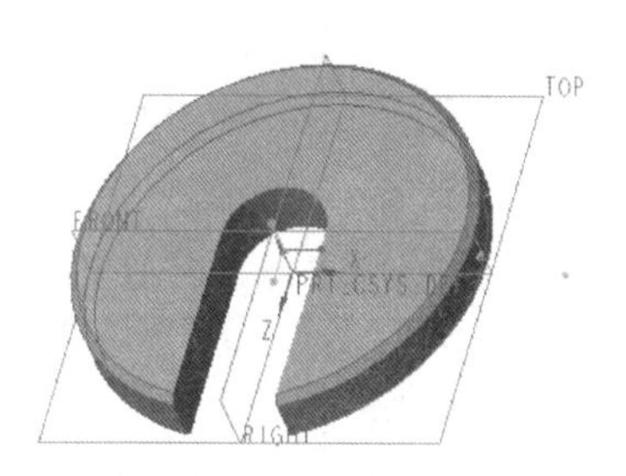

图 1-17 完成倒角

1.4 双耳止动垫圈实例

双耳止动垫圈与螺母配合使用，可有效防止松动。

本实例要求创建一个具有标准尺寸规格的双耳止动垫圈，其完成的三维实体模型如图 1-18 所示。在本实例中，所应用到的主要知识点包括创建拉伸特征和创建倒圆角特征。

图 1-18 双耳止动垫圈

具体的操作步骤如下。

步骤 1：新建零件文件。

（1）在“快速访问”工具栏上单击“新建”按钮，弹出“新建”对话框。

（2）在“类型”选项组中选择“零件”单选按钮，在“子类型”选项组中选择“实体”单选按钮；在“名称”文本框中输入 HY_1_3；并取消勾选“使用默认模板”复选框，不使用默认模板。

（3）在“新建”对话框上单击“确定”按钮，弹出“新文件选项”对话框。

（4）在“模板”选项组中，选择 mmns_part_solid 选项。

（5）单击“确定”按钮，进入零件设计模式。

步骤 2：创建拉伸特征。

（1）在“形状”组中单击“拉伸”按钮，打开“拉伸”选项卡。在“拉伸”选项卡上默认指定要创建的模型特征为“实心”。

（2）选择 TOP 基准平面作为草绘平面，快速地进入草绘模式。

（3）使用绘制工具绘制图 1-19 所示的拉伸剖面。单击“确定”按钮，完成草绘并退出草绘模式。

（4）在拉伸选项卡上，接受默认的深度类型选项为（盲孔），输入要拉伸的深度值为 1。

（5）在拉伸选项卡上单击“确定”按钮。此时，在键盘上按〈Ctrl+D〉快捷键，则模型以标准方向显示，如图 1-20 所示。

步骤 3：创建倒圆角特征。

（1）单击“倒圆角”按钮，打开图 1-21 所示的“倒圆角”选项卡。

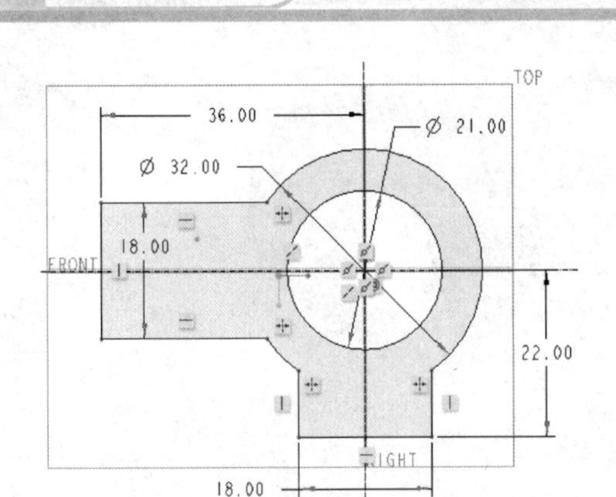

图 1-19 草绘剖面

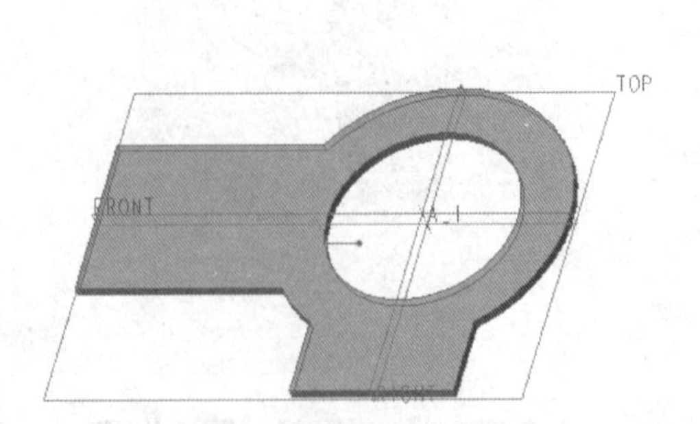

图 1-20 双耳止动垫圈基本体

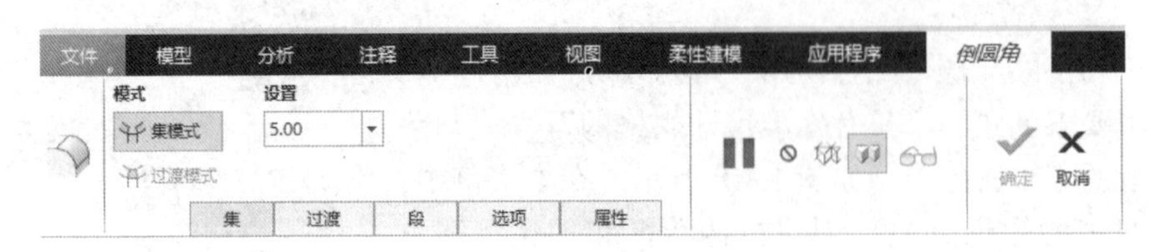

图 1-21 “倒圆角”选项卡

（2）在“倒圆角”选项卡上输入当前倒圆角集的半径为 5。

（3）结合〈Ctrl〉键选择图 1-22 所示的几处边参考。

（4）单击“确定”按钮✔。

至此，完成该双耳止动垫圈的建模，结果如图 1-23 所示。

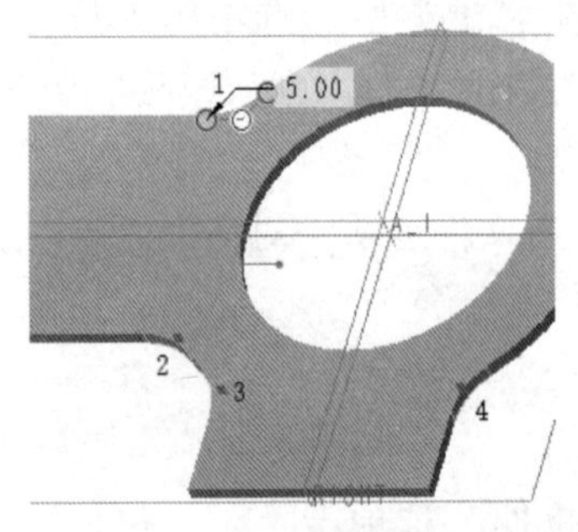

图 1-22 倒圆角

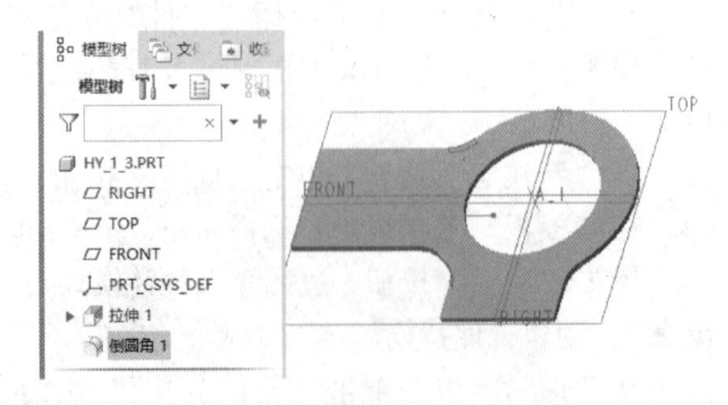

图 1-23 完成的双耳止动垫圈

1.5 锥销锁紧挡圈实例

锥销锁紧挡圈的尺寸规格可以从 GB/T 883—1986 中选择。本实例要完成的锥销锁紧挡圈的尺寸如图 1-24 所示，图中 $d=50$ mm，$H=18$ mm，$D=80$ mm，$C=1$ mm，$d_1=8$ mm。

在本实例中，要掌握的知识点包括创建旋转特征、以拉伸的方式切除材料、创建倒角特征以及在三维模型中添加相关表面粗糙度注释。

步骤 1：新建零件文件。

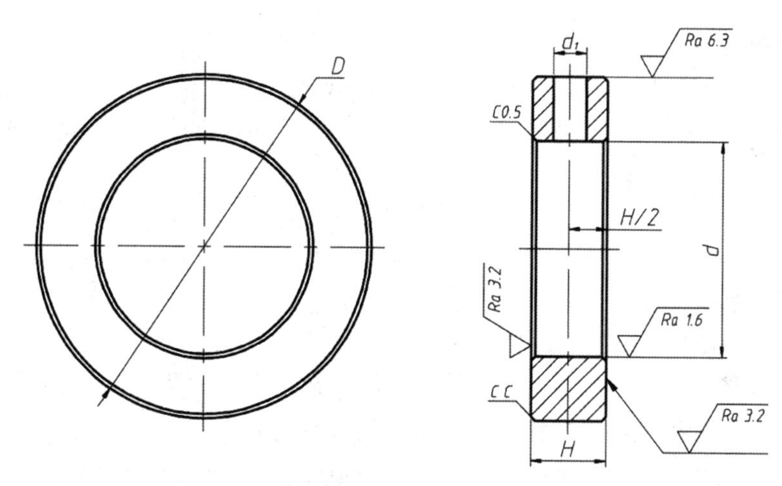

图 1-24 锥销锁紧挡圈

（1）在“快速访问”工具栏上单击“新建”按钮，弹出“新建”对话框。

（2）在“类型”选项组中选择“零件”单选按钮，在“子类型”选项组中选择“实体”单选按钮；在“名称”文本框中输入 HY_1_4；并取消勾选“使用默认模板”复选框，以不使用默认模板。

（3）在“新建”对话框上，单击“确定”按钮，弹出“新文件选项”对话框。

（4）在“模板”选项组中，选择 mmns_part_solid 选项。

（5）单击“确定”按钮，进入零件设计模式。

步骤 2：创建旋转特征。

（1）在“形状”组中单击“旋转”按钮，打开“旋转”选项卡。在“旋转”选项卡上默认指定要创建的模型特征为“实心”。

（2）选择 FRONT 基准平面作为草绘平面，快速地进入草绘模式。

（3）使用“基准”组中的“中心线”按钮绘制一条水平的几何中心线，接着使用“线链”按钮绘制旋转剖面，如图 1-25 所示。单击“确定”按钮。

（4）接受默认的旋转角度为 360°，在“旋转”选项卡上单击“确定”按钮，完成锁紧挡圈基本体的创建。按〈Ctrl+D〉快捷键以标准方向显示模型，效果如图 1-26 所示。

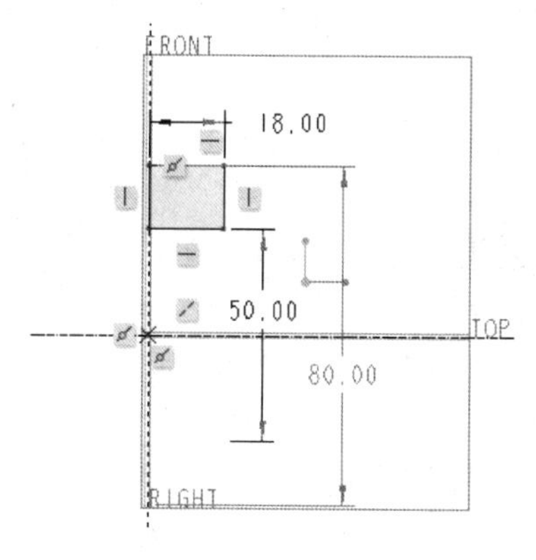

图 1-25 草绘剖面

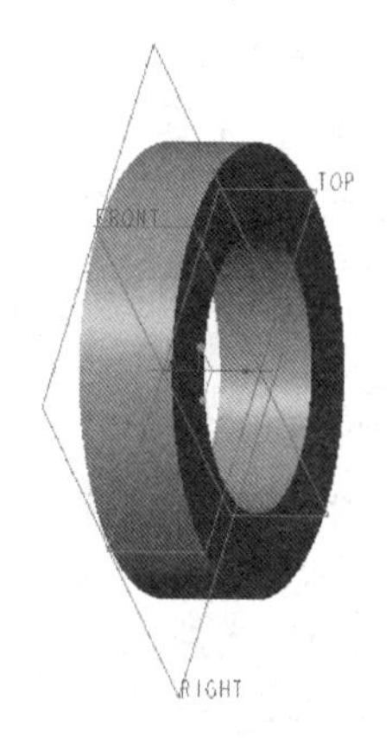

图 1-26 创建的旋转特征

步骤 3：以拉伸的方式切除出一个小孔。

（1）单击“拉伸”按钮，打开“拉伸”选项卡。

（2）在拉伸选项卡上指定要创建的模型特征为“实心”，并单击“移除材料”按钮。

（3）打开“拉伸”选项卡的“放置”下滑面板，单击位于该面板上的“定义”按钮，弹出“草绘”对话框。选择 TOP 基准平面作为草绘平面，以 RIGHT 基准平面作为“右”方向参考，单击“草绘”按钮，进入草绘器中。

（4）绘制图 1-27 所示的拉伸剖面。单击“确定”按钮。

（5）在“拉伸”选项卡上单击“将拉伸的深度方向更改为草绘的另一侧，简称深度方向”按钮，并从深度选项下拉列表框中选择（穿透）选项。

（6）单击“拉伸”选项卡上的“确定”按钮，得到的模型效果如图 1-28 所示，图中的模型以默认的标准方向显示。

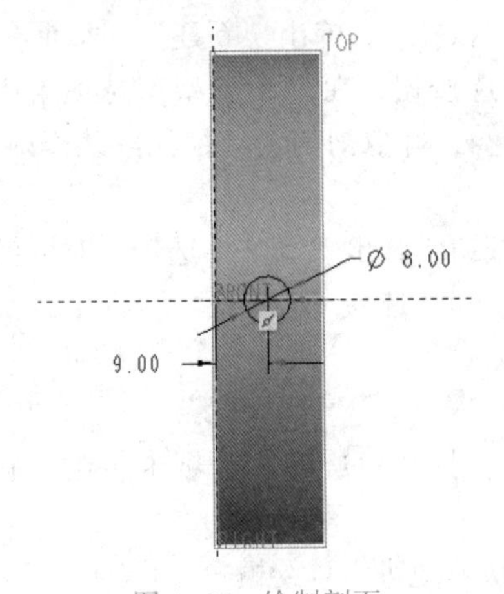

图 1-27　绘制剖面

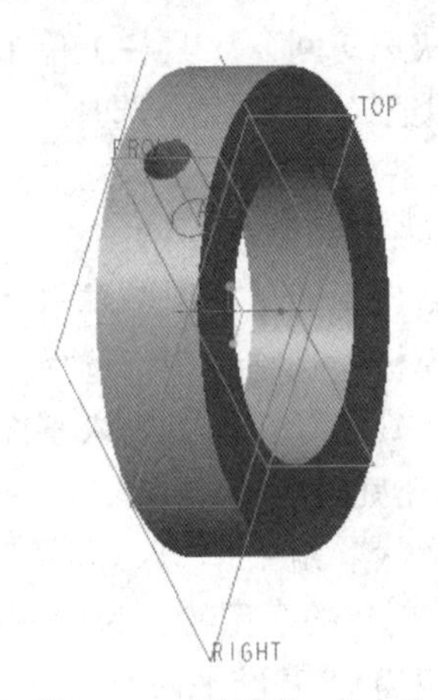

图 1-28　切除出一个小孔

步骤 4：创建边倒角特征。

（1）在“工程”组中单击“边倒角”按钮，打开“边倒角”选项卡。

（2）在“边倒角”选项卡中选择边倒角标注形式为 45×D，并在 D 尺寸框中输入 0.5。

（3）在模型中，结合使用〈Ctrl〉键选择图 1-29 所示的 2 条边线。

（4）在“边倒角”选项卡上单击“确定”按钮。

步骤 5：继续创建边倒角特征。

（1）在“工程”组中单击“边倒角”按钮，打开“边倒角”选项卡。

（2）在“边倒角”选项卡上，选择边倒角标注形式为 45×D，在 D 尺寸框中输入 1。

（3）在模型中，结合使用〈Ctrl〉键选择图 1-30 所示的 2 条边线。

（4）在“边倒角”选项卡上单击“确定”按钮。

步骤 6：在三维模型中添加表面粗糙度注释。

（1）在功能区中切换至“注释”选项卡，如图 1-31 所示。

（2）从“注释特征”组中单击“注释特征”按钮，弹出图 1-32 所示的“注释特征”对话框。

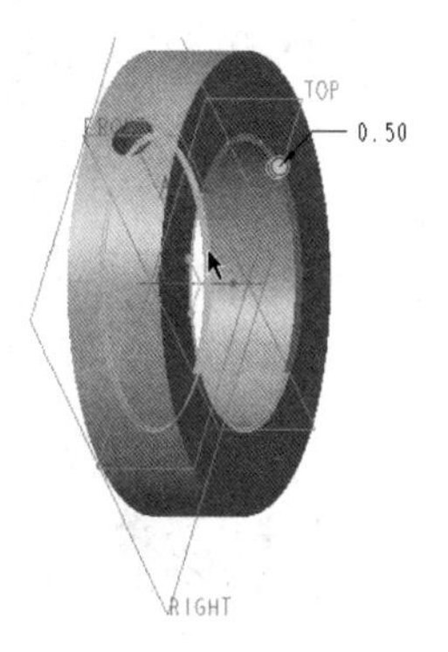

图 1-29　选择要倒角的边链 1

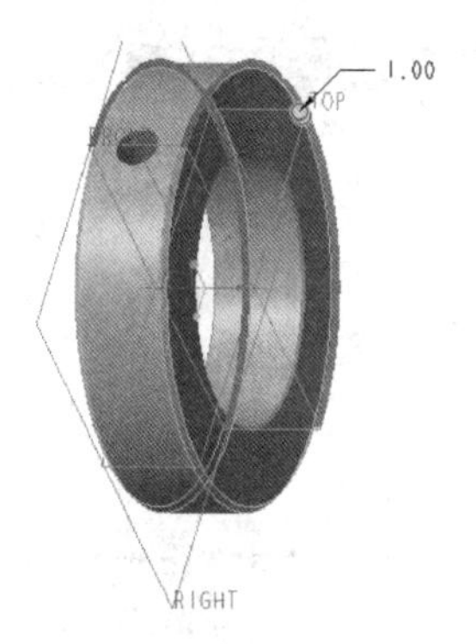

图 1-30　选择要倒角的边链 2

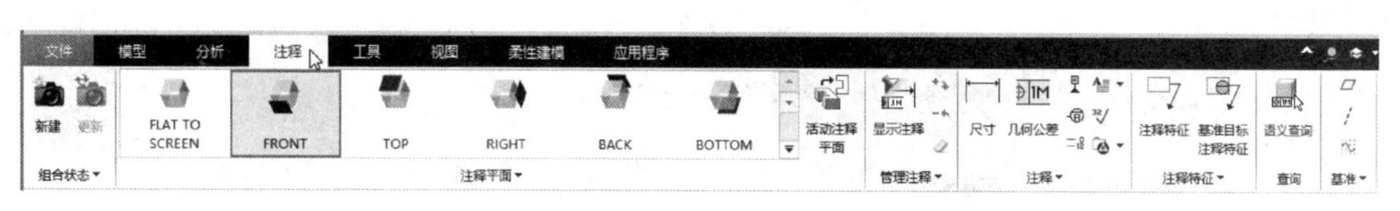

图 1-31　在功能区中切换至“注释”选项卡

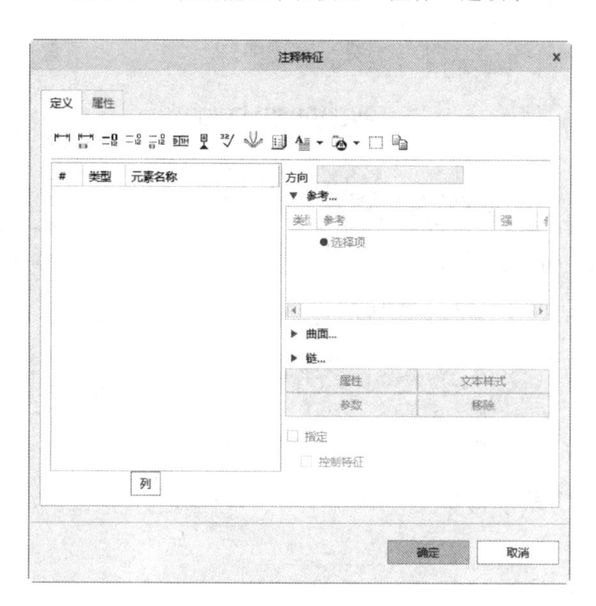

图 1-32　“注释特征”对话框

（3）在“注释特征”对话框的“定义”选项组中单击“创建表面粗糙度”按钮，系统出现“没有为此绘图或模型定义的符号。”的提示信息，并弹出图 1-33 所示的“打开”对话框。

（4）在“打开”对话框中，双击 surffins 目录下的 machined 文件夹以展开该文件夹，接着在展开的 machined 文件夹中选择 standard1. sym，并在“打开”对话框中单击“预览”按钮以预览符号对象，此时如图 1-34 所示。

在“打开”对话框中单击“打开”按钮，弹出图 1-35 所示的“表面粗糙度”对话框。

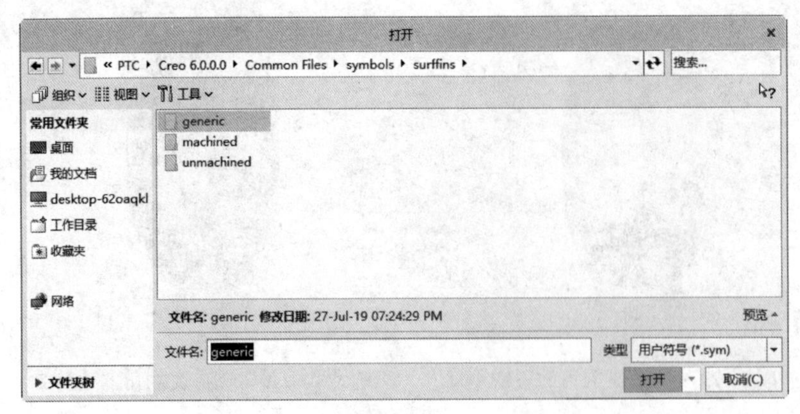

图 1-33 “打开”对话框

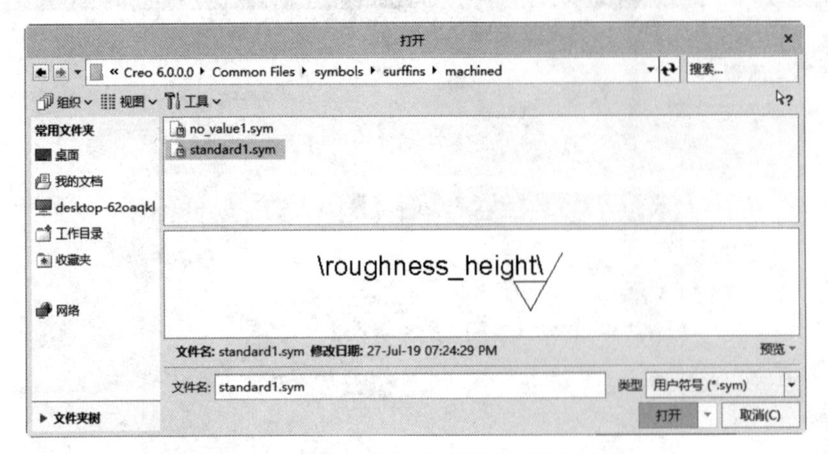

图 1-34 选择表面粗糙度度符号并预览它

图 1-35 “表面粗糙度”对话框

说明 如果在此之前已经调用过表面粗糙度符号，则系统不再弹出上述的“打开”对话框，而是直接弹出图 1-35 所示的“表面粗糙度”对话框。如果不需要使用默认调用的表面粗糙度符号，则需要进入“表面粗糙度”对话框的“常规”选项卡，在“定义”选项组中单击“浏览”按钮，然后从弹出的“打开”对话框中选择所需要的表面粗糙度符号。

（5）此时，“表面粗糙度”对话框的“模型参考”收集器处于被激活状态，在模型窗口中选择图 1-36 所示的挡圈内孔曲面。

（6）在“常规”选项卡的“放置”选项组中，从“类型”下拉列表框中选择“垂直于图元”选项，如图 1-37 所示。

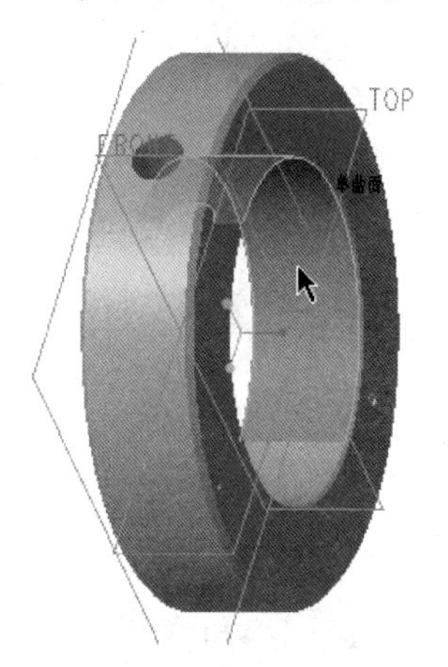

图 1-36 指定连接参考

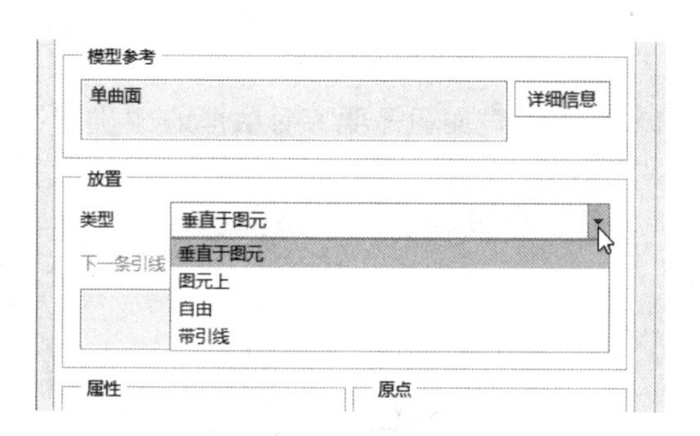

图 1-37 选择放置类型选项

（7）在“属性”选项组中，设置符号实例高度为 3.5，如图 1-38 所示。

（8）在“属性”选项组中，单击“颜色”按钮，打开图 1-39 所示的“颜色”对话框。从中选择所需要的颜色后，单击“确定”按钮。

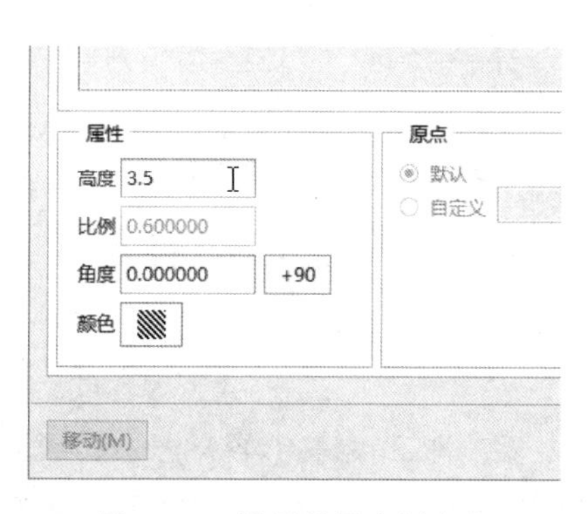

图 1-38 设置符号实例高度

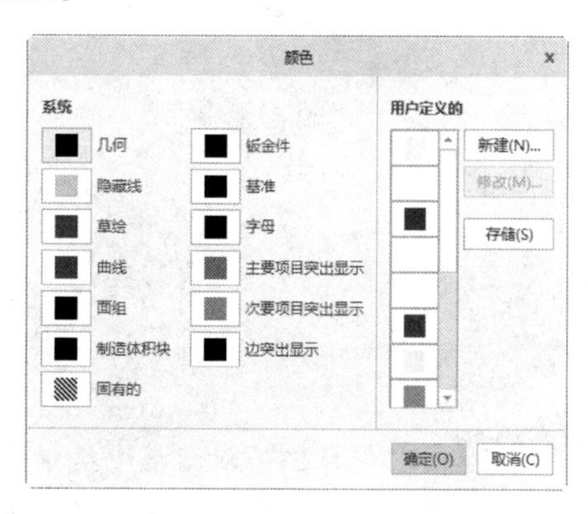

图 1-39 “颜色”对话框

（9）单击激活“放置”选项组中的收集器，在图 1-40 所示的内孔表面上单击一点，接着单击鼠标中键放置该符号。

（10）在“表面粗糙度”对话框中，单击“可变文本”选项卡标签以切换到“可变文本”选项卡，在图 1-41 所示的文本框中输入表面粗糙度值为 1.6。

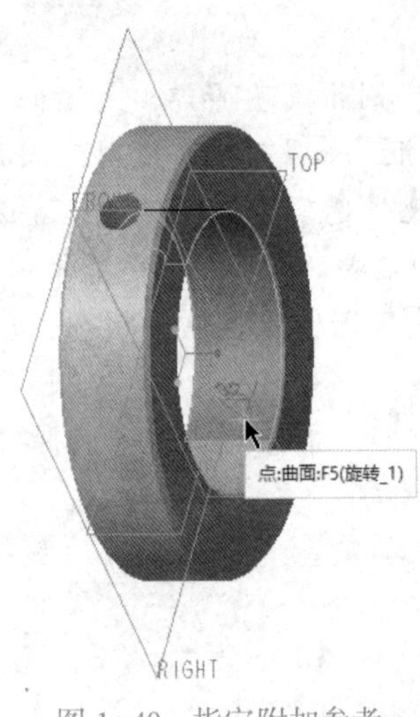

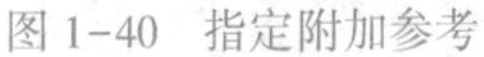

图 1-40　指定附加参考

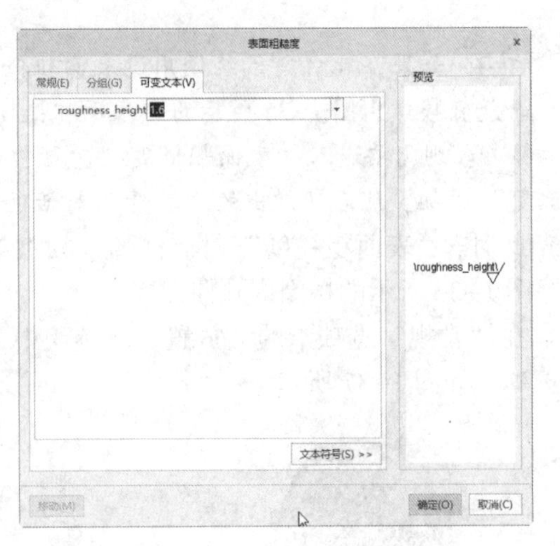

图 1-41　输入表面粗糙度值

（11）单击“表面粗糙度”对话框的“确定”按钮，此时“注释特征”对话框和模型如图 1-42 所示。

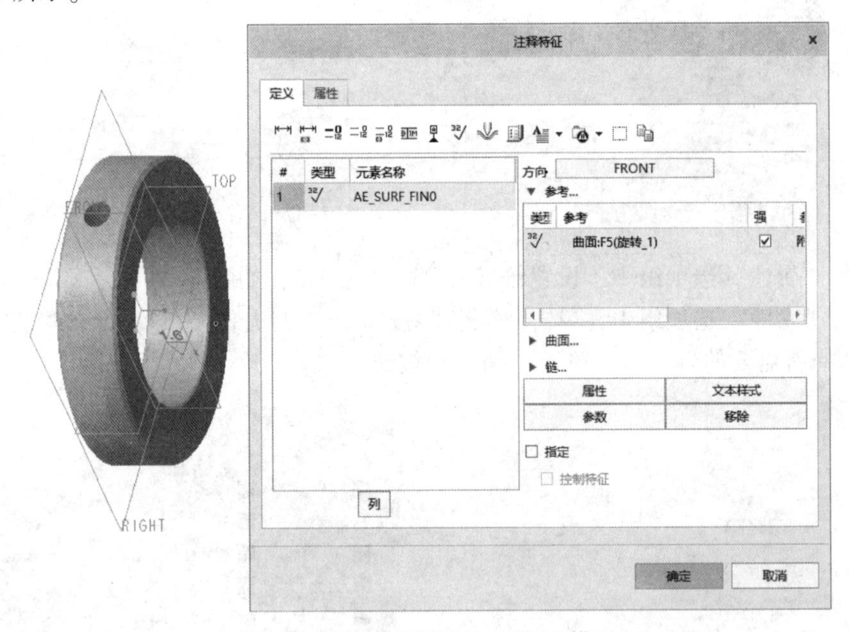

图 1-42　“注释特征”对话框和模型

说明 “注释特征”对话框中提供了 3 个收集器，即“参考（单一）”收集器、“曲面”收集器和“链”收集器。用户可以根据设计需要，决定是否展开“曲面”收集器和“链”收集器。接着激活所需的收集器，并为指定收集器选取有效图元。图 1-43 所示的“注释特征”对话框中，已经展开了 3 个收集器。

（12）在“注释特征”对话框的“定义”选项卡中单击“创建表面粗糙度”按钮，弹出“表面粗糙度”对话框。和前面介绍的方法类似，在锥销锁紧挡圈的其他一处表面上添加表面粗糙度。

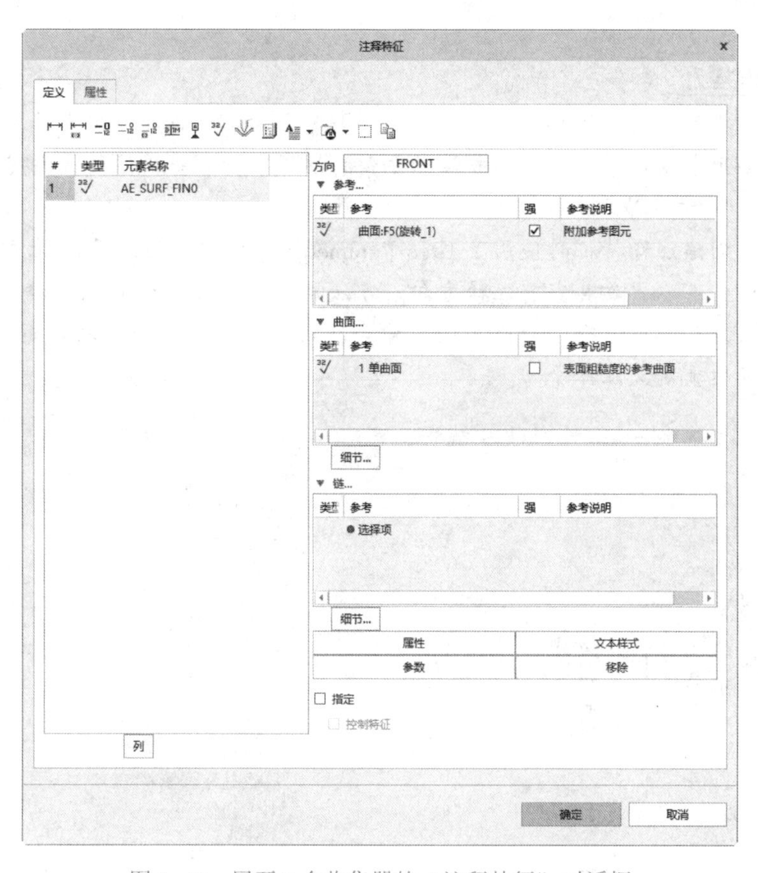

图 1-43　展开 3 个收集器的“注释特征”对话框

本例在锥销锁紧挡圈零件中，一共设置了 4 处表面粗糙度注释，它们都出现在“注释特征”对话框的列表框中，如图 1-44 所示，分别为 AE_SURF_FIN0、AE_SURF_FIN1、AE_SURF_FIN2 和 AE_SURF_FIN3。

（13）在“注释特征”对话框中单击“确定”按钮。完成设置表面粗糙度注释的锥销锁紧挡圈零件如图 1-45 所示。

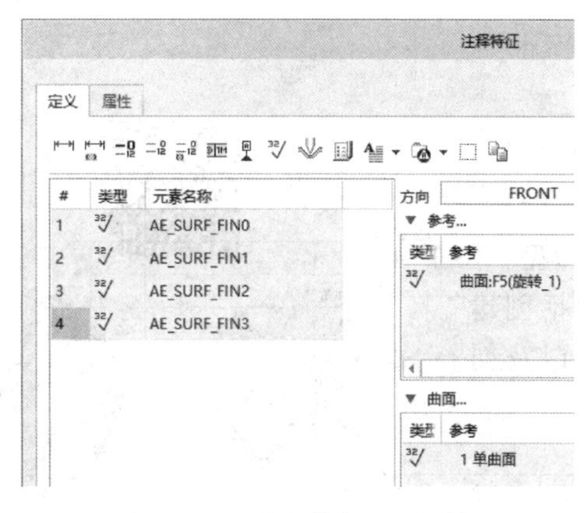

图 1-44　“注释特征”对话框

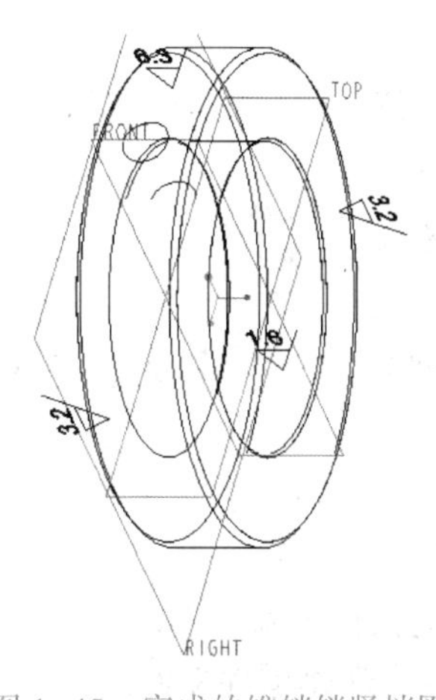

图 1-45　完成的锥销锁紧挡圈

知识提升 关于注释方向

注释方向是指注释所在的平面或平行平面、查看方向以及正向或文本旋转方向。活动注释方向是指将要用来创建下一个注释或注释元素的注释方向。当前注释方向是指被放置的注释或“注释元素”的注释方向。

在本例中，创建注释特征时使用了 Creo Parametric 6.0 默认的活动注释方向。另外，在创建注释特征时，可以更改其当前注释方向。方法是右键单击某选定的注释，如图 1-46 所示，从出现的快捷菜单中选择“更改方向”命令，打开“注释平面”对话框，如图 1-47 所示，利用该对话框重定义注释平面。

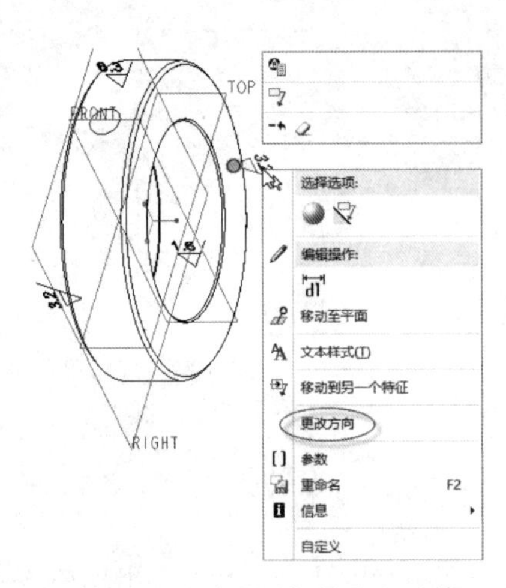

图 1-46　右击要编辑的注释对象

图 1-47　“注释平面”对话框

步骤 7：保存文件及拭除模型。

(1) 在“快速访问”工具栏中单击“保存”按钮，弹出“保存对象”对话框，选择文件将要保存的目录路径，单击对话框中的“确定”按钮。

(2) 在功能区中打开“文件”选项卡，选择“管理会话”→“拭除当前”命令，接着在弹出的“拭除确认”对话框中单击“是”按钮。

1.6　轴套实例

本实例要求创建一个轴套零件，其三维模型如图 1-48 所示。

在本实例中，所应用到的主要知识点包括创建旋转特征、创建倒角特征、创建草绘孔特征以及创建阵列特征等。

具体的操作步骤如下。

图 1-48　轴套零件

步骤 1：新建零件文件。

(1) 在“快速访问”工具栏上单击“新建”

按钮，弹出“新建”对话框。

(2) 在“类型”选项组中选择“零件”单选按钮，在“子类型”选项组中选择“实体”单选按钮；在“名称”文本框中输入 HY_1_5；并取消勾选“使用默认模板”复选框，以不使用默认模板。

(3) 在“新建”对话框中单击“确定”按钮，弹出“新文件选项”对话框。

(4) 在“模板”选项组中选择 mmns_part_solid 选项。

(5) 单击“确定”按钮，进入零件设计模式。

步骤 2：创建旋转特征。

(1) 单击“形状”组中的“旋转”按钮，打开“旋转”选项卡。在“旋转”选项卡上指定要创建的模型特征为“实心”。

(2) 选择 FRONT 基准平面作为草绘平面，进入草绘模式。

(3) 使用“基准”组中的“中心线”按钮绘制一条竖直的中心线；使用“线链”按钮绘制旋转剖面，如图 1-49 所示。在“草绘”选项卡的“关闭”组中单击“确定”按钮，完成草绘并退出草绘模式。

(4) 接受默认的旋转角度为 360°，在旋转选项卡上单击“确定”按钮，创建了轴套零件的基本体。按〈Ctrl+D〉快捷键以默认的标准方向显示模型，效果如图 1-50 所示。

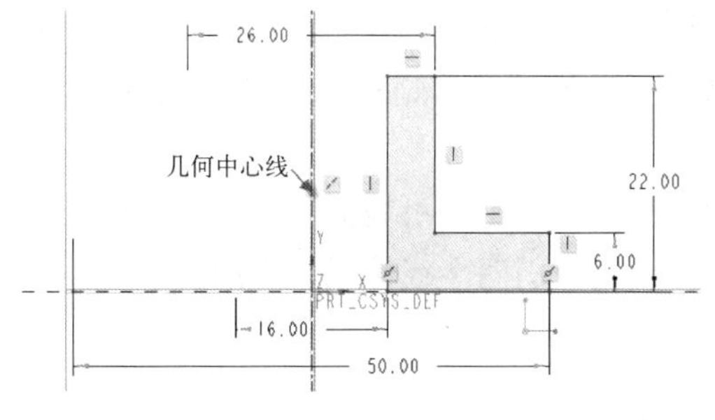

图 1-49 草绘剖面

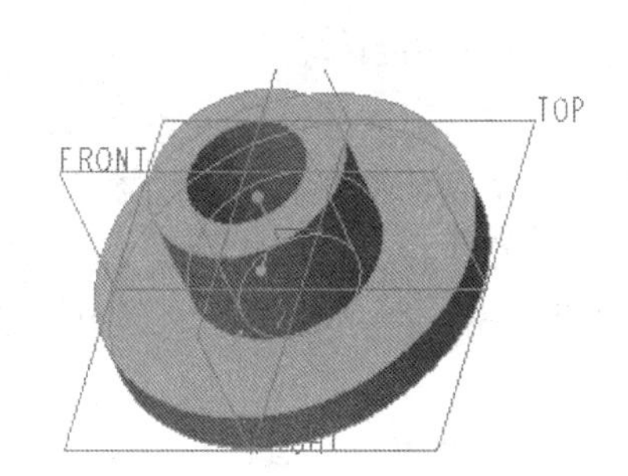

图 1-50 创建的轴套基本体

步骤 3：创建倒角特征。

(1) 单击“边倒角”按钮，打开“边倒角”选项卡。

(2) 在“边倒角”选项卡上选择边倒角标注形式为 45×D，在 D 尺寸框中输入 1。

(3) 在模型中，结合〈Ctrl〉键选择图 1-51 所示的边线 1、2 和 3。

(4) 在“边倒角”选项卡上单击“确定”按钮，完成倒角的效果如图 1-52 所示。

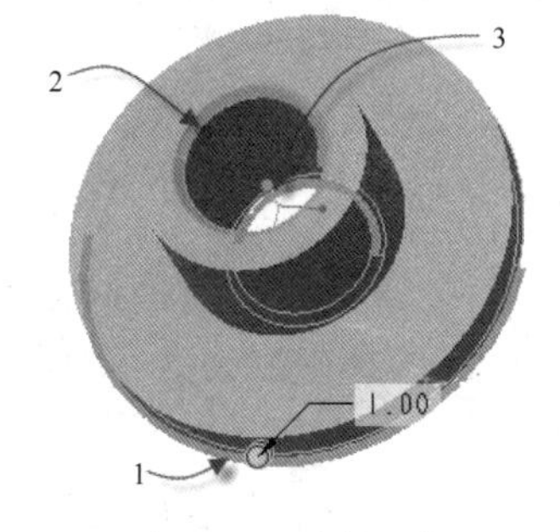

图 1-51 选择边线

图 1-52 倒角后的效果

步骤 4：创建一个草绘孔特征。

（1）单击“工程”组中的“孔”按钮，打开图 1-53 所示的“孔”选项卡。

图 1-53 “孔”选项卡

（2）在“孔”选项卡中单击“草绘（使用草绘定义钻孔轮廓）”按钮，此时“孔”选项卡上显示的按钮如图 1-54 所示。

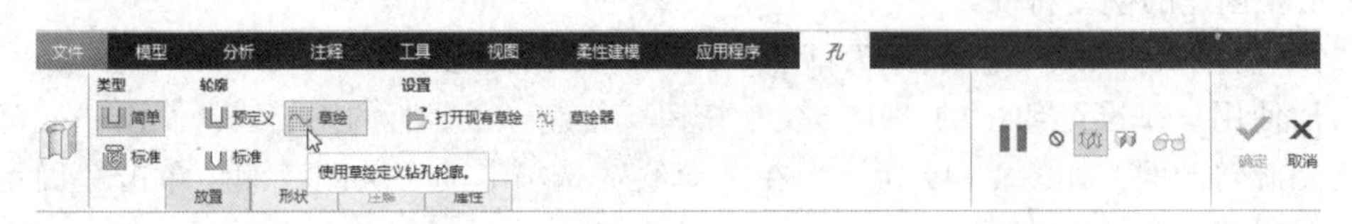

图 1-54 使用草绘定义钻孔轮廓

（3）在“孔”选项卡上单击“草绘器（激活草绘器以创建剖面）”按钮，进入草绘模式。接着在功能区“草绘”选项卡的“草绘”组中单击“中心线”按钮，绘制一条竖直中心线；单击“线链”按钮绘制孔轮廓的旋转剖面，如图 1-55 所示。单击“确定”按钮，完成草绘并退出草绘器。

（4）在图 1-56 所示的端面上单击，指定主参考。此时可以打开“孔”选项卡的“放置”下滑面板，接受默认的“线性”选项，即接受使用两个线性尺寸来放置孔特征。

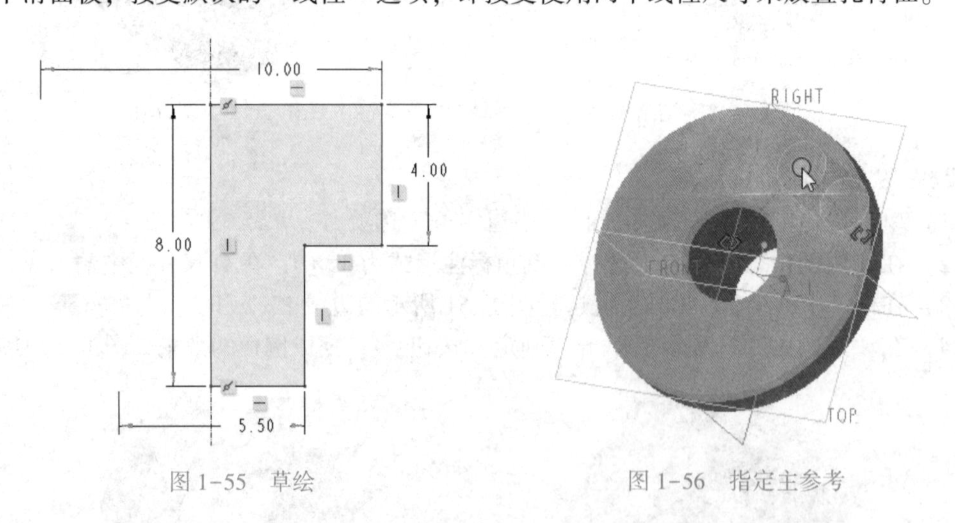

图 1-55 草绘

图 1-56 指定主参考

（5）定义偏移参考（次参考）：使用鼠标分别拖动两个偏移控制图柄捕捉到 RIGHT 基准平面和 FRONT 基准平面，并在“放置”下滑面板的“偏移参考”收集器中设置相应的偏移距离，如图 1-57 所示。

（6）在“孔”选项卡上单击“确定”按钮，创建的第一个草绘孔特征，如图 1-58 所示。

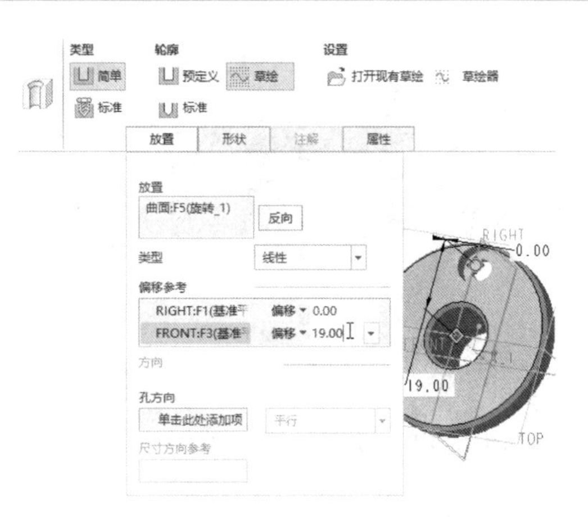

图 1-57 定义偏移参考

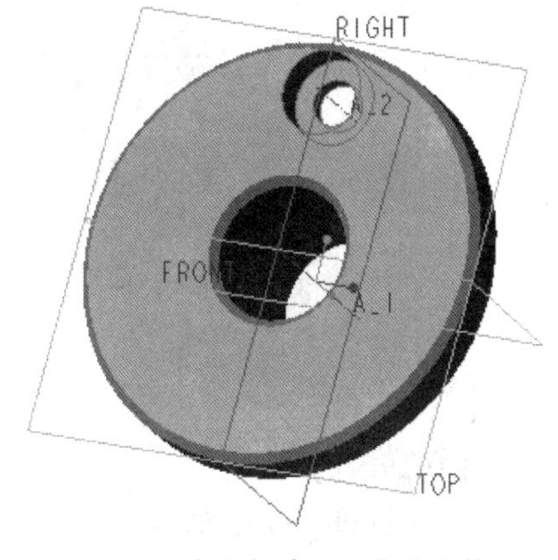

图 1-58 完成创建一个草绘孔特征

步骤 5：创建阵列特征。

（1）刚创建的孔特征处于被选中的状态，单击“编辑”组中的“阵列”按钮。

（2）在打开的“阵列”选项卡上，从阵列类型的下拉列表框中选择“轴”选项，如图 1-59 所示。

图 1-59 “阵列”选项卡

（3）在模型中选择中心轴线 A_1，设置第一方向的阵列成员数为 4，阵列成员间的角度为 90，如图 1-60 所示。

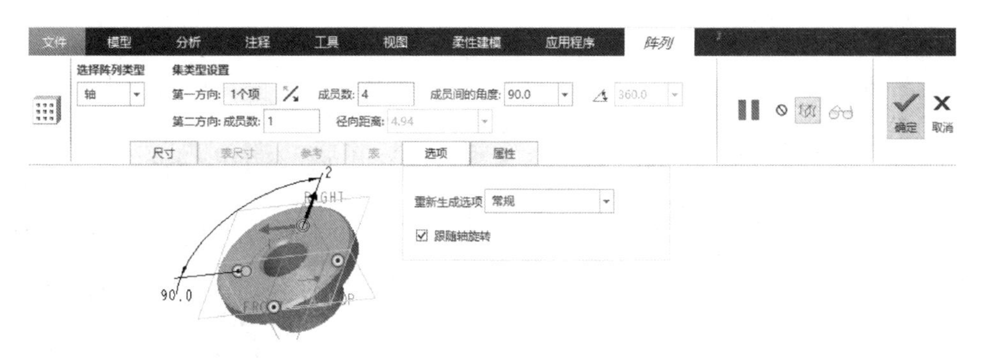

图 1-60 设置阵列参数

（4）单击“阵列”选项卡上的“确定”按钮，得到的阵列结果如图 1-61 所示。

步骤 6：保存文件及拭除模型。

（1）在“快速访问”工具栏中单击“保存”按钮，弹出“保存对象”对话框，选择文件将要保存的目录路径，单击对话框中的“确定”按钮。

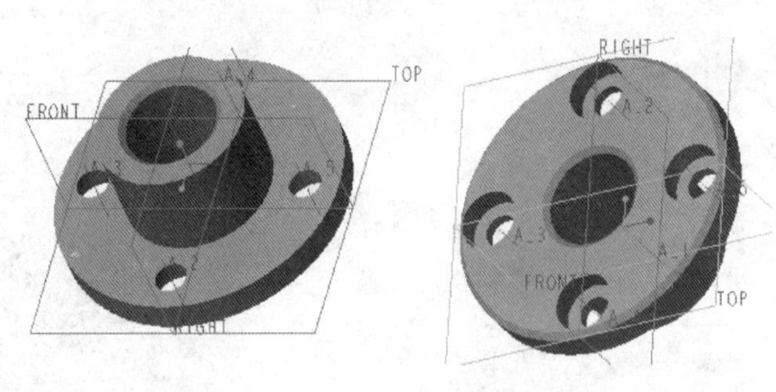

图 1-61　阵列结果

（2）在功能区的“文件”选项卡中选择“管理会话”→“拭除当前”命令，系统弹出“拭除确认”对话框，从中单击“是”按钮。

1.7　初试牛刀

设计题目 1：要求设计一个销轴用平垫圈的三维模型，其二维零件示意图如图 1-62 所示，图中的公称内径 $d_1=20$ mm，公称外径 $d_2=30$ mm，公称厚度 $h=4$ mm，这些尺寸规格可以从 GB/T 97.3—2000 中查到。

设计题目 2：要求设计一个单耳止动垫圈的三维模型，其二维零件示意图如图 1-63 所示，图中的尺寸取值为：$d=17$ mm，$L=32$ mm，$S=1$ mm，$D=40$ mm，$B=15$ mm，$B_1=32$ mm。这些取值可以从 GB/T 854 中查到，倒圆角由读者自行设计。

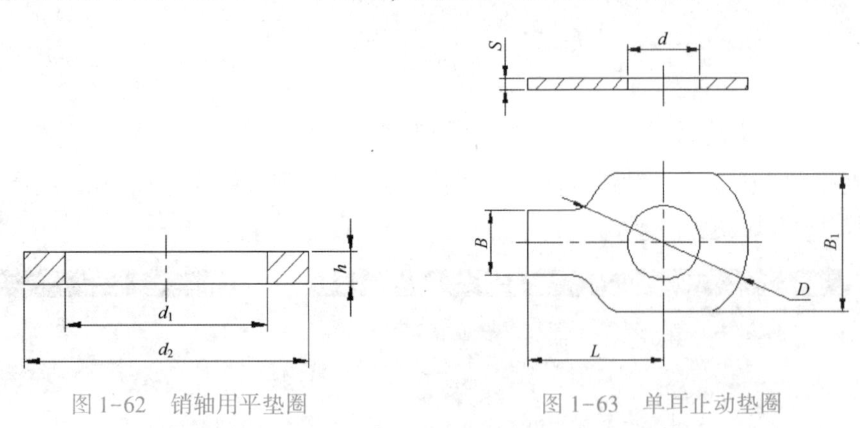

图 1-62　销轴用平垫圈　　　　图 1-63　单耳止动垫圈

设计题目 3：设计图 1-64 所示的轴套类零件，已知内孔直径为 25 mm，其他尺寸由读者自行确认。

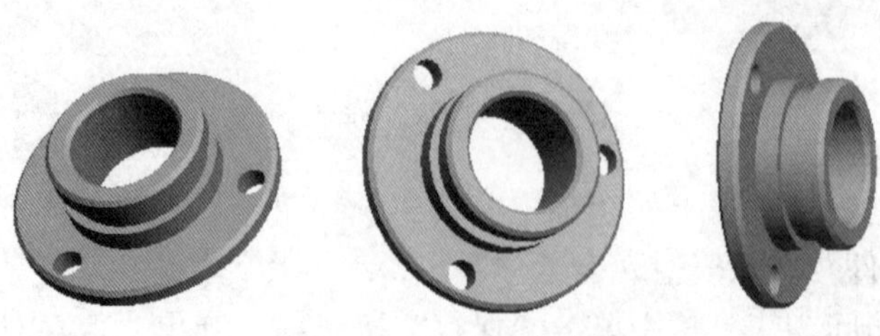

图 1-64　设计效果图

第2章　轴类零件设计

本章导读：

轴类零件是组成机器的主要零件之一。轴的主要功用是支撑回转零件及传递运动和动力，换言之，即一切作回转运动的传动零件（例如齿轮、带轮、蜗轮等）都须安装在轴上才能够进行运动及动力的传递。

在本章中，首先扼要地分析轴类零件的特点及结构，然后通过若干详尽的实例介绍光轴、阶梯轴、花键轴和曲轴这些典型轴类零件的创建方法及步骤。

本章精彩范例：

- 光轴
- 阶梯轴
- 花键轴
- 曲轴

2.1　轴类零件的特点及结构设计概述

轴类零件主要用来支承回转零件及传递运动和动力的一类重要零件，它被广泛应用在机器设备中。按照承受载荷的不同，轴类零件可以分为转轴、心轴和传动轴三类。其中，在工作中既承受弯矩又承受扭矩的轴称为转轴；在工作中只承受弯矩而不承受扭矩的轴称为心轴，心轴又可以分为转动心轴和固定心轴；在工作中只承受扭矩而不承受弯矩（或者弯矩很小）的轴称为传动轴。

按照轴线形状的不同，还可以将轴类零件分为直轴和曲轴两大类。

根据外形的不同，直轴又可以分为光轴和阶梯轴两种。其中光轴形状最为简单，其加工容易，应力集中源少，但轴上的零件不容易装配及定位，故光轴主要用于心轴和传动轴；而阶梯轴相对复杂一些，对轴上的零件提供了很好的装配及定位条件，常用于转轴。

轴类零件的结构设计需要重点考虑如下 4 点因素：

（1）轴在机器中的安装位置和形式。

（2）轴上安装的零件的类型、尺寸、数量以及轴连接的方法。

（3）载荷的性质、大小、方向及分布情况。

（4）轴的加工工艺等。

在进行轴类零件的设计时，应该根据不同的应用情况进行具体的结构分析，使得轴和安装在轴上的零件均有准确的工作位置，并且轴上的零件应满足一定的装卸和调整要求等。

对于一般的轴类零件，其结构可以看作由实心圆柱体（或空心圆柱体）、键槽、退刀槽、安装连接用的螺孔、定位用的销孔、防止应力集中的圆角等若干结构组成。

下面通过实例介绍轴类零件的三维建模方法及过程。

2.2　光轴实例

光轴属于直轴的一种，它形状简单，加工容易，应力集中源少。另外，光轴一般都设计成实心的。本实例要创建的光轴如图 2-1 所示，它将作为固定心轴。

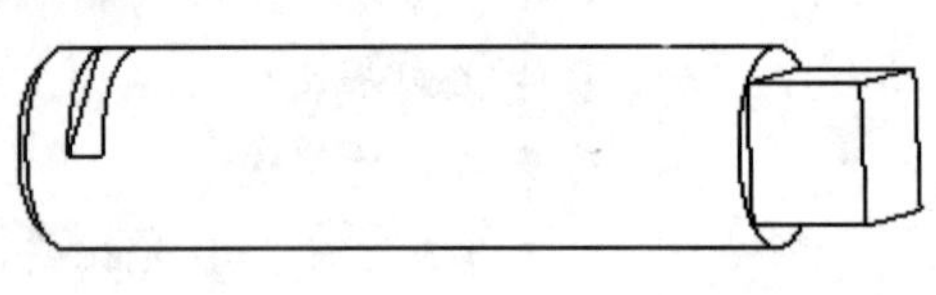

图 2-1　光轴

在该实例中，先以拉伸的方式创建一个圆柱体，接着采用拉伸切除的方式构建安装结构，最后进行倒角操作。

具体的操作步骤如下。

步骤 1：新建零件文件。

（1）在“快速访问”工具栏中单击“新建”按钮，弹出“新建”对话框。

（2）在“类型”选项组中选择“零件”单选按钮，在“子类型”选项组中选择“实体”单选按钮；在“名称”文本框中输入 HY_2_1；并取消勾选“使用默认模板”复选框，不使用默认模板。

（3）在“新建”对话框上单击“确定”按钮，弹出“新文件选项”对话框。

（4）在“模板”选项组中选择 mmns_part_solid 选项。

（5）单击“确定”按钮，进入零件设计模式。

步骤 2：以拉伸的方式创建圆柱体。

（1）在功能区“模型”选项卡的“形状”组中单击“拉伸”按钮，打开“拉伸”选项卡，在该选项卡中默认指定要创建的模型特征为“实心”。

（2）在图形窗口中选择 RIGHT 基准平面，从而以该基准平面为默认草绘平面，快速地进入草绘器中。

知识点拨　用户也可以单击“拉伸”选项卡的“放置”标签以打开“放置”下滑面板。接着单击“定义”按钮，弹出“草绘”对话框。再选择 RIGHT 基准平面作为草绘平面，接受默认的草绘方向设置（例如以 TOP 基准平面为“左”方向参考）。然后单击“草绘”按钮，进入草绘模式。

（3）绘制图 2-2 所示的拉伸剖面。单击“确定”按钮，完成草绘并退出草绘模式。

（4）在“拉伸”选项卡上接受默认的深度类型选项为（盲孔），输入要拉伸的深度值为120。

（5）在“拉伸”选项卡上单击“确定”按钮✔。在键盘上按〈Ctrl+D〉快捷键，以默认的标准方向显示模型，如图2-3所示。

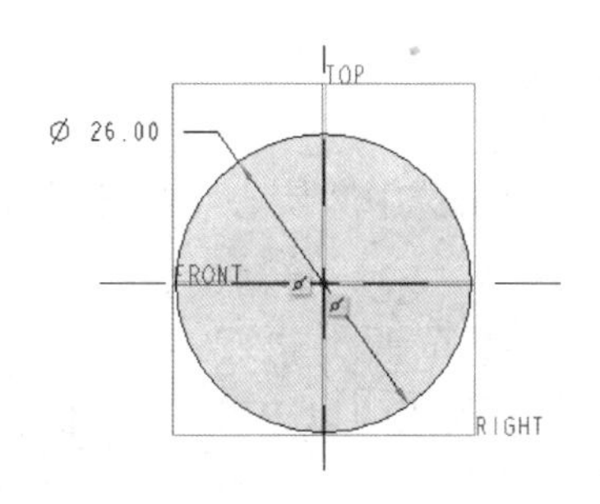

图2-2 草绘剖面

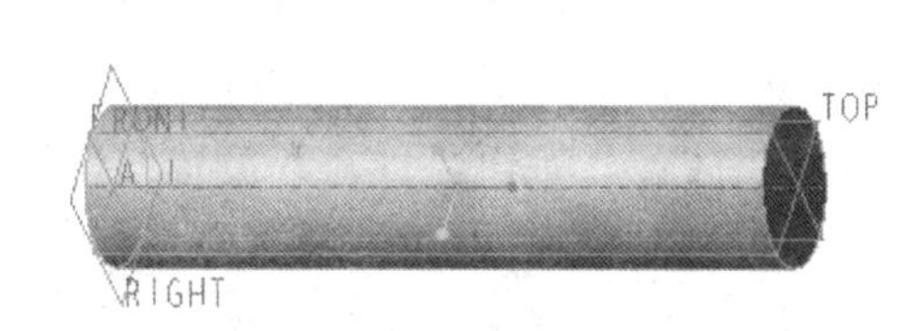

图2-3 创建的圆柱体

步骤3：以拉伸方式切除材料。

（1）单击“拉伸”按钮，打开“拉伸”选项卡，默认选中“实心”按钮，并单击选中“移除材料”按钮。

（2）单击“放置”按钮以打开“放置”下滑面板，接着单击“定义”按钮，弹出“草绘”对话框。选择图2-4所示的零件面，以TOP基准平面作为“左”方向参考，单击“草绘”按钮，进入草绘模式。

（3）绘制图2-5所示的剖面，单击“确定”按钮✔。

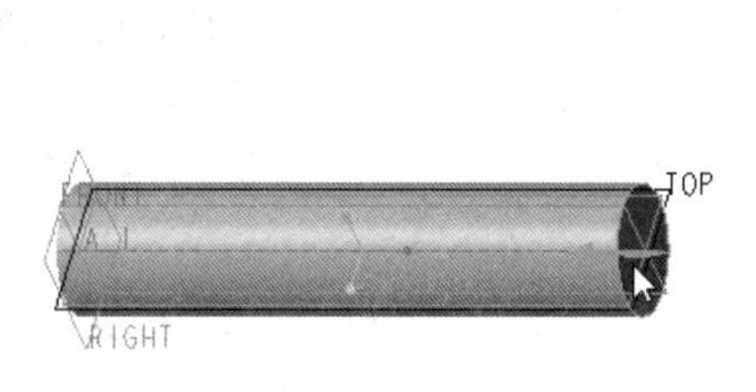

图2-4 选择草绘平面

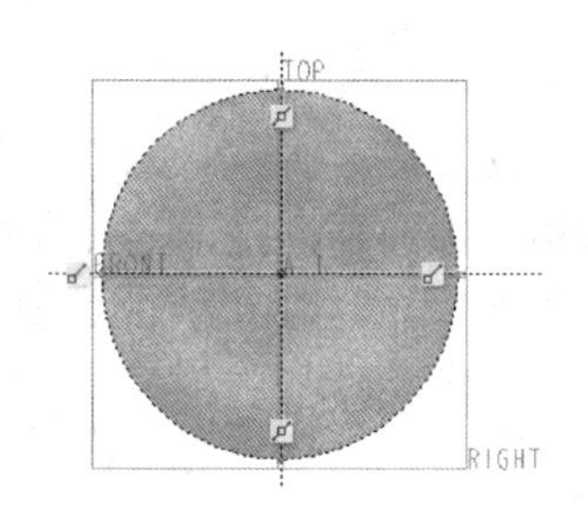

图2-5 草绘剖面

（4）在“拉伸”选项卡上输入深度值为16，并单击图2-6所示的“将材料的拉伸方向更改为草绘的另一侧”按钮，此时模型如图2-7所示。

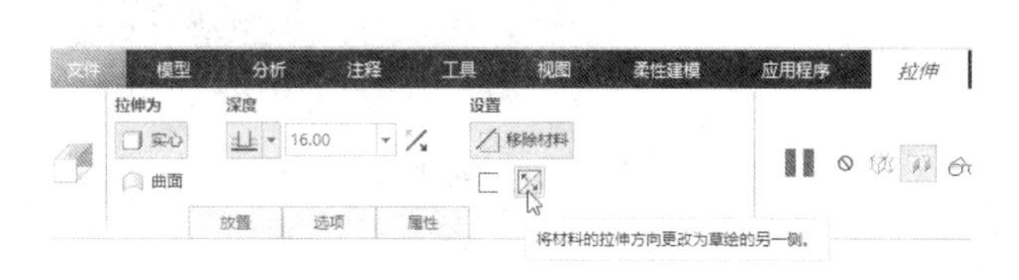

图2-6 单击按钮

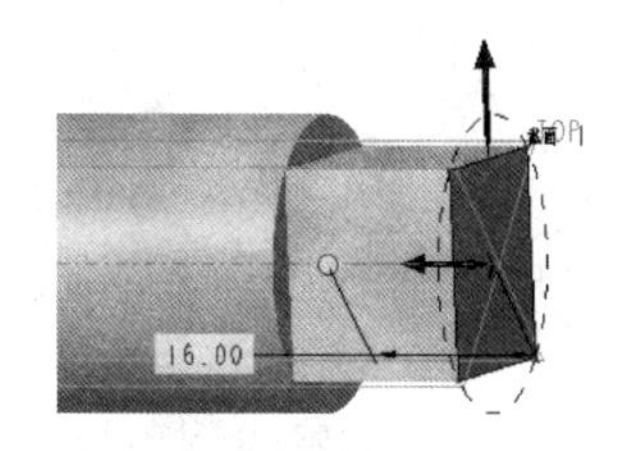

图2-7 模型显示

（5）单击“确定”按钮✔，得到的光轴如图2-8所示。

步骤4：以拉伸方式切除材料。

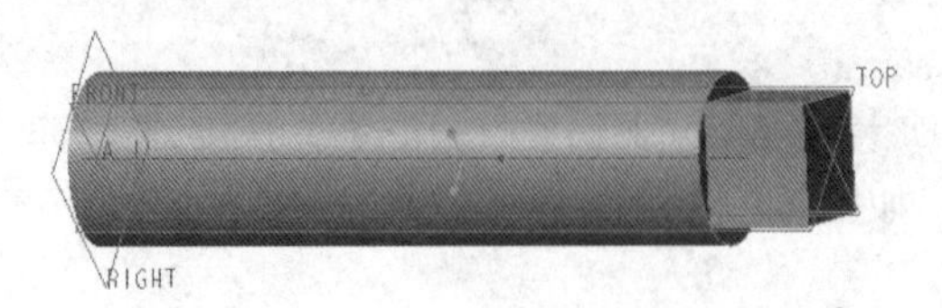

图 2-8　切除材料的效果

（1）单击“拉伸”按钮，打开“拉伸”选项卡，单击选中“实心”按钮和“移除材料”按钮。

（2）单击“放置”按钮，打开“放置”下滑面板，接着单击“定义”按钮，弹出“草绘”对话框。选择 FRONT 基准平面作为草绘平面，接受默认的以 RIGHT 基准平面作为“右”方向参考，单击“草绘”按钮。

（3）绘制图 2-9 所示的剖面，单击“确定”按钮。

图 2-9　草绘剖面

（4）在“拉伸”选项卡上单击“选项”按钮，打开“选项”下滑面板，将“侧 1”和“侧 2”的深度选项分别设置为（穿透），如图 2-10 所示。

（5）单击“确定”按钮，如图 2-11 所示。

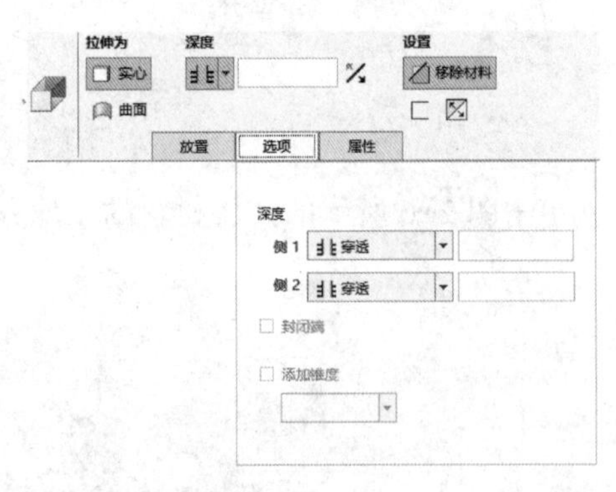

图 2-10　设置“深度”选项

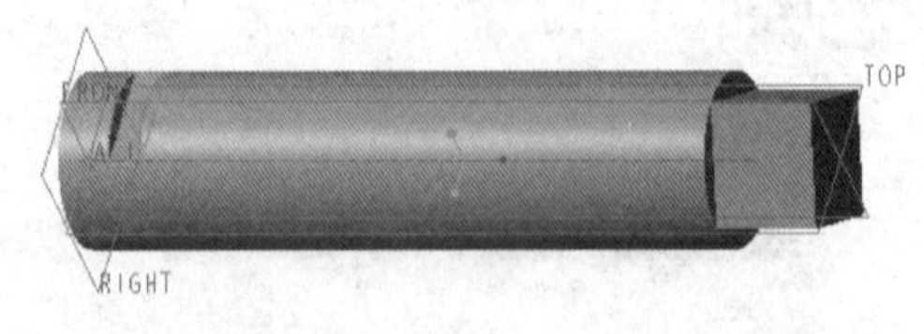

图 2-11　创建出一个定位切口

步骤 5：创建边倒角特征。

（1）在功能区“模型”选项卡的“工程”组中单击“边倒角”按钮，打开“边倒角”选项卡。

（2）在“边倒角”选项卡上选择边倒角标注形式为 45×D，在 D 尺寸框中输入 2。

（3）在模型中选择图 2-12 所示的边线。

（4）在“边倒角”选项卡上单击“确定”按钮✔。

至此，完成了光轴的创建，光轴模型如图 2-13 所示。

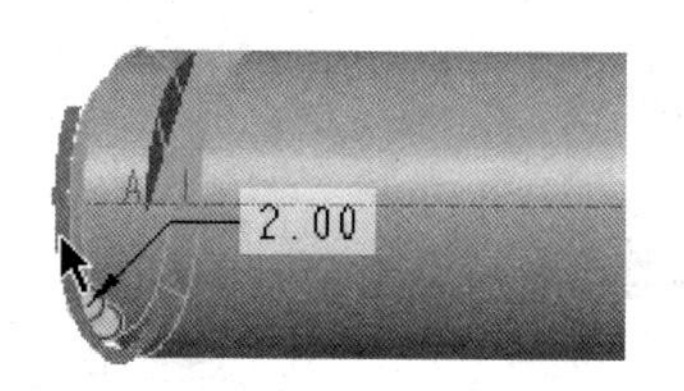

图 2-12　选择倒角边线

图 2-13　完成的光轴

2.3　阶梯轴实例

阶梯轴在机械设备中较为常见，其主体造型可以采用旋转工具来创建，而阶梯轴上的键槽可以使用拉伸工具，并结合建立的基准平面来辅助创建。

本实例要创建的阶梯轴如图 2-14 所示。

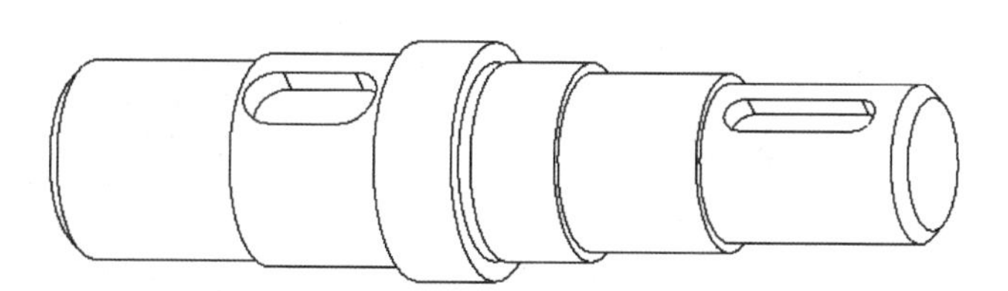
图 2-14　要创建的阶梯轴模型

在该实例中，将复习如何创建旋转特征、基准平面、拉伸特征、倒角特征、倒圆角特征等。重点注意阶梯轴上的键槽是如何创建的。

下面是具体的操作步骤。

步骤 1：新建零件文件。

（1）在“快速访问”工具栏中单击“新建”按钮，弹出“新建”对话框。

（2）在“类型”选项组中选择“零件”单选按钮，在“子类型”选项组中选择“实体”单选按钮；在“名称”文本框中输入 HY_2_2；并取消勾选“使用默认模板”复选框，不使用默认模板。

（3）在“新建”对话框上单击“确定”按钮，弹出“新文件选项”对话框。

（4）在“模板”选项组中，选择 mmns_part_solid 选项。

（5）单击“确定”按钮，进入零件设计模式。

步骤 2：创建旋转实体。

（1）单击“旋转”按钮，打开“旋转”选项卡。

（2）选择 FRONT 基准平面作为草绘平面，快速地进入草绘模式。

（3）使用“基准”组中的“中心线”按钮绘制一条水平的几何中心线，接着使用“线链”按钮绘制封闭的旋转剖面，如图 2-15 所示。单击“确定”按钮✔，完成草绘并退出草绘模式。

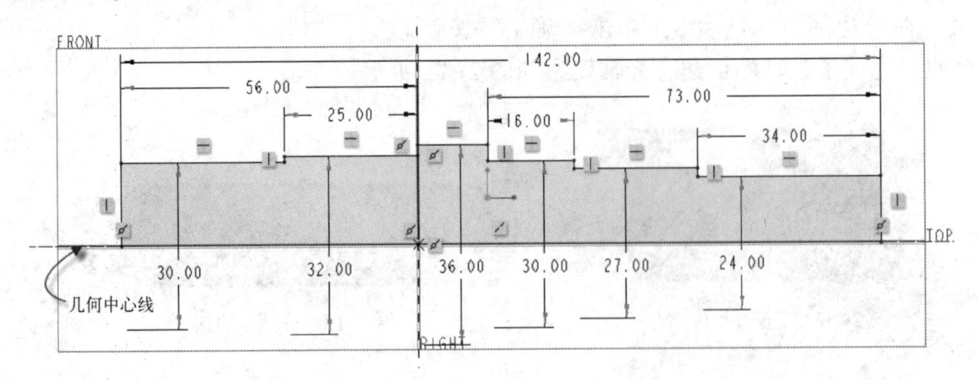

图 2-15　草绘剖面

（4）在“旋转”选项卡上接受默认的旋转角度为 360°，单击“确定”按钮，完成阶梯轴基本体的创建。按〈Ctrl+D〉快捷键以默认的标准方向显示模型，此时如图 2-16 所示。

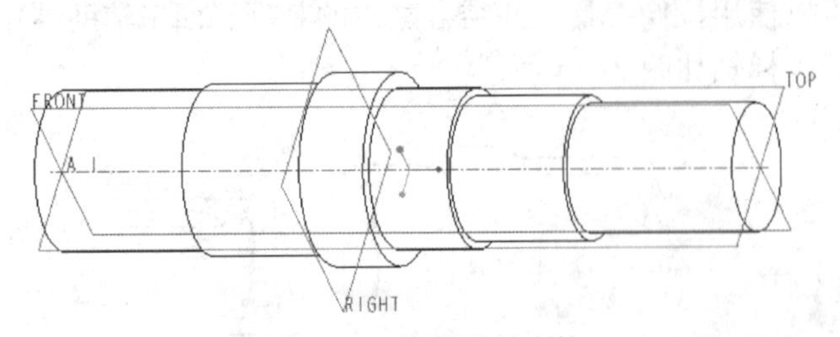

图 2-16　阶梯轴基本体

步骤 3：以旋转的方式切除材料。

（1）单击“旋转”按钮，打开“旋转”选项卡。

（2）在“旋转”选项卡上指定要创建的模型特征为“实心”，并单击“移除材料”按钮。

（3）单击“旋转”选项卡上的“放置”按钮以打开“放置”下滑面板，接着单击该下滑面板上的“定义”按钮，弹出“草绘”对话框。然后单击“草绘”对话框的“使用先前的”按钮，进入草绘模式。

（4）绘制图 2-17 所示的剖面，注意添加了作为旋转轴的一条几何中心线，然后单击“确定”按钮。

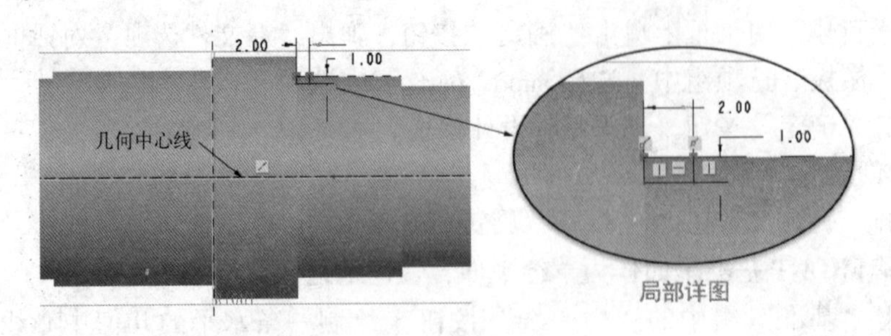

图 2-17　绘制旋转剖面

（5）在“旋转”选项卡中单击“确定”按钮✔，如图 2-18 所示（FRONT 视角）。

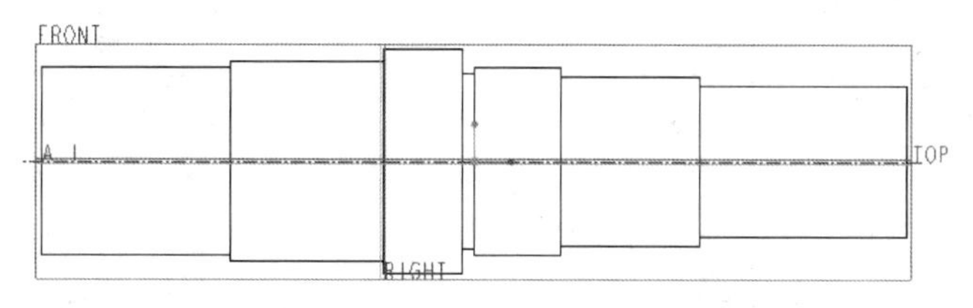

图 2-18　旋转切除的结果

步骤 4：创建倒角特征。

（1）单击“边倒角”按钮，打开“边倒角”选项卡。

（2）在“边倒角”选项卡上选择边倒角标注形式为 45×D，在 D 尺寸框中输入 2。

（3）在模型中选择图 2-19 所示的两个边线。

（4）在“边倒角”选项卡上单击“确定”按钮✔，如图 2-20 所示。

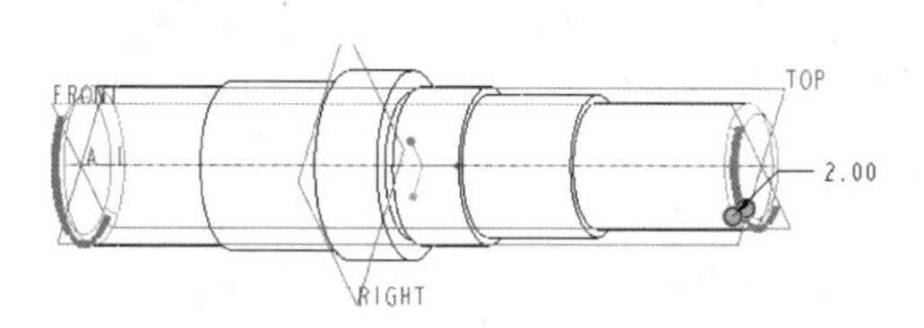

图 2-19　选择要倒角的边参考

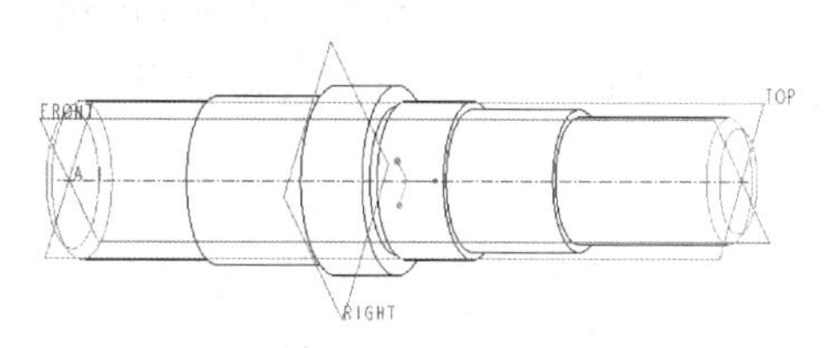

图 2-20　倒角结果

步骤 5：创建倒圆角特征。

（1）单击“倒圆角”按钮，打开“倒圆角”选项卡。

（2）在“倒圆角”选项卡的尺寸框中输入当前倒圆角集的半径为 1。

（3）按住〈Ctrl〉键选择图 2-21 所示的两条边线，该两条边线处于同一个环形槽中。

（4）在“倒圆角”选项卡上单击“确定”按钮✔，如图 2-22 所示（FRONT 视角）。

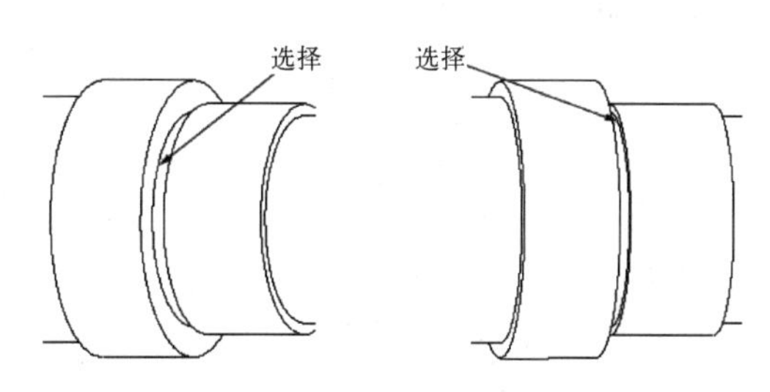

图 2-21　选择位于环形槽中的两边线

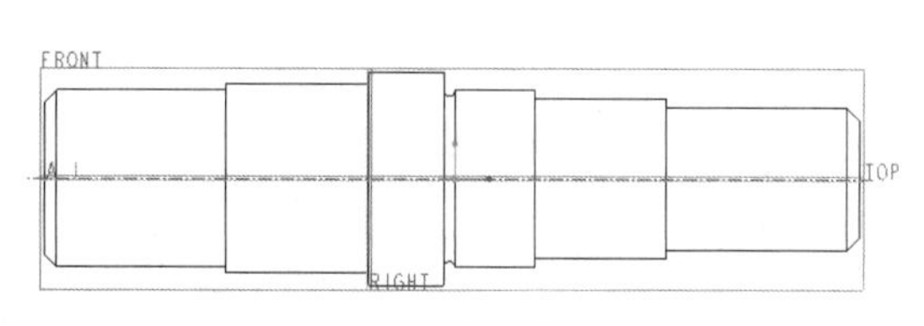

图 2-22　倒圆角结果

步骤 6：创建一个用于辅助创建键槽结构的基准平面。

（1）在功能区“模型”选项卡的“基准”组中单击“平面”按钮，打开“基准平面”对话框。

（2）选择 TOP 基准平面作为偏移参考，输入偏移距离为 11，如图 2-23 所示。

（3）单击“基准平面”对话框的“确定”按钮，创建了基准平面 DTM1。

步骤 7：以拉伸切除的方式创建键槽结构。

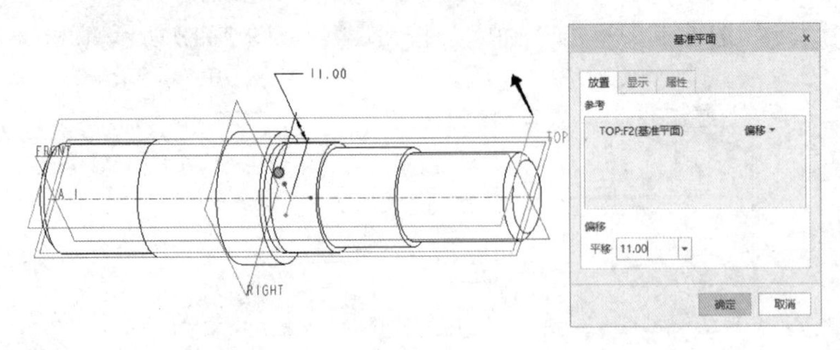

图 2-23　创建基准平面 DTM1

（1）确保选中基准平面 DTM1，单击“拉伸”按钮，则系统默认以选定的基准平面 DTM1 作为草绘平面，从而自动进入内部草绘器。

（2）绘制图 2-24 所示的拉伸剖面，单击“确定”按钮。

（3）在“拉伸”选项卡中确保选中“实心”按钮和“移除材料”按钮。

（4）在“拉伸”选项卡上的深度选项下拉列表框中选择（穿透）选项，注意设置两个箭头方向如图 2-25 所示（模型以标准方向视角显示）。

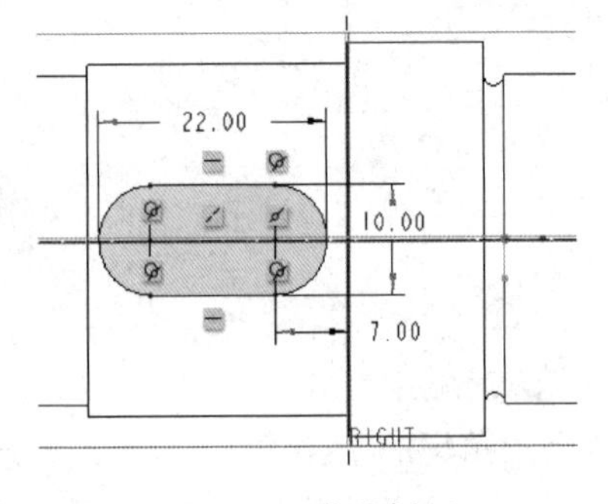

图 2-24　草绘剖面

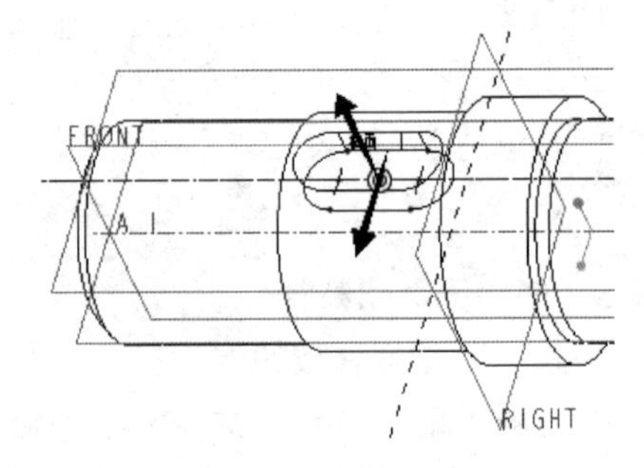

图 2-25　设置深度类型等

（5）单击“确定”按钮。完成的第 1 个键槽结构如图 2-26 所示。

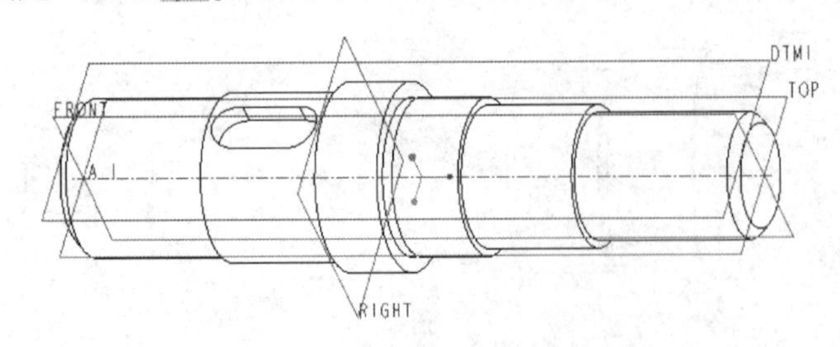

图 2-26　完成第 1 个键槽

步骤 8：创建第二个键槽结构。

（1）单击“拉伸”按钮，打开“拉伸”选项卡。

（2）在“拉伸”选项卡上单击选中“实心”按钮和“移除材料”按钮。

（3）打开“放置”下滑面板，单击“定义”按钮，弹出“草绘”对话框。

（4）这时，需要创建一个基准平面作为其内部基准平面，用来辅助建立键槽结构。单击“基准”→“基准平面”按钮，系统弹出“基准平面”对话框，选择 TOP 基准平面作为偏移参考，设置其偏移距离为 8，如图 2-27 所示，单击“确定”按钮，从而完成创建一个基准平面 DTM2。

（5）系统自动以 DTM2 基准平面作为草绘平面，以 RIGHT 基准平面作为“右”方向参考，单击“草绘”对话框中的“草绘”按钮，进入草绘模式。

（6）绘制图 2-28 所示的剖面，单击“确定”按钮✔。

（7）按〈Ctrl+D〉快捷键，接着在“拉伸”选项卡上单击“深度方向”按钮，并从深度选项下拉列表框中选择（穿透）选项，此时模型如图 2-29 所示。

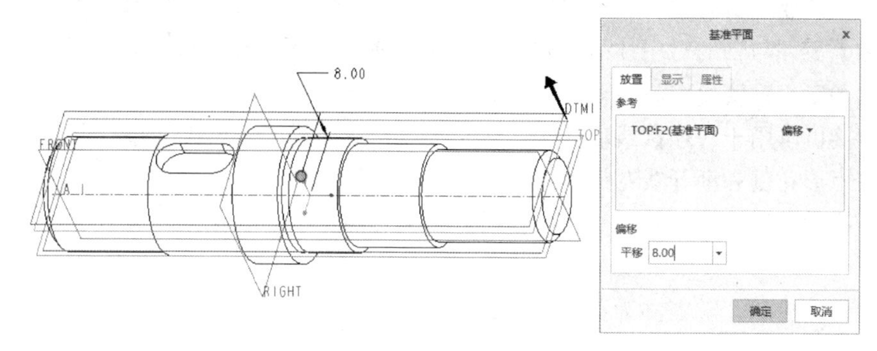

图 2-27 创建基准平面 DTM2

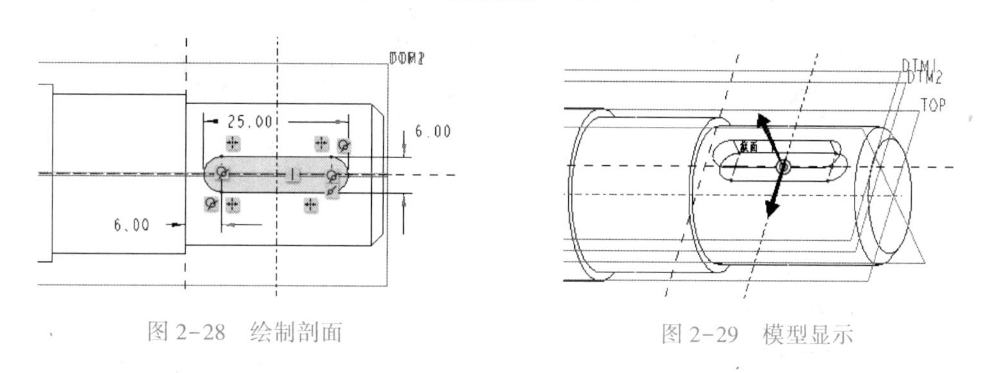

图 2-28 绘制剖面

图 2-29 模型显示

（8）在“拉伸”选项卡上单击“确定”按钮✔，完成第 2 个键槽结构的创建。至此，完成了本阶梯轴的创建，如图 2-30 所示。

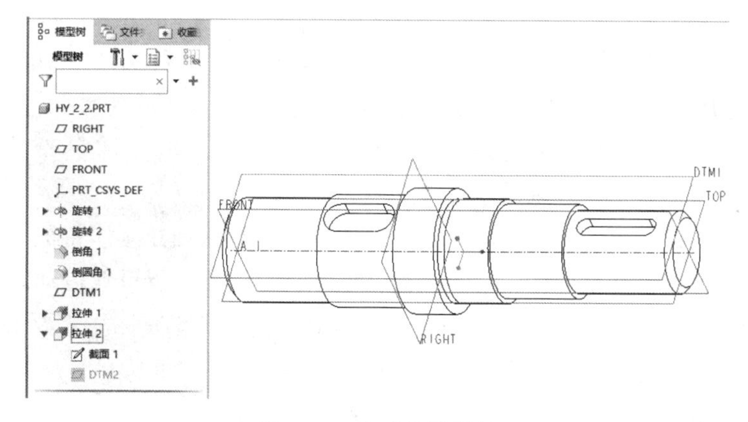

图 2-30 完成的阶梯轴

2.4 花键轴实例

通常将具有花键结构的轴零件件称之为花键轴。在介绍如何创建花键轴的三维模型之前，先来了解一下花键连接的一些基础知识。

花键连接是由内花键和外花键组成的，它在强度、工艺和使用方面具有很多优点，比如连接受力均匀、齿根处应力集中较小、轴与毂的强度削弱少、可以承受较大的载荷、轴上零件与轴的对中性好（这对高速及精密机器很重要），以及导向性较好等。花键连接适用于定心精度要求高、载荷大或经常滑移的连接。

花键连接可以用于静连接或动连接。如果按照花键结构的齿形不同进行分类，则可以分为标准化的矩形花键和渐开线花键两大类。

在进行花键结构的设计时，需要根据设计要求按照标准选取花键的齿数、尺寸、配合等相关参数。

本实例要完成的花键零件为花键轴，其三维模型如图 2-31 所示。

图 2-31　花键轴

本实例主要知识点：花键结构的建模方法，尤其是“扫描”工具命令的使用方法。

具体的建模步骤如下。

步骤 1：新建零件文件。

（1）在“快速访问”工具栏中单击“新建”按钮，弹出“新建”对话框。

（2）在“类型”选项组中选择“零件”单选按钮，在“子类型”选项组中选择“实体”单选按钮；在“名称”文本框中输入 HY_2_4；并取消勾选“使用默认模板”复选框以不使用默认模板。

（3）在“新建”对话框上单击“确定”按钮，弹出“新文件选项”对话框。

（4）在“模板”选项组中选择 mmns_part_solid 选项。

（5）单击“确定”按钮，进入零件设计模式。

步骤 2：以旋转的方式创建轴的基本体。

（1）单击“旋转”按钮，打开“旋转”选项卡，默认创建实体特征。

（2）选择 FRONT 基准平面作为草绘平面，以默认方向参考等设置自动进入草绘模式。

（3）绘制图 2-32 所示的旋转剖面和水平旋转中心线，在完成标注需要的尺寸及修改尺寸后，单击“确定”按钮。

（4）接受默认的旋转角度为 360°，在“旋转”选项卡上单击“确定”按钮，按〈Ctrl+D〉快捷键，此时创建的旋转特征以默认的标准方向视角显示，如图 2-33 所示。

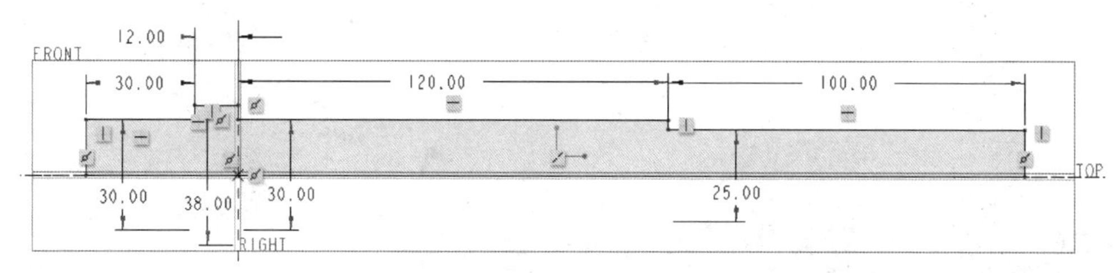

图 2-32 绘制剖面

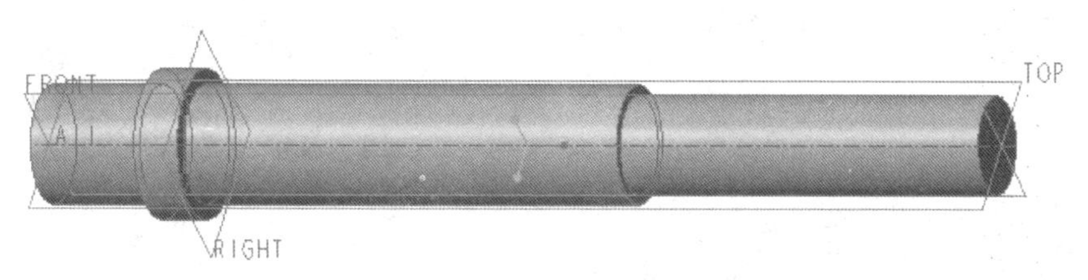

图 2-33 创建的旋转特征

步骤 3：创建倒角特征。

（1）单击“边倒角”按钮，打开“边倒角”选项卡。

（2）在“边倒角”选项卡上选择边倒角标注形式为 45×D，在 D 尺寸框中输入 1.5。

（3）结合〈Ctrl〉键在模型中选择图 2-34 所示的几处边线。

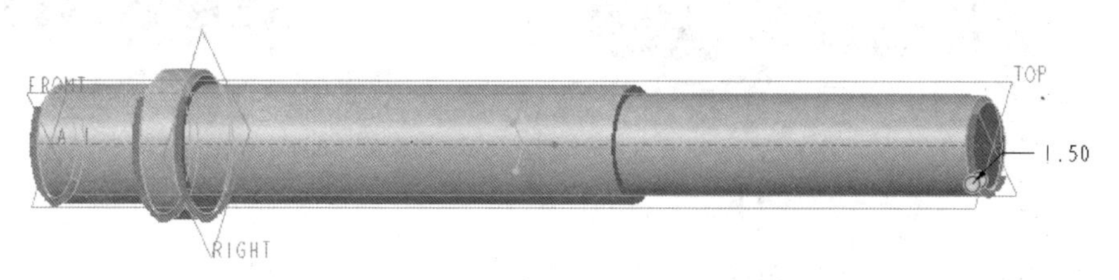

图 2-34 选择要倒角的边参考

（4）在“边倒角”选项卡上单击“确定”按钮。

步骤 4：创建键槽结构。

（1）单击“拉伸”按钮，打开“拉伸”选项卡，默认选中“实心”按钮。

（2）单击“放置”按钮，打开“放置”下滑面板，单击该面板上的“定义”按钮，弹出“草绘”对话框。

（3）在功能区右侧区域打开“基准”工具列表，接着从该列表中单击“基准平面”按钮，打开“基准平面”对话框，选择 TOP 基准平面作为偏移参考，设置偏移距离为 11，如图 2-35 所示，然后单击“确定”按钮，完成创建基准平面 DTM1。

（4）系统自动以 DTM1 基准平面作为草绘平面，接受默认的方向参考，单击“草绘”对话框上的“草绘”按钮，进入草绘模式。

（5）绘制图 2-36 所示的剖面，单击“确定”按钮。

（6）在键盘上按〈Ctrl+D〉快捷键，接着在“拉伸”选项卡上确保单击选中“移除材料”按钮，并从深度选项下拉列表框中选择（穿透）选项，注意模型中的箭头方向如图 2-37 所示。

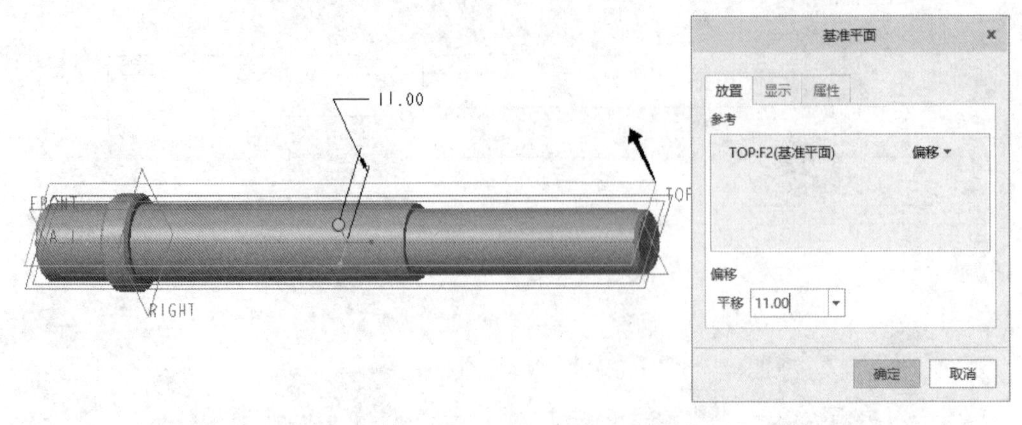

图 2-35　创建基准平面 DTM1

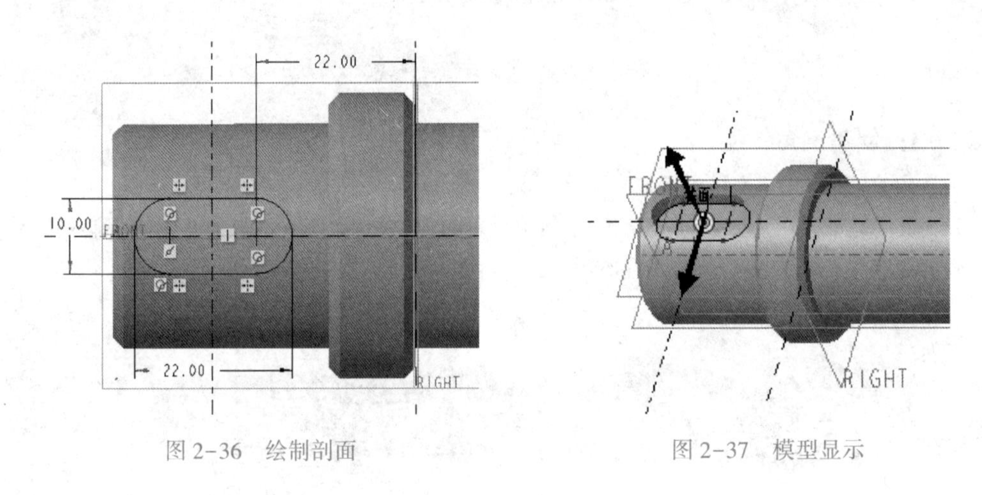

图 2-36　绘制剖面　　图 2-37　模型显示

（7）在“拉伸”选项卡上单击“确定”按钮，完成该键槽结构的创建，如图 2-38 所示。

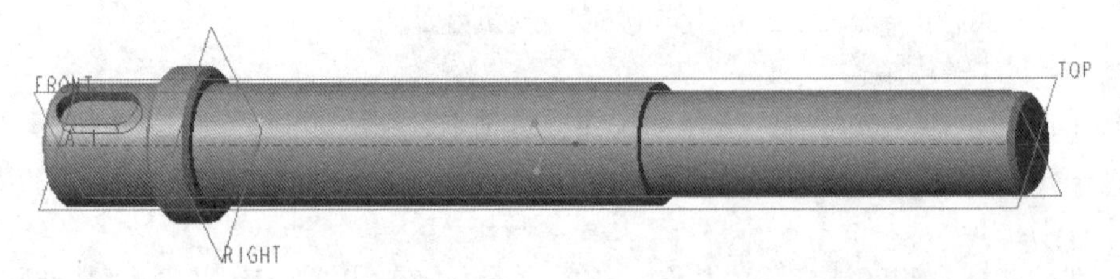

图 2-38　完成键槽的创建

步骤 5：创建其中一个花键槽。

（1）在功能区“模型”选项卡的“形状”组中单击“扫描”按钮，打开“扫描”选项卡。

（2）在“扫描”选项卡上分别单击“实心”按钮、“移除材料”按钮和“保持截面不变”按钮，如图 2-39 所示。

（3）在功能区的右侧区域打开“基准”列表，接着单击“草绘”按钮，系统弹出

“草绘”对话框。选择 FRONT 基准平面作为草绘平面，默认以 RIGHT 基准平面为“右”方向参考，单击“草绘”按钮，进入内部草绘器。

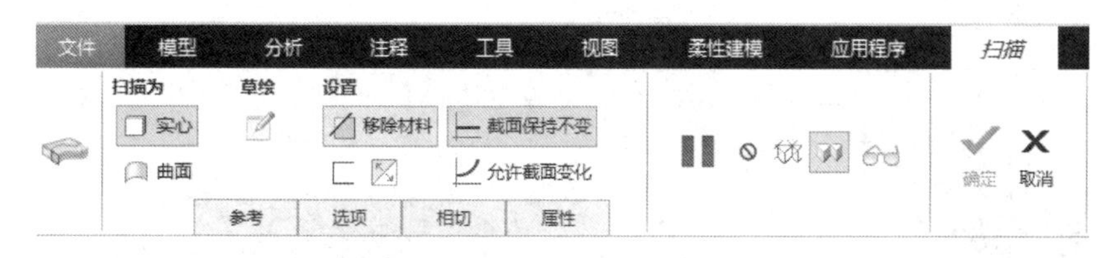

图 2-39 “扫描”选项卡

（4）绘制图 2-40 所示的曲线，单击“确定”按钮✔。

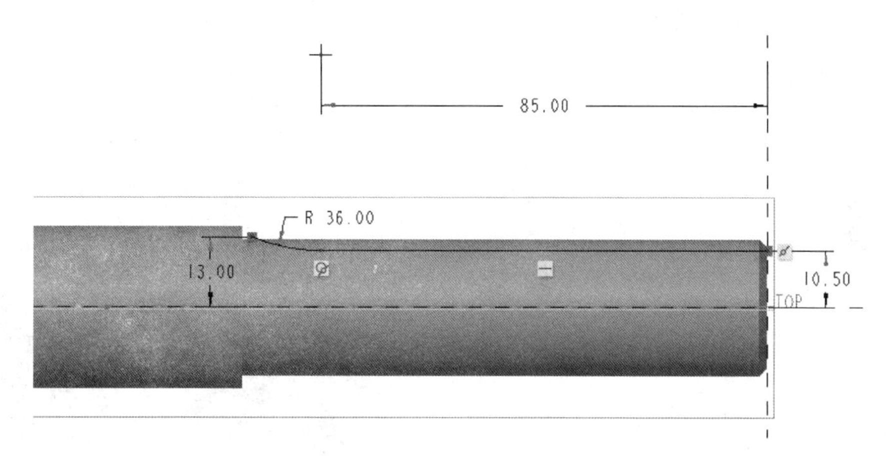

图 2-40 绘制曲线

（5）在“扫描”选项卡上单击出现的“退出暂停模式，继续使用此工具”按钮▶，如图 2-41 所示。

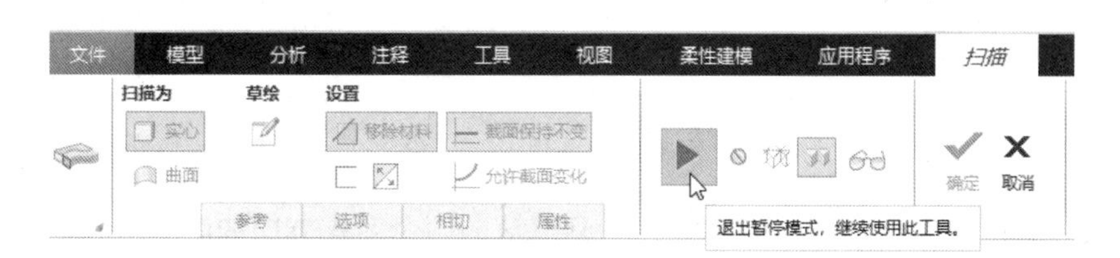

图 2-41 在“扫描”选项卡上进行操作

（6）系统默认选择刚完成绘制的曲线作为原点轨迹，通过在图形窗口中单击箭头图标的方式改变原点轨迹的起点箭头方向。所需的起点箭头方向如图 2-42 所示，并注意“参考”下滑面板中的相关设置。

（7）在“扫描”选项卡上打开“选项”下滑面板，进行图 2-43 所示的设置。接着在“扫描”选项卡上单击“草绘（创建或编辑扫描截面）”按钮，进入草绘器中。

（8）绘制图 2-44 所示的扫描剖面，单击“确定”按钮✔。

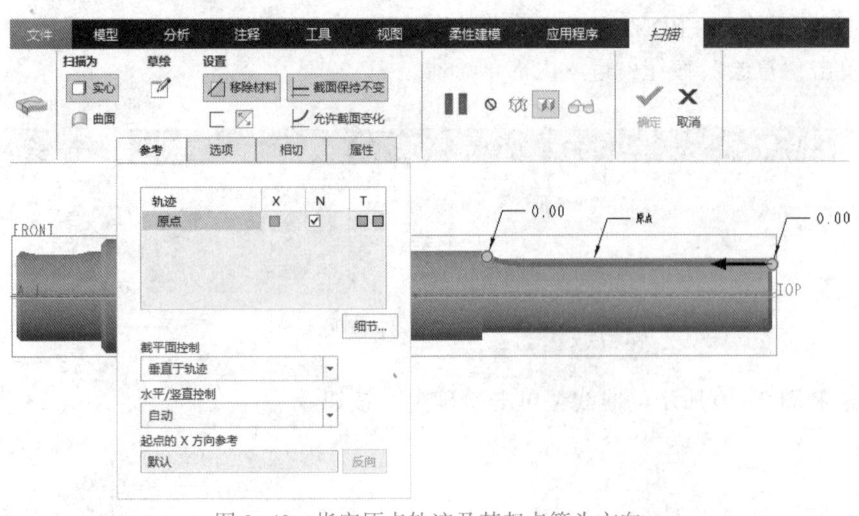

图 2-42　指定原点轨迹及其起点箭头方向

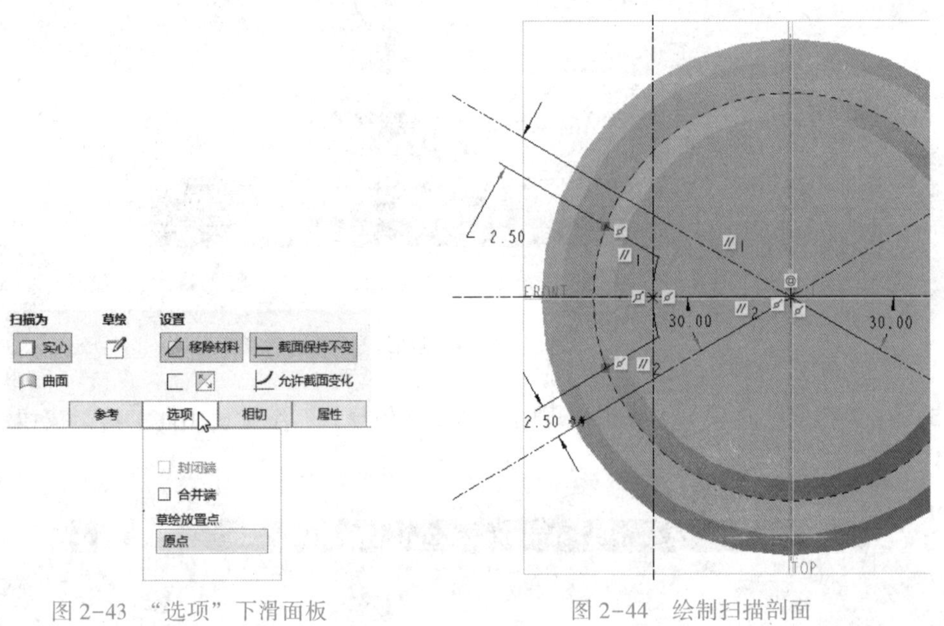

图 2-43　“选项”下滑面板

图 2-44　绘制扫描剖面

（9）按〈Ctrl+D〉快捷键，此时可以看到默认的两个箭头方向如图 2-45 所示。

（10）在“扫描”选项卡上单击“确定”按钮✓，完成图 2-46 所示的一处花键槽。

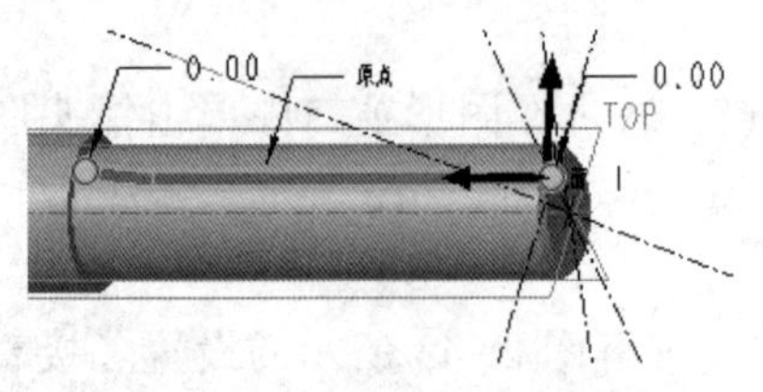

图 2-45　两个箭头方向

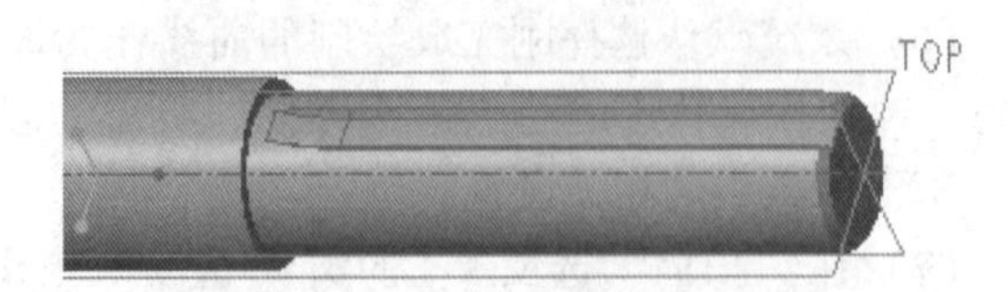

图 2-46　创建其中的一处花键槽

步骤 6： 以阵列的方式创建其余花键槽。

（1）单击“阵列”按钮▦，打开“阵列”选项卡。

（2）在“阵列”选项卡中，从阵列类型下拉列表框中选择“轴”选项。

（3）在模型中选择特征轴 A_1。

（4）在“阵列”选项卡中单击“设置阵列的角度范围”按钮，接着设置其角度范围为 360°，输入第一方向的阵列成员数为 6，如图 2-47 所示。

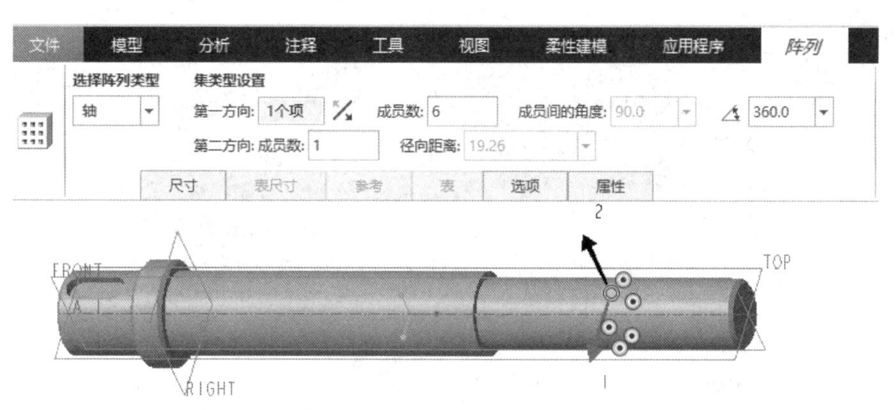

图 2-47　设置阵列参数

（5）在“阵列”选项卡上单击“确定”按钮，阵列结果如图 2-48 所示。

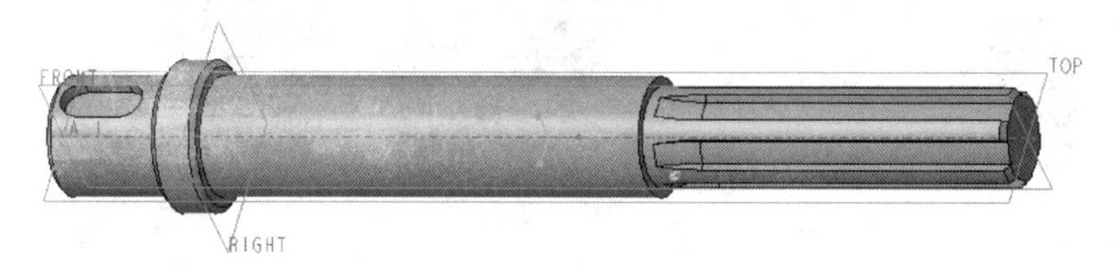

图 2-48　完成花键结构

步骤 7：创建标准螺纹孔。

（1）在功能区“模型”选项卡的“工程”组中单击“孔”按钮，打开“孔”选项卡。

（2）在“孔”选项卡上单击“创建标准孔”按钮，接着在“螺钉尺寸”框中选择 M8x1，输入钻孔深度值为 25，并选中“添加埋头孔”按钮。

（3）在“孔”选项卡上单击“形状”按钮，打开“形状”下滑面板，设置图 2-49 所示的形状尺寸参数。

（4）在“孔”选项卡中单击“放置”按钮，打开“放置”下滑面板，在模型中选择特征轴 A_1 作为第 1 个放置参考，放置类型选项默认为“同轴”，接着按住〈Ctrl〉键的同时在模型中选择另一个放置参考，即选择图 2-50 所示的端面。

（5）在“孔”选项卡上单击“确定”按钮，创建的螺纹孔特征如图 2-51 所示。

步骤 8：建立层来管理标准孔注释。

（1）在导航区的模型树上方单击“显示”按钮，接着从打开的下拉列表中选择“层树”命令，则导航区切换到层树显示模式。

（2）在层树上方单击“层”按钮，从打开的下拉菜单中选择“新建层”选项，打开“层属性”对话框。

（3）在“名称”文本框中输入 note，接着在模型中单击螺纹孔的注释信息。

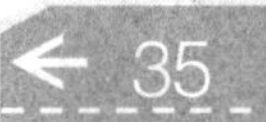

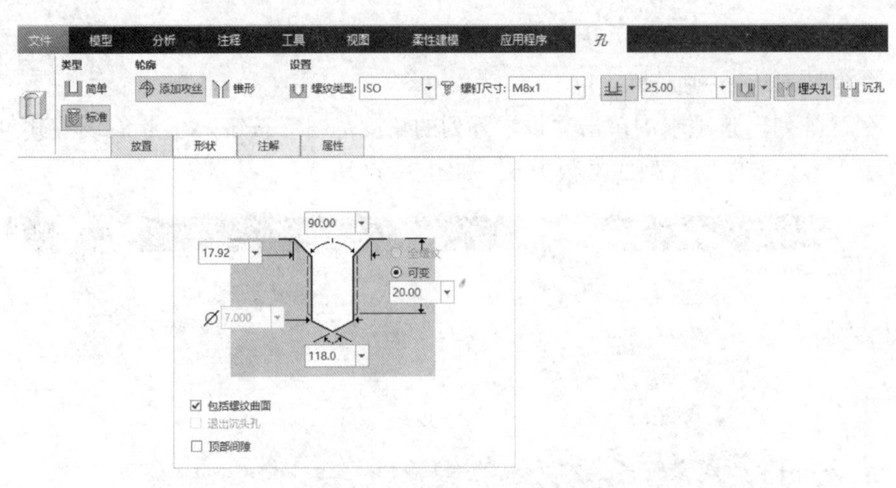

图 2-49　定义形状

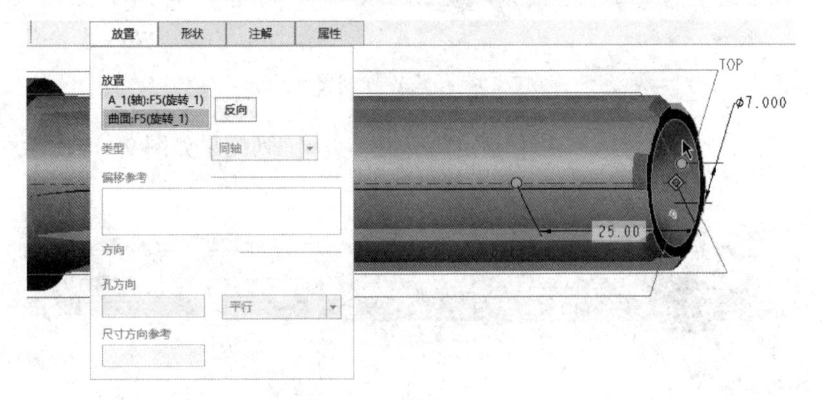

图 2-50　定义放置参考

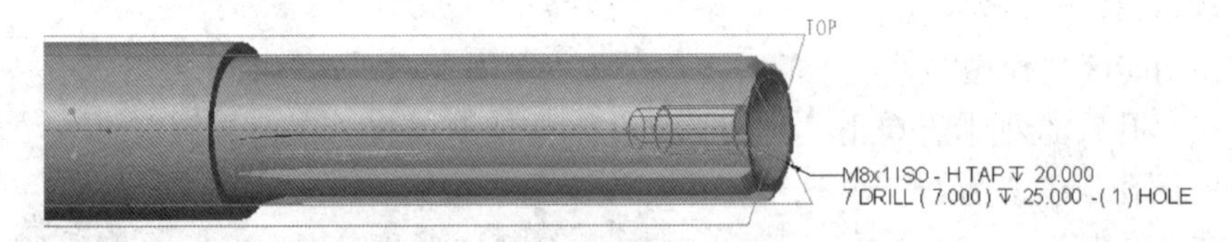

图 2-51　创建标准螺纹孔特征

（4）单击“层属性”对话框的“确定”按钮。

（5）在层树中右击 NOTE 层，从弹出的快捷菜单中选择“隐藏”命令。单击“图形”工具栏中的“重画当前视图”按钮刷新画面，此时模型中的孔注释已经被隐藏起来了，如图 2-52 所示。

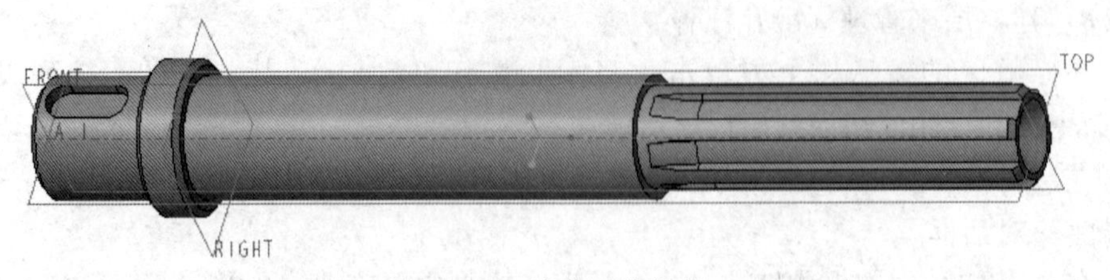

图 2-52　隐藏了孔注释

（6）在层树上方单击“显示”按钮，接着从打开的下拉列表中选择“模型树”选项，切换回模型树显示模式。

至此，完成了本花键轴的创建。

2.5 曲轴实例

曲轴通常应用在动力装置（例如发动机等）中，它可以将往复的直线运动转化为旋转运动，也可以通过连杆结构将旋转运动转化为往复的直线运动。

下面通过一个实例讲解如何创建曲轴的三维实体模型。所要完成的曲轴三维实体模型如图 2-53 所示。

图 2-53 发动机中的曲轴实体造型

在本实例中，主要通过综合应用常规的工具命令来创建曲轴的机构，所应用到的工具命令有拉伸工具、旋转工具、基准轴工具、倒圆角工具、镜像工具和扫描工具等。

具体的操作步骤如下。

步骤 1：新建零件文件。

（1）在“快速访问”工具栏中单击“新建”按钮，弹出“新建”对话框。

（2）在“类型”选项组中选择“零件”单选按钮，在“子类型”选项组中选择“实体”单选按钮；在“名称”文本框中输入 HY_2_5；并取消勾选“使用默认模板”复选框，不使用默认的模板。

（3）在“新建”对话框中单击“确定”按钮，弹出“新文件选项”对话框。

（4）在“模板”选项组中选择 mmns_part_solid 选项。

（5）单击“确定”按钮，进入零件设计模式。

步骤 2：以拉伸的方式创建一个圆柱体。

（1）单击“拉伸”按钮，打开“拉伸”选项卡，默认选中“实心”按钮。

（2）选择 RIGHT 基准平面作为草绘平面，快速地进入草绘模式中。

（3）绘制图 2-54 所示的剖面，单击“确定”按钮。

（4）在“拉伸”选项卡上，输入拉伸深度值为 83。

（5）单击“确定”按钮，按〈Ctrl+D〉快捷键，模型如图 2-55 所示。

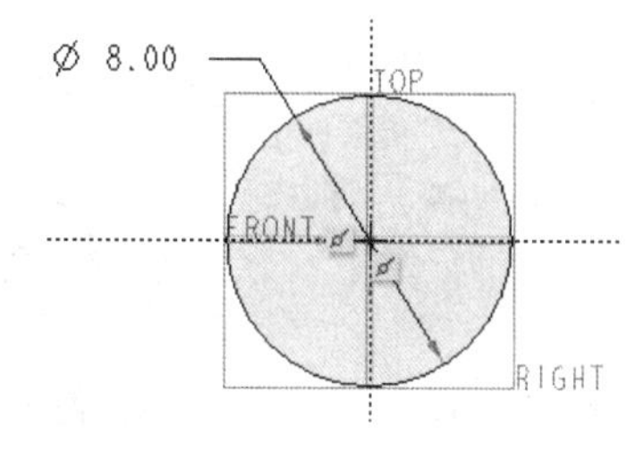

图 2-54 绘制剖面

图 2-55 创建的圆柱体

步骤 3：拉伸切除材料。

（1）单击“拉伸”按钮，打开“拉伸”选项卡。在“拉伸”选项卡上指定要创建的模型特征为“实心”按钮，并单击“移除材料”按钮。

（2）打开“放置”下滑面板，单击“定义”按钮，弹出“草绘”对话框。

（3）选择 FRONT 基准平面作为草绘平面，以 RIGHT 基准平面作为“右”方向参考，单击对话框中的“草绘”按钮，进入草绘模式中。

（4）绘制图 2-56 所示的剖面，单击“确定”按钮。

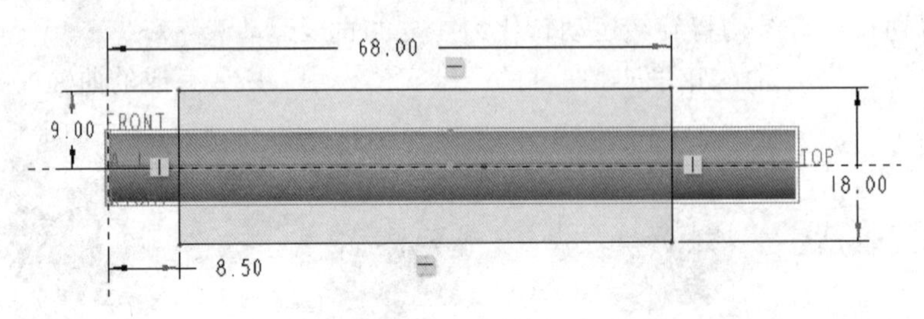

图 2-56　绘制剖面

（5）在“拉伸”选项卡中单击“选项”按钮，打开“选项”下滑面板，从“侧 1”和“侧 2”下拉列表框中均选择（穿透）选项，如图 2-57 所示。

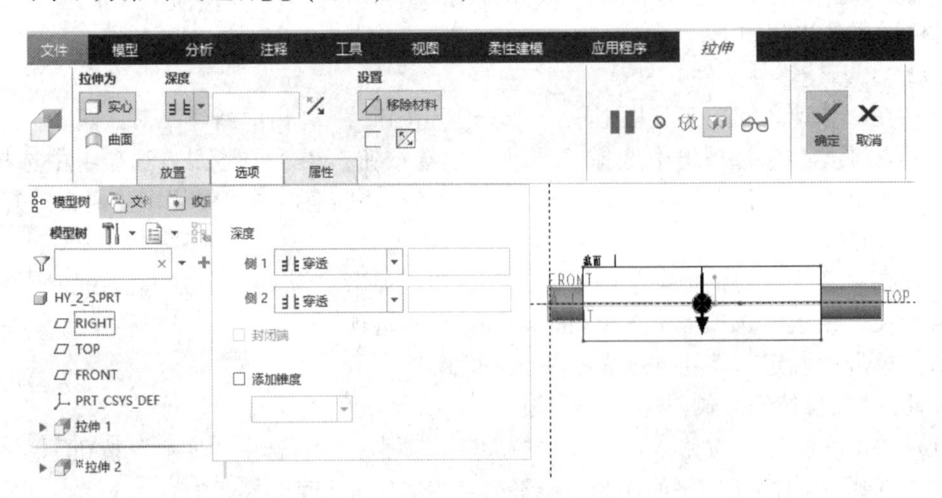

图 2-57　设置深度选项

（6）在“拉伸”选项卡中单击“确定”按钮。按〈Ctrl+D〉快捷键，以默认的标准方向视角显示零件，如图 2-58 所示。

步骤 4：创建扫描特征。

（1）单击“扫描”按钮，功能区中出现“扫描”选项卡。

（2）在功能区的右部区域单击“基准”→“草绘”按钮，弹出“草绘”对话框，选择 FRONT 基准平面作为草绘平面，默认以 RIGHT 基准平面为“右”方向参考，如图 2-59 所示，单击“草绘”按钮，进入草绘器。

（3）绘制图 2-60 所示的曲线，该曲线将用作扫描特征的原点轨迹线。单击“确定”按钮，完成草绘并退出草绘器。

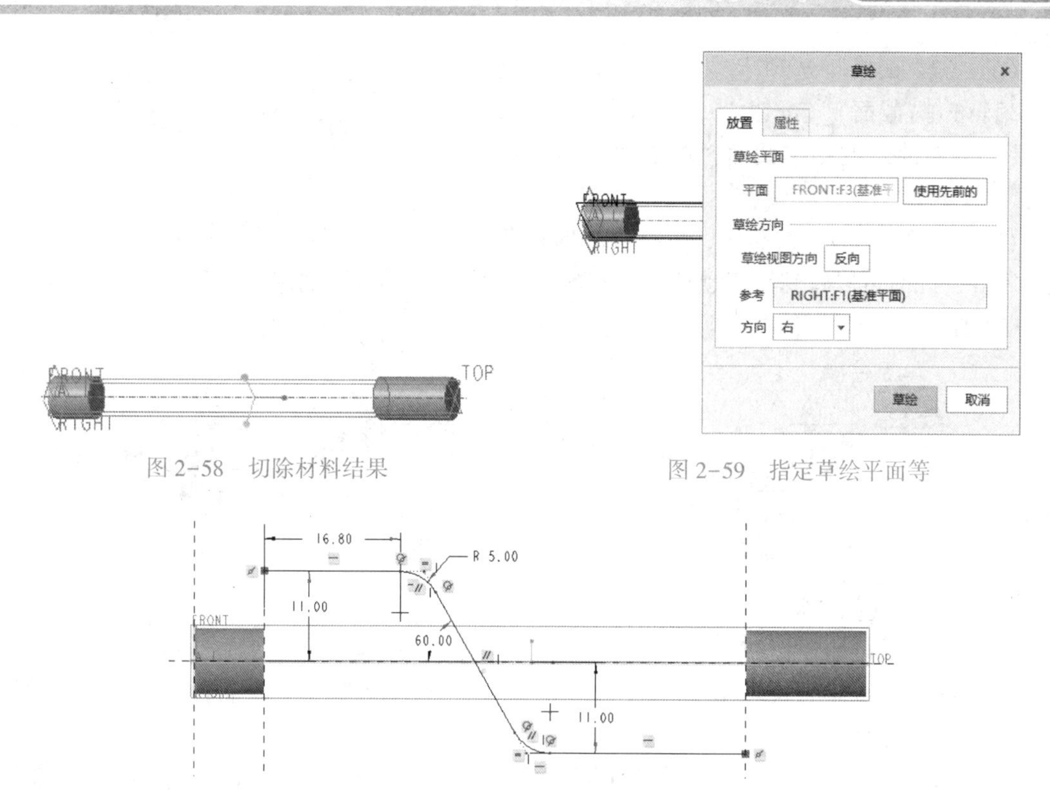

图 2-58 切除材料结果

图 2-59 指定草绘平面等

图 2-60 绘制扫描轨迹线

（4）在“扫描”选项卡上单击出现的“退出暂停模式，继续使用此工具”按钮▶。此时刚绘制的曲线被默认为原点轨迹。

（5）在“扫描”选项卡上单击选中“实心”按钮□、“保持截面不变”按钮⊢，并打开“参考”下滑面板，将“截平面控制”选项设置为“垂直于轨迹”，“水平/竖直控制”选项设置为“自动”，确保设置原点轨迹的起点箭头方向，如图 2-61 所示。

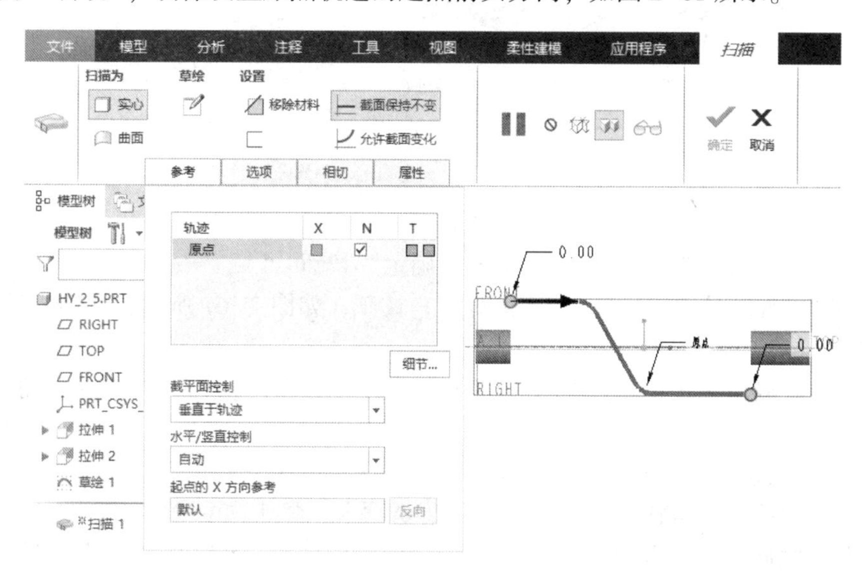

图 2-61 在“扫描”选项卡上设置相关内容

（6）在“扫描”选项卡中单击“草绘（创建或编辑扫描截面）”按钮，进入草绘器中，绘制图 2-62 所示的扫描截面，单击“确定”按钮。

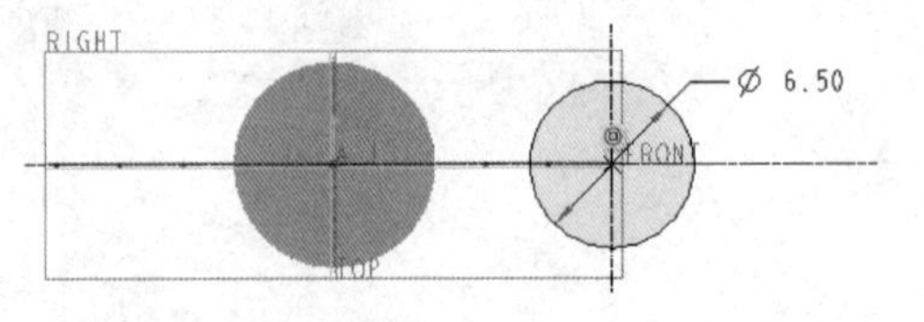

图 2-62　绘制扫描剖面

（7）按〈Ctrl+D〉快捷键，以标准方向视角显示零件，此时可以看到动态预览效果如图 2-63 所示。单击“确定”按钮，创建效果如图 2-64 所示。

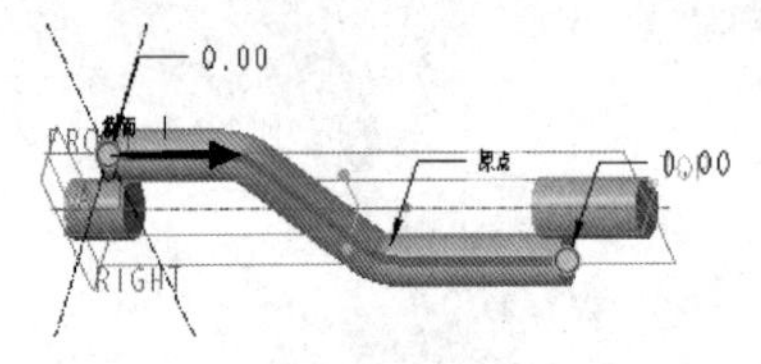

图 2-63　动态预览效果

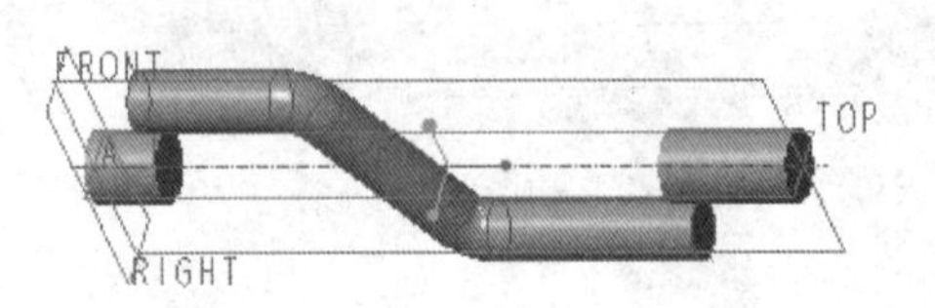

图 2-64　创建扫描实体特征

步骤 5：创建拉伸特征。

（1）单击“拉伸”按钮，打开“拉伸”选项卡，默认选中“实心”按钮。

（2）单击“拉伸”选项卡的“放置”按钮，打开“放置”下滑面板，然后单击“定义”按钮，弹出“草绘”对话框。

（3）选择图 2-65 所示的端面作为草绘平面，并默认以 TOP 基准平面为草绘方向参考，从“方向”下拉列表框中选择“上”方向参考，单击对话框中的“草绘”按钮，进入草绘模式。

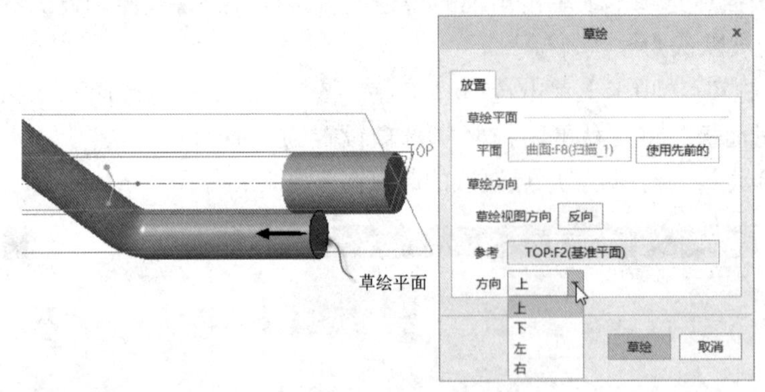

图 2-65　定义草绘平面及草绘方向

（4）绘制剖面，如图 2-66 所示，单击“确定”按钮。

（5）在“拉伸”选项卡中选择（对称）选项，如图 2-67 所示，并输入拉伸深度值为 6。

（6）单击“确定”按钮。按〈Ctrl+D〉快捷键，以默认的标准方向视角显示模型，如图 2-68 所示。

步骤 6：创建拉伸特征。

（1）单击“拉伸”按钮，打开“拉伸”选项卡，默认选中“实心”按钮。

（2）在“拉伸”选项卡的“放置”下滑面板中单击“定义”按钮，系统弹出“草绘”对话框。

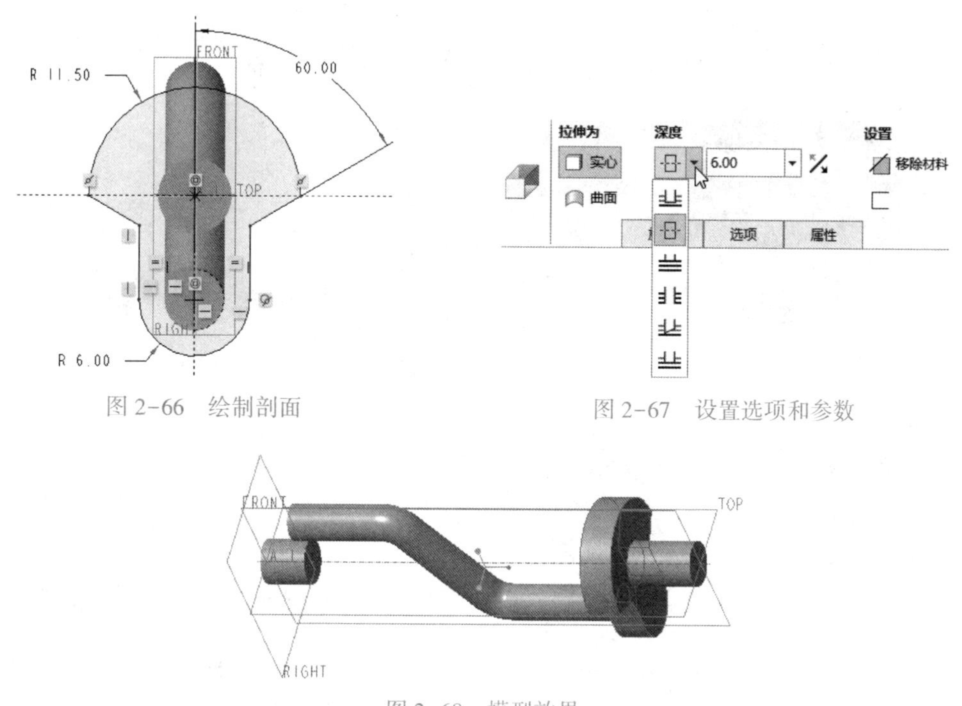

图 2-66 绘制剖面

图 2-67 设置选项和参数

图 2-68 模型效果

（3）选择图 2-69 所示的端面作为草绘平面，并选择 TOP 基准平面为“上”方向参考，单击“草绘”按钮，进入草绘模式。

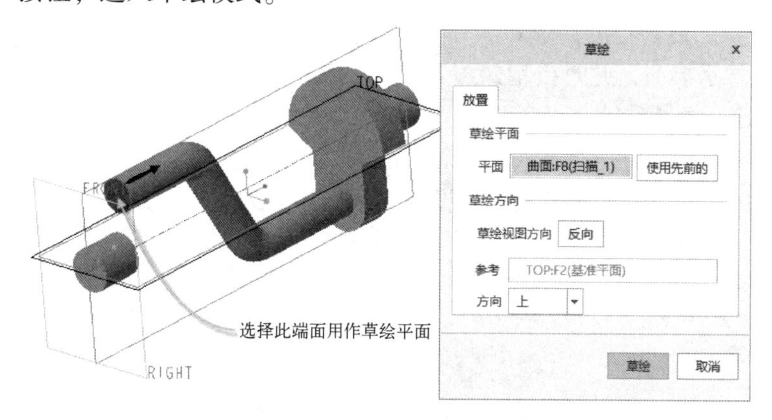

图 2-69 选择草绘平面并定义草绘方向

（4）选择绘图参考，绘制图 2-70 所示的剖面，单击“确定”按钮✔。

（5）在“拉伸”选项卡中选择-⊟-（对称）选项，并输入拉伸深度值为 6。

（6）单击“确定”按钮✔。按〈Ctrl+D〉快捷键，以标准方向视角显示模型，效果如图 2-71 所示。

步骤 7：创建旋转特征 1。

（1）单击“旋转”按钮，打开“旋转”选项卡，默认选中“实心”按钮。

（2）单击“旋转”选项卡上的“放置”按钮，打开“放置”下滑面板，接着单击该下滑面板上的“定义”按钮，弹出“草绘”对话框。

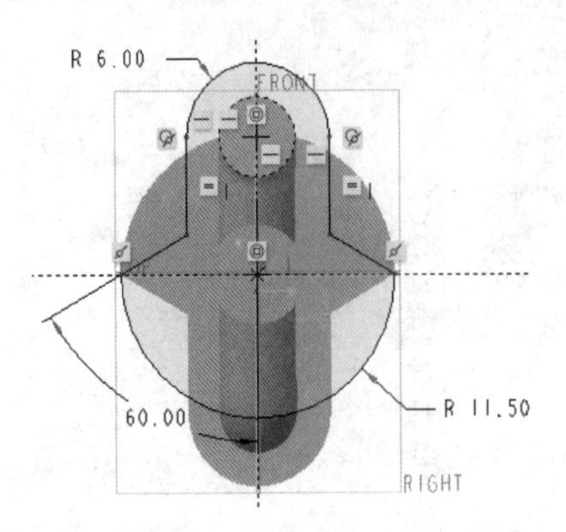

图 2-70　绘制剖面

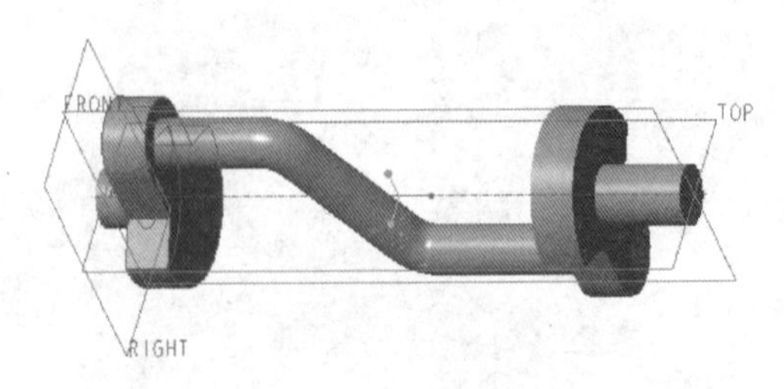

图 2-71　创建拉伸特征

（3）选择 FRONT 基准平面作为草绘平面，默认以 RIGHT 基准平面为“右”方向参考，单击“草绘”按钮，进入草绘模式。

（4）单击“基准”组中的“中心线”按钮，首先绘制一条水平的中心线作为旋转轴，接着单击“草绘”组中的“线链”按钮，绘制封闭的旋转剖面，如图 2-72 所示。单击“确定”按钮，完成草绘并退出草绘器。

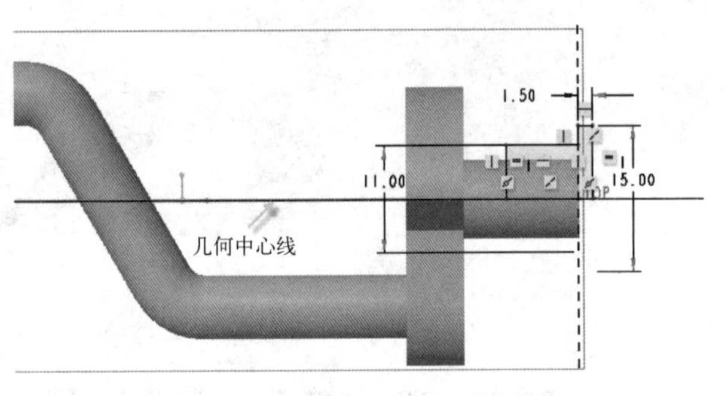

图 2-72　草绘

（5）接受默认的旋转角度为 360°，单击“确定”按钮。按〈Ctrl+D〉快捷键以默认的标准方向视角显示模型，此时模型如图 2-73 所示。

步骤 8：创建一根基准轴。

（1）单击“基准轴”按钮，打开“基准轴”对话框。

（2）选择图 2-74 所示的圆柱曲面，设置其放置约束选项为“穿过”。

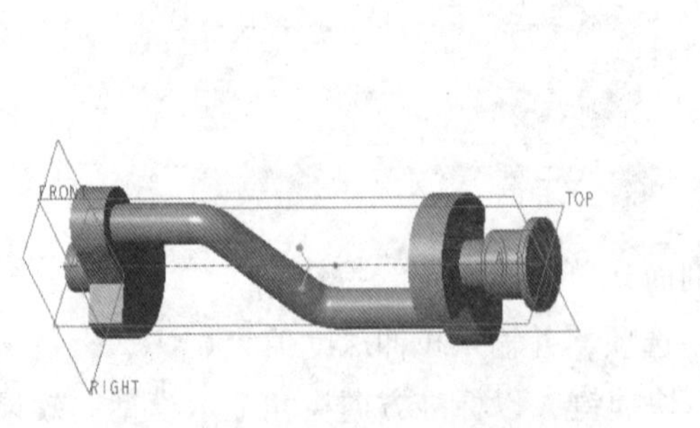

图 2-73　创建旋转特征

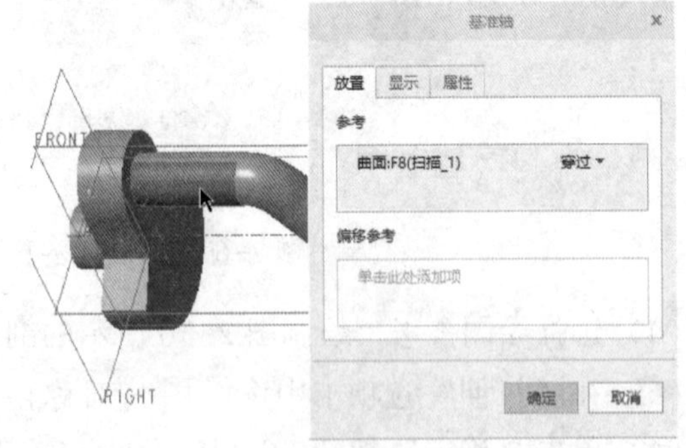

图 2-74　定义新基准轴

（3）单击“基准轴”对话框上的“确定”按钮，完成该基准轴的创建。

说明 创建基准轴是为了给后面的特征创建提供方便且直观明了的绘图参考。在实际设计工作中，要灵活应用各种基准特征，做到快速、流程简明地创建各种相关的实体特征或曲面特征等。

步骤 9：创建另一根基准轴。

（1）取消选中该创建的基准轴，单击“基准轴”按钮 ，打开“基准轴”对话框。

（2）选择图 2-75 所示的圆柱曲面，设置其放置约束选项为“穿过”。

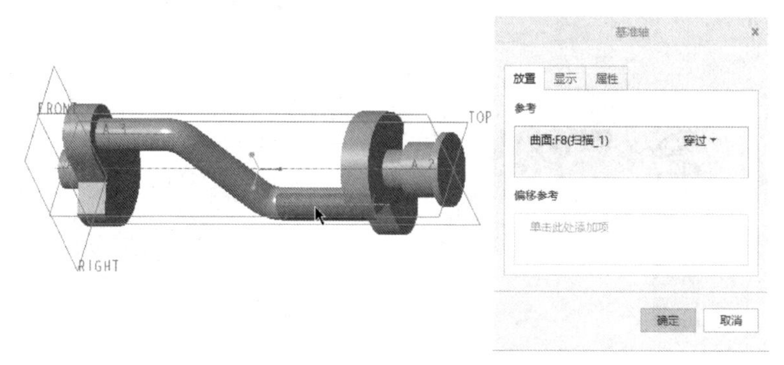

图 2-75　创建另一根基准轴

（3）单击“基准轴”对话框上的“确定”按钮，完成该基准轴的创建。

步骤 10：创建旋转特征 2。

（1）单击“旋转”按钮 ，打开“旋转”选项卡，默认模型创建为 （实心）。

（2）选择 FRONT 基准平面作为草绘平面，快速且自动地进入草绘模式。此时可以单击“设置”组中的“参考”按钮 ，打开“参考”对话框，选择相应的轴线作为绘图参考。

（3）单击“基准”组中的“中心线”按钮 ，首先绘制一条水平的几何中心线作为旋转轴，接着单击“草绘”组中的“中心线”按钮 绘制一条竖直的中心线作为绘图参考，注意水平的几何中心线需要被约束为与之前创建的一根基准轴（如图 2-76 所示的 A_3 轴线）重合；单击“草绘”组中的“线链”按钮 ，绘制封闭的旋转剖面，如图 2-76 所示。单击“确定”按钮 ，完成草绘并退出草绘器。

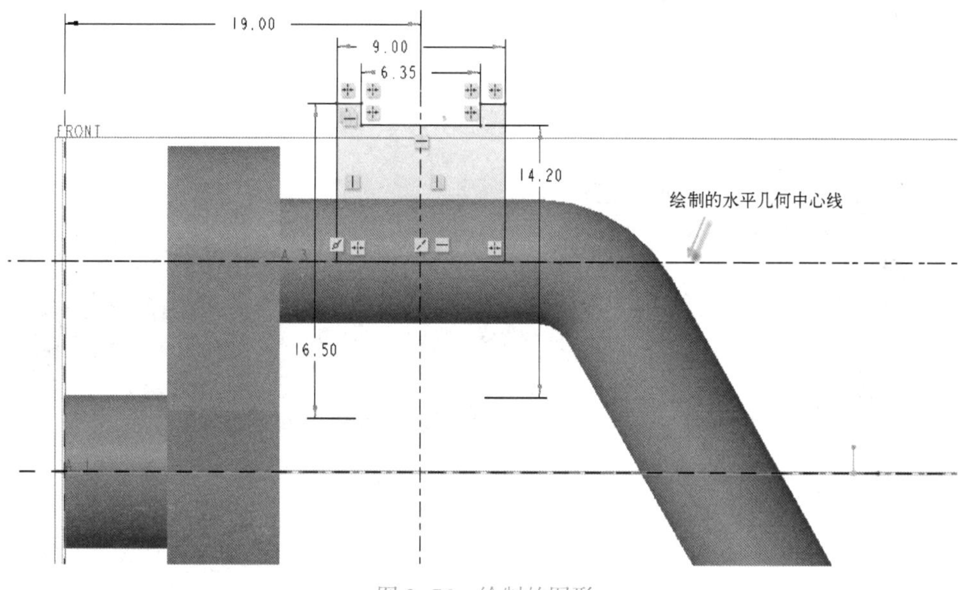

图 2-76　绘制的图形

说明 绘制的第一条几何中心线将默认作为旋转特征的旋转轴，这需要读者特别注意和掌握。旋转剖面的实线图形必须位于旋转轴的同一侧。

（4）接受默认的旋转角度为 360°，在“旋转”选项卡中单击“确定”按钮✔，模型效果如图 2-77 所示。

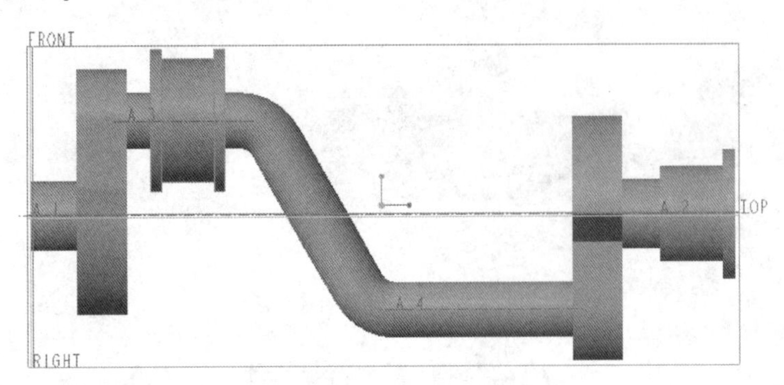

图 2-77　完成该旋转特征的模型效果

步骤 11：创建旋转特征 3。

（1）单击“旋转”按钮，打开“旋转”选项卡，默认选中“实心”按钮。

（2）单击“旋转”选项卡上的“放置”按钮，打开“放置”下滑面板，接着单击该下滑面板上的“定义”按钮，弹出“草绘”对话框。

（3）单击“草绘”对话框上的“使用先前的”按钮，进入草绘模式。

（4）单击“基准”组中的“中心线”按钮，绘制一条水平的几何中心线作为旋转轴，注意水平的几何中心线需要被约束为与之前创建的一根基准轴（如图 2-78 所示的 A_4 轴线）重合；接着单击“草绘”组中的“中心线”按钮绘制一条竖直的中心线作为绘图参考；单击“草绘”组中的“线链”按钮绘制封闭的旋转剖面，如图 2-78 所示。单击“确定”按钮✔，完成草绘并退出草绘模式。

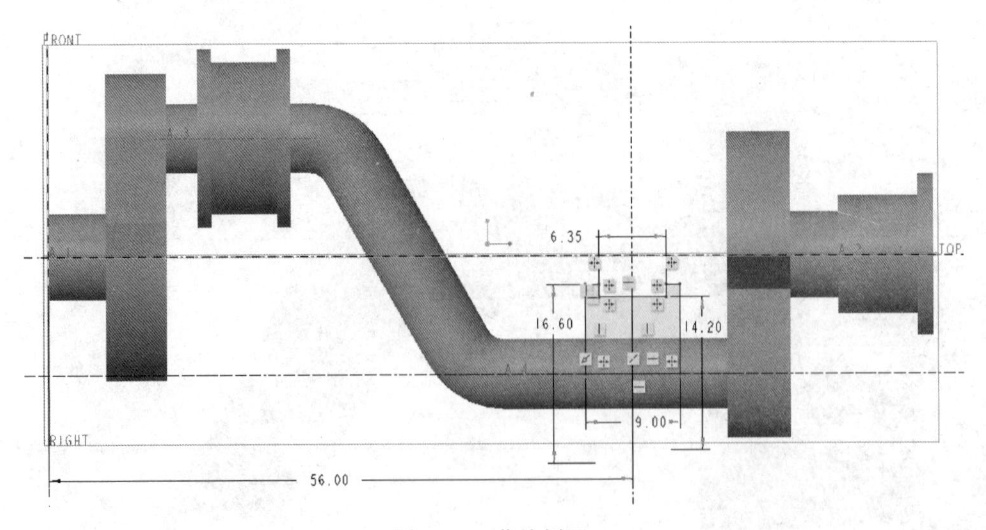

图 2-78　草绘剖面

（5）接受默认的旋转角度为360°，在“旋转”选项卡中单击“确定”按钮✔，所创建的旋转特征效果如图2-79所示。

步骤12：镜像特征。

（1）按〈Ctrl〉键的同时，在模型树上选择要镜像的多个特征，如图2-80所示。

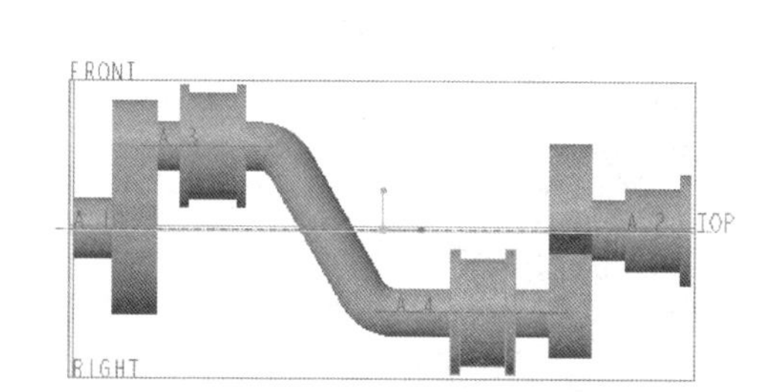

图2-79　创建该旋转特征的效果

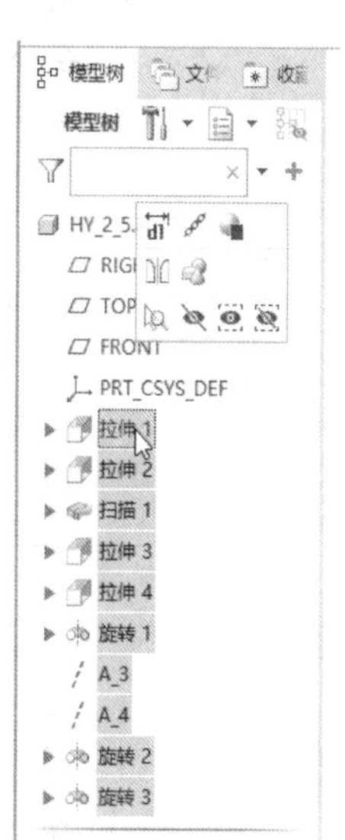

图2-80　选择要镜像的多个特征

（2）单击“镜像”按钮，打开“镜像”选项卡。

（3）选择RIGHT基准平面作为镜像平面。

（4）单击“镜像”选项卡上的“确定”按钮✔，完成镜像操作，按〈Ctrl+D〉快捷键，以默认的标准方向视角显示零件，显示效果如图2-81所示。

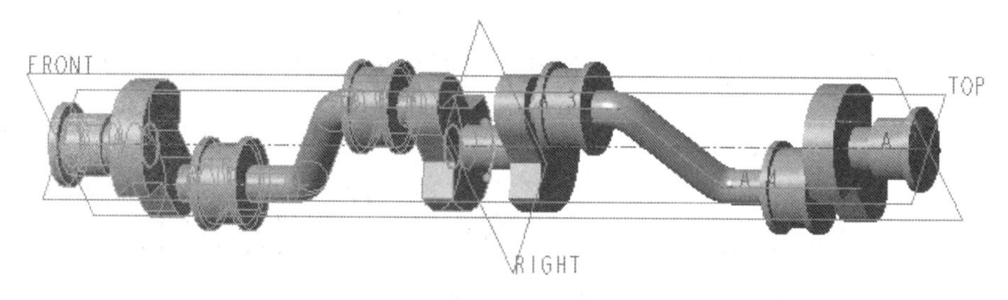

图2-81　镜像效果

步骤13：创建拉伸特征。

（1）单击“拉伸”按钮，打开“拉伸”选项卡，默认选中“实心”按钮。

（2）在“拉伸”选项卡的“放置”下滑面板中单击“定义”按钮，系统弹出“草绘”对话框。

（3）选择图2-82所示的零件面作为草绘平面，接受默认的草绘方向参考，然后单击“草绘”按钮，进入草绘模式。

（4）绘制图2-83所示的拉伸剖面，单击“确定”按钮✔。

（5）在“拉伸”选项卡中，输入拉伸的深度值32，拉伸方向确保为由实体向外。

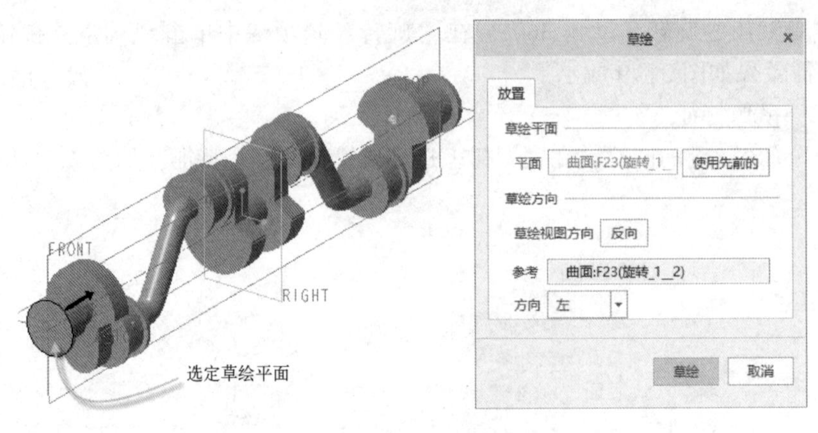

图 2-82　指定草绘平面及草绘方向

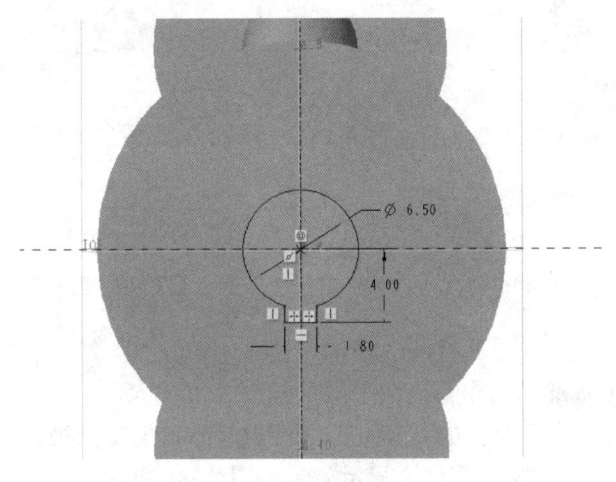

图 2-83　草绘剖面

（6）单击“确定”按钮。完成该拉伸操作后的曲轴模型如图 2-84 所示。

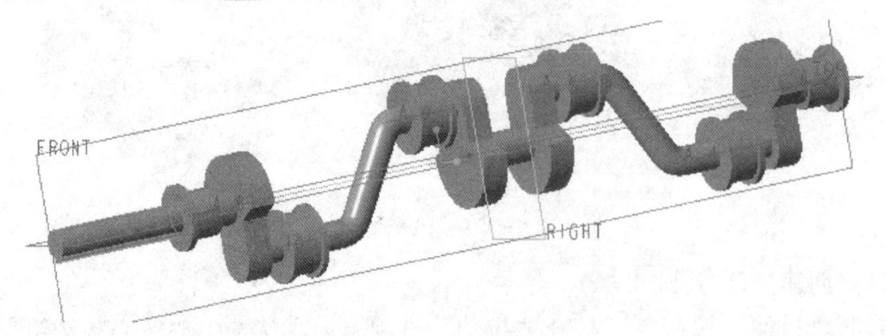

图 2-84　曲轴效果

步骤 14：创建拉伸特征。

（1）单击“拉伸”按钮，打开“拉伸”选项卡，默认选中“实心”按钮

（2）在“拉伸”选项卡的“放置”下滑面板中单击“定义”按钮，系统弹出“草绘”对话框。

（3）选择图 2-85 所示的零件面作为草绘平面，接受默认的草绘方向参考，单击“草绘”按钮，进入草绘模式。

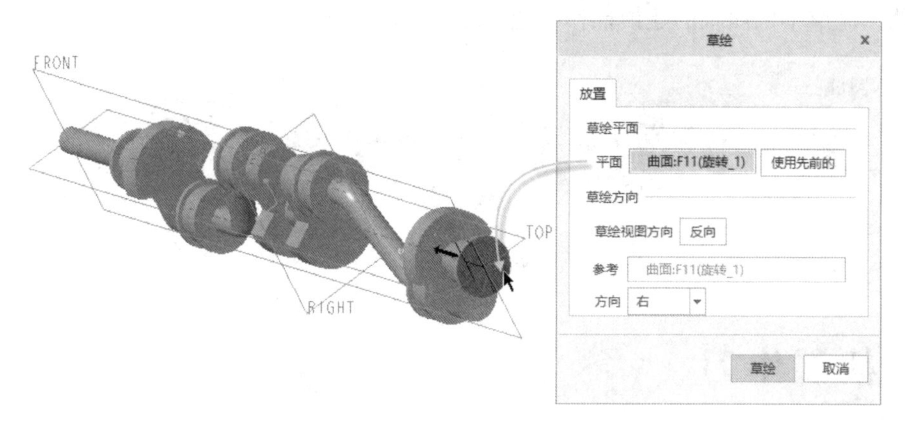

图 2-85　选择零件面定义草绘平面

（4）指定绘图参考，绘制图 2-86 所示的拉伸剖面，单击“确定”按钮✔。

（5）在“拉伸”选项卡中输入拉伸的深度值 6，拉伸方向确保为由实体向外。

（6）在“拉伸”选项卡中单击“确定”按钮✔，创建结果如图 2-87 所示。

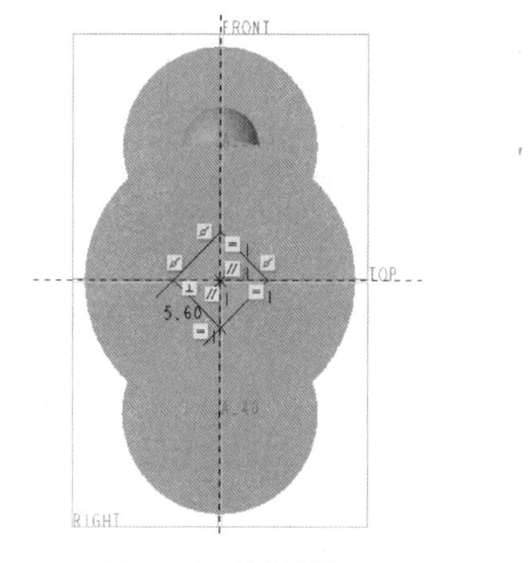

图 2-86　绘制剖面

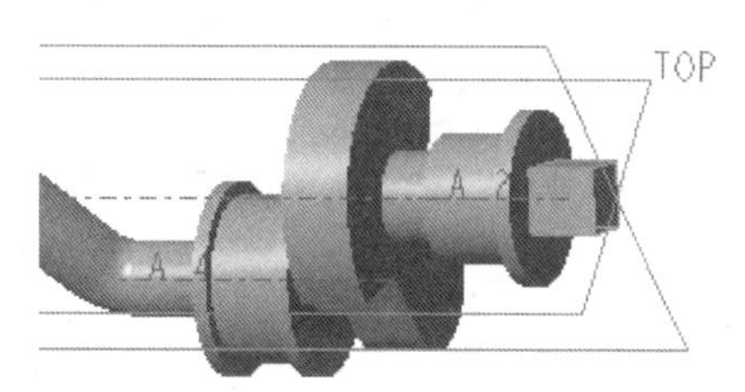

图 2-87　创建的拉伸特征

步骤 15：倒圆角。

（1）单击“倒圆角”按钮，打开“倒圆角”选项卡。

（2）在“倒圆角”选项卡上设置当前倒圆角集的半径为 3。

（3）按住〈Ctrl〉键选择要倒圆角的多条边参考，可以参看图 2-88 所示的以粗线显示的轮廓边线。

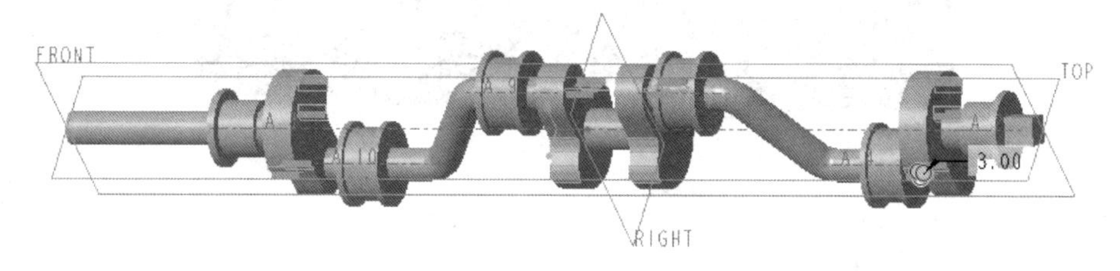

图 2-88　倒圆角

（4）在“倒圆角”选项卡中单击“确定”按钮✔。

至此，完成本例曲轴的建模操作，建模结果如图 2-89 所示。

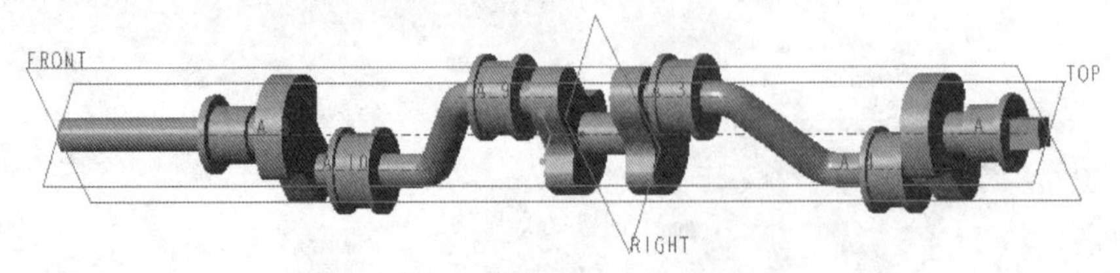

图 2-89　完成的曲轴模型

2.6　初试牛刀

设计题目 1：设计一个用作从动轴的阶梯轴，其结构和尺寸如图 2-90 所示。图中未标注倒角为 C1.5。

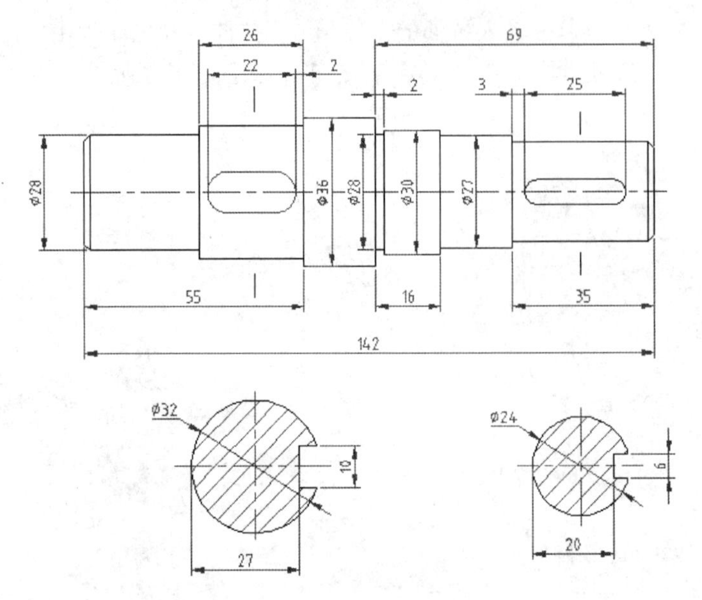

图 2-90　从动轴

完成设计题目 1 的三维模型效果如图 2-91 所示。

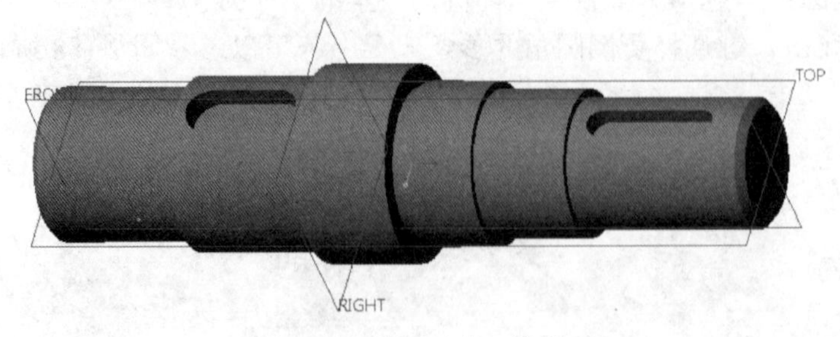

图 2-91　从动轴的三维模型

设计题目 2：创建图 2-92 所示的阶梯轴模型，该阶梯轴设计为空心的。具体尺寸由读者根据要完成的模型造型自行决定。注意在模型中创建的键槽结构，建议查阅相关的标准来确定其尺寸。读者可以参考位于配套资料包中 CH2 文件夹里的 TSM_EX2_2. PRT 文件。

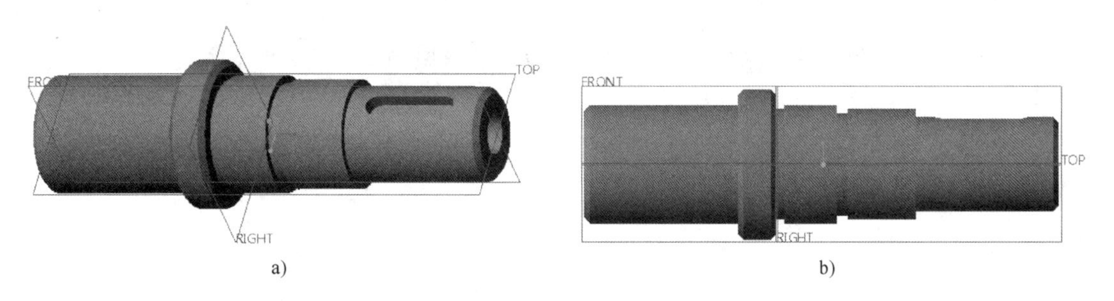

图 2-92 要完成的阶梯轴三维造型
a）标准方向视角 b）FRONT 视角

设计题目 3：设计一个简易曲轴，完成的三维模型效果如图 2-93 所示。具体的尺寸由读者根据模型效果自行决定。

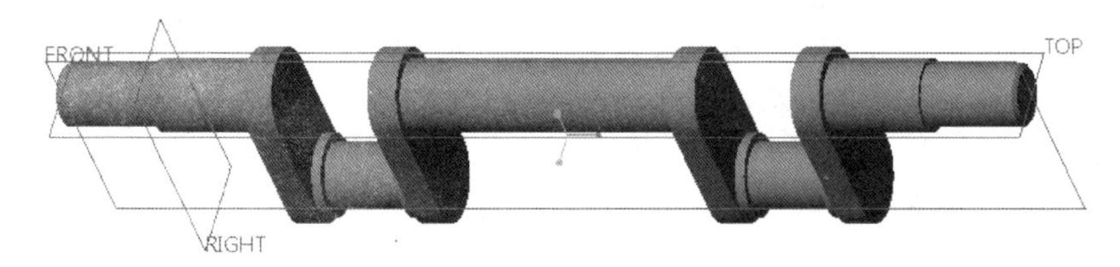

图 2-93 曲轴的练习模型

第 3 章 盘盖类零件设计

本章导读：

盘盖类零件是一类常见的机械零件，主要起传动、连接、支承、密封、轴向定位等作用。盘盖类零件包括法兰盘、手轮、带轮、阀盖、轴承盖、其他各种端盖等。

在本章中，首先扼要地分析盘盖类的特点及结构，然后通过若干详尽的实例介绍典型盘盖类零件的创建方法及步骤。

本章精彩范例：

- 主体为回转体的端盖零件
- 主体为平板体的端盖零件
- 轴承套
- 阀盖
- V 带轮

3.1 盘盖类零件结构分析

盘盖类零件主要起传动、连接、支承、密封、轴向定位等作用。常见的盘盖类零件包括法兰盘、手轮、带轮、通盖、轴承盖、其他各种端盖等。

盘盖类零件的主体一般为回转体或其他平板形状，多数具有扁平的典型特征，即其厚度方向的尺寸比其他方向的尺寸小。在盘盖类零件上，常有凸台、凹坑、销孔、螺孔、轮辐、轮缘、轮毂、键槽等局部结构。下面介绍盘盖类零件的常见结构，让读者熟悉这些结构的专业名称解释以及其结构特点。

（1）凸台：凸台也常被称为台肩，主要是为了使盘盖类零件与其他零件连接固定。

（2）轮毂：轮毂一般指具有回转特征的盘盖类零件（也称为轮盘零件）的中心部分，它多由带孔的圆柱体和半圆环加强肋组成。其中，带孔的圆柱常与传动轴配合，多具有相匹配的键槽结构，而半圆环加强肋则用于加强轮毂主体与轮辐连接处的强度。

（3）轮辐：轮辐是指将轮盘零件的中心部分与外缘部分连接起来的材料填充部分。

（4）轮缘：轮缘是指轮盘零件的外缘部分。

（5）键槽：键槽和键配合，与连接轴相连，可以传递运动或动力。对于辐条状的轮盘零件，常将键槽设计在有辐条处的区域。

(6) 均布孔：在一些盘盖类零件上常设计有均布的孔，目的是方便紧固装配其他零件、减轻盘盖类零件的重量或使在车床上加工便于装夹等。

盘盖类零件多为铸件或锻件，以车削加工为主。

3.2 主体为回转体的端盖实例

本实例要完成的端盖如图 3-1 所示。该端盖零件的主体为回转体。

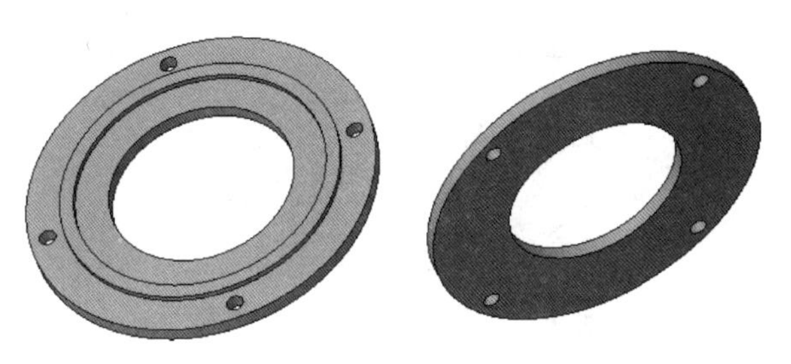

图 3-1 端盖零件

在本实例中，主要使用旋转工具、拉伸工具、阵列工具来创建相关的特征。

具体的操作方法及步骤如下。

步骤 1：新建零件文件。

(1) 在“快速访问”工具栏上单击“新建”按钮，弹出“新建”对话框。

(2) 在“类型”选项组中选择“零件”单选按钮，在“子类型”选项组中选择“实体”单选按钮；在“名称”文本框中输入 HY_3_1；并取消勾选“使用默认模板”复选框，不使用默认模板。

(3) 在“新建”对话框上单击“确定”按钮，弹出“新文件选项”对话框。

(4) 在“模板”选项组中选择 mmns_part_solid 选项。

(5) 单击“确定”按钮，进入零件设计模式。

步骤 2：创建旋转实体。

(1) 单击“旋转”按钮，打开“旋转”选项卡，默认选中“实心”按钮。

(2) 选择 FRONT 基准平面作为草绘平面，系统以默认的方向参考来介入草绘模式。

(3) 单击“基准”组中的“中心线”按钮，绘制一条水平的几何中心线，接着单击“草绘”组中的“线链”按钮，绘制封闭的旋转剖面，如图 3-2 所示。单击“确定”按钮，完成草绘并退出草绘模式。

(4) 接受默认的旋转角度为 360°，在“旋转”选项卡中单击“确定”按钮，完成端盖主体的创建，结果如图 3-3 所示。

步骤 3：以拉伸的方式切除出一个小孔。

(1) 单击“拉伸”按钮，打开“拉伸”选项卡，接着单击选中“实心”按钮和“移除材料”按钮。

(2) 打开“放置”下滑面板，单击“定义”按钮，弹出“草绘”对话框。

(3) 选择 RIGHT 基准平面作为草绘平面，以 TOP 基准平面为“左”方向参考，单击“草绘”按钮，进入草绘模式。

(4) 绘制图 3-4 所示的剖面，单击“确定”按钮。

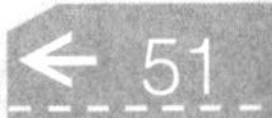

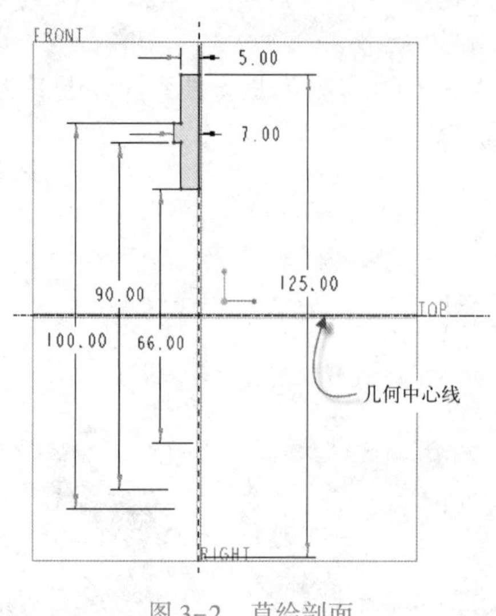

图 3-2　草绘剖面

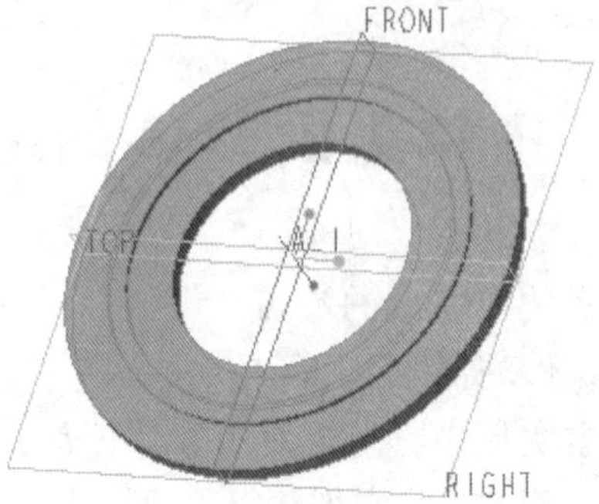

图 3-3　创建的端盖主体

说明　图 3-4 中以虚线显示的圆为构造线，构造线主要用来辅助绘图，相当于中心线等绘图参考。建立构造线的方法是先使用草绘工具绘制所需要的实线，接着选择该实线，从功能区的“草绘”选项卡中选择“操作”→“切换构造”命令（其对应的快捷键为〈Shift+G〉），或者从出现的浮动工具栏中单击“构造切换”按钮。

（5）在“拉伸”选项卡上，从深度选项列表框中选择（穿透）选项。

（6）在“拉伸”选项卡上单击“确定”按钮，切除的结果如图 3-5 所示。

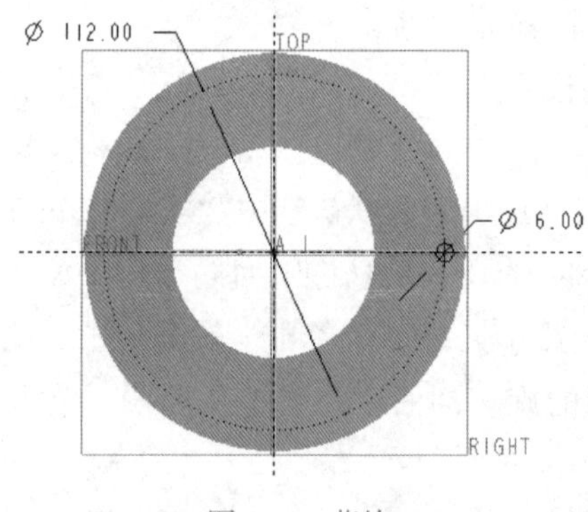

图 3-4　草绘

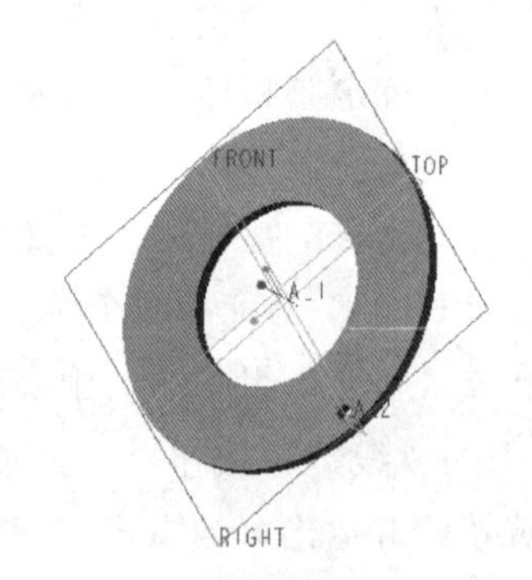

图 3-5　切除结果

步骤 4：以阵列方式创建所有均布孔。

（1）选择刚创建的小孔，单击“阵列”按钮，打开“阵列”选项卡。

（2）从“阵列”选项卡的阵列类型下拉列表框中选择“轴”选项，在模型中选择中心轴线 A_1。

（3）设置第一方向的阵列成员数为 4，阵列成员间的角度为 90°，如图 3-6 所示。

（4）在“阵列”选项卡中单击“确定”按钮。

至此，完成本端盖零件的创建，其模型效果如图 3-7 所示。

图 3-6 设置阵列参数

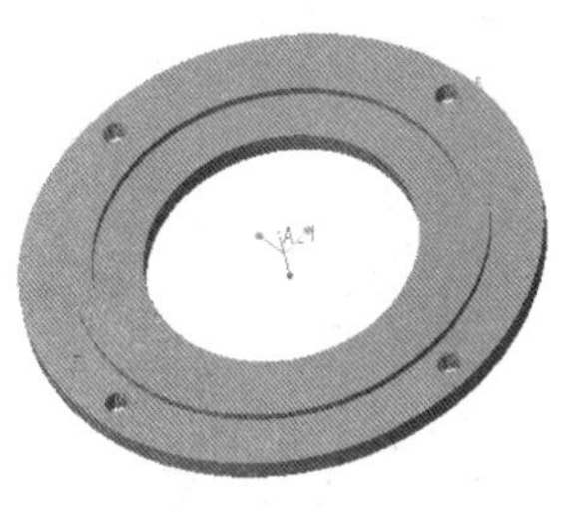

图 3-7 完成的端盖零件

3.3 主体为平板体的端盖实例

本实例要完成的端盖零件如图 3-8 所示，该端盖零件的主体为平板形状。

在本实例中，主要使用旋转工具、拉伸工具、孔工具、阵列工具来创建相关的特征，注意复习草绘孔的创建方法及步骤。

具体的操作方法及步骤如下。

图 3-8 端盖零件

步骤 1：新建零件文件。

（1）在“快速访问”工具栏上单击“新建”按钮，弹出“新建”对话框。

（2）在“类型”选项组中选择“零件”单选按钮，在“子类型”选项组中选择“实体”单选按钮；在“名称”文本框中输入 HY_3_2；并取消勾选“使用默认模板”复选框，不使用默认模板。单击“确定”按钮，弹出“新文件选项”对话框。

（3）在“新文件选项”对话框的“模板”选项组中选择 mmns_part_solid 选项。

（4）单击“确定”按钮，进入零件设计模式。

步骤 2：以拉伸的方式创建该端盖零件的平板形主体。

（1）单击“拉伸”按钮，打开拉伸选项卡，默认选中“实心”按钮。

（2）选择 TOP 基准平面作为草绘平面，自动进入草绘模式。

（3）绘制图 3-9 所示的拉伸剖面。单击“确定”按钮，完成草绘并退出草绘模式。

（4）在“拉伸”选项卡中，接受默认的深度类型选项为（盲孔），输入要拉伸的深度值为 30。

（5）在“拉伸”选项卡中单击“确定”按钮。在键盘上按〈Ctrl+D〉快捷键，以标准方向视角显示模型，如图 3-10 所示。

步骤 3：以旋转的方式创建圆柱体。

（1）单击“旋转”按钮，打开“旋转”选项卡，默认选中“实心”按钮。

（2）单击“旋转”选项卡上的“放置”按钮，打开“放置”下滑面板，接着单击该下滑面板上的“定义”按钮，弹出“草绘”对话框。

（3）选择 FRONT 基准平面作为草绘平面，默认以 RIGHT 基准平面为“右”方向参考，单击“草绘”按钮，进入草绘模式。

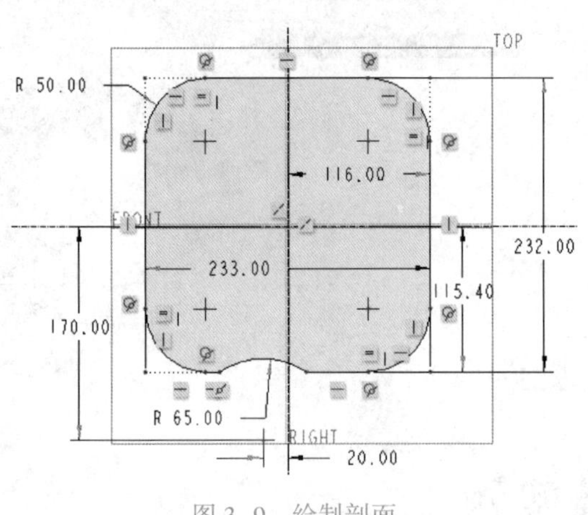

图 3-9　绘制剖面

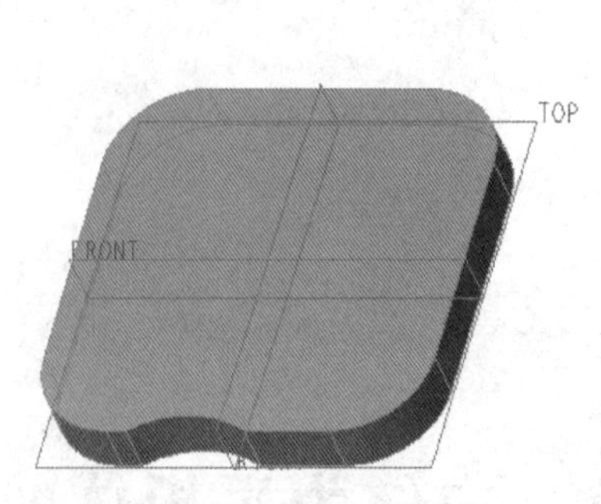

图 3-10　创建的平板体

（4）绘制图 3-11 所示的旋转剖面，务必绘制一条将作为旋转轴的中心线。单击“确定”按钮✔，完成草绘并退出草绘模式。

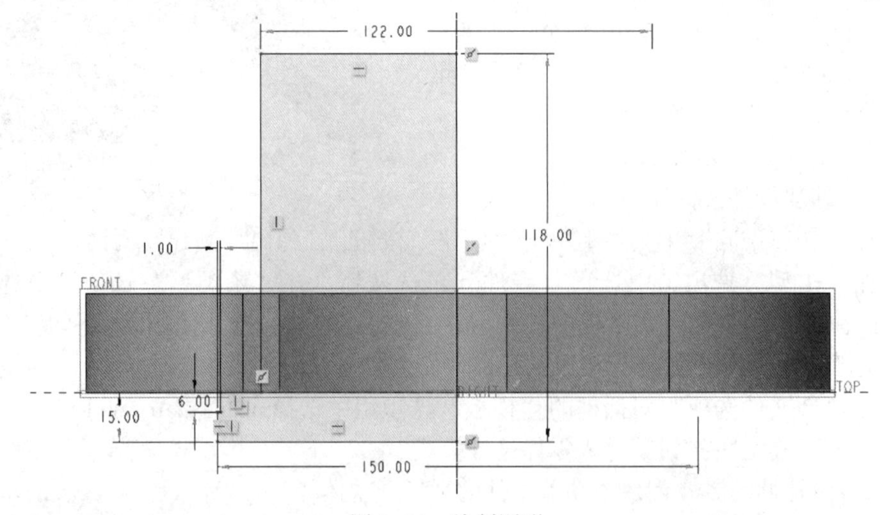

图 3-11　绘制图形

（5）接受默认的旋转角度为 360°，在“旋转”选项卡上单击“确定”按钮✔，完成该旋转体的创建，效果如图 3-12 所示。

步骤 4：以旋转的方式切除材料。

（1）单击“旋转”按钮，打开“旋转”选项卡。

（2）在“旋转”选项卡上，指定要创建的模型特征为“实心”，并单击“移除材料”按钮。

（3）单击“旋转”选项卡上的“放置”按钮，打开“放置”下滑面板，接着单击该下滑面板上的“定义”按钮，弹出“草绘”对话框。在“草绘”对话框中单击“使用先前的”按钮，进入草绘模式。

（4）绘制图 3-13 所示的旋转剖面及几何中心线，单击“确定”按钮✔。

（5）接受默认的旋转角度为 360°。在“旋转”选项卡上单击“确定”按钮✔。为了更形象地观察切除效果，特意模型中建立了一个剖截面，以方便形象地查看其内部结构，如

图 3-14 所示。

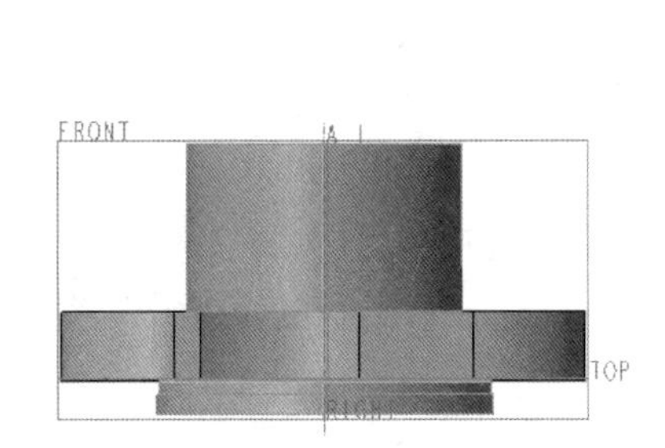

图 3-12 创建旋转体

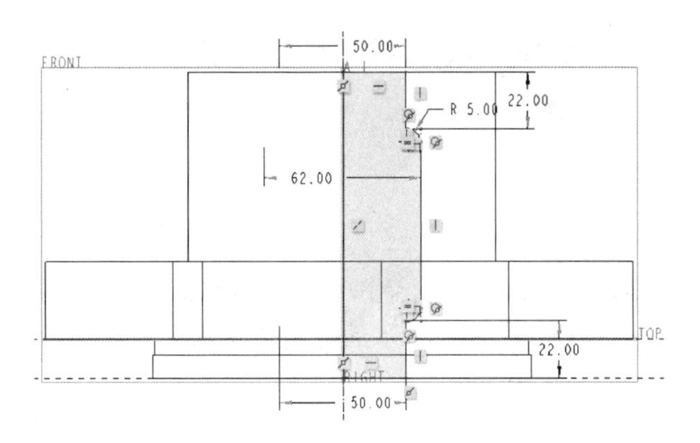

图 3-13 绘制剖面

说明 在设计中，有时可以采用建立剖截面的方法来查看模型的内部结构。建立平面剖截面的方法是，在“图形”工具栏或功能区“视图”选项卡中单击“视图管理器”按钮，打开“视图管理器”对话框，切换至“截面”选项卡，单击“新建”按钮，如图 3-15 所示。接着根据实际情况选择“平面”“X 方向”“Y 方向”“Z 方向”“偏移”“区域”等其中一个选项。接着输入剖截面名称，按〈Enter〉键，功能区将提供图 3-16 所示的“截面”选项卡以供用户创建剖截面。

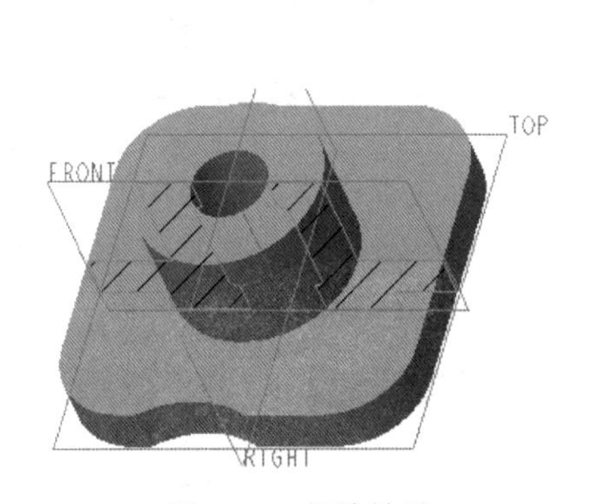

图 3-14 切除效果

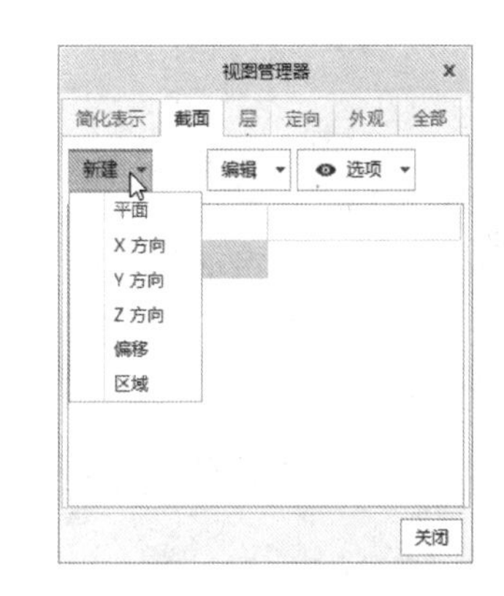

图 3-15 “视图管理器”对话框

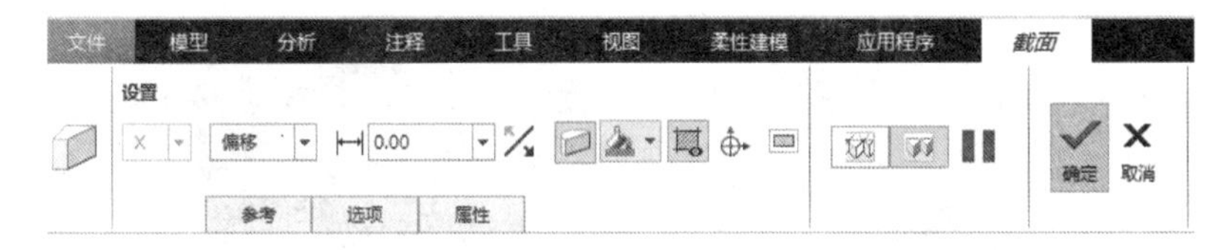

图 3-16 “截面”选项卡

步骤 5：创建草绘孔特征。

（1）单击“孔”按钮，打开“孔”选项卡。

（2）默认选中“简单”按钮，单击“草绘（使用草绘定义钻孔轮廓）”按钮，如

图 3-17 所示。

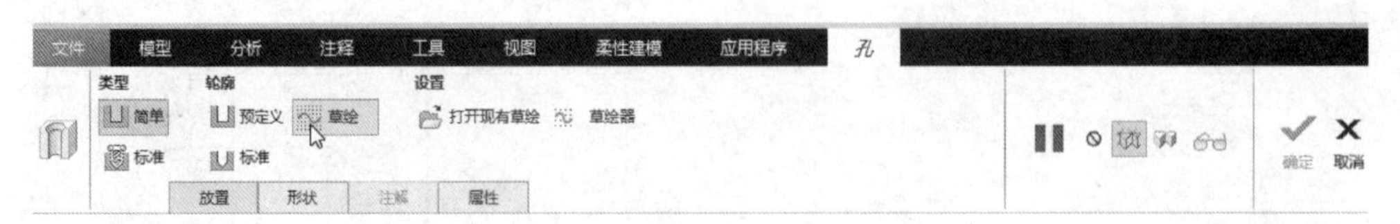

图 3-17　选择创建草绘孔的选项

（3）在“孔”选项卡中单击“草绘器”按钮，进入草绘模式。

（4）绘制图 3-18 所示的孔旋转轮廓剖面（剖面中需绘制有一条竖直的草绘中心线），单击“确定”按钮✔。

（5）在图 3-19 所示的零件面上单击，以选定主放置参考。

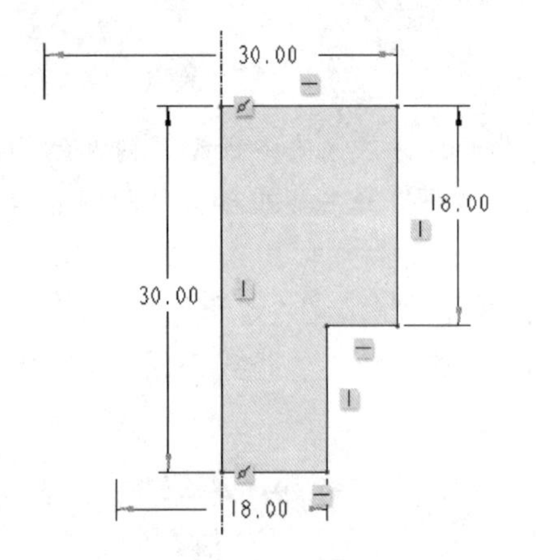

图 3-18　绘制孔旋转轮廓剖面

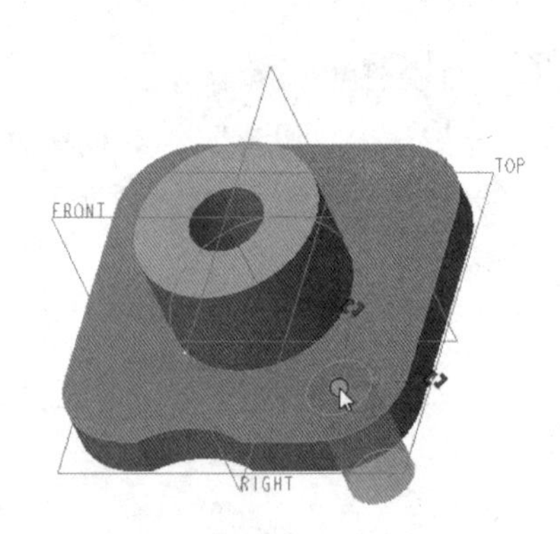

图 3-19　指定主放置参考

（6）打开“放置”下滑面板，从“类型”下拉列表框中选择“径向”选项，接着使用鼠标在模型中分别拖动其中的偏移控制图柄来选择 A_1 轴和 RIGHT 基准平面，并在“偏移参考”收集器中设置相关的偏移参数，如图 3-20 所示。

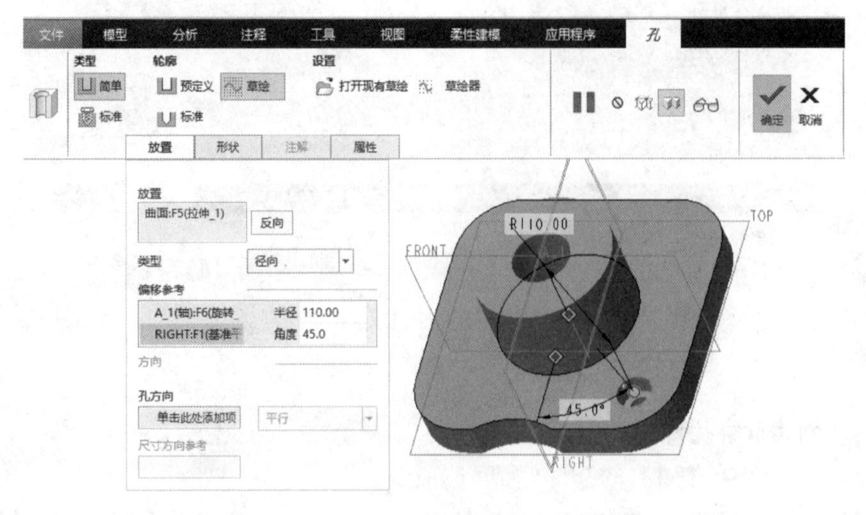

图 3-20　定义放置参考

(7) 单击“孔”选项卡上的“确定”按钮✔，所创建的草绘孔如图 3-21 所示。

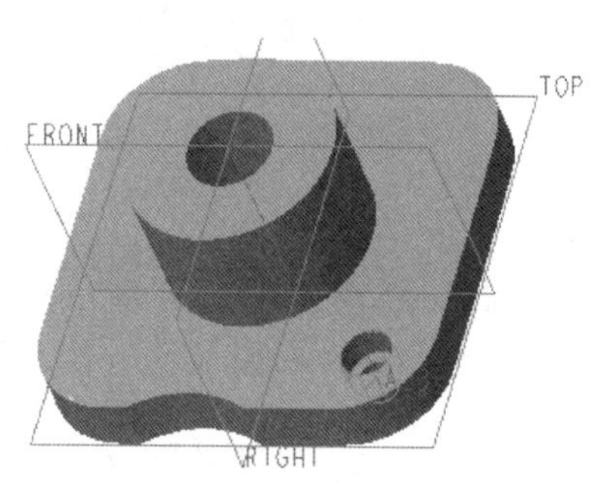

图 3-21 建立一个草绘孔

步骤 6：创建阵列特征。

(1) 确保选中刚创建的草绘孔，单击“阵列”按钮，打开“阵列”选项卡。

(2) 从“阵列”选项卡的阵列类型下拉列表框中选择“轴”选项，在模型中选择中心轴线 A_1。

(3) 设置第一方向的阵列成员数为 4，第一方向的阵列成员间的角度为 90°，此时模型如图 3-22 所示。

(4) 在“阵列”选项卡中单击“确定”按钮✔，如图 3-23 所示。

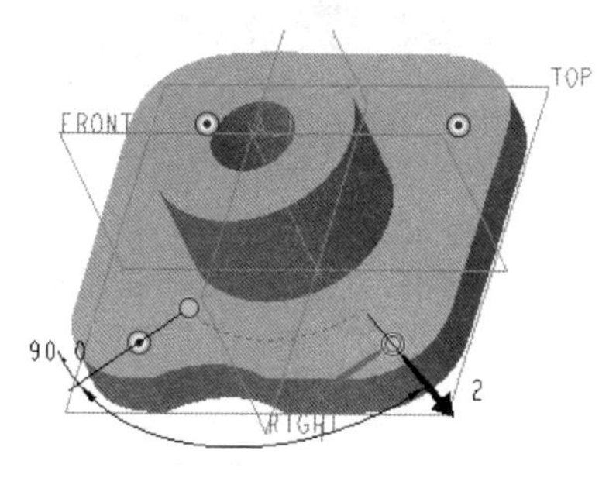

图 3-22 阵列预览

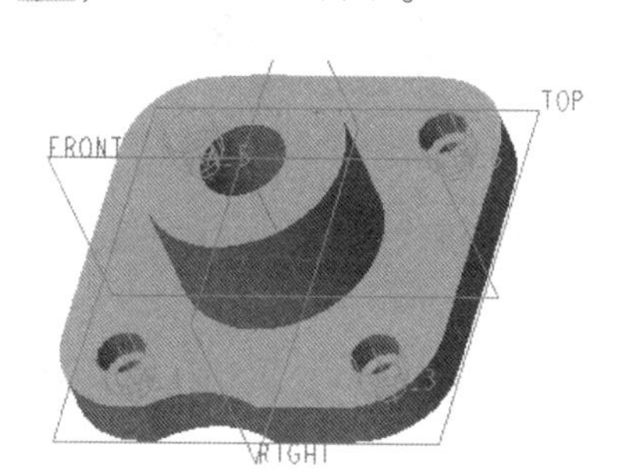

图 3-23 阵列结果

步骤 7：以旋转的方式在圆凸台曲面上切除出沉头孔。

(1) 单击“旋转”按钮，打开“旋转”选项卡。

(2) 在“旋转”选项卡上指定要创建的模型特征为“实心”，并单击“移除材料”按钮。

(3) 打开“旋转”选项卡的“放置”下滑面板，单击“定义”按钮，弹出“草绘”对话框，选择 RIGHT 基准平面作为草绘平面，接受默认的草绘方向参考，单击“草绘”按钮，进入草绘模式。

(4) 绘制旋转剖面及几何中心线，如图 3-24 所示。为了便于绘制剖面，可以临时更改模型显示样式。单击“确定”按钮✔，完成草绘并退出草绘模式。

(5) 接受默认的旋转角度为 360°。

(6) 在“旋转”选项卡中单击“确定”按钮✔，创建的沉头孔如图 3-25 所示。

步骤 8：倒角。

(1) 单击“边倒角”按钮，打开“边倒角”选项卡。

(2) 在“边倒角”选项卡上，从下拉列表框中选择倒角的标注形式选项为 45×D，输入 D 值为 2。

(3) 选择图 3-26 所示的边参考。

(4) 单击“确定”按钮✔，完成一处倒角操作。读者可以添加其余合适的倒角特征。

步骤 9：倒圆角。

(1) 单击“倒圆角”按钮，打开“倒圆角”选项卡。

(2) 在“倒圆角”选项卡中设置当前倒圆角集的半径为 5。

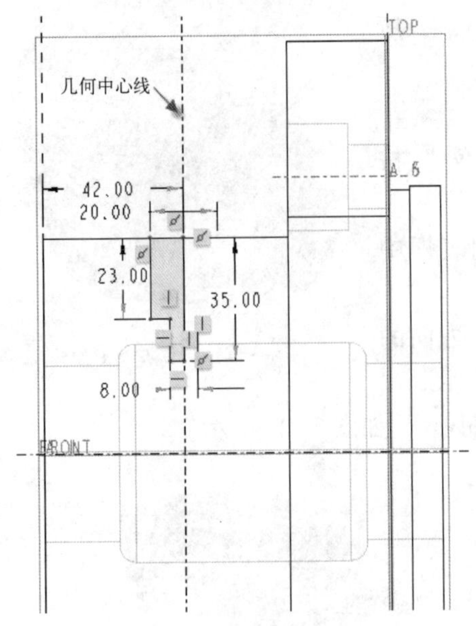

图 3-24　绘制旋转剖面及几何中心线

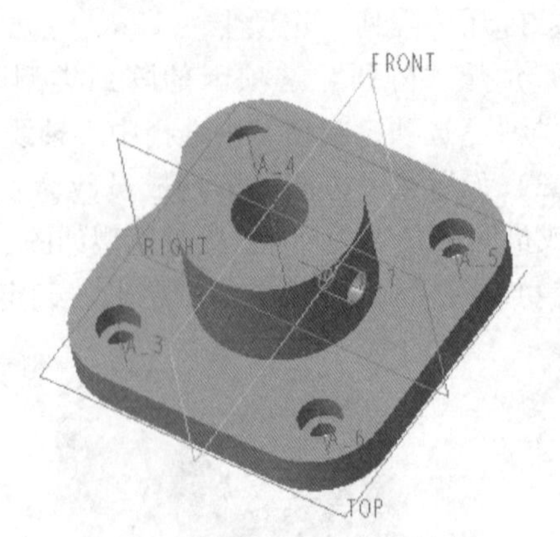

图 3-25　完成沉头孔的创建

（3）结合〈Ctrl〉键辅助选择图 3-27 所示的要倒圆角的多条边参考。

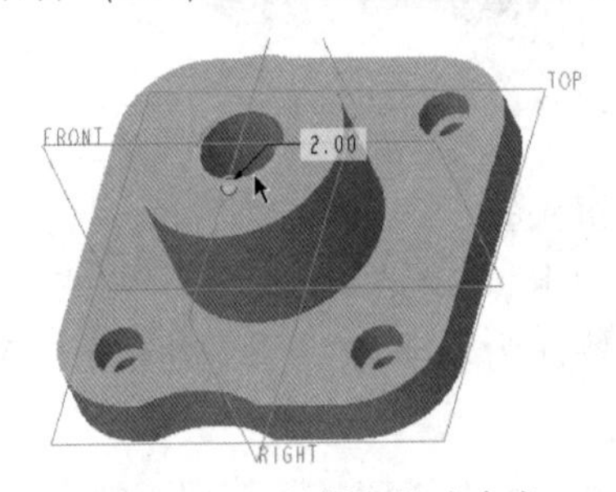

图 3-26　选择倒角的边参考

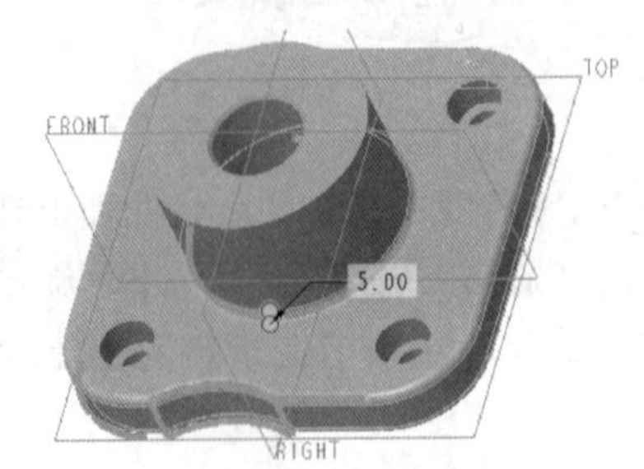

图 3-27　选择倒圆角的边参考

（4）单击“确定”按钮✔。读者可以添加其余合适的倒圆角特征。

至此，完成本例端盖的设计。

3.4　轴承盖实例

轴承盖是较为常见的零件，主要有凸缘式轴承盖、嵌入式轴承盖等。这些轴承盖既可以是透盖，也可以是闷盖。下面介绍的轴承盖属于凸缘式轴承盖，采用通盖结构，如图 3-28 所示。在创建轴承盖时，需要结合轴承外径、密封件等尺寸来确定轴承盖的相关尺寸。

本实例主要学习的知识包括创建旋转特征、创建拔模特征、创建轴阵列特征等。

步骤 1：新建零件文件。

（1）在“快速访问”工具栏上单击“新建”按钮，弹出“新建”对话框。

（2）在“类型”选项组中选择“零件”单选按钮，在“子类型”选项组中选择“实体”单选按钮；在“名称”文本框中输入 HY_3_3；并取消勾选“使用默认模板”复选框，

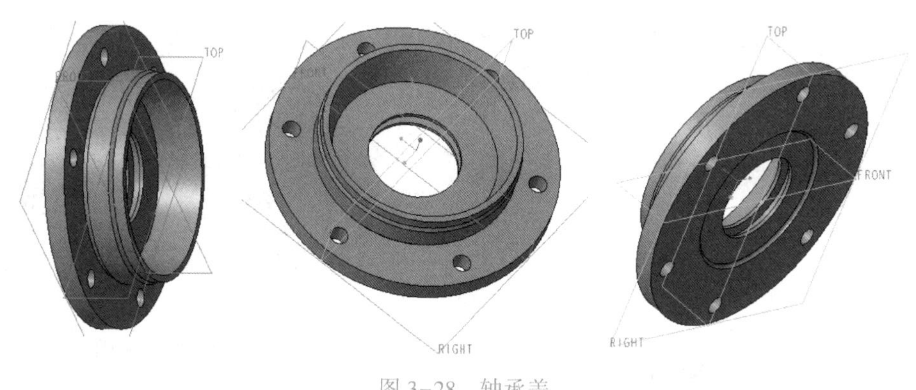

图 3-28 轴承盖

从而不使用默认模板。在“新建”对话框上单击“确定”按钮，弹出“新文件选项”对话框。

（3）在“新文件选项”对话框的“模板”选项组中选择 mmns_part_solid 选项。

（4）单击“确定”按钮，进入零件设计模式。

步骤 2：以旋转的方式创建轴承盖主体。

（1）单击“旋转”按钮，打开“旋转”选项卡，默认选中“实心”按钮。

（2）选择 FRONT 基准平面作为草绘平面，进入草绘模式。

（3）单击“基准”组中的“中心线”按钮，绘制一条几何中心线，接着使用“线链”按钮绘制封闭的旋转剖面，如图 3-29 所示，单击“确定”按钮。

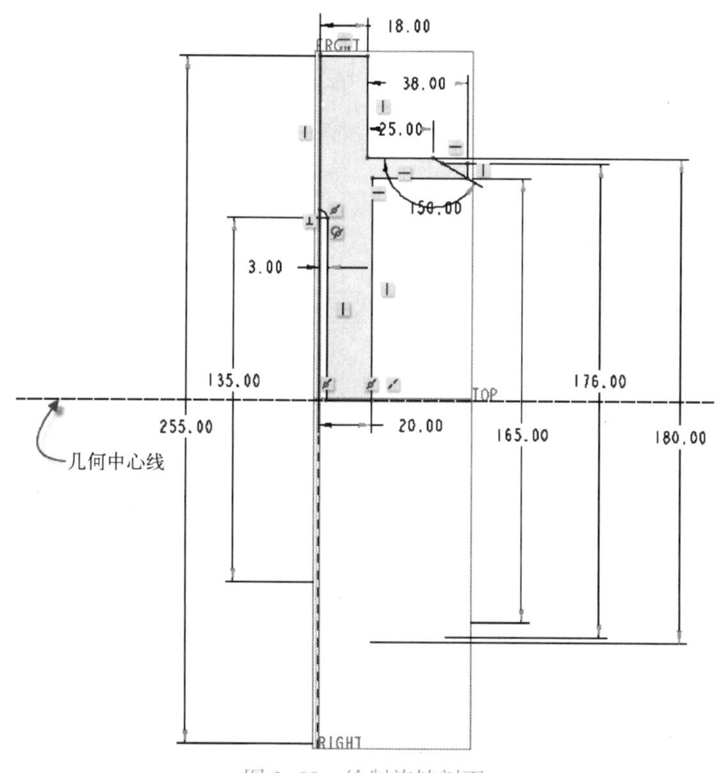

图 3-29 绘制旋转剖面

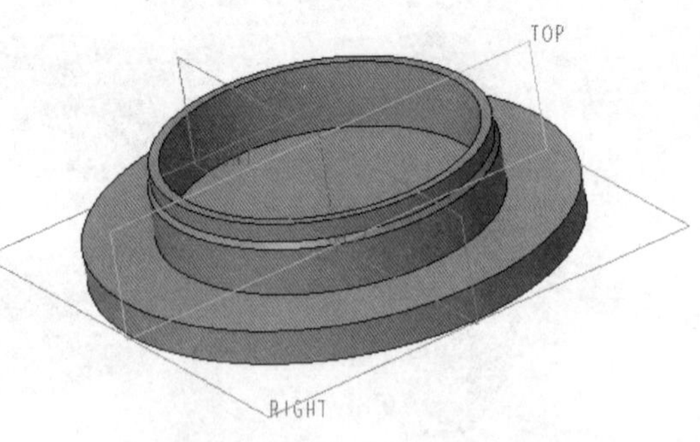

图 3-30　轴承盖回转体

（4）接受默认的旋转角度为 360°，单击“确定”按钮，完成轴承盖回转体的创建，模型如图 3-30 所示。

步骤 3：以旋转的方式切除出安装毡圈的沟槽。

（1）单击“旋转”按钮，打开“旋转”选项卡。

（2）在“旋转”选项卡上确保选中“实心”按钮，接着单击“移除材料”按钮。

（3）打开“放置”下滑面板，单击“定义”按钮，弹出“草绘”对话框。单击“草绘”对话框的“使用先前的”按钮，进入草绘模式。

（4）单击“基准”组中的“中心线”按钮，首先绘制一条水平的几何中心线作为回转体的旋转轴线。接着单击“草绘”组中的“中心线”按钮，绘制一条竖直的中心线作为辅助线。然后使用“线链”按钮绘制旋转剖面，如图 3-31 所示。单击“确定”按钮，完成草绘并退出草绘模式。

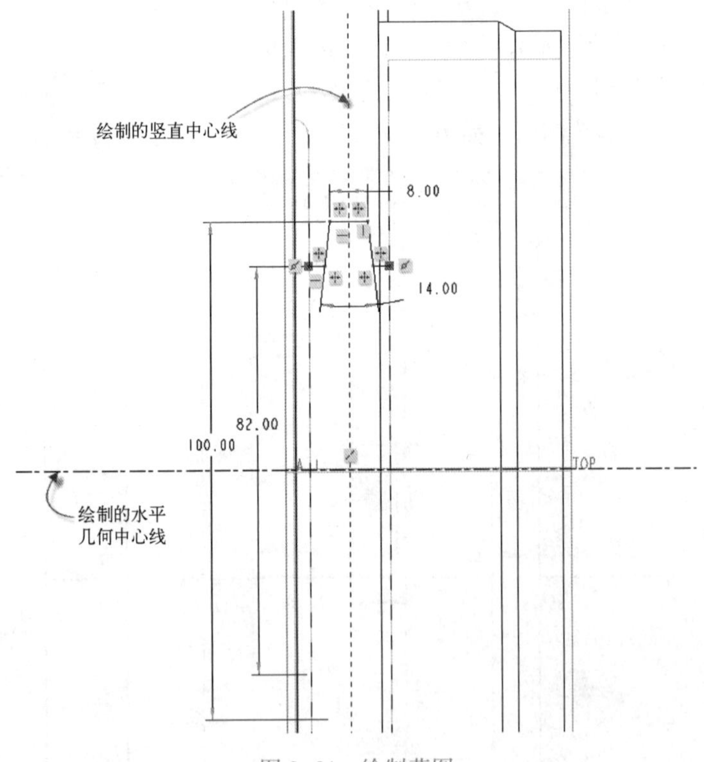

图 3-31　绘制草图

（5）接受默认的旋转角度为 360°，单击“确定”按钮，完成该沟槽创建。

步骤 4：以旋转的方式切除出一个环形槽。

（1）单击“旋转”按钮，打开“旋转”选项卡。

（2）指定要创建的模型特征为“实心”，并单击“移除材料”按钮。

（3）打开“放置”下滑面板，单击“定义”按钮，弹出“草绘”对话框。单击“草绘”对话框的“使用先前的”按钮，进入草绘模式。

（4）绘制图3-32所示草图，单击“确定”按钮✔。

（5）接受默认的旋转角度为360°，单击“确定”按钮✔，完成该环形槽的创建，结果如图3-33所示。

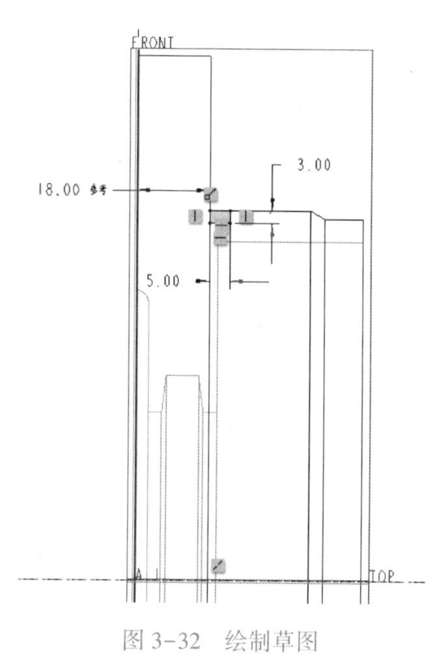

图3-32 绘制草图

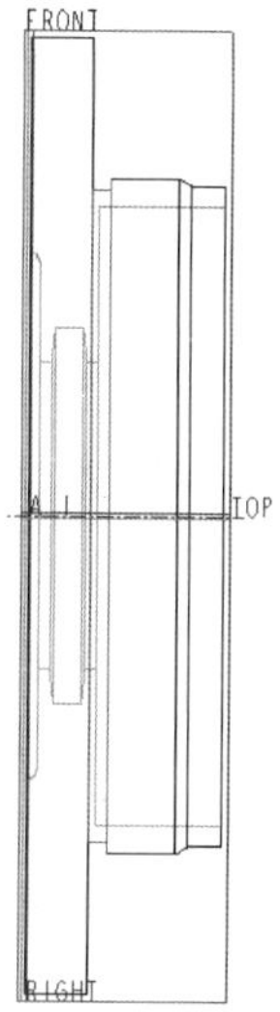

图3-33 创建环形槽

步骤5：创建拔模特征。

（1）单击“拔模”按钮，打开“拔模”选项卡。

（2）选择图3-34所示的零件曲面作为拔模曲面。

（3）在 ● 单击此处添加项 （拔模枢轴）收集器内单击，将其激活，接着单击图3-35所示的环形端面。

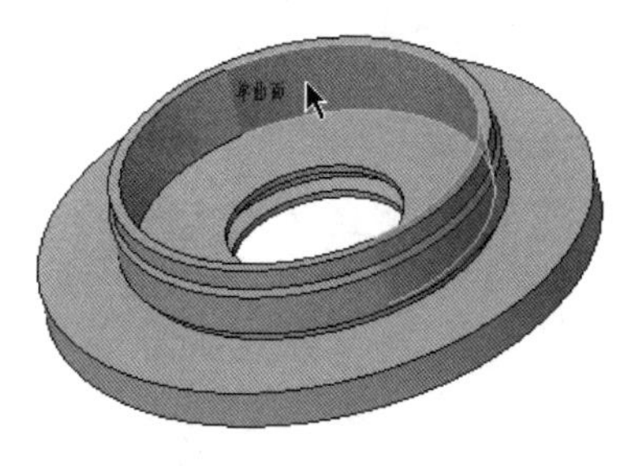

图3-34 选择拔模曲面

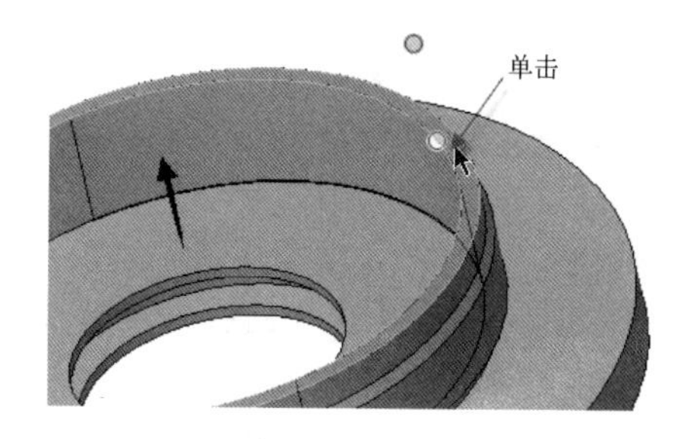

图3-35 定义拔模枢轴

（4）在“拔模”选项卡上输入拔模角度1为15，单击“反转角度以添加或移除材料”按钮（即位于“拔模”选项卡最右侧的方向按钮），此时如图3-36所示。

（5）单击“拔模”选项卡的“确定”按钮✔，结果如图3-37所示。

步骤6：以拉伸的方式切除出一个通孔。

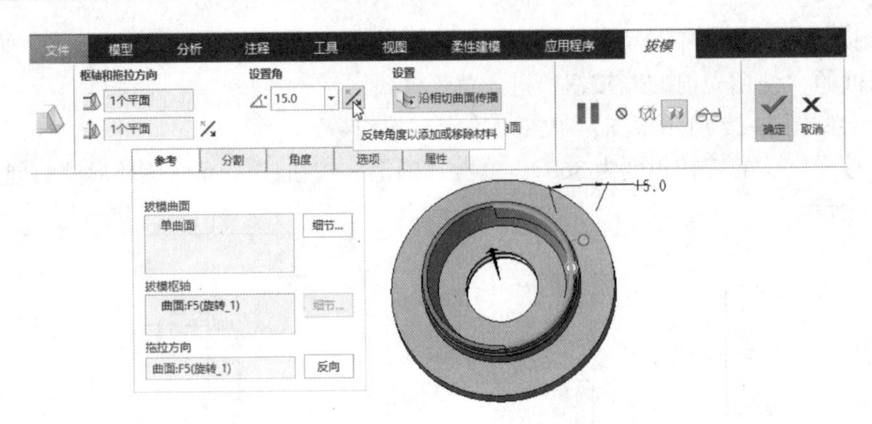

图 3-36　定义拔模角度

（1）单击“拉伸”按钮，打开“拉伸”选项卡。

（2）指定要创建的模型特征为“实心”，并单击“移除材料”按钮。

（3）打开拉伸选项卡的“放置”下滑面板，然后单击位于该面板中的“定义”按钮，弹出“草绘”对话框。

（4）选择 RIGHT 基准平面作为草绘平面，以 TOP 基准平面为“左”方向参考，单击“草绘”按钮，进入草绘模式。

（5）绘制图 3-38 所示的拉伸剖面，单击“确定”按钮。

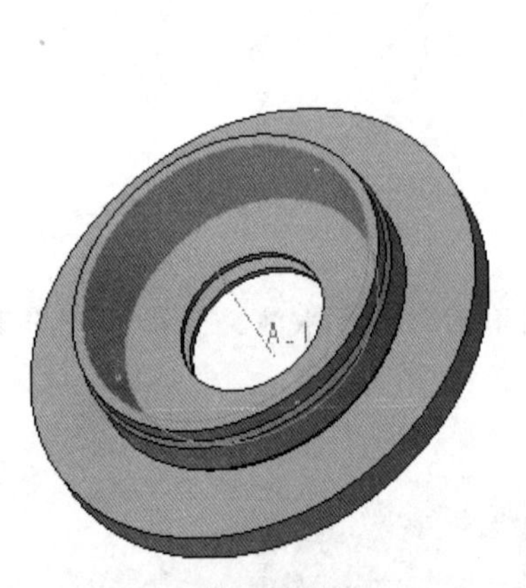

图 3-37　完成拔模特征

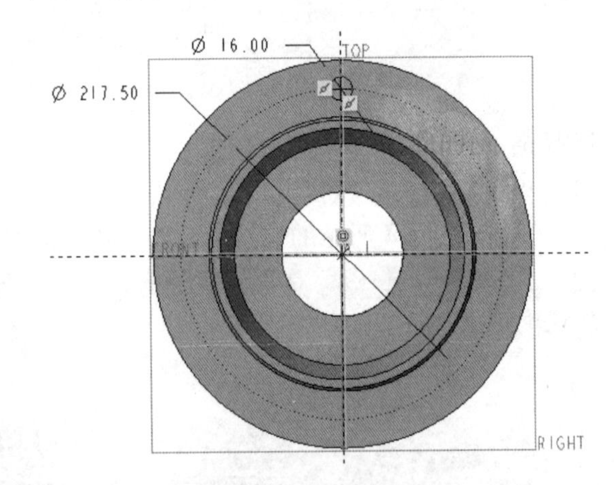

图 3-38　绘制拉伸剖面

（6）在“拉伸”选项卡中选择深度选项为（对称）选项，输入拉伸深度为 100。

（7）单击“确定”按钮。

步骤 7：以阵列的方式完成其余均布通孔。

（1）选择刚创建的通孔，单击“阵列”按钮。

（2）在“阵列”选项卡的第一个下拉列表中选择“轴”选项，然后在模型中选择中心轴线 A_1。

（3）在“阵列”选项卡中设置第一方向的阵列成员数为 6，阵列成员间的角度为 60，如图 3-39 所示。

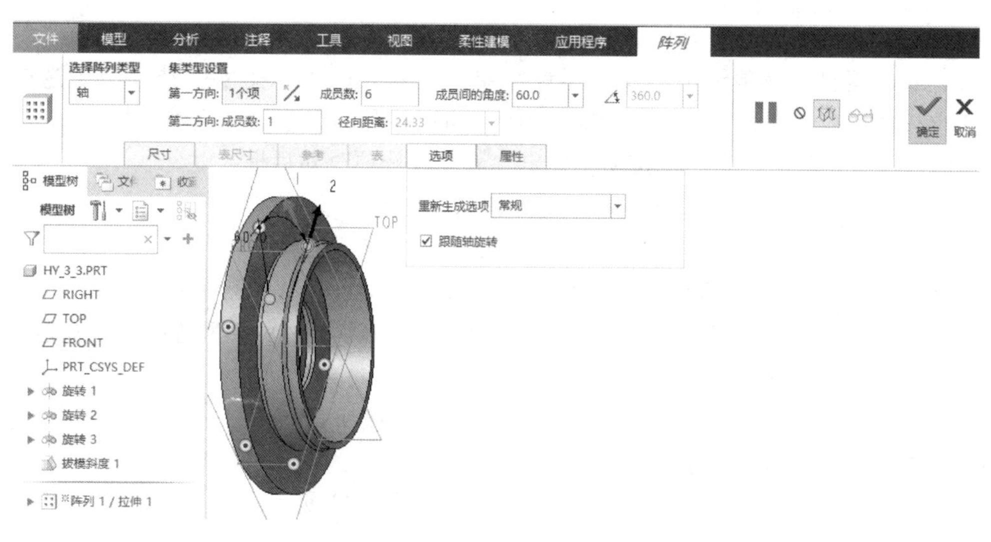

图 3-39　设置轴阵列参数

（4）单击“确定”按钮✓。

至此，完成了该凸缘式轴承盖的创建操作，结果如图 3-40 所示。

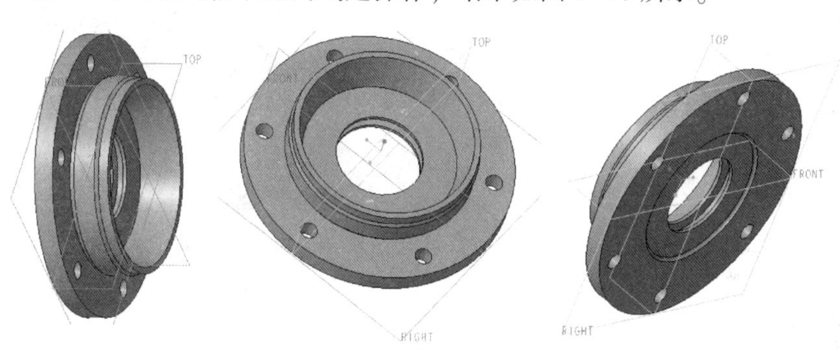

图 3-40　凸缘式轴承盖

3.5　阀盖实例

本实例介绍一个阀盖零件，它的基本形体是扁平的盘状。其中，在盘状基本体的一侧（端）设计有外螺纹连接管道的结构，另一侧则是凸缘。在方形盘状基本体上留有 4 个圆孔，这些均布圆孔用来在连接阀体与阀盖时安装 4 个双头螺柱。

本实例要完成的阀盖零件如图 3-41 所示。

本实例重点要学习的知识点有创建拉伸特征、创建旋转特征和创建螺旋扫描特征等。这里的螺旋扫描特征将建构成外螺纹造型。

具体的操作方法及步骤如下。

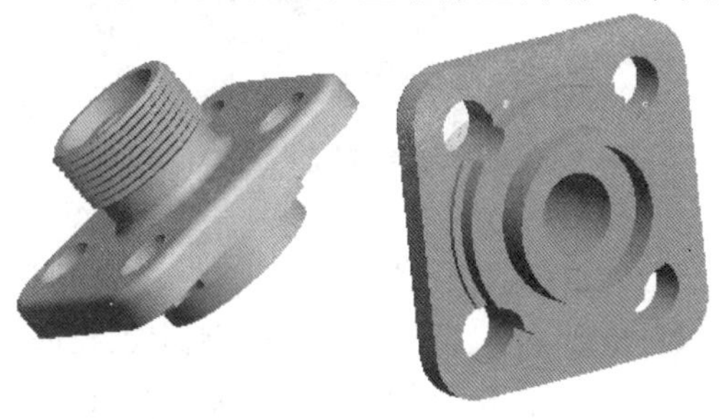

图 3-41　阀盖零件

步骤 1：新建零件文件。

（1）在“快速访问”工具栏上单击“新建”按钮，弹出“新建”对话框。

（2）在“类型”选项组中选择“零件”单选按钮，在“子类型”选项组中选择“实体”单选按钮；在“名称”文本框中输入 HY_3_4；并取消勾选“使用默认模板”复选框，不使用默认模板。单击“确定”按钮，弹出“新文件选项”对话框。

（3）在“模板”选项组中选择 mmns_part_solid 选项。

（4）单击“确定”按钮，进入零件设计模式。

步骤 2：以拉伸的方式创建阀盖基本体。

（1）单击“拉伸”按钮，打开“拉伸”选项卡，默认创建的模型特征为“实心”。

（2）选择 TOP 基准平面作为草绘平面，进入草绘模式。

（3）绘制图 3-42 所示的拉伸剖面，单击“确定”按钮。

（4）在拉伸选项卡的尺寸框中输入拉伸深度为 10。

（5）单击“确定”按钮，创建的拉伸特征如图 3-43 所示。

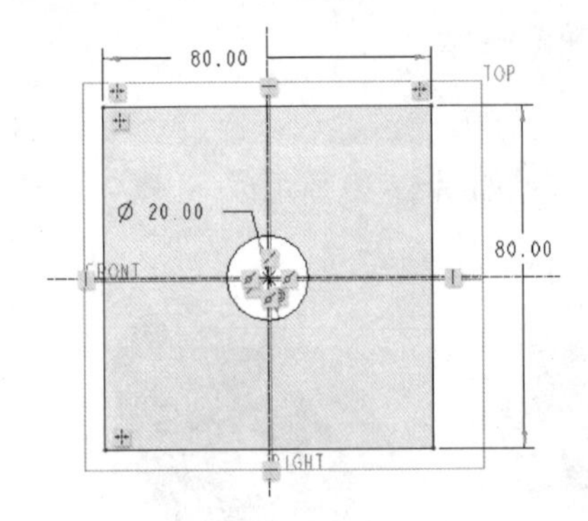

图 3-42　绘制拉伸剖面

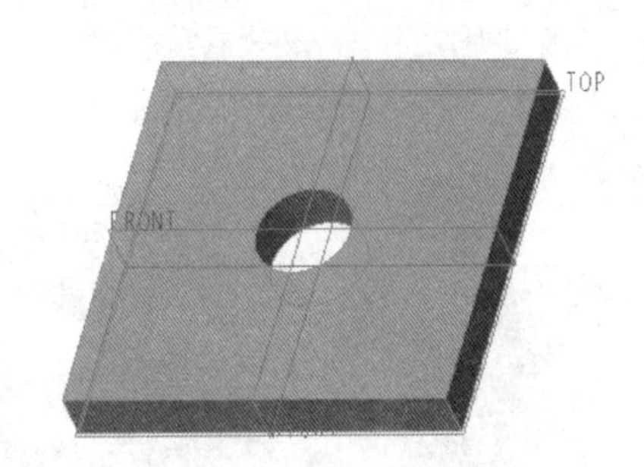

图 3-43　阀盖基本盘体

步骤 3：倒圆角。

（1）单击“倒圆角”按钮，打开“倒圆角”选项卡。

（2）在“倒圆角”选项卡的尺寸框中，输入当前倒圆角集的半径为 12.5。

（3）按住〈Ctrl〉键选择图 3-44 所示的 4 条边线。

（4）单击“确定”按钮，倒圆角效果如图 3-45 所示。

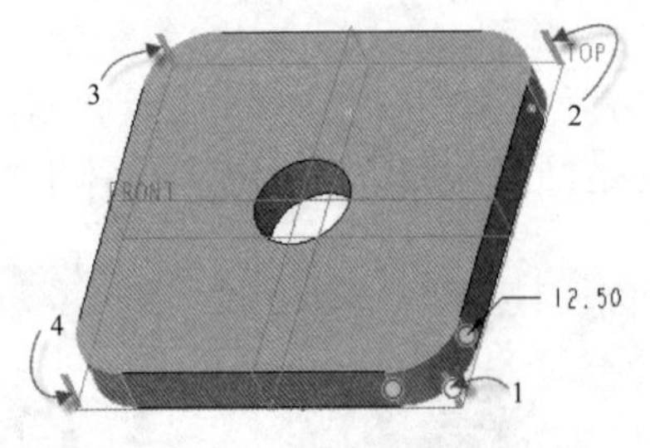

图 3-44　选择边线

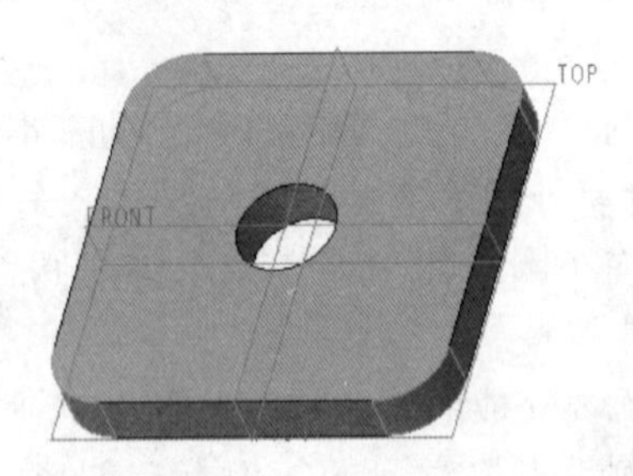

图 3-45　倒圆角

步骤 4：在基本盘体的基础上创建回转体。

（1）单击“旋转”按钮，打开“旋转”选项卡，默认选中“实心”按钮。

（2）单击“旋转”选项卡上的“放置”按钮，打开“放置”下滑面板，接着单击该下滑面板上的“定义”按钮，弹出“草绘”对话框。

（3）选择 FRONT 基准平面作为草绘平面，以 RIGHT 基准平面为“右”方向参考，单击“草绘”按钮，进入草绘模式。

（4）绘制图 3-46 所示的剖面，单击“确定”按钮✔。

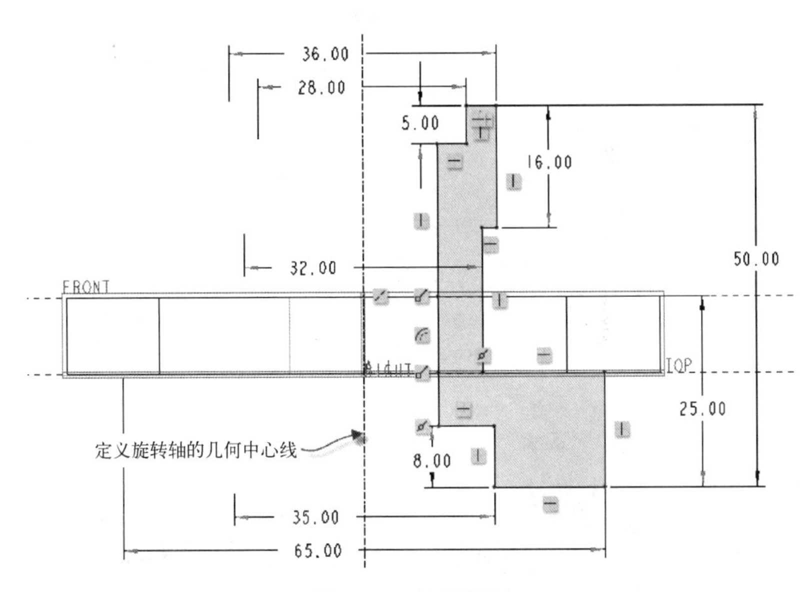

图 3-46 绘制剖面

（5）接受默认的旋转角度为 360°，单击“确定”按钮✔，按〈Ctrl+D〉快捷键，以标准方向视角显示零件，效果如图 3-47 所示。

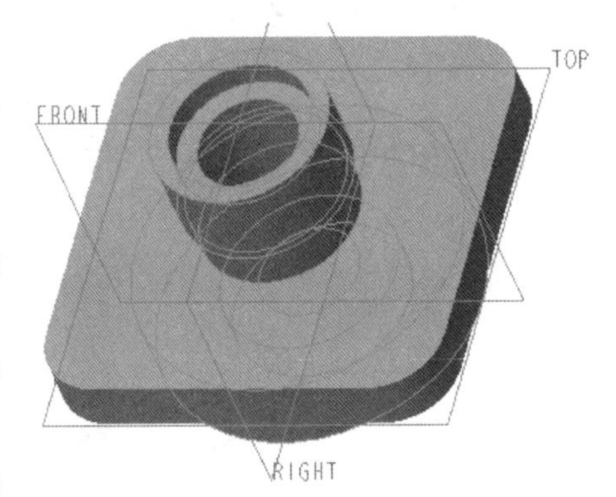

图 3-47 创建旋转体

步骤 5：以旋转的方式切除材料。

（1）单击“旋转”按钮，打开“旋转”选项卡。

（2）指定要创建的模型特征为“实心”，并单击“移除材料”按钮。

（3）打开“放置”下滑面板，单击“定义”按钮，弹出“草绘”对话框。

（4）单击“草绘”对话框中的“使用先前的”按钮，进入草绘模式。

（5）绘制图 3-48 所示的剖面，单击“确定”按钮✔。

（6）接受默认的旋转角度为 360°。在“旋转”选项卡中单击“确定”按钮✔，旋转切除的结果如图 3-49 所示。

步骤 6：以拉伸的方式切除出一个圆孔。

（1）单击“拉伸”按钮，打开“拉伸”选项卡，默认选中“实心”按钮。

（2）在“拉伸”选项卡的“放置”下滑面板中单击“定义”按钮，弹出“草绘”对话框。选择 TOP 基准平面作为草绘平面，以 RIGHT 基准平面为“右”方向参考，单击“草绘”按钮，进入草绘模式。

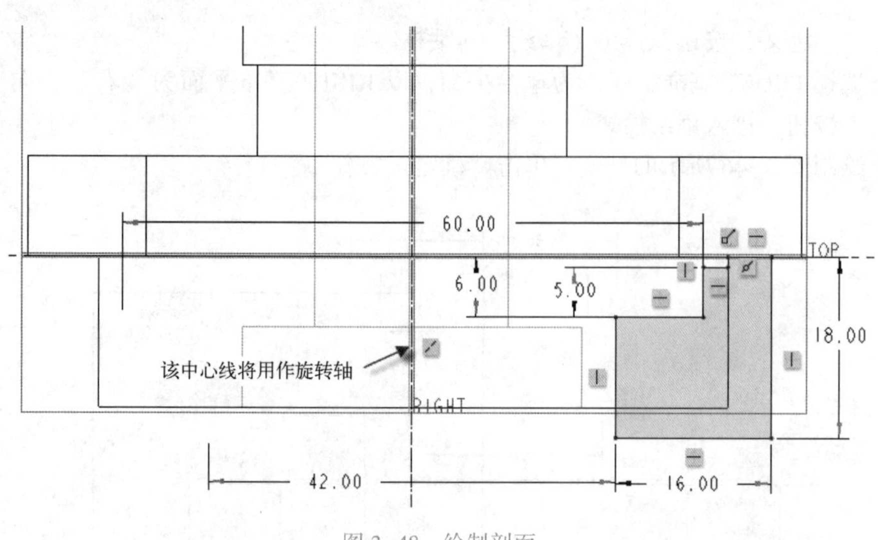

图 3-48　绘制剖面

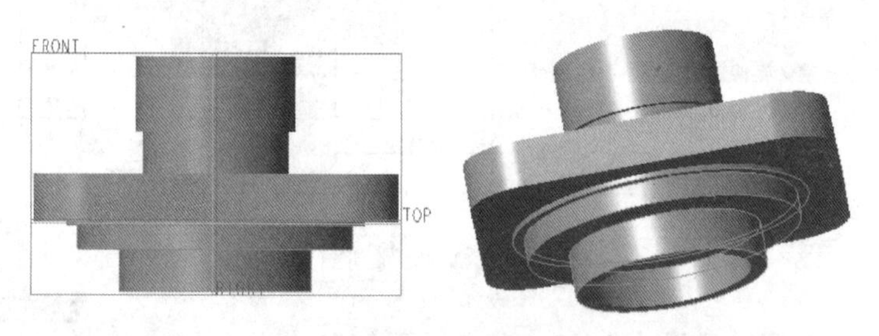

图 3-49　旋转切除的结果

（3）绘制图 3-50 所示的拉伸剖面，单击“确定”按钮✔。

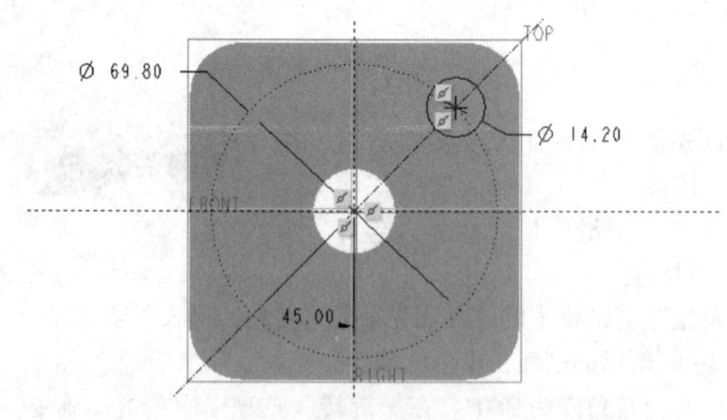

图 3-50　绘制拉伸剖面

（4）在“拉伸”选项卡上确保单击选中“移除材料”按钮。

（5）进入“选项”下滑面板，将“侧 1”和“侧 2”的深度选项均设置为（穿透）选项。

（6）单击“确定”按钮✔，完成一个圆孔的创建。

步骤 7：创建阵列特征。

（1）确保选中刚创建的圆孔，单击“阵列”按钮▦/▦。

（2）在“阵列”选项卡的阵列类型选项列表框中选择“轴”选项，然后在模型中选择中心轴线 A_1。

（3）在“阵列”选项卡中设置第一方向的阵列成员数为 4，阵列成员间的角度为 90。

（4）单击“确定”按钮✔，阵列结果如图 3-51 所示。

步骤 8：倒角。

（1）单击“边倒角”按钮，打开“边倒角”选项卡。

（2）在“边倒角”选项卡上选择边倒角标注形式为 45×D，在 D 尺寸框中输入 1.5。

（3）选择边参考，如图 3-52 所示。

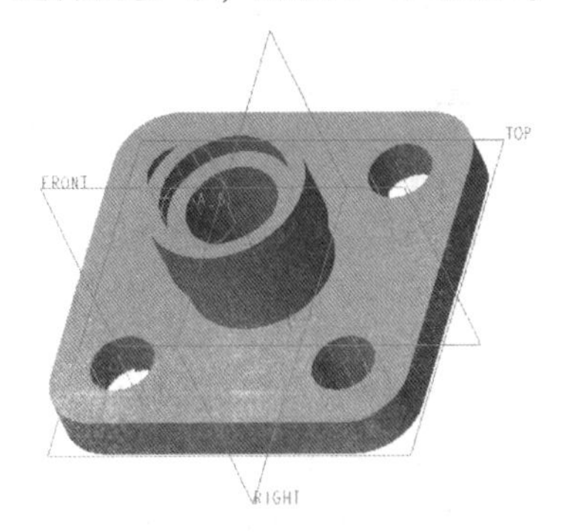

图 3-51　阵列结果

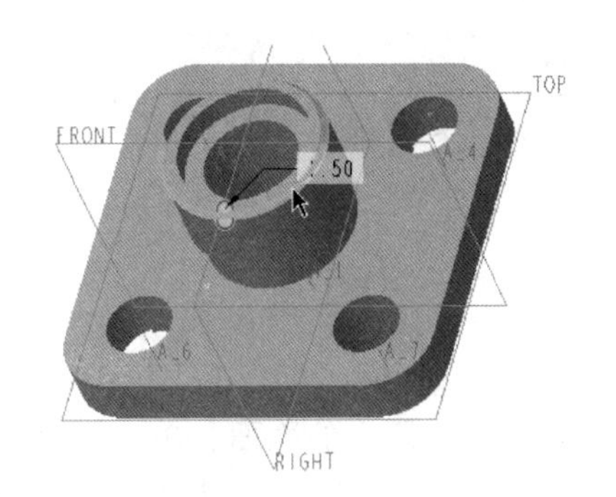

图 3-52　选择边参考

（4）单击“确定”按钮✔。

步骤 9：创建外螺纹。

（1）在功能区“模型”选项卡的“形状”组中单击“螺旋扫描”按钮，打开“螺旋扫描”选项卡。

（2）在“螺旋扫描”选项卡上确保选中“实心”按钮、“移除材料”按钮和“使用右手定则”按钮，打开“参考”下滑面板，从“截面方向”选项组中选择“穿过螺旋轴”单选按钮，如图 3-53 所示。

图 3-53　“螺旋扫描”选项卡

（3）在“参考”下滑面板中单击位于“螺旋轮廓”收集器右侧的“定义”按钮，弹出“草绘”对话框，选择 FRONT 基准平面定义草绘平面，默认以 RIGHT 基准平面为“右”方向参考，单击“草绘”按钮，进入草绘器中。

（4）绘制图 3-54 所示的草图，其中将默认用作旋转轴的中心线可以使用“草绘”组中的“中心线”按钮┆来绘制。单击“确定”按钮✔，完成草绘并退出草绘器。

（5）输入螺距为 2，如图 3-55 所示。

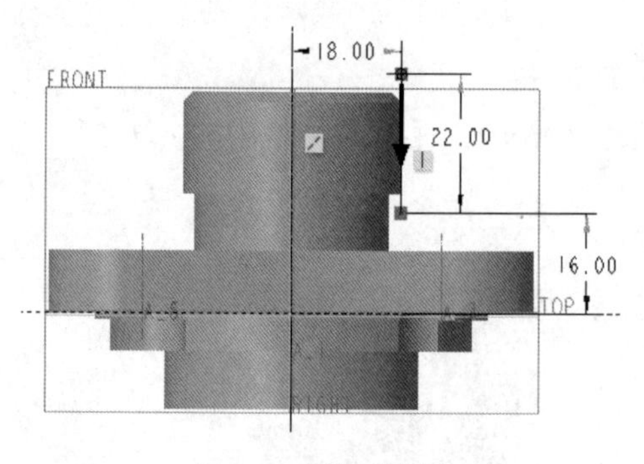

图 3-54　绘制草图

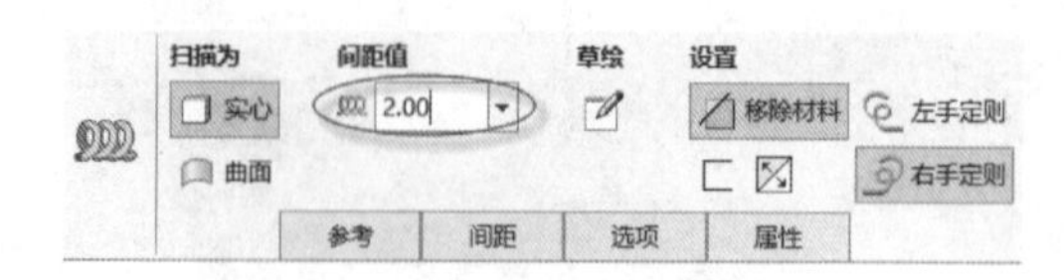

图 3-55　指定螺距值

（6）在“螺旋扫描”选项卡上单击“草绘（创建或编辑扫描剖面）”按钮，进入草绘器中绘制图 3-56 所示的剖面，单击“确定”按钮✔。

（7）在“螺旋扫描”选项卡上单击“确定”按钮✔，创建的外螺纹结构如图 3-57 所示。

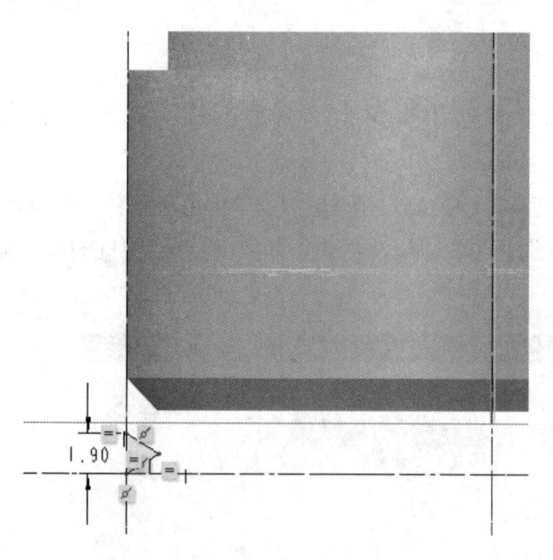

图 3-56　绘制剖面

图 3-57　完成外螺纹结构

步骤 10： 倒圆角。

（1）单击“倒圆角”按钮，打开“倒圆角”选项卡。

（2）在“倒圆角”选项卡的尺寸框中输入当前倒圆角集的半径为 3。

（3）按住〈Ctrl〉键选择图 3-58 所示的两条边线。

（4）单击“确定”按钮✔，倒圆角结果如图 3-59 所示。

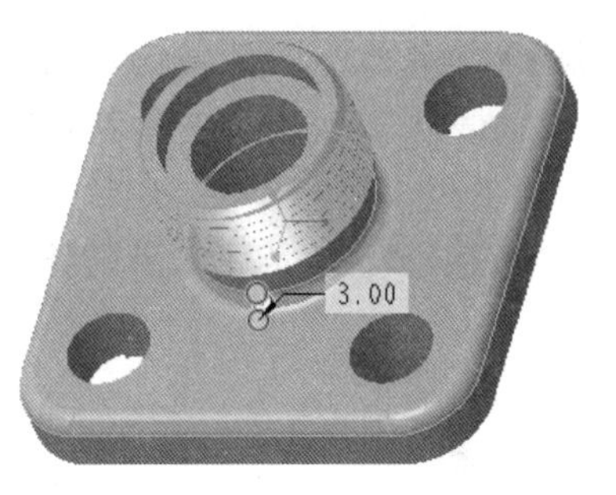

图 3-58　选择边参考

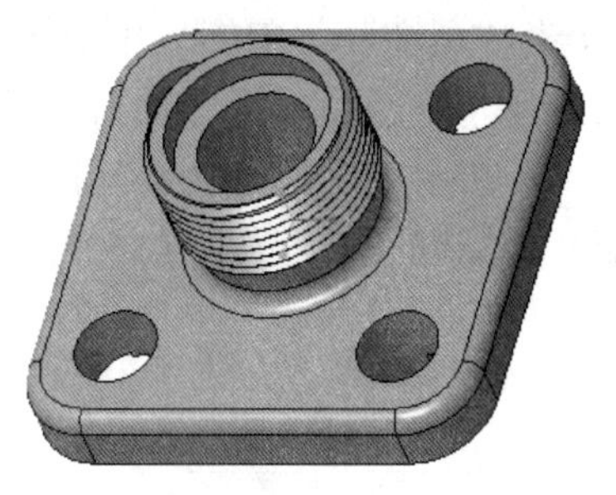

图 3-59　倒圆角结果

步骤 11：保存文件。

3.6　V 带轮实例

带传动具有结构简单、传动平稳、缓冲吸振、制造容易以及成本较低等特点，常用在传动中心距较大的场合。带传动主要分为平带传动、V 带传动、多楔带传动和同步带传动等。在一般的机械传动中，V 带传动应用最为广泛。

V 带轮为典型的盘形零件，其典型结构形式主要有实心式、腹板式、孔板式和椭圆轮辐式。当带轮基准直径 $D\leqslant(2.5\sim3)d$（d 为轴的直径，单位为 mm）时，可以采用实心式；当 $D\leqslant300$ 时，可以采用腹板式或孔板式；当 $D>300$ 时，可采用轮辐式。

在进行带轮的结构设计时，应该优先根据带轮的基准直径选择结构形式，并根据带的截型确定轮槽尺寸，而带轮的其他结构尺寸可以根据相关的经验公式来进行计算。

下面介绍一个 V 带轮的三维实体模型的设计方法及步骤，完成的三维实体模型如图 3-60 所示。该 V 带轮结构形式属于腹板式。

在本实例中，应用的主要知识点包括利用旋转工具、拉伸工具、拔模工具、阵列工具、倒角工具和倒圆角工具等来创建相关的特征。读者应该注意在尺寸文本框中输入关系式的应用。

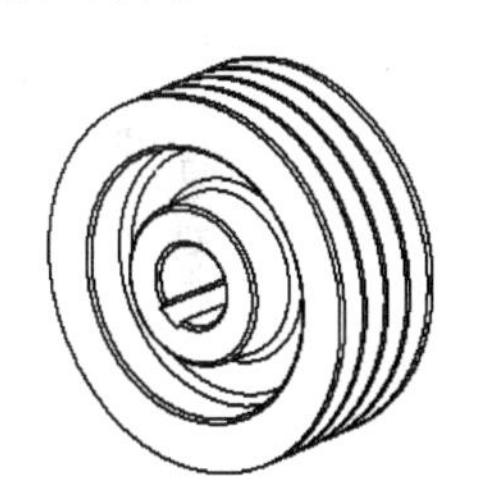

图 3-60　V 带轮

具体的操作方法及步骤如下。

步骤 1：新建零件文件。

（1）在“快速访问”工具栏上单击“新建”按钮，弹出“新建”对话框。

（2）在“类型”选项组中选择“零件”单选按钮，在“子类型”选项组中选择“实体”单选按钮；在“名称”文本框中输入 HY_3_5；并取消勾选“使用默认模板”复选框，不使用默认模板。单击“确定”按钮，弹出“新文件选项”对话框。

（3）在“模板”选项组中选择 mmns_part_solid 选项。

（4）单击“确定”按钮，进入零件设计模式。

步骤 2：创建旋转特征。

（1）单击“旋转”按钮，打开“旋转”选项卡，默认选中“实心”。

（2）选择 FRONT 基准平面作为草绘平面，进入草绘模式。

（3）单击“基准”组中的“中心线”按钮┆，绘制一条水平的几何中心线（该几何中心线将默认用作旋转轴）。接着单击“草绘”组中的“线链”按钮✓，绘制封闭的旋转剖面，如图 3-61 所示。单击“确定”按钮✓，完成草绘并退出草绘模式。

（4）接受默认的旋转角度为 360°，单击“确定”按钮✓，完成了该旋转体创建，其效果如图 3-62 所示。

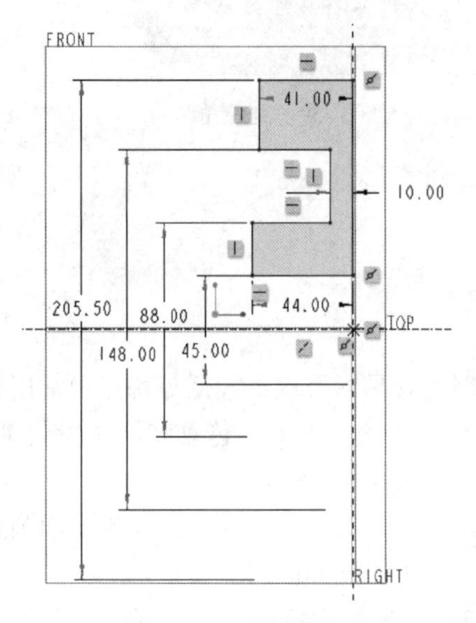

图 3-61　绘制草图

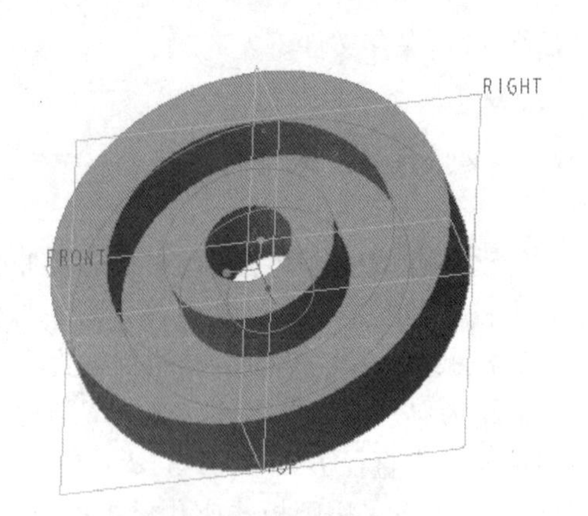

图 3-62　创建的旋转体

步骤 3：创建拔模特征。

（1）单击“拔模”按钮，打开“拔模”选项卡。

（2）选择图 3-63 所示的零件曲面作为拔模曲面。

（3）在 ● 单击此处添加项 （拔模枢轴）收集器框内单击，将其激活，接着单击图 3-64 所示的环形端面。

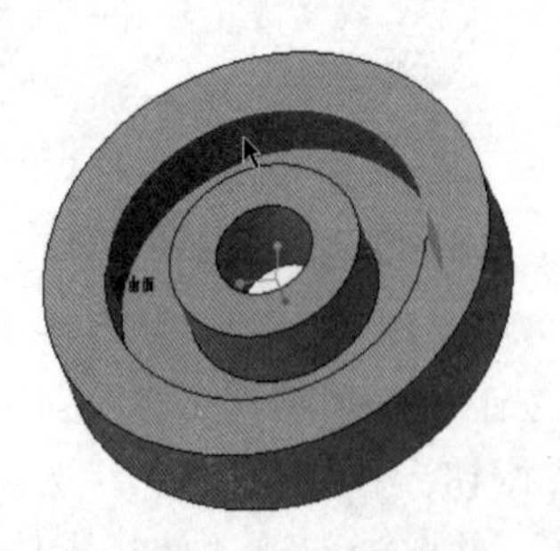

图 3-63　选择拔模曲面

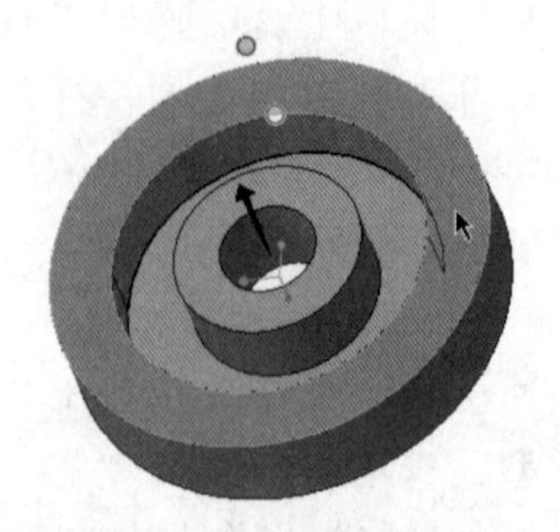

图 3-64　定义拔模枢轴

（4）在“拔模”选项卡的拔模角度尺寸框中输入-atan(1/25)，并按〈Enter〉键，确认后系统自动计算该函数的绝对值为 2.3，此时如图 3-65 所示。

（5）单击“拔模”选项卡的“确定”按钮✓。

步骤 4：继续创建拔模特征。

（1）单击“拔模”按钮，打开“拔模”选项卡。

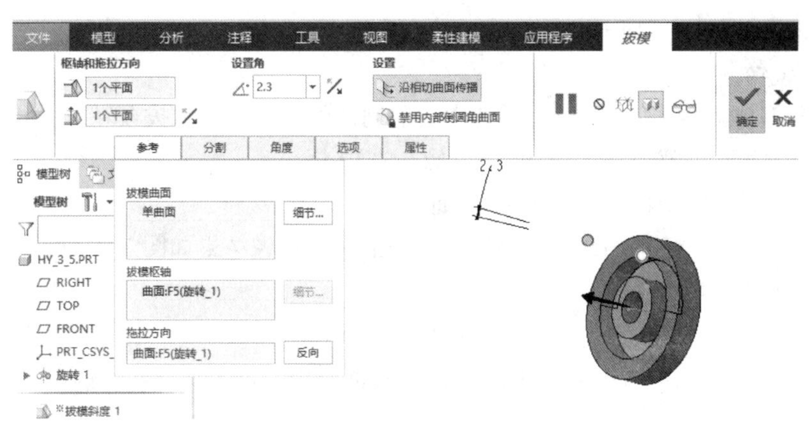

图 3-65 定义拔模角度

(2) 选择图 3-66 所示的零件曲面作为拔模曲面。

(3) 在 ● 单击此处添加项 (拔模枢轴) 收集器框内单击, 将其激活, 接着单击图 3-67 所示的环形端面。

图 3-66 选择拔模曲面

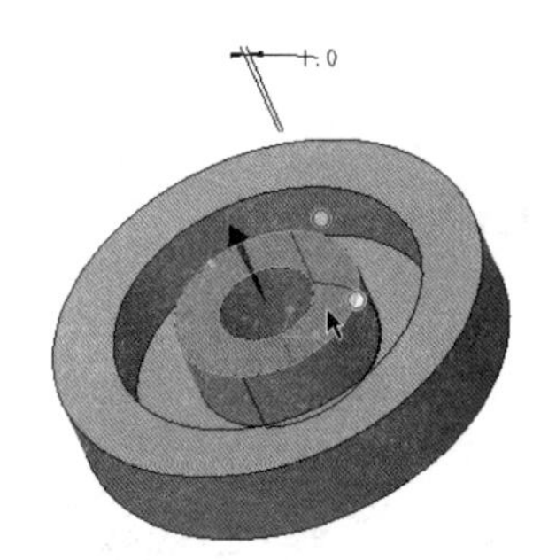

图 3-67 定义拔模枢轴

(4) 在“拔模”选项卡的拔模角度尺寸框中输入-atan (1/25), 并按〈Enter〉键, 确认后系统自动计算该函数的绝对值为 2.3, 此时如图 3-68 所示。

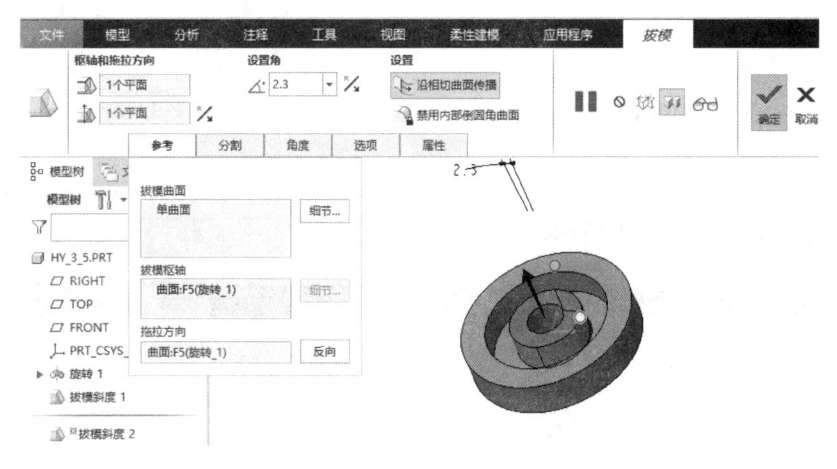

图 3-68 定义拔模角度

（5）单击“拔模”选项卡的“确定”按钮✓，完成该拔模特征的创建。

步骤 5：镜像。

（1）在模型树上，按住〈Ctrl〉键选中之前创建的旋转特征和拔模特征，即选择所有实体特征，单击“镜像”按钮，打开“镜像”选项卡。

（2）选择 RIGHT 基准平面作为镜像平面。

（3）在“镜像”选项卡中单击“确定”按钮✓，镜像结果如图 3-69 所示。

步骤 6：创建键槽结构。

（1）单击“拉伸”按钮，打开“拉伸”选项卡。

（2）在“拉伸”选项卡中指定要创建的模型特征为“实心”，并单击“移除材料”按钮。

（3）在“拉伸”选项卡中单击“放置”按钮，打开“放置”下滑面板，接着单击“定义”按钮，弹出“草绘”对话框。

（4）选择 RIGHT 基准平面作为草绘平面，以 TOP 基准平面为“左”方向参考，单击“草绘”按钮，进入草绘模式。

（5）绘制图 3-70 所示的拉伸剖面，单击“确定”按钮✓，完成草绘操作并退出草绘模式。

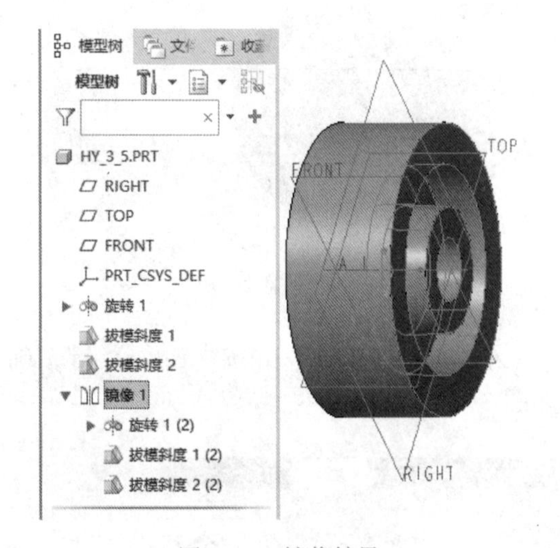

图 3-69　镜像结果

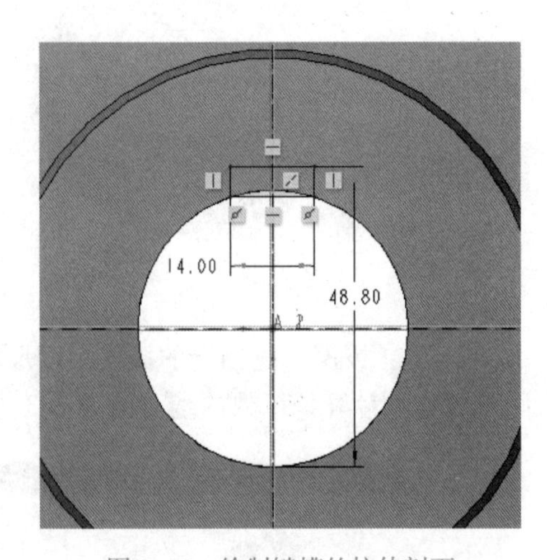

图 3-70　绘制键槽的拉伸剖面

（6）在“拉伸”选项卡的侧 1 深度选项列表框中选择（对称）选项，并输入侧 1 的拉伸深度值为 100，如图 3-71 所示。

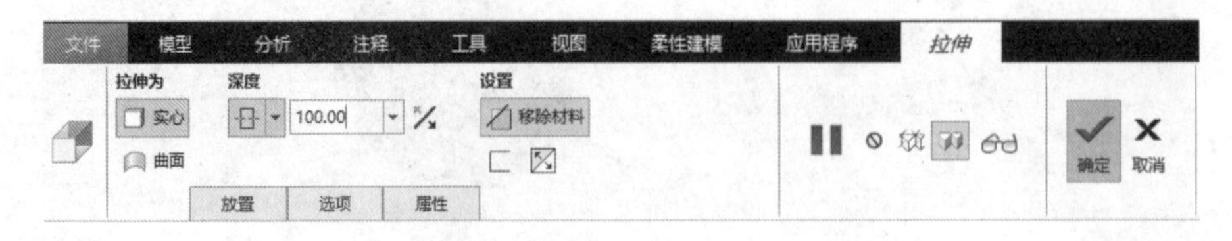

图 3-71　设置深度选项及深度值

（7）单击“确定”按钮✔，完成该键槽结构的创建。

步骤7：以旋转的方式建构一个V带槽。

（1）单击“旋转”按钮，打开“旋转”选项卡。

（2）在“旋转”选项卡中指定要创建的模型特征为“实心”，并单击“移除材料”按钮。

（3）打开“放置”下滑面板，单击“定义”按钮，弹出“草绘”对话框。

（4）选择FRONT基准平面作为草绘平面，以RIGHT基准平面作为“右”方向参考，单击“草绘”按钮，进入草绘模式。

（5）绘制图3-72所示的剖面，单击“确定”按钮✔。

（6）接受默认的旋转角度为360°。在“旋转”选项卡中单击“确定”按钮✔，完成一个V带槽的创建，其结果如图3-73所示。

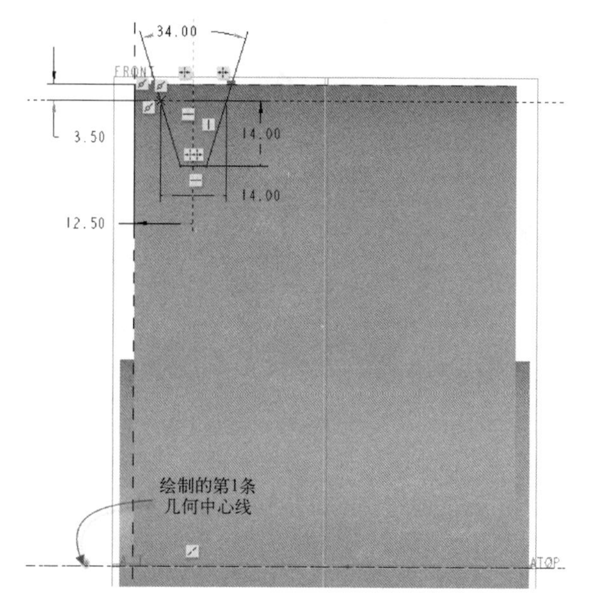

图3-72 绘制带槽剖面

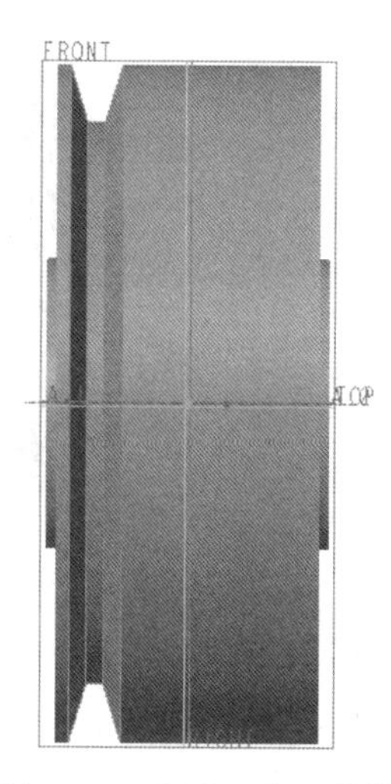

图3-73 完成一个V带槽

步骤8：创建方向阵列特征。

（1）选中刚创建的一个V型槽，单击“阵列”按钮，打开“阵列”选项卡。

（2）从“阵列”选项卡的阵列类型下拉列表框中选择“方向”选项，在模型中选择RIGHT基准平面。

（3）设置第一方向的阵列成员数为4，输入第一方向的阵列成员间的间距为19，如图3-74所示。

（4）在“阵列”选项卡中单击“确定”按钮✔，得到的阵列结果如图3-75所示。

步骤9：创建倒角特征。

（1）单击“边倒角”按钮，打开“边倒角”选项卡。

（2）在“边倒角”选项卡中，从下拉列表框中选择倒角的标注形式选项为45×D，输入D值为2。

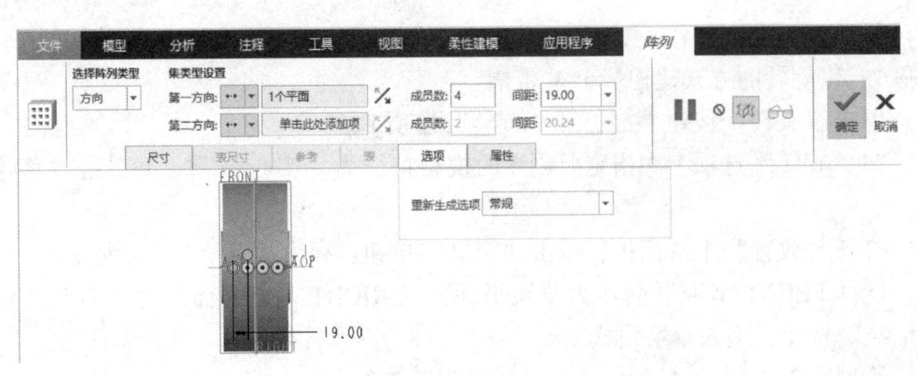

图 3-74　设置方向阵列参数

（3）选择图 3-76 所示的边参考。

（4）单击“确定”按钮。

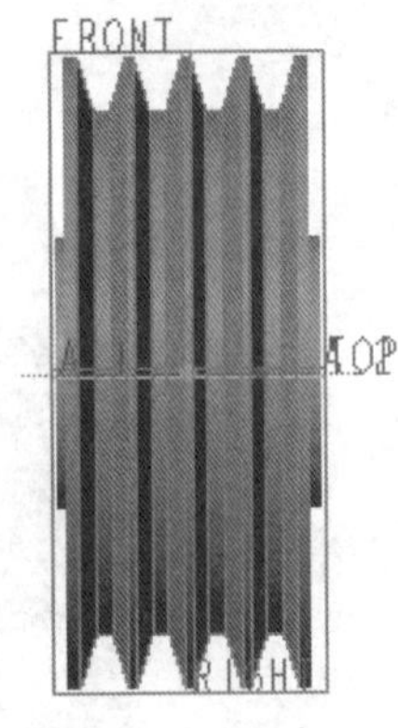

图 3-75　阵列效果

图 3-76　倒角操作

步骤 10：继续创建倒角特征。

（1）单击“边倒角”按钮，打开“边倒角”选项卡。

（2）在“边倒角”选项卡中，从下拉列表框中选择倒角的标注形式选项为 D×D，输入 D 值为 2。

（3）结合〈Ctrl〉键选择图 3-77 所示的边参考。

（4）单击“确定”按钮。

步骤 11：创建倒圆角特征。

（1）单击“倒圆角”按钮，打开“倒圆角”选项卡。

（2）在“倒圆角”选项卡的尺寸文本框中输入当前倒圆角集的半径为 5。

（3）按住〈Ctrl〉键选择图 3-78 所示的 4 条边线，这些边线位于腹板两侧的面上。

（4）单击“确定”按钮。

至此，完成了该 V 带轮的创建，最后的模型效果如图 3-79 所示。

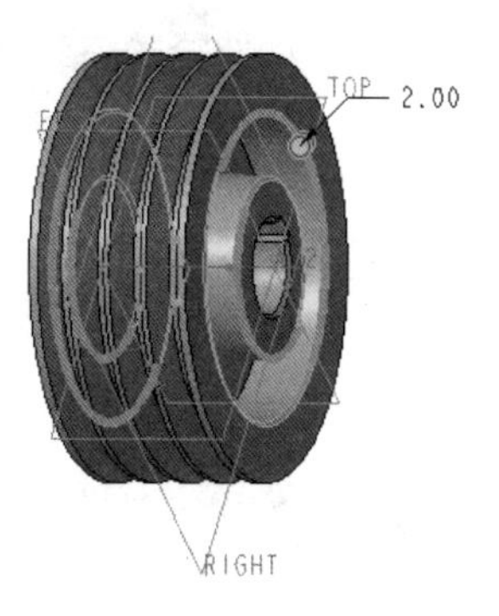

图 3-77 倒角操作

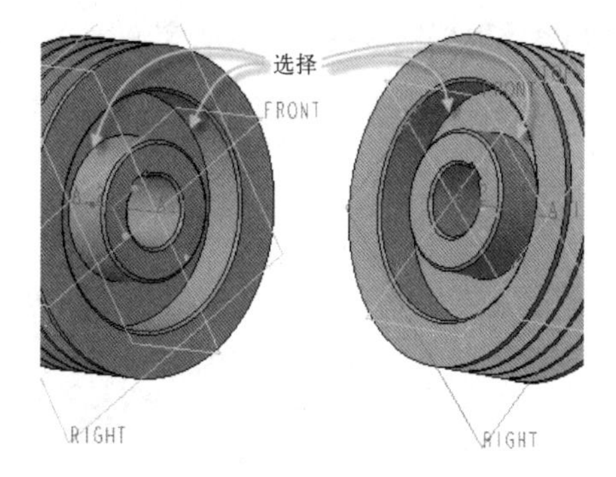

图 3-78 需要要倒圆角的边参考

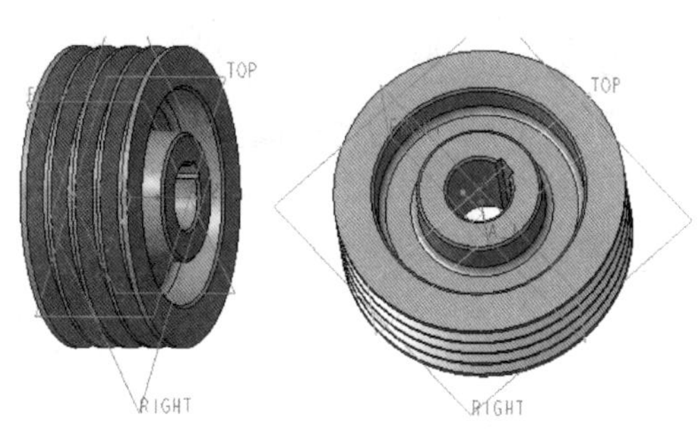

图 3-79 完成的 V 带轮模型

3.7 初试牛刀

设计题目 1：设计图 3-80 所示的窥视盖。该窥视盖的参考厚度为 5 mm，圆孔直径为 10 mm，圆角半径为 12 mm，细节尺寸读者可自行设置。

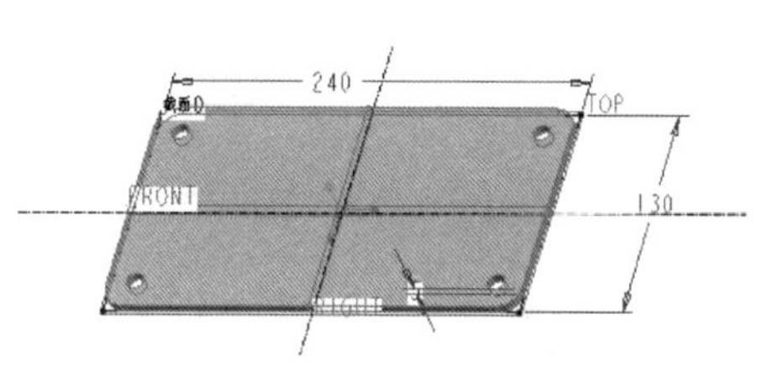

图 3-80 窥视盖

设计题目 2：按照图 3-81 所示的零件图尺寸（未注倒角尺寸为 C1.5）建立轴承盖的三维实体模型，完成的三维实体模型如图 3-82 所示。该轴承盖属于闷盖形式的嵌入式轴承盖。

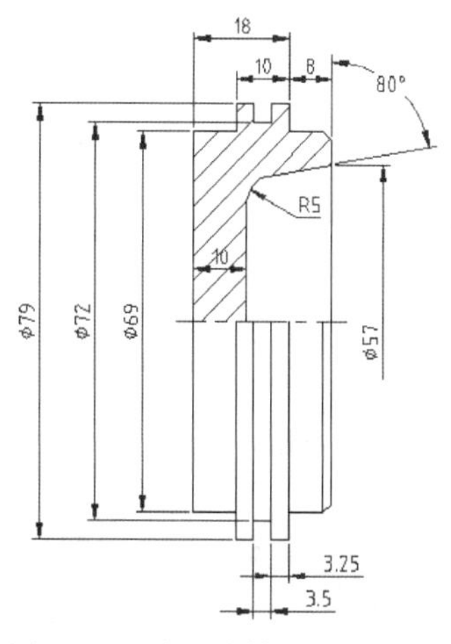

图 3-81 嵌入式轴承盖零件图

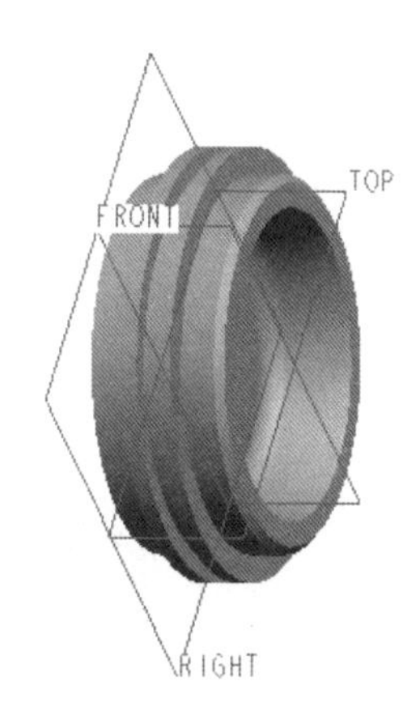

图 3-82 嵌入式轴承盖三维模型

设计题目 3：根据图 3-83 提供的实心式 V 带轮尺寸，建立该 V 带轮的三维实体模型。

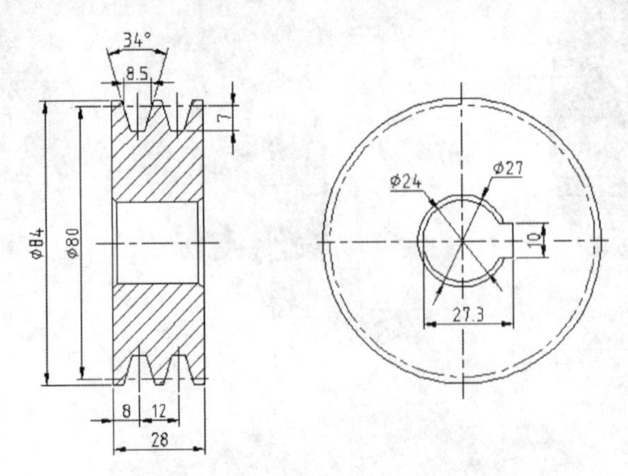

图 3-83　实心式 V 带轮零件图

第4章　叉架类零件设计

本章导读：

叉架类零件也是一类常见的机械零件，其主要起连接、支承、拨动等作用。这类零件包括拨叉、连杆、支架、摇臂等零件。本章在简单分析叉架类零件的结构之后，介绍几个典型叉架类零件的三维建模实例。

本章精彩范例：

- 连杆
- 拨叉
- 支架
- 支座

4.1　叉架类零件结构分析

叉架类零件主要用来连接、支承、拨动其他零件，主要包括拨叉、连杆、支架（支座）、摇臂等零件。

叉架类零件的结构形状多样，差别较大，多为不规则形状。大多数叉架类零件都是由支承部分、工作部分和连接部分组成的，多具有凸台、凹坑、拔模斜度、工艺圆角和加强肋等结构。

下面通过几个典型实例来介绍叉架类零件的建模方法及设计步骤。

4.2　连杆实例

连杆机构主要用于运动方式的传递。本实例将介绍制作一个连杆零件，其三维实体模型如图4-1所示。

在本实例中，利用拉伸工具等创建连杆的框架结构、圆台、侧板造型等，然后利用倒角工具和倒圆角工具分别创建必要的倒角特征和倒圆角特征。

该连杆零件的设计方法及步骤如下。

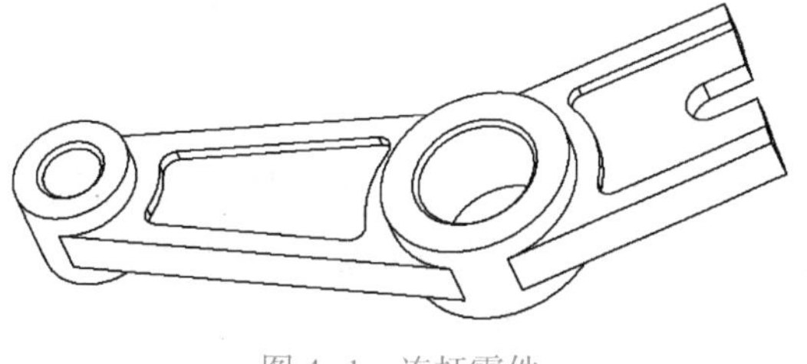

图4-1　连杆零件

步骤 1：新建零件文件。

（1）在“快速访问”工具栏上单击“新建”按钮，弹出“新建”对话框。

（2）在“类型”选项组中选择“零件”单选按钮，在“子类型”选项组中选择“实体”单选按钮；在“名称”文本框中输入 HY_4_1；并取消勾选“使用默认模板”复选框，不使用默认模板，然后单击“确定”按钮，弹出“新文件选项”对话框。

（3）在“新文件选项”对话框的“模板”选项组中选择 mmns_part_solid 选项。单击“确定”按钮，进入零件设计模式。

步骤 2：利用拉伸工具创建连杆的主框架结构。

（1）单击“拉伸”按钮，打开“拉伸”选项卡，默认选中“实心”按钮。

（2）选择 TOP 基准平面作为草绘平面，进入草绘器。

（3）绘制图 4-2 所示的拉伸剖面，单击“确定”按钮。

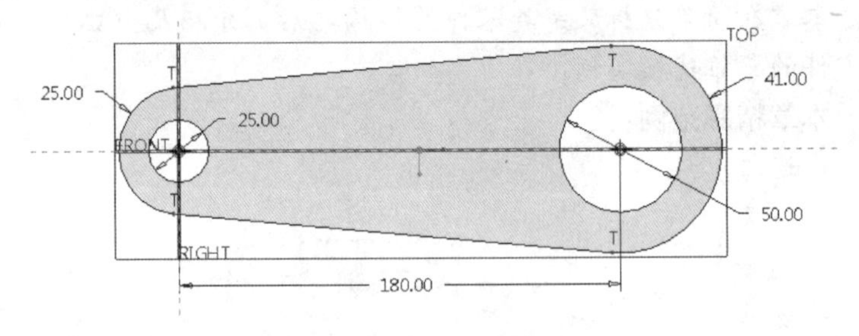

图 4-2　绘制剖面

（4）在“拉伸”选项卡的侧 1 深度选项列表框中选择（对称）选项，接着输入拉伸深度值为 20。

（5）在“拉伸”选项卡中单击“确定”按钮。在键盘上按〈Ctrl+D〉快捷键，以默认的标准方向视角显示模型，效果如图 4-3 所示。

步骤 3：利用拉伸工具创建圆台。

（1）单击“拉伸”按钮，打开“拉伸”选项卡，默认选中“实心”按钮。

（2）打开“拉伸”选项卡的“放置”下滑面板，单击“定义”按钮，弹出“草绘”对话框。单击“草绘”对话框上的“使用先前的”按钮，进入草绘模式。

（3）绘制图 4-4 所示的拉伸剖面，单击“确定”按钮。

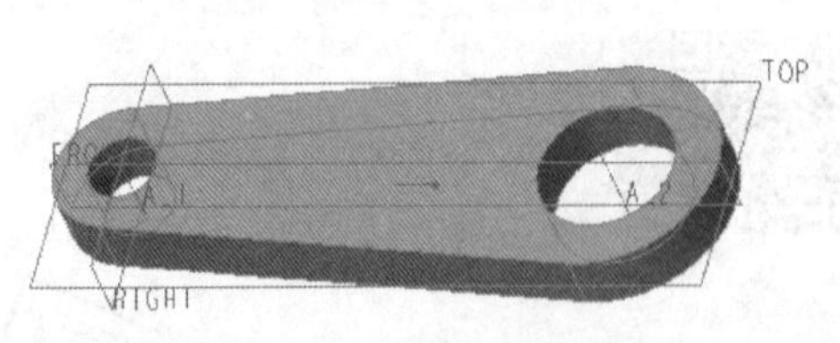

图 4-3　连杆主框架结果

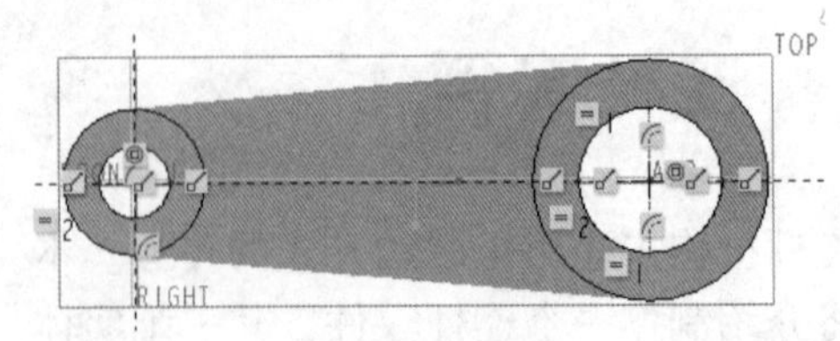

图 4-4　绘制剖面

（4）在“拉伸”选项卡的侧 1 深度选项列表框中选择（对称）选项，输入其拉伸深度值为 42，并注意确保取消选中“移除材料”按钮。

（5）在“拉伸”选项卡中单击“确定”按钮。在键盘上按〈Ctrl+D〉快捷键，以标准方向视角显示模型，如图 4-5 所示。

步骤 4：使用拉伸工具创建连杆的细节框架（不妨称为叉框架）。

（1）单击“拉伸”按钮，打开“拉伸”选项卡，默认选中“实心”按钮。

（2）打开“拉伸”选项卡的“放置”下滑面板，单击位于其上的“定义”按钮，弹出“草绘”对话框。单击“草绘”对话框中的“使用先前的”按钮，进入草绘模式。

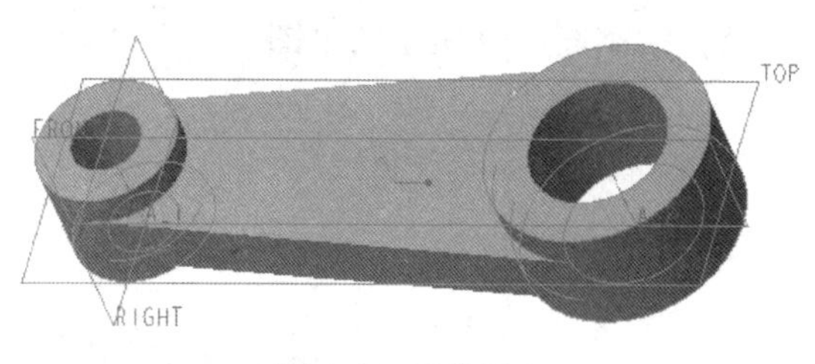

图 4-5　建构圆台

（3）绘制图 4-6 所示的拉伸剖面，单击“确定”按钮。

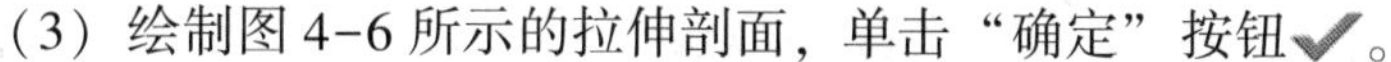

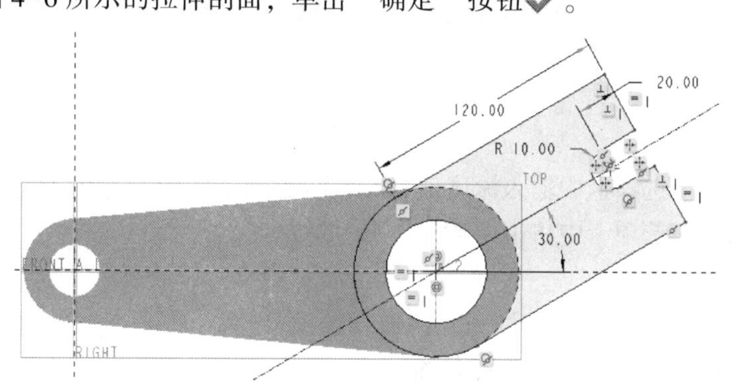

图 4-6　绘制拉伸剖面

（4）在“拉伸”选项卡的列表框中选择（对称）选项，输入拉伸深度值为 20。

（5）在“拉伸”选项卡中单击“确定”按钮。在键盘上按〈Ctrl+D〉快捷键，以标准方向的视角来显示模型，效果如图 4-7 所示。

步骤 5：以拉伸的方式切除出侧板造型。

（1）单击“拉伸”按钮，打开“拉伸”选项卡。

（2）在“拉伸”选项卡中选择要创建的模型特征为“实心”，并单击“移除材料”按钮。

（3）在“放置”下滑面板中单击“定义”按钮，弹出“草绘”对话框。

（4）选择图 4-8 所示的零件面作为草绘平面，以 RIGHT 基准平面为“右”方向参考，接着单击“草绘”按钮，进入草绘模式。

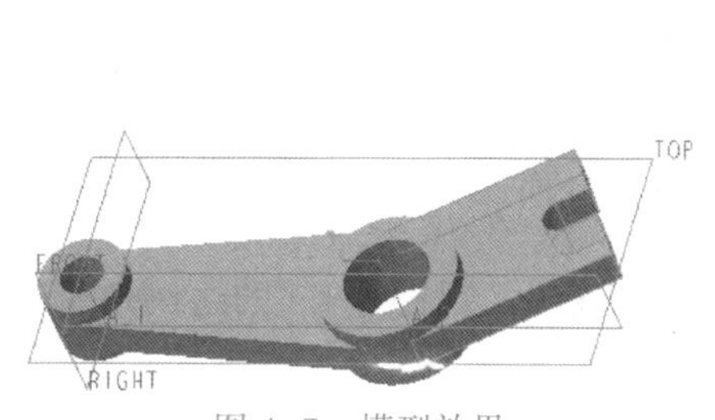

图 4-7　模型效果

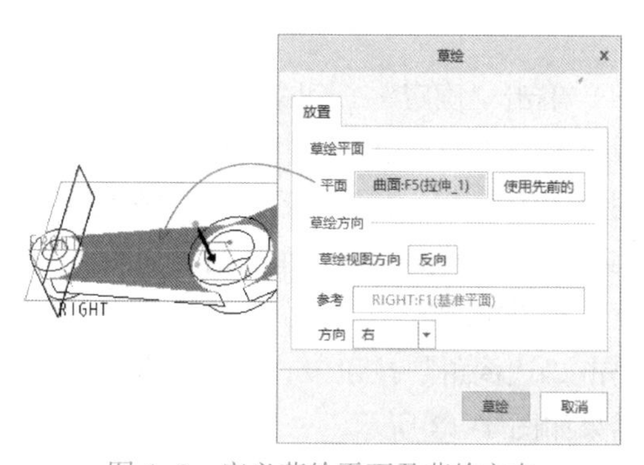

图 4-8　定义草绘平面及草绘方向

（5）绘制图 4-9 所示的草图，单击“确定”按钮✔。

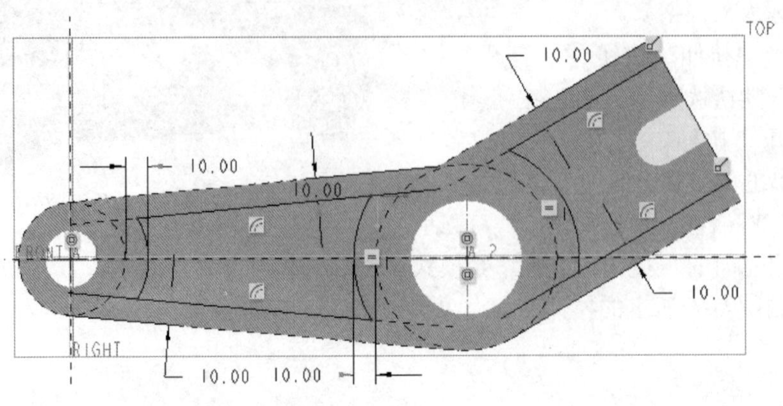

图 4-9　绘制草图

（6）在“拉伸”选项卡中输入深度值为 5，并确保图 4-10 所示的箭头方向。

（7）在“拉伸”选项卡中单击“确定”按钮✔。

步骤 6：创建镜像特征。

（1）单击“镜像”按钮，打开“镜像”选项卡。

（2）选择 TOP 基准平面作为镜像平面。

（3）单击“镜像”选项卡中的“确定”按钮✔。

步骤 7：创建倒圆角特征。

（1）单击“倒圆角”按钮，打开“倒圆角”选项卡。

（2）在“倒圆角”选项卡中设置当前倒圆角集的半径为 60。

（3）选择图 4-11 所示的要倒圆角的边参考。

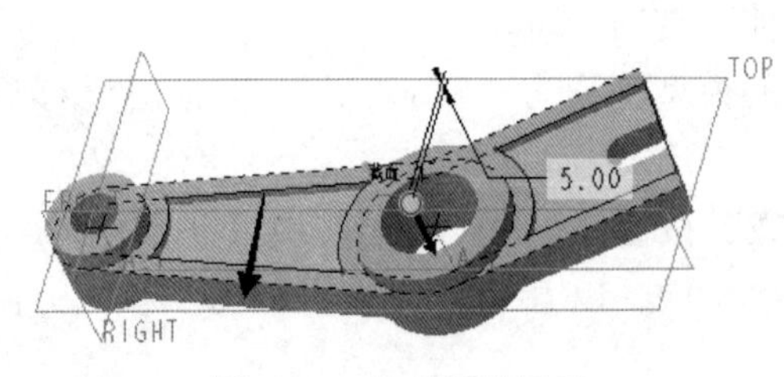

图 4-10　拉伸切除显示

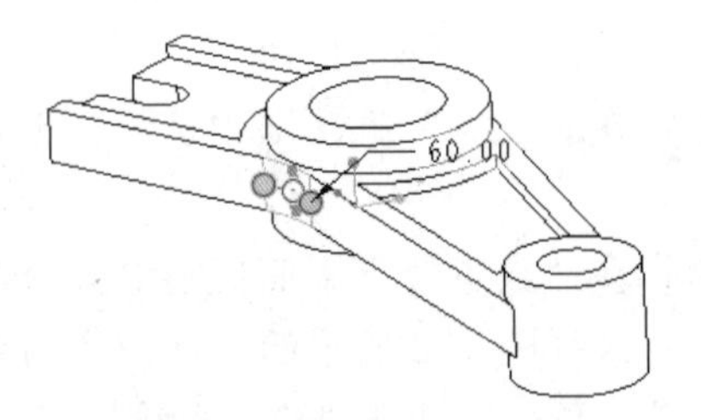

图 4-11　选择边参考

（4）单击“确定”按钮✔。

步骤 8：继续创建倒圆角特征。

用同样的方法，单击“倒圆角”按钮，创建其他的倒圆角特征，这些圆角半径可以取 R6 或 R8，完成倒圆角操作的结果如图 4-12 所示。

步骤 9：边倒角。

单击“边倒角”按钮，在圆台孔相应的边缘处创建尺寸规格为 C2 的边倒角特征。完成的结果如图 4-13 所示。

至此，完成本连杆的设计操作。

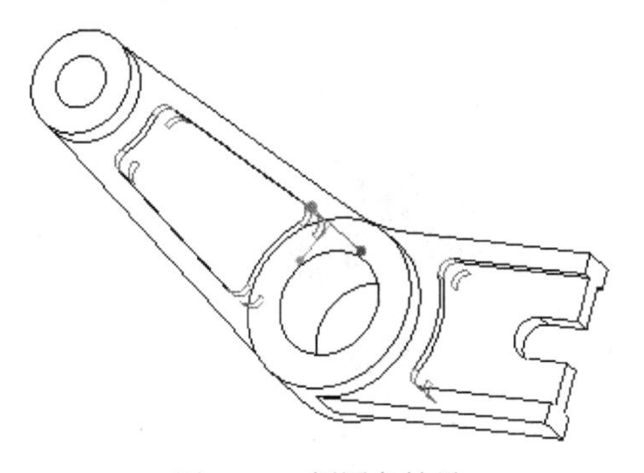

图 4-12　倒圆角结果

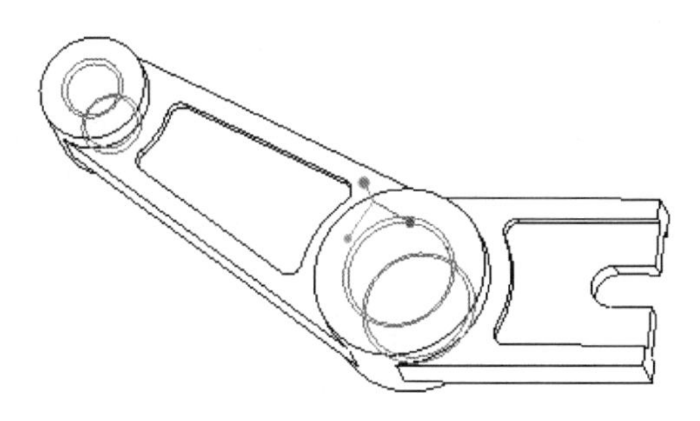

图 4-13　倒角结果

4.3　拨叉实例

本实例所要完成的拨叉零件如图 4-14 所示。

本实例所应用到的工具命令包括拉伸工具、筋工具、孔工具、镜像工具和基准平面工具等；重点学习筋工具的应用方法及技巧。

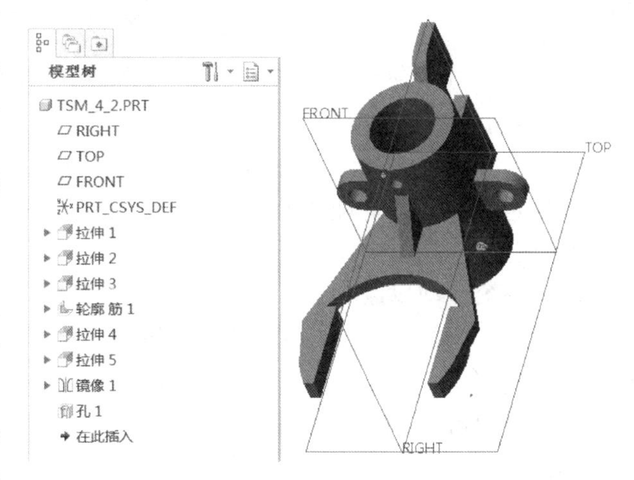

图 4-14　拨叉零件

该拨叉零件的设计方法及步骤如下。

步骤 1：新建零件文件。

（1）在“快速访问”工具栏上单击“新建”按钮，弹出“新建”对话框。

（2）在“类型”选项组中选择“零件”单选按钮，在“子类型”选项组中选择“实体”单选按钮；在“名称”文本框中，输入 HY_4_2；并取消勾选“使用默认模板”复选框，不使用默认模板，单击“确定”按钮。

（3）弹出“新文件选项”对话框，在“模板”选项组中，选择 mmns_part_solid 选项。单击“确定”按钮，进入零件设计模式。

步骤 2：利用拉伸工具创建圆环体。

（1）单击“拉伸”按钮，打开“拉伸”选项卡，默认选中“实心”按钮。

（2）选择 TOP 基准平面作为草绘平面，进入草绘器中。

（3）绘制图 4-15 所示的拉伸剖面，单击“确定”按钮。

（4）在“拉伸”选项卡中，输入拉伸深度为 78。

（5）在“拉伸”选项卡中单击“确定”按钮。在键盘上按〈Ctrl+D〉快捷键，以默认的标准方向显示模型，如图 4-16 所示。

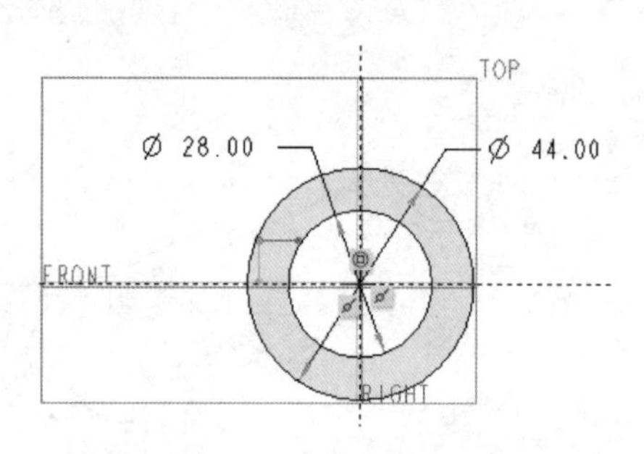

图 4-15 草绘拉伸剖面

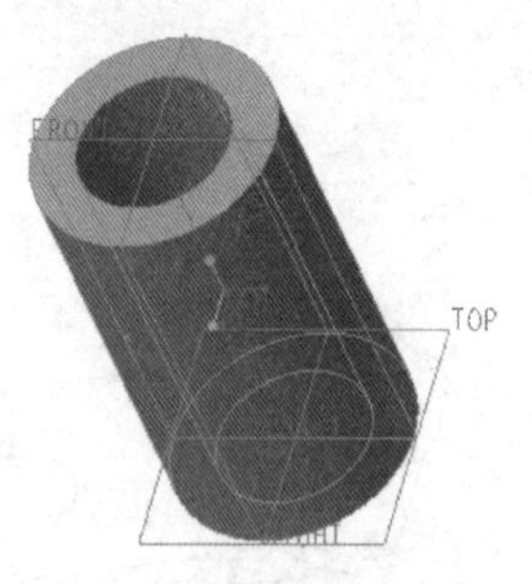

图 4-16 创建的圆环体

步骤 3：以拉伸的方式创建拨叉结构。

（1）单击“拉伸”按钮，打开“拉伸”选项卡，默认选中“实心”按钮。

（2）单击“拉伸”选项卡中的“放置”按钮，进入其“放置”下滑面板，单击“定义”按钮，弹出“草绘”对话框。

（3）单击“基准”→“基准平面”按钮，弹出“基准平面”对话框，选择 TOP 基准平面作为偏移参考，输入偏移距离为 36，如图 4-17 所示，单击“确定”按钮，完成 DTM1 基准平面的创建。

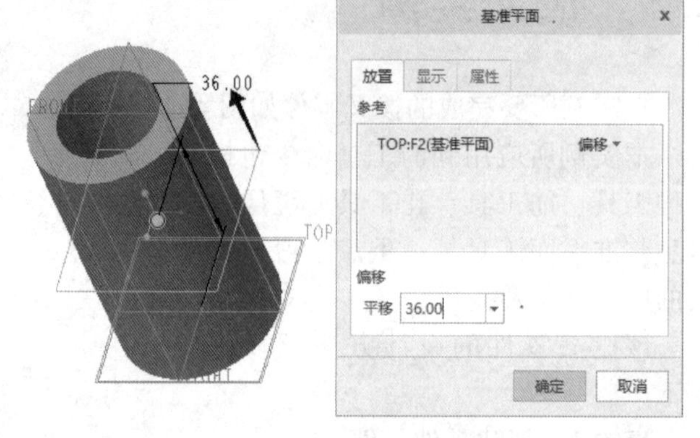

图 4-17 创建基准平面 DTM1

（4）系统自动以刚创建的基准平面 DTM1 作为草绘平面，默认以 RIGHT 基准平面为“右”方向参考，单击“草绘”按钮，进入草绘模式。

（5）绘制图 4-18 所示的拉伸剖面，单击“确定”按钮。

（6）在“拉伸”选项卡中，输入拉伸深度为 6。

（7）在“拉伸”选项卡中单击“确定”按钮。在键盘上按〈Ctrl+D〉快捷键，以标准方向显示模型，如图 4-19 所示。

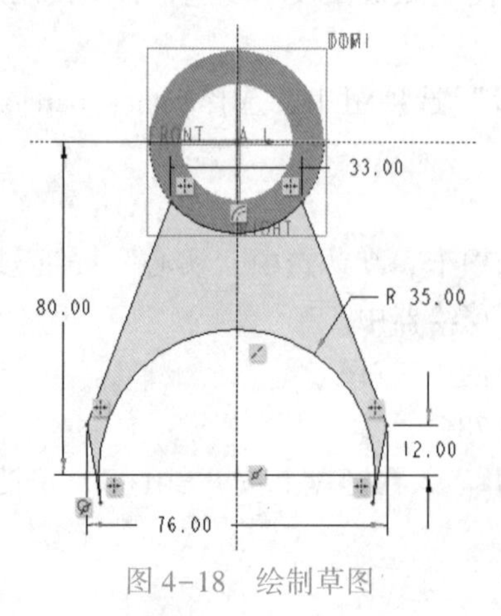

图 4-18 绘制草图

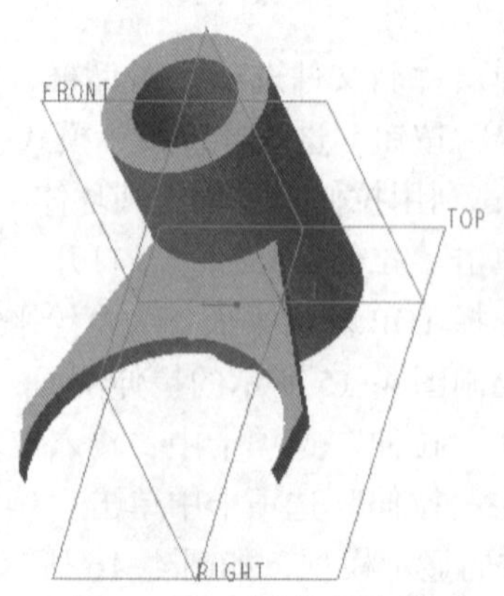

图 4-19 创建拉伸特征

步骤4：设计拨叉的接触结构。

(1) 单击“拉伸”按钮，打开“拉伸”选项卡，默认选中“实心”。

(2) 单击“拉伸”选项卡中的“放置”按钮，进入其“放置”下滑面板，单击“定义”按钮，弹出“草绘”对话框。

(3) 选择图4-20所示的零件面作为草绘平面，以RIGHT基准平面为“右”方向参考，单击“草绘”对话框中的“草绘”按钮，进入草绘模式。

(4) 绘制图4-21所示的剖面，单击“确定”按钮✔。

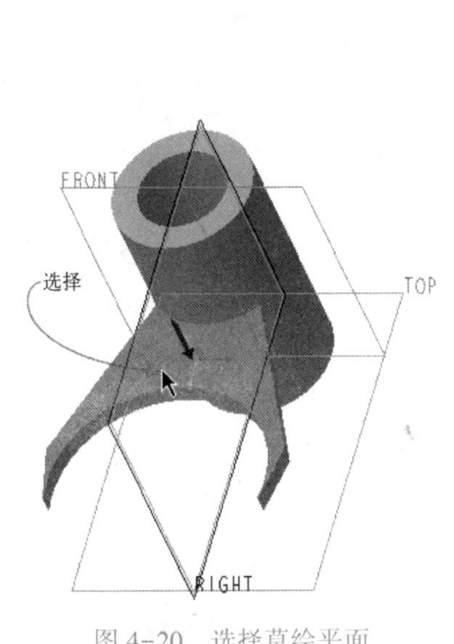

图4-20 选择草绘平面

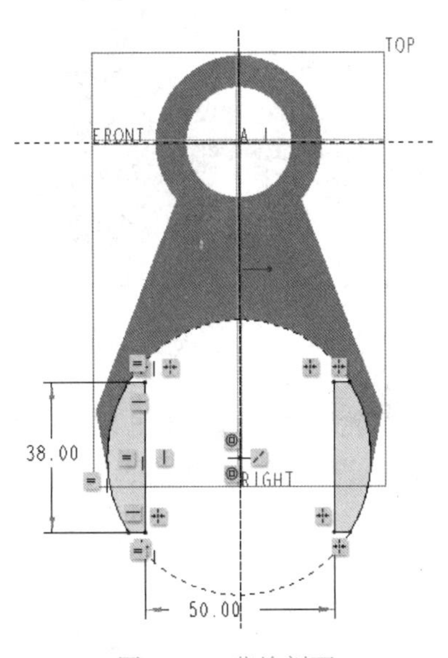

图4-21 草绘剖面

(5) 在“拉伸”选项卡中，输入拉伸深度为9.5，并单击“深度方向”按钮以获得所需的拉伸深度方向。

(6) 在“拉伸”选项卡中单击“确定”按钮✔，模型效果如图4-22所示。

步骤5：创建轮廓筋特征。

(1) 单击“轮廓筋”按钮，打开图4-23所示的“轮廓筋”选项卡。

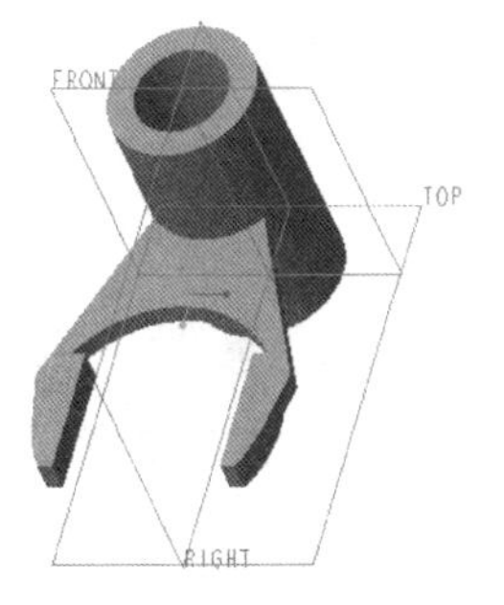

图4-22 设计拨叉的接触结构

图4-23 “轮廓筋”选项卡

(2) 在“轮廓筋”选项卡中单击“参考”按钮，打开“参考”下滑面板，单击“定义”按钮，出现“草绘”对话框。

（3）选择 RIGHT 基准平面作为草绘平面，以 TOP 基准平面为“上（顶）”方向参考，单击“草绘”按钮，进入草绘模式。

（4）绘制图 4-24 所示的草图，单击“确定”按钮✔。

（5）此时，若模型如图 4-25 所示，箭头方向没有指向实体，不能形成有效的材料填充区域，则需要打开“参考”下滑面板，在此面板上单击“反向”按钮，使箭头方向指向实体，从而形成有效的材料填充区域，如图 4-26 所示。

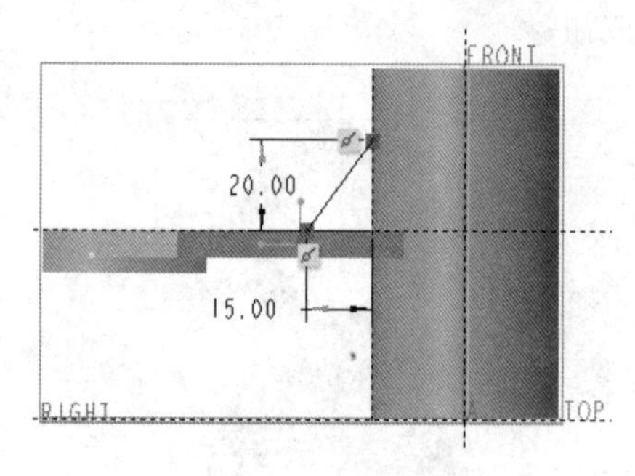

图 4-24　绘制草图

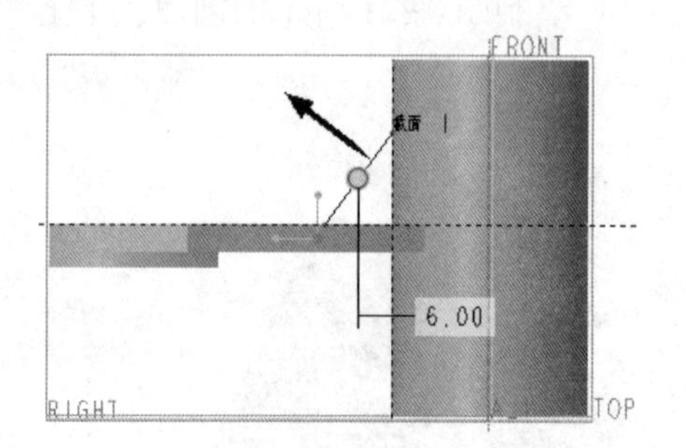

图 4-25　不能形成筋特征

（6）在“轮廓筋”选项卡的尺寸框中，输入轮廓筋厚度值为 6。

（7）单击“确定”按钮✔，完成该轮廓筋特征的创建工作，结果如图 4-27 所示。

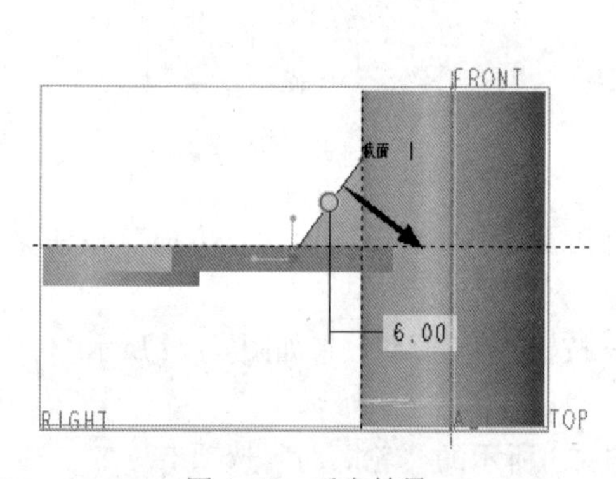

图 4-26　反向结果

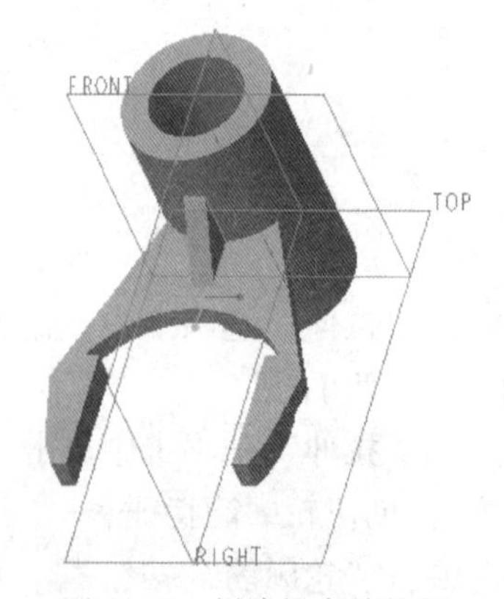

图 4-27　创建轮廓筋特征

步骤 6：创建拉伸特征。

（1）单击“拉伸”按钮，打开“拉伸”选项卡，默认选中“实心”按钮。

（2）在“拉伸”选项卡中单击“放置”按钮，打开“放置”下滑面板，然后单击此下滑面板中的“定义”按钮，弹出“草绘”对话框。

（3）选择 RIGHT 基准平面作为草绘平面，以 TOP 基准平面作为“左”方向参考，单击“草绘”按钮，进入草绘器中。

（4）绘制图 4-28 所示的拉伸剖面，单击“确定”按钮✔。

（5）在“拉伸”选项卡中，选择（对称）选项，输入拉伸深度值为 6。

（6）单击“确定”按钮✔，创建的拉伸特征如图 4-29 所示。

步骤 7：创建拉伸特征。

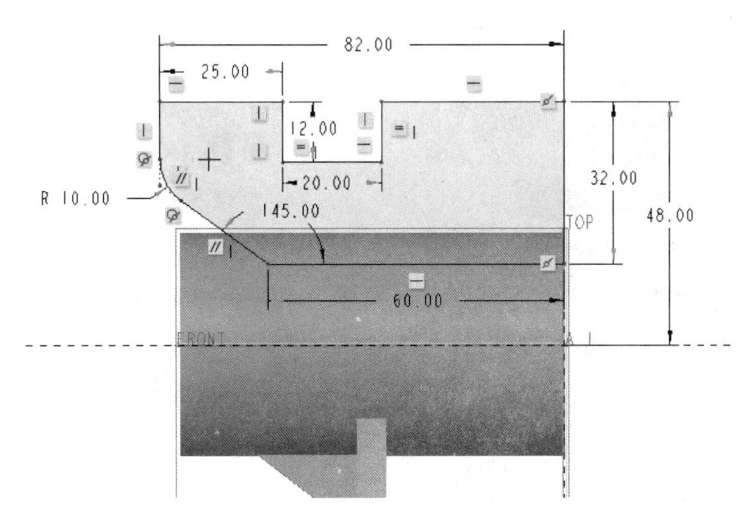

图 4-28 绘制的拉伸剖面

(1) 单击“拉伸”按钮，打开“拉伸”选项卡，默认选中“实心”按钮。

(2) 打开“拉伸”选项卡的“放置”下滑面板，单击“定义”按钮，弹出“草绘”对话框。

(3) 选择 FRONT 基准平面作为草绘平面，以 RIGHT 基准平面作为“右”方向参考，单击“草绘”按钮，进入草绘器中。

(4) 绘制图 4-30 所示的拉伸剖面，单击“确定”按钮。

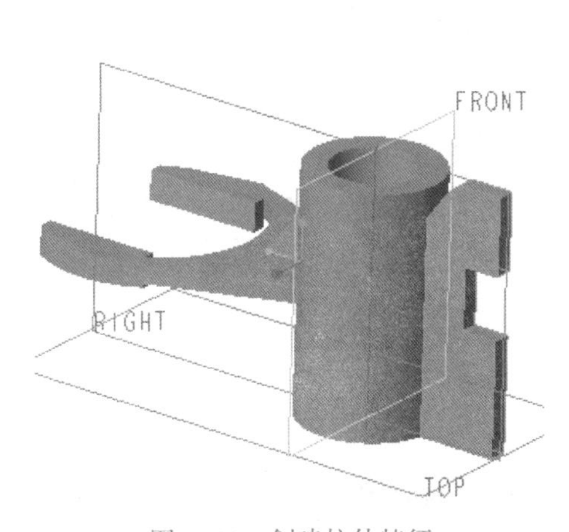

图 4-29 创建拉伸特征

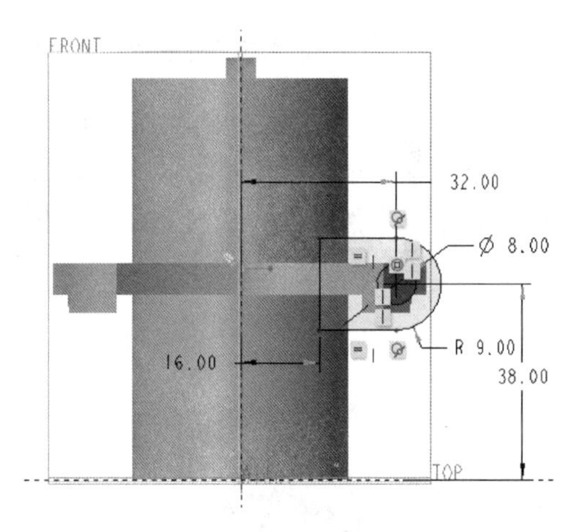

图 4-30 绘制拉伸剖面

(5) 在“拉伸”选项卡中选择（对称）选项，输入拉伸深度值为 6。

(6) 单击“确定”按钮，创建的拉伸特征如图 4-31 所示。

步骤 8： 创建镜像特征。

(1) 确保选中刚创建的拉伸特征，单击“镜像”按钮，打开“镜像”选项卡。

(2) 选择 RIGHT 基准平面作为镜像平面。

(3) 在“镜像”选项卡中单击“确定”按钮，镜像结果如图 4-32 所示。

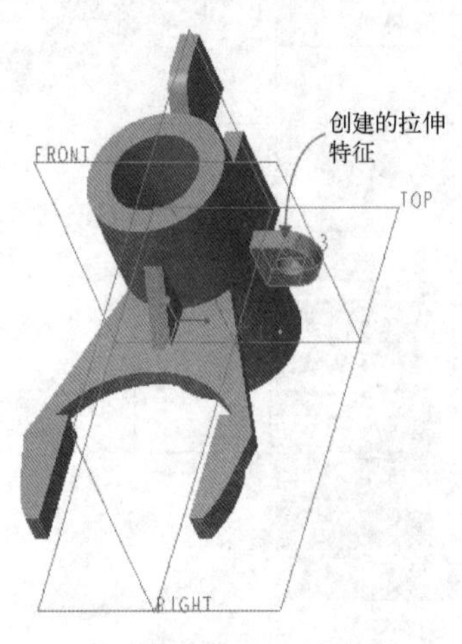

图 4-31　创建拉伸特征

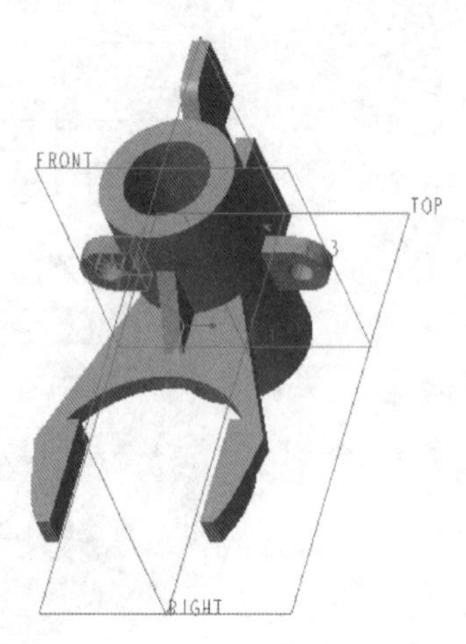

图 4-32　镜像结果

步骤 9：创建螺纹孔特征。

（1）单击“孔”按钮，打开“孔”选项卡。

（2）在“孔”选项卡中单击“创建标准孔”按钮，设置创建标准孔的螺纹类型为 ISO，并设置螺纹规格尺寸为 M6x1，如图 4-33 所示。

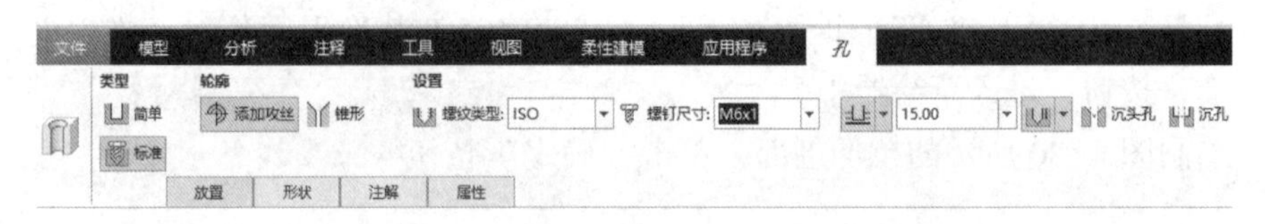

图 4-33　设置创建标准螺纹孔的一些参数

（3）在图 4-34 所示的圆柱曲面上单击，接着打开“放置”下滑面板，并使用鼠标在模型中拖曳其中一个偏移控制图柄捕捉到 RIGHT 基准平面，拖曳另一个偏移控制图柄捕捉到 TOP 基准平面。然后在“放置”下滑面板的“偏移参考”收集器中，设置相应的偏移距离，如图 4-35 所示。

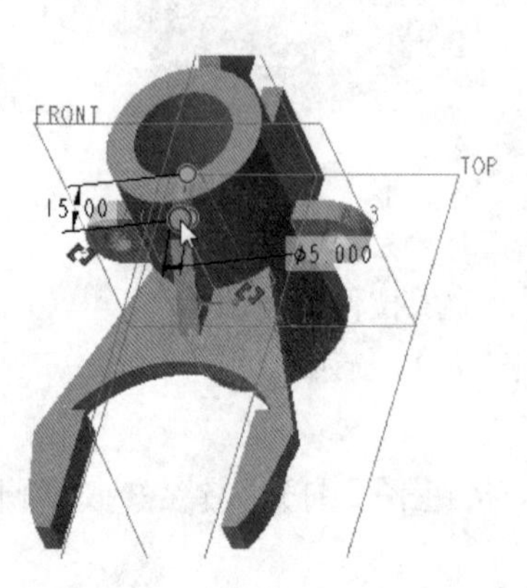

图 4-34　指定主放置参考

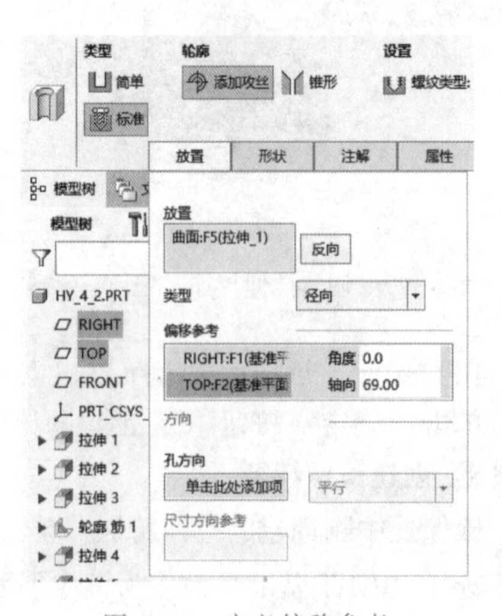

图 4-35　定义偏移参考

操作说明 用户也可以这样定义偏移参考：在“放置”面板上单击“偏移参考”收集器的框，从而将该收集器激活；接着选择RIGHT基准平面，并按住〈Ctrl〉键选择TOP基准平面；然后在“偏移参考”收集器中设置相应的偏移距离。

（4）在“孔”选项卡中选择 （钻孔至下一曲面）选项。

（5）单击“确定”按钮 ，创建的孔特征如图4-36所示。

步骤10：设立层来管理标准螺纹孔的注释。

（1）在功能区中切换至“视图”选项卡，从“可见性”组中单击“层”按钮 ，使导航区切换到层树显示模式。

（2）在导航区中单击位于层树上方的“层”按钮 ，打开其下拉菜单，选择“新建层”选项，系统弹出“层属性”对话框。

（3）在“名称”文本框中输入note，接着在图形窗口中单击螺纹孔的注释信息。

（4）单击“层属性”对话框的“确定”按钮。

（5）在层树中右击NOTE层，从快捷菜单中选择“隐藏”命令。

（6）再次右击NOTE层，从快捷菜单中选择“保存状况”命令。

（7）在“图形”工具栏中单击“重画当前视图”按钮 刷新画面，此时模型中的孔注释已经被隐藏起来了，效果如图4-37所示。

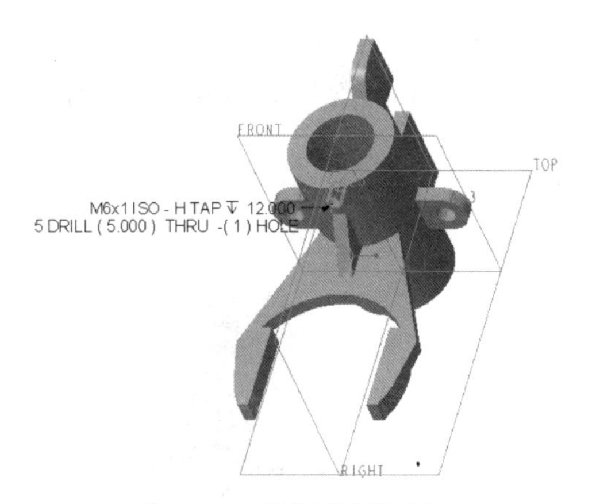

图4-36 创建标准螺纹孔

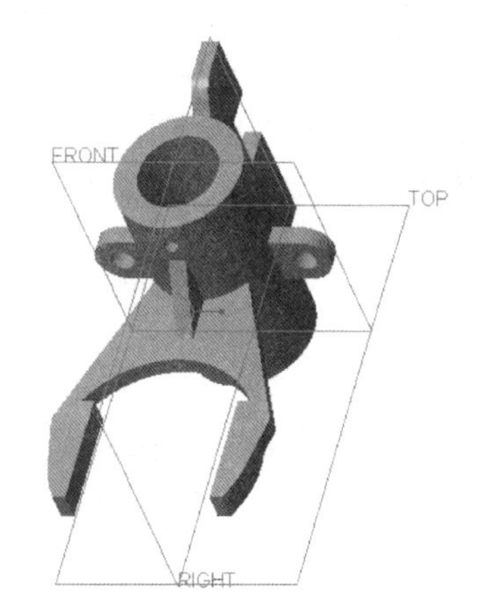

图4-37 隐藏了孔注释

（8）在“视图”选项卡的“可见性”组中单击“层”按钮 ，使导航区切换回模型树显示模式。

说明 由于拨叉零件多为铸件（如材料为HT200），可以使用“倒圆角”按钮 在模型中创建一些铸造圆角，这些铸造圆角的半径一般设计为$R2 \sim R5$ mm。

至此，完成了本拨叉零件的创建。

4.4 支架实例

本实例所要完成的踏脚支架零件如图4-38所示。

本实例的重点是利用拉伸工具、旋转工具、倒角工具和倒圆角工具等创建一个踏脚支架。

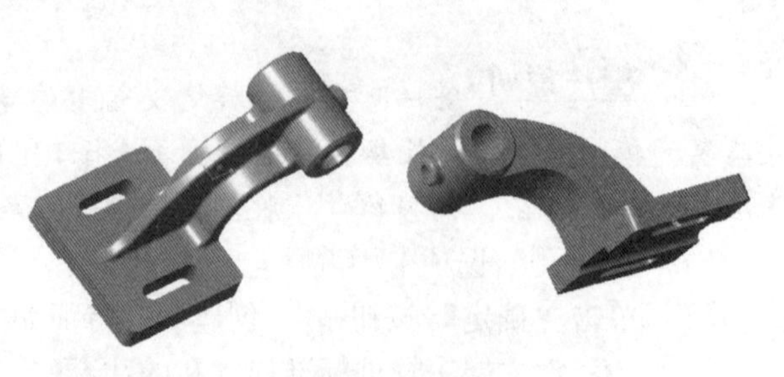

图 4-38　踏脚支架

该支架零件的设计方法及步骤如下。

步骤 1：新建零件文件。

（1）在“快速访问”工具栏上单击“新建”按钮，弹出“新建”对话框。

（2）在“类型”选项组中选择“零件”单选按钮，在“子类型”选项组中选择“实体”单选按钮；在“名称”文本框中输入 HY_4_3；并取消勾选“使用默认模板”复选框，不使用默认模板，单击“确定”按钮，弹出“新文件选项”对话框。

（3）在“模板”选项组中选择 mmns_part_solid 选项，单击“确定”按钮，进入零件设计模式。

步骤 2：创建拉伸特征。

（1）单击“拉伸”按钮，打开“拉伸”选项卡，默认选中“实心”按钮。

（2）选择 TOP 基准平面作为草绘平面，自动且快速地进入草绘器中。

（3）绘制图 4-39 所示的拉伸剖面，单击“确定”按钮。

（4）在“拉伸”选项卡中输入拉伸深度值为 80。

（5）在“拉伸”选项卡中单击“确定”按钮。在键盘上按〈Ctrl+D〉快捷键，以标准的标准方向显示模型，效果如图 4-40 所示。

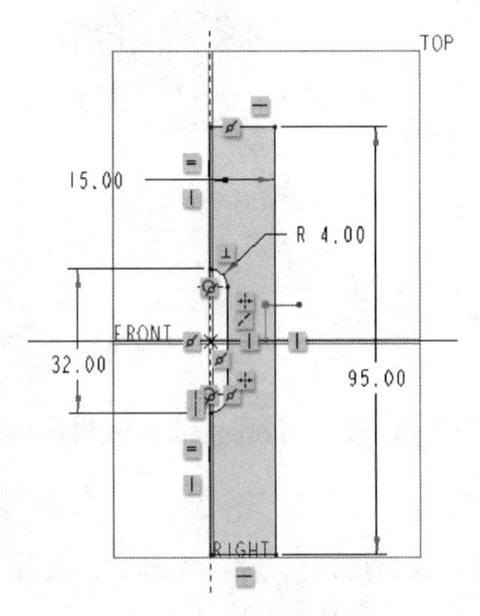

图 4-39　拉伸剖面

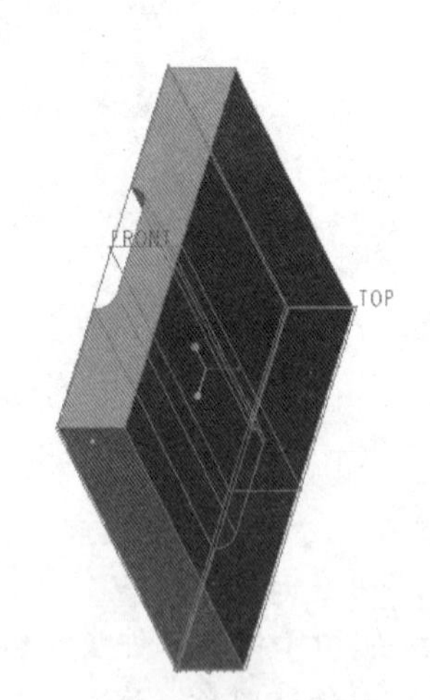

图 4-40　创建的拉伸特征

步骤 3：以拉伸方式创建圆环体。

（1）单击“拉伸”按钮，打开“拉伸”选项卡，默认选中“实心”按钮。

（2）选择 FRONT 基准平面作为草绘平面，进入草绘模式。

（3）绘制图 4-41 所示的剖面，单击“确定”按钮。

（4）在“拉伸”选项卡中，选择-⊟-（对称）选项，输入拉伸深度值为60。

（5）在“拉伸”选项卡中单击“确定”按钮✔。在键盘上按〈Ctrl+D〉快捷键，以默认的标准方向视角来显示模型，如图4-42所示。

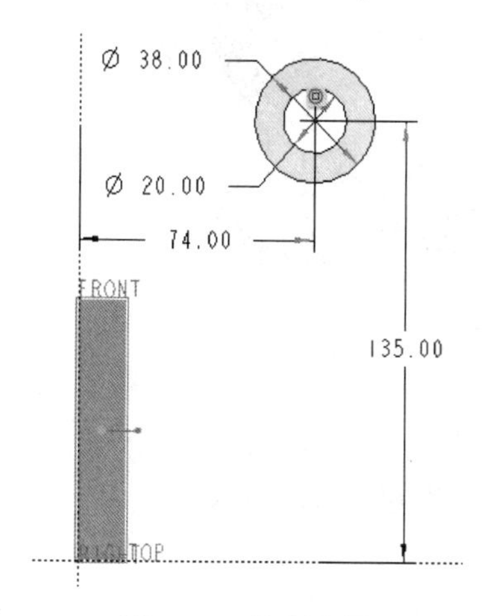

图4-41 绘制草图

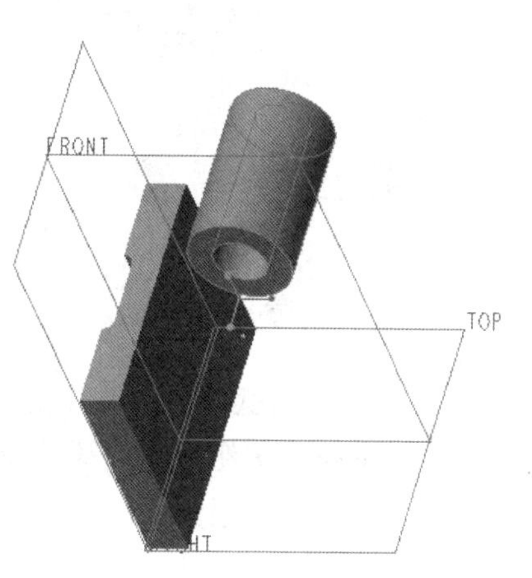

图4-42 创建圆环体

步骤4：创建连接支承用的拉伸特征。

（1）单击“拉伸”按钮，打开“拉伸”选项卡，默认选中“实心”按钮□。

（2）单击“拉伸”选项卡的“放置”按钮，打开“放置”下滑面板，单击“定义”按钮，弹出“草绘”对话框。在“草绘”对话框上单击“使用先前的”按钮，进入草绘模式。

（3）绘制图4-43所示的剖面，单击“确定”按钮✔。

（4）在拉伸选项卡中选择-⊟-（对称）选项，输入拉伸深度值为40。

（5）在拉伸选项卡中单击“确定”按钮✔。在键盘上按〈Ctrl+D〉快捷键，以标准方向的视角来显示模型，如图4-44所示。

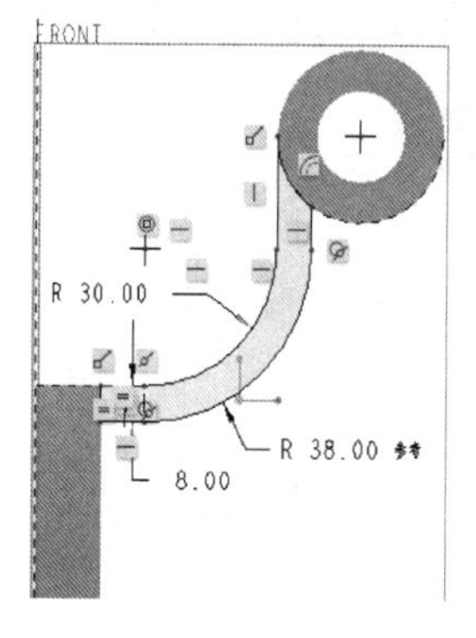

图4-43 绘制的剖面

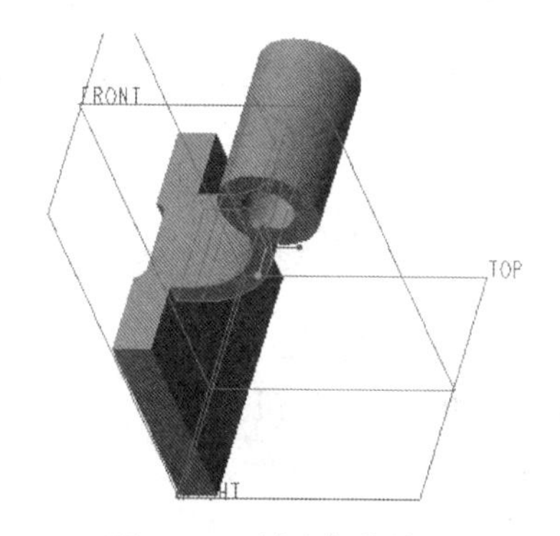

图4-44 创建拉伸特征

步骤5：创建倒圆角特征。

（1）单击“倒圆角”按钮，打开“倒圆角”选项卡。

（2）输入圆角半径为10。

（3）选择图4-45所示的边参考。

（4）单击“确定”按钮✔，模型效果如图 4-46 所示。

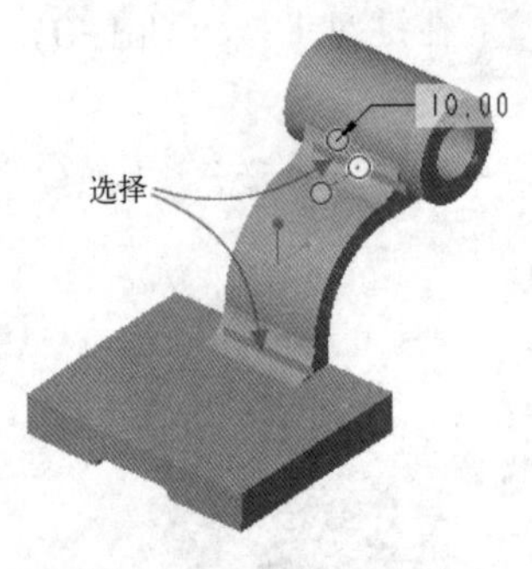

图 4-45　选择边参考

图 4-46　倒圆角

步骤 6：以拉伸的方式创建加强用的特征。

（1）单击“拉伸”按钮，打开“拉伸”选项卡，默认选中“实心”按钮。

（2）单击“拉伸”选项卡的“放置”按钮，打开“放置”下滑面板，单击“定义”按钮，弹出“草绘”对话框。在“草绘”对话框上单击“使用先前的”按钮，进入草绘模式。

（3）绘制图 4-47 所示的剖面，单击“确定”按钮✔。

（4）在“拉伸”选项卡中选择（对称）选项，输入拉伸深度值为 8。

（5）在“拉伸”选项卡中单击“确定”按钮✔。在键盘上按〈Ctrl+D〉快捷键，以默认的标准方向视角来显示模型，如图 4-48 所示。

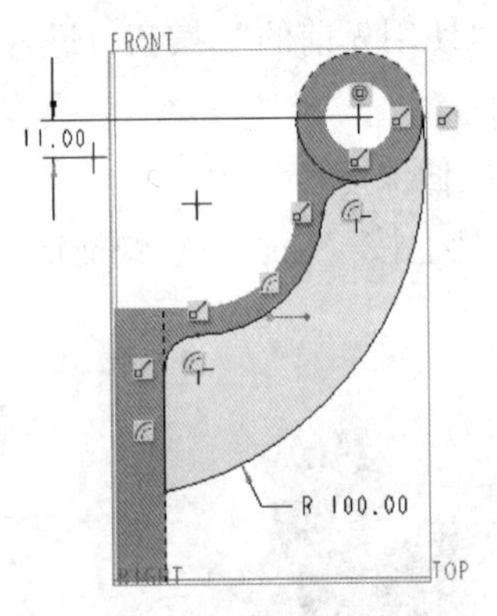

图 4-47　绘制草图

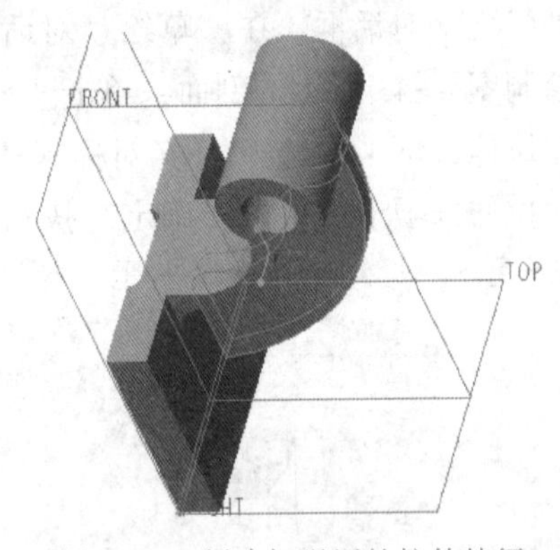

图 4-48　创建加强用的拉伸特征

步骤 7：创建倒圆角特征。

（1）单击“倒圆角”按钮，打开“倒圆角”选项卡。

（2）输入圆角半径为 25。

（3）选择边参考，如图 4-49 所示。

（4）单击“确定”按钮✔。

步骤 8：创建旋转特征。

（1）单击“旋转”按钮，打开“旋转”选项卡，默认选中“实心”按钮。

（2）打开“放置”下滑面板，单击“定义”按钮，打开“草绘”对话框。

（3）选择 FRONT 基准平面作为草绘平面，以 RIGHT 基准平面为“右”方向参考，单击“草绘”按钮，进入草绘模式。

（4）绘制图 4-50 所示的剖面，注意将中心线设置通过圆孔的中心。单击“确定”按钮✔。

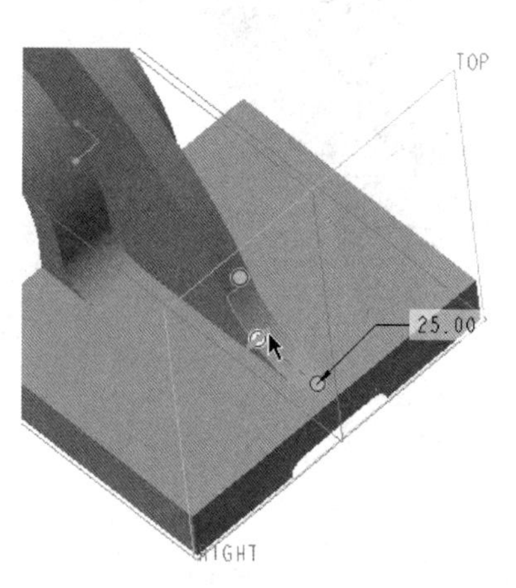

图 4-49 选择要倒圆角的边参考

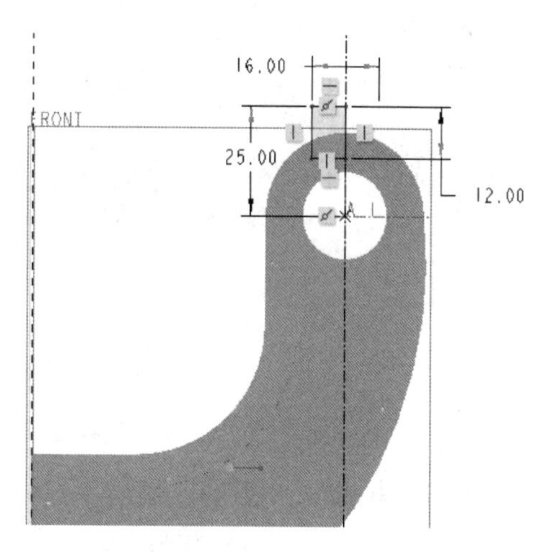

图 4-50 绘制草图

（5）在“旋转”选项卡中接受默认的旋转角度为 360°，单击“确定”按钮✔。在键盘上按〈Ctrl+D〉快捷键，以默认的标准方向视角来显示模型，如图 4-51 所示。

步骤 9：拉伸切除。

（1）单击“拉伸”按钮，打开“拉伸”选项卡，接着指定要创建的模型特征为“实心”，并单击“移除材料”按钮。

（2）单击“拉伸”选项卡的“放置”按钮，打开“放置”下滑面板，单击“定义”按钮，弹出“草绘”对话框。

（3）选择图 4-52 所示的零件面作为草绘平面，单击“草绘”按钮，进入草绘模式。

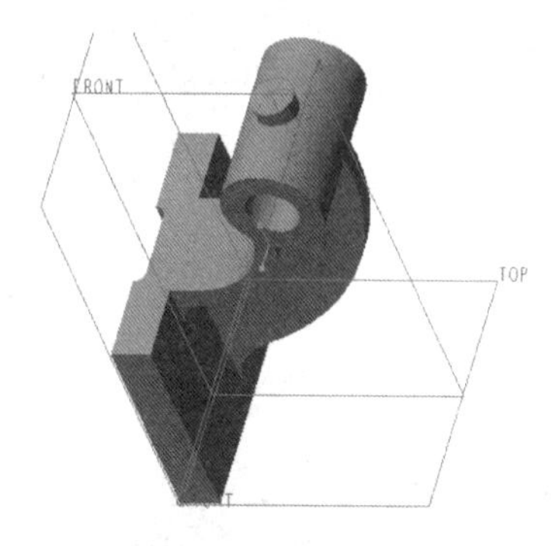

图 4-51 创建旋转特征

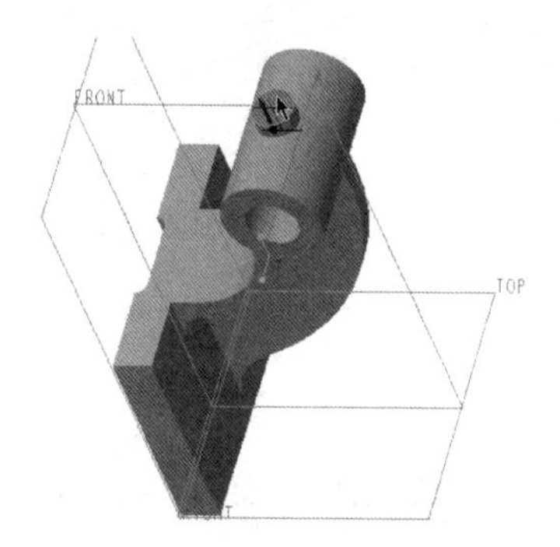

图 4-52 指定草绘平面

（4）单击“同心圆”按钮◎，绘制图 4-53 所示的一个圆，单击“确定”按钮✔。

（5）在“拉伸”选项卡中选择（拉伸至下一曲面）选项。

（6）在“拉伸”选项卡中单击“确定”按钮✔。在键盘上按〈Ctrl+D〉快捷键，以标准方向的视角来显示模型，如图 4-54 所示。

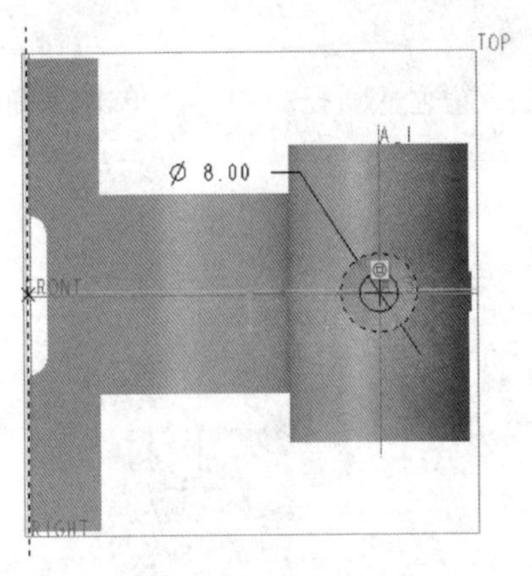

图 4-53　绘制草图

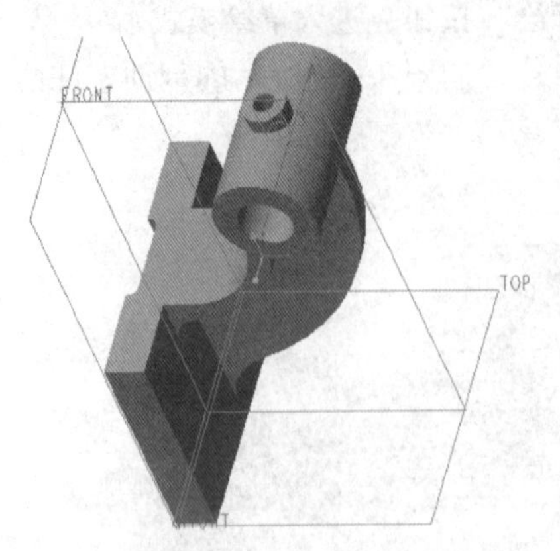

图 4-54　切除出一个圆孔

步骤 10：拉伸切除。

（1）单击“拉伸”按钮，打开“拉伸”选项卡。

（2）指定要创建的模型特征为“实心”，并单击“移除材料”按钮。

（3）选择 RIGHT 基准平面作为草绘平面，快速地进入草绘模式。

（4）绘制图 4-55 所示的拉伸剖面，单击“确定”按钮。

（5）单击“深度方向”按钮，接着从深度选项列表框中选择（穿透）选项。

（6）单击“确定”按钮，切除材料的结果如图 4-56 所示。

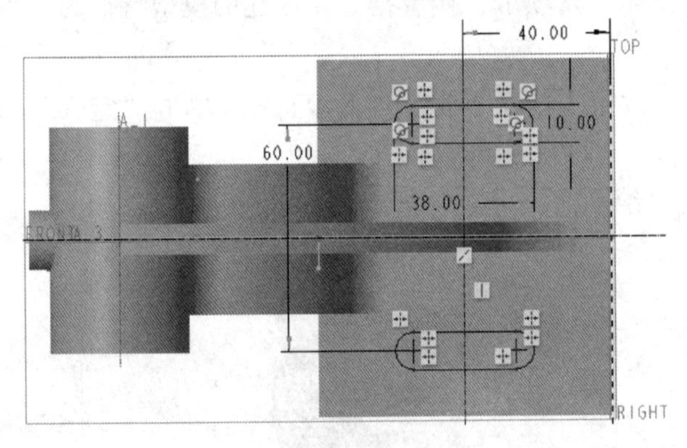

图 4-55　绘制剖面

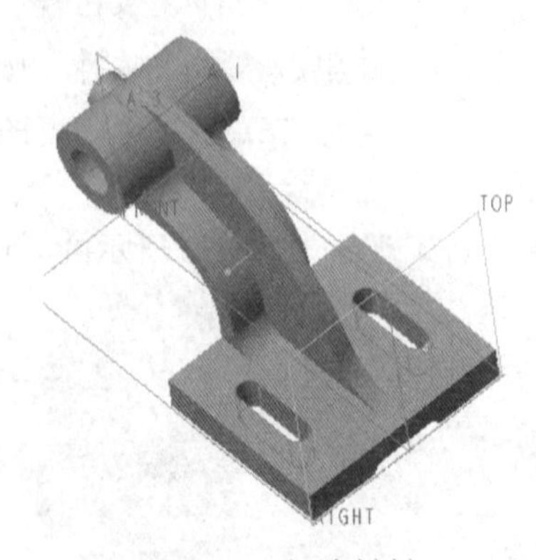

图 4-56　切除材料

步骤 11：倒角。

（1）单击“边倒角”按钮，打开“边倒角”选项卡。

（2）在“边倒角”选项卡中选择倒角标注形式为 45×D，并在 D 框中输入 2。

（3）选择图 4-57 所示的两条边参考。

（4）单击“确定”按钮，倒角结果如图 4-58 所示。

步骤 12：倒圆角。

多次单击“倒圆角”按钮，在踏脚支架中添加合适的倒圆角特征，最后完成的模型效果如图 4-59 所示。

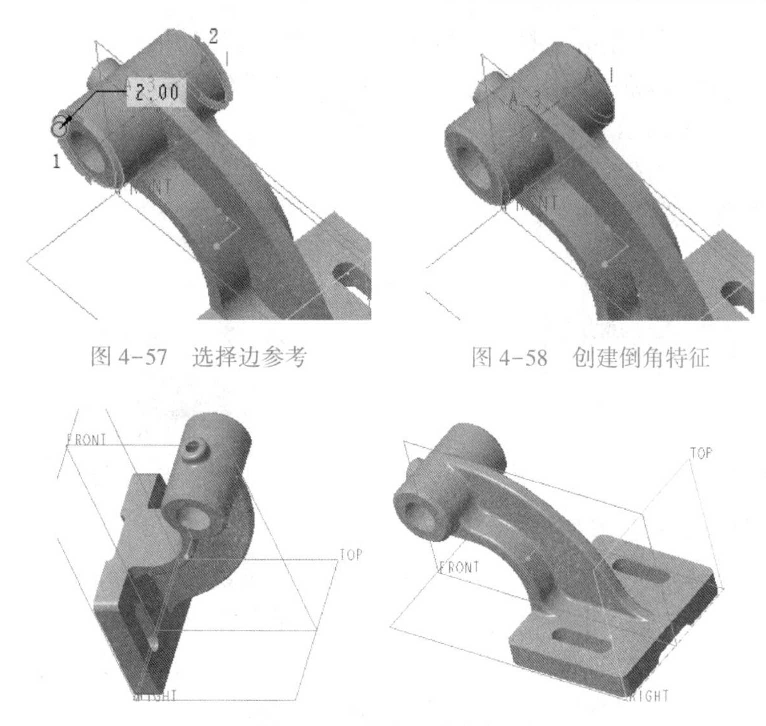

图 4-57 选择边参考

图 4-58 创建倒角特征

图 4-59 完成的踏脚支架

4.5 支座实例

本实例所完成的支座零件如图 4-60 所示。该零件凸出结构较多，孔也比较多，还需要考虑一些过渡圆角特征与倒角特征。

本实例的重点是综合利用拉伸工具、镜像工具、孔工具、倒角工具和倒圆角工具来创建支座，制作思路是首先创建模型的主体框架，接着创建圆台、孔特征等，最后是创建倒角特征和倒圆角特征。

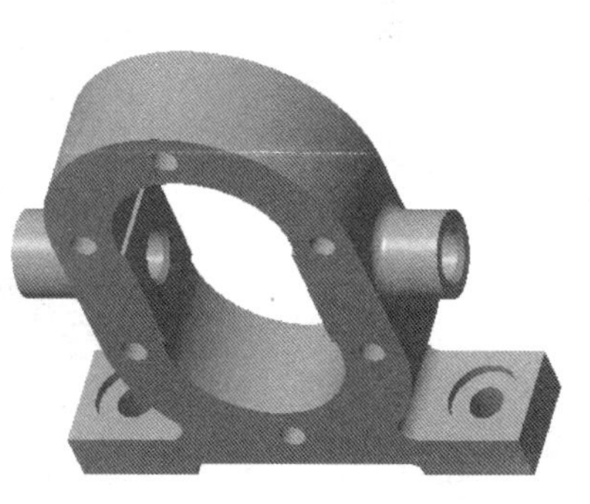

图 4-60 支座

该支座零件的设计方法及步骤如下。

步骤 1：新建零件文件。

(1) 在“快速访问”工具栏上单击“新建”按钮 ，弹出“新建”对话框。

(2) 在“类型”选项组中选择“零件”单选按钮，在“子类型”选项组中选择“实体”单选按钮；在“名称”文本框中输入 HY_4_4；并取消勾选“使用默认模板”复选框，不使用默认模板，单击“确定”按钮，弹出“新文件选项”对话框。

(3) 在“模板”选项组中选择 mmns_part_solid 选项。单击“确定”按钮，进入零件设计模式。

步骤 2：创建拉伸特征。

（1）单击“拉伸”按钮，打开“拉伸”选项卡，默认选中“实心”按钮。

（2）选择 FRONT 基准平面作为草绘平面，自动进入草绘器中。

（3）绘制图 4-61 所示的拉伸剖面，单击“确定”按钮。

（4）在“拉伸”选项卡中输入拉伸深度值为 20。

（5）在“拉伸”选项卡中单击“确定”按钮，创建的拉伸特征如图 4-62 所示。

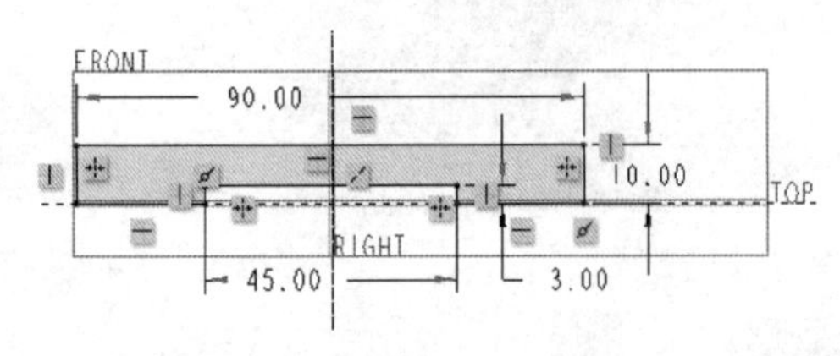

图 4-61　绘制拉伸剖面

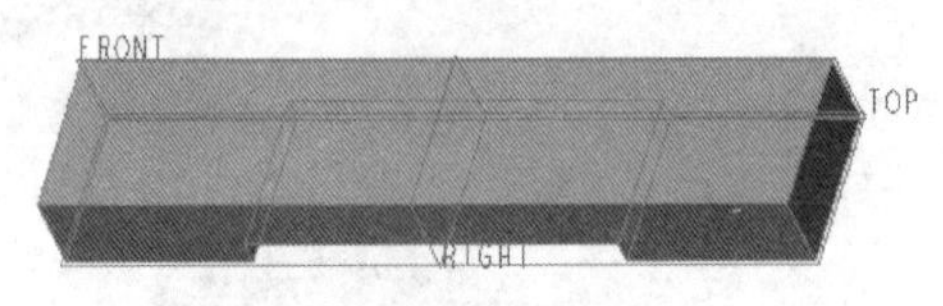

图 4-62　创建的拉伸特征

步骤 3：创建拉伸特征。

（1）单击“拉伸”按钮，打开“拉伸”选项卡，默认选中“实心”按钮。

（2）打开“拉伸”选项卡的“放置”下滑面板，单击位于其上的“定义”按钮，弹出“草绘”对话框。在“草绘”对话框中，单击“使用先前的”按钮，进入草绘器中。

（3）绘制图 4-63 所示的拉伸剖面，单击“确定”按钮。

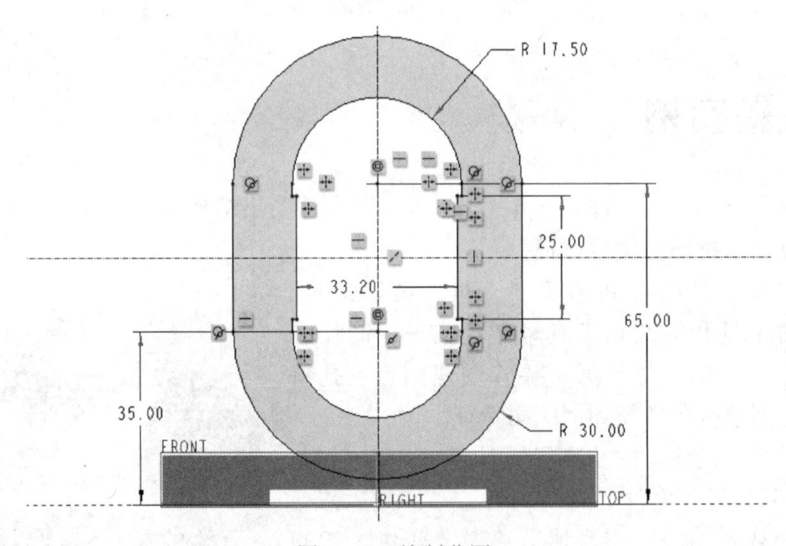

图 4-63　绘制草图

（4）在“拉伸”选项卡中输入拉伸深度值为 20。

（5）在“拉伸”选项卡中，单击“确定”按钮，创建的拉伸特征如图 4-64 所示。

说明　也可以将上述步骤 2 和步骤 3 合并为一个步骤来执行，即绘制一个更为复杂的剖面，如图 4-65 所示，然后将该剖面拉伸即可形成所需要的特征。不过这对设计者的草绘综合能力要求较高，绘制图形时需要一定的耐心和认真程度。

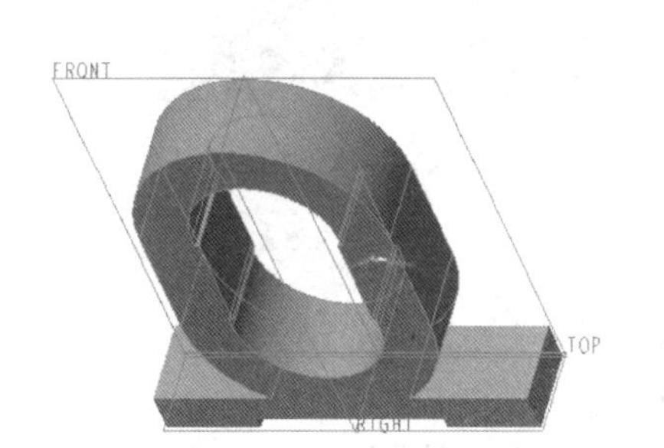

图 4-64　基本完成主体框架

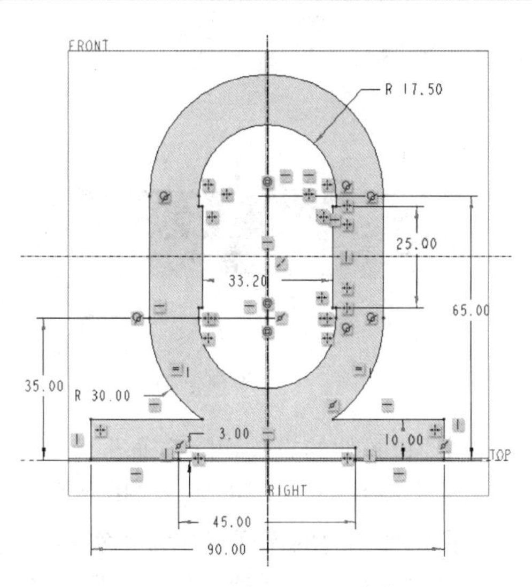

图 4-65　绘制草图

步骤 4：创建拉伸特征。

（1）单击“拉伸”按钮，打开“拉伸”选项卡，默认选中“实心”按钮。

（2）在“拉伸”选项卡的“放置”下滑面板中单击“定义”按钮，弹出“草绘”对话框。

（3）选择图 4-66 所示的零件面作为草绘平面，接受默认的草绘视图方向参考，单击“草绘”按钮，进入草绘模式。

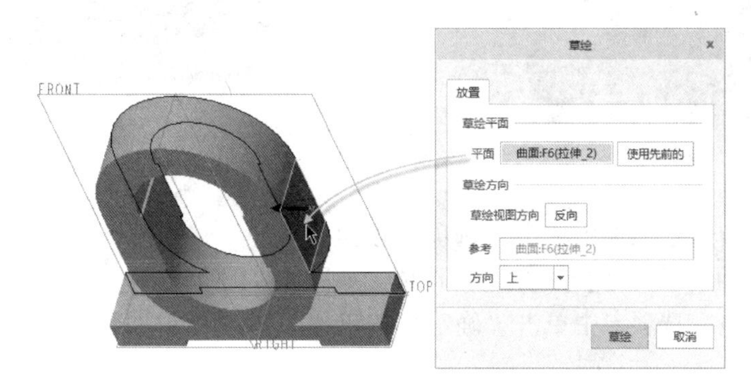

图 4-66　定义草绘平面

（4）绘制图 4-67 所示的剖面，单击“确定”按钮。

（5）在“拉伸”选项卡中输入拉伸深度值为 12。

（6）在“拉伸”选项卡中单击“确定”按钮，得到的模型效果如图 4-68 所示。

步骤 5：镜像。

（1）确保刚创建的圆台处于被选中的状态，单击“镜像”按钮，打开“镜像”选项卡。

（2）选择 RIGHT 基准平面作为镜像平面。

（3）在“镜像”选项卡中单击“确定”按钮，镜像结果如图 4-69 所示。

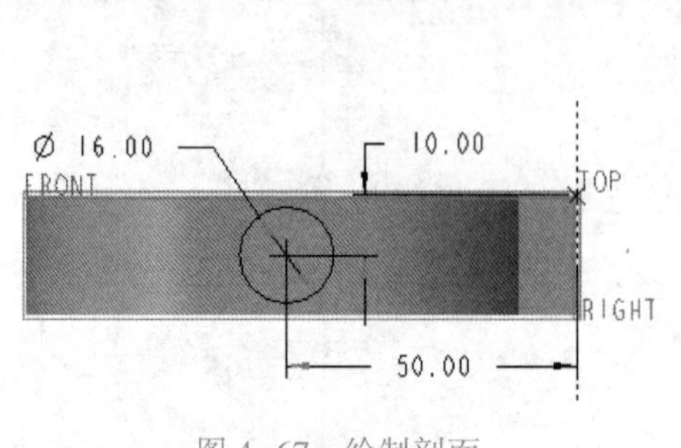

图 4-67　绘制剖面

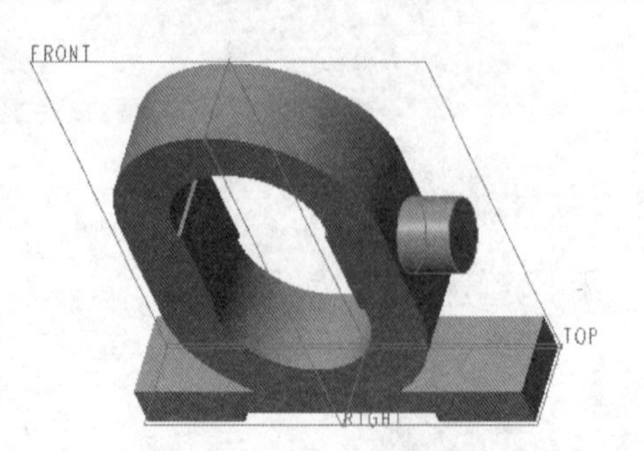

图 4-68　创建一个侧圆台

步骤 6：以拉伸的方式切除出通孔。

（1）单击“拉伸”按钮，打开“拉伸”选项卡。

（2）指定要创建的模型特征为“实心”，并单击“移除材料”按钮。

（3）单击“拉伸”选项卡的“放置”按钮，打开“放置”下滑面板，单击“定义”按钮，弹出“草绘”对话框。选择 RIGHT 基准平面作为草绘平面，以 TOP 基准平面作为“左”方向参考，单击“草绘”按钮，进入草绘模式。

（4）单击“同心圆”按钮，绘制图 4-70 所示的圆，单击“确定”按钮。

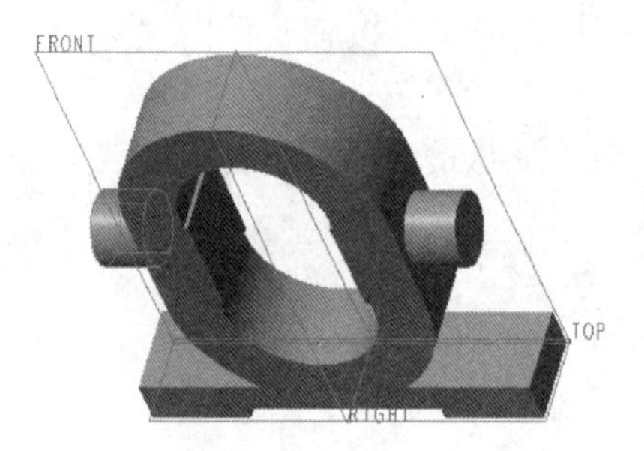

图 4-69　镜像结果

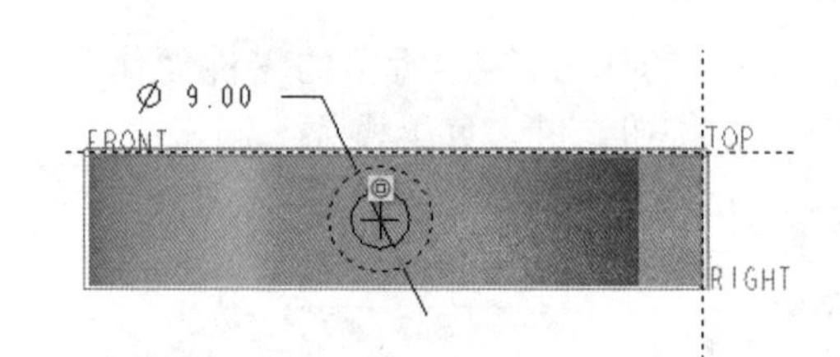

图 4-70　绘制同心圆

（5）在“拉伸”选项卡中单击“选项”按钮，打开“选项”下滑面板，将“侧 1”和“侧 2”的深度选项均设置为（穿透）选项，如图 4-71 所示。

（6）在“拉伸”选项卡中单击“确定”按钮，模型效果如图 4-72 所示。

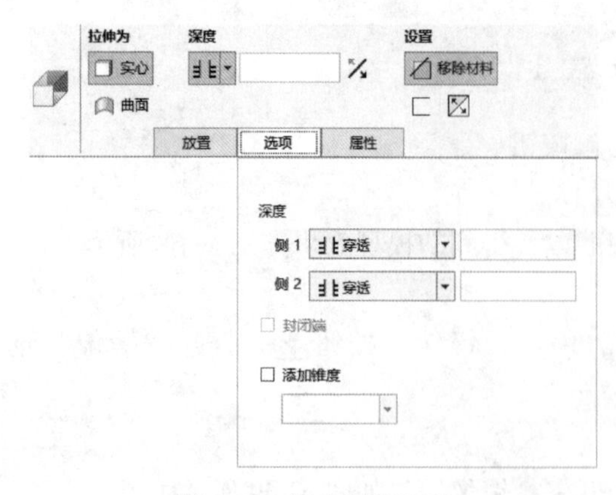

图 4-71　设置深度选项

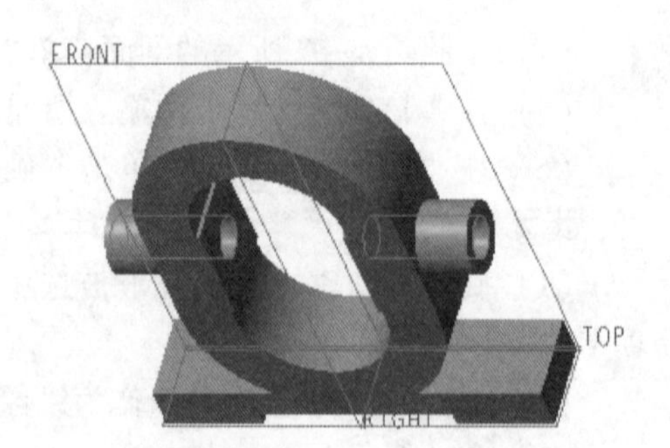

图 4-72　完成侧圆台上的通孔

步骤 7：创建草绘孔。

（1）单击“孔”按钮，打开“孔”选项卡。

（2）在“孔”选项卡中默认“简单（创建简单孔）”按钮处于被选中的状态，单击“草绘（使用草绘定义钻孔轮廓）”按钮，此时“孔”选项卡中的按钮及选项如图 4-73 所示。

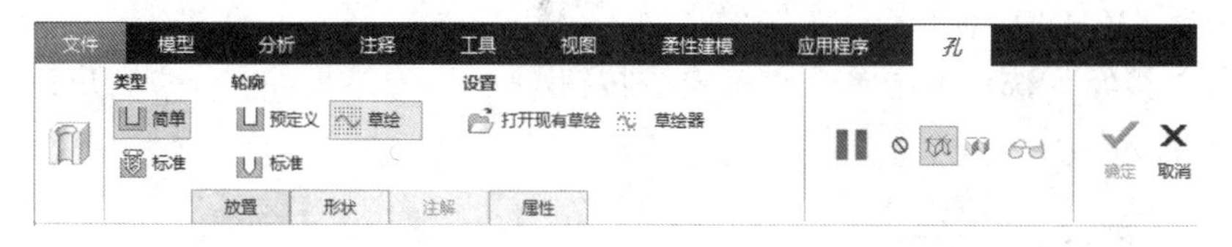

图 4-73 “孔”选项卡

（3）在“孔”选项卡中单击“草绘器（激活草绘器以创建剖面）”按钮。

（4）绘制图 4-74 所示的剖面，单击“确定”按钮。

（5）单击图 4-75 所示的零件面，该零件面将作为主放置参考。

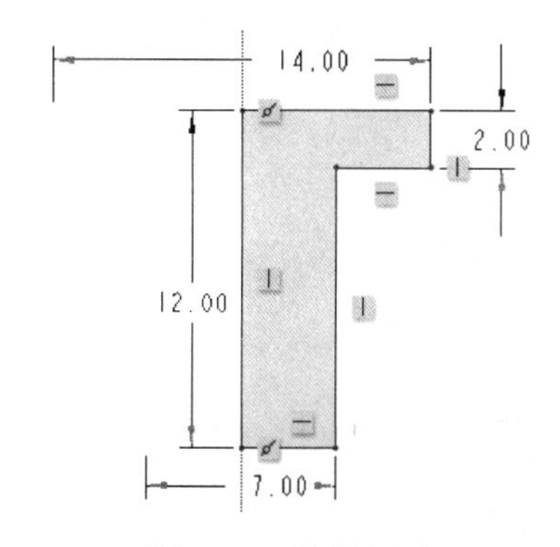

图 4-74 绘制剖面

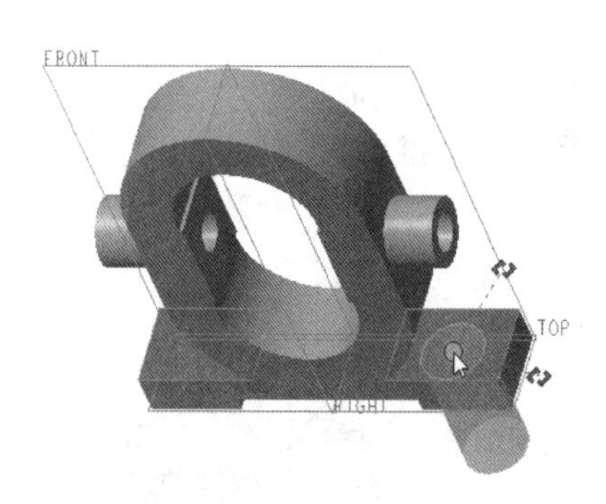

图 4-75 指定主放置参考

（6）在模型中，使用鼠标左键按住孔特征的其中一个偏移控制图柄，将其拖至 FRONT 基准平面。接着拖曳另一个偏移控制图柄捕捉到 RIGHT 基准平面。然后，打开“放置”下滑面板，在“偏移参考”收集器中设置相应的偏移距离，如图 4-76 所示。

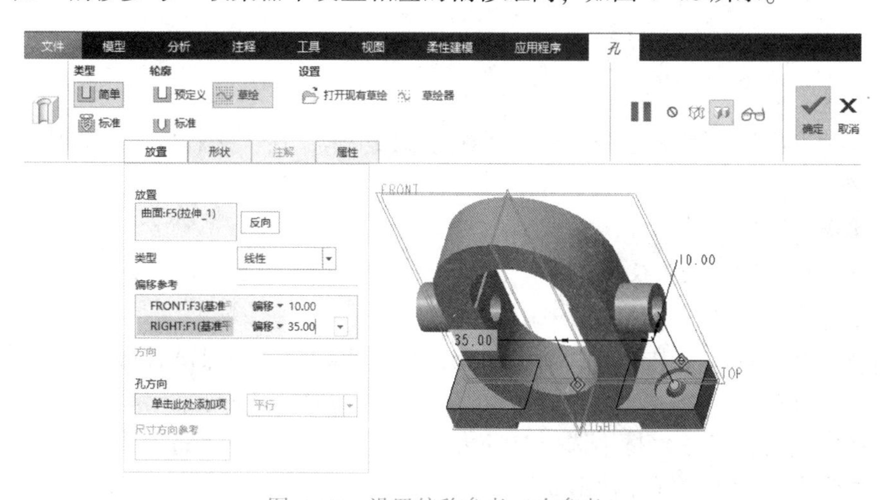

图 4-76 设置偏移参考（次参考）

（7）在“孔”选项卡中单击“确定”按钮✔，结果如图 4-77 所示。

步骤 8：镜像操作。

（1）确保刚创建的草绘孔处于被选中的状态，单击“镜像”工具，打开“镜像”选项卡。

（2）选择 RIGHT 基准平面作为镜像平面。

（3）在“镜像”选项卡中单击“确定”按钮✔，镜像结果如图 4-78 所示。

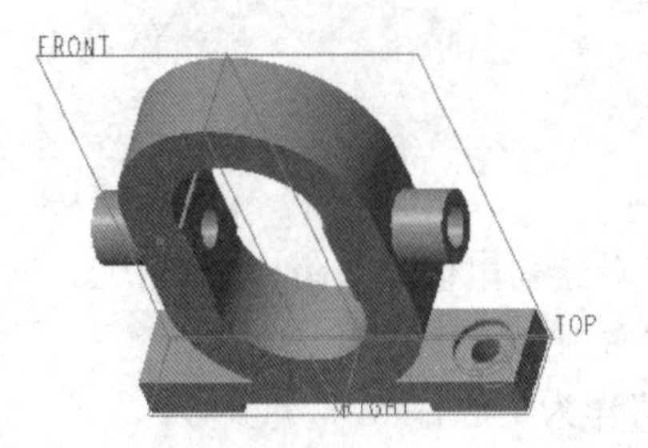

图 4-77 创建一个草绘孔

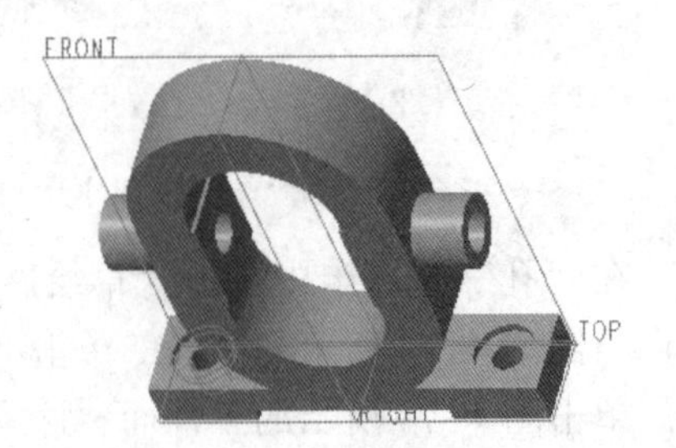

图 4-78 镜像结果

步骤 9：创建基准轴特征。

（1）单击“基准轴”按钮，打开“基准轴”对话框。

（2）选择图 4-79 所示的圆柱曲面作为参考。

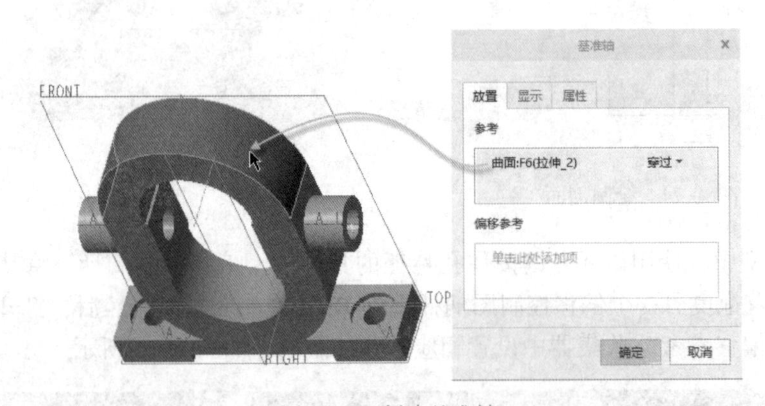

图 4-79 创建基准轴

（3）在“基准轴”对话框中切换至“属性”选项卡，在“名称”文本框中将该基准轴命名为 A_Z1。

（4）单击“确定”按钮。

步骤 10：创建标准全螺纹孔特征。

（1）单击“孔”按钮，打开“孔”选项卡

（2）在“孔”选项卡中单击“创建标准孔”按钮，并确保没有选中“添加埋头孔”按钮和“添加沉孔”按钮。

（3）在（螺钉尺寸）框中选择 M6×1，并指定钻孔深度类型选项为（穿透）选项。然后单击“形状”按钮，打开“形状”下滑面板，选择“全螺纹”单选按钮，如图 4-80 所示。

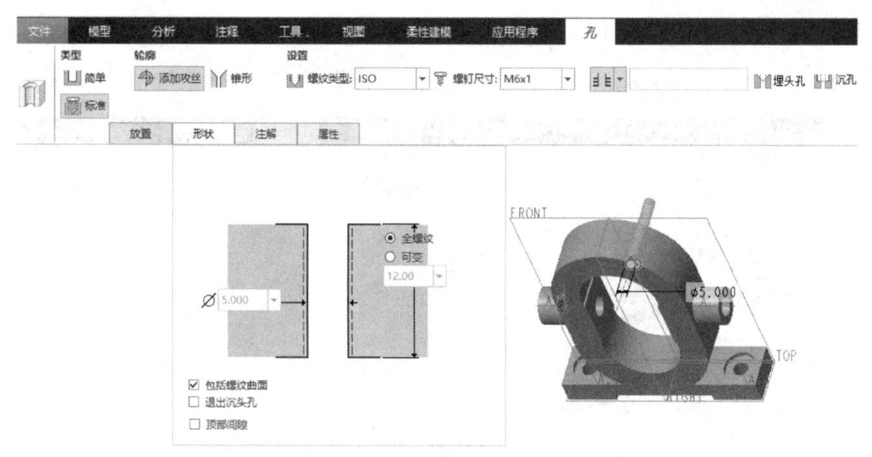

图 4-80　设置螺纹孔尺寸规格等

（4）打开“放置”下滑面板。在图 4-81 所示的零件面上单击，并在“放置”下滑面板的“类型”下拉列表框中选择“直径”选项，以使用一个线性尺寸和一个角度尺寸放置孔特征。在“偏移参考”收集器的框中单击，将其激活，然后在模型中选择上步骤创建的基准轴 A_Z1，按住〈Ctrl〉键选择 RIGHT 基准平面，并设置直径尺寸为 47.5，角度尺寸为 90。

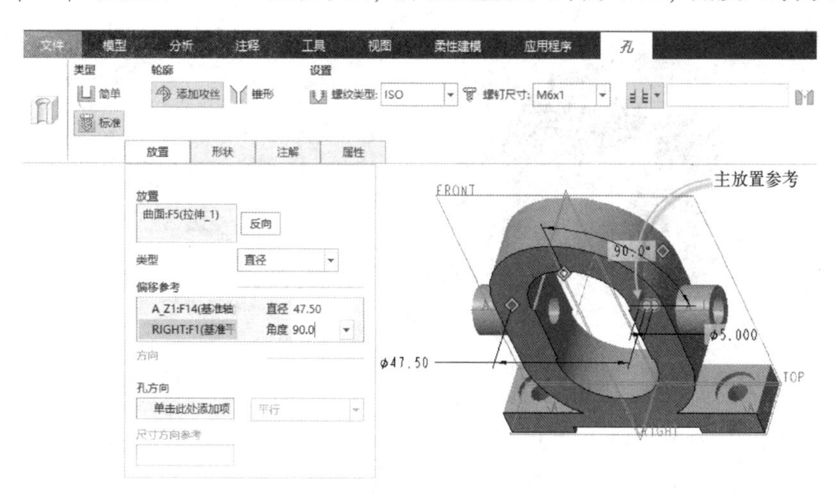

图 4-81　定义放置参考

（5）打开“注解”下滑面板，取消勾选“添加注解”复选框。

（6）单击“确定”按钮✔，创建一个标准螺纹孔如图 4-82 所示。

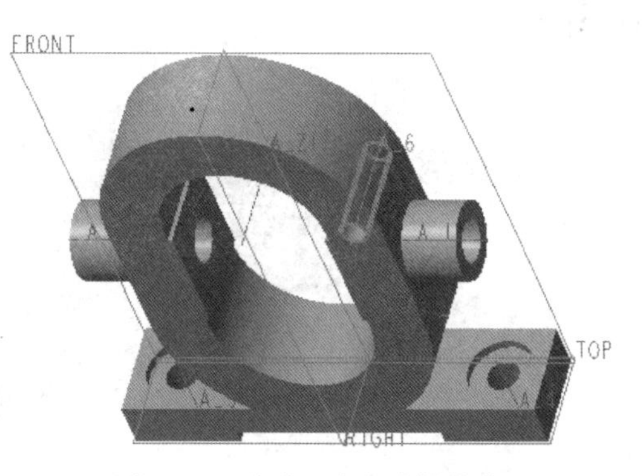

图 4-82　完成一个标准螺纹孔

步骤 11：轴阵列。

（1）选中标准螺纹孔特征，单击“阵列”按钮▦/▦，打开“阵列”选项卡。

（2）在“阵列”选项卡的第一个下拉列表框中选择“轴”选项，接着在模型中选择之前建立的基准轴 A_Z1，并在“阵列”选项卡中设置第一方向的阵列成员数为 3，其他设置如图 4-83 所示。

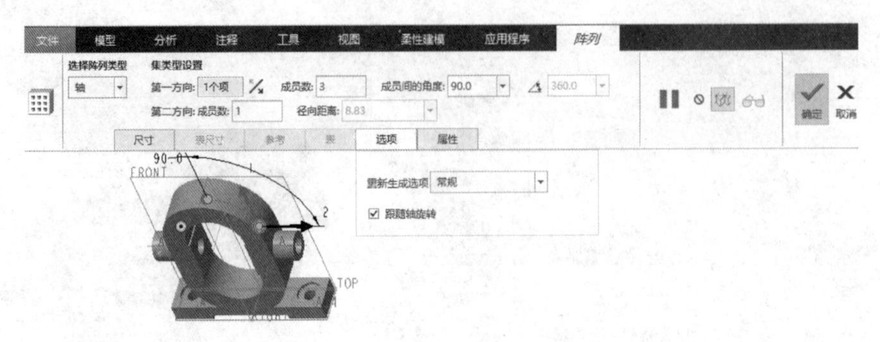

图 4-83 设置轴阵列选项及参数

（3）在“阵列”选项卡中单击“确定”按钮，阵列结果如图 4-84 所示。

步骤 12：镜像操作。

（1）确保选中该阵列特征（如果发现没有选中该阵列特征，则可以在模型树上选择该阵列特征，如图 4-85 所示），单击“镜像”按钮，打开“镜像”选项卡。

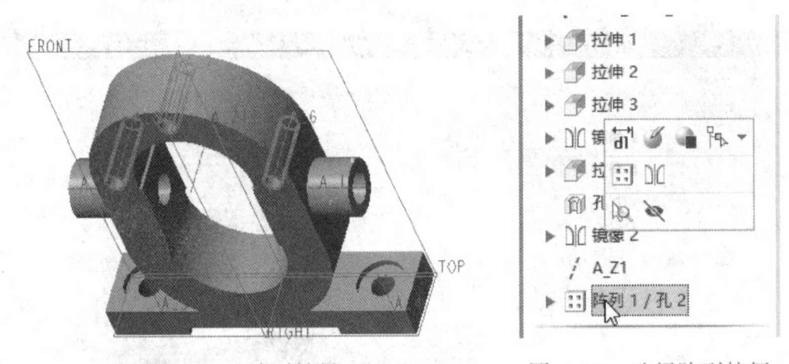

图 4-84 阵列结果

图 4-85 选择阵列特征

（2）在功能区右侧区域单击“基准”→“基准平面”按钮，打开“基准平面”对话框。在模型中选择 A_1 轴，按〈Ctrl〉键的同时选择 TOP 基准平面，并设置 TOP 基准平面对应的放置类型选项为“平行”如图 4-86 所示，单击“确定”按钮，创建基准平面 DTM1。

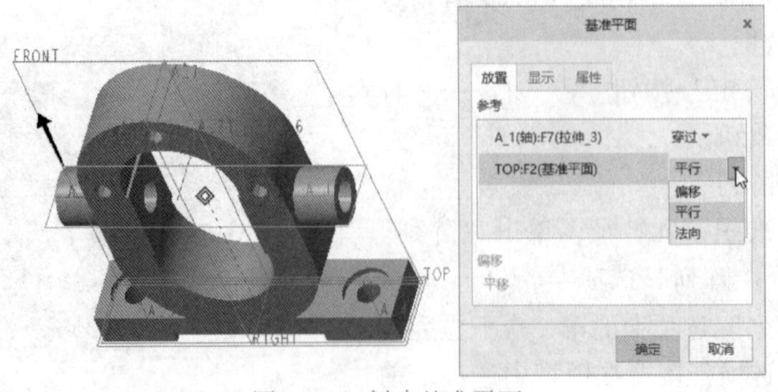

图 4-86 创建基准平面

（3）在“镜像”选项卡中单击“退出暂停模式，继续使用此工具”按钮▶。选择以刚创建的基准平面 DTM1 作为镜像平面参考。

（4）在“镜像”选项卡中，单击“确定”按钮✓，镜像结果如图 4-87 所示。

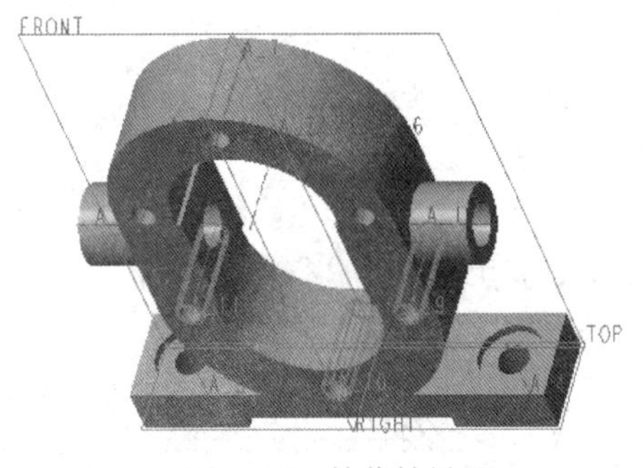

图 4-87　镜像结果

步骤 13：创建倒角特征。

（1）单击“边倒角”按钮，打开“边倒角”选项卡。

（2）在“边倒角”选项卡中，选择边倒角标注形式为 45×D，并在 D 框中输入 1。

（3）结合〈Ctrl〉键选择图 4-88 所示的 4 处边参考。

（4）单击“确定”按钮✓。

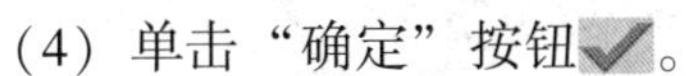

步骤 14：创建圆角特征。

（1）单击“倒圆角”按钮，打开“倒圆角”选项卡。

（2）在“倒圆角”选项卡中输入圆角半径为 3。

（3）选择图 4-89 所示的两处边参考。

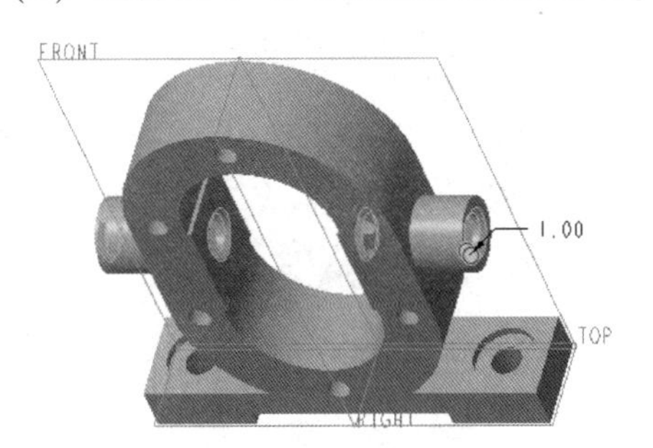

图 4-88　倒角

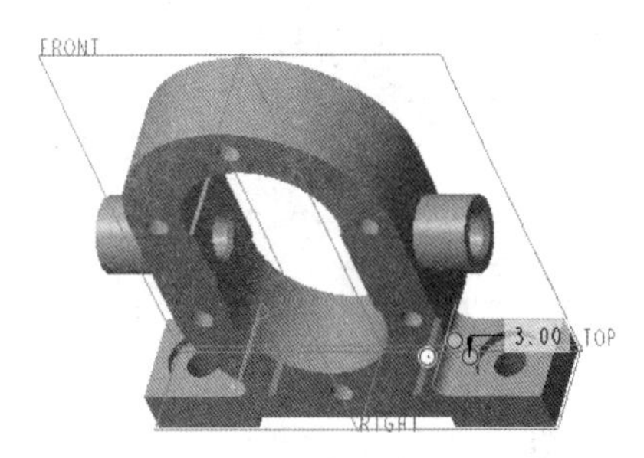

图 4-89　倒圆角

（4）单击“确定”按钮✓。

可以使用与上一步骤同样的方法，执行“倒圆角”按钮来设计一些铸造过渡的工艺倒圆角特征，这些倒圆角特征的半径可以设置为 2。

最后完成的支座如图 4-90 所示。

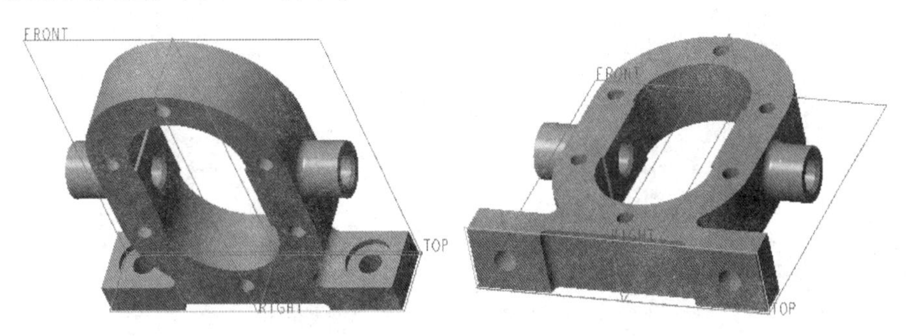

图 4-90　完成的支座

4.6 初试牛刀

设计题目 1：设计图 4-91 所示的连杆，具体的尺寸由读者根据要完成的模型效果自行决定。

设计题目 2：在 Creo Parametric 6.0 软件中，设计图 4-92 所示的支架三维模型，相关的细节尺寸可由读者自行确定。

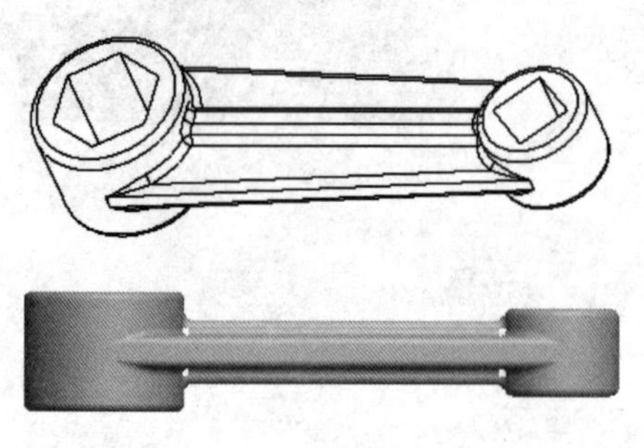

图 4-91 练习的连杆模型效果

图 4-92 支架模型

设计题目 3：自行设计一款叉架类零件模型。

第 5 章 箱体类零件设计

本章导读：

箱体类零件一般起着容纳、支承、定位和密封等作用，这类零件多为中空的壳体形状，并通常具有轴孔、凸台、肋板等结构。箱体零件的结构形状一般都比较复杂。本章首先分析了箱体类零件的结构，然后重点介绍几个箱体类零件的设计实例。

本章精彩范例：

- 泵体
- 减速器箱体

5.1 箱体类零件结构分析

箱体类零件一般起着容纳、支承、定位和密封等作用。这类零件的内外结构较为复杂，其主要结构是由均匀薄壁围成的不同形状的空腔，通常空腔薄壁上还具有轴孔、轴承孔、凸台、肋板、铸造圆角和拔模斜度等典型结构。阀体、泵体、减速器箱体等零件属于该类零件。

在设计箱体类零件时，需要重点考虑如下几点因素。

(1) 为了方便其他配套零件的安装以及箱体自身在机器上的安装，通常要在箱体上设计有底板、法兰、安装孔和螺纹孔等结构。

(2) 为了防止污物、尘埃等物体进入箱体内部，通常需要给箱体设计密封结构，例如设计安装密封毡圈、密封垫片等结构。

(3) 多数箱体内安装有运动零部件，为了润滑，常在箱体内注入一定空间的润滑油，这就要求箱壁部分设计有供安装箱盖、轴承盖、油标等零件的凸缘、凸台、凹坑、螺孔等部分结构。

(4) 箱体应具有足够的刚度，这要求设计合理的壁厚、适当的加强肋板等。例如，如果箱体的刚度不够，则会在加工和工作过程中产生过大的变形，导致轴承座孔中心线不正，使齿轮在传动中啮合不好，从而影响减速器的正常工作；为了有效提高箱体刚度，应增加轴承座处的壁厚并在轴承座外设结构合理的加强肋等。

（5）应当考虑箱体结构的工艺性，所述的箱体结构工艺性将直接影响箱体的制造质量、成本、检修、维护等。在进行铸造箱体设计时，为了减少铸造缺陷和避免金属积聚，应力求形状简单、壁厚均匀、过渡平缓，但不要过薄，不宜采用形成锐角的倾斜肋和壁等；在设计时，应尽量减少箱体的加工面积。

总之，箱体类零件的设计要根据具体的应用场合和要求来进行设计。对于减速器箱体而言，在进行设计时，还应考虑为减速器润滑油池注油、排油，检查油面高度以及检修、拆装时上下箱的精确定位等相关问题。

5.2 泵体实例

本实例要创建图 5-1 所示的一个齿轮油泵泵体。严格来说，泵体是一种特殊的箱体类零件，不过有时也将一些泵体零件当作特殊的叉架类零件来处理。

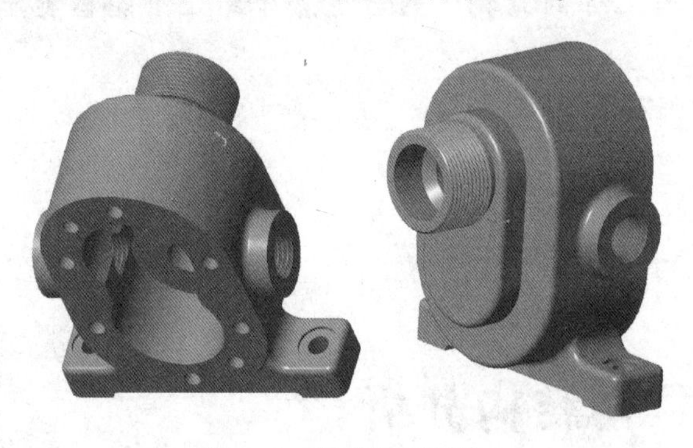

图 5-1 齿轮油泵泵体

在本实例中，将复习拉伸特征、旋转特征、孔特征、螺旋扫描特征、基准平面特征等。有关内、外螺纹的创建知识，在本书第 10 章将进行总结性（概括性）的介绍，以帮助读者条理清晰地掌握具体的知识。

具体的操作步骤如下。

步骤 1：新建零件文件。

（1）在“快速访问”工具栏上单击“新建”按钮，弹出“新建”对话框。

（2）在“类型”选项组中选择“零件”单选按钮，在“子类型”选项组中选择“实体”单选按钮，在“名称”文本框中输入 HY_5_2；并取消勾选“使用默认模板”复选框，以不使用默认模板，单击“确定”按钮，弹出“新文件选项”对话框。

（3）在“新文件选项”对话框的“模板”选项组中选择 mmns_part_solid 选项，接着单击“确定”按钮，进入零件设计模式。

步骤 2：创建拉伸特征。

（1）单击“拉伸”按钮，打开“拉伸”选项卡，默认选中“实心”按钮。

（2）选择 FRONT 基准平面作为草绘平面，进入草绘模式。

（3）绘制图 5-2 所示的拉伸剖面，单击“确定”按钮✔。

（4）在“拉伸”选项卡中输入拉伸深度值为 25。

（5）在“拉伸”选项卡中单击“确定”按钮✔，创建的拉伸特征如图 5-3 所示。

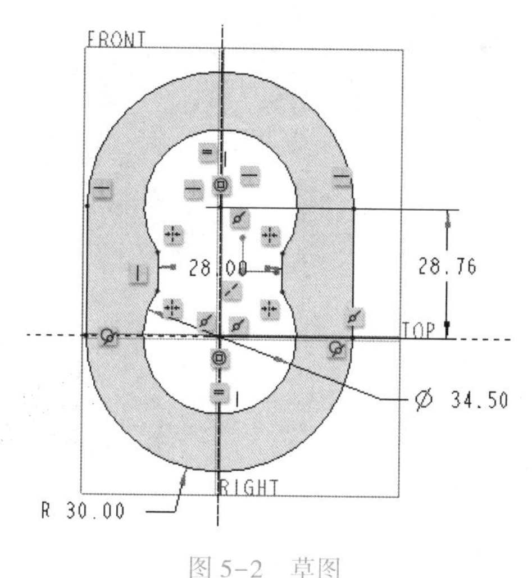

图 5-2　草图

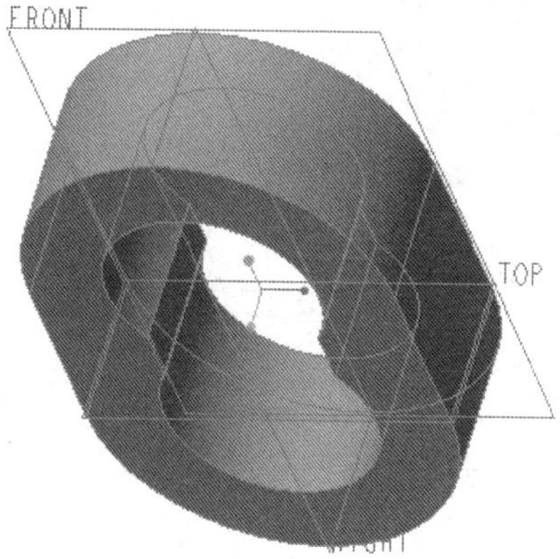

图 5-3　创建拉伸特征

步骤 3：创建拉伸特征。

（1）单击“拉伸”按钮，打开“拉伸”选项卡，默认选中“实心”按钮。

（2）打开“拉伸”选项卡的“放置”下滑面板，单击“定义”按钮，弹出“草绘”对话框。在“草绘”对话框中单击“使用先前的”按钮，进入草绘模式。

（3）绘制图 5-4 所示的剖面，单击“确定”按钮✔。

（4）在“拉伸”选项卡中单击“深度方向”按钮，输入深度值为 13。

（5）在“拉伸”选项卡中单击“确定”按钮✔，此时模型如图 5-5 所示。

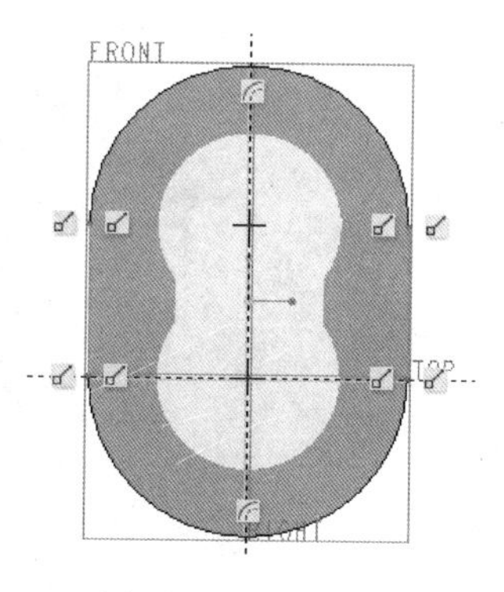

图 5-4　绘制剖面

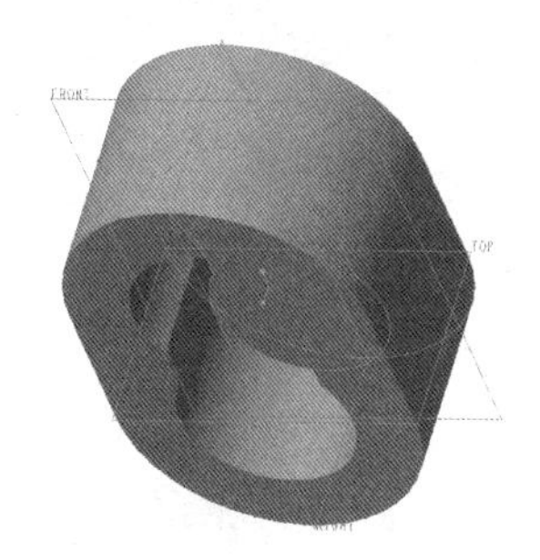

图 5-5　模型效果

步骤 4：创建拉伸特征。

（1）单击“拉伸”按钮，打开“拉伸”选项卡，默认选中“实心”按钮。

（2）打开“拉伸”选项卡的“放置”下滑面板，单击“定义”按钮，弹出“草绘”对话框。选择图 5-6 所示的零件面作为草绘平面，单击“草绘”按钮，进入草绘模式。

（3）绘制图 5-7 所示的剖面，单击“确定”按钮✔。

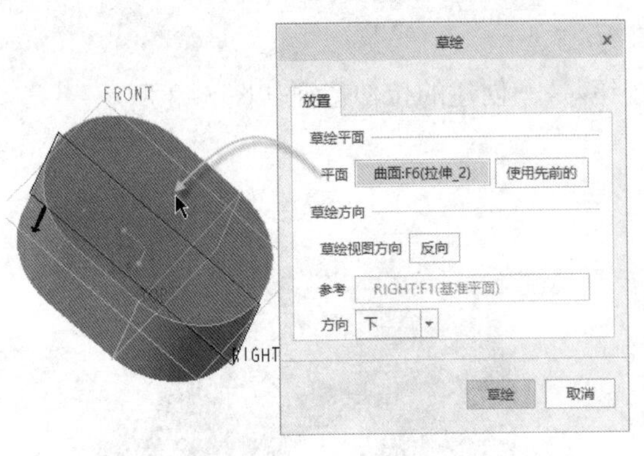

图 5-6　指定草绘平面

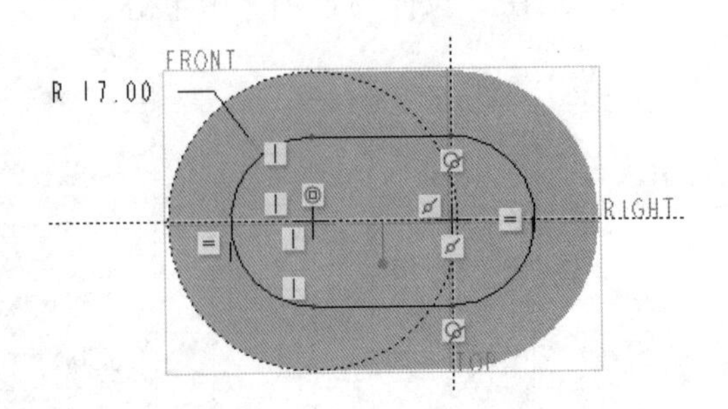

图 5-7　绘制剖面

（4）在“拉伸”选项卡中输入深度值为 9。

（5）在“拉伸”选项卡中单击“确定”按钮✔。

步骤 5：拉伸切除材料。

（1）单击“拉伸”按钮，打开“拉伸”选项卡。

（2）指定要创建的模型特征为“实心”，并单击“移除材料”按钮。

（3）打开“拉伸”选项卡的“放置”下滑面板，单击“定义”按钮，弹出“草绘”对话框。选择 FRONT 基准平面作为草绘平面，以 RIGHT 基准平面为“右”方向参考，单击“草绘”按钮，进入草绘模式中。

（4）绘制图 5-8 所示的剖面，单击“确定”按钮✔。

（5）在“拉伸”选项卡中，从深度类型选项列表框中选择（穿透）选项。

（6）在“拉伸”选项卡中单击“确定”按钮✔，切除材料的结果如图 5-9 所示。

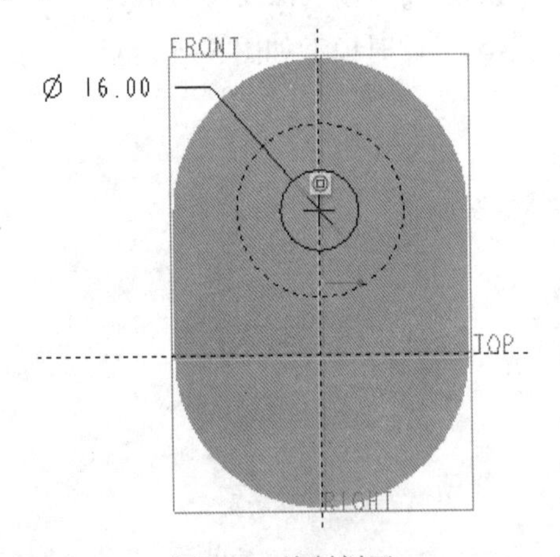

图 5-8　绘制剖面

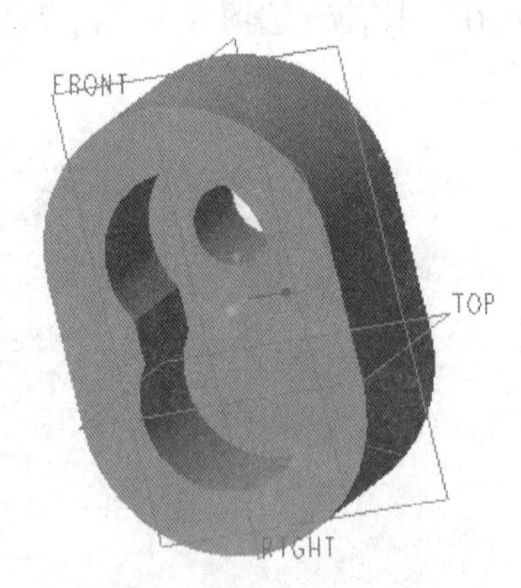

图 5-9　切除出一个通孔

步骤 6：创建旋转特征。

（1）单击“旋转”按钮，打开“旋转”选项卡，默认选中“实心”按钮。

（2）单击“旋转”选项卡中的“放置”按钮，打开“放置”下滑面板，接着单击该下滑面板上的“定义”按钮，弹出“草绘”对话框。选择 RIGHT 基准平面作为草绘平面，以 TOP 基准平面为“左”方向参考，单击“草绘”按钮，进入草绘模式中。

（3）绘制图 5-10 所示的剖面，其中竖直的几何中心线与 A_1 轴线投影重合。单击“确定”按钮✔。

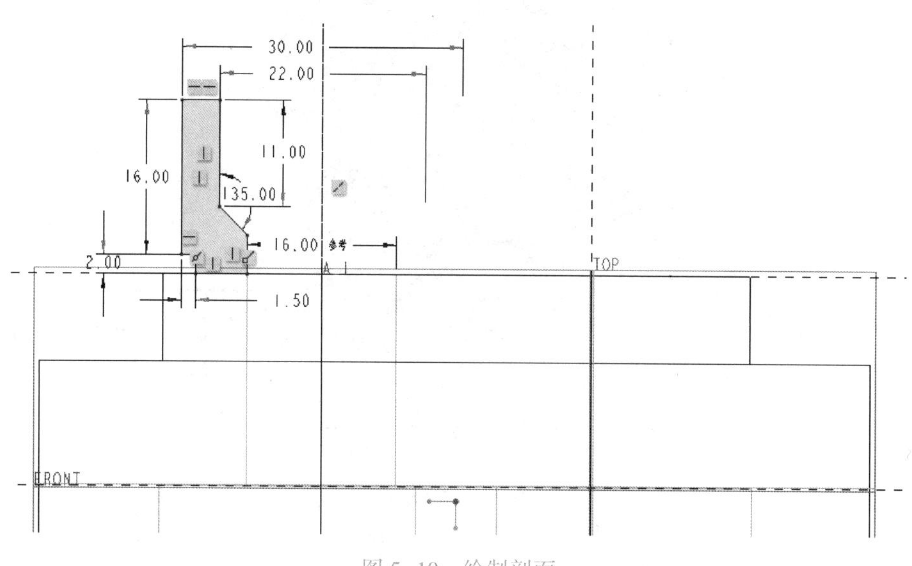

图 5-10 绘制剖面

（4）接受默认的旋转角度为 360°，在“旋转”选项卡中单击“确定”按钮✔，创建的旋转特征如图 5-11 所示。

步骤 7：以拉伸的方式创建底座。

（1）单击“拉伸”按钮，打开“拉伸”选项卡，默认选中“实心”按钮。

（2）在“拉伸”选项卡中单击“放置”按钮，打开“放置”下滑面板，单击“定义”按钮，弹出“草绘”对话框。此时需要创建一个内部基准平面来辅助创建拉伸特征。

（3）单击“基准”→“基准平面”按钮，打开“基准平面”对话框。选择 FRONT 基准平面作为偏移参考，输入平移值为 2，如图 5-12 所示，单击“确定”按钮。

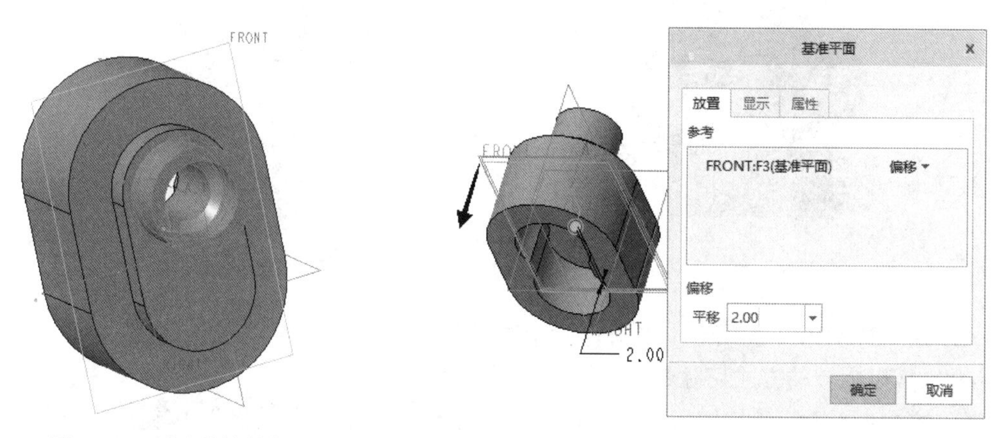

图 5-11 创建旋转特征

图 5-12 创建基准平面

（4）以刚创建的基准平面 DTM1 作为草绘平面，以 RIGHT 基准平面为“右”方向参考，单击“草绘”按钮，进入内部草绘模式。

（5）绘制图 5-13 所示的剖面，单击“确定”按钮✔。

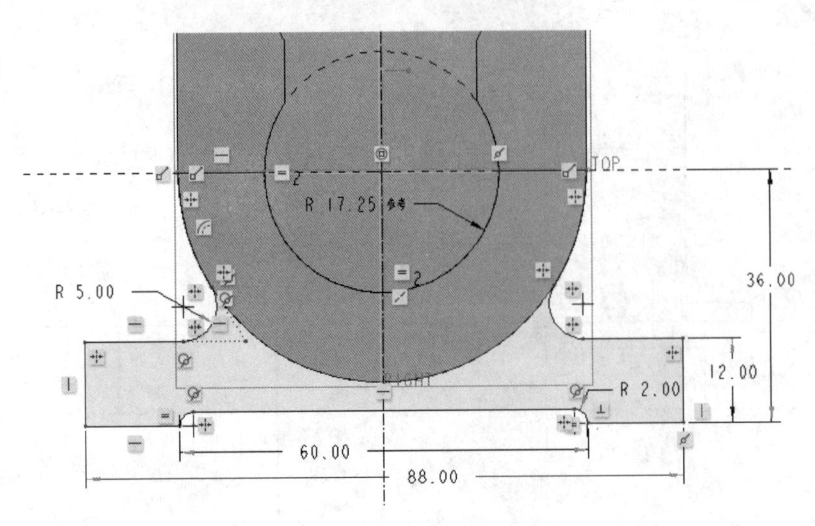

图 5-13　绘制剖面

（6）在“拉伸”选项卡中输入拉伸深度值为 20。

（7）单击“确定”按钮✔。完成该特征的模型效果如图 5-14 所示。

步骤 8：倒角。

（1）单击“边倒角”按钮，打开“边倒角”选项卡。

（2）在“边倒角”选项卡中选择边倒角标注形式为 D×D，在 D 尺寸文本框中输入 1。

（3）在模型中选择图 5-15 所示的边线。

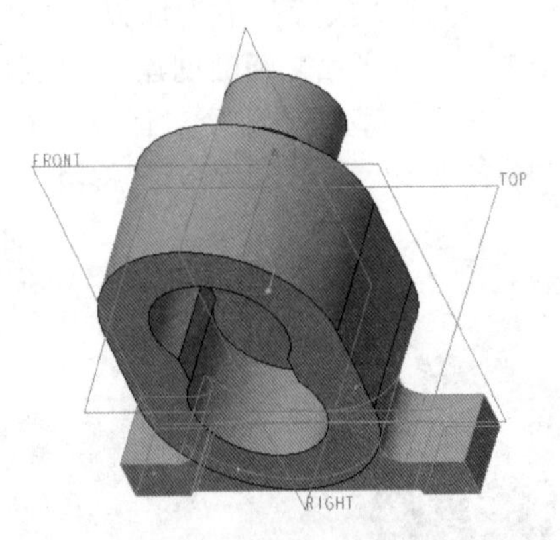

图 5-14　创建底座造型

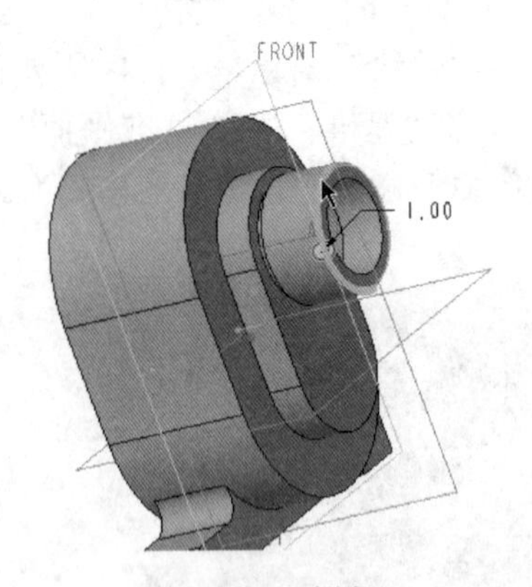

图 5-15　倒角

（4）在“边倒角”选项卡中单击“确定”按钮✔。

步骤 9：以旋转的方式切除材料。

（1）按〈Ctrl+D〉快捷键以标准方向视角显示模型。单击“旋转”按钮，打开“旋转”选项卡。

（2）指定要创建的模型特征为“实心”，并单击“移除材料”按钮。

（3）在“放置”下滑面板中单击“定义”按钮，打开“草绘”对话框。

（4）选择 RIGHT 基准平面作为草绘平面，以 TOP 基准平面为“左”方向参考，单击“草绘”按钮，进入草绘模式。

（5）绘制图 5-16 所示的剖面，单击“确定”按钮✔。

（6）接受默认的旋转角度为 360°，在“旋转”选项卡中单击“确定”按钮✔，此时模型如图 5-17 所示。

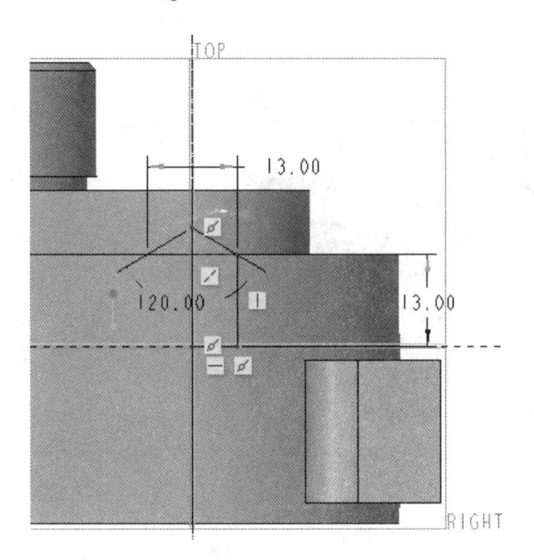

图 5-16　绘制剖面

图 5-17　旋转切除出一个钻孔

步骤 10：创建螺旋扫描特征。

（1）在功能区“模型”选项卡的“形状”组中单击“螺旋扫描”按钮，打开“螺旋扫描”选项卡。

（2）在“螺旋扫描”选项卡中分别单击“实心”按钮、“移除材料”按钮和“使用右手定则”按钮✔，并在“参考”下滑面板的“截面方向”选项组中选择“穿过螺旋轴”单选按钮，如图 5-18 所示。

图 5-18　“螺旋扫描”选项卡

（3）在“参考”下滑面板中单击位于“螺旋轮廓”收集器旁边的“定义”按钮，弹出“草绘”对话框，选择 RIGHT 基准平面作为草绘平面，默认以 TOP 基准平面为“左”方向参考，单击“草绘”按钮，进入内部草绘器。

（4）绘制图 5-19 所示的图形，注意绘制的中心线需要设置与轴线 A_1 投影重合，单击“确定”按钮✔。

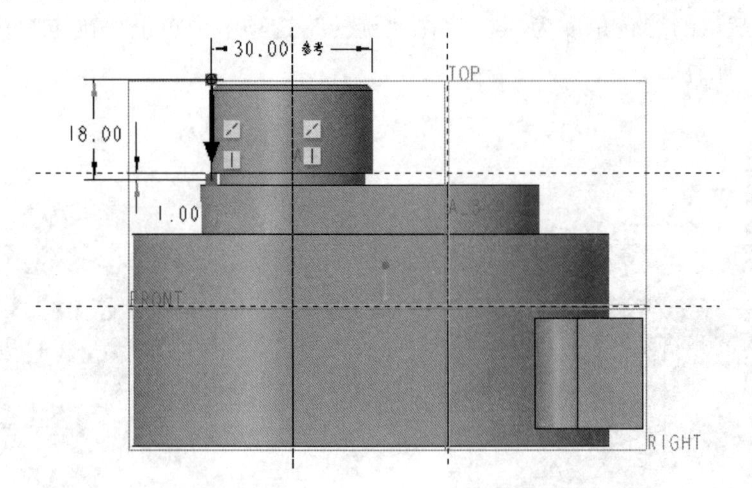

图 5-19　绘制草图（轮廓轨迹和中心线）

（5）在“螺旋扫描”选项卡的（螺距值）框中输入螺距值为 1.5，如图 5-20 所示。

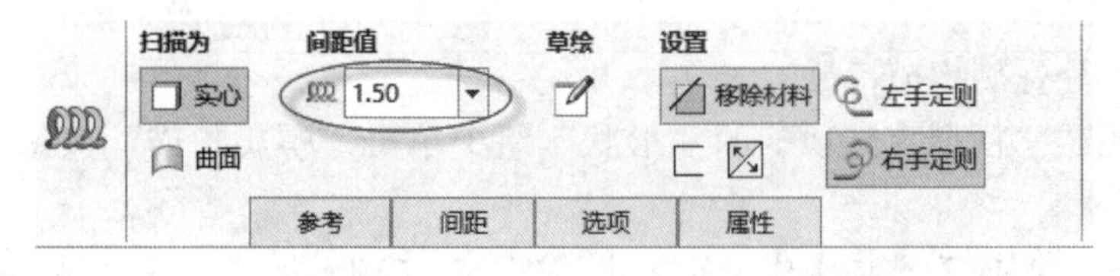

图 5-20　输入螺距值

（6）在“螺旋扫描”选项卡上单击“创建或编辑扫描截面”按钮，进入草绘器。

（7）绘制螺旋扫描剖面（螺纹剖面），如图 5-21 所示，单击“确定”按钮✔。

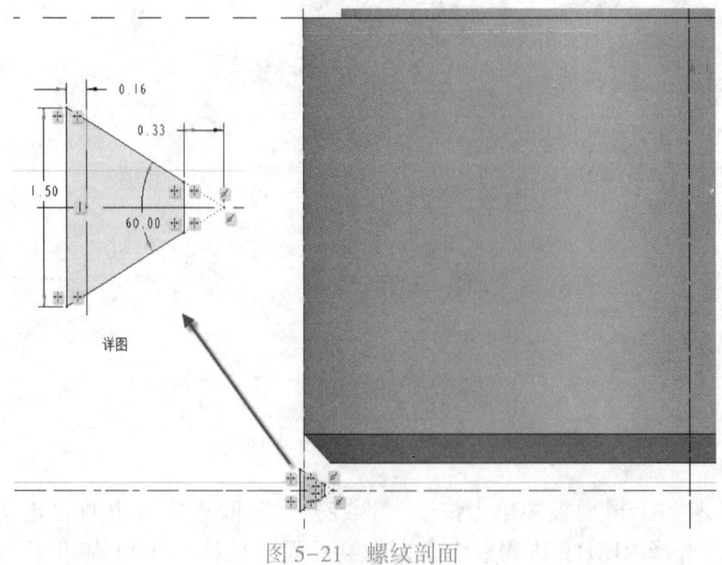

图 5-21　螺纹剖面

（8）在“螺旋扫描”选项卡上单击“确定”按钮✔，创建的外螺纹如图5-22所示。

图5-22 创建的外螺纹结构

步骤11：创建草绘孔。

（1）单击“孔”按钮，打开“孔”选项卡。

（2）接受默认的“简单”按钮，单击“草绘（使用草绘定义钻孔轮廓）”按钮。接着单击出现的“草绘器（激活草绘器以创建剖面）”按钮，进入草绘模式中。

（3）绘制图5-23所示的孔旋转轮廓剖面，单击“确定”按钮✔。

（4）在图5-24所示的零件面上单击，以选定主放置参考。

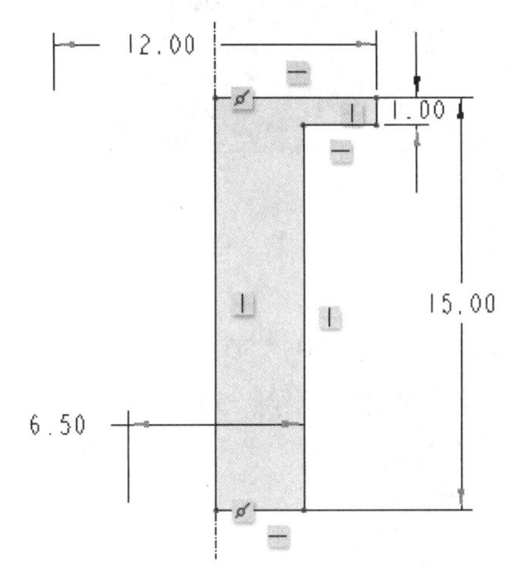

图5-23 绘制孔旋转轮廓剖面

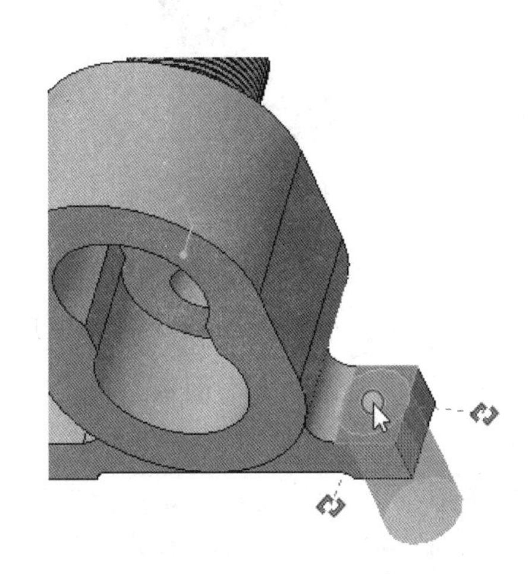

图5-24 指定主放置参考

（5）打开“放置”下滑面板，从“类型”下拉列表框中选择“线性”选项，并在“偏移参考”收集器中单击，将其激活。接着选择RIGHT基准平面，按〈Ctrl〉键选择图5-25所示的零件面作为偏移参考之一，然后设置相关的偏移值。

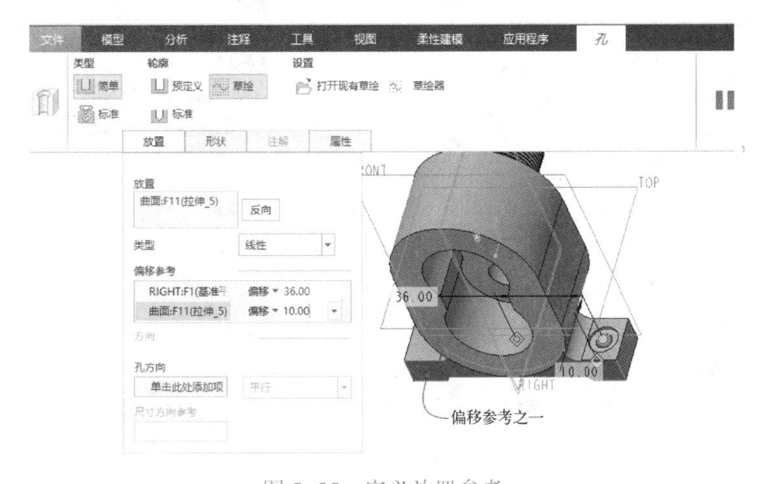

图5-25 定义放置参考

（6）单击“确定”按钮✔，创建的草绘孔特征如图5-26所示。

步骤12：镜像草绘孔。

（1）单击“镜像”按钮，打开“镜像”选项卡。

（2）选择RIGHT基准平面作为镜像平面。

（3）单击“镜像”选项卡中的“确定”按钮✔，得到的镜像结果如图5-27所示。

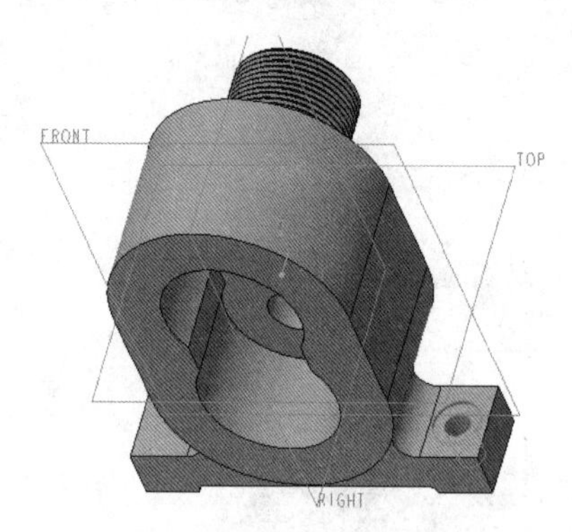

图5-26　创建一个草绘孔特征

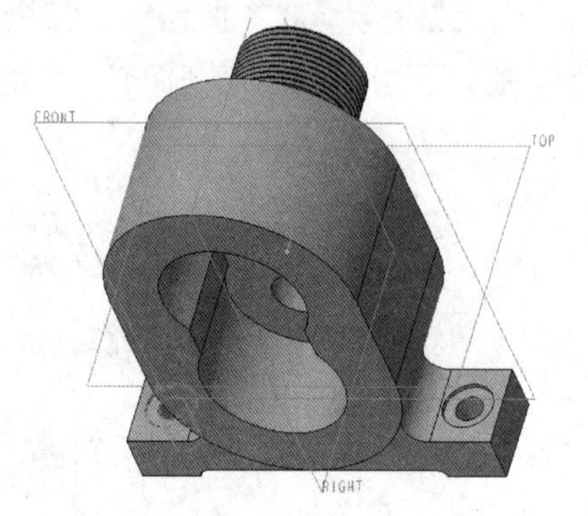

图5-27　镜像结果

步骤13：创建拉伸特征。

（1）单击“拉伸”按钮，打开“拉伸”选项卡，默认选中“实心”按钮。

（2）打开“放置”下滑面板，单击“定义”按钮，弹出“草绘”对话框。

（3）指定图5-28所示的零件面作为草绘平面，单击“草绘”对话框的“草绘”按钮，进入草绘模式。

（4）绘制图5-29所示的剖面，单击“确定”按钮✔。

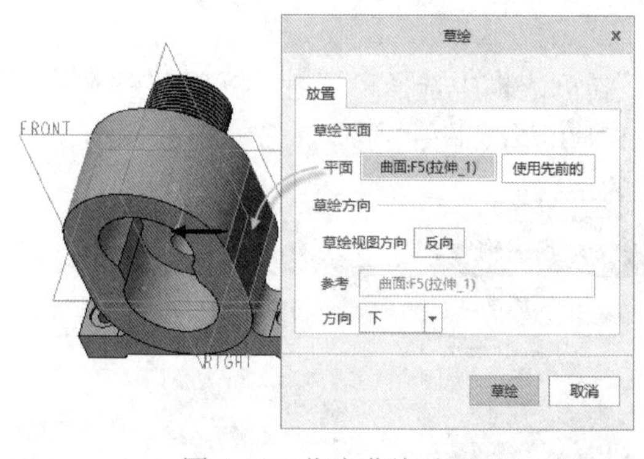

图5-28　指定草绘平面

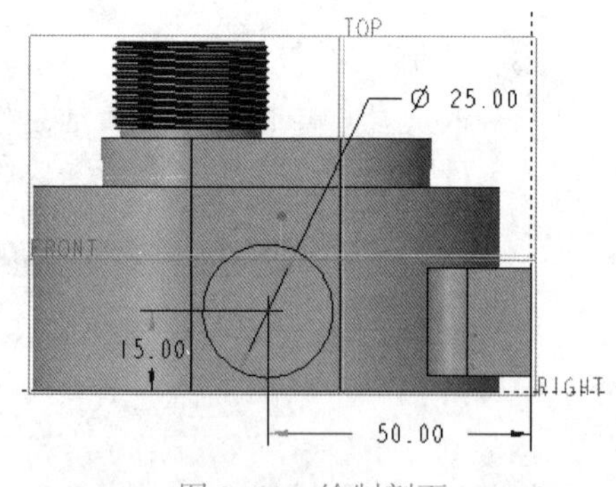

图5-29　绘制剖面

（5）在“拉伸”选项卡中输入深度值为7.5。

（6）单击“拉伸”选项卡中的“确定”按钮✔，创建的凸台如图5-30所示。

步骤14：创建镜像特征。

（1）刚创建的拉伸特征（凸台）处于被选中的状态，单击“镜像”按钮，打开“镜像”选项卡。

（2）选择RIGHT基准平面作为镜像平面。

（3）单击“确定”按钮✔。

步骤 15：拉伸切除。

（1）单击“拉伸”按钮，打开拉伸选项卡。

（2）指定要创建的模型特征为“实心”，单击“移除材料”按钮。

（3）打开“放置”下滑面板，单击“定义”按钮，弹出“草绘”对话框。

（4）选择 RIGHT 基准平面作为草绘平面，以 TOP 基准平面为“左”方向参考，单击“草绘”按钮，进入草绘模式中。

（5）绘制图 5-31 所示的剖面，单击“确定”按钮✔。

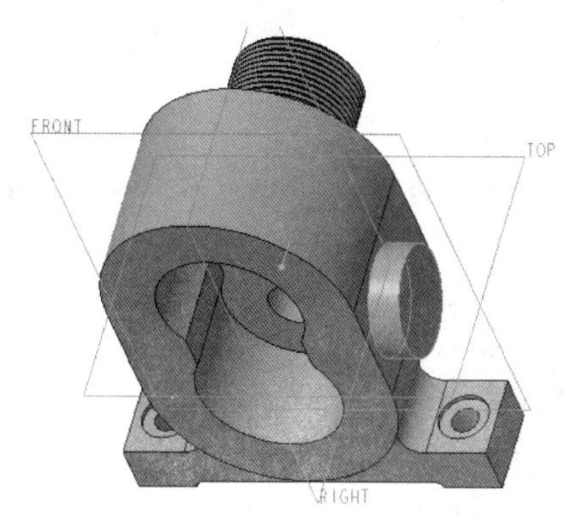

图 5-30　创建拉伸特征

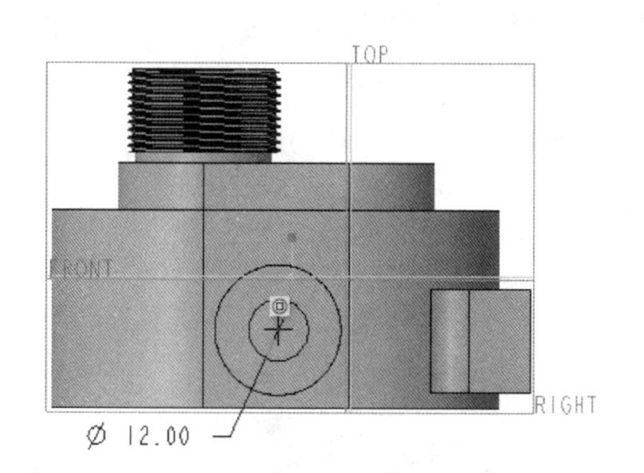

图 5-31　绘制剖面

（6）在“拉伸”选项卡中单击“选项”按钮，打开“选项”下滑面板，从“侧 1”和“侧 2”的深度下拉列表框中均选择（穿透）选项。

（7）单击“拉伸”选项卡中的“确定”按钮✔，在模型中切除出一个通孔，如图 5-32 所示。

步骤 16：倒角。

（1）单击“边倒角”按钮，打开“边倒角”选项卡。

（2）在“边倒角”选项卡中，选择边倒角标注形式为 D×D，在 D 尺寸框中输入 1。

（3）在模型中选择图 5-33 所示的两处边线（通孔两端的边线）。

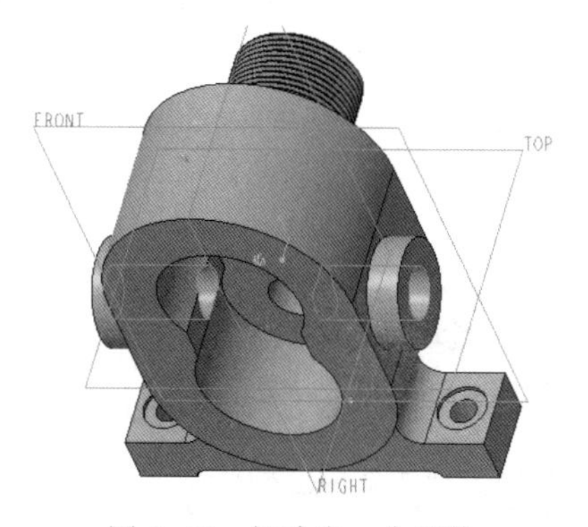

图 5-32　切除出一个通孔

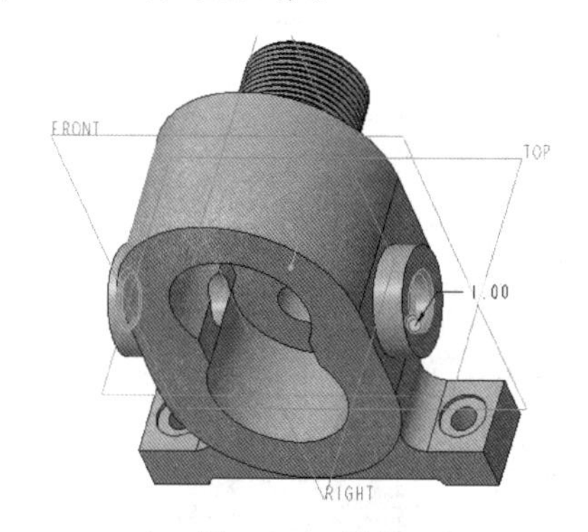

图 5-33　倒角

（4）单击“边倒角”选项卡中的“确定”按钮✔。

步骤 17：以螺旋扫描的方式创建内螺纹。

（1）在功能区“模型”选项卡的“形状”组中单击“螺旋扫描”按钮，打开“螺旋扫描”选项卡。

（2）在“螺旋扫描”选项卡中分别单击“实心”按钮、“移除材料”按钮和“使用右手定则”按钮，并在“参考”下滑面板的“截面方向”选项组中选择“穿过螺旋轴”单选按钮。

（3）在“参考”下滑面板中单击位于“螺旋轮廓”收集器旁边的“定义”按钮，弹出“草绘”对话框。接着在功能区右侧部位单击“基准”→“基准平面”按钮，在模型中选择图5-34所示的轴线，按住〈Ctrl〉键的同时选择选择FRONT基准平面，并将该基准平面对应的参考约束选项设置为“平行”，如图5-35所示。然后单击“确定”按钮，从而创建一个新的基准平面。

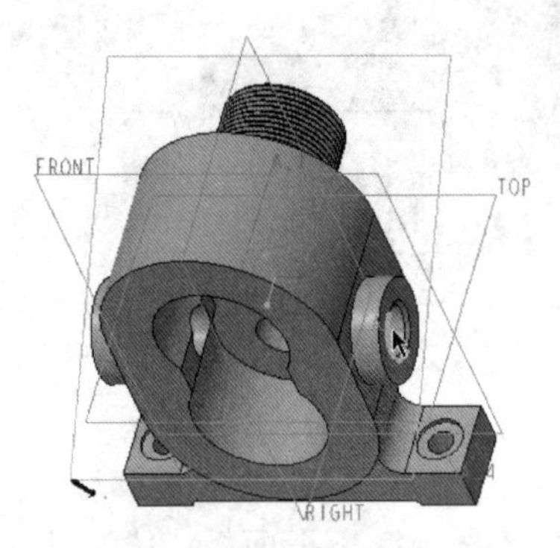

图5-34　选择轴线

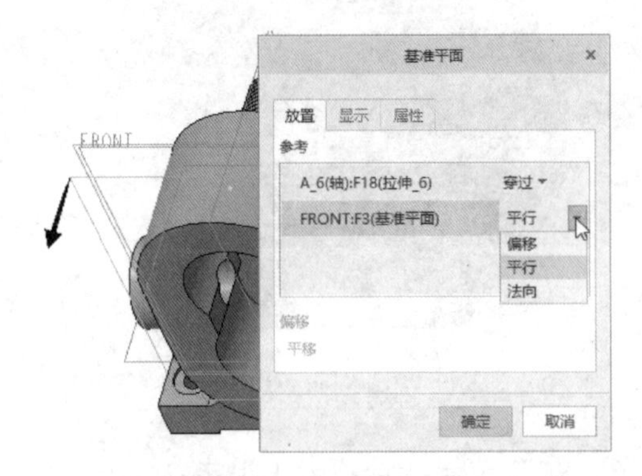

图5-35　定义新基准平面

系统自动以该新基准平面作为草绘平面，以RIGHT基准平面为“右”方向参考，单击“草绘”按钮，进入草绘模式中。

（4）绘制图5-36所示的图形，注意绘制的中心线需要设置与相应轴线投影重合，单击“确定”按钮✔。

（5）在“螺旋扫描”选项卡的（间距值）框中输入螺距值为1.5，如图5-37所示。

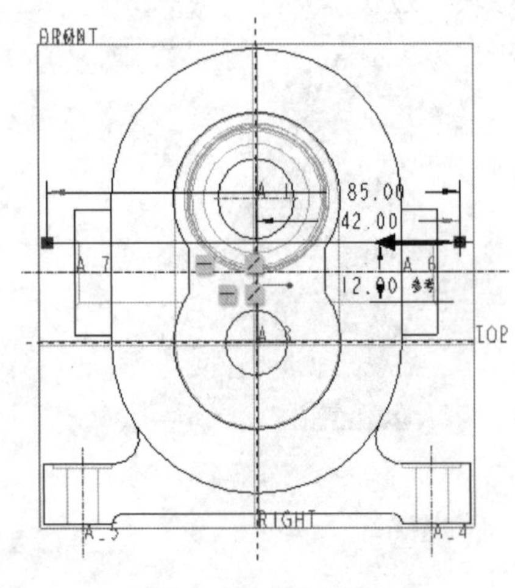

图5-36　绘制图形

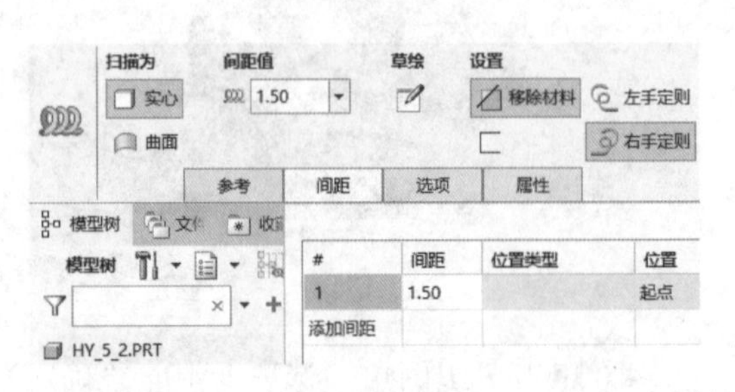

图5-37　输入螺距值

(6) 在“螺旋扫描”选项卡上单击“创建或编辑扫描截面”按钮，进入草绘器。

(7) 绘制螺旋扫描剖面（螺纹剖面），如图5-38所示，单击“确定”按钮。

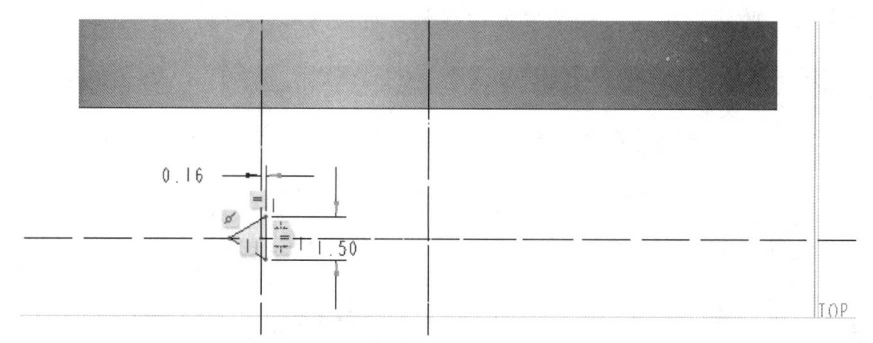

图5-38 绘制螺旋扫描剖面

(8) 在“螺旋扫描”选项卡上单击“确定”按钮，创建的内螺纹结构如图5-39所示。

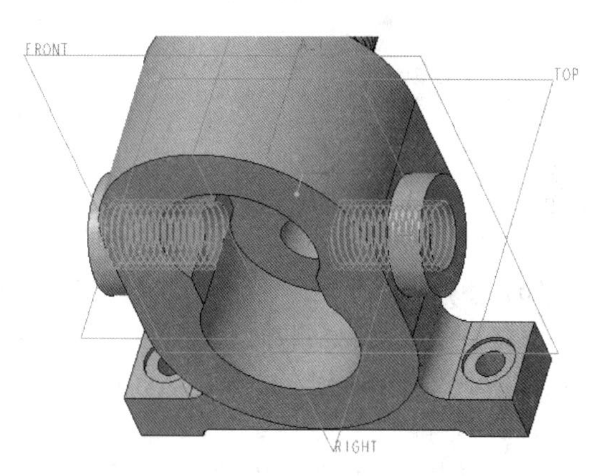

图5-39 创建内螺纹

步骤18：建立一个圆锥销孔。

(1) 单击“孔”按钮，打开“孔”选项卡。

(2) 接受默认选中的“简单”按钮，单击“草绘（使用草绘定义钻孔轮廓）”按钮。

(3) 在“孔”选项卡中单击出现的“草绘器（激活草绘器以创建剖面）”按钮，进入草绘模式中。绘制图5-40所示的孔旋转轮廓剖面，单击“确定”按钮。

(4) 在图5-41所示的零件面上单击，以选定主放置参考。

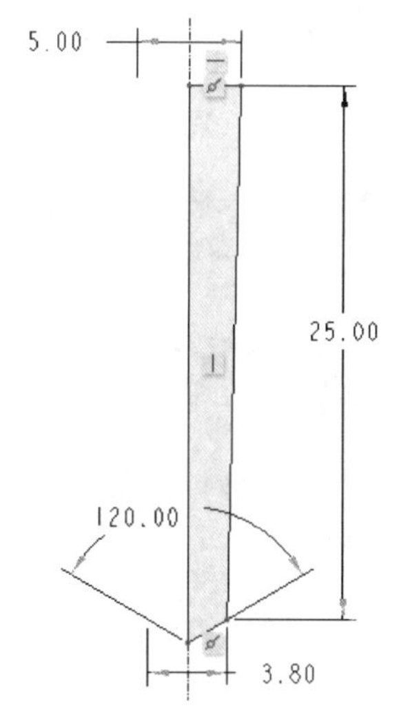

图5-40 绘制孔旋转轮廓剖面

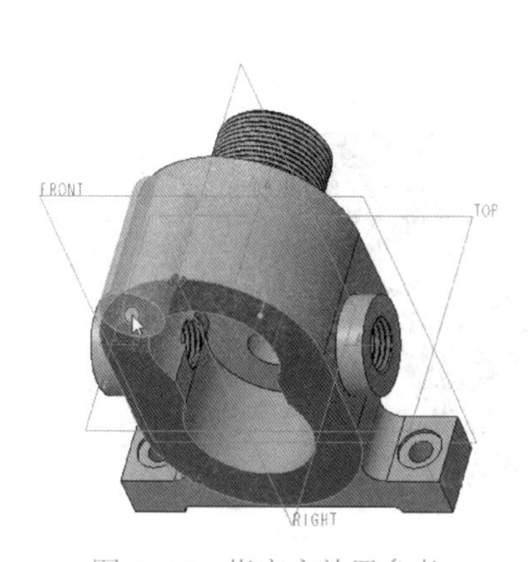

图5-41 指定主放置参考

（5）打开“放置”下滑面板，从“类型”列表框中选择“径向”选项，并在“偏移参考”收集器中单击，将其激活，接着选择 A_1 轴，按〈Ctrl〉键选择 RIGHT 基准平面，然后在“偏移参考”收集器中设置相关的偏移参数，如图 5-42 所示。

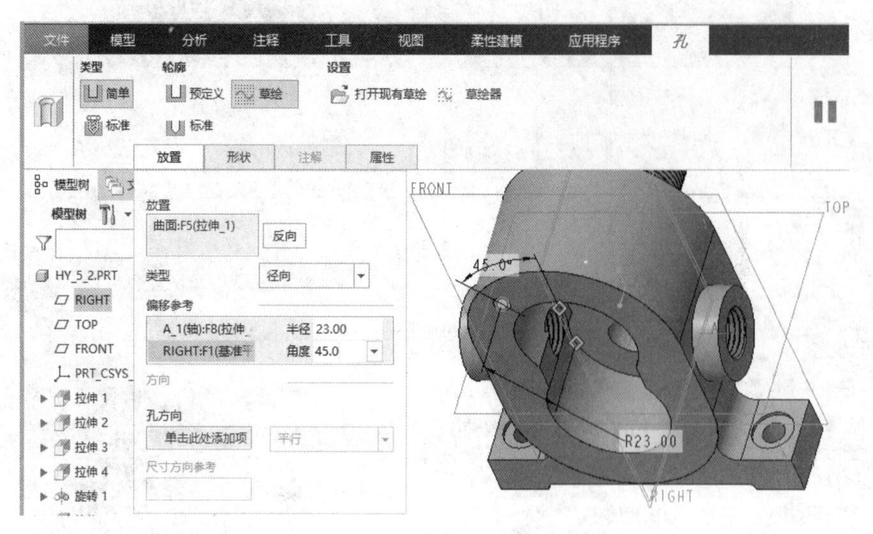

图 5-42　定义放置参考

（6）单击“孔”选项卡中的“确定”按钮✓。

步骤 19：以复制粘贴的方式建立另一个圆锥销孔。

（1）确保选中刚建立的圆锥销孔特征，在“操作”组中单击“复制”按钮，或者按〈Ctrl+C〉快捷键。

（2）单击“操作”组中的“粘贴”按钮，或者按〈Ctrl+V〉快捷键。此时，功能区出现“孔”选项卡。

（3）单击“放置”按钮，打开“放置”下滑面板。接着在图 5-43 所示的零件面处单击，以选定主放置参考。

（4）在“类型”列表框中选择“径向”选项，接着在图 5-44 所示的“偏移参考”收集器的框中单击，将其激活。

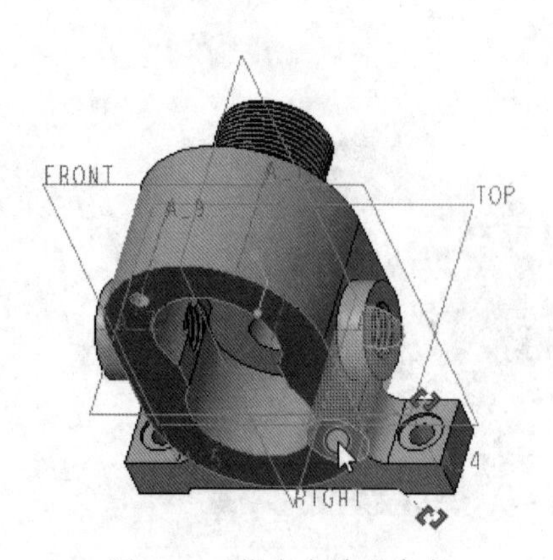

图 5-43　指定主放置参考

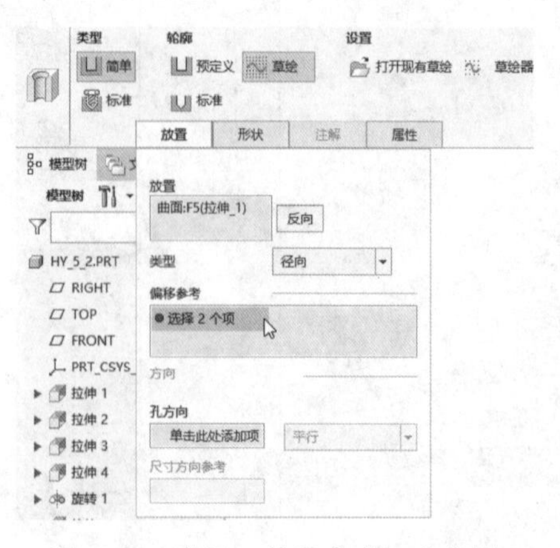

图 5-44　激活“偏移参考”收集器

（5）在模型中选择 A_3 轴线，按〈Ctrl〉键选择 RIGHT 基准平面，并在“偏移参考”收集器中设置相应的尺寸，如图 5-45 所示。

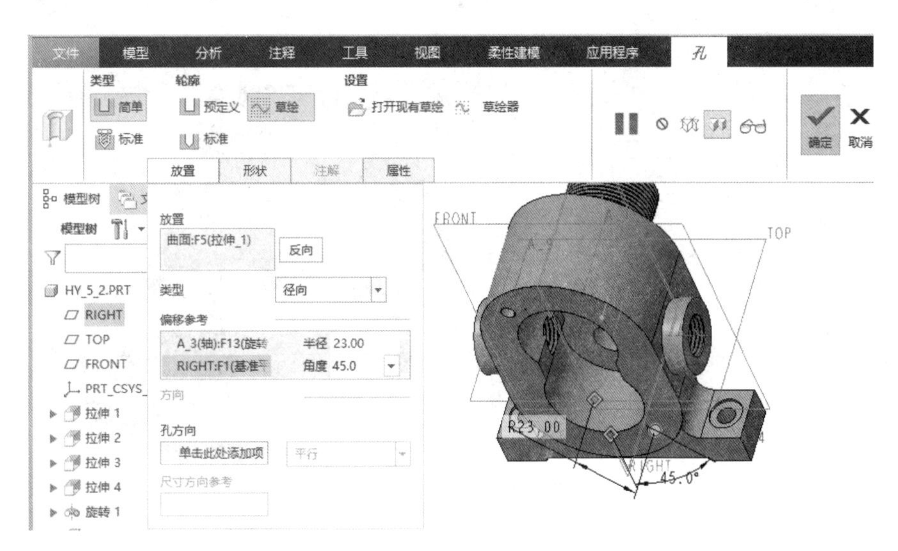

图 5-45 定义偏移参考

（6）单击“孔”选项卡中的“确定”按钮✔。此时，完成了泵体上的两个圆锥销孔，如图 5-46 所示。

步骤 20：建立标准螺纹孔。

（1）单击“孔”按钮，打开“孔”选项卡。

（2）单击“孔”选项卡中的“创建标准孔”按钮。

（3）在（螺钉尺寸）列表框中选择 M6x.75，接着指定钻孔深度为 22。然后单击“形状”按钮，打开“形状”下滑面板，选择“可变”单选按钮，设置螺纹深度为 20，如图 5-47 所示。

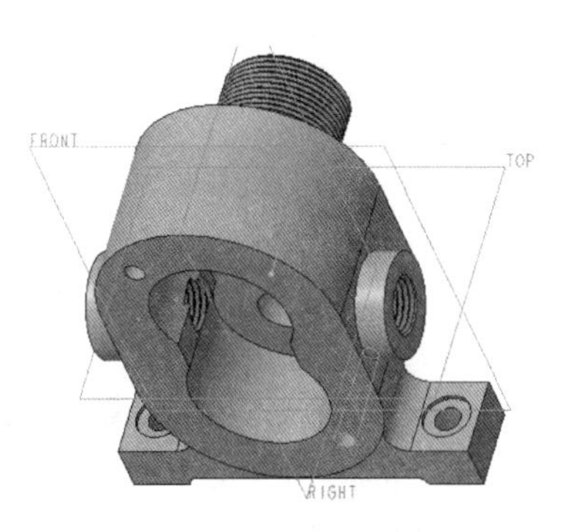

图 5-46 完成两个圆锥销孔

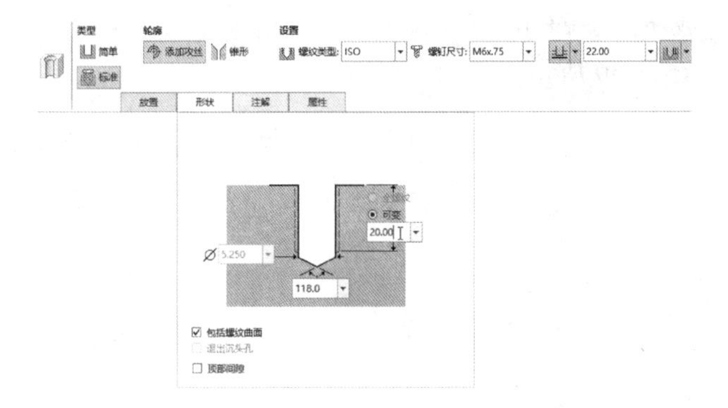

图 5-47 设置螺纹规格尺寸

（4）指定主放置参考，从“放置”下滑面板的“类型”列表框中选择“径向”选项，接着激活“偏移参考”收集器，按着〈Ctrl〉键选择 A_1 轴和 TOP 基准平面作为偏移参考，并设置其相应的尺寸，如图 5-48 所示。

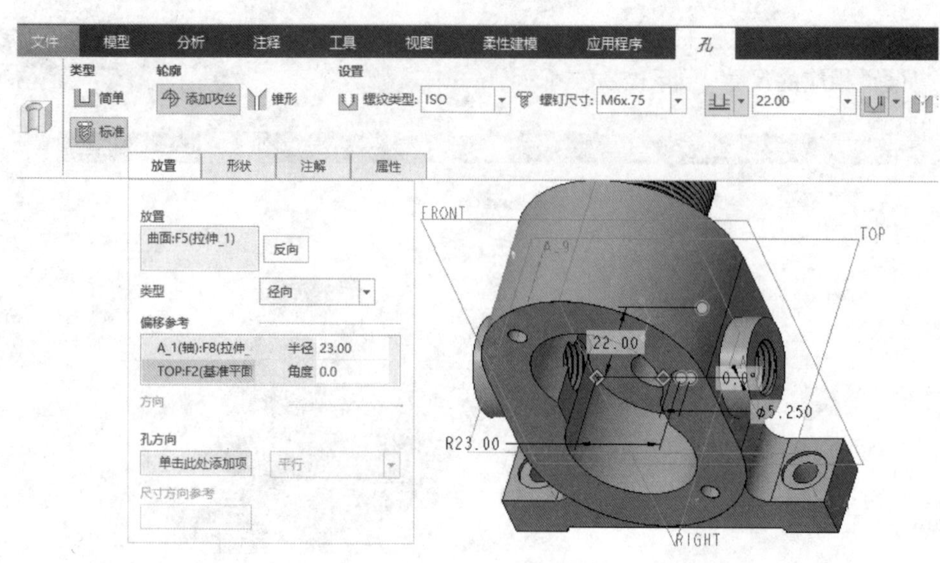

图 5-48　定义放置参考

（5）单击“孔”选项卡中的“确定”按钮✓，创建的该螺纹孔如图 5-49 所示。

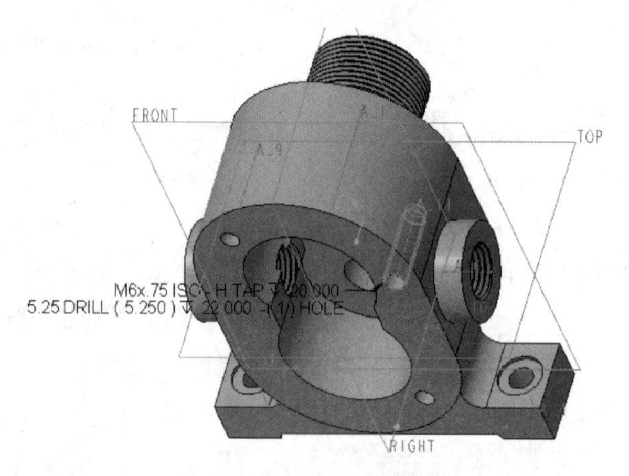

图 5-49　创建标准螺纹孔

步骤 21：阵列。

（1）单击“阵列”按钮▦/▦，打开“阵列”选项卡。

（2）在“阵列”选项卡的第一个下拉列表框中选择“轴”选项，接着在模型中选择 A_1 轴作为旋转中心。

（3）在“阵列”选项卡中设置第一方向的阵列成员数为 3，其阵列成员间的角度增量为 90°，如图 5-50 所示。

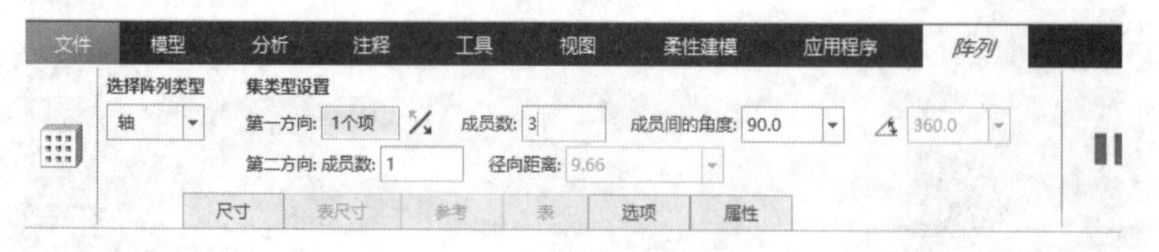

图 5-50　设置轴阵列的参数

（4）单击“阵列”选项卡中的“确定”按钮✓，得到的阵列结果如图 5-51 所示。

步骤 22：镜像。

（1）选中刚创建的阵列特征，单击“镜像”按钮▯▯，打开“镜像”选项卡。

（2）在功能区右部区域单击“基准”→“基准平面”按钮▱，打开“基准平面”对话框，选择位于内螺纹中心的轴线，按〈Ctrl〉键选择 TOP 基准平面，并设置相应的放置约束类型，如图 5-52 所示。单击“确定”按钮，创建了基准平面 DTM3。

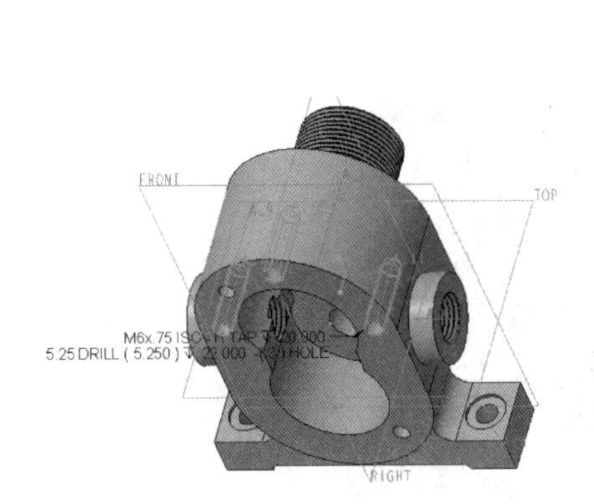

图 5-51　完成阵列操作

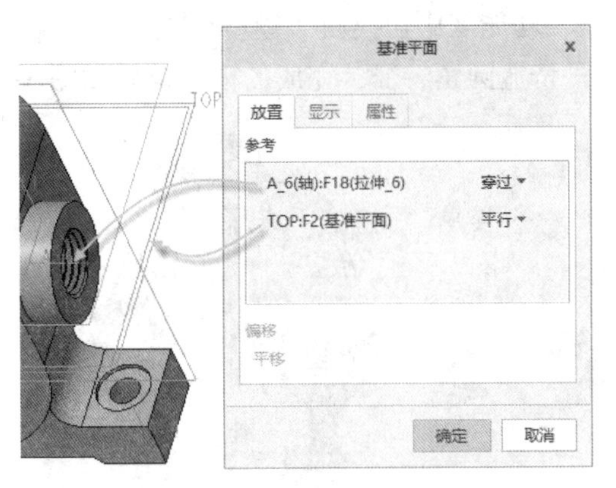

图 5-52　创建基准平面

(3) 单击“退出暂停模式，继续使用此工具”按钮▶，以刚创建的 DTM3 基准平面作为镜像平面。

(4) 单击“镜像”选项卡中的“确定”按钮✔，镜像结果如图 5-53 所示。

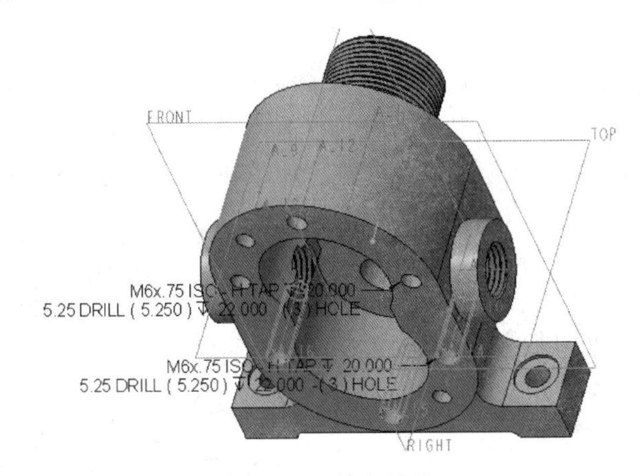

图 5-53　镜像结果

步骤 23：建立图层来管理标准孔的注释信息。

(1) 在功能区中切换至“视图”选项卡，从“可见性”组中单击“层”按钮，使导航区切换到层树显示模式。

(2) 单击位于层树上方的“层”按钮，打开其下拉菜单，选择“新建层”选项，打开“层属性”对话框。

(3) 在“名称”文本框中输入 hole_note，接着在模型中单击螺纹孔的注释信息。

(4) 单击“层属性”对话框的“确定”按钮。

(5) 在层树中右击 HOLE_NOTE 层，从快捷菜单中选择“隐藏”命令。

(6) 再次在层树中右击 HOLE_NOTE 层，从快捷菜单中选择“保存状况”命令。

(7) 在功能区“视图”选项卡的“可见性”在中再次单击“层”按钮，使导航区切换到模型树显示模式。

步骤24：倒圆角。

在功能区中切换回“模型”选项卡，单击“倒圆角”按钮，在实体模型中创建R2~R4的铸造圆角特征，完成的模型效果如图5-54所示。

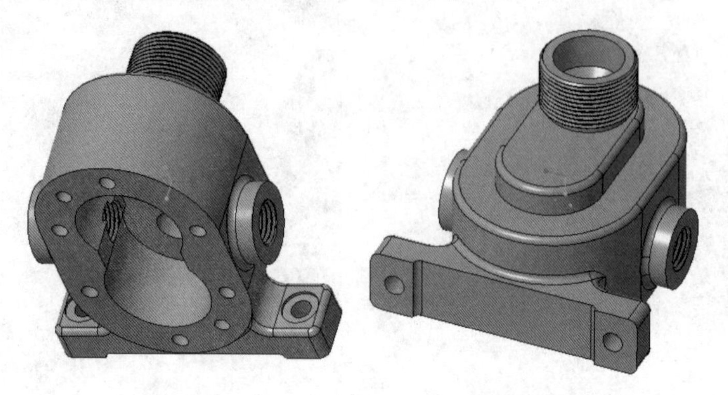

图5-54 完成倒圆角的泵体

5.3 减速器箱体实例

减速器箱体是用来支承和固定减速器中的各种零件，并保证传动零件能够正确啮合，另外，应使箱体内零件具有良好的润滑和密封。在进行减速器箱体结构设计时，应当保证箱体的强度和刚度，同时考虑结构紧凑、密封可靠、加工和装配工艺性等方面的因素。

本实例要创建的减速器箱体如图5-55所示。

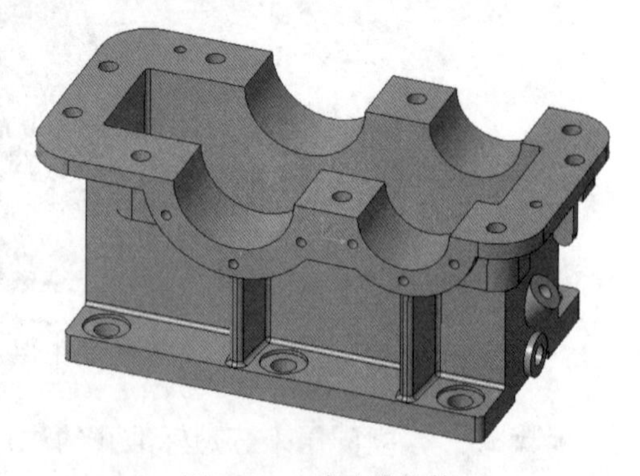

图5-55 减速器箱体

本实例的目的是让读者了解减速器箱体的结构造型，掌握利用各种工具或命令来创建减速器箱体的具体结构。重点学习如何创建拔模特征、筋特征，以及创建特征内部的基准平面等知识。

本实例具体的操作步骤如下。

步骤1：新建零件文件。

（1）在“快速访问”工具栏上单击“新建”按钮，弹出“新建”对话框。

（2）在“类型”选项组中选择“零件”单选按钮，在“子类型”选项组中选择“实体”单选按钮；在“名称”文本框中输入HY_5_3；并取消勾选“使用默认模板”复选框，不使用默认模板，单击“确定”按钮。

（3）弹出“新文件选项”对话框，在“模板”选项组中，选择mmns_part_solid选项。单击“确定”按钮，进入零件设计模式。

步骤2：以拉伸的方式创建底座。

（1）单击“拉伸”按钮，打开“拉伸”选项卡，默认选中“实心”按钮。

（2）选择FRONT基准平面作为草绘平面，进入草绘模式中。

（3）绘制图5-56所示的拉伸剖面，单击“确定”按钮。

（4）在“拉伸”选项卡的侧1深度选项列表框中选择（对称）选项，输入拉伸深度值为296。

（5）在“拉伸”选项卡中单击“确定”按钮✔，创建的拉伸特征如图5-57所示。

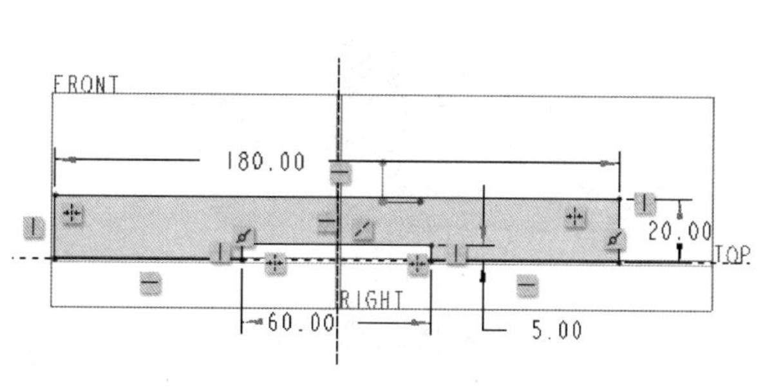

图5-56 绘制剖面

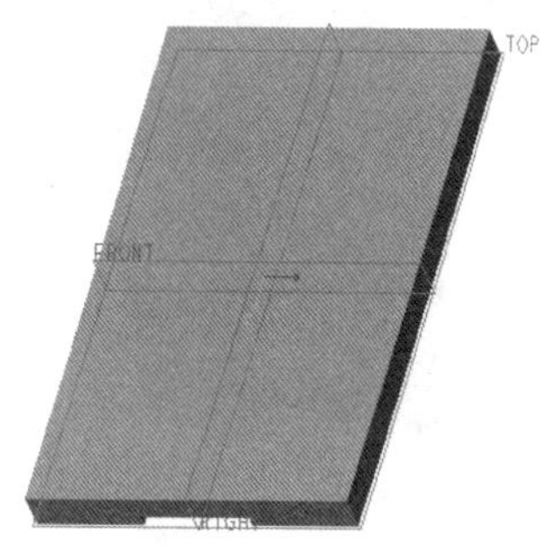

图5-57 底座基本体

步骤3：创建拉伸特征。

（1）单击“拉伸”按钮，打开“拉伸”选项卡，默认选中“实心”按钮。

（2）打开“放置”下滑面板，单击“定义”按钮，弹出“草绘”对话框。

（3）选择RIGHT基准平面作为草绘平面，以TOP基准平面作为“左”方向参考，单击“草绘”按钮，进入草绘模式中。

（4）绘制图5-58所示的拉伸剖面，单击“确定”按钮✔。

（5）在“拉伸”选项卡的侧1深度选项列表框中选择（对称）选项，输入拉伸深度值为96。

（6）在“拉伸”选项卡中单击“确定”按钮✔，创建的拉伸特征如图5-59所示。

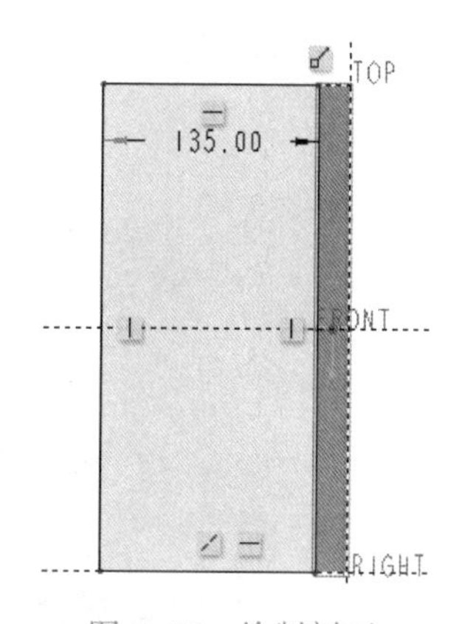

图5-58 绘制剖面

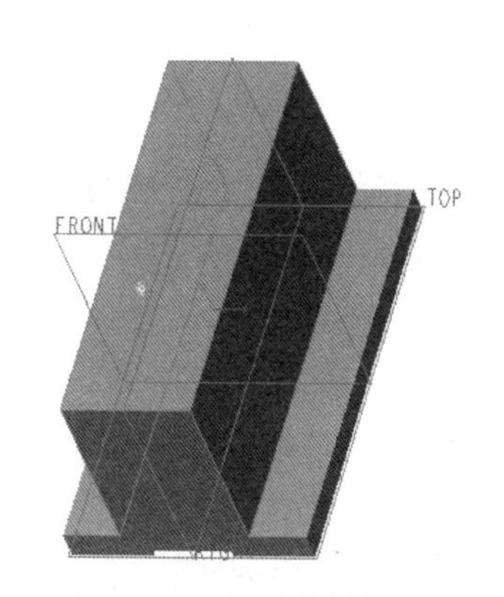

图5-59 创建拉伸特征

步骤4：创建拉伸特征。

（1）单击“拉伸”按钮，打开“拉伸”选项卡，默认选中“实心”按钮。

（2）打开“放置”下滑面板，单击“定义”按钮，弹出“草绘”对话框。

（3）选择图5-60所示的零件顶面作为草绘平面，选择RIGHT基准平面为草绘方向参考，从“方向”下拉列表框中选择“上（顶）”，单击“草绘”按钮，进入草绘模式。

（4）绘制图5-61所示的拉伸剖面，单击“确定”按钮✔。

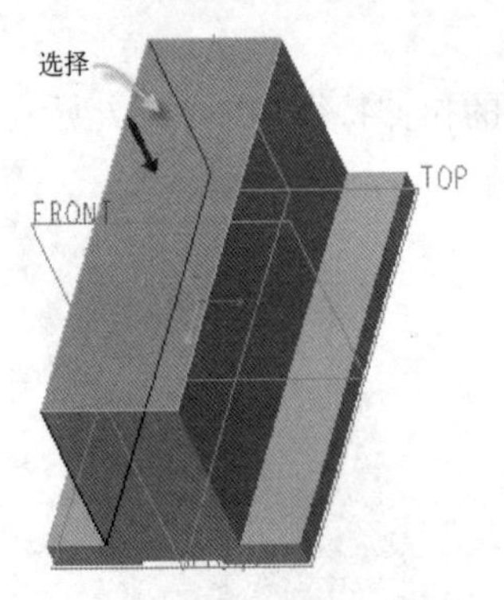

图 5-60　指定草绘平面

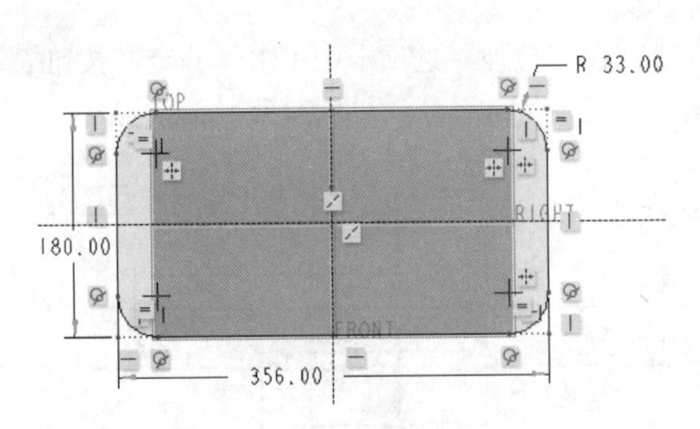

图 5-61　绘制剖面

（5）在“拉伸”选项卡中输入拉伸深度为 12，单击“深度方向”按钮。

（6）单击“确定”按钮。

步骤 5：创建旋转特征。

（1）单击“旋转”按钮，打开“旋转”选项卡，默认选中“实心”按钮。

（2）单击“旋转”选项卡中的“放置”按钮，打开“放置”下滑面板，接着单击该下滑面板上的“定义”按钮，弹出“草绘”对话框。

（3）选择 RIGHT 基准平面作为草绘平面，以 TOP 基准平面为“左”方向参考，单击“草绘”按钮，进入草绘模式中。

（4）绘制图 5-62 所示的旋转剖面（含一条将默认为旋转轴的倾斜的几何中心线），单击“确定”按钮。

（5）接受默认的旋转角度为 360°。

（6）在“旋转”选项卡中单击“确定”按钮，完成了该旋转特征的创建。按〈Ctrl+D〉快捷键以标准方向视角显示模型，此时如图 5-63 所示。

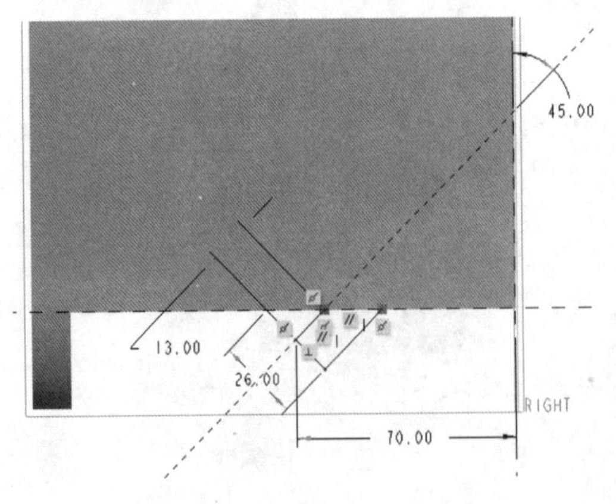

图 5-62　绘制剖面

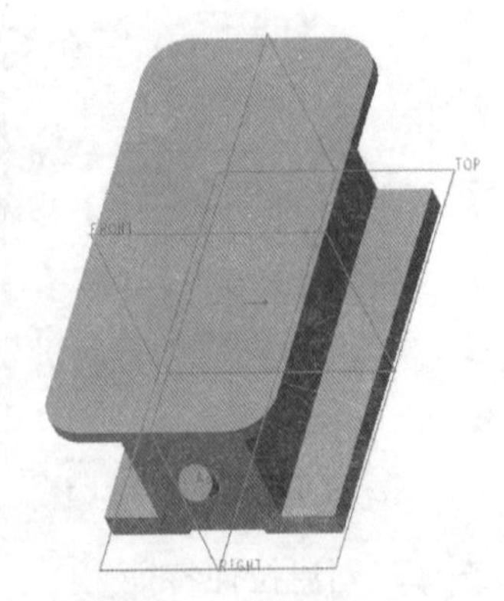

图 5-63　模型效果

步骤 6：拉伸切除。

（1）单击“拉伸”按钮，打开“拉伸”选项卡。

（2）指定要创建的模型特征为“实心”，并单击“移除材料”按钮。

（3）打开“放置”下滑面板，单击“定义”按钮，弹出“草绘”对话框。

（4）选择 RIGHT 基准平面作为草绘平面，以 TOP 基准平面为“左”方向参考，单击“草绘”按钮，进入草绘模式。

（5）绘制图 5-64 所示的拉伸剖面，单击“确定”按钮✓。

（6）在“拉伸”选项卡中选择（对称）选项，输入拉伸深度值为 80。

（7）在“拉伸”选项卡中单击“确定”按钮✓，并以标准方向视角显示模型，效果如图 5-65 所示。

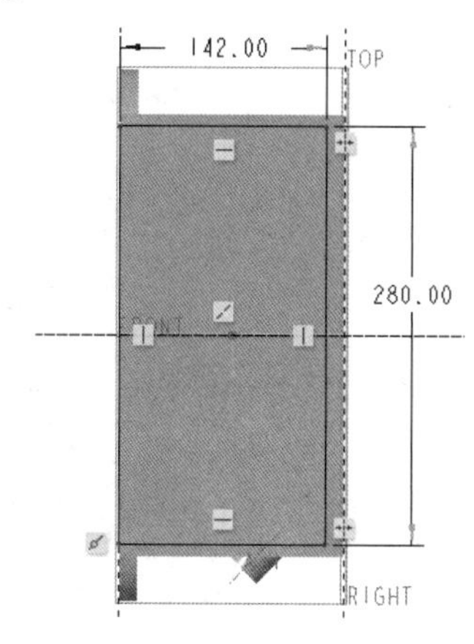

图 5-64　绘制剖面

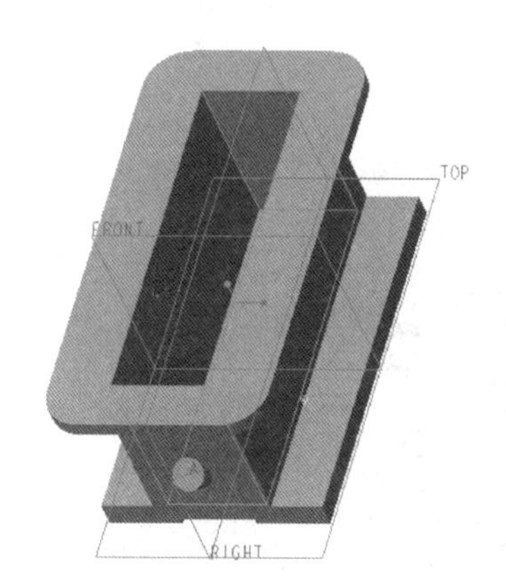

图 5-65　切除出箱体内腔

步骤 7：以拉伸的方式切除材料。

（1）单击“拉伸”按钮，打开“拉伸”选项卡。

（2）指定要创建的模型特征为“实心”，并单击“移除材料”按钮。

（3）打开“放置”下滑面板，单击“定义”按钮，弹出“草绘”对话框。

（4）在“草绘”对话框上单击“使用先前的”按钮，进入草绘模式。

（5）绘制剖面，如图 5-66 所示，单击“确定”按钮✓。

（6）在“拉伸”选项卡中单击“选项”按钮，打开“选项”下滑面板，从“侧 1”和“侧 2”下拉列表框中均选择（穿透）选项。

（7）单击“确定”按钮✓，得到图 5-67 所示的模型效果。

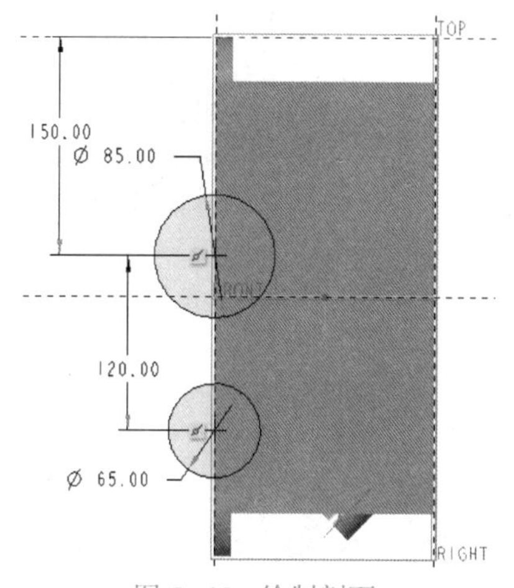

图 5-66　绘制剖面

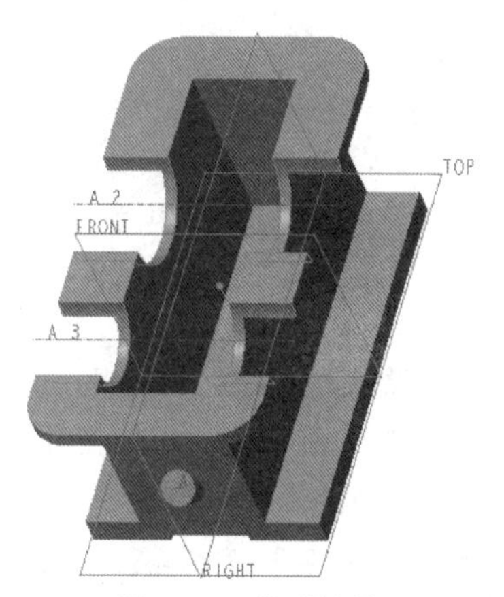

图 5-67　模型效果

步骤 8：创建拉伸特征。

（1）单击“拉伸”按钮，打开“拉伸”选项卡，默认选中“实心”按钮。

（2）打开“放置”下滑面板，单击“定义”按钮，弹出“草绘”对话框。

（3）选择图 5-68 所示的零件面作为草绘平面，以 TOP 基准平面作为“左”方向参考，单击“草绘”按钮，进入草绘模式。

（4）绘制图 5-69 所示的剖面，单击“确定”按钮。

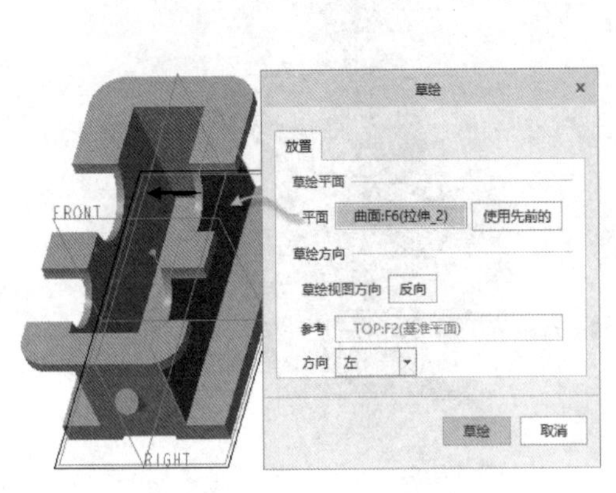

图 5-68　指定草绘平面

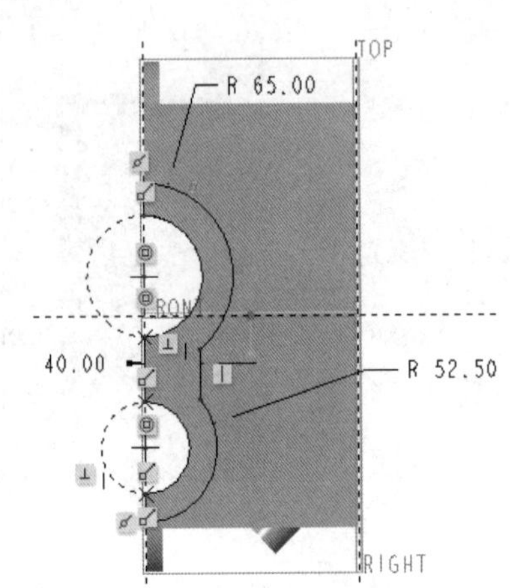

图 5-69　绘制剖面

（5）在“拉伸”选项卡中，从深度选项下拉列表框中选择（到选定的）按钮，然后在模型中选择图 5-70 所示的零件面。

（6）单击“确定”按钮，得到的拉伸实体特征如图 5-71 所示。

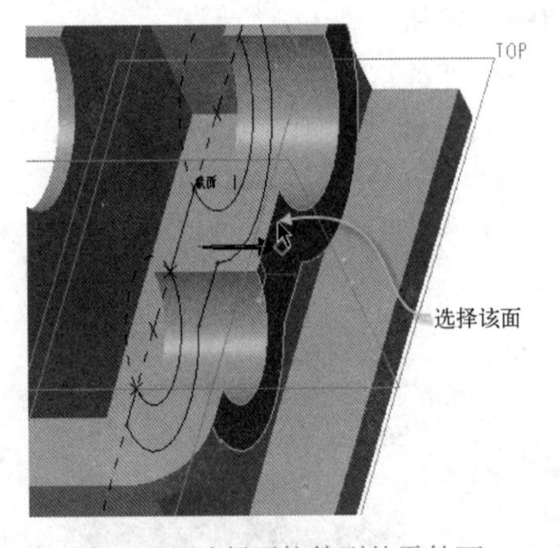

图 5-70　选择要拉伸到的零件面

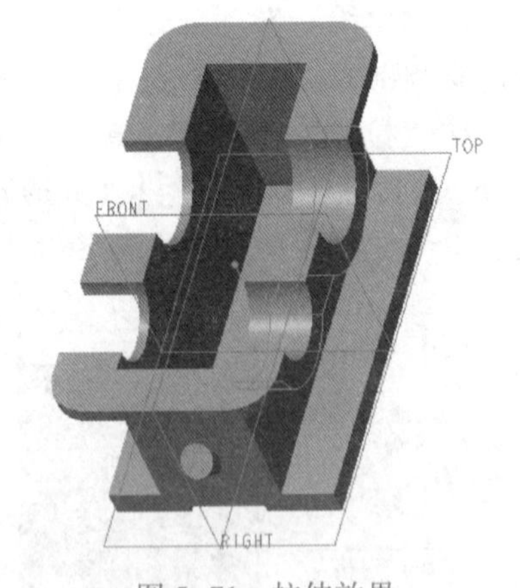

图 5-71　拉伸效果

步骤 9：镜像。

（1）确保选中刚创建的拉伸特征，单击“镜像”按钮，打开“镜像”选项卡。

（2）选择 RIGHT 基准平面作为镜像平面。

（3）单击“确定”按钮，得到的模型效果如图 5-72 所示。

步骤 10：创建拉伸特征。

（1）单击“拉伸”按钮，打开“拉伸”选项卡，默认选中“实心”按钮。

（2）打开“放置”下滑面板，单击“定义”按钮，弹出“草绘”对话框。

（3）单击“基准”→“基准平面”按钮，打开“基准平面”对话框。选择 TOP 基准平面作为偏移参考，输入平移值为 115，如图 5-73 所示，单击“确定”按钮。

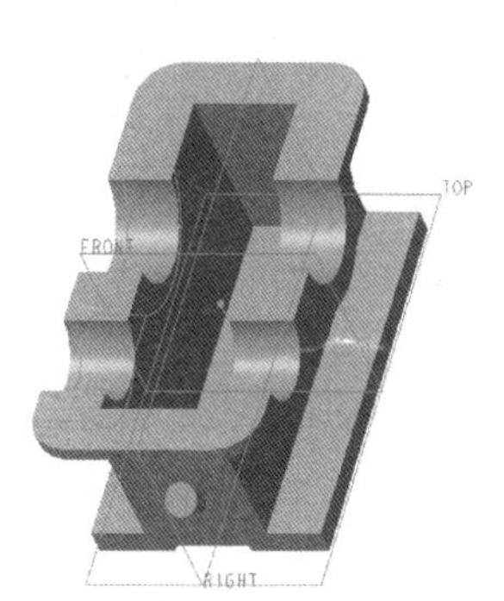
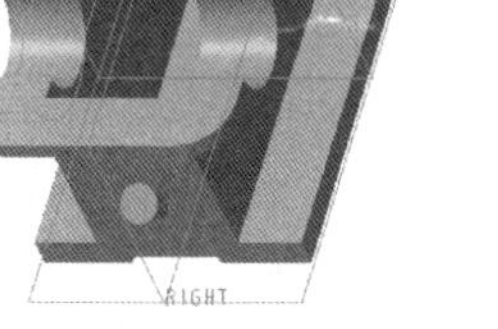

图 5-72 镜像结果

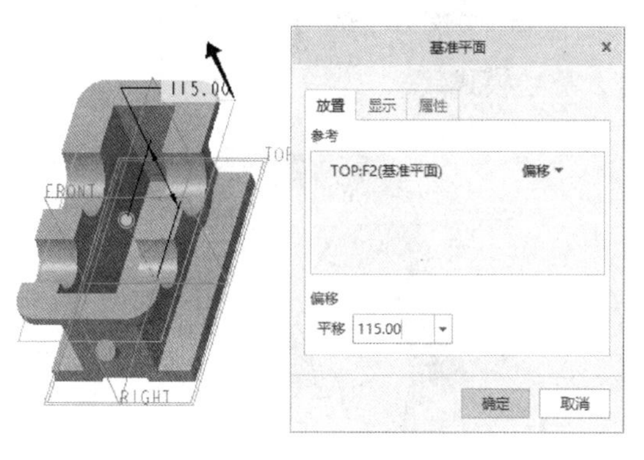

图 5-73 创建基准平面 DTM1

（4）系统自动以刚创建的 DTM1 基准平面作为草绘平面，以 RIGHT 基准平面为“右”方向参考，单击“草绘”按钮，进入草绘模式中。

（5）绘制图 5-74 所示的剖面，单击“确定”按钮。

（6）在“拉伸”选项卡中，从深度类型下拉列表框中选择“拉伸到下一曲面”按钮。

（7）单击“确定”按钮，创建凸缘如图 5-75 所示。

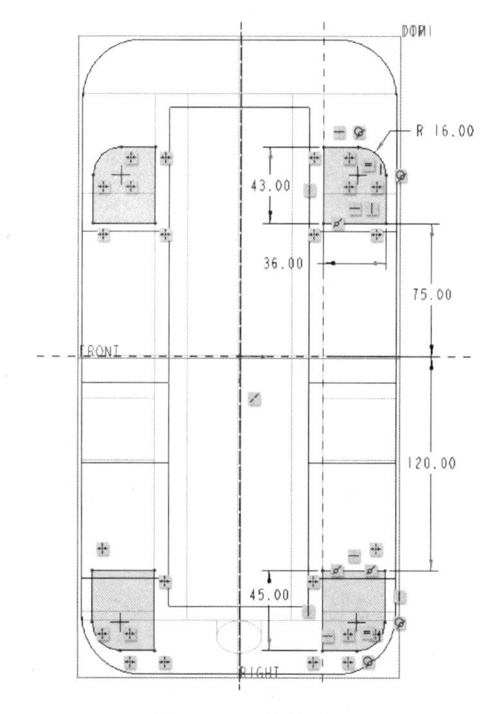

图 5-74 绘制剖面

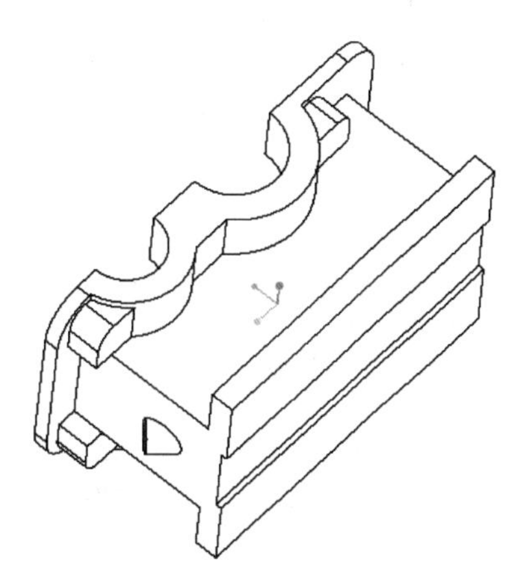

图 5-75 模型效果

步骤 11：以拉伸的方式切除出多个圆孔。

（1）单击“拉伸”按钮，打开“拉伸”选项卡。

（2）指定要创建的模型特征为“实心”，并单击“移除材料”按钮。

（3）打开“放置”下滑面板，单击“定义”按钮，弹出“草绘”对话框。

（4）选择图 5-76 所示的零件顶面作为草绘平面，单击“草绘”对话框中的“草绘”按钮，进入草绘模式。

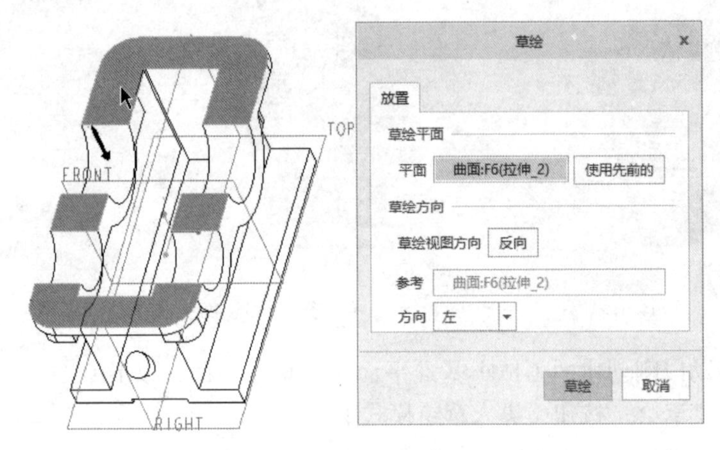

图 5-76　指定草绘平面

（5）定义绘图参考，并绘制图 5-77 所示的剖面，单击“确定”按钮。

（6）在“拉伸”选项卡中输入拉伸深度为 60，深度方向由草绘平面指向实体内部。

（7）单击“确定”按钮，创建的圆孔如图 5-78 所示。

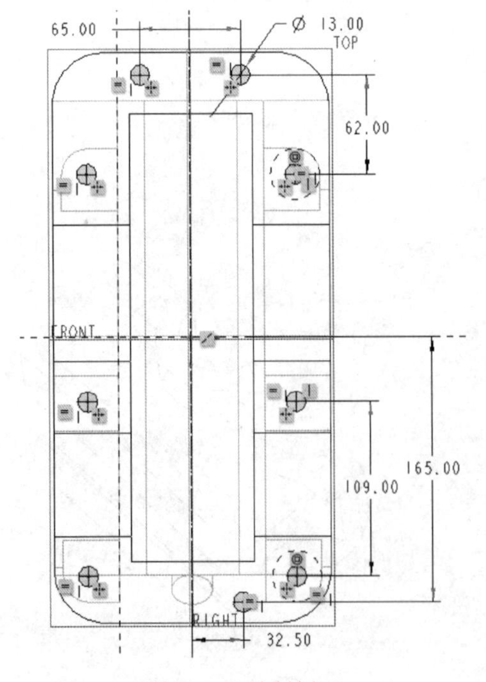

图 5-77　绘制剖面

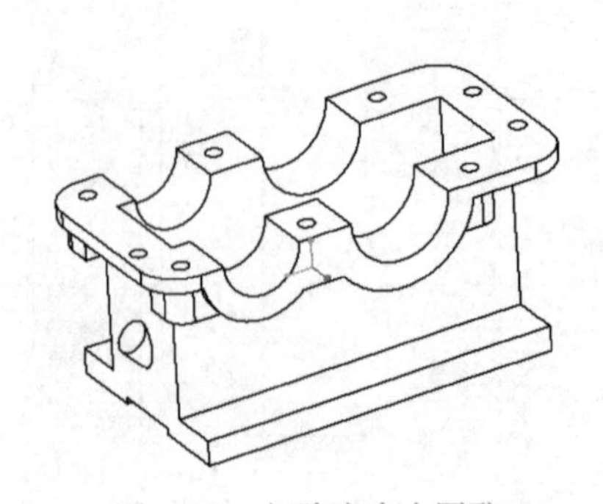

图 5-78　切除出多个圆孔

步骤 12：创建拉伸特征。

（1）单击“拉伸”按钮，打开“拉伸”选项卡，默认选中“实心”按钮。

（2）打开“放置”下滑面板，单击“定义”按钮，弹出“草绘”对话框。

（3）选择 RIGHT 基准平面作为草绘平面，以 TOP 基准平面作为“左”方向参考，单击“草绘”按钮，进入草绘模式。

（4）绘制图 5-79 所示的剖面，单击“确定”按钮✔。

（5）在“拉伸”选项卡中的深度选项列表框中选择（对称）选项，输入深度值为 8。

（6）单击“确定”按钮✔，创建的拉伸特征如图 5-80 所示。

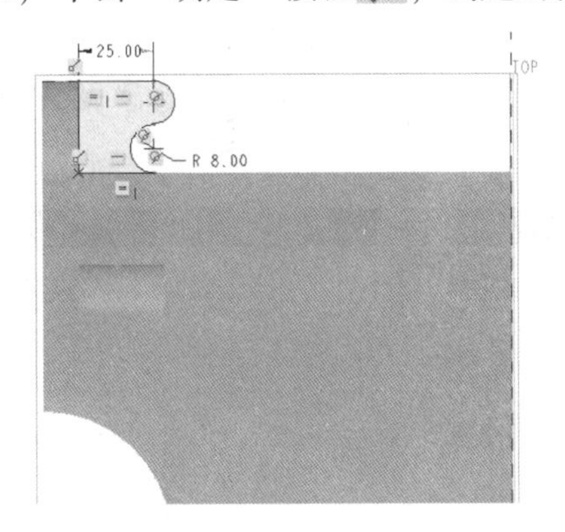

图 5-79 绘制剖面

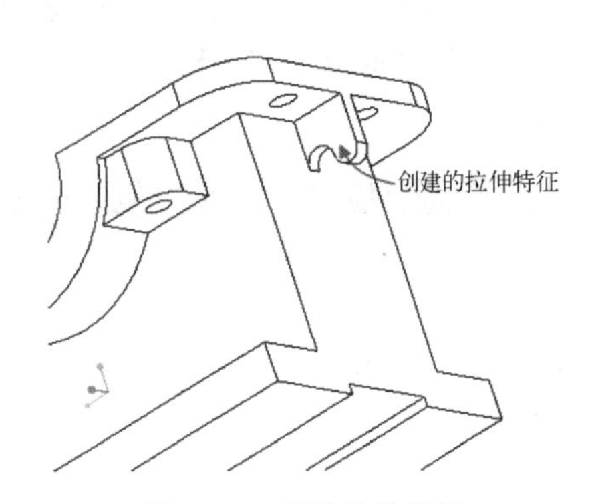

图 5-80 创建拉伸特征

步骤 13：镜像。

（1）选中刚创建的拉伸特征，单击“镜像”按钮，打开“镜像”选项卡。

（2）选择 FRONT 基准平面作为镜像平面。

（3）单击“确定”按钮✔。

步骤 14：以拉伸的方式创建圆凸台。

（1）单击“拉伸”按钮，打开“拉伸”选项卡，默认选中“实心”按钮。

（2）打开“放置”下滑面板，单击“定义”按钮，弹出“草绘”对话框。

（3）选择图 5-81 所示的零件面作为草绘平面，以 RIGHT 基准平面作为“右”方向参考，单击“草绘”按钮，进入草绘模式。

（4）绘制图 5-82 所示的剖面，注意该圆与指定轮廓参考线相切。单击“确定”按钮✔。

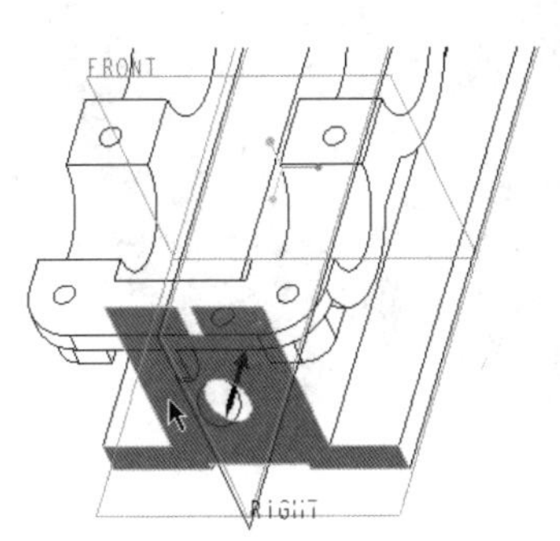

图 5-81 指定草绘平面

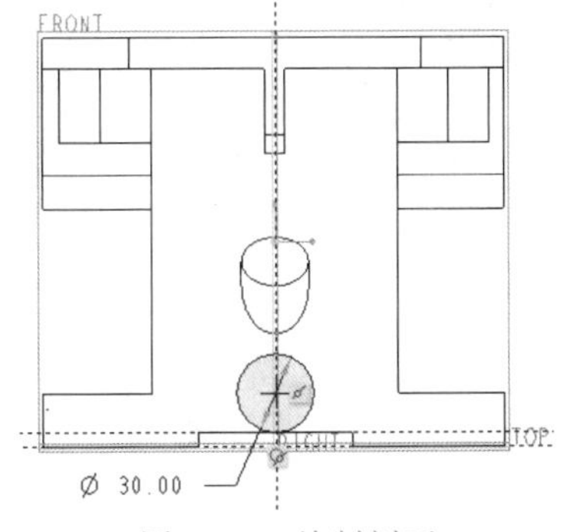

图 5-82 绘制剖面

（5）输入深度值为 5。

（6）单击“确定”按钮✔。

步骤 15：创建标准螺纹孔作为放油孔。

说明：处于正常工作状态时的减速器，其箱体内需要盛有一定的油液。为了在换油时便于排除污油和清洗剂，应该在箱体底部、油池的最低位置处设计放油孔。放油孔为螺纹孔，可以使用放油螺塞和防漏垫圈将放油孔密封住。

（1）单击“孔”按钮，打开“孔”选项卡。

（2）单击“孔”选项卡中的“创建标准孔”按钮。

（3）在（螺钉尺寸）框中选择 M16x1.5，接着指定钻孔深度为 38。然后单击“形状”按钮，打开“形状”下滑面板，选择“可变”单选按钮，设置螺纹深度为 35，如图 5-83 所示。

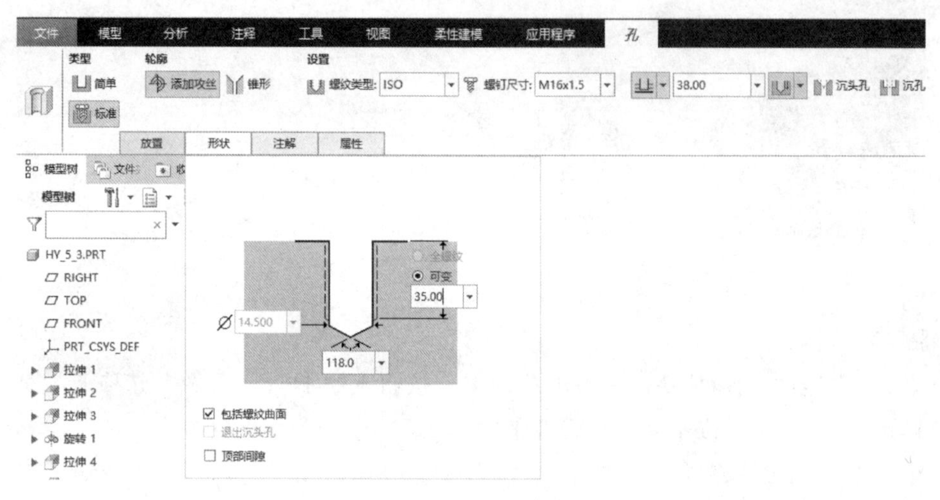

图 5-83 设置螺纹参数

（4）选择上步骤创建的拉伸圆柱的中心轴线作为第 1 放置参考，默认的放置类型选项为“同轴”，按住〈Ctrl〉键选择该拉伸圆柱的端面作为第 2 放置参考，如图 5-84 所示。

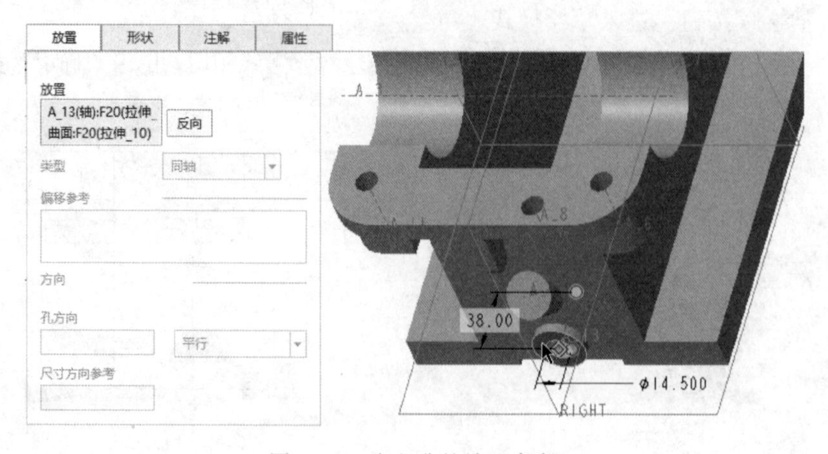

图 5-84 定义孔的放置参考

（5）在“孔”选项卡中单击“确定”按钮，如图5-85所示。

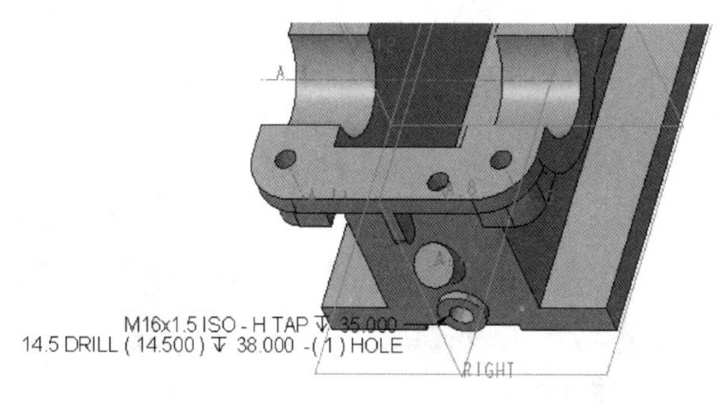

图5-85 创建放油孔

步骤16：创建用来安装油面指示器的标准螺纹孔。

说明 油面指示器的作用是检查减速器内油面高度，以保证油池内有适当的油量。一般在箱体便于观察、油面较稳定的部位装设油面指示器。

（1）单击“孔”按钮，打开“孔”选项卡。

（2）单击“孔”选项卡中的“创建标准孔”按钮。

（3）在（螺钉尺寸）框中选择M12x1.5，接着指定钻孔深度为36。然后单击“形状”按钮，打开“形状”下滑面板，选择“可变”单选按钮，设置螺纹深度为16。

（4）选择之前创建的一个旋转特征的中心轴线作为主放置参考，默认的放置类型选项为“同轴”选项，接着按住〈Ctrl〉键的同时选择该旋转特征的端面作为另一个放置参考，如图5-86所示。

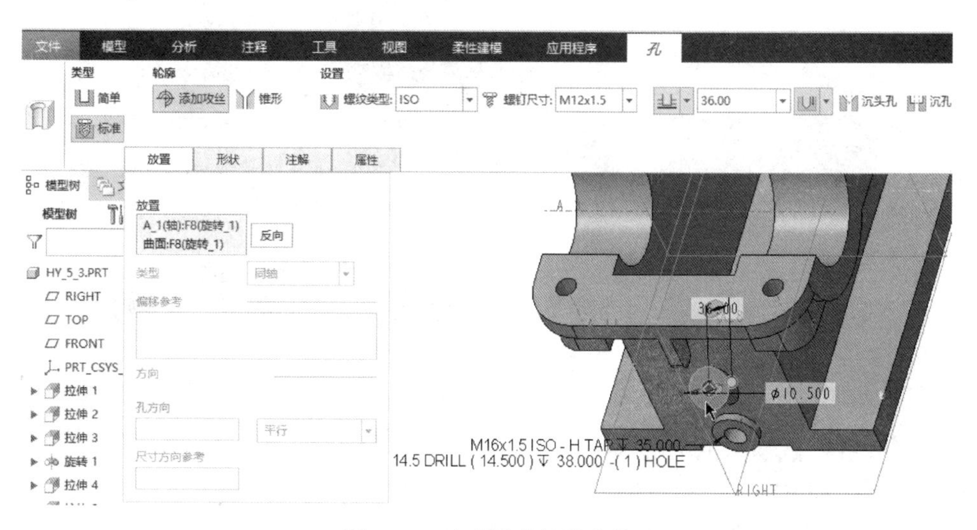

图5-86 定义孔的放置参考

（5）在“孔”选项卡中单击“确定”按钮，创建的标准螺纹孔如图5-87所示。

步骤17：创建用来安装轴承端盖的螺纹孔。

（1）单击“孔”按钮，打开“孔”选项卡。

（2）单击“孔”选项卡中的“创建标准孔”按钮。

（3）在（螺钉尺寸）框中选择 M8x1，接着指定钻孔深度为 20。然后单击“形状”按钮，打开“形状”下滑面板，选择“可变”单选按钮，设置螺纹深度为 15。

（4）选择图 5-88 所示的零件面作为主放置参考。

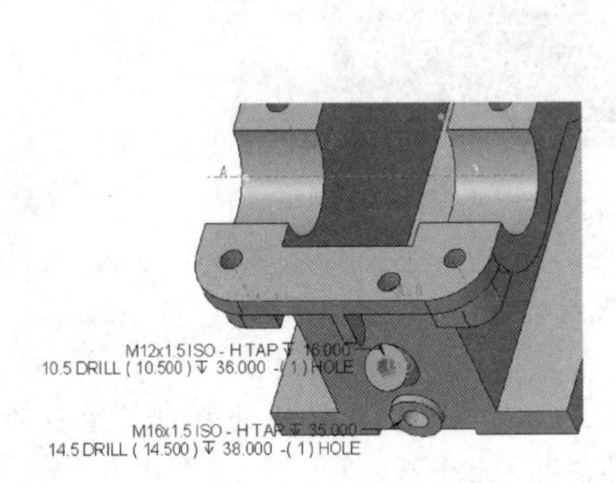

图 5-87　创建用来安装油面指示器的标准螺纹孔

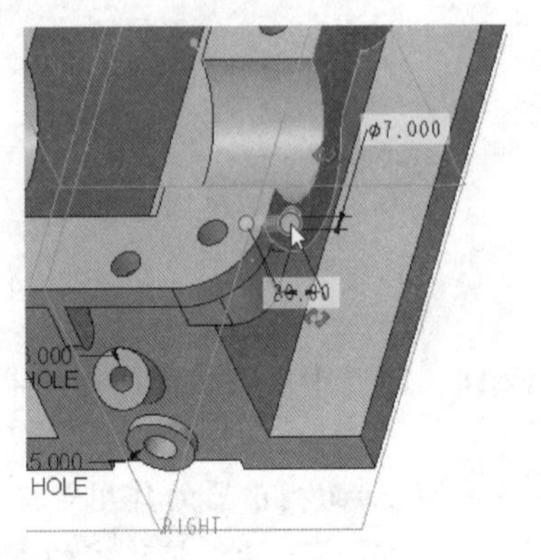

图 5-88　指定主放置参考

（5）打开“放置”下滑面板，从“类型”下拉列表框中选择“径向”选项。接着激活“偏移参考”收集器，按〈Ctrl〉键选择相应的轴线和 TOP 基准平面，并在“偏移参考”收集器中设置半径值和角度值，如图 5-89 所示。

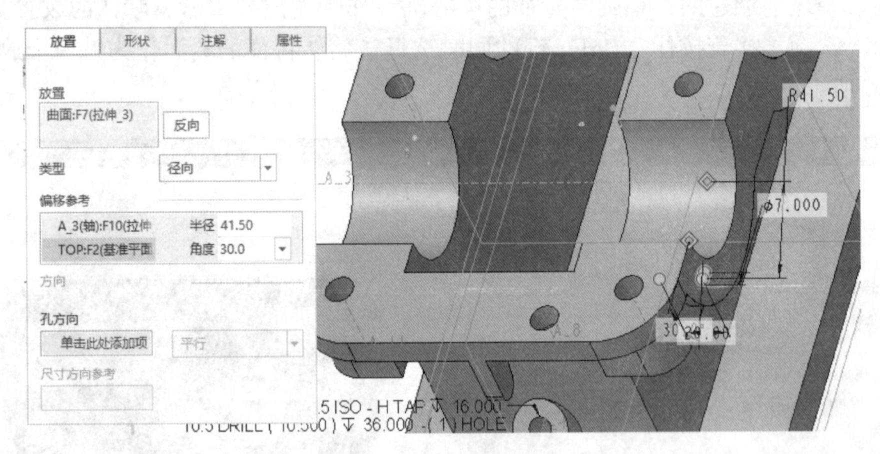

图 5-89　定义偏移参考

（6）在“孔”选项卡中单击“确定”按钮✓。

步骤 18：阵列操作。

（1）确保选中刚创建的标准螺纹孔（上一步骤创建的特征），单击“阵列”按钮/，打开“阵列”选项卡。

（2）在“阵列”选项卡的第一个下拉列表框中选择“轴”选项，选择图 5-90 所示的轴线，并设置第一方向的阵列成员数为 3，阵列成员间的角度为 60。

（3）单击“阵列”选项卡上的“确定”按钮✓，阵列结果如图 5-91 所示。

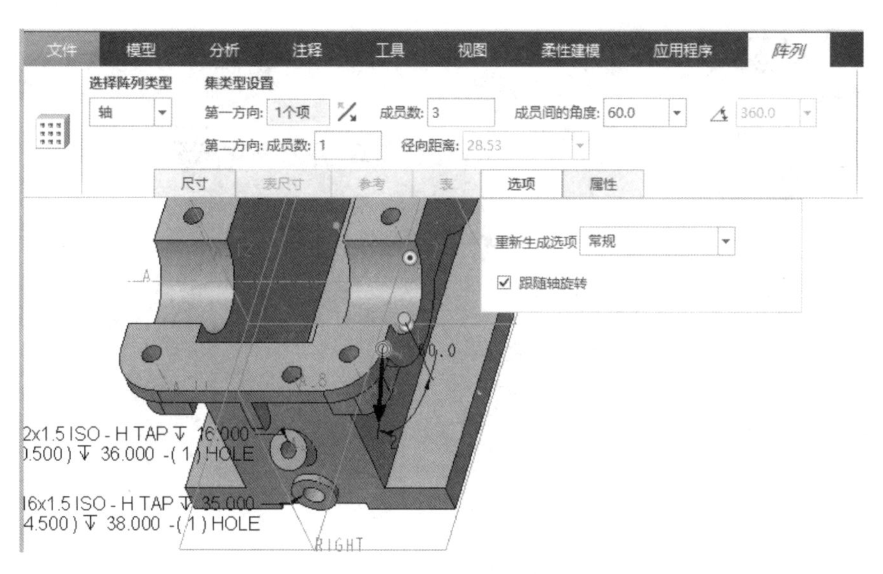

图 5-90 定义轴阵列

步骤 19：镜像操作。

（1）选中上一步骤创建的阵列特征，单击“镜像”按钮，打开“镜像”选项卡。

（2）选择 RIGHT 基准平面作为镜像平面。

（3）单击“确定”按钮，在另一侧建立了对称的均布螺纹孔。

步骤 20：创建用来安装另外轴承端盖的螺纹孔。

（1）单击“孔”按钮，打开“孔”选项卡。

（2）单击“孔”选项卡中的“创建标准孔”按钮。

（3）在（螺钉尺寸）框中选择 M8x1，接着指定钻孔深度为 20，并单击“形状”按钮，打开“形状”下滑面板，选择“可变”单选按钮，设置螺纹深度为 15。

（4）选择图 5-92 所示的零件面作为主放置参考。

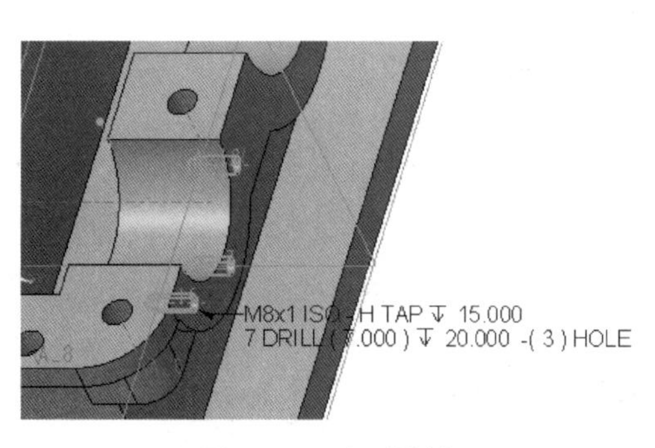

图 5-91 阵列结果

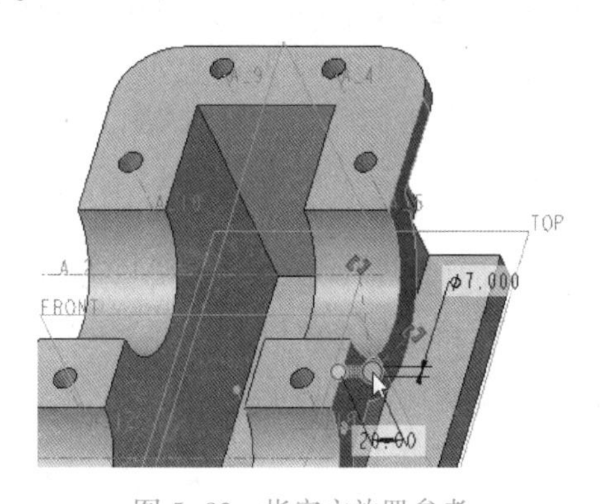

图 5-92 指定主放置参考

（5）打开“放置”下滑面板，从“类型”选项列表框中选择“径向”选项。接着激活“偏移参考”收集器，按〈Ctrl〉键选择相应的轴线和 TOP 基准平面，并在“偏移参考”收集器中设置其半径值和角度值，如图 5-93 所示。

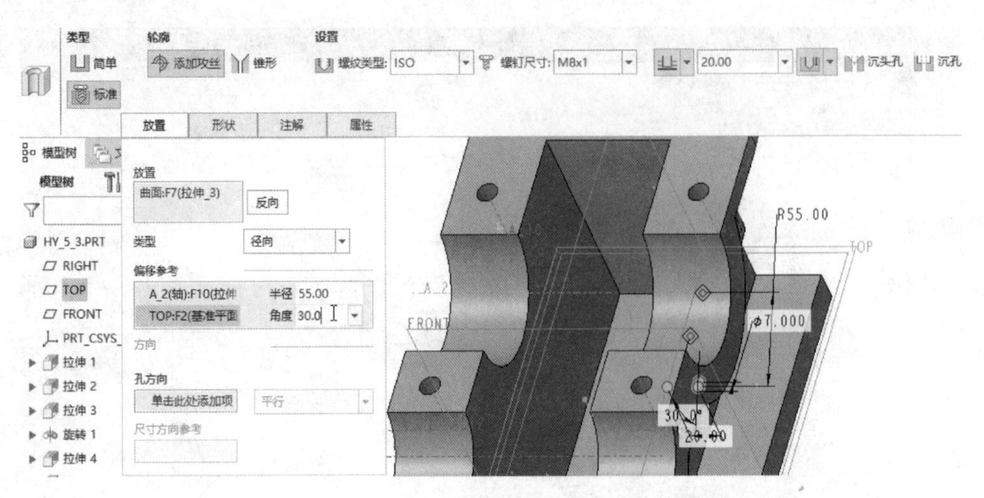

图 5-93　定义参考

（6）在“孔”选项卡中单击“确定”按钮✔。

步骤 21：阵列操作。

（1）确保上一步骤创建的标准螺纹孔处于被选中的状态，单击“阵列”按钮▦/▦，打开“阵列”选项卡。

（2）在“阵列”选项卡的第一个下拉列表中选择“轴”选项，选择图 5-94 所示的轴线，并设置第一方向的阵列成员数为 3，阵列成员间的角度为 60。

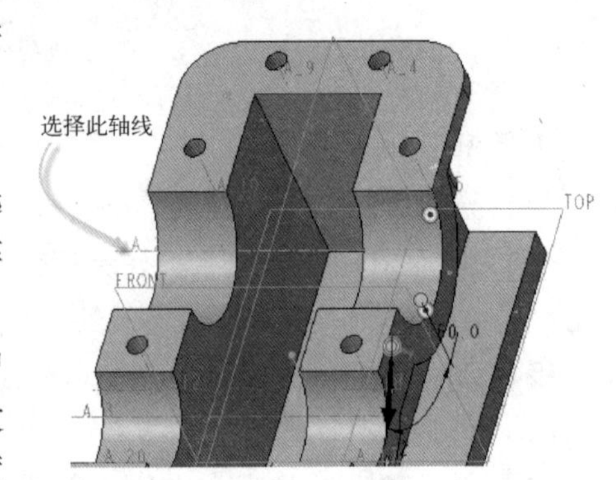

图 5-94　定义轴阵列

（3）单击“阵列”选项卡上的“确定”按钮✔。

步骤 22：镜像操作。

（1）选中上一步骤创建的阵列特征，单击“镜像”按钮▯▯，打开“镜像”选项卡。

（2）选择 RIGHT 基准平面作为镜像平面。

（3）单击“确定”按钮✔，在另一侧建立了对称的均布螺纹孔。

步骤 23：建立层来管理标准孔注释。

（1）在功能区中切换至“视图”选项卡，接着从“可见性”组中单击选中“层”按钮，从而使导航区切换到层树显示模式。

（2）单击位于层树上方的“层”按钮，打开其下拉菜单，选择“新建层”选项，打开“层属性”对话框。

（3）在“名称”文本框中输入 hole_note，接着在模型中依次单击显示的螺纹孔注释信息。

（4）单击“层属性”对话框的“确定”按钮。

（5）在层树中右击 HOLE_NOTE 层，从快捷菜单中选择“隐藏”命令。

（6）再次在层树中右击 HOLE_NOTE 层，从快捷菜单中选择“保存状况”命令。

（7）从功能区“视图”选项卡的“可见性”组中单击选中“层”按钮，使导航区重新切换到模型树显示模式。

步骤 24：创建锥销孔。

（1）在功能区中切换至“模型”选项卡，单击“孔”按钮，打开“孔”选项卡。

（2）在“孔”选项卡中接受默认选中的“简单（创建简单孔）”按钮，接着单击“草绘（使用草绘定义钻孔轮廓）”按钮。

（3）在“孔”选项卡中单击“草绘器（激活草绘器以创建剖面）”按钮，进入草绘模式。

（4）绘制图 5-95 所示的孔旋转轮廓剖面，单击“确定”按钮✔。

（5）在图 5-96 所示的零件面上单击，以选定主放置参考。

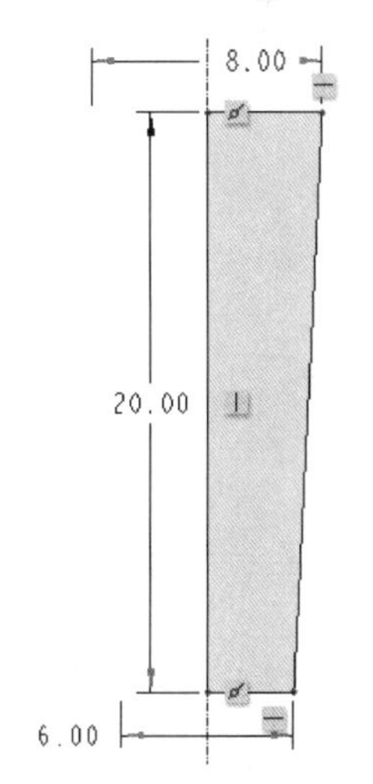

图 5-95　绘制孔旋转轮廓剖面

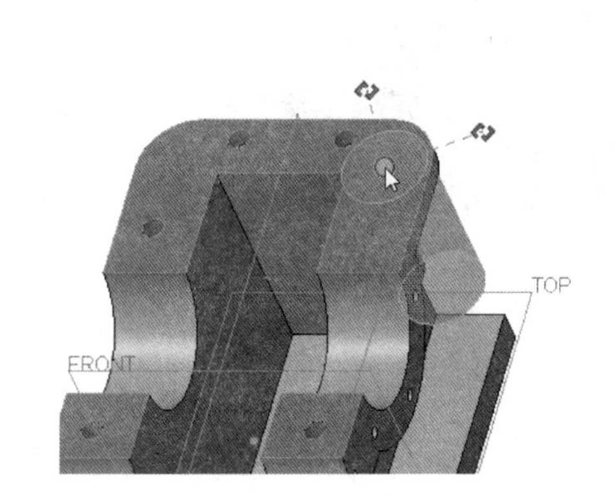

图 5-96　指定主放置参考

（6）打开“放置”下滑面板，从“类型”下拉列表框中选择“线性”选项，并在“偏移参考”收集器中单击，将其激活。接着选择 A_2 轴，按〈Ctrl〉键选择 RIGHT 基准平面，然后在“偏移参考”收集器中设置相关的偏移参数，如图 5-97 所示。

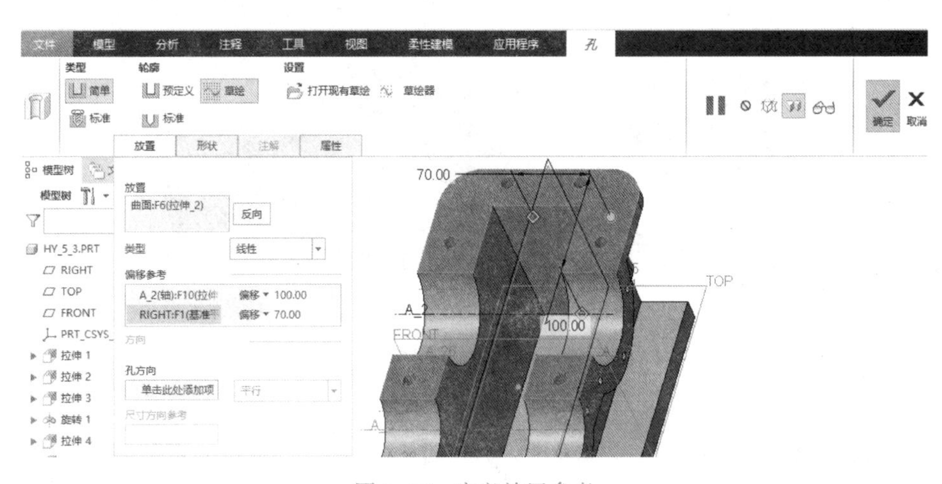

图 5-97　定义放置参考

（7）单击“孔”选项卡中的“确定”按钮✔。

步骤25：以复制粘贴的方式建立另一个圆锥销孔。

（1）选中刚建立的圆锥销孔，单击“复制”按钮。

（2）单击“粘贴”按钮，此时，出现“孔”选项卡。

（3）单击“放置”按钮，打开“放置”下滑面板。接着在图5-98所示的零件面处单击，以选定主放置参考。

（4）在图5-99所示的“偏移参考”收集器的框中单击，将其激活。

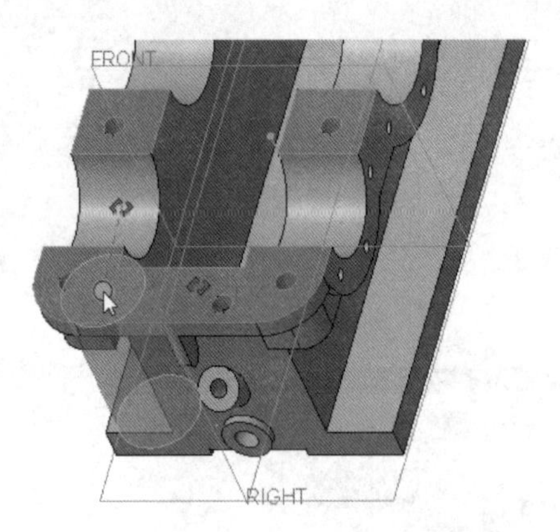

图5-98　指定主放置参考

图5-99　激活“偏移参考”收集器

（5）在模型中选择所需的轴线（如A_3），按〈Ctrl〉键选择RIGHT基准平面，并在“偏移参考”收集器中设置相应的尺寸，如图5-100所示。

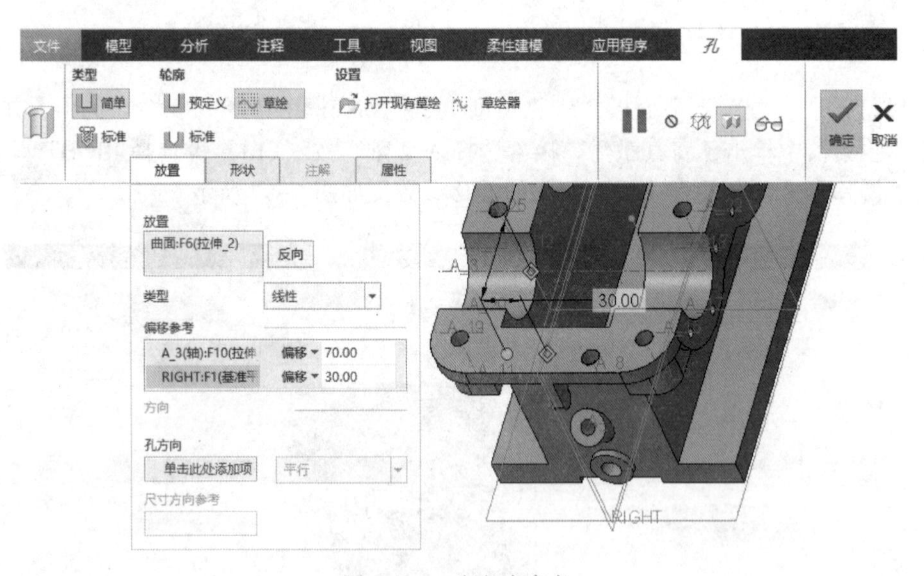

图5-100　定义次参考

（6）单击“孔”选项卡中的“确定”按钮✔。此时，完成了箱体上的两个圆锥销孔，如图5-101所示。

步骤 26：创建轮廓筋特征。

（1）单击“轮廓筋”按钮，打开“轮廓筋”选项卡。

（2）在“轮廓筋”选项卡中单击“参考”按钮，打开“参考”下滑面板，单击“定义”按钮，弹出“草绘”对话框。

（3）单击“基准”→“基准平面”按钮，打开“基准平面”对话框。结合〈Ctrl〉键选择图 5-102 所示的轴线和 FRONT 基准平面，并设置相应的约束类型选项，单击“确定”按钮，创建了基准平面 DTM2。

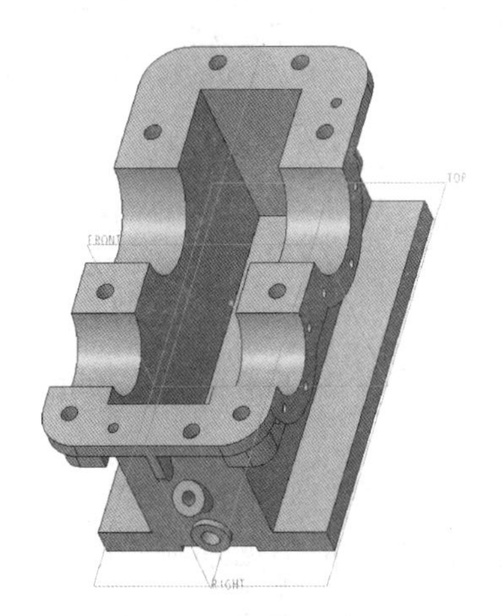

图 5-101　模型效果

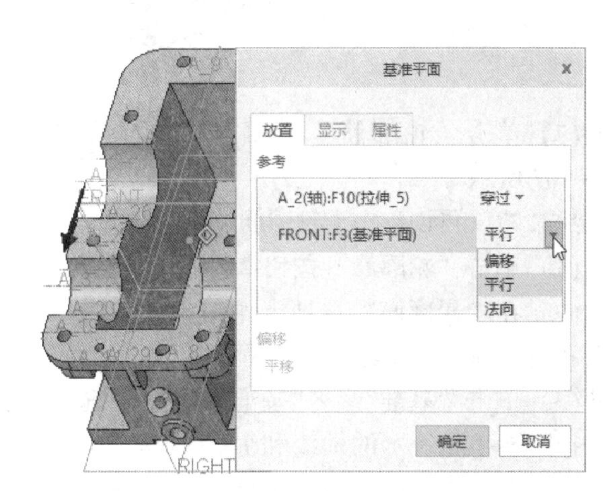

图 5-102　创建基准平面 DTM2

（4）系统自动以 DTM2 基准平面作为草绘平面，以 RIGHT 基准平面作为“右”方向参考，单击“草绘”对话框的“草绘”按钮，进入草绘模式。

（5）绘制图 5-103 所示的线段，该线段的两端应约束在实体轮廓边上，单击“确定”按钮✔。此时，模型如图 5-104 所示，箭头没有指向实体，没有形成封闭的材料填充区域。

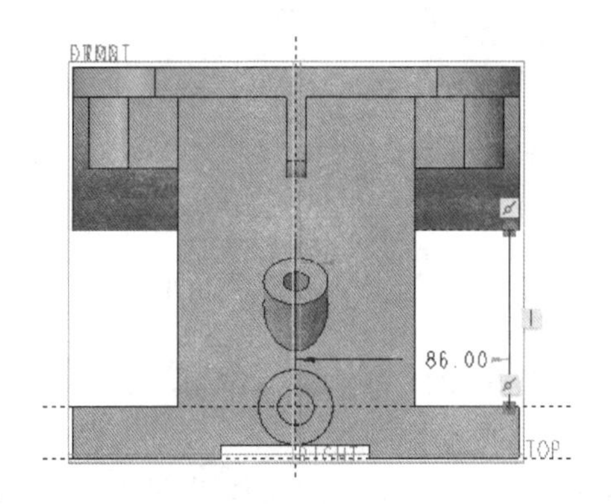

图 5-103　草绘

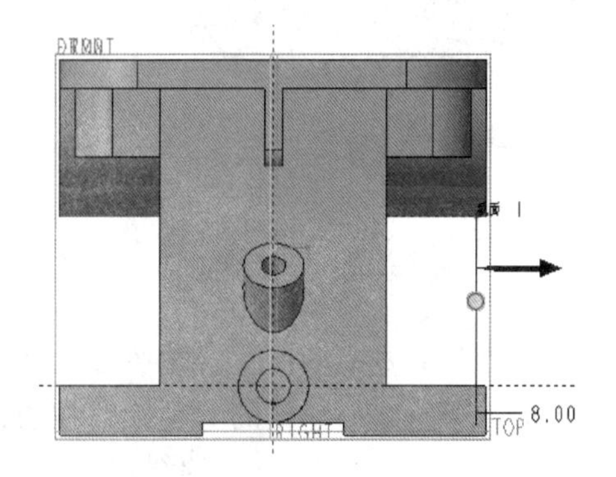

图 5-104　模型显示

（6）输入筋的厚度为 8，并打开“参考”下滑面板，如图 5-105 所示，单击“反向”按钮。这时箭头指向实体，形成封闭的材料填充区域，如图 5-106 所示。

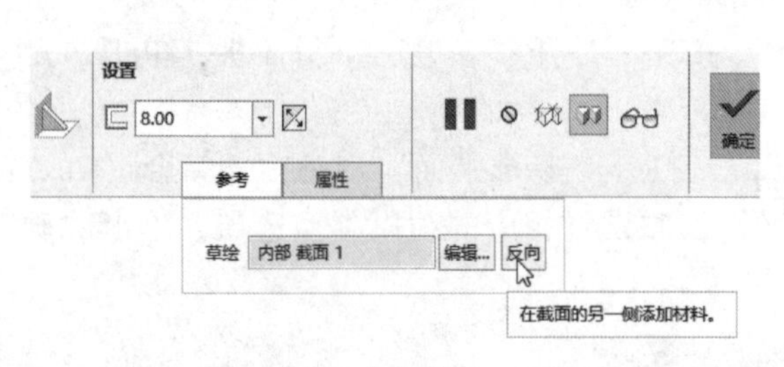

图 5-105 设置厚度和单击“反向”按钮

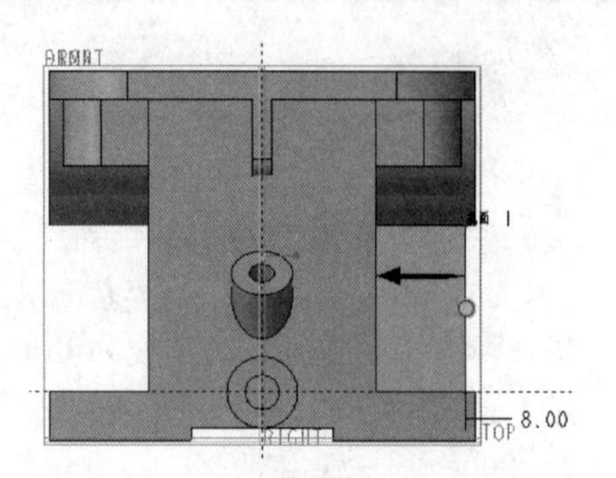

图 5-106 形成封闭的材料填充区域

(7) 单击“轮廓筋”选项卡中的“确定”按钮，创建了一处筋特征，效果如图 5-107 所示。

步骤 27：再创建一个轮廓筋特征。

(1) 单击“轮廓筋”按钮，打开“轮廓筋”选项卡。

(2) 在“轮廓筋”选项卡中单击“参考”按钮，打开“参考”下滑面板，单击“定义”按钮，弹出“草绘”对话框。

(3) 单击“基准”→“基准平面”按钮，打开“基准平面”对话框。结合〈Ctrl〉键选择图 5-108 所示的轴线和 FRONT 基准平面，并设置相应的约束类型选项，单击“确定”按钮，创建了基准平面 DTM3。

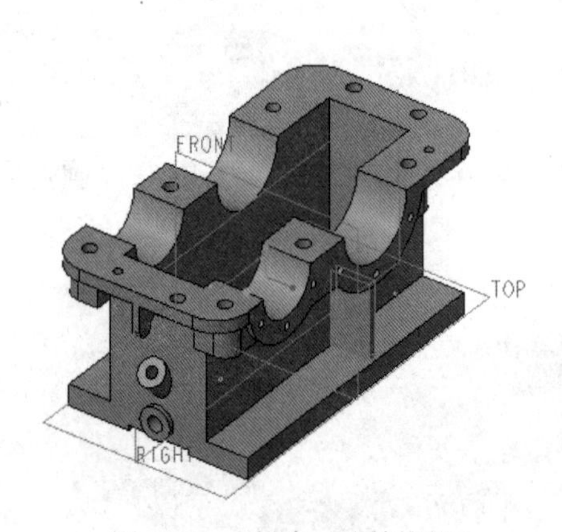

图 5-107 创建一处筋特征

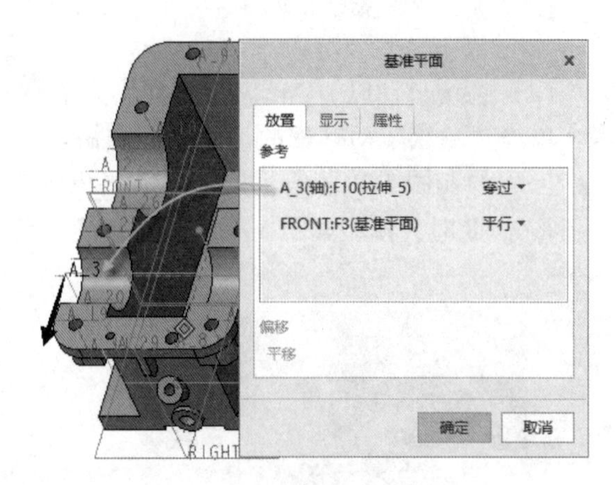

图 5-108 创建基准平面 DTM3

(4) 系统自动以 DTM3 基准平面作为草绘平面，以 RIGHT 基准平面作为“右”方向参考，单击“草绘”对话框的“草绘”按钮，进入草绘模式。

(5) 绘制图 5-109 所示的线段，该线段的两端应约束在相应的实体轮廓边上，单击“确定”按钮。

(6) 输入筋的厚度为 8。

(7) 打开“参考”下滑面板，单击“反向”按钮，以形成封闭的材料填充区域。

(8) 单击“确定”按钮，完成该轮廓筋特征的模型如图 5-110 所示。

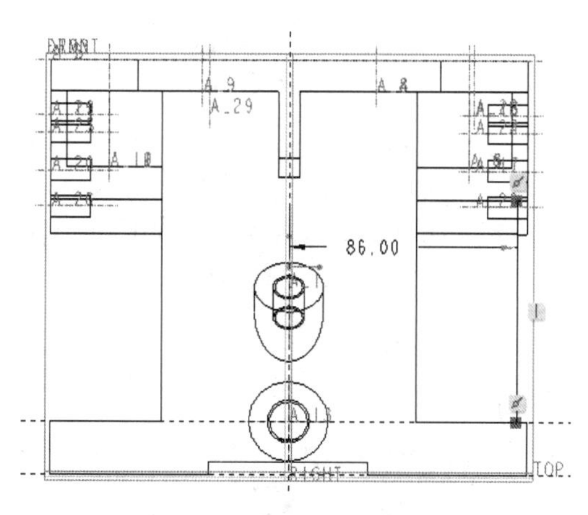
图 5-109 草绘

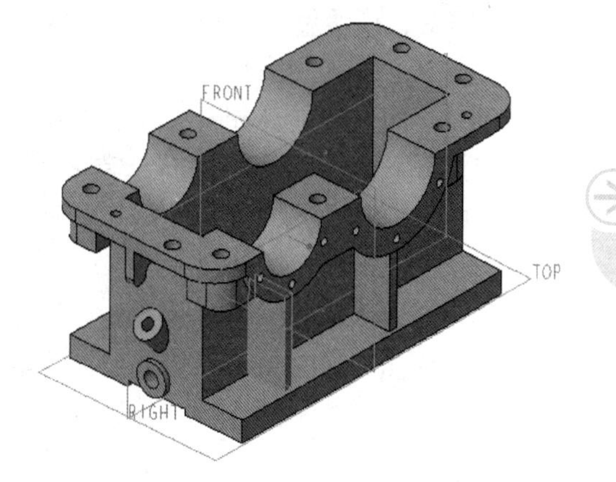

图 5-110 创建筋特征

步骤 28：镜像操作。

（1）结合〈Ctrl〉键在模型树上选择两处筋特征，单击“镜像”按钮，打开“镜像”选项卡。

（2）选择 RIGHT 基准平面作为镜像平面。

（3）单击“确定”按钮，在另一侧建立了对称的筋特征。

步骤 29：创建拔模特征。

（1）单击“拔模”按钮，打开“拔模”选项卡。

（2）按住〈Ctrl〉键选择要拔模的零件面，如图 5-111 所示，其中包括肋板的两侧。

（3）在● 单击此处添加项（“拔模枢轴”收集器）的框中单击，将其激活，然后选择图 5-112 所示的零件面。

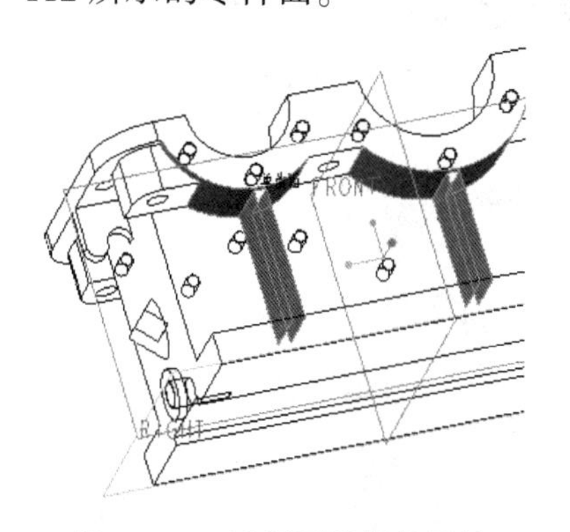
图 5-111 选择要拔模的零件

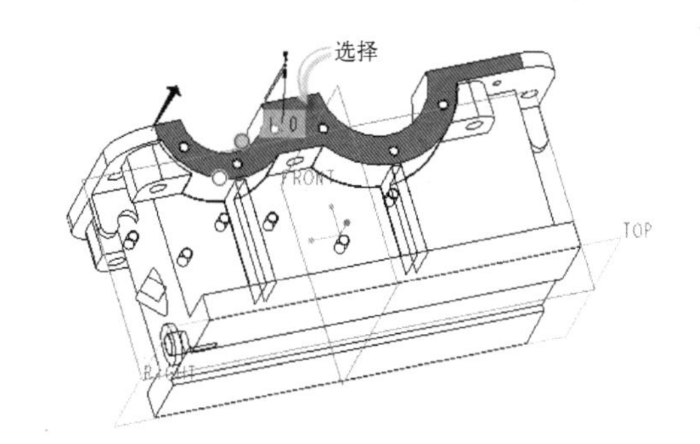

图 5-112 指定拔模枢轴

（4）输入拔模角度为 5°，单击“反转角度以添加或去除材料”按钮。

（5）单击“拔模”选项卡的“确定”按钮，结果如图 5-113 所示。

步骤 30：继续创建拔模特征。

使用同样的方法，在箱体另一侧创建相同形状

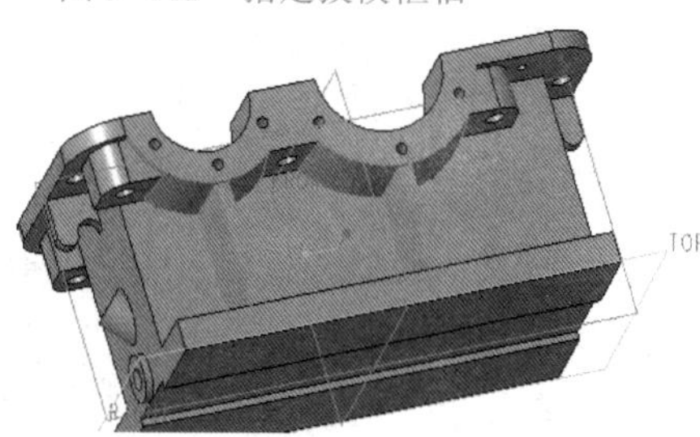

图 5-113 创建拔模特征

的拔模特征，拔模角度为 5°。

步骤 31：创建草绘孔。

（1）单击“孔”按钮，打开“孔”选项卡。

（2）在“孔”选项卡中接受默认选中的“简单（创建简单孔）”按钮，接着单击“草绘（使用草绘定义钻孔轮廓）”按钮，再单击“草绘器（激活草绘器以创建剖面）”按钮，进入草绘模式。

（3）绘制图 5-114 所示的孔旋转轮廓剖面，单击“确定”按钮✔。

（4）在图 5-115 所示的零件面上单击，以选定主放置参考。

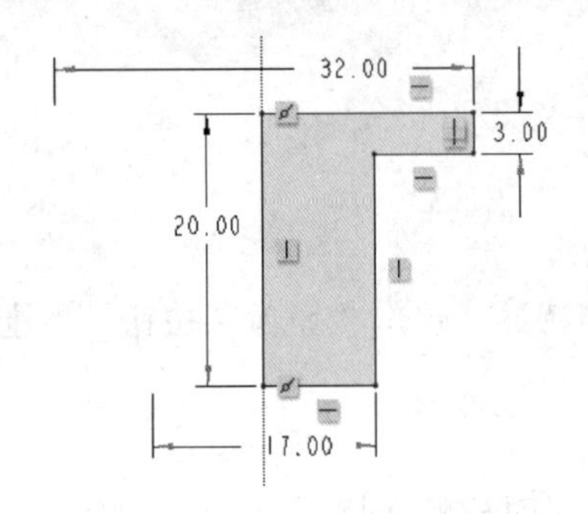

图 5-114 绘制孔旋转轮廓剖面

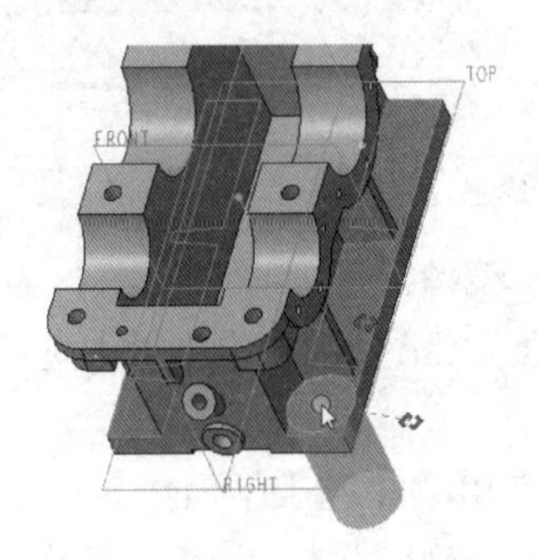

图 5-115 指定主放置参考

（5）打开“放置”下滑面板，从“类型”列表框中选择“线性”选项，并在“偏移参考”收集器中单击，将其激活。接着选择 RIGHT 基准平面，按〈Ctrl〉键选择 FRONT 基准平面。然后在“偏移参考”收集器中设置相关的偏移参数，如图 5-116 所示。

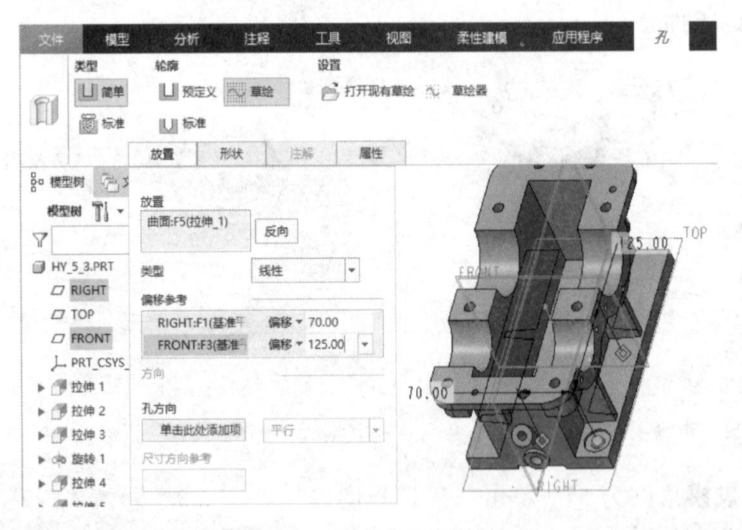

图 5-116 定义偏移参考

（6）单击“确定”按钮✔，创建的草绘孔如图 5-117 所示。

步骤 32：阵列操作。

（1）单击“阵列”按钮，打开“阵列”选项卡。

（2）默认的阵列类型选项为“尺寸”，即改变现有尺寸以创建阵列特征。此时，在模型中显示出草绘孔的尺寸，如图 5-118 所示。

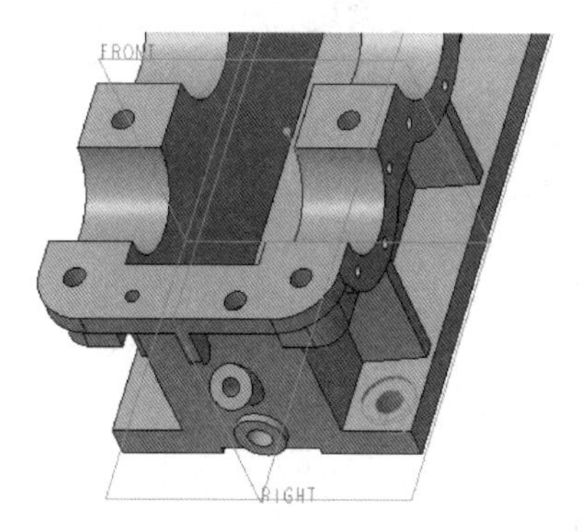

图 5-117　创建草绘孔

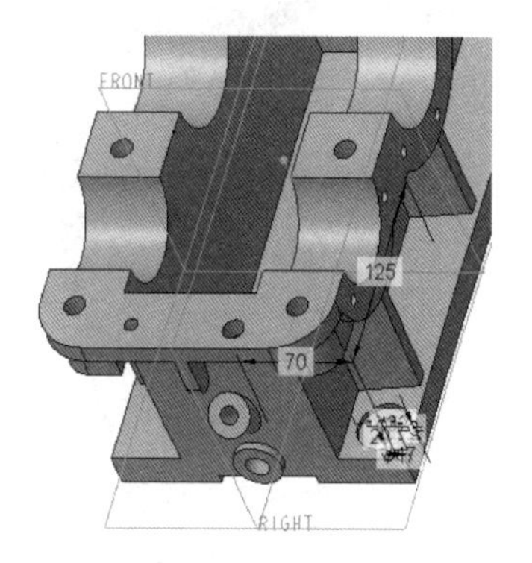

图 5-118　显示草绘孔的尺寸

（3）选择数值为 125 的尺寸作为方向 1 的尺寸变量，设置其增量为-125。在“尺寸”下滑面板的“方向 2”收集器中单击，将其激活。接着选择数值为 70 的尺寸作为方向 2 的尺寸变量，设置其增量为-140，并设置第一方向的阵列成员数为 3，第二方向的阵列成员数为 2，如图 5-119 所示。

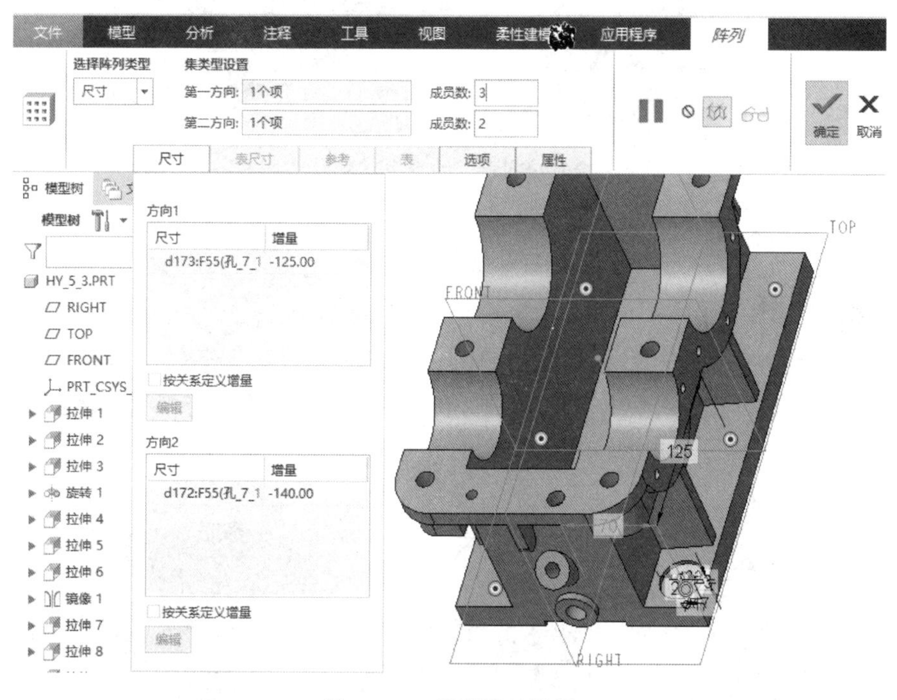

图 5-119　设置尺寸增量

（4）单击“确定”按钮✔，阵列结果如图 5-120 所示。

步骤 33：倒圆角。

多次使用“倒圆角”按钮，在模型中创建合适的铸造圆角特征，完成的参考效果如图 5-121 所示。

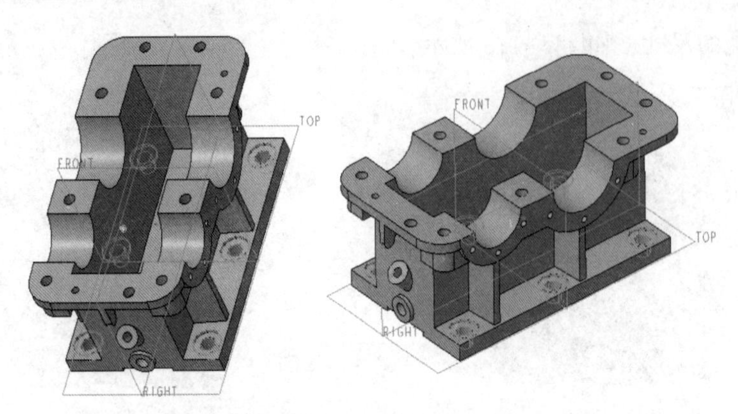

图 5-120　阵列结果

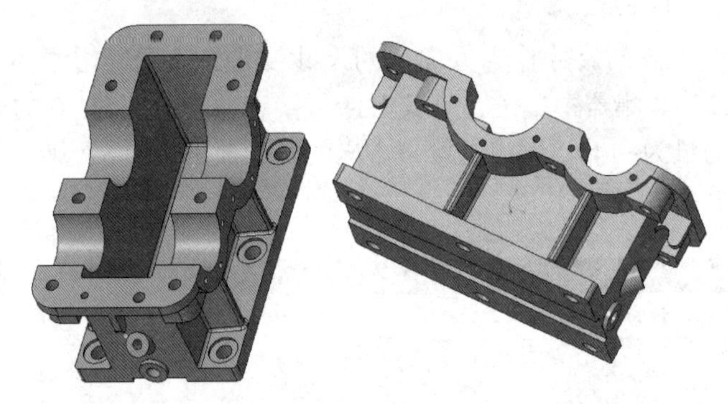

图 5-121　倒圆角效果

步骤 34：保存文件。

5.4　初试牛刀

设计题目 1：设计图 5-122 所示的箱体零件，具体的尺寸由读者根据箱体造型及相关的工艺特点等因素来决定。可以参考本书配套资料包提供的 hy_ex5_1. prt 文件。

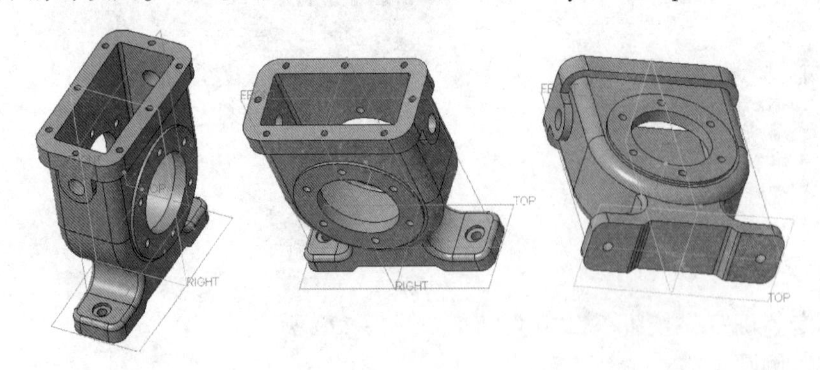

图 5-122　箱体练习

设计题目 2：请自行设计一款减速器箱体底座模型。

第 6 章 弹簧类零件设计

本章导读：

弹簧类零件在机械设计中应用较为广泛，它是一种可以储能和变形的机械零件，主要功能为压牢或拉紧其他零件，常用于减震、夹紧、测力等装置或机械设备中。

本章首先简述弹簧类零件的结构分析，然后介绍如何创建几个典型的弹簧零件，并通过本章最后一个实例，介绍如何将常规实体的弹簧模型定义为柔性体。

本章精彩实例：

- 等螺距圆柱螺旋弹簧
- 变螺距圆柱螺旋弹簧
- 圆锥螺旋弹簧
- 蜗卷形盘簧
- 建立通用的参数化弹簧零件模型
- 设置弹簧挠性

6.1 弹簧类零件结构分析

弹簧是一种常见的机械零件，其典型结构如图 6-1 所示。根据弹簧形状（造型）的不同，可以将弹簧分为螺旋弹簧、板弹簧、平面蜗卷盘簧、蝶形弹簧等。根据受力不同，还可以将一些弹簧分为压缩弹簧、拉伸弹簧、扭转弹簧等。

常见的弹簧，其结构一般根据一定的螺旋规律来创建的，即将指定的剖面沿着适合的螺旋线扫描来生成所需要的弹簧。

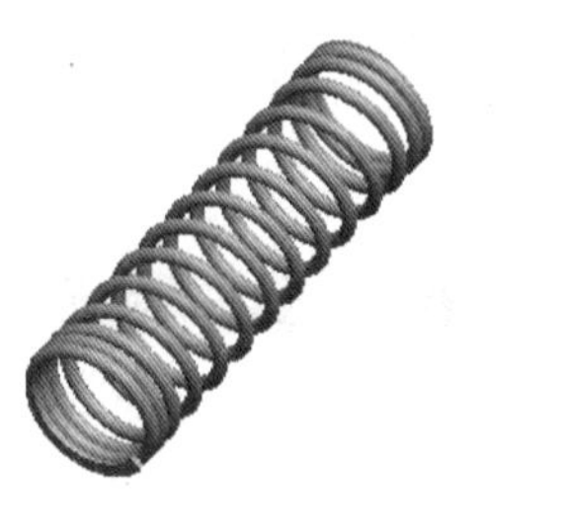

图 6-1 弹簧示例

在 Creo Parametric 6.0 中，软件系统提供了专门的工具命令来快速地创建弹簧，例如可以使用“螺旋扫描”工具命令创建弹簧的主体——螺旋实体，然后可以在螺旋实体的基础上进行其他必要的修饰处理。

在实际设计弹簧时，弹簧的螺距可根据弹簧长度、有效圈数等来计算出来。

对于一些特殊造型的弹簧，可以先使用相关的曲线绘制工具命令建立所需要的曲线，然后执行“扫描”命令来完成弹簧造型。这大多需要设计者掌握各类弹簧的螺旋曲线方程式或关系式。

6.2 等螺距圆柱螺旋弹簧实例

本实例先建立图 6-2a 所示的等螺距圆柱螺旋弹簧，然后在该弹簧的两端特意设计挂钩，如图 6-2b 所示，以方便钩住其他零件或物体。

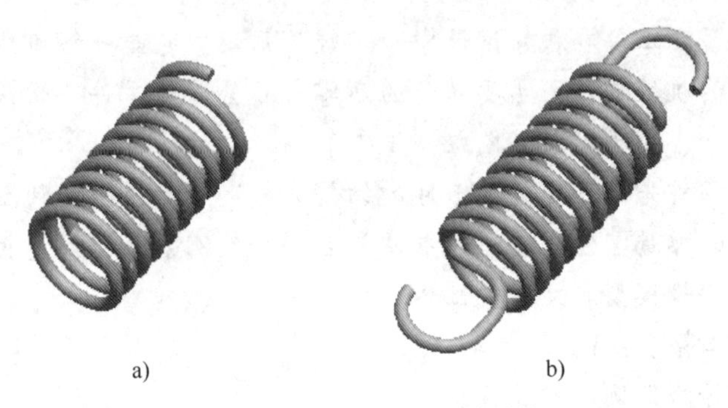

图 6-2　等螺距圆柱螺旋弹簧

a）等螺距圆柱螺旋弹簧主体　b）给弹簧设计挂钩

在本实例中，重点学习“螺旋扫描”工具命令的应用，并初步掌握创建圆柱螺旋弹簧的一般方法及其步骤，以及学习由扫描方式创建挂钩的方法。

步骤 1：新建零件文件。

（1）在“快速访问”工具栏上单击“新建”按钮，弹出“新建”对话框。

（2）在“类型”选项组中选择“零件”单选按钮，在“子类型”选项组中选择“实体”单选按钮。在“名称”文本框中输入 HY_6_1，并取消勾选“使用默认模板”复选框，以取消使用默认模板，单击“确定”按钮。

（3）弹出“新文件选项”对话框，在“模板”选项组中选择 mmns_part_solid 选项。单击“确定”按钮，进入零件设计模式。

步骤 2：创建弹簧主体。

（1）从功能区“模型”选项卡的“形状”组中单击“螺旋扫描”按钮，打开图 6-3 所示的“螺旋扫描”选项卡。

图 6-3　“螺旋扫描”选项卡

（2）在“螺旋扫描”选项卡中单击“实心”按钮和“右手定则”按钮。接着打开“参考”下滑面板，从“截面方向”选项组中选择“穿过螺旋轴”单选按钮，取消勾选

“创建螺旋轨迹曲线”复选框。

（3）在“参考”下滑面板中单击位于“螺旋轮廓”收集器右侧的“定义”按钮，弹出“草绘”对话框，选择FRONT基准平面作为草绘平面，默认以RIGHT基准平面为“右”方向参考，单击“草绘”按钮，进入草绘模式。

（4）绘制图6-4所示的图形，其中包含单击“草绘”组中的“中心线”按钮┆来绘制一条竖直的中心线。单击“确定”按钮✔，完成草绘并退出草绘模式。

（5）在“螺旋扫描”选项卡的 （间距值）框中输入螺距为6.8，如图6-5所示。

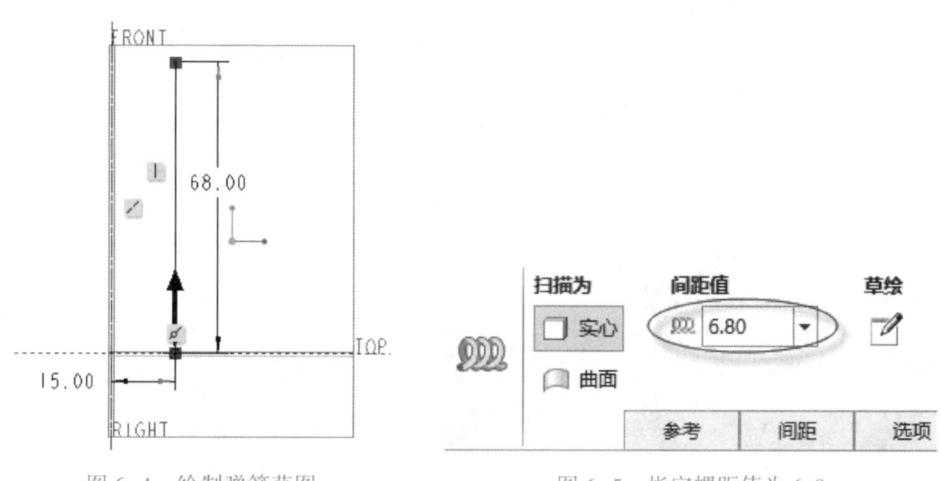

图6-4 绘制弹簧草图　　图6-5 指定螺距值为6.8

（6）在“螺旋扫描”选项卡中单击“草绘（创建或编辑扫描截面）”按钮，进入草绘器。

（7）绘制图6-6所示的弹簧丝剖面，单击“确定”按钮✔。

（8）在“螺旋扫描”选项卡中单击“确定”按钮✔，完成创建螺旋扫描实体，按〈Ctrl+D〉快捷键，可以看到螺旋扫描实体如图6-7所示。

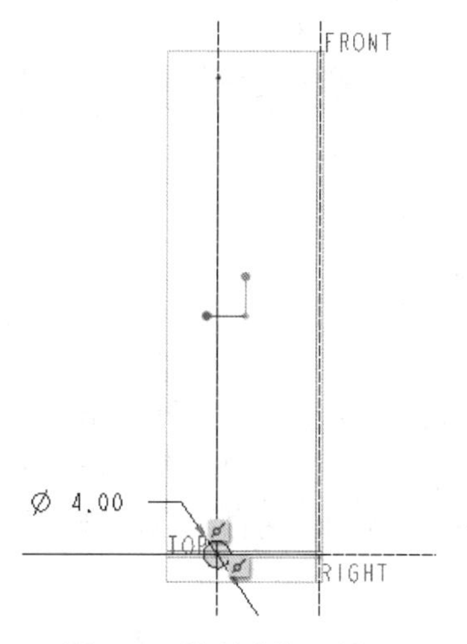

图6-6 绘制弹簧丝剖面

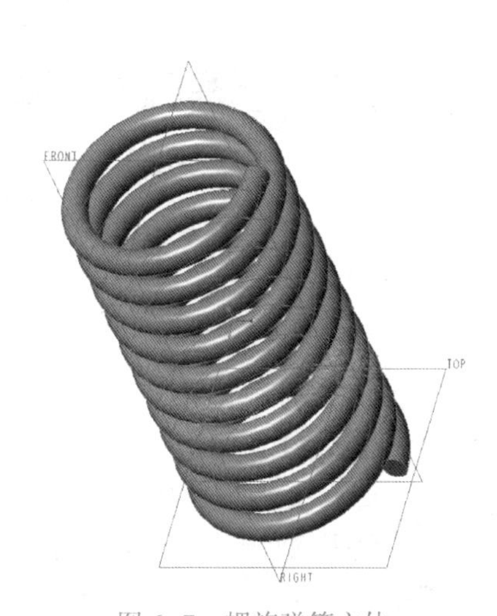

图6-7 螺旋弹簧主体

步骤 3：草绘曲线 1。

（1）单击“草绘”按钮，打开“草绘”对话框。

（2）选择 TOP 基准平面作为草绘平面，以 RIGHT 基准平面作为“右”方向参考，单击“草绘”按钮，进入草绘模式。

（3）绘制图 6-8 所示的曲线。

（4）单击“确定”按钮。

步骤 4：草绘曲线 2。

（1）单击“草绘”按钮，打开“草绘”对话框。

（2）选择 RIGHT 基准平面作为草绘平面，以 TOP 基准平面作为“左”方向参考，单击“草绘”按钮，进入草绘模式。

（3）绘制图 6-9 所示的曲线。

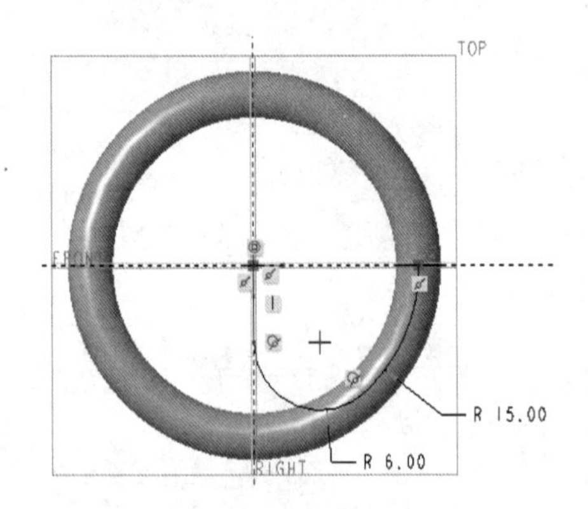

图 6-8　绘制曲线

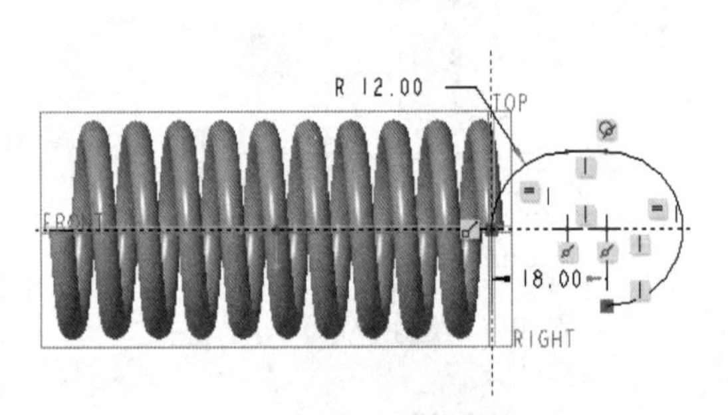

图 6-9　绘制曲线

（4）单击“确定”按钮。

步骤 5：创建扫描特征，形成一个挂钩结构。

（1）单击“扫描”按钮，打开“扫描”选项卡，并确保在该选项卡中选中图 6-10 所示的按钮。

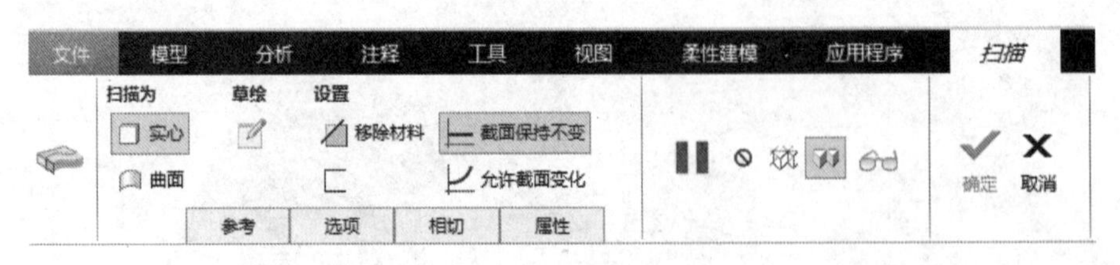

图 6-10　“扫描”选项卡

（2）在“扫描”选项卡中打开“参考”下滑面板，“轨迹”收集器处于活动状态，在图形窗口中单击图 6-11 所示的一段曲线。接着按住〈Shift〉键的同时单击与之相接的另一段曲线，以选中整条相连曲线作为原点轨迹，如图 6-12 所示，注意原点轨迹的起点箭头方向。另外，从“横平面控制”下拉列表框中选择“垂直于轨迹”选项，从“水平/竖直控制”下拉列表框中选择“自动”选项。

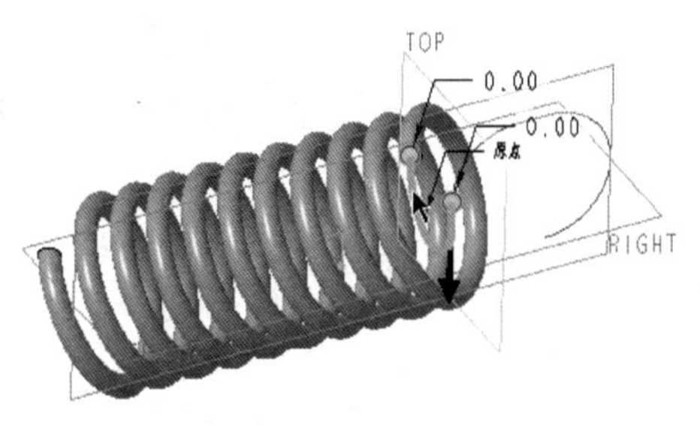

图 6-11 选择一段曲线

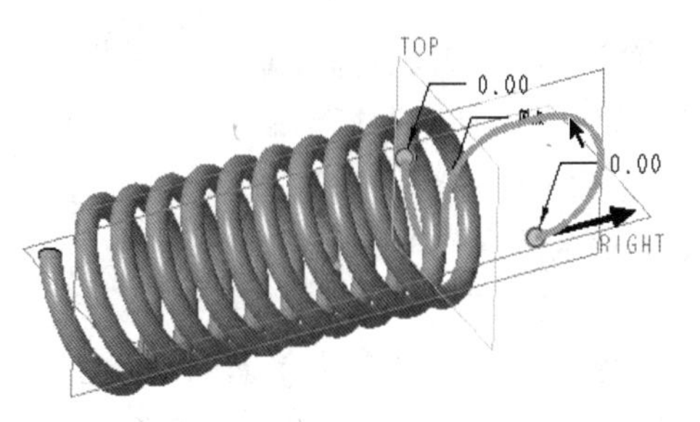

图 6-12 定义整条扫描曲线

（3）在“扫描”选项卡中单击“草绘（创建或编辑扫描剖面）”按钮，绘制图 6-13 所示的扫描剖面，然后单击“确定”按钮。

动态预览如图 6-14 所示。

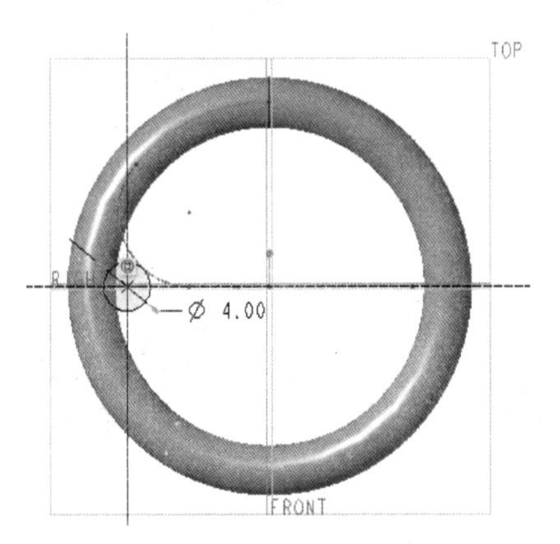

图 6-13 绘制扫描剖面

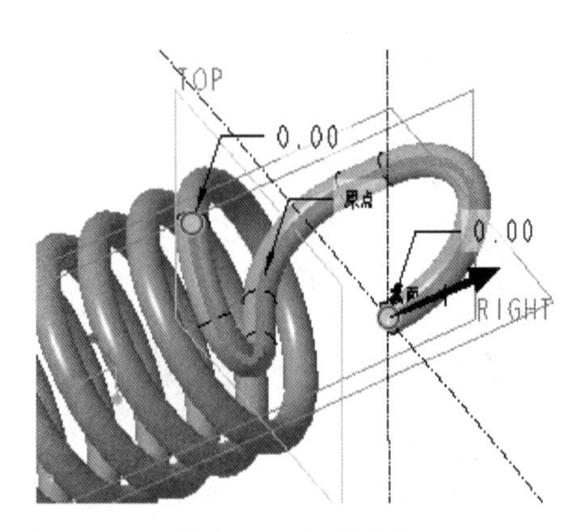

图 6-14 动态预览

（4）在“扫描”选项卡中单击“确定”按钮，完成其中一个挂钩的模型效果如图 6-15 所示。

步骤 6：创建基准平面。

（1）单击“基准平面”按钮，打开“基准平面”对话框。

（2）选择 TOP 基准平面作为偏移参考，输入偏移距离为 68，如图 6-16 所示，单击“确定”按钮。完成创建基准平面 DTM1。

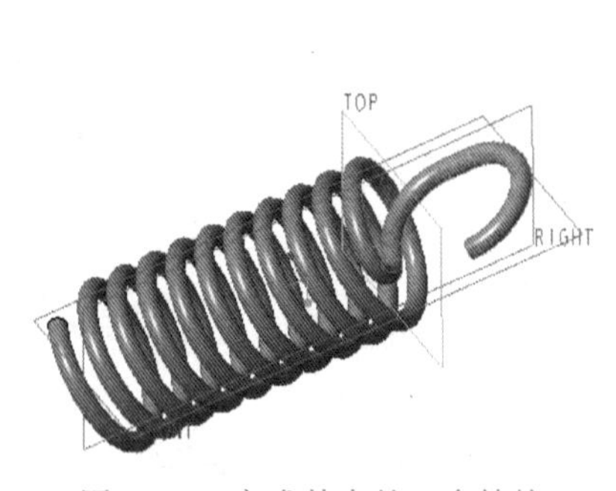

图 6-15 完成其中的一个挂钩

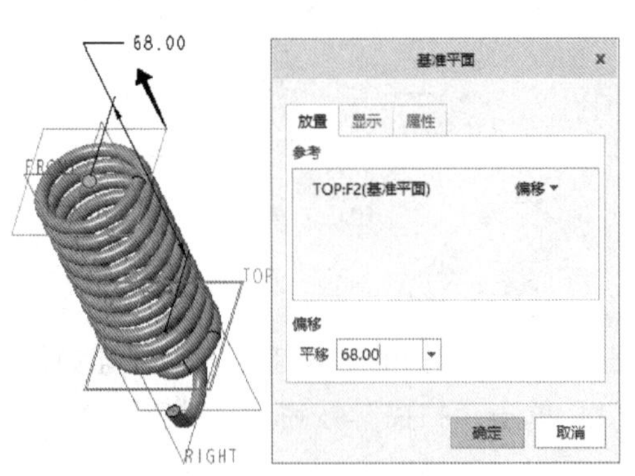

图 6-16 定义基准平面 DTM1

步骤7：在DTM1基准平面内绘制曲线。

（1）默认选中DTM1基准平面，单击“草绘”按钮，则系统默认以DTM1基准平面作为草绘平面来进入草绘模式。

（2）绘制图6-17所示的曲线。

（3）单击“确定”按钮✔。

步骤8：在RIGHT基准平面内绘制曲线。

（1）单击“草绘”按钮，打开“草绘”对话框。

（2）选择RIGHT基准平面作为草绘平面，以TOP基准平面作为“左”方向参考，单击“草绘”模式。

（3）在功能区“草绘”选项卡的“设置”组中单击“参考”按钮，弹出“参考”对话框，增加选择DTM1基准平面作为参考，如图6-18所示。然后单击“关闭”按钮以关闭“参考”对话框。

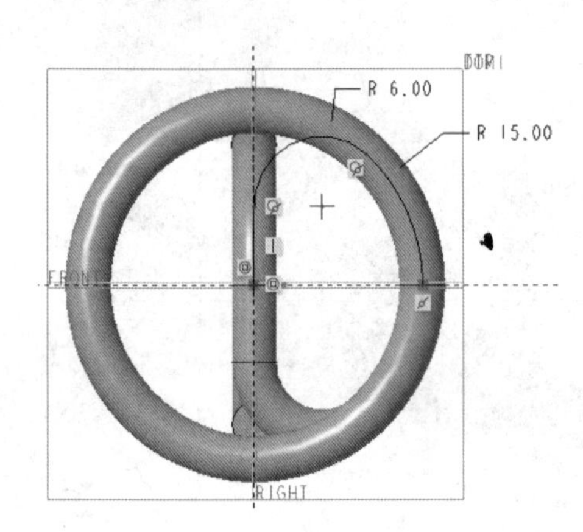

图6-17　绘制曲线

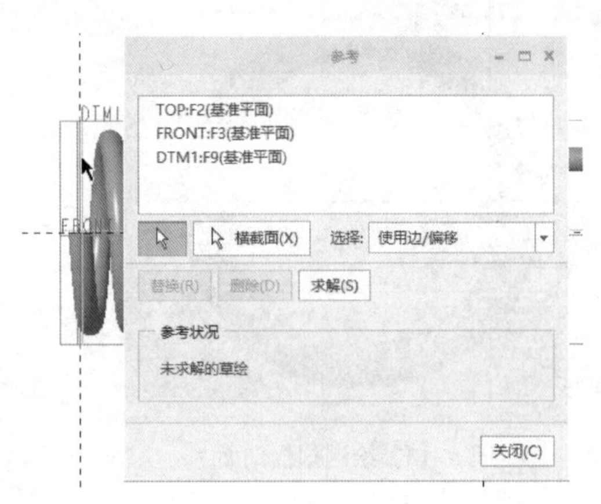

图6-18　指定绘图参考

（4）绘制图6-19所示的曲线。

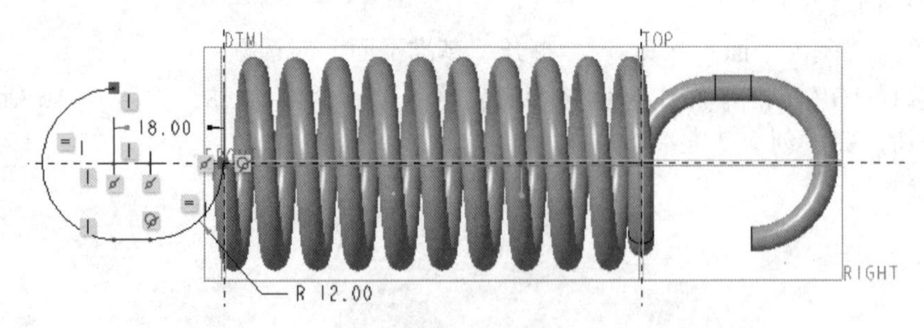

图6-19　绘制曲线

（5）单击“确定”按钮✔。

步骤9：以扫描的方式建立另一处挂钩。

（1）单击“扫描”按钮，打开“扫描”选项卡。

（2）在“扫描”选项卡中单击“实心”按钮和“保持截面不变”按钮。

（3）打开“参考”下滑面板，单击图6-20所示的一段曲线。接着按〈Shift〉键的同时单击图 6-21 所示的另一段曲线以选中整条相连曲线作为原点轨迹。

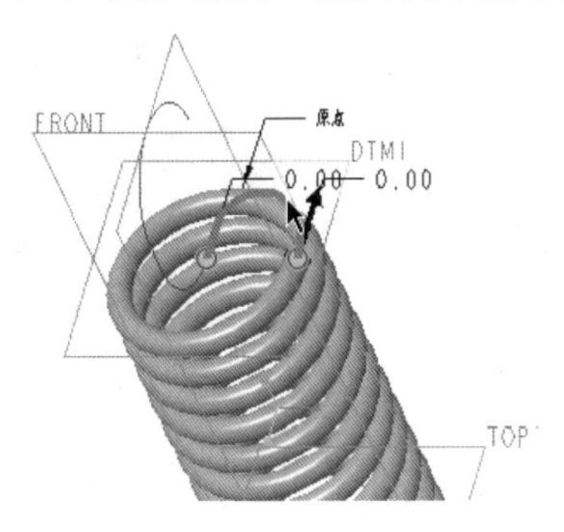

图 6-20 单击一段曲线

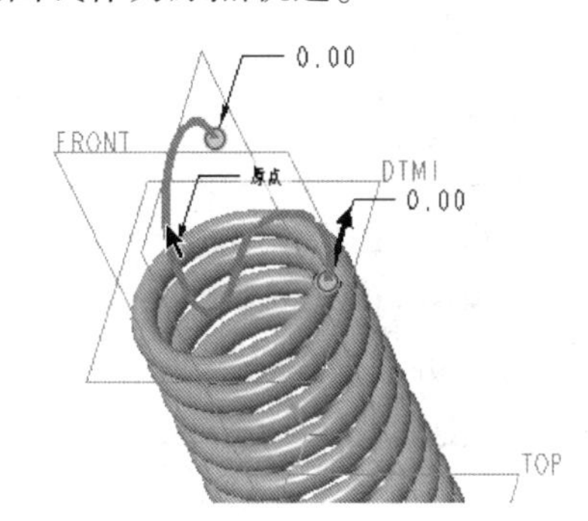

图 6-21 按住〈Shift〉键去单击另一段曲线

（4）在“扫描”选项卡中单击“草绘（创建或编辑扫描剖面）”按钮，绘制图 6-22 所示的扫描剖面，然后单击“确定”按钮。

（5）在“扫描”选项卡中单击“确定”按钮，完成的弹簧造型效果如图 6-23 所示。

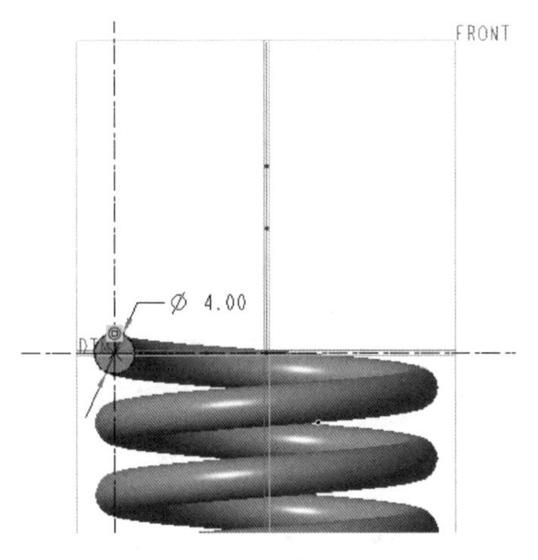

图 6-22 绘制扫描剖面

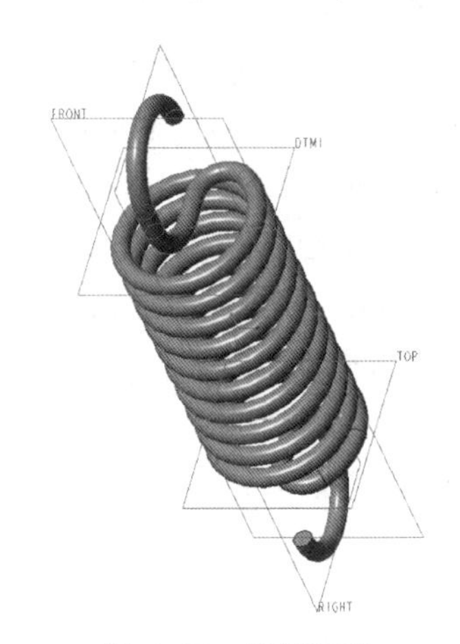

图 6-23 弹簧造型

本实例创建的圆柱螺旋弹簧，通常作为拉伸弹簧。由于圆柱螺旋拉伸弹簧在空载时，各圈一般相互并拢，所以在创建该类拉伸弹簧空载状态时的造型时，可以将其各圈的节距设置等于其弹簧丝的直径，例如在本例中，可以将螺距（节距）设置为 4 mm。

6.3 变螺距圆柱螺旋弹簧实例

本实例要完成的变螺距圆柱螺旋弹簧如图 6-24 所示。该类弹簧通常作为压缩弹簧，在自由状态下，各有效圈之间应有适当的间距，以便弹簧在受压时有产生相应变形的可能。本实例的弹簧两端面与弹簧的中心轴线垂直，这样的好处是弹簧在受压时不致歪斜。

在本实例中，主要学习如何创建变螺距圆柱螺旋弹簧、如何切平弹簧的两端，以及应用关系式。

下面是本实例具体的操作步骤。

步骤 1：新建零件文件。

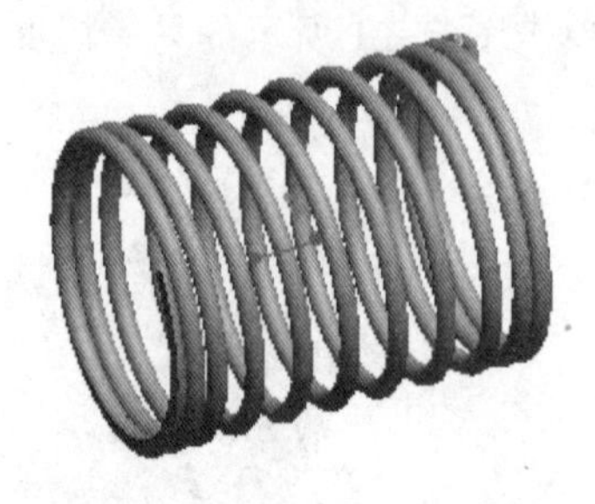
图 6-24 变螺距圆柱螺旋弹簧

（1）在“快速访问”工具栏上单击“新建”按钮，弹出“新建”对话框。

（2）在“类型”选项组中选择“零件”单选按钮，在“子类型”选项组中选择“实体”单选按钮，在“名称”文本框中输入 HY_6_2，并取消勾选“使用默认模板”复选框，不使用默认模板，单击“确定”按钮，系统弹出“新文件选项”对话框。

（3）在“新文件选项”对话框的“模板”选项组中选择 mmns_part_solid 选项。单击“确定”按钮，进入零件设计模式。

步骤 2：创建弹簧主体。

（1）在“形状”组中单击“螺旋扫描”按钮，打开“螺旋扫描”选项卡。

（2）在“螺旋扫描”选项卡中单击“实心”按钮和“右手定则”按钮，接着打开“参考”下滑面板，从“截面方向”选项组中选择“穿过螺旋轴”单选按钮。

（3）在“参考”下滑面板中单击位于“螺旋轮廓”收集器右侧的“定义”按钮，弹出“草绘”对话框，选择 TOP 基准平面作为草绘平面，以 RIGHT 基准平面为“右”方向参考，单击“草绘”按钮，进入草绘模式。

（4）绘制图 6-25 所示的螺旋轮廓线，其中包含一条中心线。单击“确定”按钮，完成草绘并退出草绘模式。

（5）在“螺旋扫描”选项卡中打开“间距”下滑面板，将位置 1（起点）处的间距（螺距）值设置为 4，如图 6-26 所示。

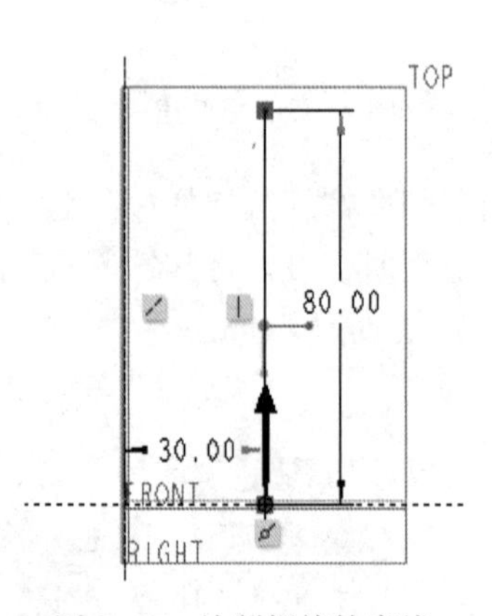

图 6-25 绘制螺旋轮廓线

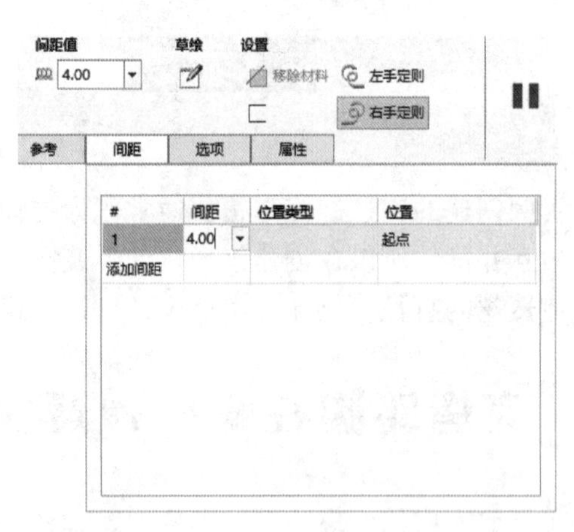

图 6-26 输入位置 1（起点）的间距为 4

（6）单击“添加间距”选项，添加一个间距位置点（终点），并设置该点处的间距（螺距）为 4，如图 6-27 所示。

（7）继续单击“添加间距”选项添加其他关键点，并设置相应的位置类型、位置参数和间距值，如图 6-28 所示。

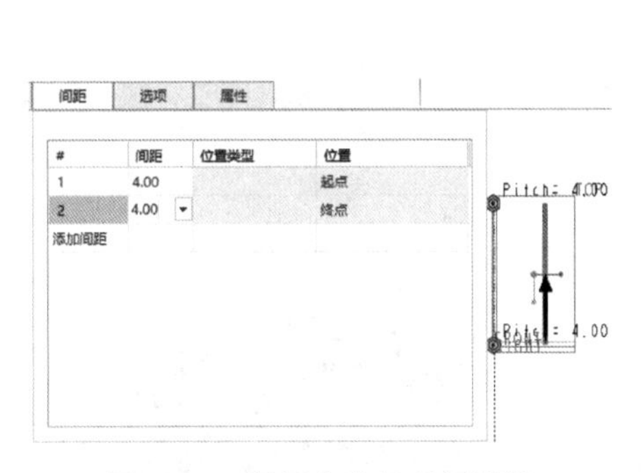

图 6-27 设置终点处的间距值

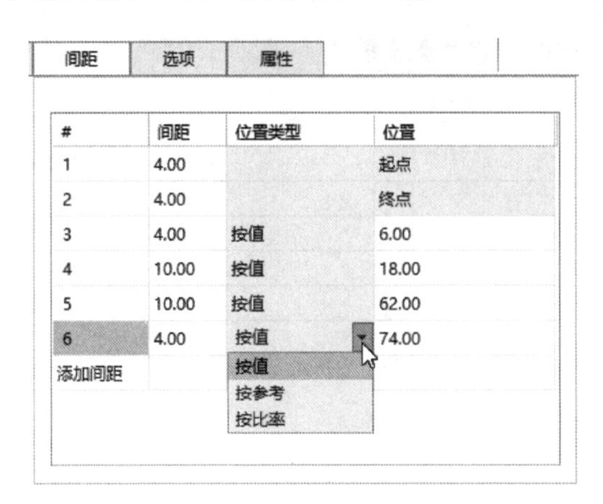

图 6-28 添加其他间距点

此时，图形如图 6-29 所示。

（8）打开“选项”下滑面板，选择“常量”单选按钮，如图 6-30 所示。

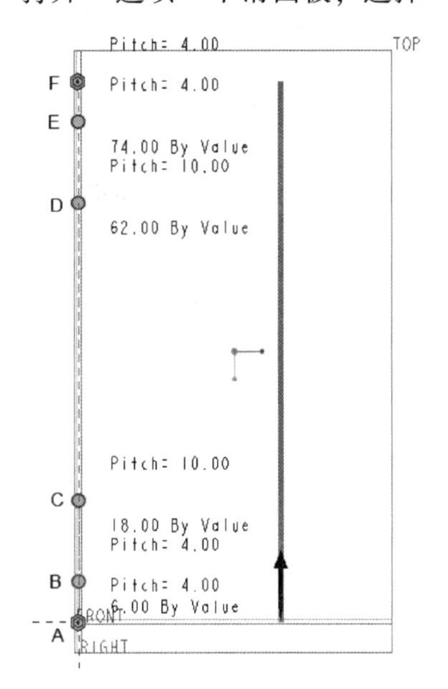

图 6-29 添加了相关间距点后的图形显示

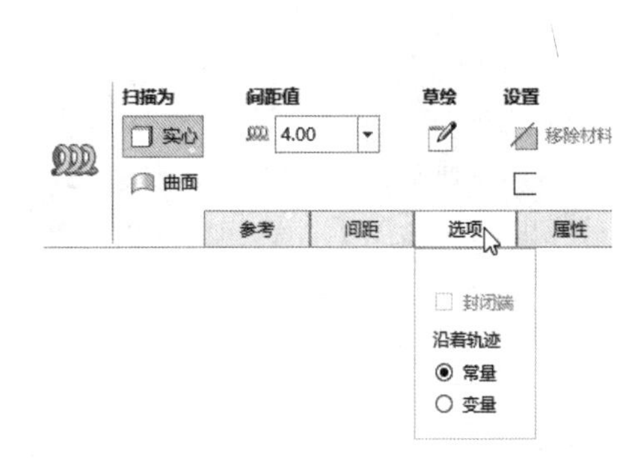

图 6-30 选择“保持恒定截面”单选按钮

说明 在本例中，初步设定弹簧丝的直径为 4 mm，那么图 6-29 中的 *AB* 和 *EF*（压平段）可以取 1.5 倍的弹簧丝直径，*BC* 和 *DE*（过渡段）可以取 3 倍的弹簧丝直径，而最中间的一段（*CD* 段）为标准段，其长度由弹簧长度减去两端的压平段和过渡段得到。一般情况下，当估算弹簧的工作圈数大于 7 时，多取压平段长度 = 1 ~ 1.75 倍弹簧丝直径的值；当弹簧的工作圈数小于或等于 7 时，压平段长度多取 0.75 倍左右弹簧丝直径的值，但不是绝对要这样取值，具体的取值要根据具体的设计要求和其他客观因素来选择。

（9）在“螺旋扫描”选项卡中单击“草绘（创建或编辑扫描截面）”按钮，进入草绘模式。绘制图 6-31 所示的弹簧丝，单击“确定”按钮✔。

（10）在“螺旋扫描”选项卡中“确定”按钮✔，完成创建的具有可变螺距的弹簧主体如图 6-32 所示。

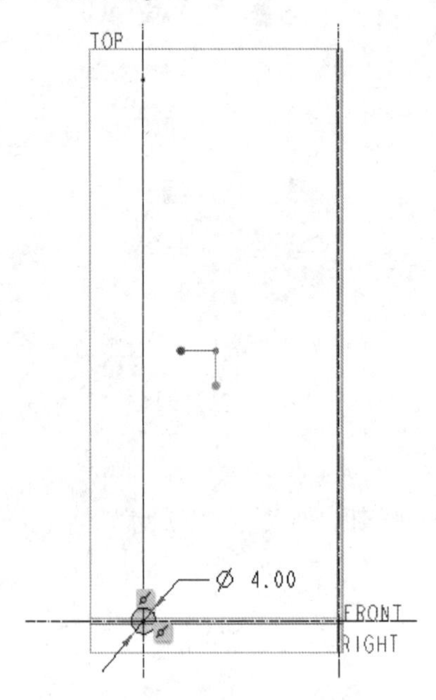

图 6-31　绘制弹簧丝剖面

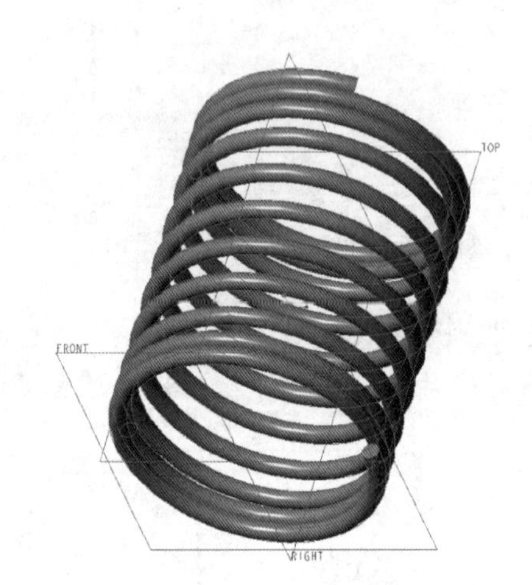

图 6-32　创建的弹簧主体

说明 在很多应用场合，需要将弹簧的两端磨平，以获得满足要求的支承面。可以直接采用拉伸切除的方式来切平弹簧，考虑到弹簧会拉长或者缩短，建议对弹簧相关的尺寸设立关系式。

步骤 3：对弹簧的长度尺寸设置关系式。

（1）如图 6-33 所示，从功能区的“模型”选项卡中单击“模型意图”→“关系”按钮d=，打开“关系”对话框。

（2）从“关系”对话框的一个下拉列表框中选择“零件”选项，如图 6-34 所示。

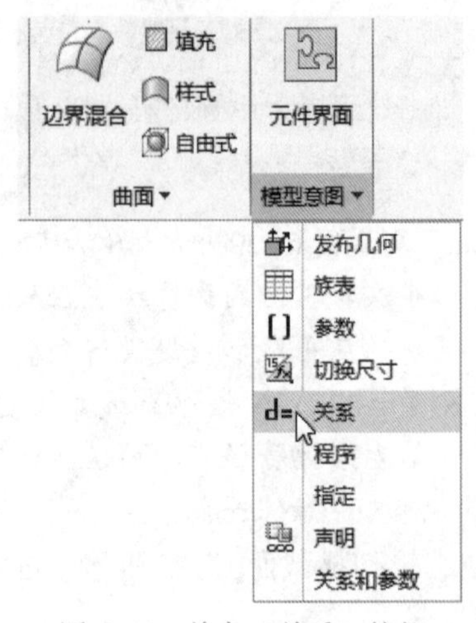

图 6-33　单击“关系”按钮

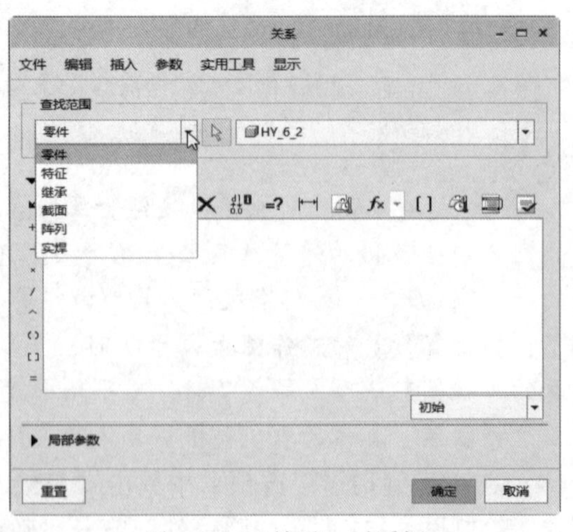

图 6-34　“关系”对话框

(3) 在模型窗口中单击螺旋扫描特征，此时出现图 6-35 所示的菜单管理器。

(4) 勾选“轮廓”复选框，接着选择“完成”选项。此时，在弹簧模型中显示出螺旋扫描的轮廓的尺寸，如图 6-36 所示。

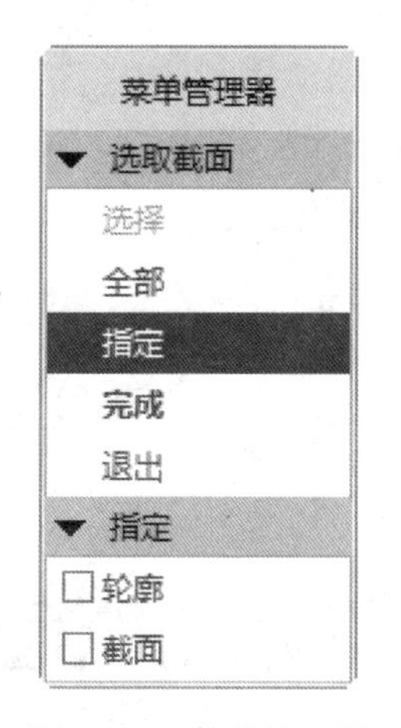

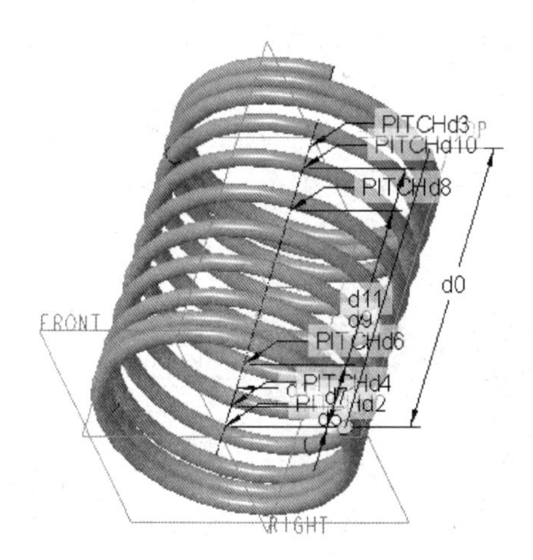

图 6-35 菜单管理器 图 6-36 显示轮廓尺寸

(5) 在“关系”对话框的文本框中输入关系式 H=d0，如图 6-37 所示。接着在对话框中单击“执行/校验关系并按关系创建新参数”按钮，弹出图 6-38 所示的“校验关系”对话框，单击“校验关系”对话框中的“确定”按钮，然后单击“关系”对话框中的“确定”按钮。

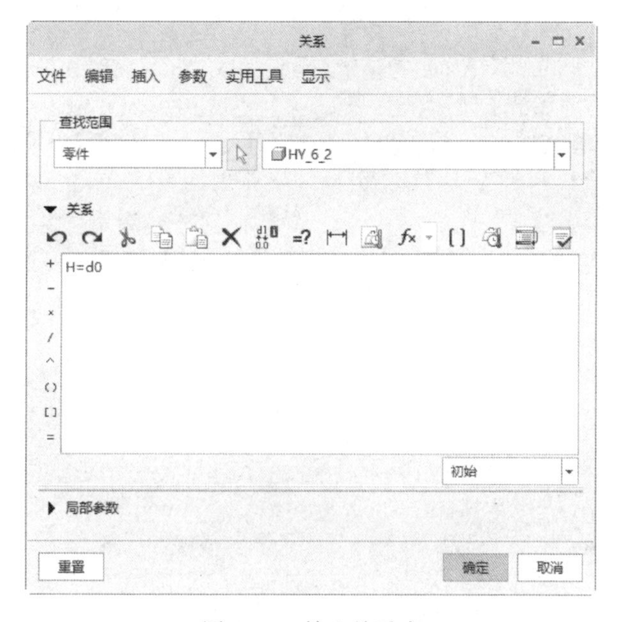

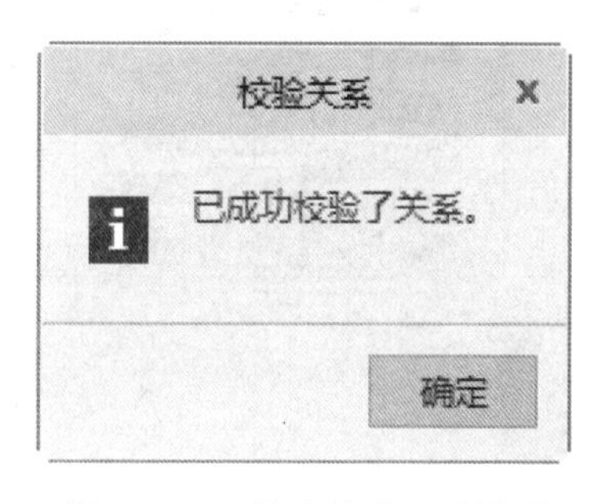

图 6-37 输入关系式 图 6-38 “校验关系”对话框

步骤 4：切平弹簧。

(1) 单击“拉伸”按钮，打开“拉伸”选项卡。

(2) 指定要创建的模型特征为“实心”，并单击“移除材料”按钮。

（3）单击“拉伸”选项卡的“放置”按钮，打开“放置”下滑面板，单击其上的“定义”按钮，打开“草绘”对话框。

（4）选择 TOP 基准平面作为草绘平面，默认以 RIGHT 基准平面作为“右”方向参考，单击“草绘”对话框中的“草绘”按钮，进入草绘模式。

（5）绘制图 6-39 所示的草图。

（6）在功能区中切换至“工具”选项卡，从“模型意图”组中单击“关系”按钮**d=**，如图 6-40 所示，系统弹出“关系”对话框。

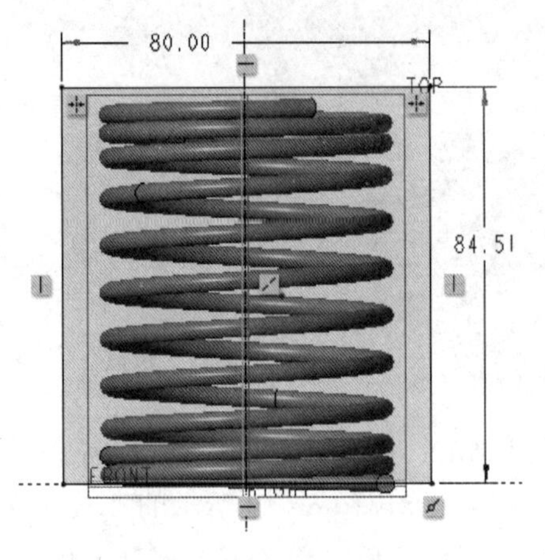

图 6-39 绘制草图

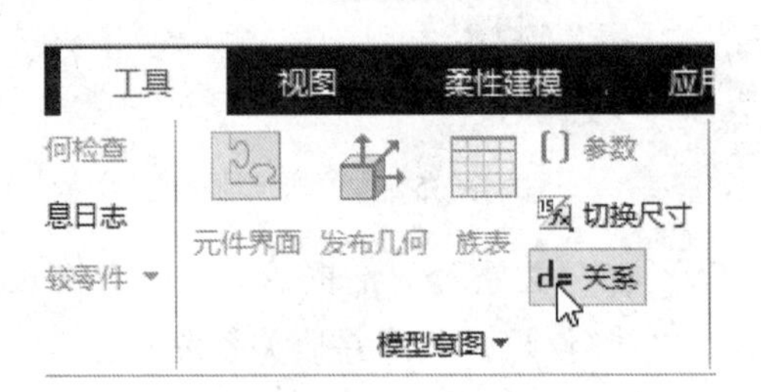

图 6-40 单击“关系”按钮

（7）在“关系”对话框的文本框中输入 sd1=H，如图 6-41 所示。

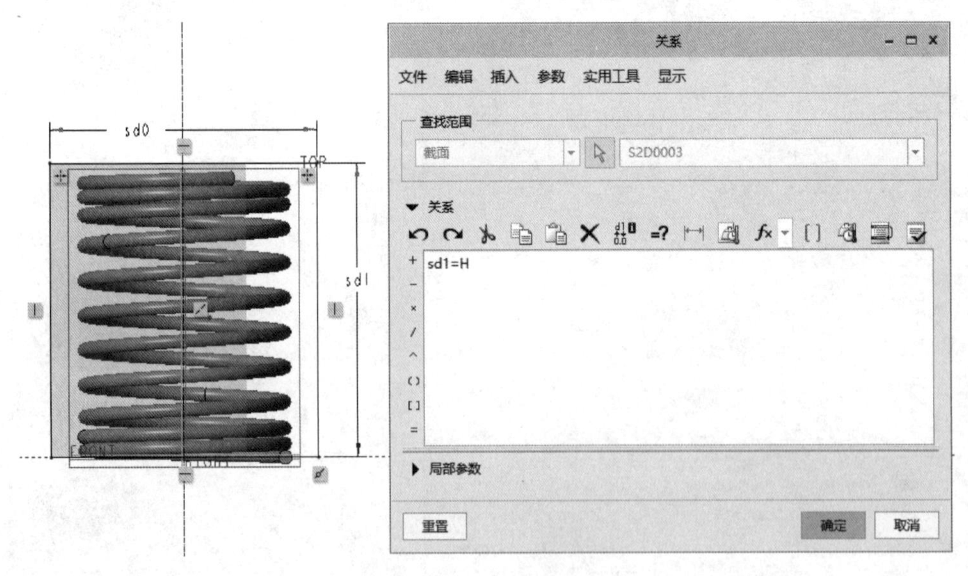

图 6-41 设置尺寸关系式

（8）单击“关系”对话框的“确定”按钮，完成尺寸关系式的设置，此时设置的关系式驱动了尺寸，使绘制的剖面如图 6-42 所示。

（9）在功能区中切换至“草绘”选项卡，单击“确定”按钮✔。

（10）打开“拉伸”选项卡的“选项”下滑面板，将“侧 1”和“侧 2”的深度选项均设置为（穿透）选项。

（11）在“拉伸”选项卡中单击“将材料的拉伸方向更改为草绘的另一侧”按钮。

（12）单击“拉伸”选项卡中的“确定”按钮，切平两端的圆柱螺旋弹簧如图 6-43 所示。

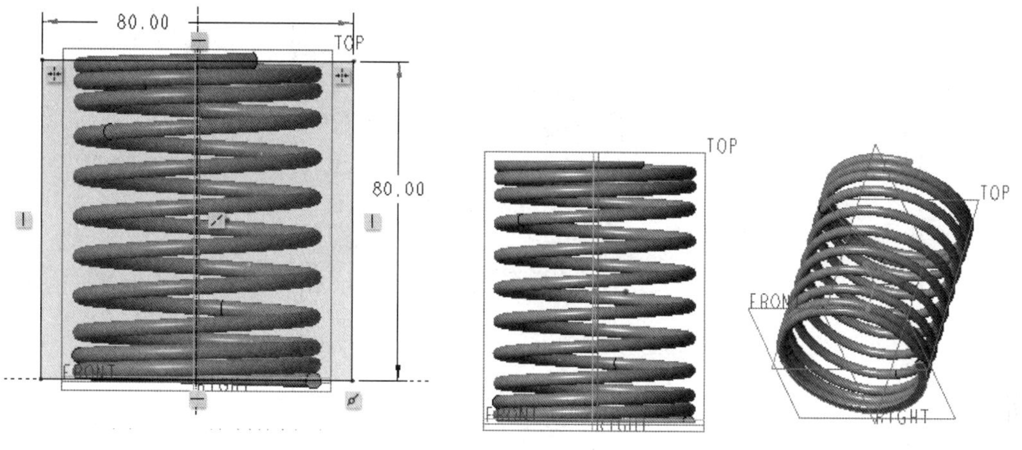

图 6-42　绘制的剖面　　　　图 6-43　切平效果

为了让读者形象地理解设置尺寸关系式的好处，现在介绍对螺旋扫描特征进行重定义、修改弹簧长度的方法。注意修改长度后，弹簧的两端始终保持磨平的状态。下面是重编辑定义螺旋扫描特征的操作步骤。

（1）在模型树上单击螺旋扫描特征，如图 6-44 所示，接着从出现的浮动工具栏中单击“编辑定义”工具，弹出图 6-45 所示的“螺旋扫描”选项卡。

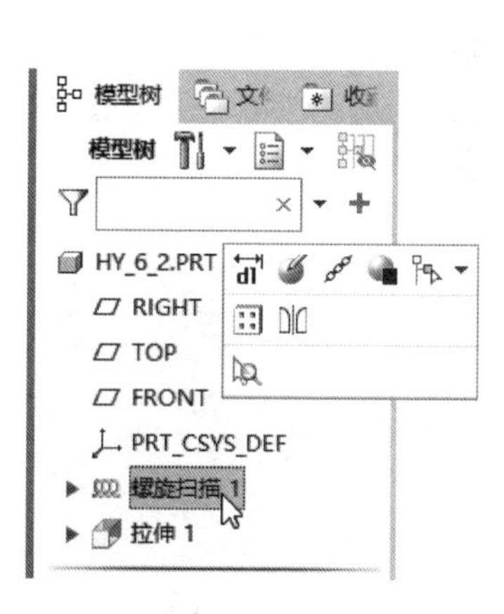

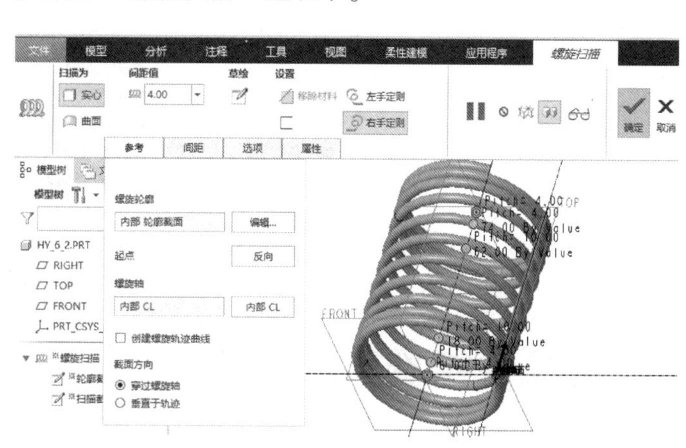

图 6-44　选择“编辑定义”工具　　　　图 6-45　“螺旋扫描”选项卡

（2）在“螺旋扫描”选项卡的“参考”下滑面板中选择单击位于“螺旋轮廓”收集器右侧的“编辑”按钮，进入草绘模式。

（3）在草绘模式中，将轮廓轨迹线的总长度修改为 100，如图 6-46 所示，单击“确定”按钮。

（4）在“螺旋扫描”选项卡中打开“间距”下滑面板，将第 5 位置点和第 6 位置点的位置类型和位置参数修改成如图 6-47 所示。如果事先为压平段等设置满足设计要求的关系式，那么便不用手动修改相关位置点的位置参数。

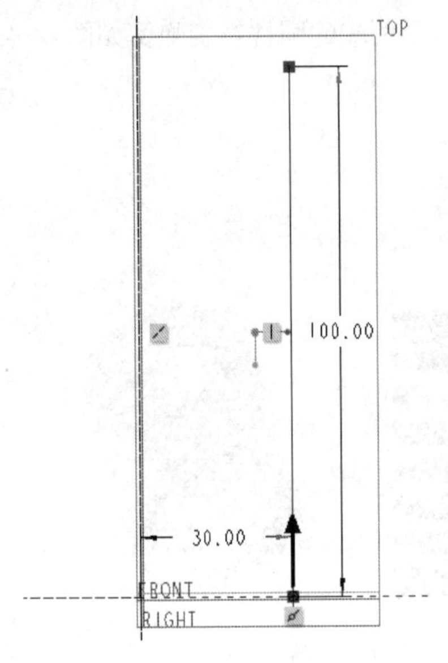

图 6-46　修改尺寸后的剖面

间距　选项　属性

#	间距	位置类型	位置
1	4.00		起点
2	4.00		终点
3	4.00	按值	6.00
4	10.00	按值	18.00
5	10.00	按比率	0.82
6	4.00	按比率	0.94
添加间距			

图 6-47　修改相关位置点和位置类型

（5）在“螺旋扫描”选项卡单击“确定”按钮✓，修改弹簧长度后的再生效果（可单击“重新生成”按钮再生模型）如图 6-48 所示。

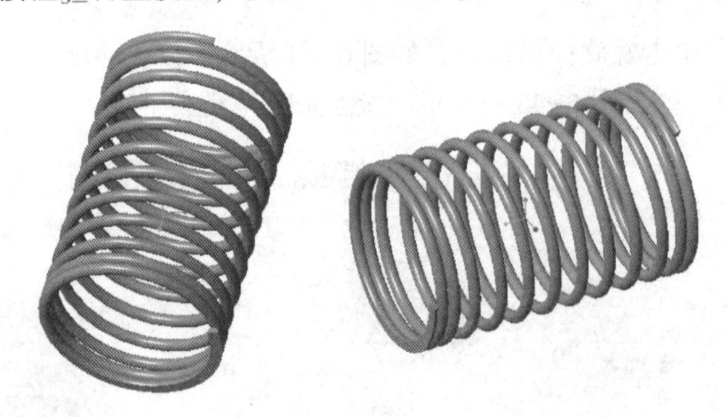

图 6-48　修改弹簧长度等的结果

6.4　圆锥螺旋弹簧实例

圆锥螺旋弹簧的创建方法和圆柱螺旋弹簧的创建方法基本相同，不同之处在于绘制的“扫引轨迹”不同。

本实例要完成的圆锥螺旋弹簧如图 6-49 所示。本例特意在螺旋扫描轮廓线的绘制上有所变化，以便于控制可变螺距的位置点。本章 6.3 节的范例弹簧也可以采用这种方法。

在本实例中，主要学习如何创建圆锥螺旋弹簧，学会举一反三，并且注意建立好造型

后，对该弹簧添加关系式。

下面是具体的操作步骤。

步骤 1：新建零件文件。

（1）在“快速访问”工具栏上单击“新建”按钮，弹出“新建”对话框。

（2）在“类型”选项组中选择“零件”单选按钮，在“子类型”选项组中选择“实体”单选按钮，在“名称”文本框中输入 HY_6_3，并取消勾选“使用默认模板”复选框，以不使用默认模板，单击“确定”按钮。

（3）弹出“新文件选项”对话框，在“模板”选项组中选择 mmns_part_solid 选项。单击“确定”按钮，进入零件设计模式。

步骤 2：创建螺旋扫描特征。

（1）在“形状”组中单击“螺旋扫描”按钮，打开“螺旋扫描”选项卡。

（2）在“螺旋扫描”选项卡中单击“实心”按钮和“右手定则”按钮，接着打开“参考”下滑面板，从“截面方向”选项组中选择“穿过螺旋轴”单选按钮。

（3）在“参考”下滑面板中单击位于“螺旋轮廓”收集器右侧的“定义”按钮，弹出“草绘”对话框，选择 FRONT 基准平面作为草绘平面，以 RIGHT 基准平面为“右”方向参考，单击“草绘”按钮，进入草绘模式。

（4）绘制图 6-50 所示的螺旋扫描轮廓线，该轮廓线由 5 段线段组成，另外还需要绘制一条用作螺旋中心轴的中心线。单击“确定”按钮，完成草绘并退出草绘模式。

图 6-49　圆锥螺旋弹簧

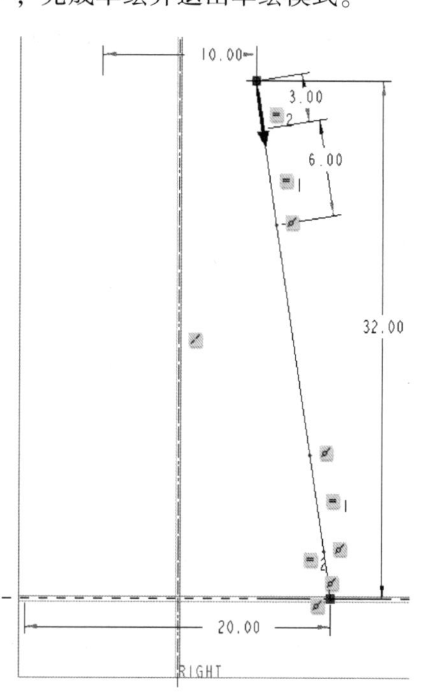

图 6-50　草绘

（5）在“螺旋扫描”选项卡中打开“间距”下滑面板，将起点位置处的间距（螺距）设置为 2。单击“添加间距”按钮，添加一个间距点，该间距点的位置处于终点处，将该终点处的间距（螺距）值设置为 2，如图 6-51 所示。

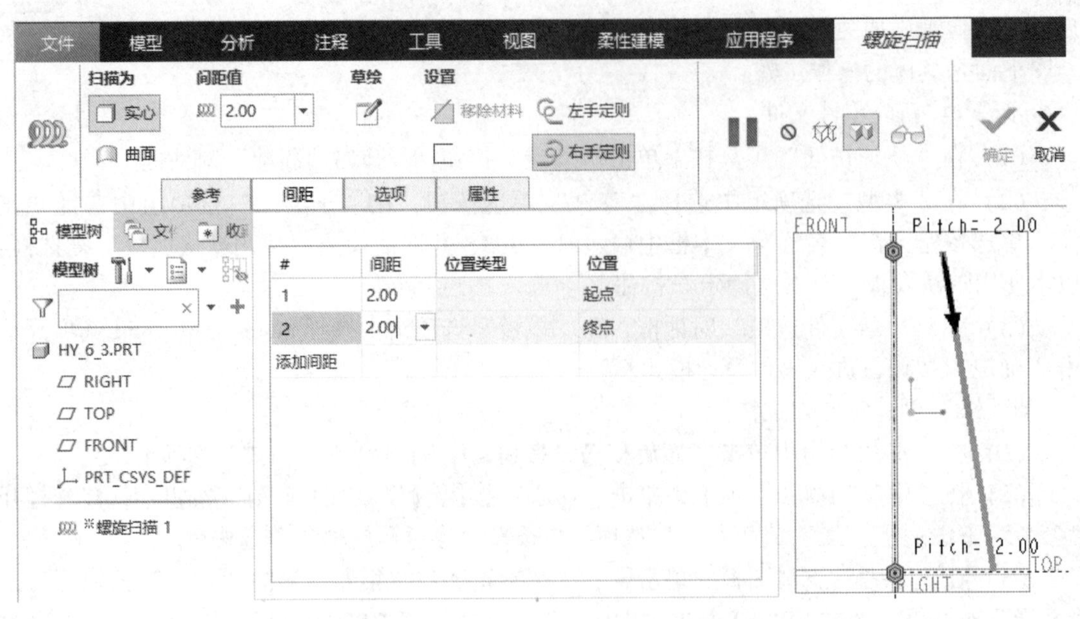

图 6-51　设置起点和终点处的螺距值

（6）单击“添加间距”选项以增加编号为 3 的间距位置点，从该点的“位置类型”单元格框中选择“按参考”，接着在图形窗口中选择离上端点最近的一个中间端点（在选择时可以适当放大视图，以不让起始箭头影响该点选择），并设置该点的间距为 2，如图 6-52 所示。

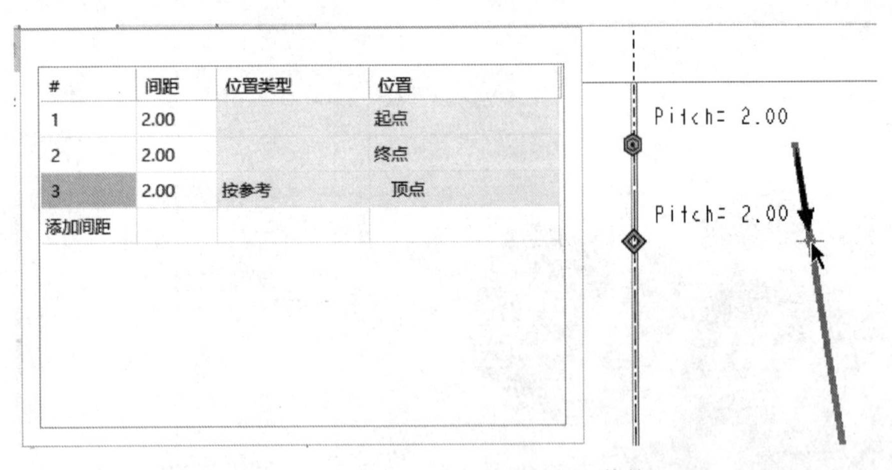

图 6-52　指定第 3 点的位置及螺距值等

（7）使用同样的方法，添加其他 3 个间距点以及设置它们的位置类型和间距等，如图 6-53 所示。

（8）在“螺旋扫描”选项卡中单击“草绘（创建或编辑扫描截面）”按钮，进入草绘模式。绘制图 6-54 所示的弹簧丝，单击“确定”按钮。

（9）在“螺旋扫描”选项卡中“确定”按钮，按〈Ctrl+D〉快捷键以标准方向视角显示模型，如图 6-55 所示。

图 6-53　定义其他间距点

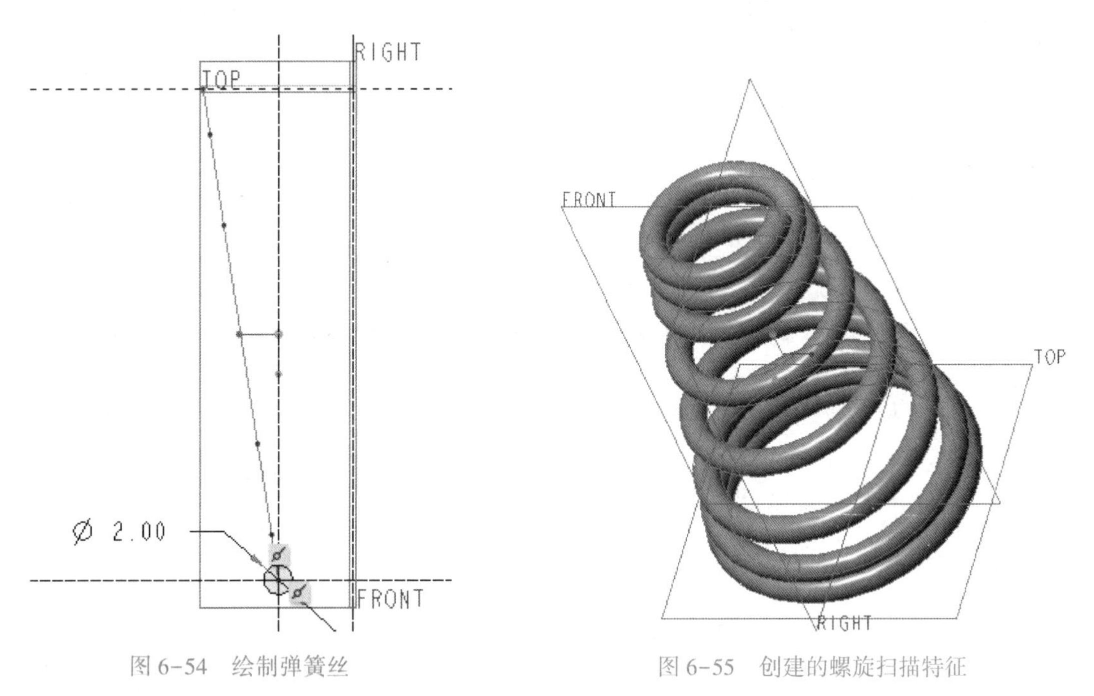

图 6-54　绘制弹簧丝

图 6-55　创建的螺旋扫描特征

步骤 3： 磨平圆锥螺旋弹簧的两端。

（1）单击“拉伸”按钮，打开“拉伸”选项卡。

（2）指定要创建的模型特征为“实心”，并单击“移除材料”按钮。

（3）选择 FRONT 基准平面作为草绘平面，以接受默认的方向参考进入草绘模式。

（4）绘制图 6-56 所示的草图，单击“确定”按钮。

（5）进入“拉伸”选项卡的“选项”下滑面板，将“侧 1”和“侧 2”的深度选项均设置为（穿透）选项。

（6）在“拉伸”选项卡中单击“将材料的拉伸方向更改为草绘的另一侧”按钮，使

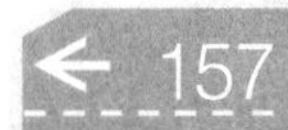

该方向指向外侧，即将草图方框外侧的材料切除掉。

（7）在“拉伸”选项卡中单击“确定”按钮✓，切平端面的结果如图 6-57 所示。

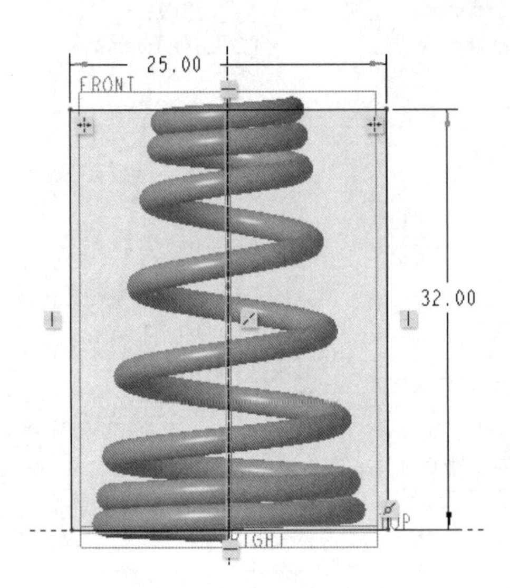

图 6-56 绘制切平端面的草图

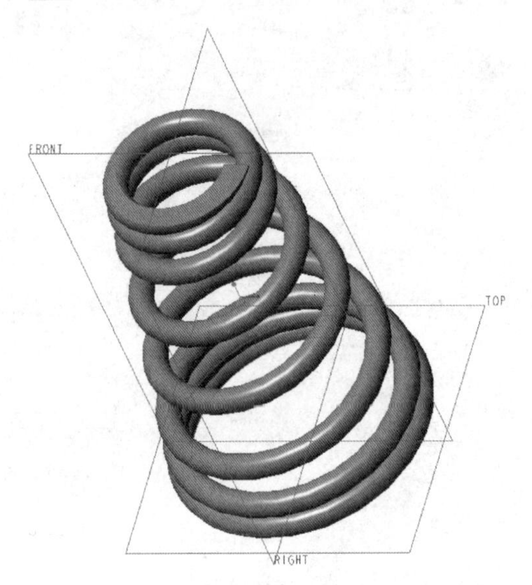

图 6-57 切平端面

步骤 4：建立关系式。

（1）在功能区的“模型”选项卡中单击“模型意图”→“关系”按钮d=，或者在功能区“工具”选项卡的“模型意图”组中单击“关系”按钮d=，打开“关系”对话框。

（2）从“查找范围”选项组的类型下拉列表框中选择“特征”选项，如图 6-58 所示。

（3）在模型树上分别单击“拉伸 1”特征和“螺旋扫描 1”特征，如图 6-59 所示。

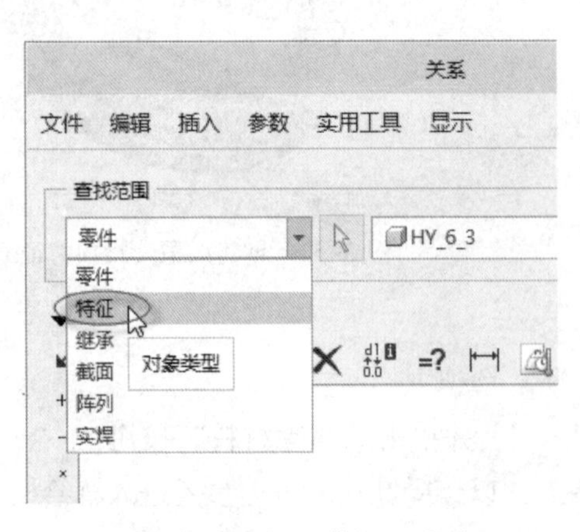

图 6-58 选择“特征”选项

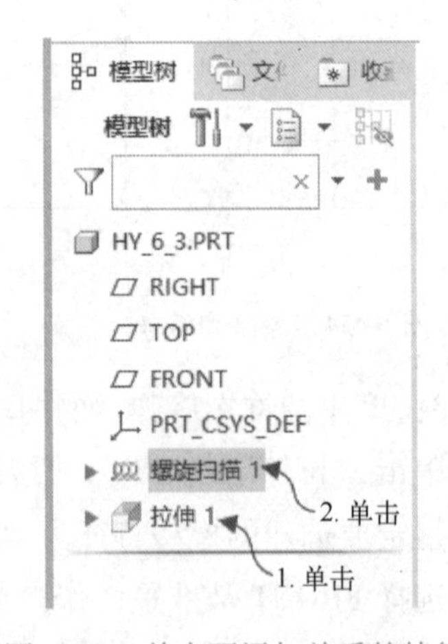

图 6-59 单击要添加关系的特征

（4）在图 6-60 所示的菜单管理器中选择“全部”选项，显示所选特征的全部尺寸参数符号，此时模型如图 6-61 所示。

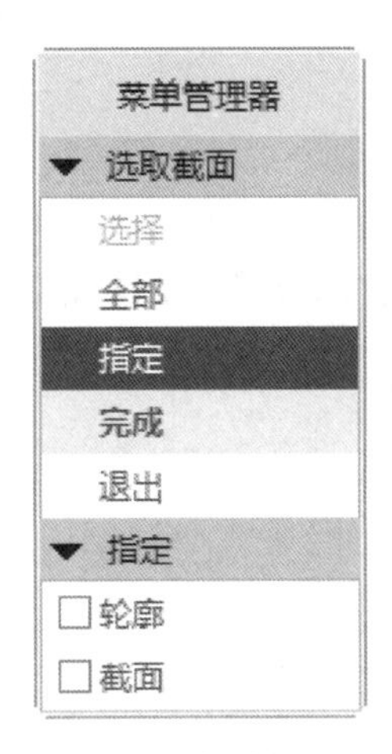

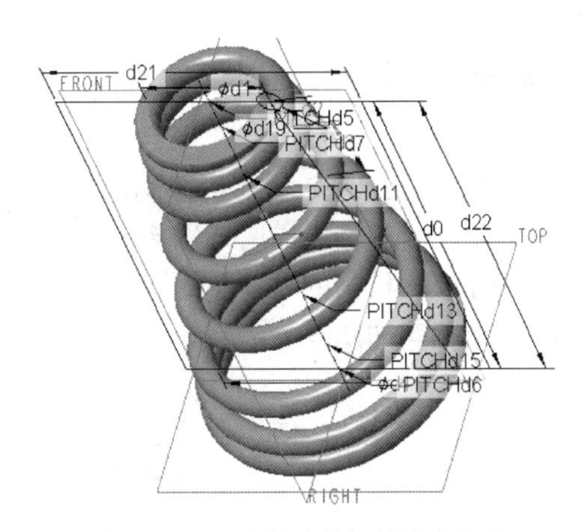

图 6-60 菜单管理器　　图 6-61 显示所选特征的尺寸符号

（5）在“关系”对话框中输入 d0=d22，使拉伸切除的剖面高度等于弹簧的高度（从尺寸代号要结合图例实际显示而定），如图 6-62 所示。

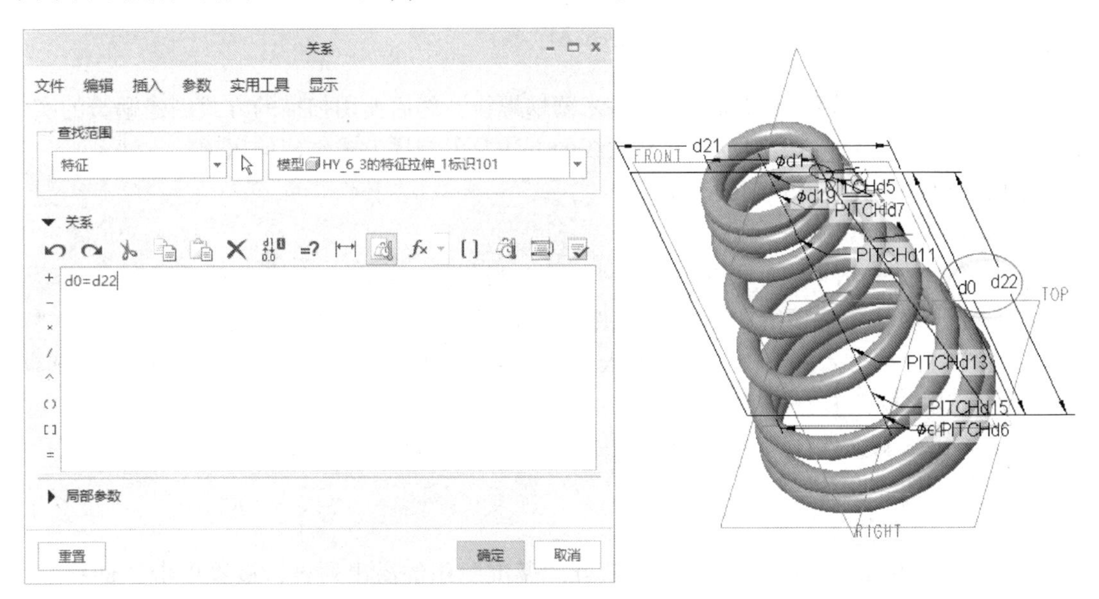

图 6-62 设置关系式

说明 输入关系式后，通常单击“关系”对话框中的“执行/校验关系并按关系创建新参数”按钮，若关系式正确，则系统将弹出图 6-63 所示的“校验关系”对话框，提示已成功校验了关系，单击“确定”按钮。

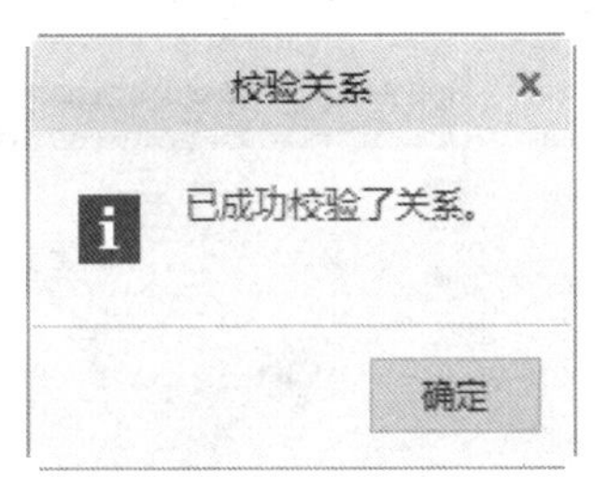

图 6-63 “校验关系”对话框

（6）单击“关系”对话框的“确定”按钮。

步骤 5：保存文件，完成本例操作。

6.5 蜗卷形盘簧实例

蜗卷形盘簧简称蜗簧，它是阿基米德蜗线形的结构，它的外端固定在活动构件或壳体上，内端固定在心轴上。蜗簧主要用来积蓄能量以带动活动构件运动，从而完成机构所需要的动作，它主要用作仪表机构的发条及武器的发射弹簧等。

本实例要完成的蜗簧如图 6-64 所示。

图 6-64 蜗簧

在本实例中，首先绘制所需要的阿基米德蜗螺线，然后使用扫描的方式创建蜗簧的实体造型。读者应重点掌握由方程创建基准曲线的方法及由扫描方式创建伸出项的方法。

下面介绍该蜗簧的创建方法及步骤。

步骤 1：新建零件文件。

（1）在“快速访问”工具栏上单击“新建”按钮，弹出“新建”对话框。

（2）在“类型”选项组中选择“零件”单选按钮，在“子类型”选项组中选择“实体”单选按钮，在“名称”文本框中输入 HY_6_4，并取消勾选“使用默认模板”复选框，以不使用默认模板，单击“确定”按钮。

（3）弹出“新文件选项”对话框，在“模板”选项组中选择 mmns_part_solid 选项。单击“确定”按钮，进入零件设计模式。

步骤 2：由方程创建阿基米德蜗螺线。

（1）在功能区的“模型”选项卡中打开“基准”组的溢出列表，接着单击“曲线”旁边的小三角按钮，并选择“来自方程的曲线”命令，此时，功能区出现“曲线：从方程”选项卡，如图 6-65 所示。

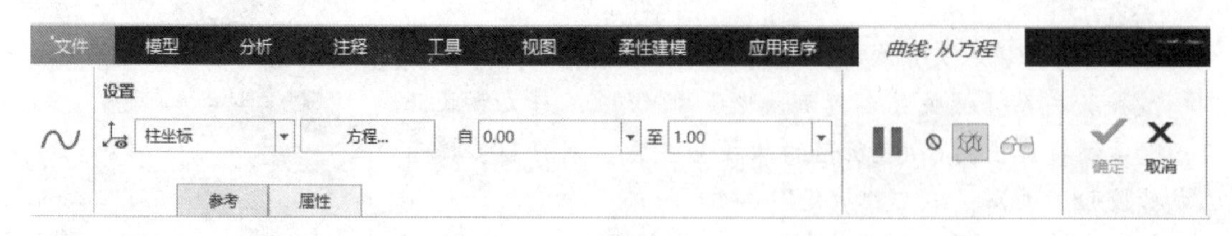

图 6-65 “曲线：从方程”选项卡

（2）从“坐标系类型”下拉列表框中选择“柱坐标”选项，在图形窗口或导航区模型树中选择 PRT_CSYS_DEF 坐标系。

（3）在“曲线：从方程”选项卡中单击“方程”按钮，弹出“方程”窗口。

（4）在“方程”窗口中输入以下方程。

```
theta=360*5*t
r=30+0.1*theta
z=0
```

此时，“方程”窗口如图6-66所示。

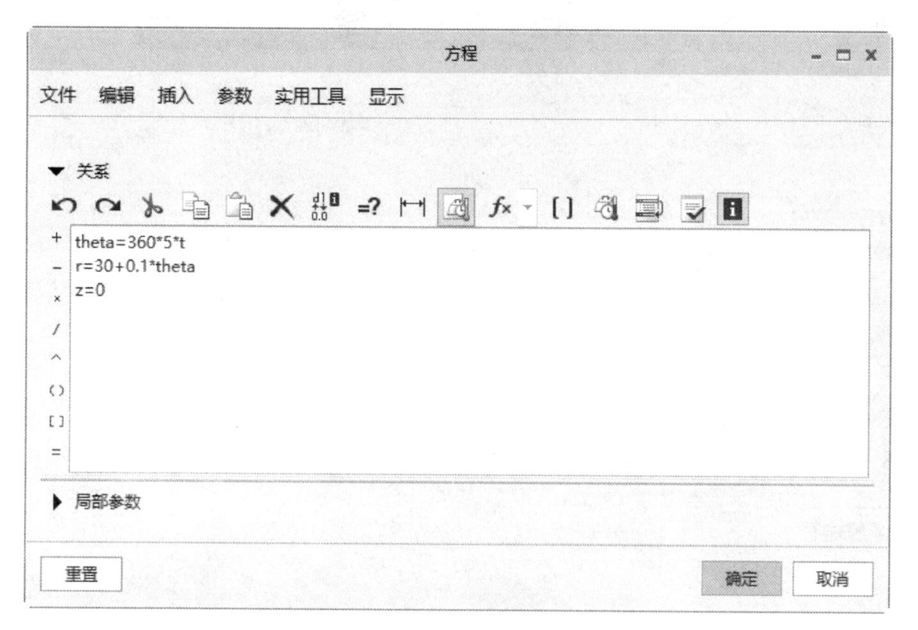

图6-66 输入方程

（5）在“方程”窗口中单击“执行/校验关系并按关系创建新参数”按钮，弹出图6-67所示的“校验关系”对话框，单击“确定”按钮。

（6）在“方程”窗口中单击“确定”按钮。

（7）在“曲线：从方程”选项卡上单击“确定”按钮，完成的曲线如图6-68所示。

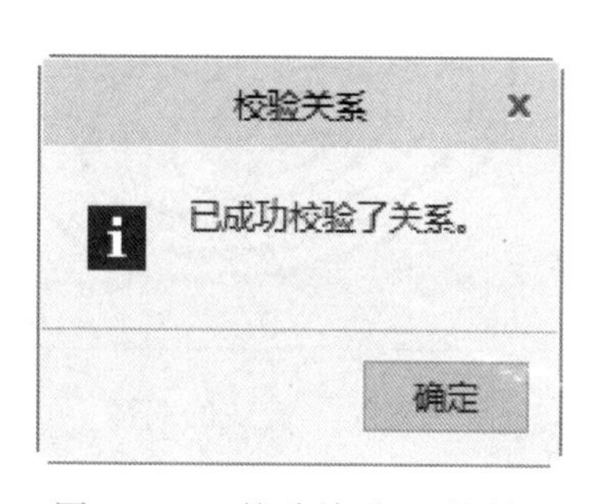

图6-67 “校验关系”对话框

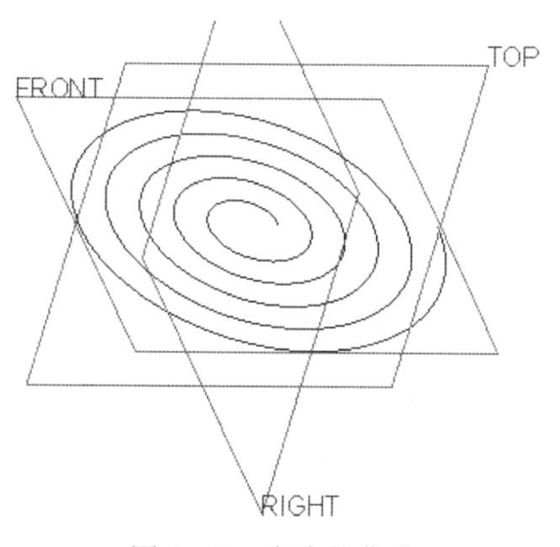

图6-68 完成的曲线

步骤 3：创建扫描特征。

（1）在功能区“模型”选项卡的“形状”组中单击“扫描”按钮，打开“扫描”选项卡。

（2）在“扫描”选项卡中单击“实心”按钮和“保持截面不变”按钮，接着在图形窗口中单击先前创建的曲线作为扫描的原点轨迹，打开“参考”下滑面板设置相应的选项，如图 6-69 所示。

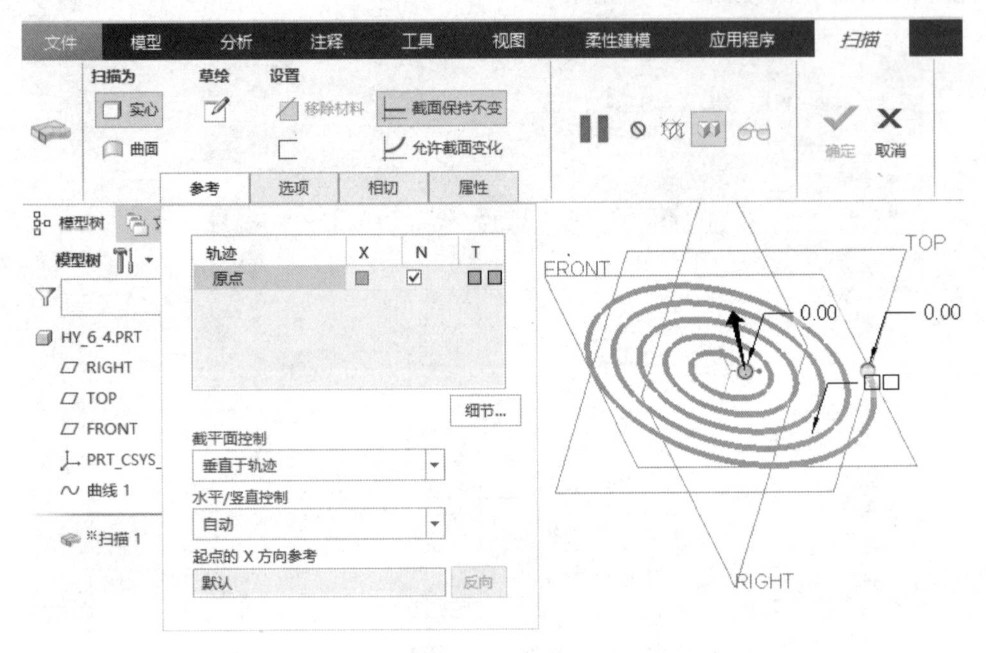

图 6-69 指定原点轨迹和相关参考选项

（3）在“扫描”选项卡中单击“草绘（创建或编辑扫描截面）”按钮，进入草绘模式。

（4）绘制图 6-70 所示的弹簧丝剖面，单击“确定”按钮。

（5）在“扫描”选项卡上单击“确定”按钮，创建的蜗簧的三维模型如图 6-71 所示。

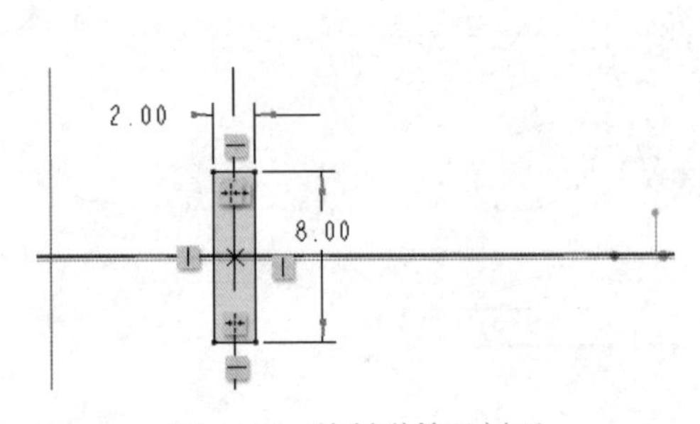

图 6-70 绘制弹簧丝剖面

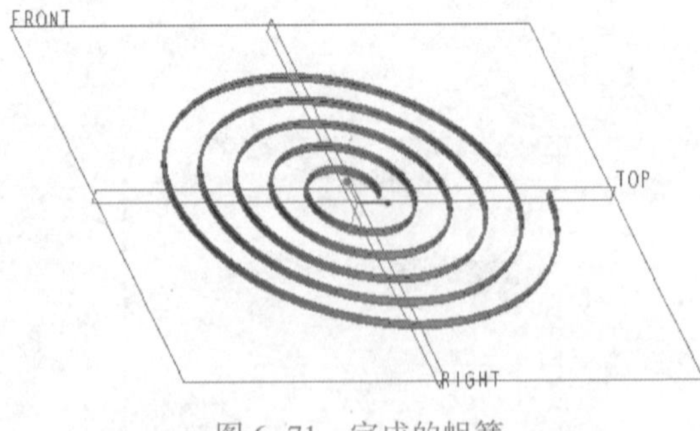

图 6-71 完成的蜗簧

6.6 建立通用的参数化弹簧模型实例

在 Creo Parametric 6.0 中，可以编辑设计简单的程序，对弹簧进行参数化设计，使之成为一个通用的零件模型。

下面通过一个实例来介绍这方面的应用。本实例所要建立的弹簧模型如图 6-72 所示，该弹簧模型的工作圈数在设计时可大致计算好。

本实例的重点内容和目的是复习圆柱螺旋压缩弹簧的创建方法，读者应掌握设置弹簧参数、设计程序等内容。

具体的操作步骤如下。

步骤 1：新建零件文件。

（1）在“快速访问”工具栏上单击“新建”按钮，弹出“新建”对话框。

（2）在“类型”选项组中选择“零件”单选按钮，在“子类型”选项组中选择“实体”单选按钮，在“名称”文本框中输入 HY_6_5，并取消勾选“使用默认模板”复选框，不使用默认模板，单击“确定”按钮。

（3）弹出“新文件选项”对话框，在“模板”选项组中选择 mmns_part_solid 选项。单击“确定”按钮，进入零件设计模式。

步骤 2：创建弹簧主体。

（1）在“形状”组中单击“螺旋扫描”按钮，打开“螺旋扫描”选项卡。

（2）在“螺旋扫描”选项卡中单击“实心”按钮和“右手定则”按钮，接着打开“参考”下滑面板，从“截面方向”选项组中选择“穿过螺旋轴”单选按钮。

（3）在“参考”下滑面板中单击位于“螺旋轮廓”收集器右侧的“定义”按钮，弹出“草绘”对话框，选择 FRONT 基准平面作为草绘平面，以 RIGHT 基准平面为“右”方向参考，单击“草绘”按钮，进入草绘模式。

（4）绘制图 6-73 所示的螺旋扫描轮廓线，另外还需要绘制一条用作螺旋中心轴的中心线。单击“确定”按钮，完成草绘并退出草绘模式。

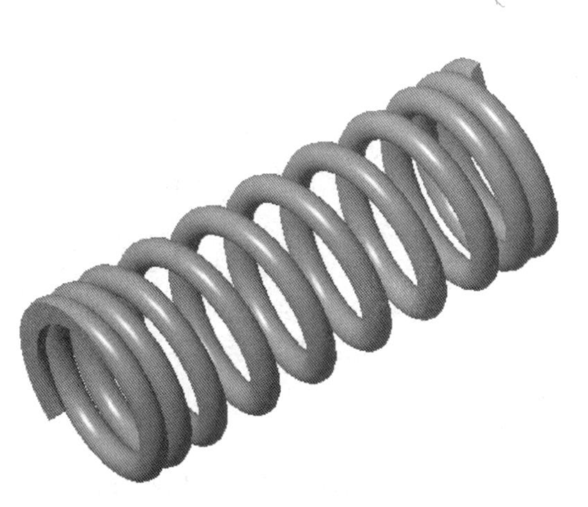

图 6-72 弹簧模型

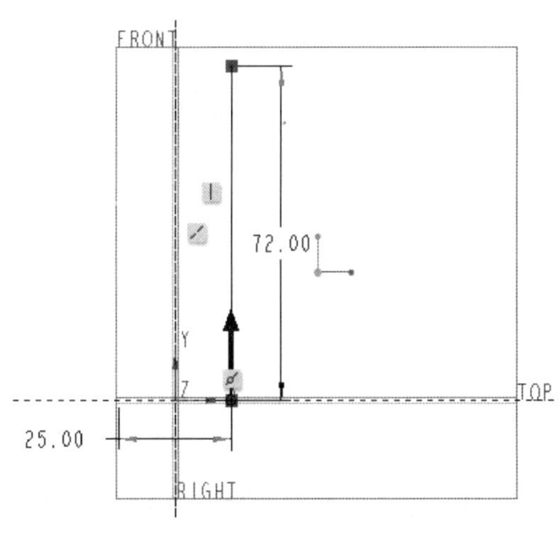

图 6-73 草绘

（5）在“螺旋扫描”选项卡中打开“间距”下滑面板，将起点位置处的间距（螺距）设置为 4，单击“添加间距”选项，添加一个间距点，该间距点的位置默认为终点，将该终点处的间距（螺距）值设置为 4，如图 6-74 所示。

图 6-74　设置起点和终点处的螺距值

（6）单击“添加间距”选项以增加编号为 3 的间距位置点，从该点的“位置类型”单元格框中选择“按值”，并设置该点的间距为 4，位置值为 6，如图 6-75 所示。

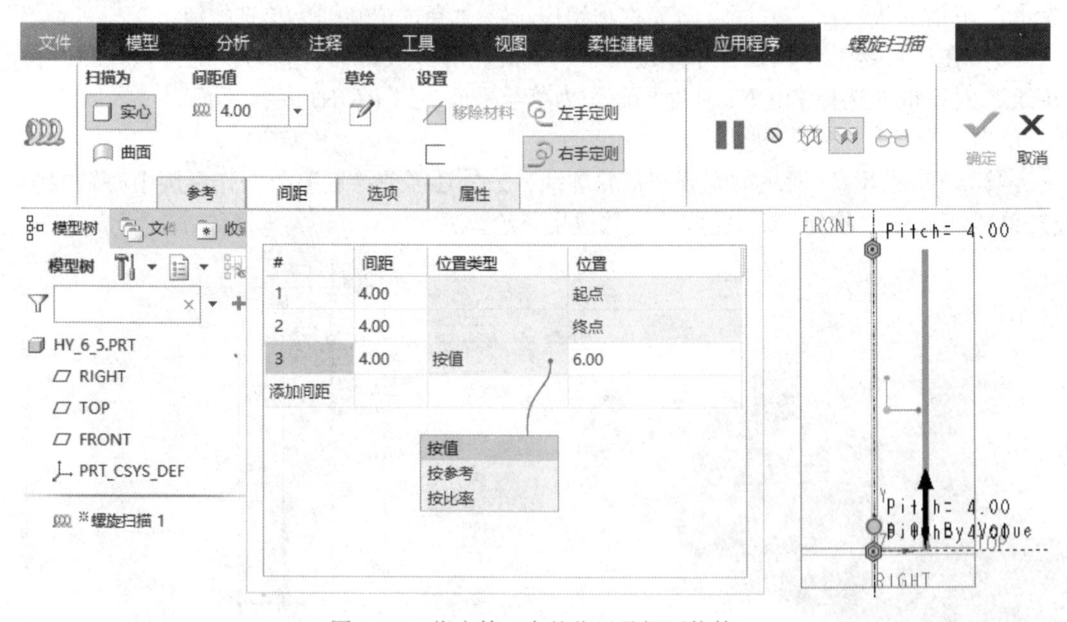

图 6-75　指定第 3 点的位置及螺距值等

（7）使用同样的方法，添加其他 3 个间距点（第 4 点、第 5 点和第 6 点）并设置它们的位置类型、对应位置值和间距，如图 6-76 所示。

图 6-76　定义其他间距点

（8）在“螺旋扫描”选项卡中单击“草绘（创建或编辑扫描截面）”按钮，进入草绘模式。绘制图 6-77 所示的弹簧丝，单击“确定”按钮。

（9）在“螺旋扫描”选项卡中“确定”按钮，按〈Ctrl+D〉快捷键以标准方向视角显示模型，如图 6-78 所示。

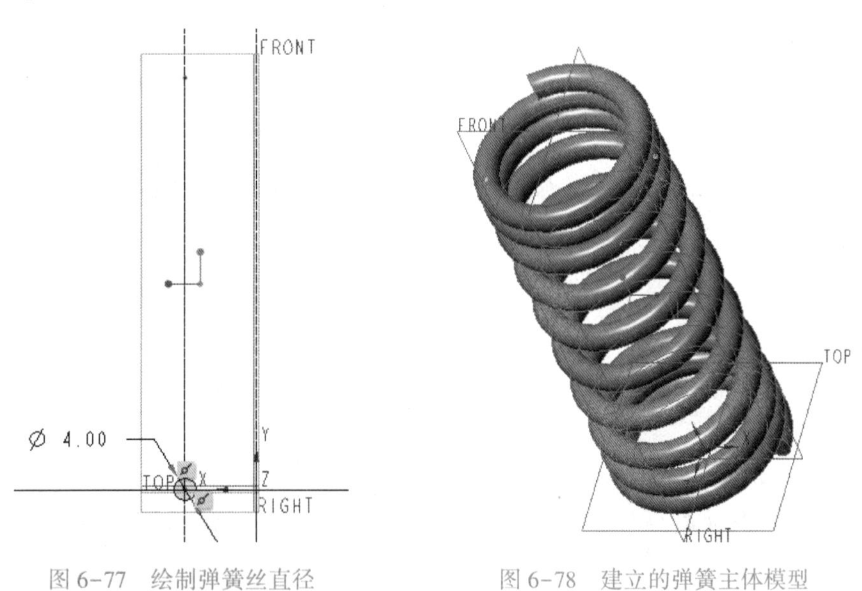

图 6-77　绘制弹簧丝直径　　　　图 6-78　建立的弹簧主体模型

步骤 3： 切平弹簧的两端。

（1）单击“拉伸”按钮，打开“拉伸”选项卡。

（2）指定要创建的模型特征为“实心”，并单击“移除材料”按钮。

（3）选择 FRONT 基准平面作为草绘平面，以默认的方向参考进入草绘模式。

（4）绘制图 6-79 所示的草图，单击“确定”按钮✔。

（5）打开“拉伸”选项卡的“选项”下滑面板，将“侧 1”和“侧 2”的深度选项均设置为⫼（穿透）选项。

（6）在“拉伸”选项卡中，单击“将材料的拉伸方向更改为草绘的另一侧”按钮⧅。

（7）单击“拉伸”选项卡中的“确定”按钮✔，切平两端的圆柱螺旋弹簧如图 6-80 所示（按〈Ctrl+D〉快捷键以标准方向视角显示模型）。

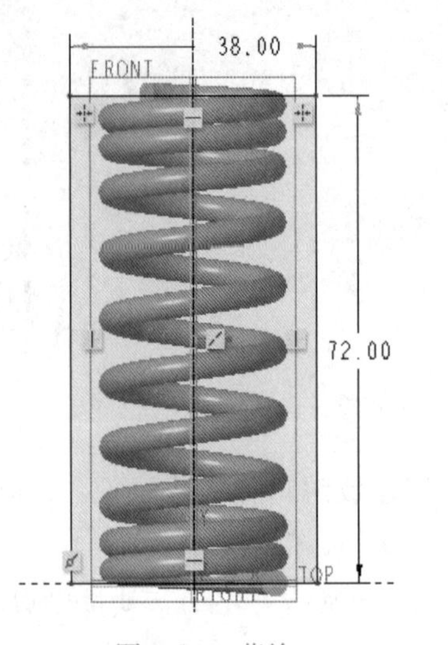

图 6-79　草绘

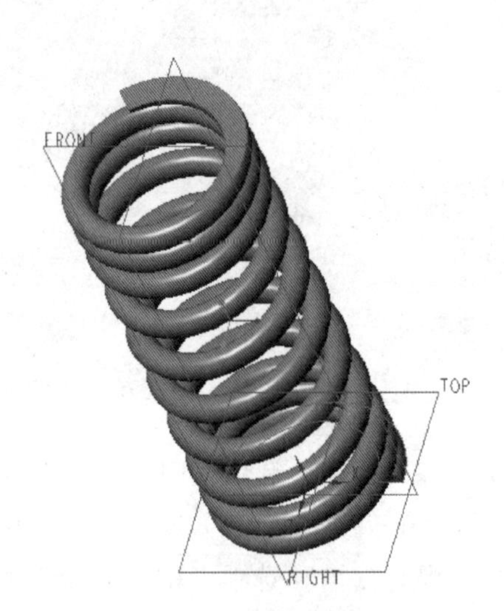

图 6-80　切平弹簧的两端

步骤 4：添加参数。

（1）在功能区的“模型”选项卡中单击模型意图▾以打开“模型意图”组的溢出列表，如图 6-81 所示。接着单击“参数”按钮[]，打开图 6-82 所示的“参数”对话框。

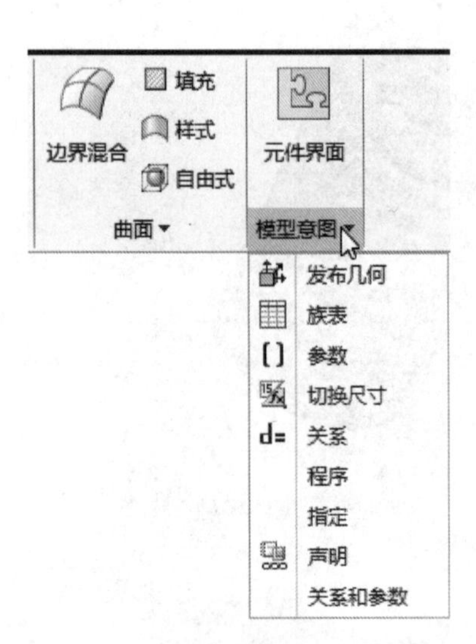

图 6-81　“模型意图”组溢出列表

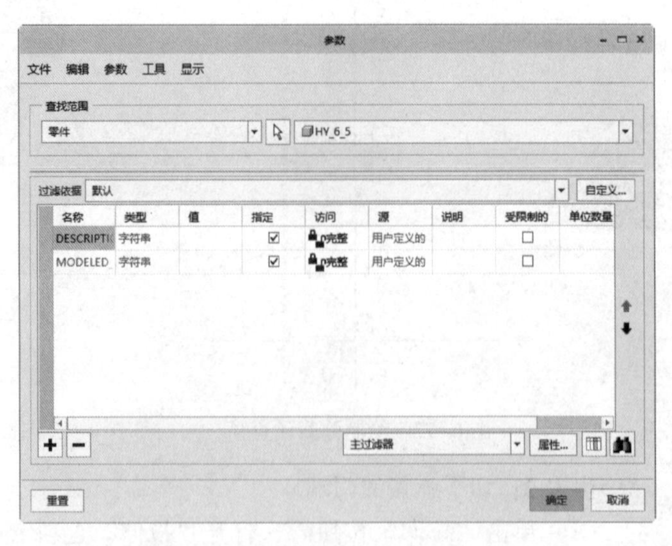

图 6-82　“参数”对话框

（2）单击“添加新参数”按钮+，添加一个新参数，接着再单击“添加新参数”按钮

+ 3 次，即一共添加 4 个参数，将这 4 个新参数分别命名为“弹簧中径”“弹簧长度”“弹簧丝直径”“标准螺距”，并设置相应的初始值，如图 6-83 所示。

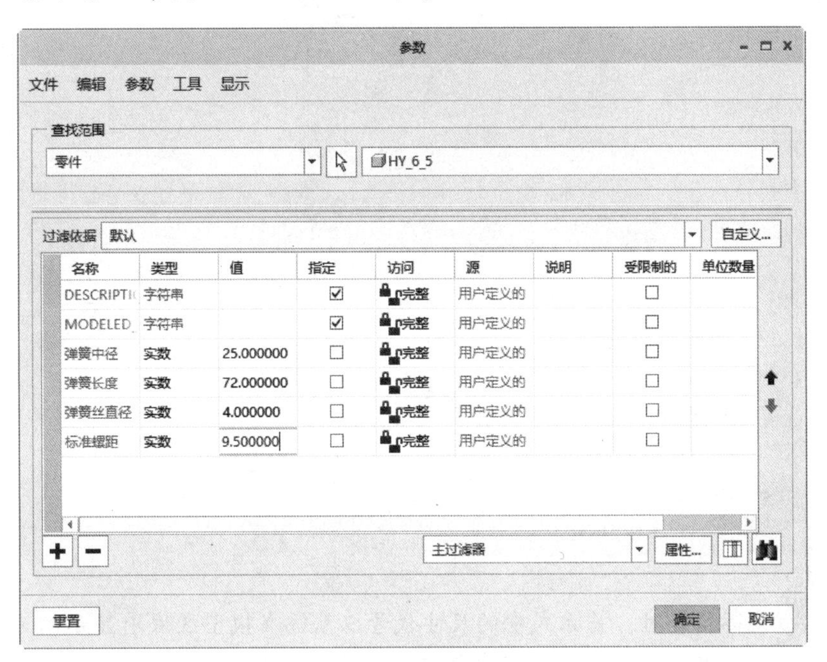

图 6-83 添加新参数

（3）单击“参数”对话框中的“确定”按钮。

步骤 5：设置关系式。

（1）在功能区的“模型”选项卡中单击模型意图▾以打开“模型意图”组的溢出列表，接着单击“关系”按钮d=，打开“关系”对话框。

（2）在“关系”对话框“查找范围”选项组的下拉列表框中选择“特征”选项。

（3）在模型树上单击拉伸特征，则在模型中显示其尺寸代号，如图 6-84 所示。

（4）在模型树上单击螺旋扫描特征，此时出现图 6-85 所示的菜单管理器，直接选择“全部”选项，显示螺旋扫描特征的全部尺寸代号，如图 6-86 所示。

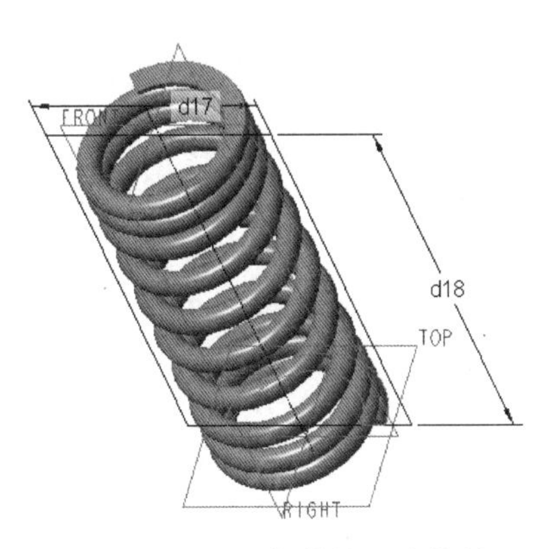

图 6-84 显示拉伸的尺寸代号

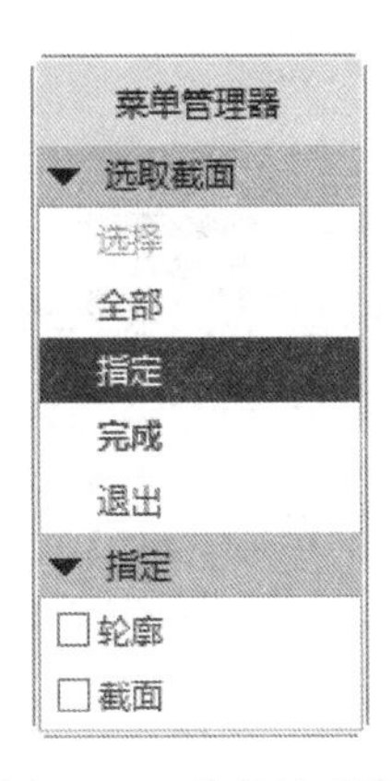

图 6-85 菜单管理器

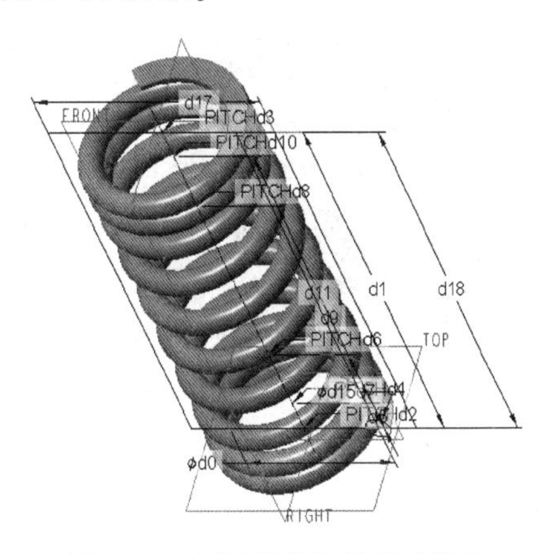

图 6-86 显示螺旋扫描尺寸代号

（5）在“关系”对话框的文本框中输入以下关系式。

```
d1=弹簧长度
d0=弹簧中径
d15=弹簧丝直径
d8=标准螺距
d6=d8
d4=d10
d2=d3
d2=d15
d4=d2
d5=1.5*弹簧丝直径
d7=4.5*弹簧丝直径
d9=弹簧长度-4.5*弹簧丝直径
d11=弹簧长度-1.5*弹簧丝直径
d18=弹簧长度
d17=弹簧中径+弹簧丝直径
```

说明 实际操作时，关系式中的尺寸代号以系统在模型区域中显示的为准，在输入关系式时需要认真分析尺寸代号与设定参数之间的关系，否则容易出错。

此时，“关系”对话框如图 6-87 所示。

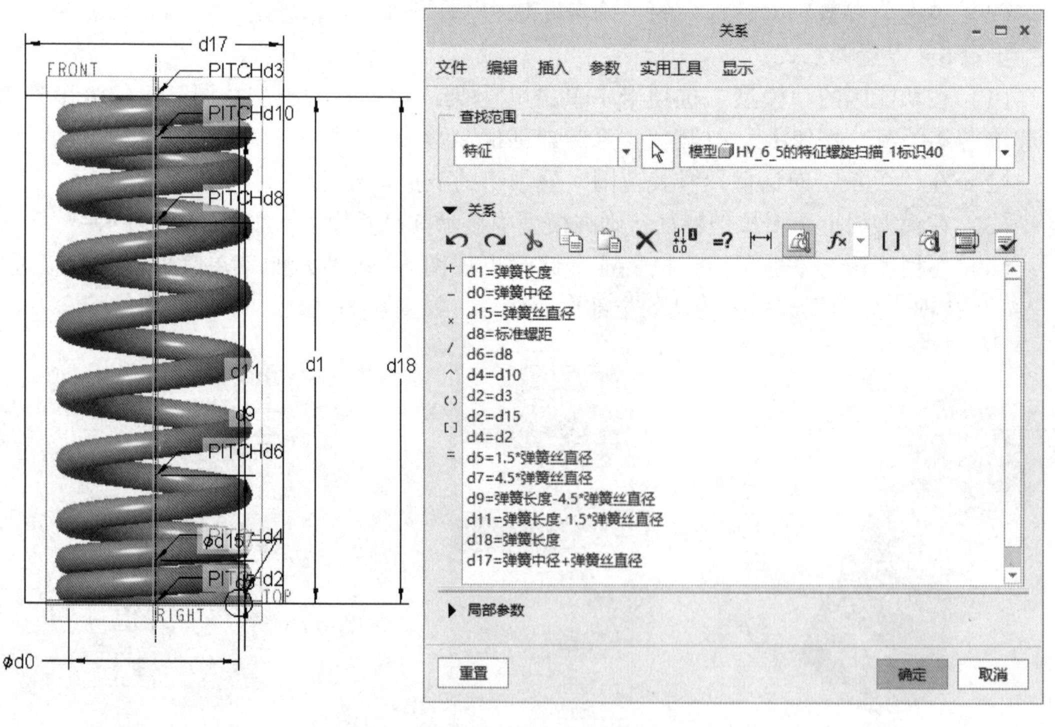

图 6-87 设置关系式

(6) 单击“关系”对话框中的“确定”按钮。

(7) 在“图形”工具栏中单击“重画当前视图”按钮。

步骤 6：设计简单程序，使该弹簧成为通用模型。

(1) 在功能区中切换至“工具”选项卡，从图 6-88 所示的“模型意图”组溢出列表中选择“程序”命令，弹出图 6-89 所示的菜单管理器。

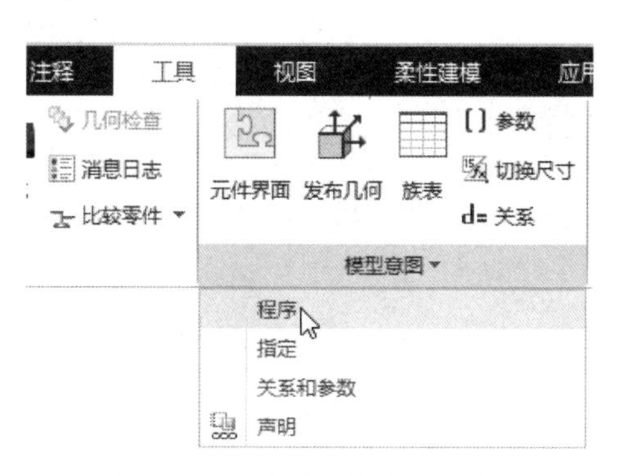

图 6-88 选择“程序”命令

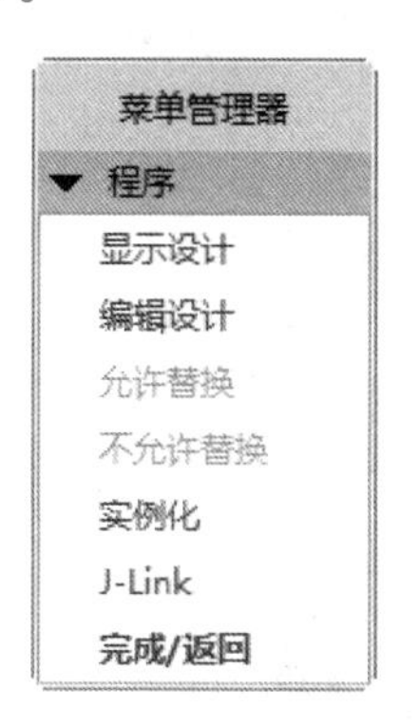

图 6-89 菜单管理器

(2) 在菜单管理器的“程序”菜单中选择“编辑设计”选项，系统弹出图 6-90 所示的程序编辑窗口（记事本）。

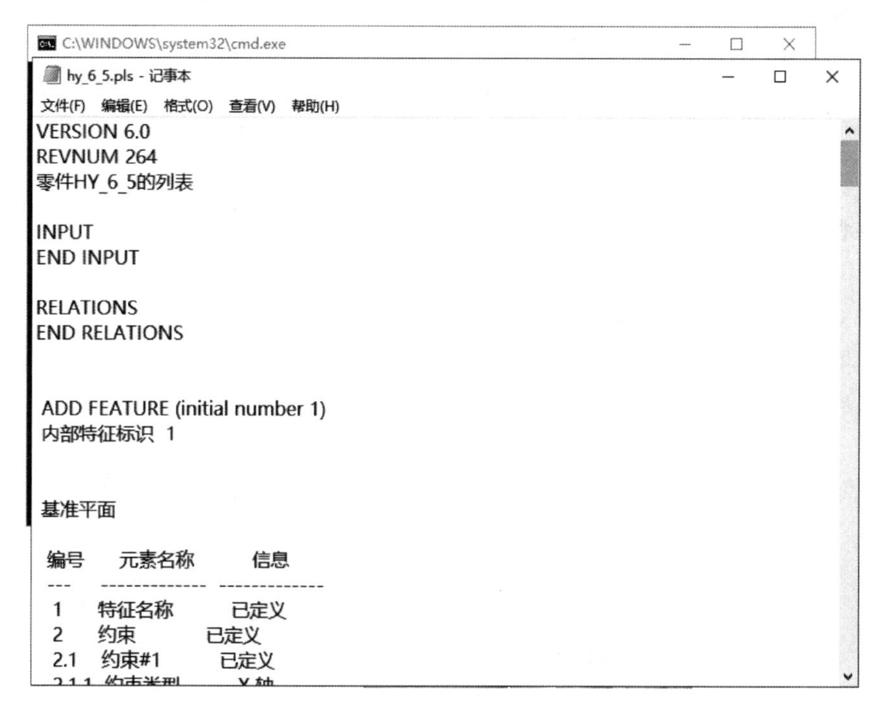

图 6-90 记事本

(3) 在 INPUT 和 END INPUT 之间输入如下语句：

```
弹簧丝直径 NUMBER=4
"请输入弹簧丝的直径="
```

```
弹簧中径 NUMBER=25
"请输入弹簧中径="
弹簧长度 NUMBER=72
"请输入弹簧长度="
标准螺距 NUMBER=9.5
"请输入弹簧的标准段的螺距(节距)="
```

完成后的窗口如图 6-91 所示。

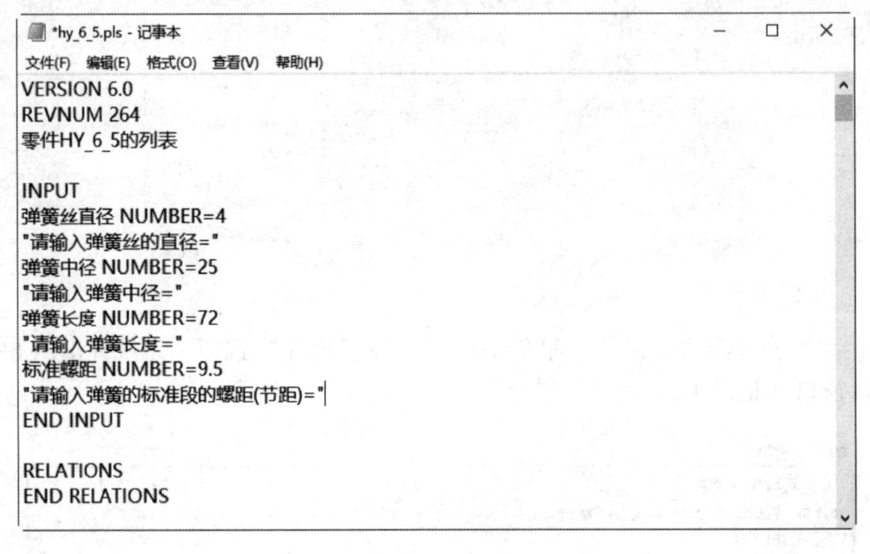
*hy_6_5.pls - 记事本
文件(F) 编辑(E) 格式(O) 查看(V) 帮助(H)

```
VERSION 6.0
REVNUM 264
零件HY_6_5的列表

INPUT
弹簧丝直径 NUMBER=4
"请输入弹簧丝的直径="
弹簧中径 NUMBER=25
"请输入弹簧中径="
弹簧长度 NUMBER=72
"请输入弹簧长度="
标准螺距 NUMBER=9.5
"请输入弹簧的标准段的螺距(节距)="
END INPUT

RELATIONS
END RELATIONS
```

图 6-91 输入程序

（4）在记事本窗口中，从“文件”下拉菜单中选择“保存”命令，接着从“文件”下拉菜单中选择“退出”命令。

（5）系统弹出图 6-92 所示的提示对话信息，单击“是”按钮。

此时，菜单管理器如图 6-93 所示，系统提供了 3 种输入参数的选项，用户可选择其中的一种方式来进行尺寸参数的变更。

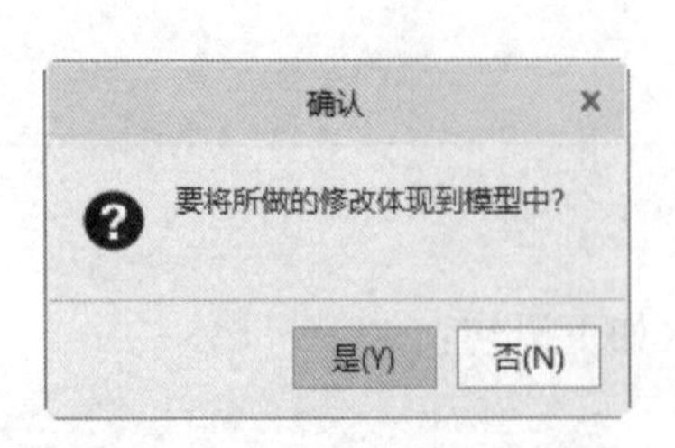

图 6-92 提示对话

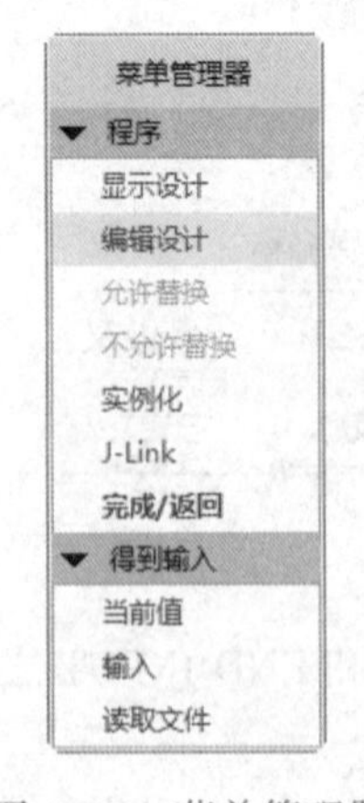

图 6-93 菜单管理器

（6）在菜单管理器的“得到输入”菜单中选择“输入”选项，则菜单管理器变为如图 6-94 所示（提供 INPUT SEL 菜单），从中选择“全选”选项，如图 6-95 所示。然后选择“完成选择”选项。

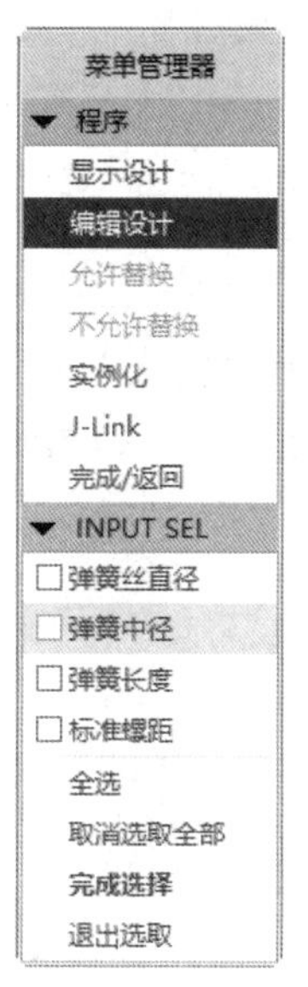

图 6-94 出现“INPUT SEL”菜单

图 6-95 选择全部

（7）在信息区出现之前设置的输入提示信息，如图 6-96 所示，输入弹簧丝的直径为 3，单击“接受”按钮，或者按〈Enter〉键接受。

图 6-96 输入弹簧丝直径

（8）输入弹簧中径为 30，如图 6-97 所示，单击“接受”按钮。

图 6-97 输入弹簧中径

（9）输入弹簧长度为 100，如图 6-98 所示，单击“接受”按钮。

图 6-98 输入弹簧长度

（10）输入弹簧标准段的节距为 8，如图 6-99 所示，单击“接受”按钮。

（11）Creo Parametric 6.0 自动再生模型（重新生成模型），即由输入的尺寸值驱动模型，结果如图 6-100 所示。在菜单管理器的“程序”菜单中选择“完成/返回”选项。

图 6-99　输入标准段的节距

步骤 7：重新输入设计信息。

（1）在功能区“模型”选项卡的“操作”组中单击“重新生成”按钮，此时系统弹出图 6-101 所示的菜单管理器。

（2）在菜单管理器的“得到输入”菜单中选择“输入”选项，接着在图 6-102 所示的“INPUT SEL”菜单中勾选“弹簧丝直径”“弹簧中径”“弹簧长度”“标准螺距”复选框，然后选择“完成选择”选项。

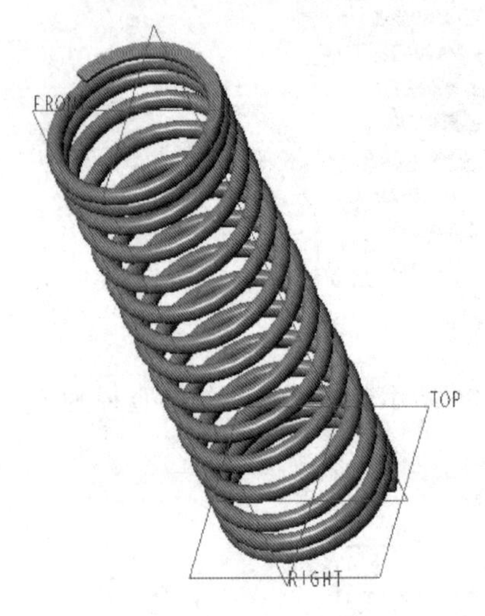

图 6-100　自动再生模型

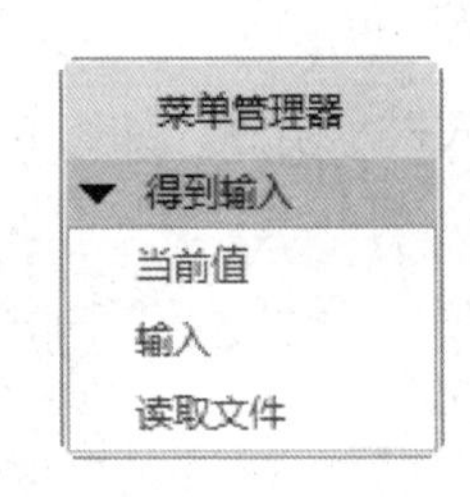

图 6-101　菜单管理器

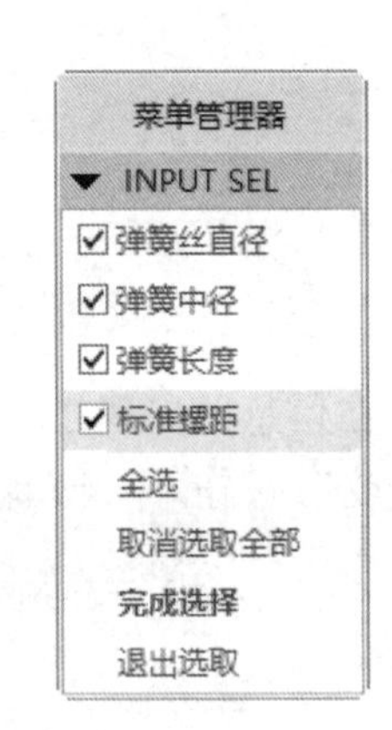

图 6-102　选择要重新输入的参数

（3）输入弹簧丝的直径为 4，如图 6-103 所示，单击“接受”按钮。

图 6-103　输入弹簧丝的直径

（4）输入弹簧中径为 25，如图 6-104 所示，单击“接受”按钮。

图 6-104　输入弹簧中径

（5）输入弹簧长度为 72，如图 6-105 所示，单击“接受”按钮。

（6）输入弹簧标准段的螺距为 7.8，如图 6-106 所示，单击“接受”按钮。

再生后的弹簧如图 6-107 所示。

图 6-105 输入弹簧长度

图 6-106 输入所需节距（螺距）

图 6-107 重新输入设计参数后再生的弹簧

此时，若从“模型意图”组溢出列表中选择“程序”命令，并在弹出的菜单管理器中选择“显示设计”选项，则打开图 6-108 所示的信息窗口，上面将该零件的特征列表信息显示出来，以供查阅。查阅完信息后，单击“关闭”按钮。

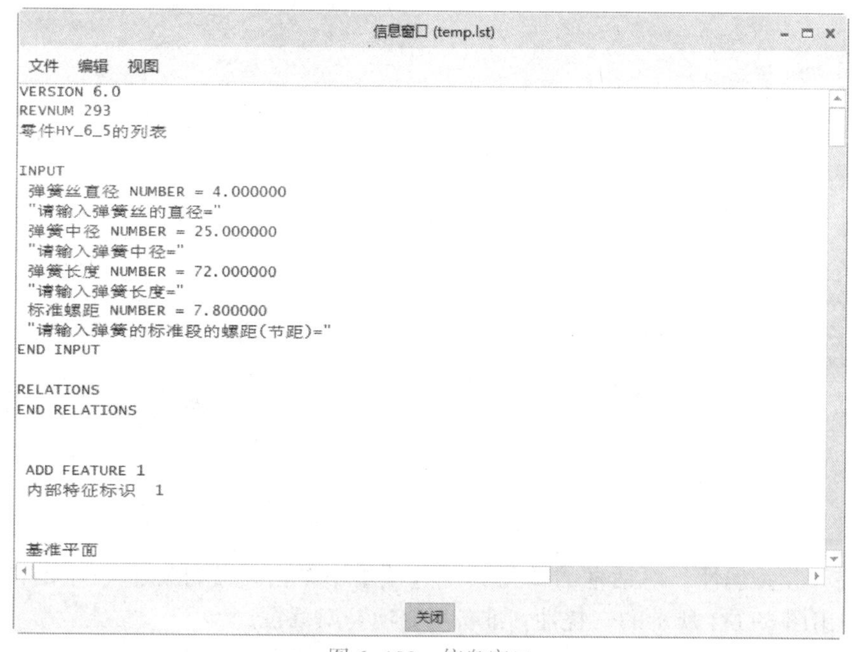

图 6-108 信息窗口

6.7 设置弹簧挠性的实例

对弹簧模型进行柔性化（挠性化）设置，使得在装配弹簧时可以将弹簧的长度设置为所需的长度，从而将其合理安装在适当的位置。

本实例的重点是学习如何设置弹簧的挠性。下面是具体的操作方法及步骤。

（1）在“快速访问”工具栏中单击“打开”按钮，打开配套资料包 CH6 文件夹中的 HY_6_6. prt 文件，文件中的弹簧模型如图 6-109 所示。

（2）从功能区打开“文件”选项卡，接着从“文件”选项卡中选择“准备”→“模型属性”命令，系统弹出“模型属性”对话框，如图 6-110 所示。

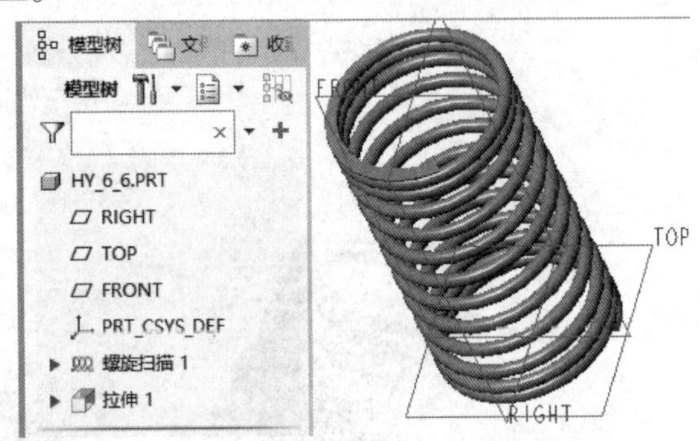

图 6-109　要设置为挠性体的弹簧模型

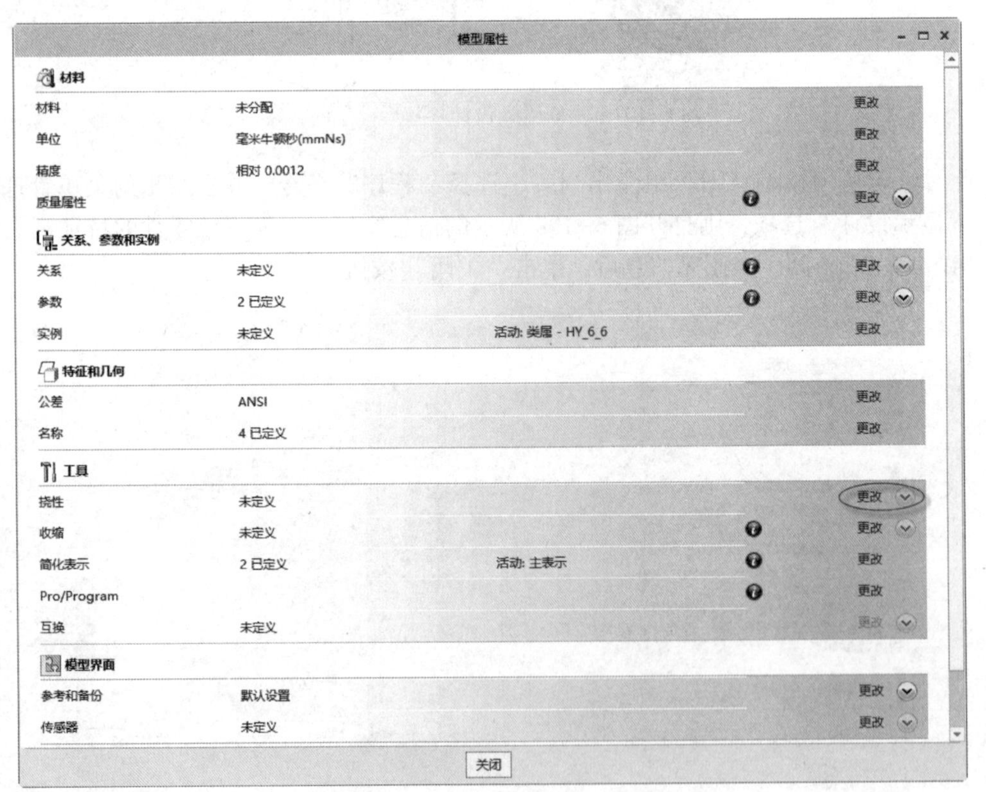

图 6-110　“模型属性”对话框

（3）在“模型属性”对话框的“工具”选项组中单击“挠性”一行中的“更改”选项，系统弹出图 6-111 所示的“挠性：准备可变项”对话框。

（4）此时，“定义挠性模型设置尺寸”按钮 + 处于被按下状态。在模型树上或者在模型窗口中单击螺旋扫描特征，出现一个菜单管理器，从中勾选“轮廓”复选框，如图 6-112 所示。

图 6-111 “挠性：准备可变项”对话框

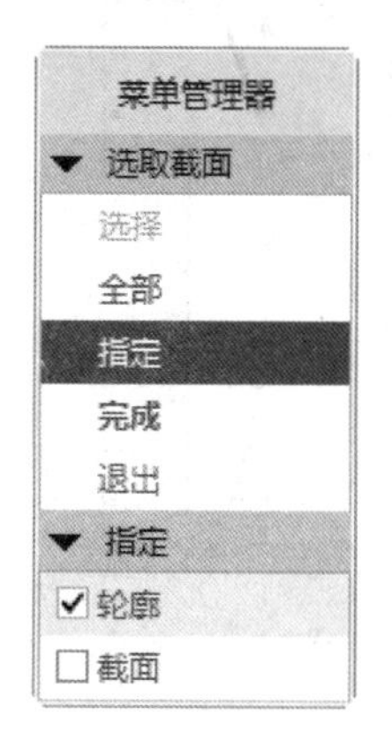

图 6-112 菜单管理器

（5）在菜单管理器的“选取截面”菜单中选择“完成”选项，则此时模型显示出该螺旋扫描特征的轮廓尺寸，如图 6-113 所示。

（6）在模型中单击弹簧的长度尺寸 100，单击鼠标中键确认，或者在“选择”对话框中单击“确定”按钮。此时该尺寸项目被收集在“挠性：准备可变项”对话框的“尺寸”选项卡中，如图 6-114 所示。

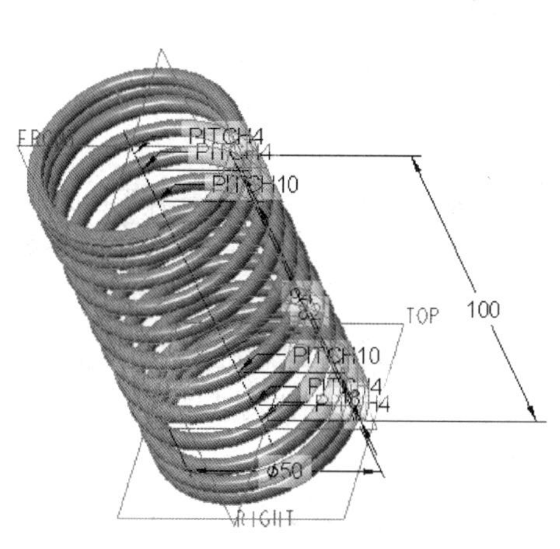

图 6-113 显示指定项目的尺寸

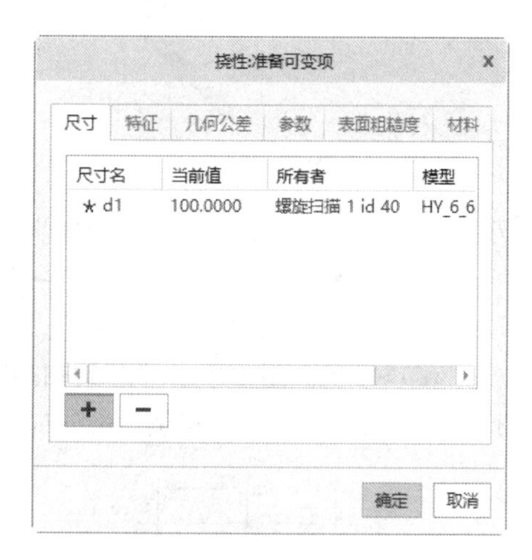

图 6-114 设置可变项目

（7）单击“确定”按钮。

（8）在“模型属性”对话框中单击“关闭”按钮。

（9）保存文件，完成本例操作。

6.8 初试牛刀

设计题目 1：设计图 6-115 所示的弹簧造型，其螺距值恒定为 12 mm。

设计题目 2：设计图 6-116 所示的圆柱螺旋扭转弹簧。

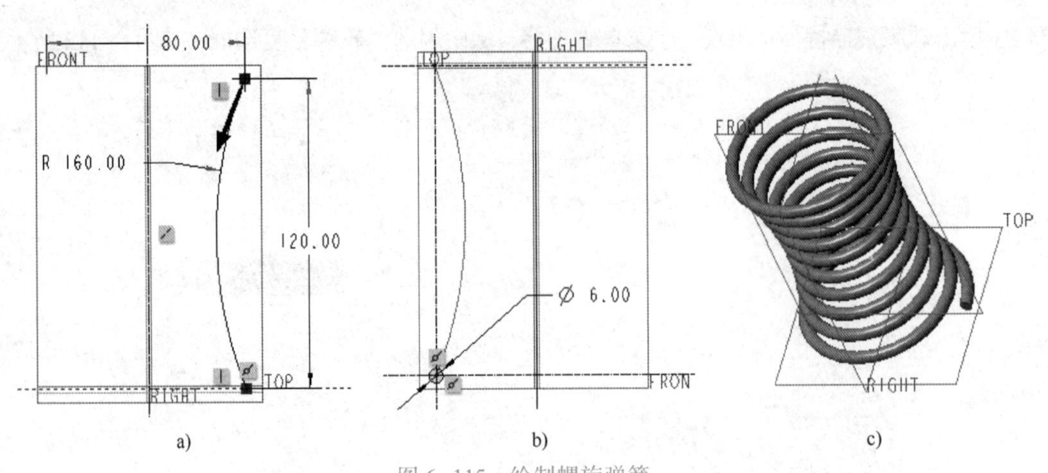

图 6-115　绘制螺旋弹簧

a）绘制螺旋轮廓轨迹线　b）绘制弹簧丝直径　c）完成的弹簧造型

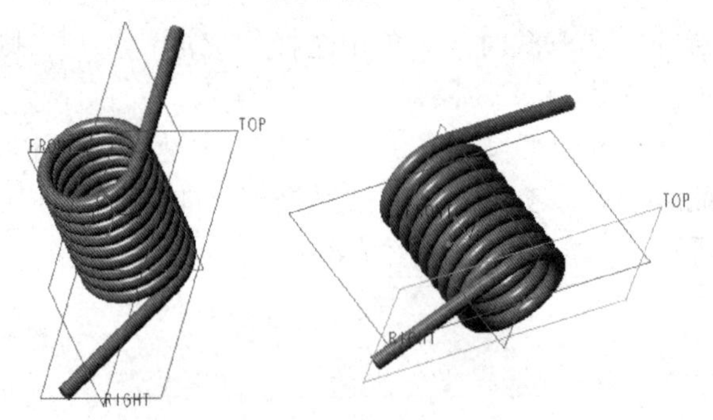

图 6-116　圆柱螺旋扭转弹簧

小知识：扭转弹簧常用于压紧、储能或传递扭矩。扭转弹簧的两端带有杆臂或挂钩，以便固定和加载；扭转弹簧在相邻两圈间一般留有微小的间距，以免扭转变形时相互摩擦。

可以按照如下简述的两大步骤进行。

（1）在“形状”组中单击“螺旋扫描”按钮，创建一个等螺距的螺旋扫描特征，其螺旋扫描轮廓轨迹线草图及弹簧丝剖面如图 6-117 所示，其螺距设置为 3.3。

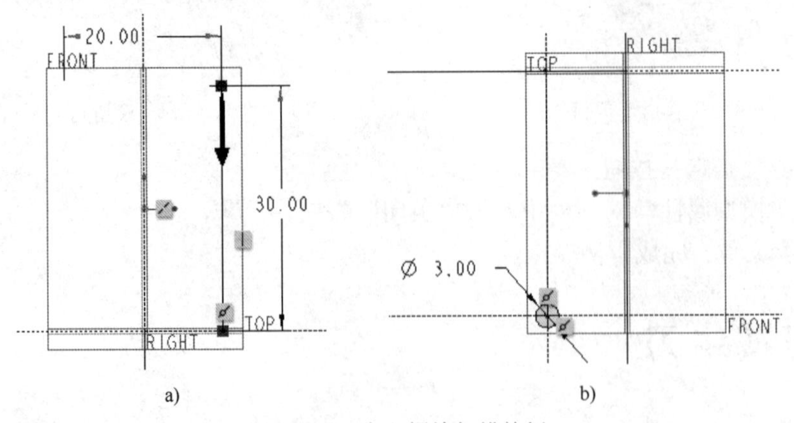

图 6-117　定义螺旋扫描特征

a）螺旋扫描轮廓轨迹线草图　b）弹簧丝剖面

(2) 绘制好等螺距的螺旋扫描特征后，便开始创建扭转弹簧的外臂。可以使用“拉伸”按钮工具来完成，也可以采用其他方法来完成。

读者可以参考配套参考资料包的 CH6 文件夹中的 hy_ex6_2. prt 模型文件。

设计题目 3：设计一个蜗簧，效果如图 6-118 所示，其阿基米德蜗螺线方程如下。

```
theta=360 * 3 * t
r=25+0. 03 * theta
z=0
```

该蜗簧钢丝剖面如图 6-119 所示。

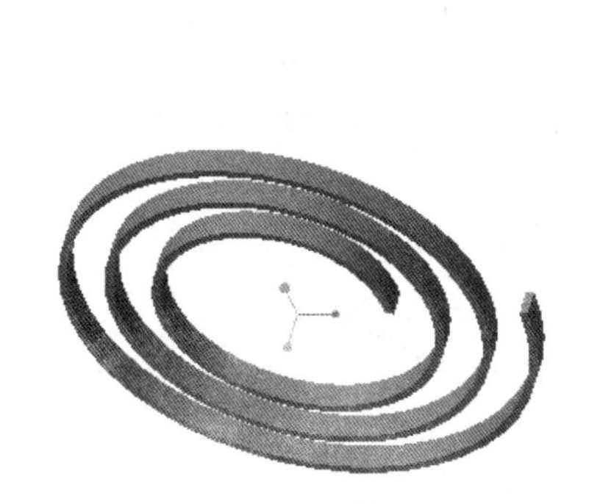

图 6-118 蜗簧造型

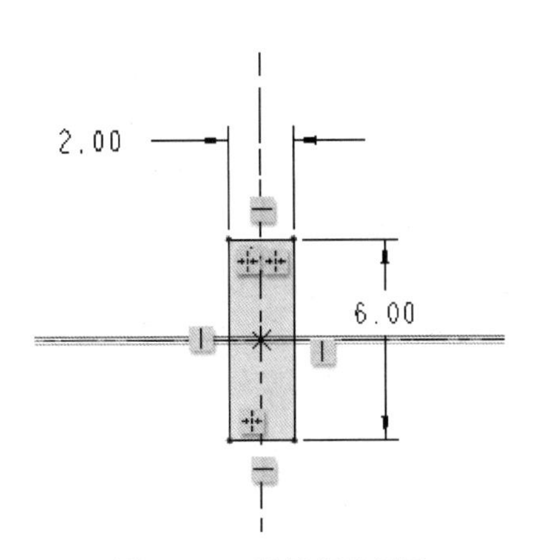

图 6-119 蜗簧钢丝剖面

设计题目 4：设计一个通用的圆柱螺旋弹簧，其工作圈数不大于 7 圈，完成的弹簧模型如图 6-120 所示，初始的弹簧中径为 20 mm，弹簧长度为 20 mm，弹簧丝直径为 2 mm，标准段的螺距为 4. 5 mm。该弹簧初始模型的螺旋轮廓轨迹线如图 6-121 所示。

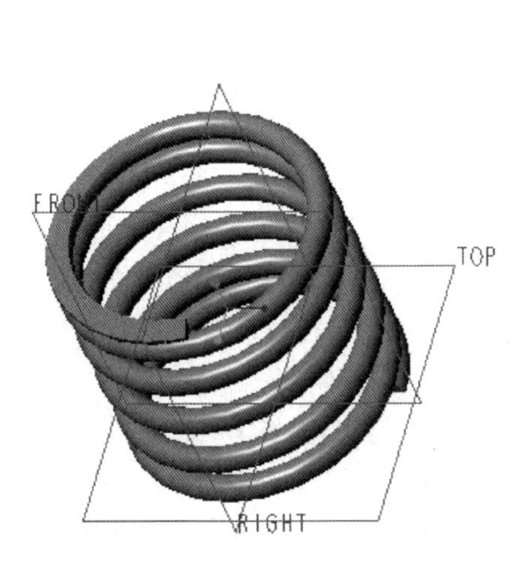

图 6-120 完成的弹簧模型

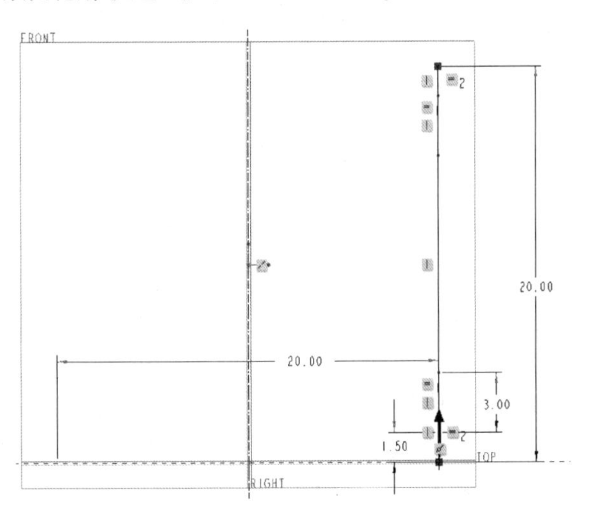

图 6-121 螺旋轮廓轨迹线

第7章 常见齿轮设计

本章导读：

齿轮在机械传动中应用广泛。齿轮传动具有效率高、结构紧凑、工作可靠、寿命长、传动比稳定等特点。齿轮的种类较多，如果按照轮齿曲线相对于齿轮轴心线方向来分，可以将齿轮分为直齿齿轮、斜齿齿轮、人字齿齿轮和曲线齿齿轮等；如果按照齿轮轮廓线来分，可以将齿轮主要分为渐开线齿轮、摆线齿轮和圆弧齿轮3种，其中渐开线齿轮的应用最为广泛。本章将详细介绍如何设计常用的渐开线齿轮零件。

本章精彩实例：

- 渐开线直齿圆柱齿轮
- 渐开线斜齿圆柱齿轮
- 齿轮轴
- 直齿锥齿轮

7.1 常见齿轮零件的结构分析

齿轮传动是机械传动中最主要的一类传动。齿轮机构可以传递空间任意两轴之间的运动和动力，以及改变运动速度和方向。根据一对齿轮在传动时的相对运动是平面运动还是空间运动，可以将一些齿轮机构分为平面齿轮机构和空间齿轮机构两类。平面齿轮机构用于传递两平行轴之间的运动和动力，平面齿轮机构可分为直齿圆柱齿轮机构、平行轴的斜齿圆柱齿轮机构、人字齿齿轮机构和曲线齿圆柱齿轮机构。空间齿轮机构主要用来传递两相交轴或交错轴之间的运动和动力，常见的类型主要有锥齿轮机构、交错轴斜齿轮机构、准双曲面齿轮机构等。

齿轮的机构设计，可以从齿轮传动的强度计算开始，确定出齿轮的主要尺寸，如模数、齿数、齿宽、螺旋角等，进而设计齿轮的具体结构形式和尺寸大小。在进行齿轮的结构设计时，必须综合考虑齿轮的几何尺寸、毛坯、材料、加工方法、使用要求以及经济性等因素，通常的步骤是先按照齿轮的直径大小选定合适的主结构形式，然后再根据一些经验数据进行细节的结构设计。

在了解了齿轮的一般设计步骤后，需要重点熟悉直齿圆柱齿轮、斜齿圆柱齿轮、人字齿齿轮、锥齿轮和齿条这5种常见的齿轮零件。

7.1.1 直齿圆柱齿轮

直齿圆柱轮齿的齿向与轴线平行。齿轮上每个凸起部分称为齿（或轮齿），相邻两齿之间的空间称为齿槽。

在介绍渐开线标准直齿圆柱齿轮之前，先简单介绍渐开线及渐开线齿廓的一些基础知识。渐开线的形成可以这样理解：当一条直线沿着一个圆的圆周作纯滚动时，直线上任意一点的轨迹便是该圆的渐开线，这个圆被称为渐开线的基圆，其半径用r_b表示。

在机械原理中，渐开线直角坐标参数方程如下：

$$x=r_b\sin\theta-r_b\theta\cos\theta$$

$$y=r_b\cos\theta+r_b\theta\sin\theta$$

其中，r_b为基圆半径，θ为渐开线展角（θ单位为弧度）。

渐开线齿廓满足定传动比的要求，即两渐开线齿轮啮合时，其传动比与两齿轮的基圆半径成反比。另外，渐开线齿廓啮合的特点为：啮合线为一条定直线，齿廓间正压力的方向不变，中心距具有可分性等。渐开线直齿圆柱齿轮传动正确啮合的前提条件是两齿轮的模数和压力角两两相等。

渐开线标准直齿圆柱齿轮的几何尺寸关系见表 7-1。

表 7-1　渐开线标准直齿圆柱齿轮的几何尺寸关系

名　称	尺寸符号	计算公式或说明
模数	m	$m=p/\pi$，p为齿距，标注模数可以根据设计要求从 GB/T 1357—2008 中选择
压力角	α	压力角是决定渐开线齿廓形状的一个基本参数，我国规定分度圆压力角的标准值为20°，但在某些场合也取$\alpha=14.5°$、15°、22.5°和25°
分度圆直径	d	$d_1=mz$　$d_2=mz$
齿顶高	h_a	$h_a=h_a^*m$
齿根高	h_f	$h_f=(h_a^*+c^*)m$
全齿高	h	$h=h_a+h_f=(2h_a^*+c^*)m$
齿顶圆直径	d_a	$d_{a1}=d_1+2h_a=(z_1+2h_a^*)m$　$d_{a2}=d_2\pm2h_a=(z_2\pm2h_a^*)m$
齿根圆直径	d_f	$d_{f1}=d_1-2h_f=(z_1-2h_a^*-2c^*)m$　$d_{f2}=d_2\mp2h_f=(z_2\mp2h_a^*\mp2c^*)m$
基圆直径	d_b	$d_{b1}=d_1\cos\alpha=mz_1\cos\alpha$　$d_{b2}=d_2\cos\alpha=mz_2\cos\alpha$
齿距	p	$p=\pi m$
齿厚	s	$s=\pi m/2$
齿槽宽	e	$e=\pi m/2$
中心距	a	$a=0.5(d_1+d_2)=m(z_1+z_2)/2$
顶隙	c	$c=c^*m$
基圆齿距	p_b	$p_b=p\cos\alpha=\pi m\cos\alpha$

注意：凡含“±”或“∓”的公式，上面符号用于外啮合，下面符号用于内啮合。h_a^*为齿顶高系数，c^*为顶隙系数，对于正常齿制而言，当$m\geq1$ mm 时，$h_a^*=1$，$c^*=0.25$；当$m<1$ mm 时，$h_a^*=1$，$c^*=0.35$；对于短齿制而言，$h_a^*=0.8$，$c^*=0.3$。

7.1.2 斜齿圆柱齿轮

斜齿圆柱齿轮的齿向相对于齿轮的轴线倾斜一定的角度，所述的倾斜角被称为螺旋角，如无特别说明，所述螺旋角是指分度圆柱面上的螺旋角。

斜齿轮齿廓曲面的形成方法与直齿轮的相同，只是展成曲面的直线不平行于齿轮的轴线，而是与轴线成一个角度倾斜。

标准斜齿圆柱齿轮的几何计算公式及说明见表 7-2。

表 7-2　标准斜齿圆柱齿轮的几何计算公式及说明

名　称	符号	计算公式及说明
螺旋角	β	一般取 8°~20°
基圆柱上螺旋角	β_b	$\tan\beta_b=\tan\beta\cos\alpha_t$
法向模数	m_n	根据齿轮强度计算按标准取值
端面模数	m_t	$m_t=m_n/\cos\beta$
法向压力角	α_n	$\alpha_n=20°$
端面压力角	α_t	$\tan\alpha_t=\tan\alpha_n/\cos\beta$
分度圆直径	d	$d=m_tz=m_nz/\cos\beta$
基圆直径	d_b	$d_b=d\cos\alpha_t$
齿顶高	h_a	$h_a=h_{an}^*m_n$　$h_{an}^*=1$
齿根高	h_f	$h_f=(h_{an}^*+c_n^*)m_n$　$c_n^*=0.25$
齿顶圆直径	d_a	$d_a=d+2h_a$
齿根圆直径	d_f	$d_f=d-2h_f$
标准中心距	α	$\alpha=(d_1+d_2)/2=m_t(z_1+z_2)/2=m_n(z_1+z_2)/(2\cos\beta)$

根据斜齿轮轮廓曲面的形成可以得知，斜齿轮在端面上具有渐开线齿形，但由于斜齿轮的轮齿呈螺旋形排布，故在垂直于轮齿螺旋线方向（即法平面）上，其齿形与端面上是不同的。

斜齿轮的建模多采用近似的渐开线齿形来辅助完成。

7.1.3 人字齿齿轮

人字齿齿轮的齿形宛如汉字中的“人”字。该类齿轮实际上相当于两个螺旋角大小相等的、但齿的倾斜方向相反的斜齿轮拼在一起而形成的。

7.1.4 锥齿轮

锥齿轮主要用于两相交轴间的传动，其轮齿均匀排列在截圆锥体的表面上，可以为直齿、斜齿或曲齿。鉴于直齿锥齿轮的设计、制造和安装均较为容易，应用广泛，本书只介绍锥齿轮中的直齿锥齿轮。

锥齿轮有大端和小端之分，其齿形由大端逐渐过渡到小端。锥齿轮的几何计算以大端作为基准，所提及的模数默认时是指大端模数，分度圆直径也是指大端分度圆直径。

直齿锥齿轮轮齿是由大端到小端逐渐收缩的，这种齿轮为收缩齿锥齿轮。按照顶隙不同，可以将收缩齿锥齿轮分为不等顶隙收缩齿锥齿轮和等顶隙收缩齿锥齿轮两种。国家标准 GB/T 12369—1990 规定采用等顶隙收缩齿锥齿轮传动。

标准直齿锥齿轮的几何尺寸计算公式见表 7-3。

表 7-3 标准直齿锥齿轮传动的主要几何尺寸计算（$\Sigma=90°$）

名 称	符号	计 算 公 式
分锥角	δ	$\delta_1=\arctan_1(z_1/z_2)$　$\delta_2=\arctan_1(z_2/z_1)$
分度圆直径	d	$d=mz$
锥距	R	$R=0.5m\sqrt{z_1^2+z_2^2}$
齿顶高	h_a	$h_a=h_a^* m$，其中 $h_a^*=1$
齿根高	h_f	$h_f=(h_a^*+c^*)m$，其中 $c^*=0.2$
齿顶圆直径	d_a	$d_a=d+2h_a\cos\delta$
齿根圆直径	d_f	$d_f=d_1-2h_f\cos\delta$
齿顶角	θ_a	$\tan\theta_a=h_a/R$
齿根角	θ_f	$\tan\theta_f=h_f/R$
根锥角	δ_f	$\delta_f=\delta-\theta_f$
顶锥角	δ_a	$\delta_a=\delta+\theta_f$
齿宽	B	$B=(0.25\sim0.35)R$（取整）

注：锥齿轮标准模数系列（GB/T 12368—1990）包括（单位为 mm）1、1.125、1.25、1.375、1.5、1.75、2、2.25、2.5、2.75、3、3.25、3.5、3.75、4、4.5、5、5.5、6、7、8、9、10、11、12、14、16、18、20、22、25、28、30、32、36、40、45、50。

7.1.5 齿条

当标准圆柱齿轮的齿数趋于无穷多时，其基圆和其他圆的半径也趋于无穷大时，齿轮各圆均变成相互平行的直线，这样就形成了标准的齿条。

齿条具有如下的机构特点。

（1）齿条直线齿廓上各点具有相同的压力角，并且其等于齿廓的倾斜角，在机械原理中，将此角称为齿形角，其标准值为 20°。

（2）与齿顶线平行的各条直线上的齿距均相等，且 $p=\pi m$。

（3）与齿顶线平行且使齿厚和齿槽宽相等的一条直线称为分度线，它是确定齿条齿部尺寸的基准线。

7.2 渐开线直齿圆柱齿轮实例

本实例介绍一个渐开线直齿圆柱齿轮的设计方法及设计步骤。该齿轮的模数 m 为2.5 mm，齿数 z 为 125，齿宽为 80 mm，压力角 $\alpha=20°$。完成的该渐开线直齿圆柱齿轮如图 7-1 所示。

在该实例中，重点学习设置尺寸关系、由渐开线方程创建曲线、设置基本参数等知识。

下面介绍该渐开线直齿圆柱齿轮的建模方法及步骤。

步骤 1：新建零件文件。

（1）在“快速访问”工具栏上单击“新建”按钮，弹出“新建”对话框。

（2）在“类型”选项组中选择“零件”单选按钮，在“子类型”选项组中选择“实体”单选按钮，在“名称”文本框中输入 HY_7_1；并取消勾选“使用默认模板”复选框，

图 7-1　渐开线直齿圆柱齿轮

不使用默认模板，单击“确定”按钮，弹出“新文件选项”对话框。

（3）在“新文件选项”对话框的“模板”选项组中，选择 mmns_part_solid 选项。单击“确定”按钮，进入零件设计模式。

步骤 2：定义参数。

（1）在功能区的“模型”选项卡中单击“模型意图”→“参数”按钮[]，此时系统弹出“参数”对话框。

（2）4 次单击“添加”按钮+，从而增加四个参数。

（3）分别修改新参数名称和相应的数值，如图 7-2 所示。新参数分别为 m、Z、WIDTH 和 PA，其中 m 为模数，Z 为齿数，WIDTH 为齿宽，PA 为压力角，其值分别为 2.5、125、80 和 20。

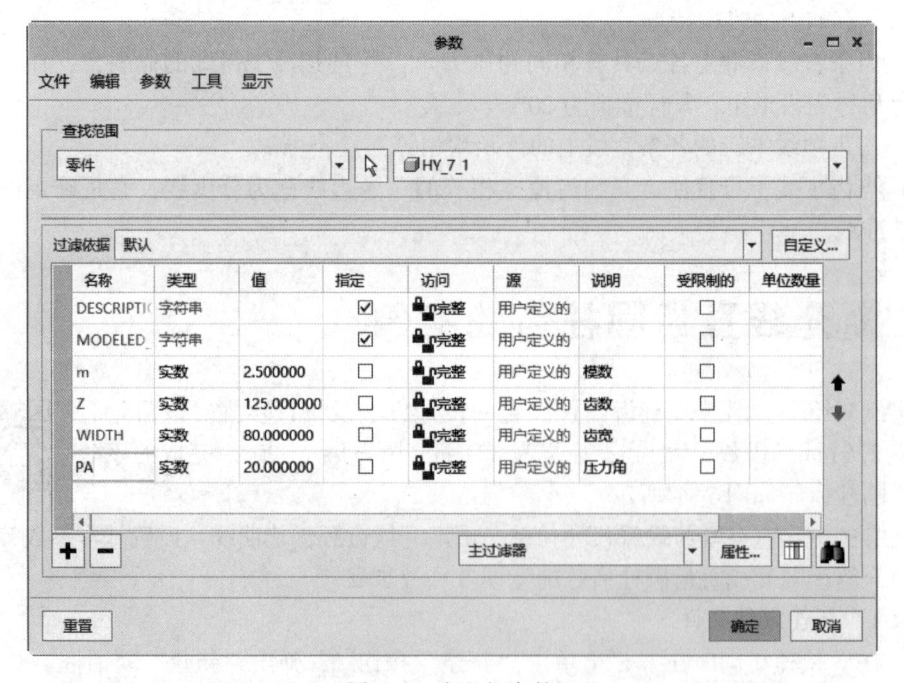

图 7-2　定义新参数

(4) 在“参数”对话框上单击“确定”按钮，完成用户自定义参数的建立。

步骤3：创建旋转特征。

(1) 单击“旋转”按钮，打开“旋转”选项卡，默认选中“实心”按钮。

(2) 选择FRONT基准平面作为草绘平面，进入内部草绘器中。

(3) 单击“基准”组中的“中心线（几何）”按钮，绘制一条水平的几何中心线作为旋转轴。接着单击“草绘”组中的“中心线”按钮，绘制一条竖直的中心线。然后单击“草绘”组中的“线链”按钮，草绘图7-3所示的旋转截面。

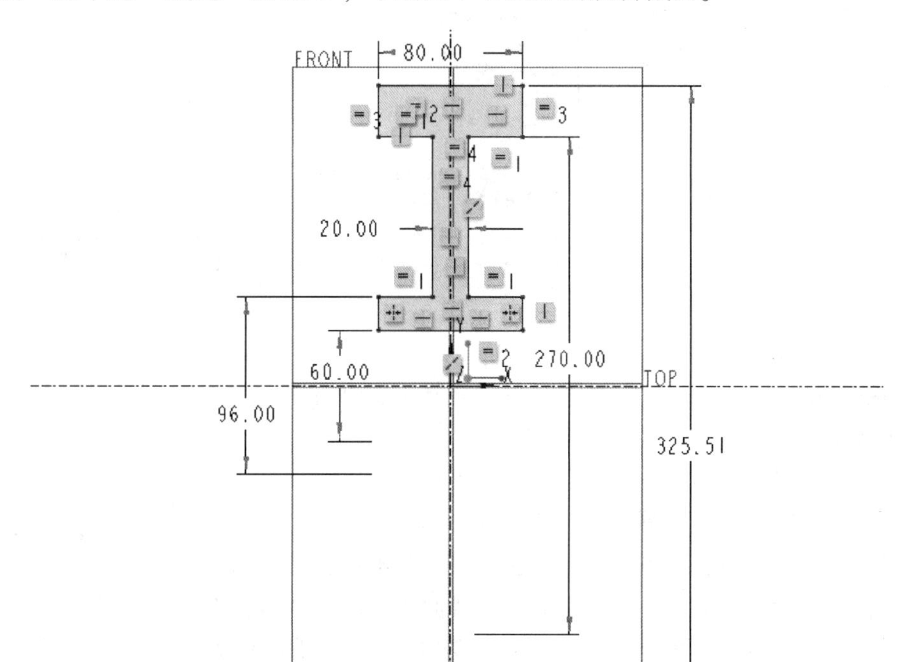

图7-3 绘制草图

说明 绘制的第一条中心线将作为旋转轴。

(4) 在功能区中切换至“工具”选项卡，接着从“模型意图”组中单击“关系”按钮d=，弹出“关系”对话框。此时草绘截面的各尺寸以变量符号显示，在对话框中输入关系式（尺寸代号需与实际显示的为准）：

```
sd6=WIDTH
sd11=0.25*WIDTH
sd9=m*Z+2*m
```

输入完成后的“关系”对话框如图7-4所示。

(5) 在“关系”对话框上单击“确定”按钮。

(6) 在功能区中重新切换回“草绘”选项卡，单击“确定”按钮，完成草绘并退出草绘模式。

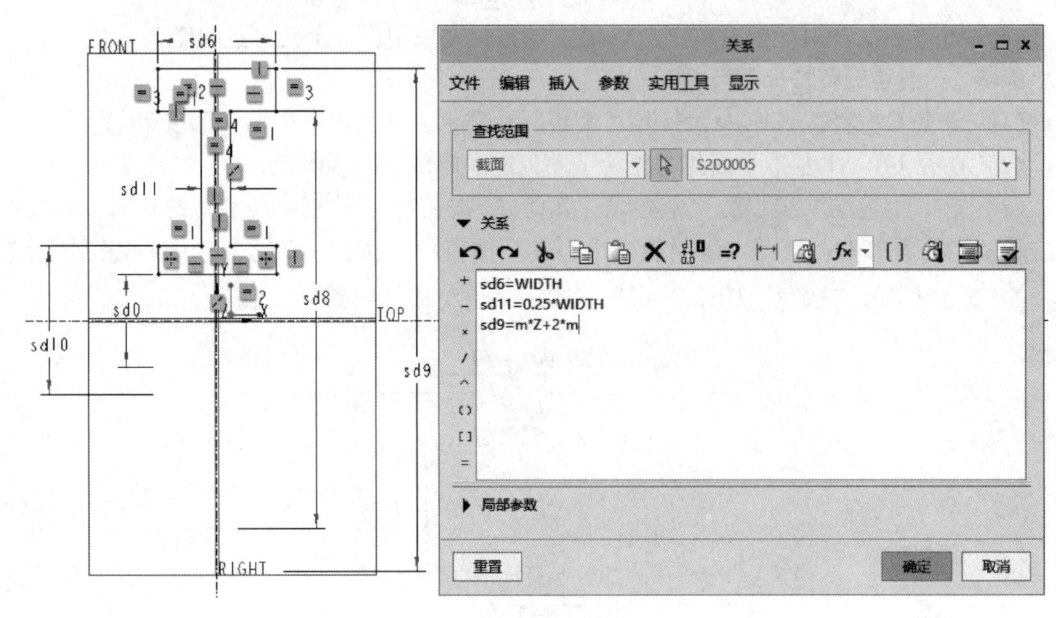

图 7-4 设置关系式

（7）接受默认的旋转角度为 360°。在“旋转”选项卡中单击“确定”按钮，完成的旋转特征如图 7-5 所示。

步骤 4：建立键槽结构。

（1）单击“拉伸”按钮，打开“拉伸”选项卡。

（2）指定要创建的模型特征为“实心”，单击“移除材料”按钮。

（3）打开“拉伸”选项卡的“放置”下滑面板，单击“定义”按钮，弹出“草绘”对话框。选择 RIGHT 基准平面作为草绘平面，以 TOP 基准平面作为“左”方向参考，单击“草绘”按钮，进入草绘模式。

（4）绘制图 7-6 所示的剖面，单击“确定”按钮。

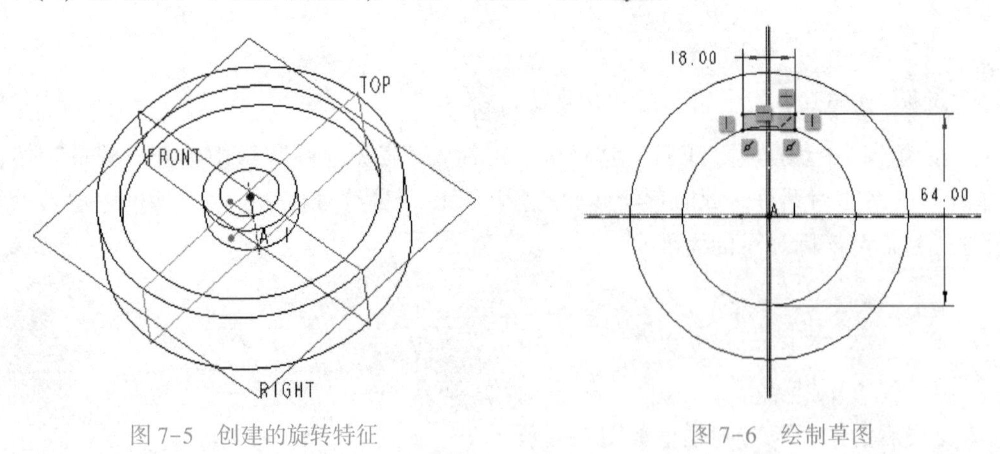

图 7-5 创建的旋转特征　　图 7-6 绘制草图

（5）打开“选项”下滑面板，从“侧 1”和“侧 2”下拉列表框中均选择（穿透）选项，如图 7-7 所示。

（6）单击“拉伸”选项卡中的“确定”按钮，得到的键槽结构如图 7-8 所示。

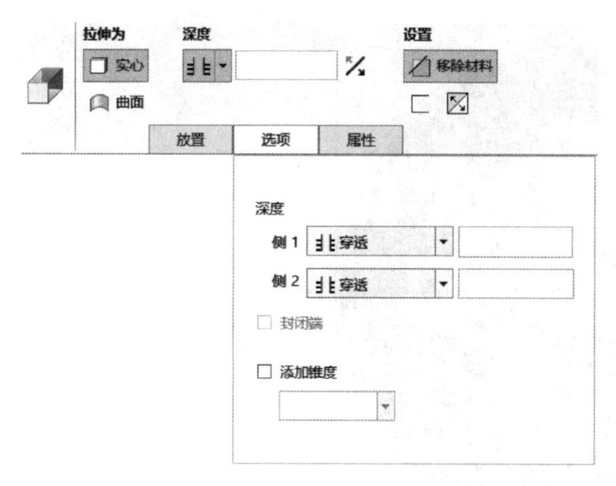

图 7-7　选择深度选项

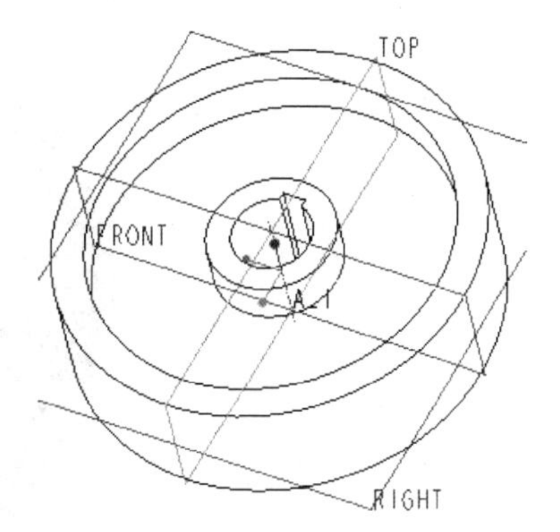

图 7-8　创建键槽结构

步骤 5：在腹板上创建均布孔。

（1）单击“拉伸”按钮，打开“拉伸”选项卡。

（2）指定要创建的模型特征为“实心”，单击“移除材料”按钮。

（3）打开“拉伸”选项卡的“放置”下滑面板，单击“定义”按钮，弹出“草绘”对话框。在“草绘”对话框上单击“使用先前的”按钮，进入草绘模式。

（4）绘制图 7-9 所示的剖面，单击“确定”按钮。

（5）单击“拉伸”选项卡的“选项”按钮，打开“选项”下滑面板，从“侧 1”和“侧 2”下拉列表框中均选择（穿透）选项。

（6）单击“拉伸”选项卡中的“确定”按钮，创建的均布孔如图 7-10 所示。

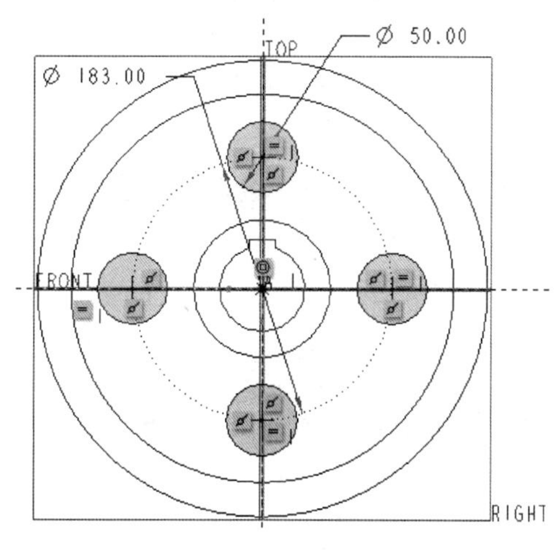

图 7-9　绘制剖面

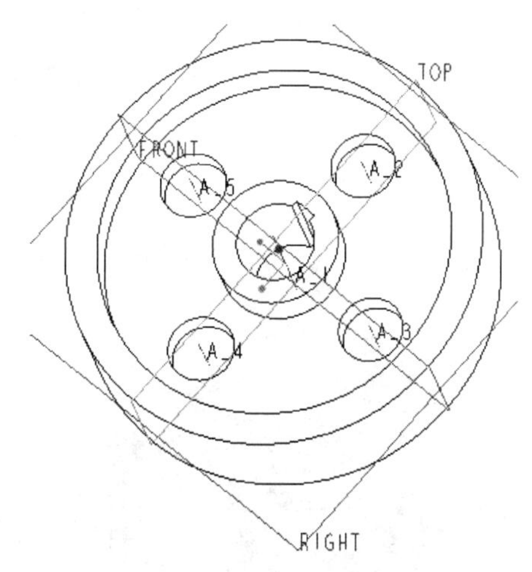

图 7-10　创建均布孔

步骤 6：草绘曲线。

（1）单击“草绘”按钮，弹出“草绘”对话框。

（2）选择 RIGHT 基准平面为草绘平面，接受默认的草绘方向参考（如以 TOP 基准平面为“左”方向参考），单击“草绘”按钮。

（3）分别绘制 4 个圆，如图 7-11 所示。

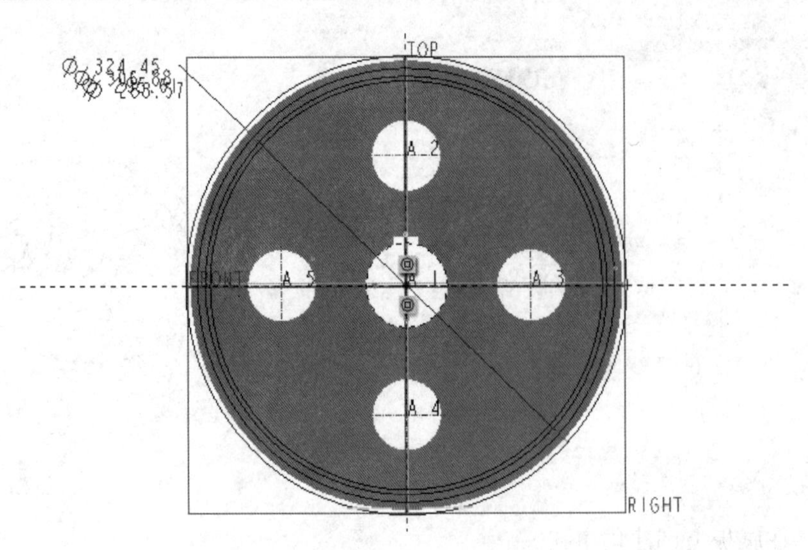

图 7-11　绘制圆

（4）在功能区中切换至“工具”选项卡，从“模型意图”组中单击“关系”按钮 d=，打开“关系”对话框（窗口）。此时草绘截面的各尺寸以变量符号显示，在该对话框（窗口）中输入如下关系式：

```
sd0=m*(Z+2)
sd1=m*Z
sd2=m*Z*cos(PA)
sd3=m*Z-2.5*m
DB=sd2
```

完成后的“关系”对话框（窗口）如图 7-12 所示。在“关系”对话框（窗口）上单击“确定”按钮。

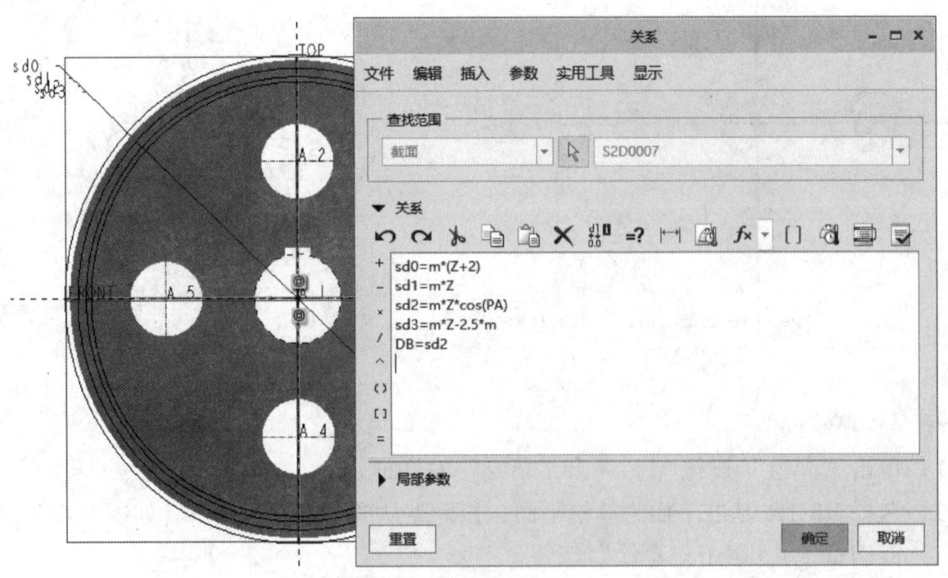

图 7-12　定义关系式

（5）在功能区中切换到“草绘”选项卡，然后单击“确定”按钮✔。

步骤7：创建渐开线。

（1）在功能区的“模型”选项卡中打开“基准”组溢出列表，接着单击“曲线”旁的小三角按钮▸，如图7-13所示，然后选择“来自方程的曲线”命令。

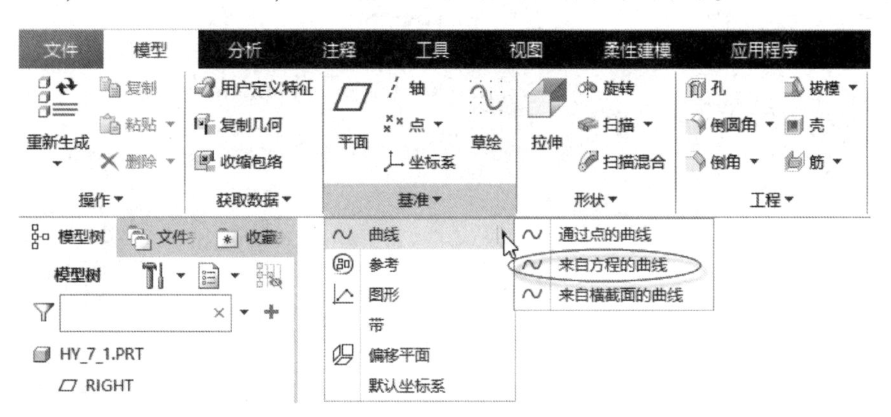

图7-13 打开“曲线”级联列表并选择所需的曲线命令

此时，功能区出现“曲线：从方程”选项卡，如图7-14所示。

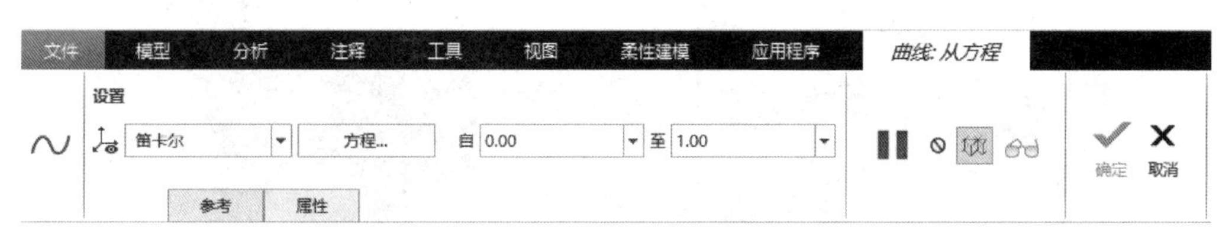

图7-14 “曲线：从方程”选项卡

（2）在图形窗口或模型树中选择PRT_CSYS_DEF坐标系，接着从图7-15所示的下拉列表框中选择“笛卡尔[⊖]”坐标系类型选项。

（3）在“曲线：从方程”选项卡中单击“方程”按钮，弹出一个“方程”编辑窗口，在其文本框中输入下列函数方程：

```
r=DB/2                                    /*r为基圆半径
theta=t*60                                /*设置渐开线展角为从0到60度
x=0
z=r*sin(theta)-r*(theta*pi/180)*cos(theta)
y=r*cos(theta)+r*(theta*pi/180)*sin(theta)
```

输入关系式后的“方程”编辑窗口如图7-16所示。

（4）在“方程”编辑窗口中单击“执行/校验关系并按关系创建新参数”按钮，弹出图7-17所示的“校验关系”对话框，从中单击“确定”按钮。

（5）“方程”编辑窗口中单击“确定”按钮。

⊖ 应为笛卡儿

（6）在“曲线：从方程”选项卡中单击“确定”按钮✔，创建图 7-18 所示的渐开线。

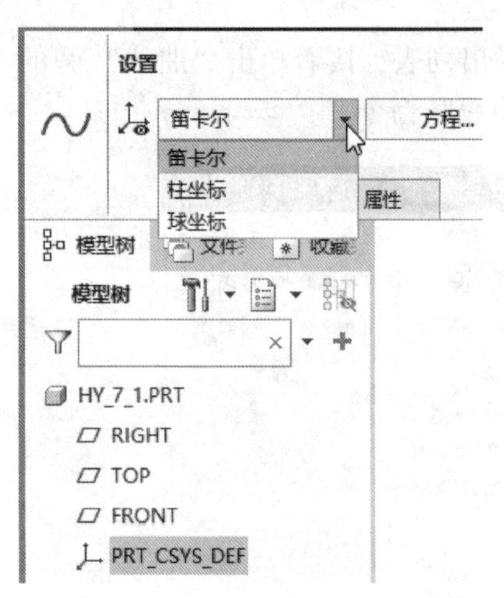

图 7-15　选择“笛卡尔”选项

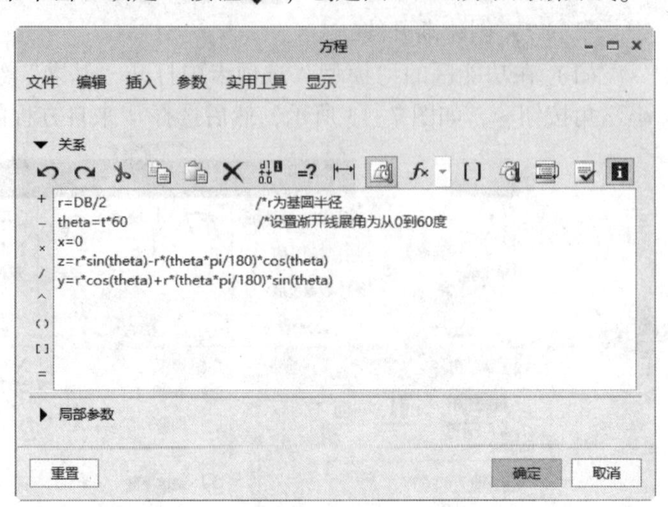

图 7-16　“方程”编辑窗口

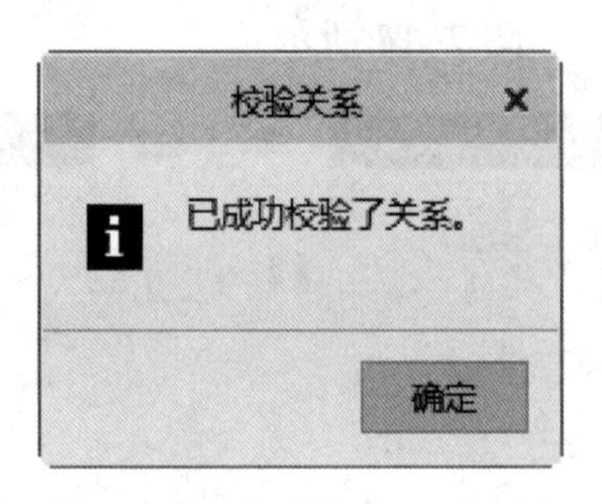

图 7-17　“校验关系”对话框

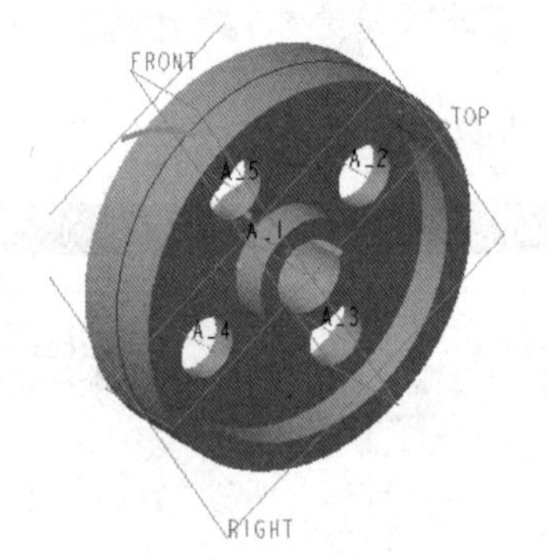

图 7-18　完成一条剪开线

步骤 8：创建基准点。

（1）单击“基准点”按钮，打开“基准点”对话框。

（2）选择渐开线，按住〈Ctrl〉键选择分度圆曲线，如图 7-19 所示，在它们的交点处产生一个基准点 PNT0。

（3）在“基准点”对话框中单击“确定”按钮。

步骤 9：创建通过基准点 PNT0 与圆柱轴线的参考平面。

（1）单击“基准平面”按钮，打开“基准平面”对话框。

（2）选择圆柱轴线 A_1，按〈Ctrl〉键的同时选择基准点 PNT0，如图 7-20 所示。

（3）在“基准平面”对话框中单击“确定”按钮，创建了基准平面 DTM1。

步骤 10：创建基准平面 M_DTM。

（1）单击“基准平面”按钮，打开“基准平面”对话框。

（2）选择 DTM1 基准平面，按住〈Ctrl〉键的同时选择圆柱轴线 A_1，接着在“基准平面”对话框的“旋转”框中输入“-360/(4 * Z)”，如图 7-21 所示，按〈Enter〉键，系统自动计算该关系式。

（3）切换到“属性”选项卡，在“名称”文本框中输入 M_DTM，如图 7-22 所示。

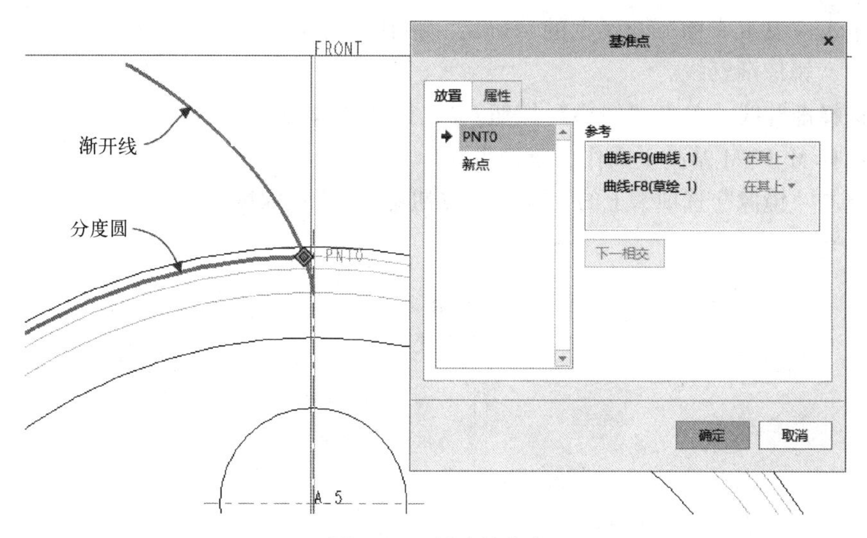

图 7-19 创建基准点

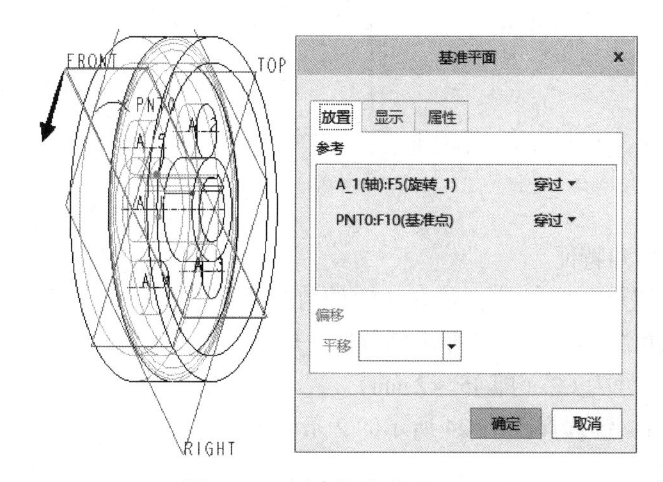

图 7-20 创建基准平面 DTM1

图 7-21 输入旋转角度

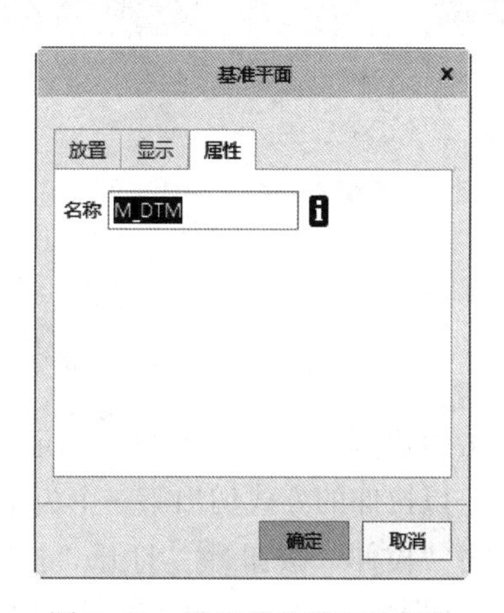

图 7-22 设置基准平面的名称

（4）单击“基准平面”对话框的“确定”按钮。

步骤 11：镜像渐开线。

（1）选择渐开线，单击“镜像”按钮，打开“镜像”选项卡。

（2）选择 M_DTM 基准平面作为镜像平面。

（3）单击“镜像”选项卡上的“确定”按钮，由镜像操作而产生的渐开线如图 7-23 所示。

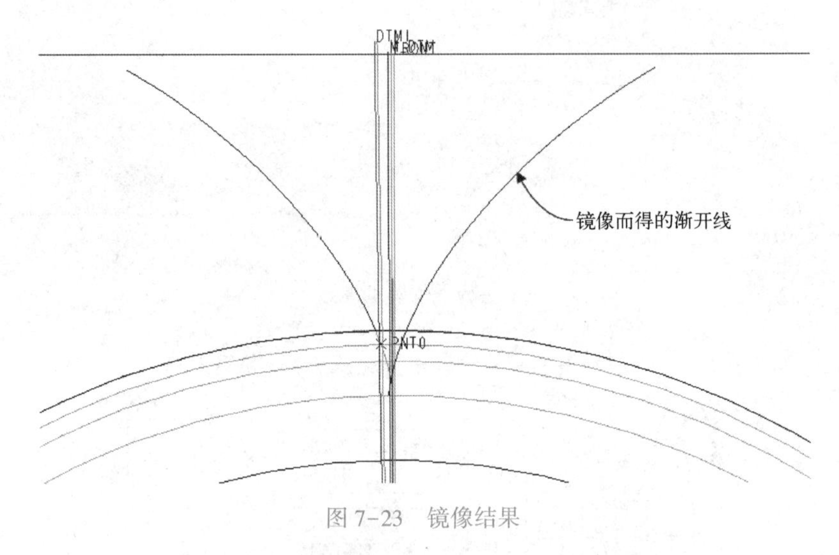

图 7-23　镜像结果

步骤 12：创建倒角特征。

（1）单击“边倒角”按钮，打开“边倒角”选项卡。

（2）在“边倒角”选项卡中选择边倒角标注形式为 45×D，在 D 尺寸框中输入 1.5，即设置当前倒角集的尺寸为 C2（即 45°×2 mm）。

（3）按住〈Ctrl〉键选择图 7-24 所示的 2 条轮廓边。

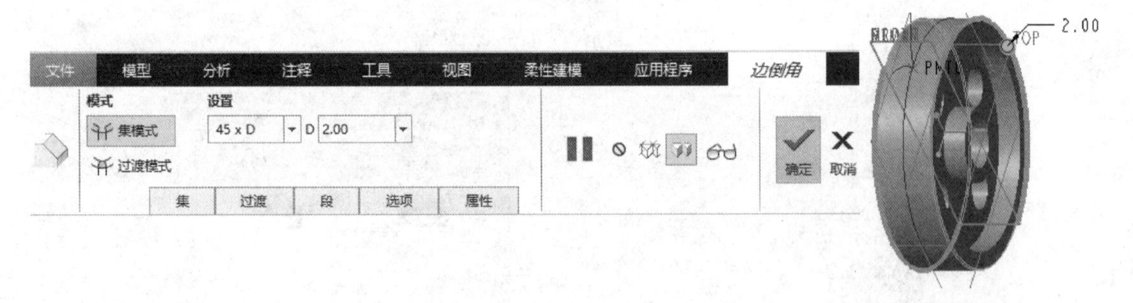

图 7-24　倒角

（4）单击“边倒角”选项卡的“确定”按钮。

步骤 13：以拉伸的方式切出第一个齿槽。

（1）单击“拉伸”按钮，打开“拉伸”选项卡。

（2）指定要创建的模型特征为“实心”，并单击“移除材料”按钮。

（3）打开“放置”下滑面板，单击“定义”按钮，出现“草绘”对话框。

（4）选择 RIGHT 基准平面作为草绘平面，其他默认（如以 TOP 基准平面为“左”方向参考），然后单击“草绘”按钮，进入内部草绘模式。

（5）草绘图 7-25 所示的图形，注意选择齿根圆来与渐开线构成该开放图形。单击“确定”按钮✔。

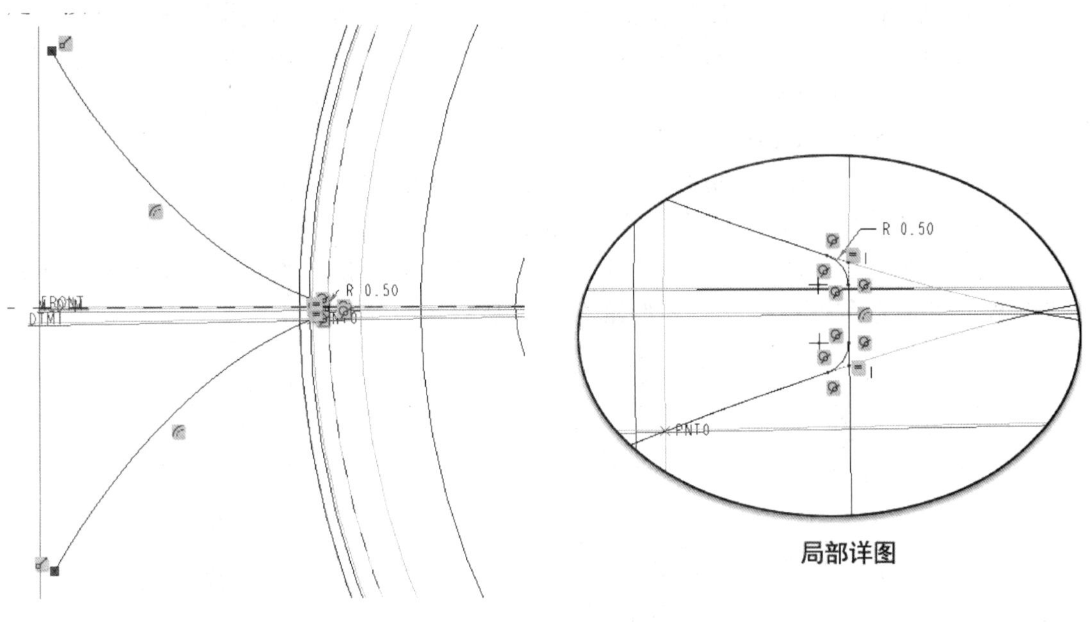

图 7-25　绘制草图

（6）在“拉伸”选项卡中打开“选项”下滑面板，从“侧 1”和“侧 2”下拉列表框中均选择（穿透）选项。

（7）单击“拉伸”选项卡中的“确定”按钮✔。

知识点拨 在以往的某些版本中，如果此时弹出图 7-26 所示的“重新生成失败”对话框，则是由于这一特征是用那些明显小于其他部分的尺寸而定义的（如果剖面草图绘制正确的话），单击“确定”按钮以先创建失败的特征。可以通过将零件精度更改为较小的值来排除此特征故障，其方法是在功能区的“文件”选项卡中选择“准备”→“模型属性”命令，打开“模型属性”对话框。接着单击“精度”项对应的“更改”选项，弹出“精度”对话框，从中将相对精度更改为 0.0005，如图 7-27 所示。然后单击“重新生成”按钮，接着关闭“模型属性”对话框。

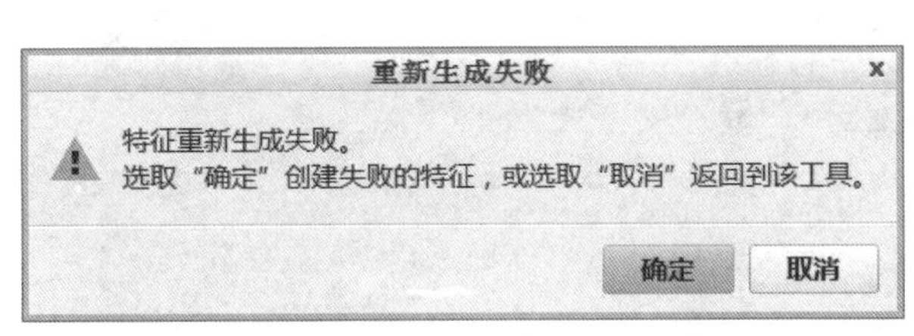

图 7-26　“重新生成失败”对话框

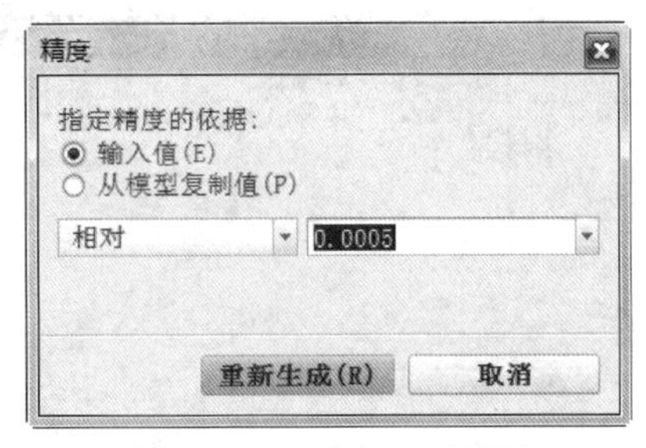

图 7-27　“精度”对话框

完成创建的一个齿槽如图 7-28 所示。

步骤 14：建立曲线图层并隐藏该图层

（1）在功能区“视图”选项卡的“可见性”组中单击“层”按钮，从而使导航区切换至层树显示模式。

（2）在层树的上方单击“层”按钮，从下拉菜单中选择“新建层”命令。

（3）在弹出的“层属性”对话框中输入名称为 Curve，选择模型中的所有曲线（包括渐开线等）作为 Curve 图层的项目。

（4）在“层属性”对话框中单击“确定”按钮。

（5）在层树上右击 Curve 图层，从出现的快捷菜单中选择“隐藏”命令。

（6）在“图形”工具栏中单击“重画”按钮。

（7）在功能区“视图”选项卡的“可见性”组中单击“层”按钮，使导航区返回到特征模型树的显示状态。此时，模型如图 7-29 所示。

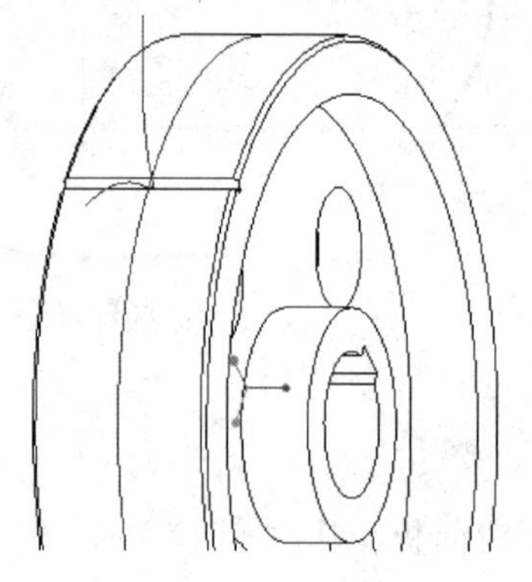

图 7-28　建立的第 1 个键槽

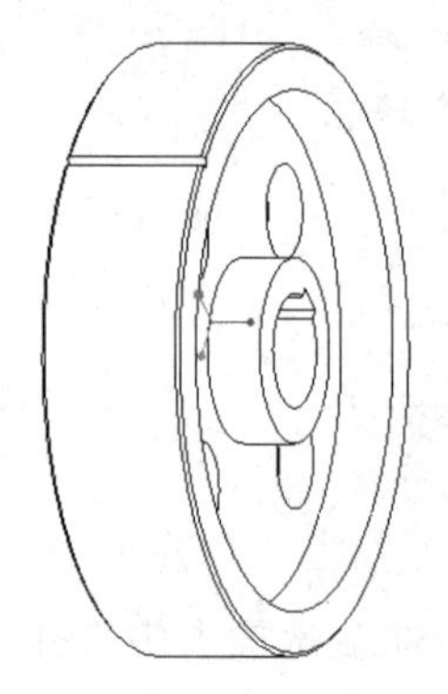

图 7-29　隐藏曲线层

步骤 15：阵列齿槽。

（1）选择创建的第一个齿槽，从功能区“模型”选项卡的“编辑”组中单击“阵列”按钮/，打开“阵列”选项卡。

（2）从“阵列”选项卡中的下拉列表框中选择“轴”选项，接着在零件模型中选择齿轮零件的中心特征轴（圆柱轴线）A_1。

（3）在“阵列”选项卡中设置阵列成员数为 125，成员间的角度增量为 360/Z。当输入角度增量为 360/Z 并按〈Enter〉键时，系统会弹出图 7-30 所示的提示栏来询问是否增加该特征关系，单击“是”按钮。

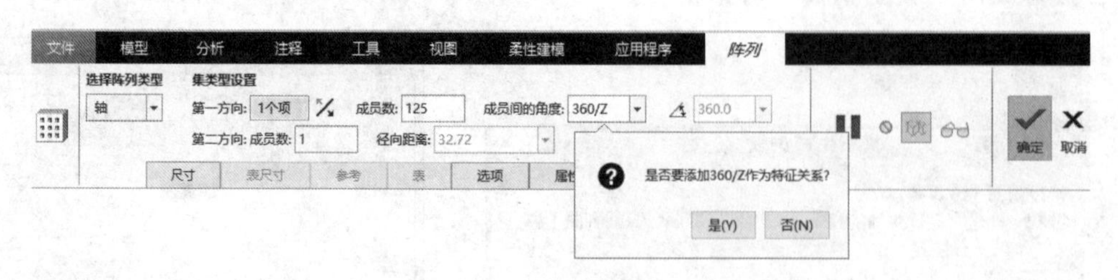

图 7-30　确定添加特征关系

（4）单击“确定”按钮✔，阵列齿槽的效果如图 7-31 所示。

步骤 16：创建拔模特征。

（1）单击“拔模”按钮，打开“拔模”选项卡。

（2）结合〈Ctrl〉键选择图 7-32 所示的零件面。

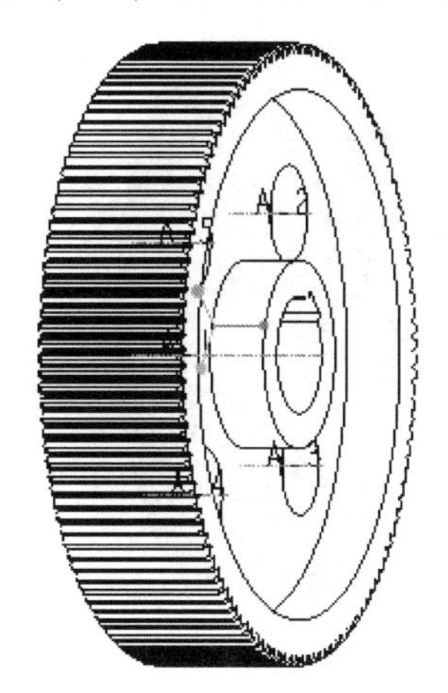

图 7-31　生成所有齿槽

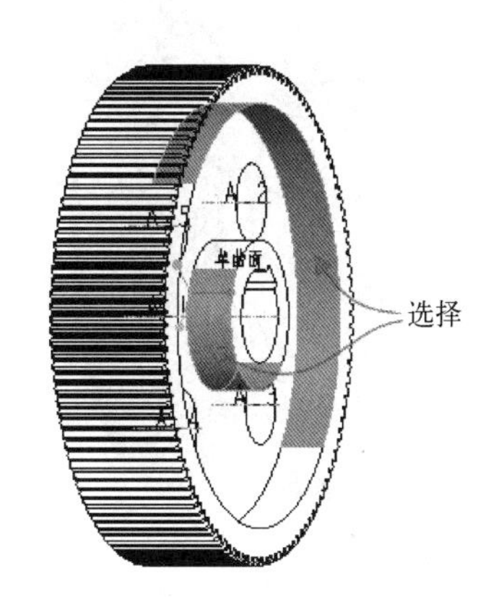

图 7-32　选择要拔模的零件面

（3）在“拔模”选项卡中单击（“拔模枢轴”收集器），将其激活，接着选择图 7-33a 所示的零件面定义拔模枢轴。

（4）在“拔模”选项卡的拔模角度尺寸框中输入-atan（1/15），并按〈Enter〉键，确认后系统自动计算该函数的值为 3.8，此时如图 7-33b 所示。

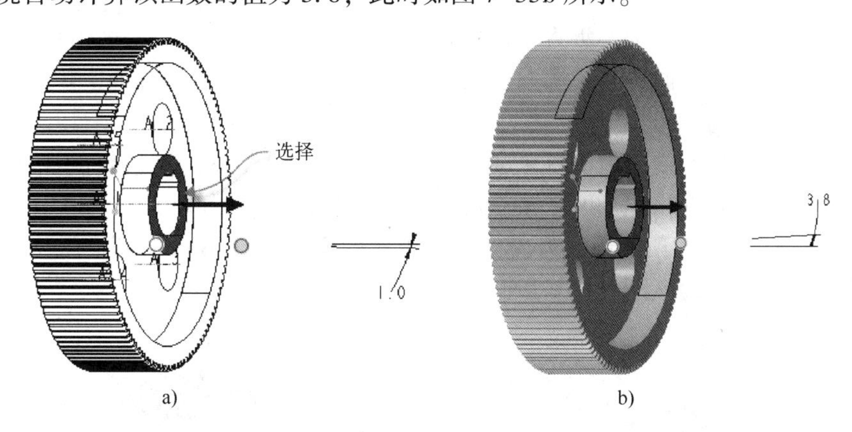

图 7-33　指定拔模枢轴与拔模角度

a）指定拔模枢轴　b）设置拔模角度

（5）单击“确定”按钮✔。

步骤 17：继续创建拔模特征。

将齿轮翻转到腹板的另一面。与上述步骤 16 的方法一样。创建所需要的相同拔模角度的拔模特征。

步骤 18：创建倒角特征。

（1）单击“边倒角”按钮，打开“边倒角”选项卡。

（2）在“边倒角”选项卡中，选择边倒角标注形式为 D×D，在 D 尺寸框中输入 1.5。

（3）按住〈Ctrl〉键选择图 7-34a 所示的轮廓边。

（4）单击“边倒角”选项卡中的“确定”按钮✔，完成的渐开线直齿圆柱大齿轮如图 7-34b 所示。

a)

b)

图 7-34　创建倒角特征

a）选择多条边参考　b）完成边倒角特征后的模型效果

7.3　渐开线斜齿圆柱齿轮实例

在渐开线斜齿圆柱齿轮中，垂直于齿轮轴线的平面与齿廓曲面的交线为渐开线。基圆柱面以及和它同轴线的圆柱面、与齿廓曲面的交线都是螺旋线。分度圆柱面上螺旋线的切线与轴线的夹角即为螺旋角。

本实例介绍一个渐开线斜齿圆柱齿轮的设计方法及设计步骤。该齿轮的法向模数 m_n 为 2.5 mm，齿数 z 为 80，齿轮宽度为 58 mm，齿形角（法向压力角）$\alpha=20°$，螺旋角 $\beta=13.5°$，齿顶高系数为 1，顶隙系数为 0.25。该齿轮齿顶圆大于 160 mm 而小于 500 mm，选用腹板式结构为宜。完成的该渐开线斜齿圆柱齿轮如图 7-35 所示。

图 7-35　渐开线斜齿圆柱齿轮

在该实例中，其设计思路和渐开线直齿圆柱齿轮的设计思路相似，例如，设置齿轮参数、添加关系式、创建渐开线、建造齿槽或轮齿等，不同之处在于渐开线斜齿圆柱齿轮需要由螺旋线创建出齿槽或轮齿。

下面介绍该渐开线斜齿圆柱齿轮的建模方法及步骤。

步骤 1：新建零件文件。

（1）在“快速访问”工具栏上单击“新建”按钮，弹出“新建”对话框。

（2）在“类型”选项组中选择“零件”单选按钮，在“子类型”选项组中选择“实体”单选按钮，在“名称”文本框中输入 HY_7_2；并取消勾选“使用默认模板”复选框，不使用默认模板，单击“确定”按钮，弹出“新文件选项”对话框。

（3）在“新文件选项”对话框的“模板”选项组中选择 mmns_part_solid 选项。单击“确定”按钮，进入零件设计模式。

步骤 2：定义参数。

（1）在功能区的“模型”选项卡中单击“模型意图”→“参数”按钮[]，此时系统弹出“参数”对话框。

（2）7 次单击“添加”按钮[]，从而增加 7 个参数。

（3）分别修改新参数名称和相应的数值，并注写“说明”信息，如图 7-36 所示。新参数名分别为 MN、Z、ANGLE_A、ANGLE_B、HAN、CN 和 B，其中 MN 为法向模数，Z 为齿数，ANGLE_A为齿形角（法向压力角），ANGLE_B 为螺旋角，HAN 为齿顶高系数，CN 为顶隙系数，B 为齿轮宽度。注意参数名称不分大小写。

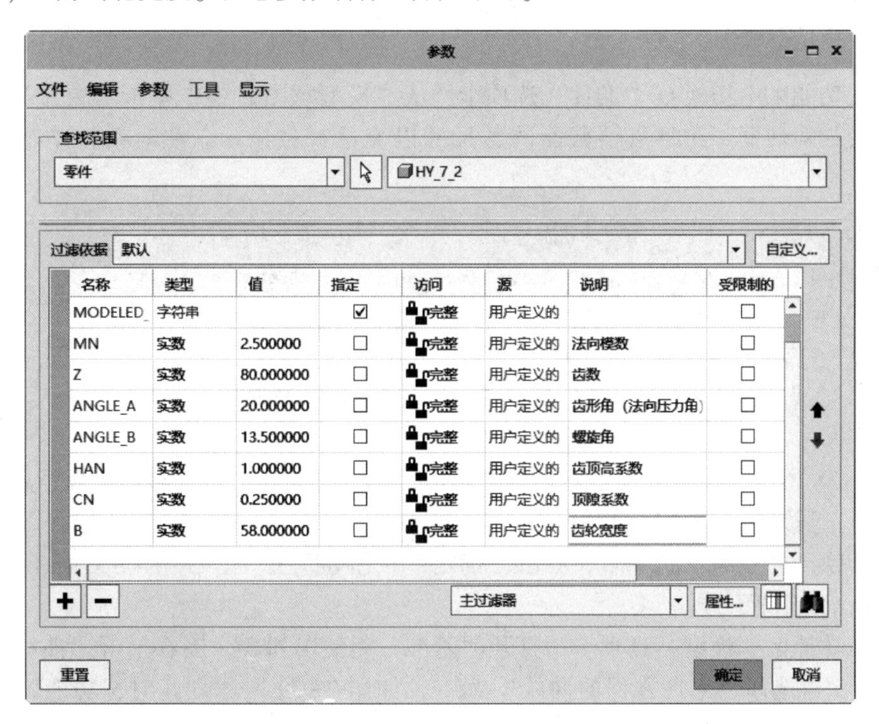

图 7-36 定义新参数

（4）在“参数”对话框上单击“确定”按钮，完成用户自定义参数的建立。

步骤 3：草绘曲线。

（1）单击“草绘”按钮，弹出“草绘”对话框。

（2）选择 TOP 基准平面作为草绘平面，默认以 RIGHT 基准平面作为“右”方向参考，单击“草绘”按钮。

（3）分别绘制 4 个圆，如图 7-37 所示，此时可不必修改其尺寸。

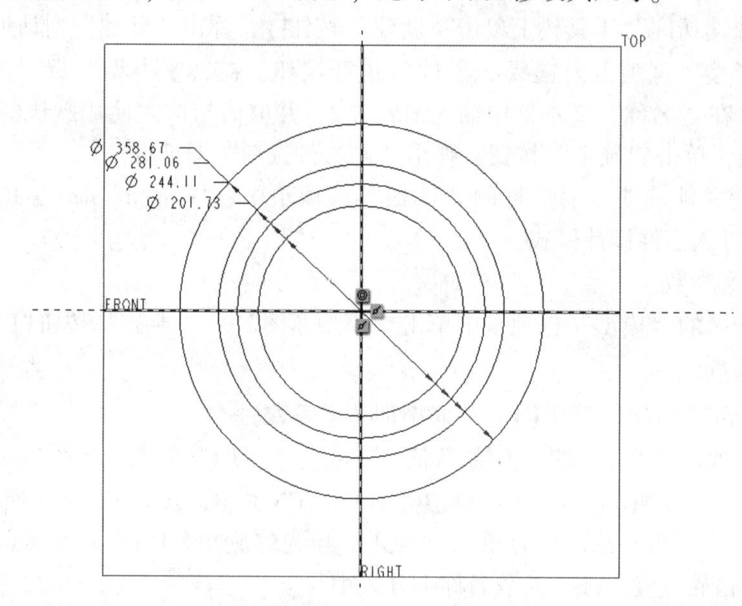

图 7-37　绘制圆

（4）在功能区中切换至“工具”选项卡，从“模型意图”组中单击“关系”按钮 d=，打开“关系”对话框。此时草绘截面的各尺寸以变量符号显示，在对话框中输入如下关系式：

```
sd0=mn*z/cos(angle_b)+2*(han*mn)                /*齿顶圆直径
sd1=mn*z/cos(angle_b)                           /*分度圆直径
sd2=mn*z/cos(angle_b)-2*(han+cn)*mn             /*齿根圆直径
angle_at=atan(tan(angle_a)/cos(angle_b))        /*端面压力角
sd3=cos(angle_at)*mn*z/cos(angle_b)             /*基圆直径
DB=sd3
```

如图 7-38 所示，在“关系”对话框上单击“确定”按钮。系统自动计算齿顶圆、分度圆、齿根圆、基圆这 4 个圆的直径尺寸。

（5）切换至“草绘”选项卡，单击“确定”按钮✔。

步骤 4：创建渐开线。

（1）在功能区“模型”选项卡中打开“基准”组溢出列表，接着单击“曲线”旁的小三角按钮▸，再选择“来自方程的曲线”命令，如图 7-39 所示。此时，功能区出现“曲线：从方程”选项卡，如图 7-40 所示。

（2）在图形窗口或模型树中选择 PRT_CSYS_DEF 坐标系，接着从图 7-41 所示的下拉列表框中选择“笛卡尔”坐标系类型选项。

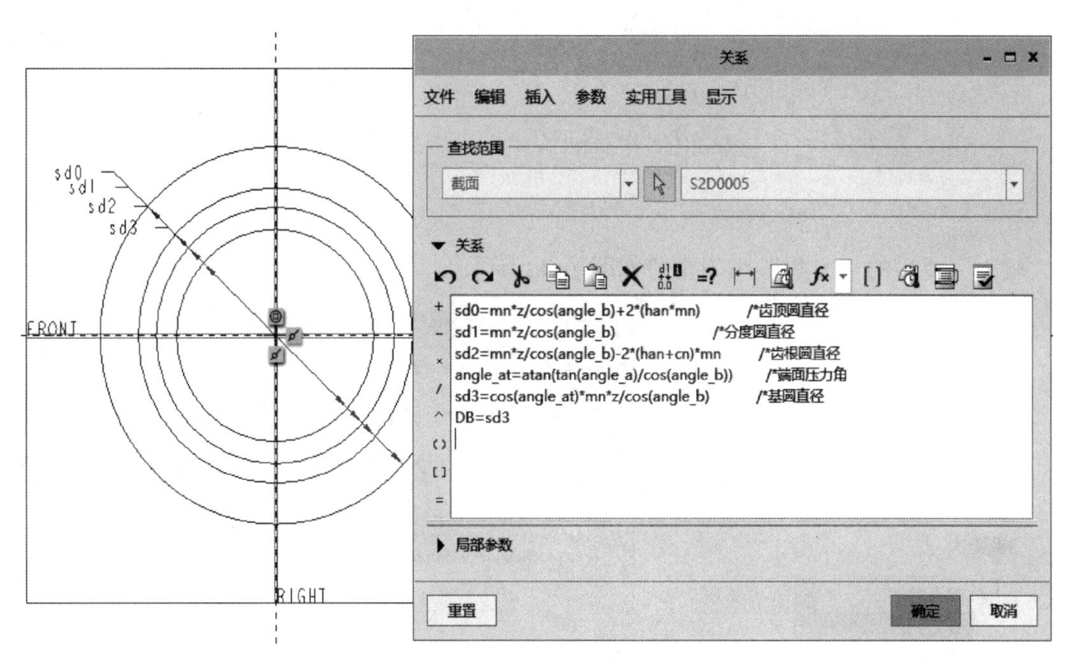

图 7-38 定义关系式

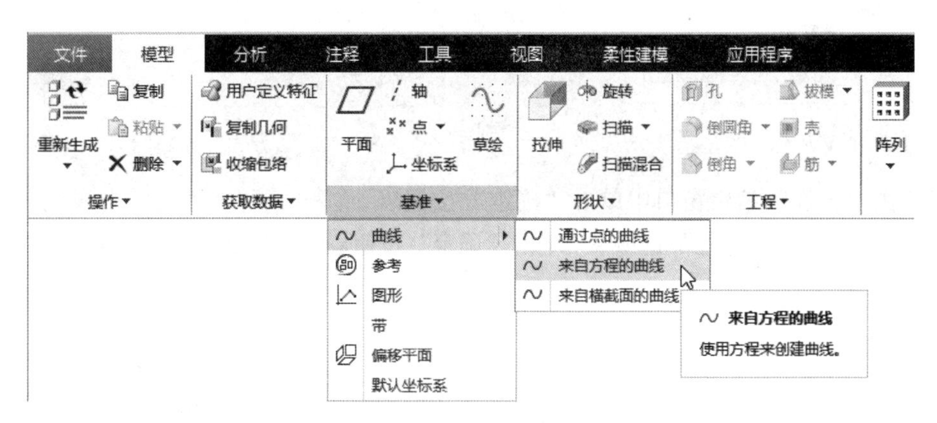

图 7-39 选择“来自方程的曲线”命令

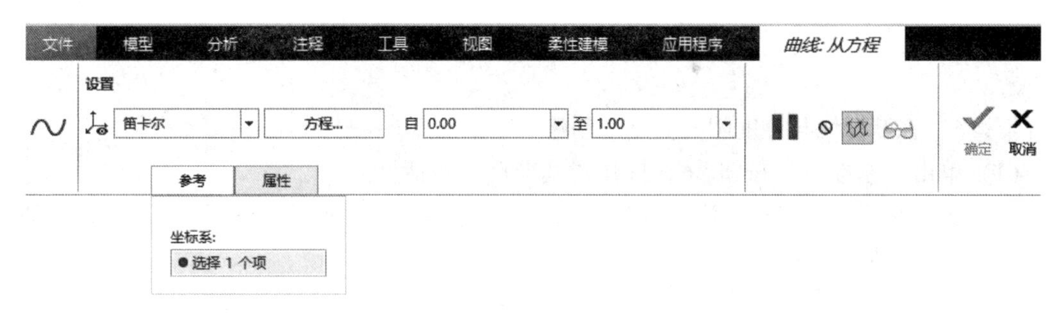

图 7-40 “曲线：从方程”选项卡

（3）在“曲线：从方程”选项卡中单击“方程”按钮，弹出一个“方程”编辑窗口。

（4）在“方程”编辑窗口的文本框中输入下列函数方程：

```
r=DB/2                                  /*r为基圆半径
theta=t*45                              /*设置渐开线展角为从0到45度
z=r*sin(theta)-r*(theta*pi/180)*cos(theta)
x=r*cos(theta)+r*(theta*pi/180)*sin(theta)
y=0
```

输入完成后的“方程”编辑窗口如图7-42所示。

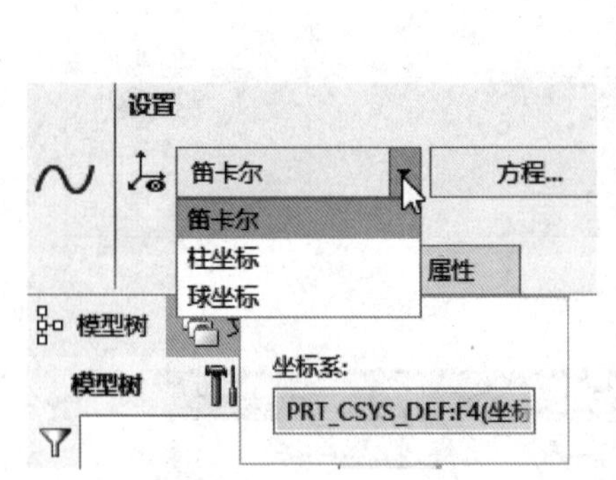

图7-41　设置坐标系类型选项

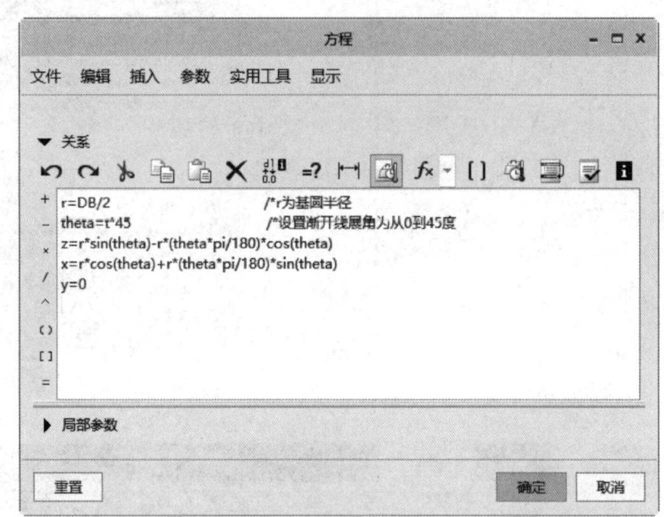

图7-42　“方程”编辑窗口

（5）在“方程”编辑窗口中单击“确定”按钮。

（6）在“曲线：从方程”选项卡中单击“确定”按钮✔，创建图7-43所示的渐开线。

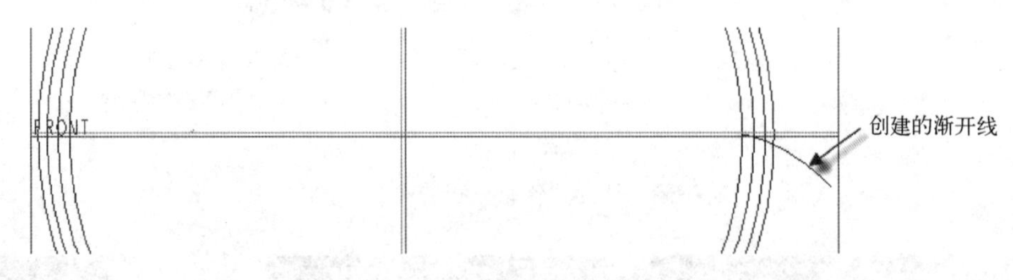

图7-43　完成一条渐开线

步骤5：在渐开线与分度圆的交点处创建一个基准点。

（1）单击“基准点”按钮，打开“基准点”对话框。

（2）选择渐开线，接着按住〈Ctrl〉键选择分度圆曲线，如图7-44所示，在它们的交点处产生一个基准点PNT0。

（3）在“基准点”对话框中单击“确定”按钮。

步骤6：创建圆柱体。

（1）单击“拉伸”按钮，打开“拉伸”选项卡，默认选中“实心”按钮。

（2）打开“拉伸”选项卡的“放置”下滑面板，单击“定义”按钮，弹出“草绘”对话框。选择TOP基准平面作为草绘平面，以RIGHT基准平面作为“右”方向参考，单击

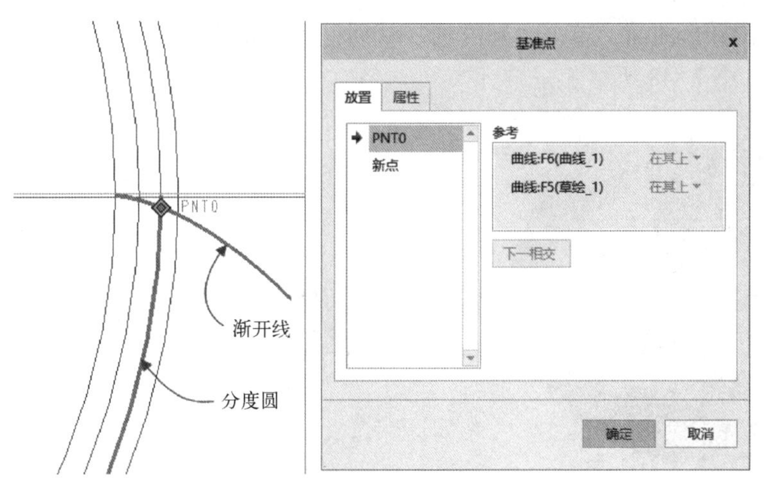

图 7-44 创建基准点

“草绘”按钮，进入草绘器中。

(3) 使用“投影”按钮，以选择环的方式由齿顶圆复制而创建一个相同的圆，如图 7-45 所示，单击“确定”按钮✔。

(4) 在“拉伸”选项卡的深度选项列表框中选择（对称）选项，输入拉伸深度为 B。B 为之前建立的参数，其初始值为 58。

(5) 单击“拉伸”选项卡中的“确定”按钮✔，如图 7-46 所示。

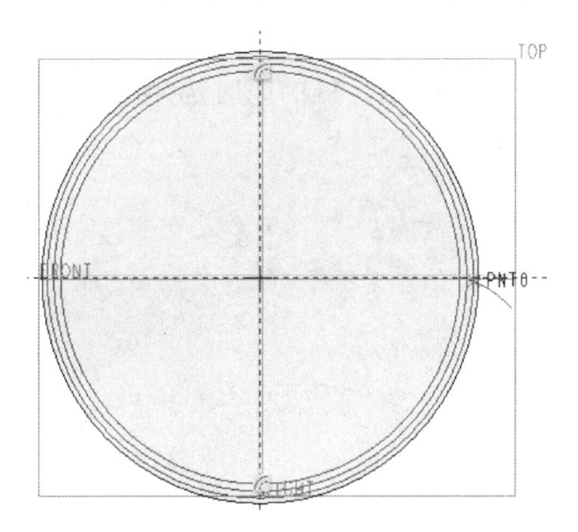

图 7-45 绘制草图

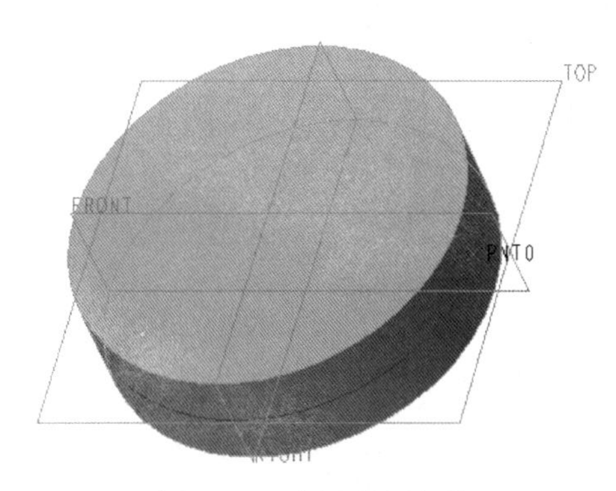

图 7-46 创建的圆柱体

步骤 7：倒角。

(1) 单击“边倒角”按钮，打开“边倒角”选项卡。

(2) 在“边倒角”选项卡中，选择边倒角标注形式为 45×D，在 D 尺寸文本框中输入 2，从而设置当前倒角集的尺寸为 C2（即 45°×2 mm）。

(3) 按住〈Ctrl〉键选择图 7-47 所示的 2 条轮廓边。

(4) 单击“边倒角”选项卡的“确定”按钮✔。

步骤 8：创建基准轴。

(1) 单击“基准轴”按钮，打开“基准轴”对话框。

（2）选择圆柱形曲面，单击“基准轴”对话框的“确定”按钮，在圆柱的中心处创建基准轴 A_1，如图 7-48 所示。

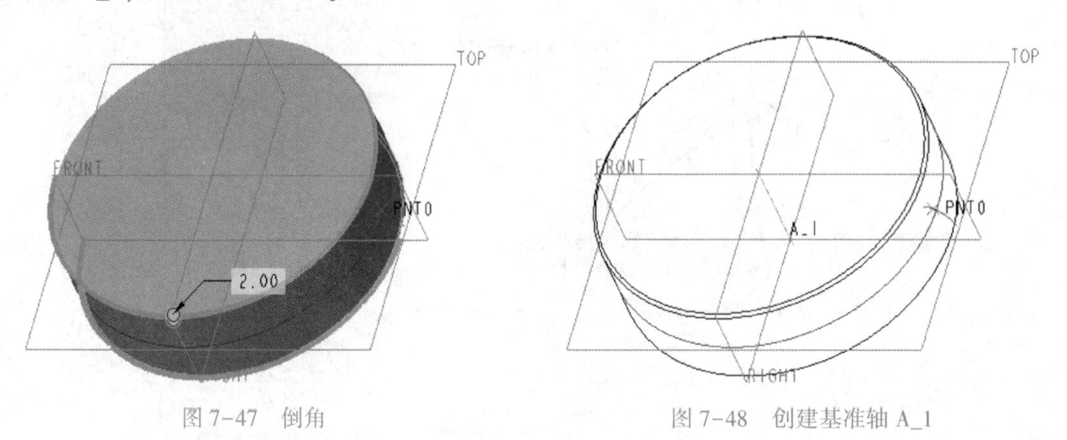

图 7-47　倒角　　　　图 7-48　创建基准轴 A_1

步骤 9：创建通过基准点 PNT0 和圆柱中心的基准轴 A_1 的基准平面。

（1）单击“基准平面”按钮，打开“基准平面”对话框。

（2）确保选中特征轴 A_1，按〈Ctrl〉键的同时选择基准点 PNT0，此时“基准平面”对话框如图 7-49 所示。

（3）在“基准平面”对话框中单击“确定”按钮，创建了基准平面 DTM1。

步骤 10：创建基准平面 M_DTM。

（1）单击“基准平面”按钮，打开“基准平面”对话框。

（2）确保 DTM1 基准平面处于被选中的状态，按住〈Ctrl〉键的同时选择圆柱特征轴 A_1，如图 7-50 所示。

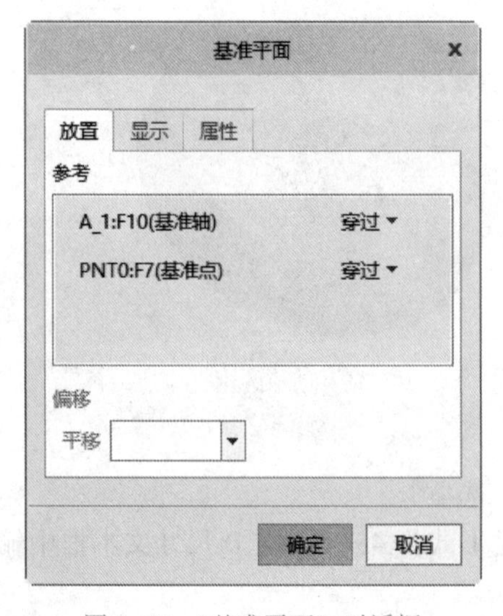

图 7-49　“基准平面”对话框

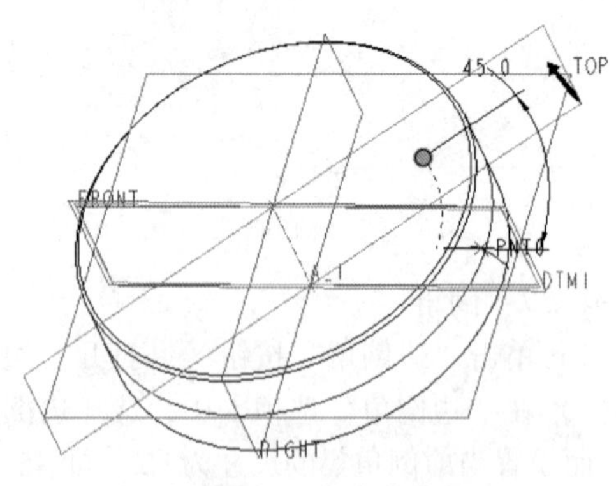

图 7-50　指定参考

（3）在“基准平面”对话框的“旋转”框中输入“360/(4＊z)”，如图 7-51 所示，按〈Enter〉键，系统提示是否要添加 360/(4＊z)作为特征关系，单击“是”按钮。在实际操作中注意根据当前实际情况判断是否为输入的关系式（值）添加负号，负号起到改变旋转方向的作用。

(4) 切换到“属性”选项卡，在“名称”文本框中输入 M_DTM。

(5) 单击“基准平面”对话框的“确定”按钮。

步骤 11：镜像渐开线。

(1) 选择渐开线，单击“镜像”按钮，打开“镜像”选项卡。

(2) 选择 M_DTM 基准平面（切勿选择 FRONT 基准平面）作为镜像平面。

(3) 单击“镜像”选项卡的“确定”按钮，得到的曲线如图 7-52 所示（TOP 视角）。

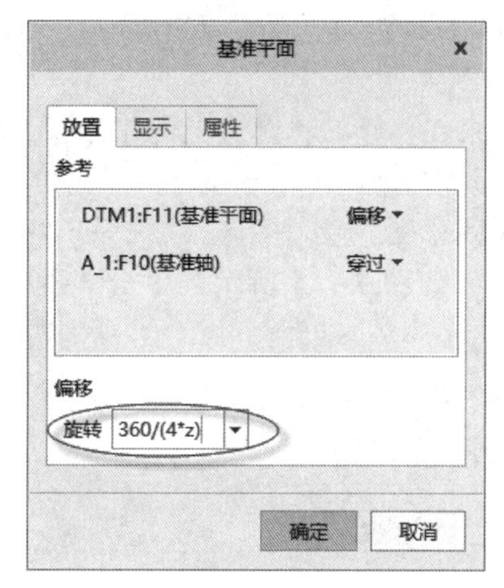

图 7-51 设置偏移的旋转角度

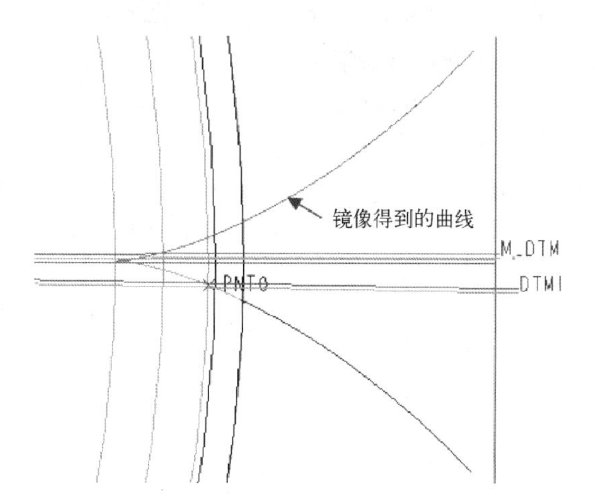

图 7-52 镜像结果

步骤 12：创建分度圆的圆柱曲面。

(1) 单击“拉伸”按钮，打开“拉伸”选项卡。

(2) 在“拉伸”选项卡中单击“曲面”按钮。

(3) 打开“拉伸”选项卡的“放置”下滑面板，单击“定义”按钮，弹出“草绘”对话框。选择 TOP 基准平面作为草绘平面，以 RIGHT 基准平面作为“右”方向参考，单击“草绘”按钮，进入草绘器中。

(4) 使用“草绘”组中的“投影”按钮，在弹出的“类型”对话框中选择“环”单选按钮，单击分度圆创建一个一模一样的圆，如图 7-53 所示，单击“确定”按钮。

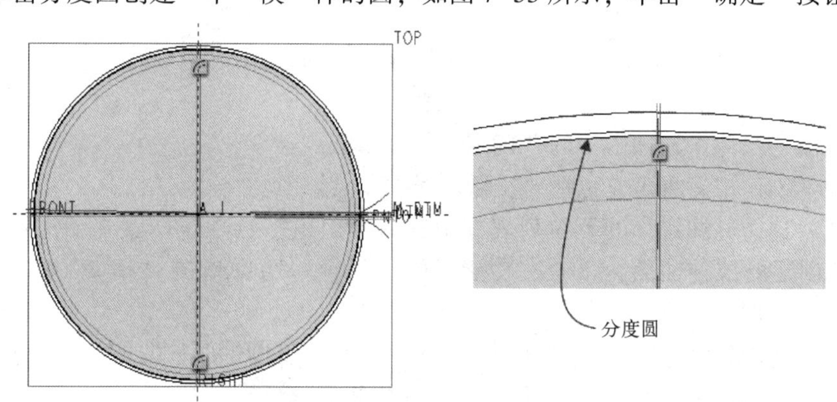

图 7-53 创建与分度圆一样的圆

（5）在“拉伸”选项卡的深度选项列表框中选择-日-（对称）选项，输入拉伸深度为 B。

（6）单击“拉伸”选项卡中的“确定”按钮✔。

步骤 13：创建通过 PNT0 基准点并且与齿轮中心轴线成螺旋角的曲面。

（1）单击“拉伸”按钮，打开“拉伸”选项卡。

（2）在“拉伸”选项卡中单击“曲面”按钮。

（3）打开“拉伸”选项卡的“放置”下滑面板，单击“定义”按钮，弹出“草绘”对话框。选择 RIGHT 基准平面作为草绘平面，以 TOP 基准平面作为“左”方向参考，单击“草绘”按钮，进入草绘器中。

（4）绘制图 7-54 所示的线段，该线段的两端点被约束在相应的轮廓边上，并且该线段还被约束通过基准点 PNT0（可使用“重合”按钮进行设置）。

（5）在功能区中切换至“工具”选项卡，从“模型意图”组中单击“关系”按钮 d=，弹出“关系”对话框。输入关系式为 sd3 = angle_b，如图 7-55 所示，单击“确定”按钮。

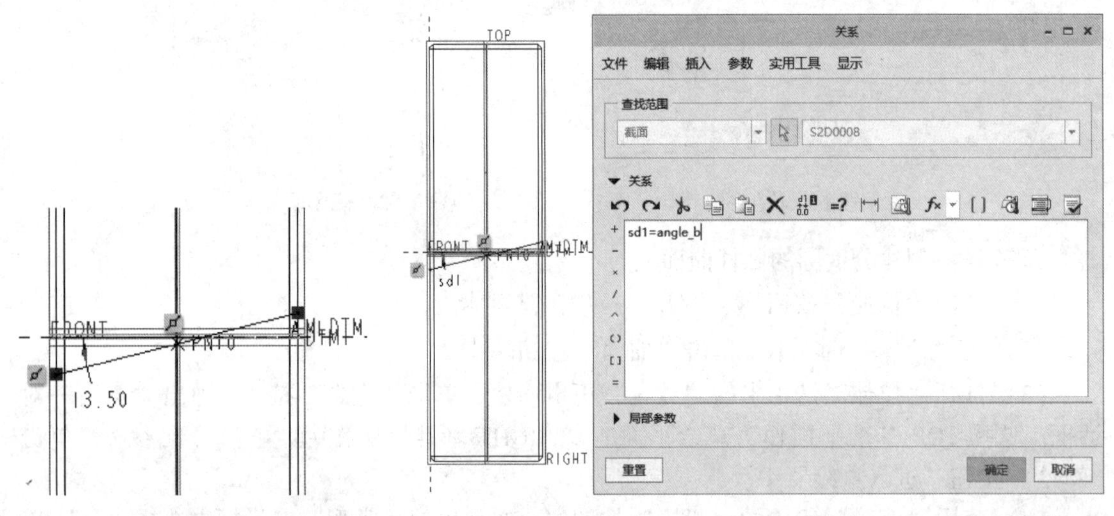

图 7-54　绘制线段　　　　图 7-55　设置关系式

（6）在功能区中切换到“草绘”选项卡，从“关闭”组中单击“确定”按钮✔。

（7）在“拉伸”选项卡中输入拉伸深度为 150，按〈Ctrl+D〉快捷键，此时模型如图 7-56 所示。

（8）单击“拉伸”选项卡中的“确定”按钮✔。

步骤 14：创建相交曲线（也称“交截曲线”）。

（1）从“选择过滤器”的下拉列表框中选择“面组”选项，如图 7-57 所示。此时选中上一步骤创建的拉伸曲面，接着在功能区的“编辑”组中单击“相交”按钮，打开“曲面相交”选项卡。

（2）按住〈Ctrl〉键的同时，选择图 7-58 所示的分度圆的圆柱曲面。

（3）单击“确定”按钮✔，在所选两曲面的相交处形成一段螺旋线。

此时，可以将“选择过滤器”选项重新设置为“几何”选项。

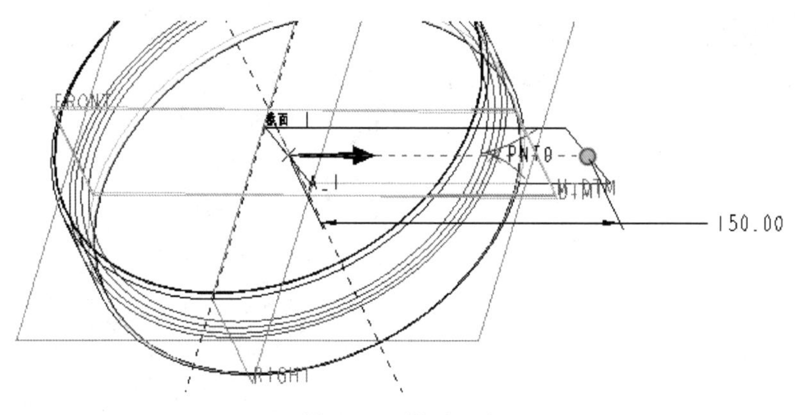

图 7-56 模型显示

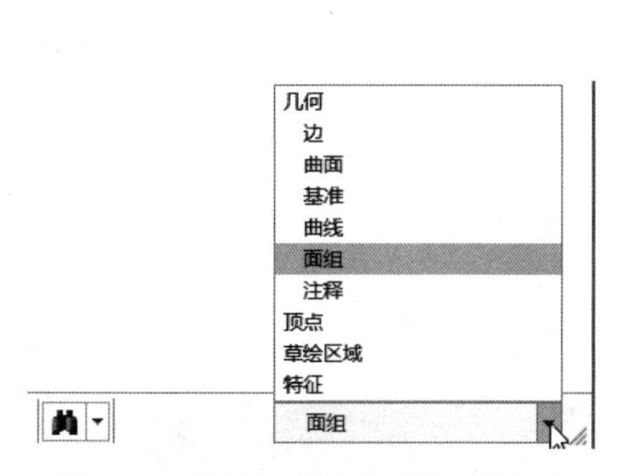

图 7-57 设置“选择过滤器”的选项

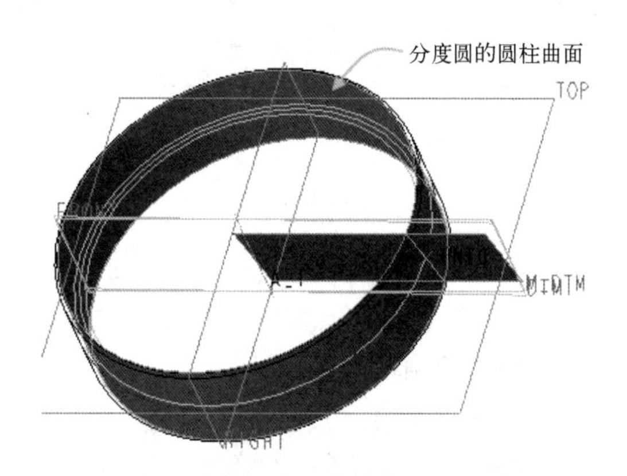

图 7-58 选择曲面

步骤 15：创建作为辅助设计用的基准点 PNT1 和 PNT2。

(1) 单击“基准点”按钮，打开“基准点”对话框。

(2) 分别单击螺旋线的两端点以创建两个新的基准点，即在螺旋线的两端点处分别创建一个基准点，如图 7-59。

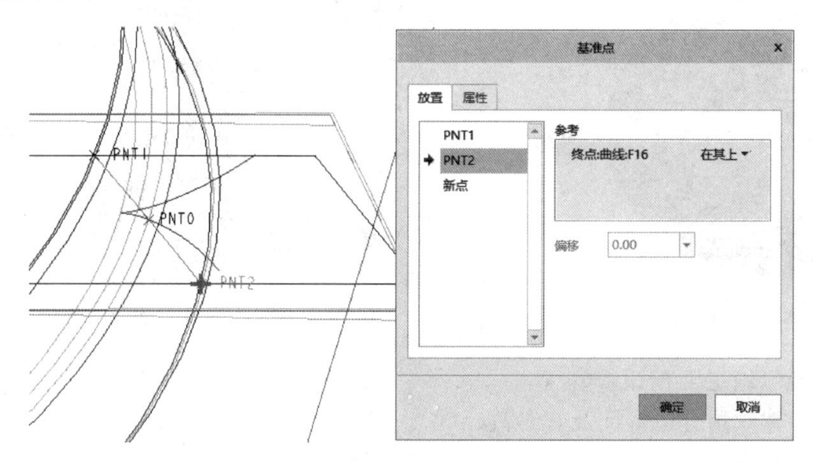

图 7-59 创建基准点

(3) 在“基准点”对话框中单击“确定”按钮。

步骤 16：创建定义齿槽轮廓的草图。

（1）单击“草绘”按钮，弹出“草绘”对话框。

（2）选择 TOP 基准平面作为草绘平面，以 RIGHT 基准平面作为“右”方向参考，单击“草绘”按钮。

（3）绘制图 7-60 所示的图形。

（4）单击“确定”按钮✔。

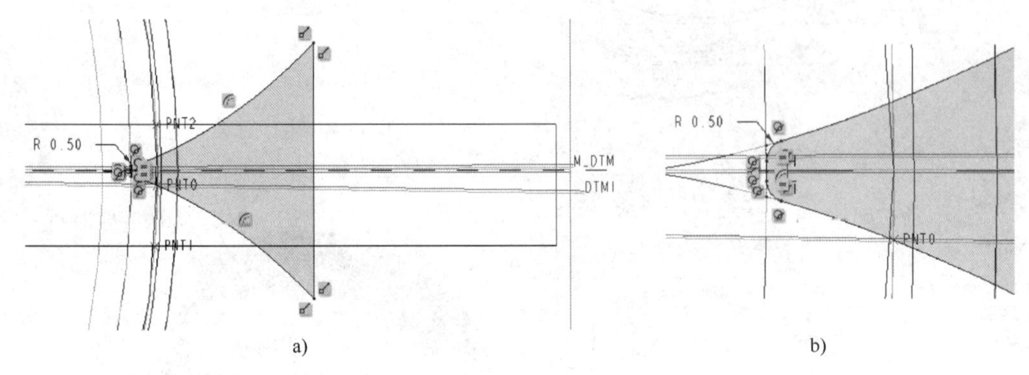

图 7-60　绘制图形

a）绘制的完整图形　b）局部详图

步骤 17：绘制辅助线。

（1）单击“草绘”按钮，弹出“草绘”对话框。

（2）选择图 7-61 所示的零件面作为草绘平面，以 RIGHT 基准平面作为“右”方向参考，单击“草绘”按钮，进入草绘模式。

（3）绘制图 7-62 所示的形成一个角度的两段线段，即由基准点 PNT0 参考位置和轴线参考点连接成其中的一段线段，另一线段由基准点 PNT1 参考位置和轴线参考点连接而成。

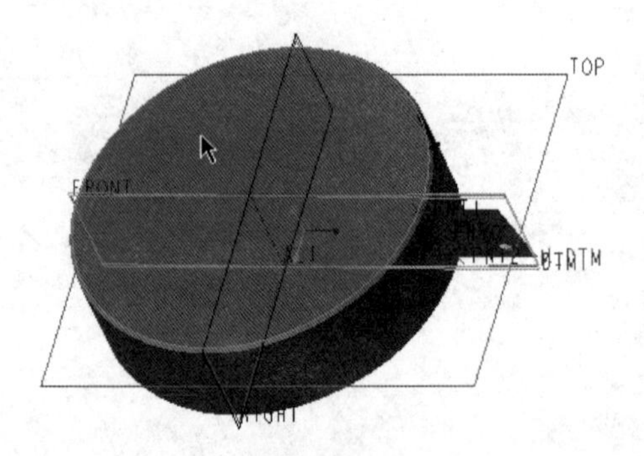

图 7-61　指定草绘平面

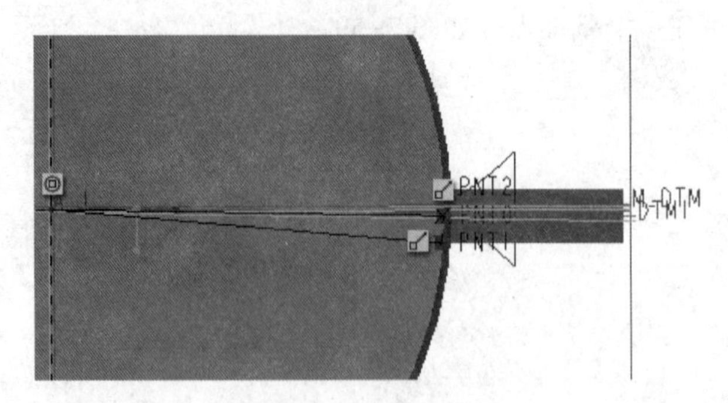

图 7-62　绘制剖面

（4）单击“确定”按钮✔。

步骤 18：建立角分析特征及其参数。

（1）在功能区中打开“分析”选项卡，接着单击“测量”→“角度”按钮（如图 7-63 所示），打开“测量：角度”工具栏。

（2）在“测量：角度”工具栏中单击“展开对话框”按钮，则可以使该工具栏变为对话框形式，如图 7-64 所示。

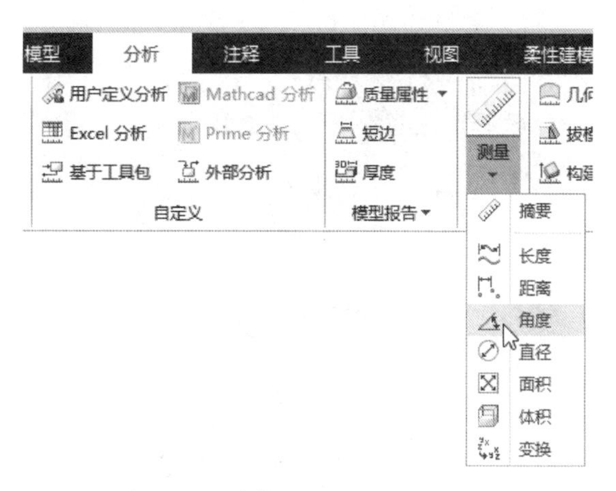

图 7-63　单击所需的测量工具命令

图 7-64　展开成“测量：角度”对话框

（3）为角度分析选择第一个参考，按住〈Ctrl〉键的同时使用鼠标为角度分析选择第二个参考，如图 7-65 所示（即先单击步骤 17 建立的一条线段，再按住〈Ctrl〉键去选择另一条线段）。

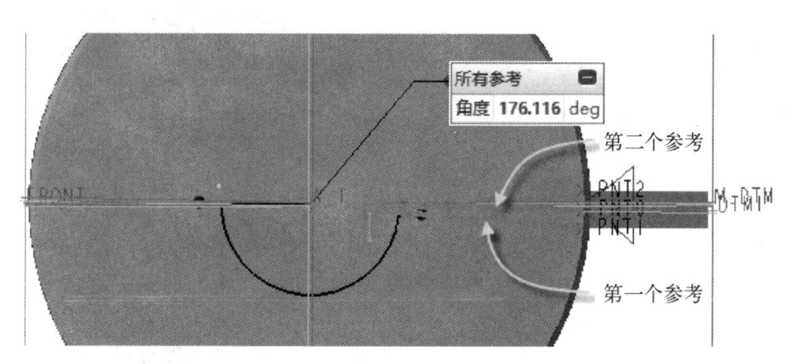

图 7-65　为测量角度分析选择参考

（4）所需要的角度为锐角，则可以在“测量：角度”对话框的“角度”下拉列表框中选择“补角”选项，如图 7-66 所示。

（5）在“测量：角度”对话框中单击“保存”按钮，在弹出的一个列表栏中选择“生成特征”单选按钮，在“名称”文本框中输入 ANGLE，如图 7-67 所示，单击“确定”按钮，并在“测量：角度”对话框中单击“关闭”按钮。

创建的角度分析特征在模型树上的显示如图 7-68 所示。

步骤 19：通过复制的方式在圆柱的一个端面上建立齿廓形状的图形。

（1）将“选择”过滤器的选项设置为“特征”，在图形窗口中选择图 7-69 所示的草绘特征（定义齿槽轮廓的封闭曲线）作为要复制的特征，在功能区“模型”选项卡的“操作”组中单击“复制”按钮。

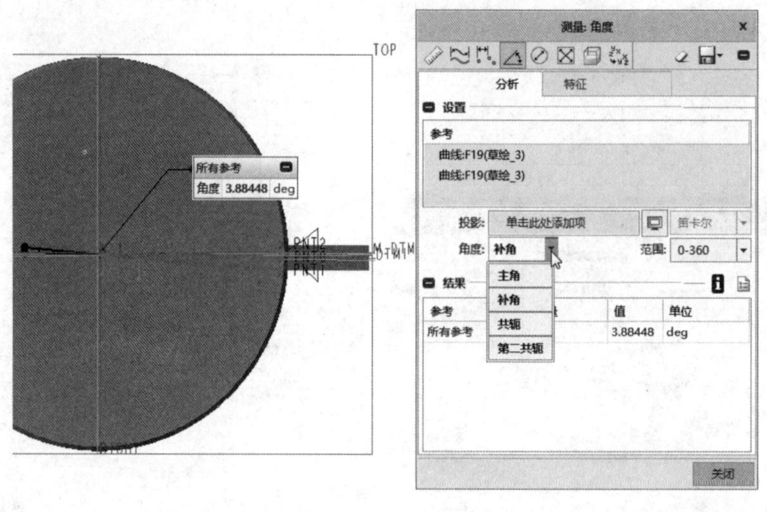

图 7-66 设置分析锐角

图 7-67 保存操作

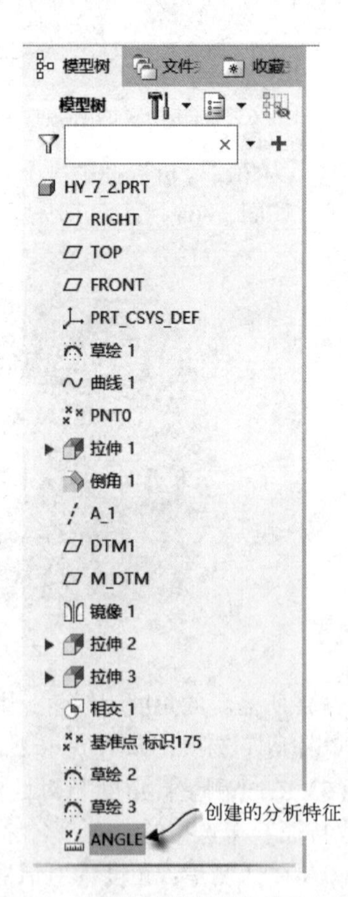

图 7-68 分析特征在模型树上的显示

（2）在“操作”组中单击“选择性粘贴”按钮，弹出“选择性粘贴”对话框。

（3）在“选择性粘贴”对话框中勾选“从属副本”复选框，并选择“部分从属-仅尺寸和注释元素细节”单选按钮，勾选“对副本应用移动/旋转变换”复选框，如图 7-70 所示，然后单击“确定”按钮。

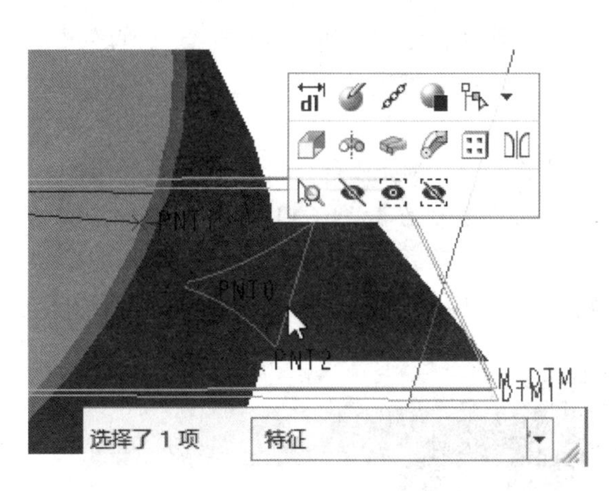

图 7-69 选择草绘特征

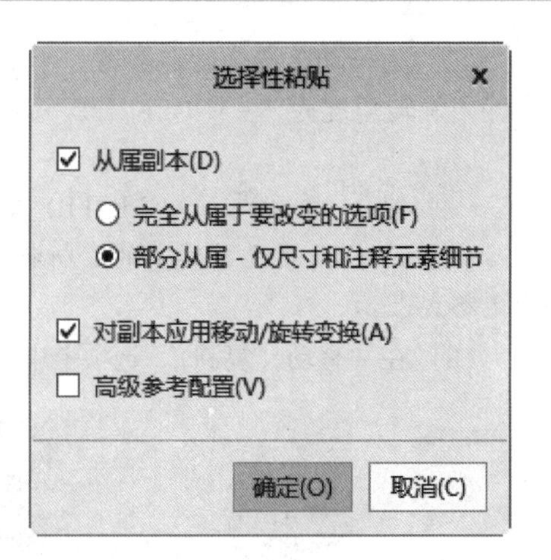

图 7-70 “选择性粘贴”对话框

（4）在功能区出现的“移动（复制）”选项卡中单击“沿选定参考平移特征”按钮↔，接着在图形窗口或模型树中选择 TOP 基准平面，然后在“移动（复制）”选项卡的平移距离值框中输入 B/2，按〈Enter〉键确认，此时系统提示是否要添加 B/2 作为特征关系，如图 7-71 所示，单击“是”按钮。B/2 表示齿轮宽度的一半。

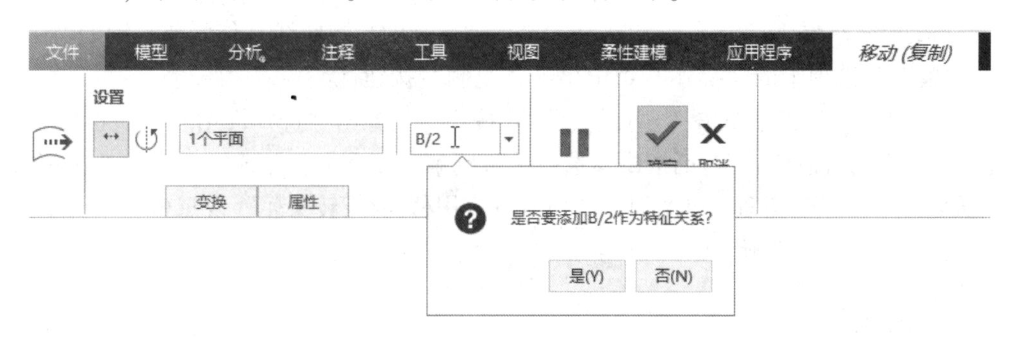

图 7-71 输入平移的参数关系

（5）在“移动（复制）”选项卡中打开“变换”下滑面板，如图 7-72 所示，接着选择“新移动”选项以添加移动 2。

（6）从“设置”下拉列表框中选择“旋转”选项，如图 7-73 所示，或者单击“相对于选定参考旋转特征”按钮。

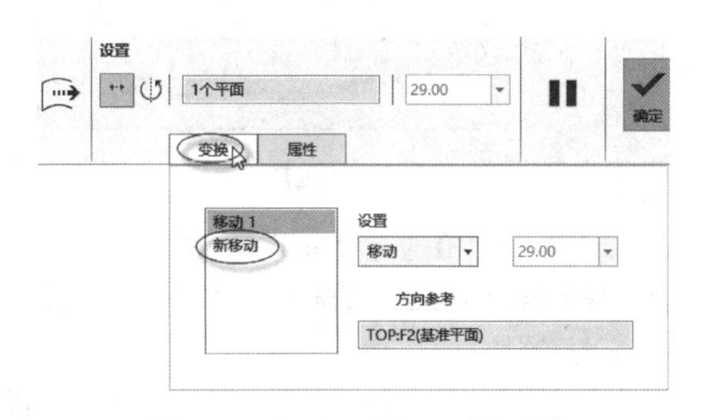

图 7-72 打开“变换”下滑面板

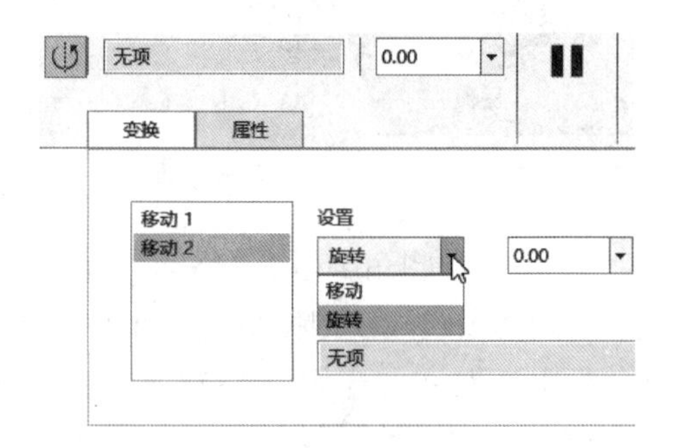

图 7-73 设置移动 2 的变换类型

（7）为移动2选择旋转参考，本例选择选择模型的中心特征轴A_1，接着在旋转尺寸框中输入旋转角度为“-ANGLE:FID_ANGLE”，按〈Enter〉键确认。

说明 关系式-ANGLE:FID_ANGLE中的第一个ANGLE是分析特征的参数名称，而最后一个ANGLE是之前建立的分析特征的名称，分析特征参数用“FID_分析特征名称”的固定格式表示。

（8）在“移动（复制）”选项卡中单击“确定”按钮✔，得到的图形如图7-74所示。

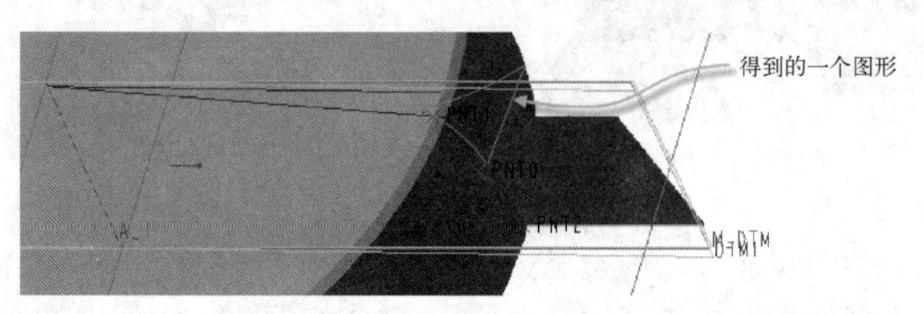

图7-74 移动复制的结果

步骤20：在圆柱的另一个端面上建立齿廓形状的图形。

（1）选择图7-75所示的草绘特征（定义齿槽轮廓的封闭曲线）作为要复制的特征，在功能区“模型”选项卡的“操作”组中单击“复制”按钮。

（2）在“操作”组中单击“选择性粘贴”按钮，弹出“选择性粘贴”对话框。

（3）在“选择性粘贴”对话框中勾选“从属副本”复选框，并选择“部分从属-仅尺寸和注释元素细节”单选按钮，以及勾选“对副本应用移动/旋转变换”复选框，如图7-76所示，然后单击“确定”按钮。

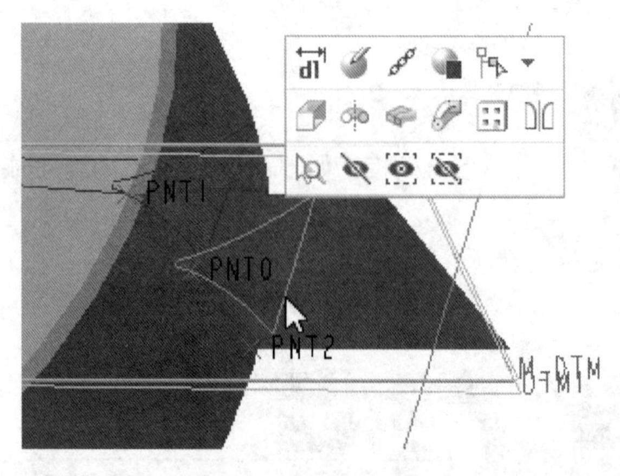

图7-75 选择要移动复制的图形

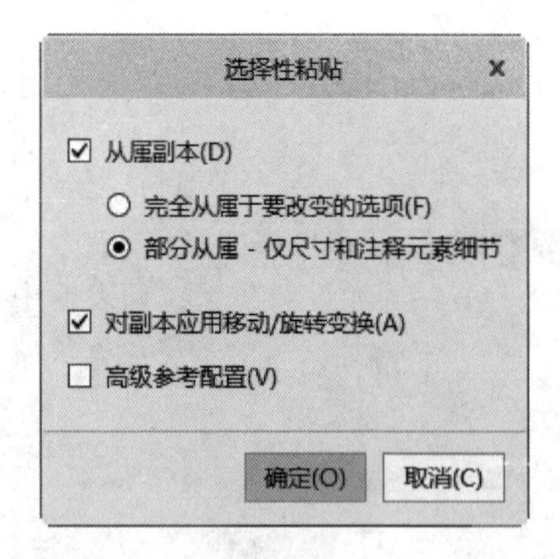

图7-76 “选择性粘贴”对话框

（4）在功能区出现的“移动（复制）”选项卡中单击“沿选定参考平移特征”按钮↔，接着在图形窗口或模型树中选择TOP基准平面，接着在“移动（复制）”选项卡的平移距离值框中输入-B/2，如图7-77所示，按〈Enter〉键确认。

（5）在“移动（复制）”选项卡中打开“变换”下滑面板，如图7-78所示，选择“新移动”选项以添加移动2。

图 7-77　输入平移距离

（6）从“设置”下拉列表框中选择“旋转”选项，或者单击“相对于选定参考旋转特征”按钮，接着在图形窗口中选择模型的中心特征轴 A_1 作为方向参考，并在旋转尺寸框中输入旋转角度为“ANGLE:FID_ANGLE”，按〈Enter〉键确认，系统自动计算此参数关系式，计算结果如图 7-79 所示。

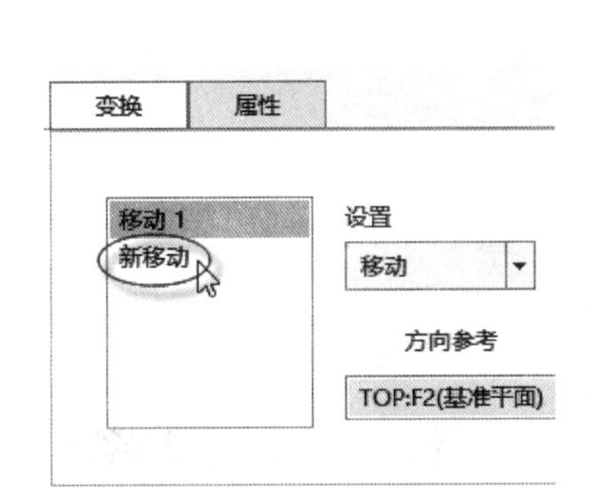

图 7-78　选择“新移动”选项

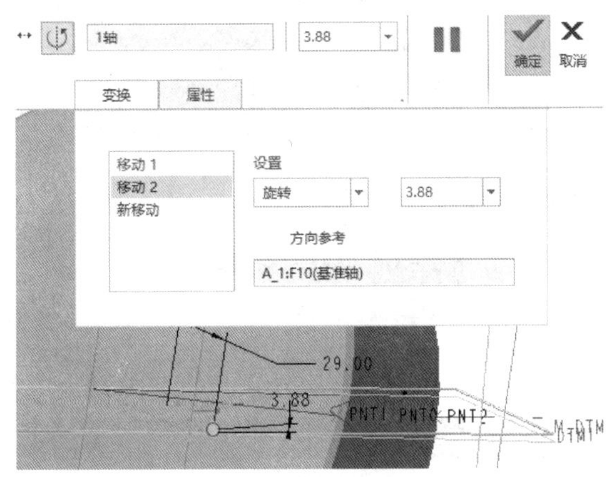

图 7-79　设置移动 2 的变换类型

（7）在“移动（复制）”选项卡中单击“确定”按钮，得到的图形如图 7-80 所示。

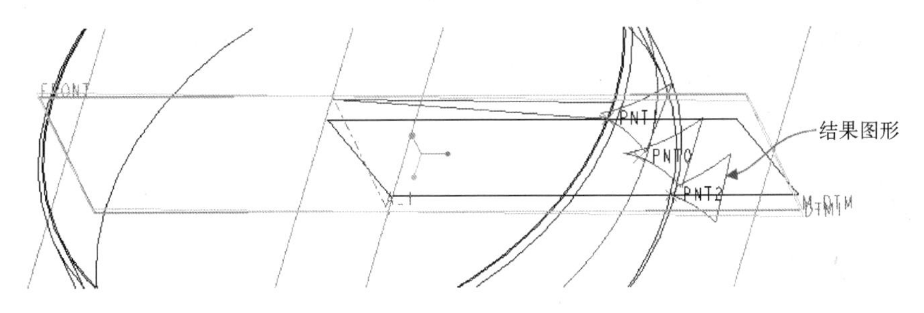

图 7-80　移动复制的结果

步骤 21：以扫描混合的方式切除出第一个齿槽。

（1）在功能区“模型”选项卡的“形状”组中单击“扫描混合”按钮，打开“扫描混合”选项卡。

（2）在“扫描混合”选项卡中单击“实心”按钮，并单击“移除材料”按钮。

（3）在模型中选择图 7-81 所示的交截曲线（该曲线位于分度圆的圆柱曲面上）作为原点轨迹，如果原点轨迹的默认起点方向与图示不同，那么可以通过单击指示起点方向的箭头来更改其起点方向。

（4）在“扫描混合”选项卡中单击“参考”按钮，打开“参考”下滑面板，从“截平面控制”下拉列表框中选择“恒定法向”选项，紧接着在模型中选择 TOP 基准平面作为方向参考，此时“参考”下滑面板如图 7-82 所示。

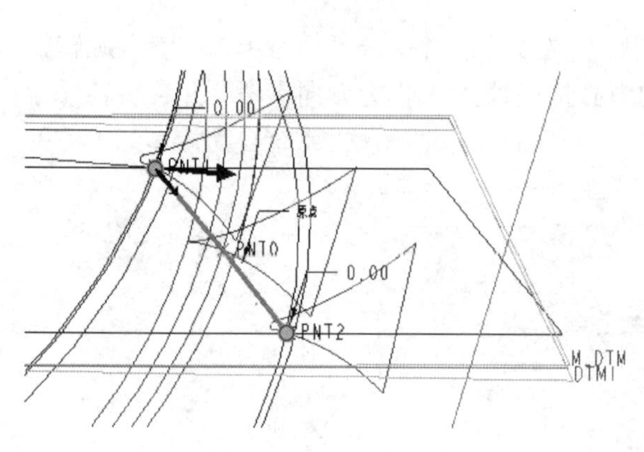

图 7-81 选择原点轨迹

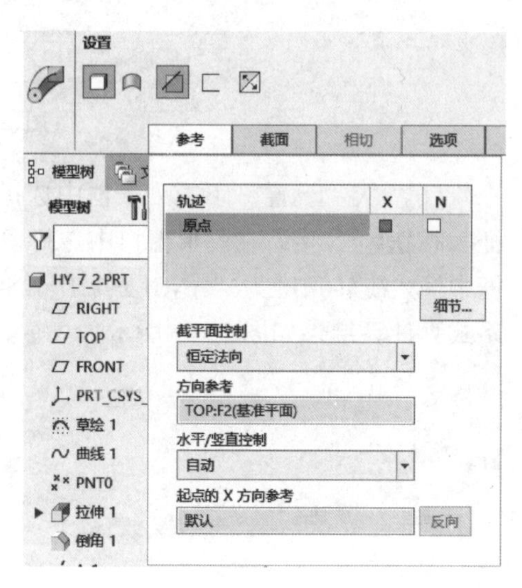

图 7-82 “参考”下滑面板

（5）单击“扫描混合”选项卡中的“截面”按钮，打开“截面”下滑面板，默认的单选按钮为“草绘截面”，开始截面位置的旋转角度默认为 0，如图 7-83 所示。

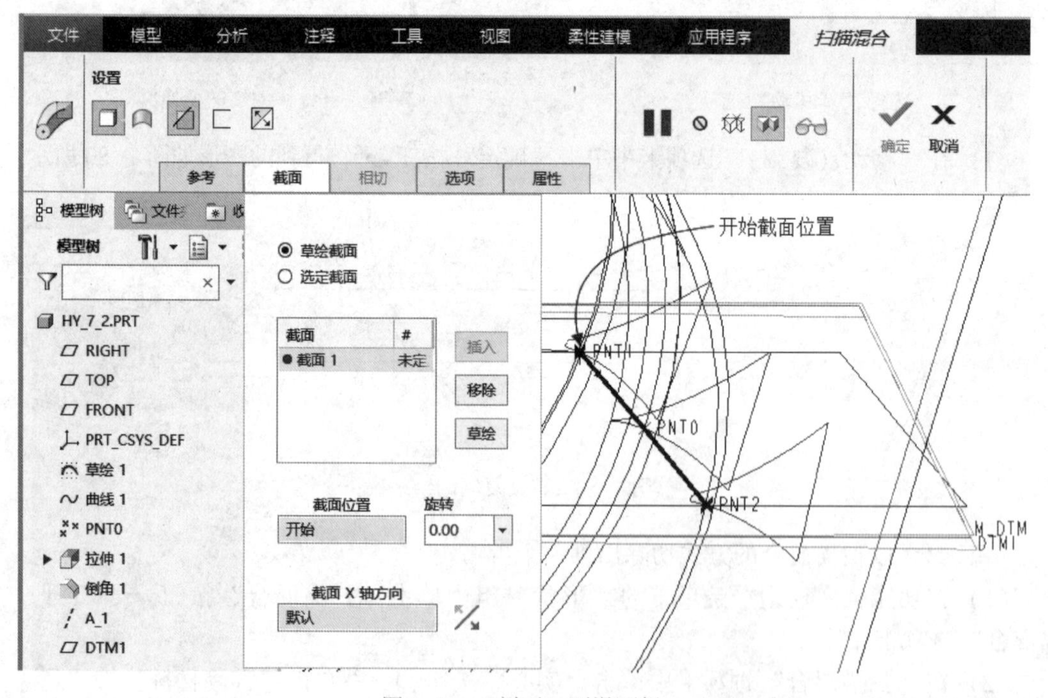

图 7-83 “剖面”下滑面板

（6）单击“剖面”下滑面板的“草绘”按钮，进入草绘模式。

（7）在“草绘”组中单击“投影”按钮□，弹出“类型”对话框，选择“环”单选按钮，如图 7-84 所示。接着在绘图区域单击图 7-85 所示的图形以创建图元。单击“确定”按钮✔。

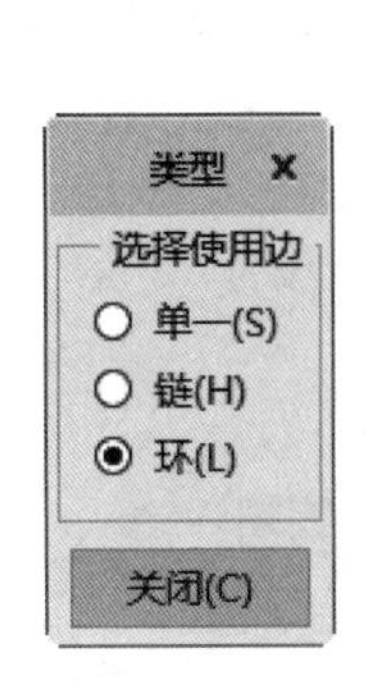

图 7-84 “类型”对话框

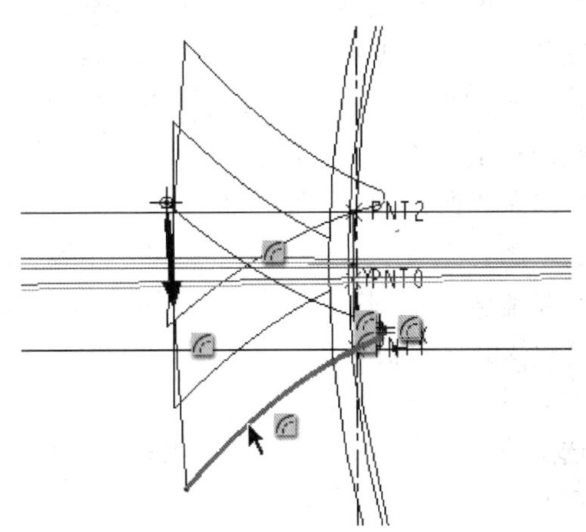

图 7-85 创建图元

（8）在“剖面”下滑面板上单击“插入”按钮，默认结束截面位置的旋转角度为 0，单击“剖面”下滑面板的“草绘”按钮，进入草绘模式。

（9）使用“草绘”组中的“投影”按钮□，绘制图 7-86 所示的图形，单击“确定”按钮✔。

（10）按〈Ctrl+D〉快捷键以标准方向的视角显示模型，单击“确定”按钮✔，完成创建第一个齿槽，效果如图 7-87 所示。

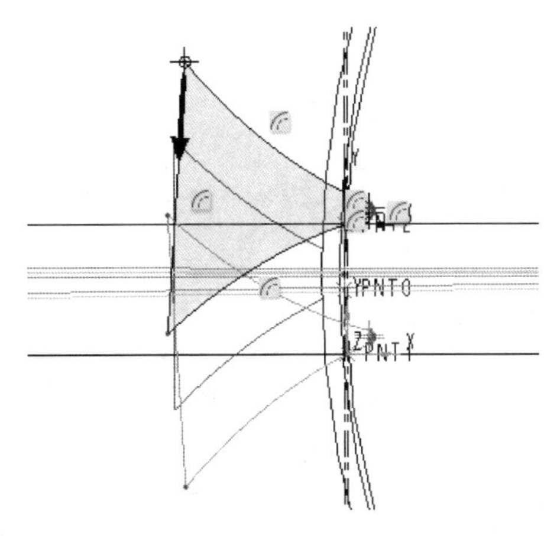

图 7-86 绘制图形

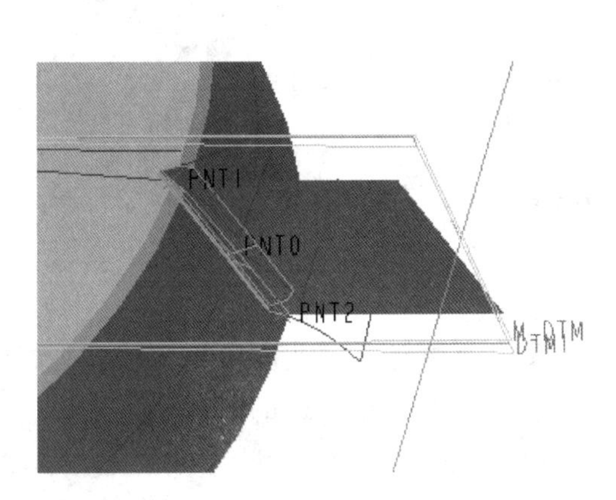

图 7-87 完成第一个齿槽

说明 也可以采用其他操作方法来完成第一个齿槽，请想想还有什么方法呢？在具体的设计过程中，有些特征往往可以采用多种方法来创建，这需要设计人员在工作中不断总结和分析，积累宝贵的经验。

步骤 22：建立图层来管理一些曲面和曲线。

（1）在功能区中切换至“视图”选项卡，从“可见性”组中单击“层”按钮，从而使导航区出现层树。

（2）在层树的上方单击“层”按钮，从下拉菜单中选择“新建层”命令。

（3）在弹出的“层属性”对话框中输入名称为 c_lay，选择模型中的所有曲线（包括渐开线等）以及一些拉伸曲面作为 c_lay 图层的项目。

（4）在“层属性”对话框中单击“确定”按钮。

（5）在层树上右击 c_lay 图层，从出现的快捷菜单中选择“隐藏”命令。再次右击，从快捷菜单中选择“保存状况”命令。

（6）在“图形”工具栏中单击“重画”按钮。

（7）在功能区“视图”选项卡的“可见性”组中单击“层”按钮 c_lay，使导航区返回到特征模型树的显示状态。

步骤 23：阵列出所有齿槽。

（1）选定第一个齿槽的特征，从功能区“模型”选项卡的“编辑”组中单击“阵列”按钮，打开“阵列”选项卡。

（2）在“阵列”选项卡中选择“轴”选项，接着在模型中选择中心特征轴 A_1。

（3）单击“阵列”选项卡中的“设置阵列角度范围”按钮，设置角度范围为 360°，输入第一方向的阵列成员数为 80，如图 7-88 所示，图中还给出了“选项”下滑面板的相关设置。

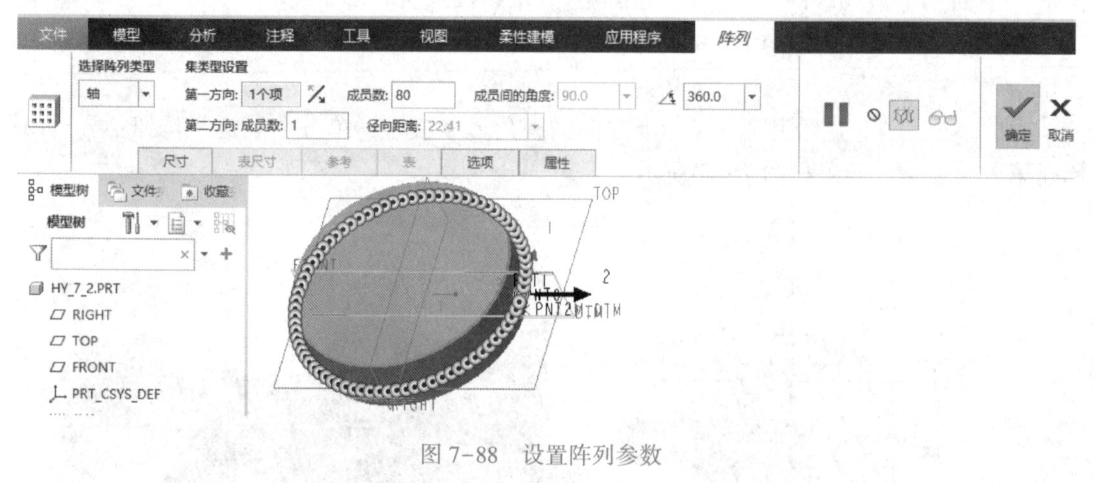

图 7-88　设置阵列参数

（4）单击“阵列”选项卡中的“确定”按钮，完成了所有齿槽，如图 7-89 所示。

步骤 24：以旋转的方式切除材料。

（1）单击“旋转”按钮，打开“旋转”选项卡。

（2）指定要创建的模型特征为“实心”，并单击“移除材料”按钮。

（3）单击“旋转”选项卡中的“放置”按钮，打开“放置”下滑面板。单击该下滑面板上的“定义”按钮，弹出“草绘”对话框。选择 RIGHT 基准平面作为草绘平面，以 TOP 基准平面为“左”方向参考，单击“草绘”按钮，进入草绘模式。也可以不打开“放置”下滑面板，而是直接选择 RIGHT 基准平面作为草绘平面，以快速进入草绘模式。

（4）绘制图 7-90 所示的旋转剖面和旋转几何中心线，在完成标注需要的尺寸及修改尺寸后，单击“确定”按钮。

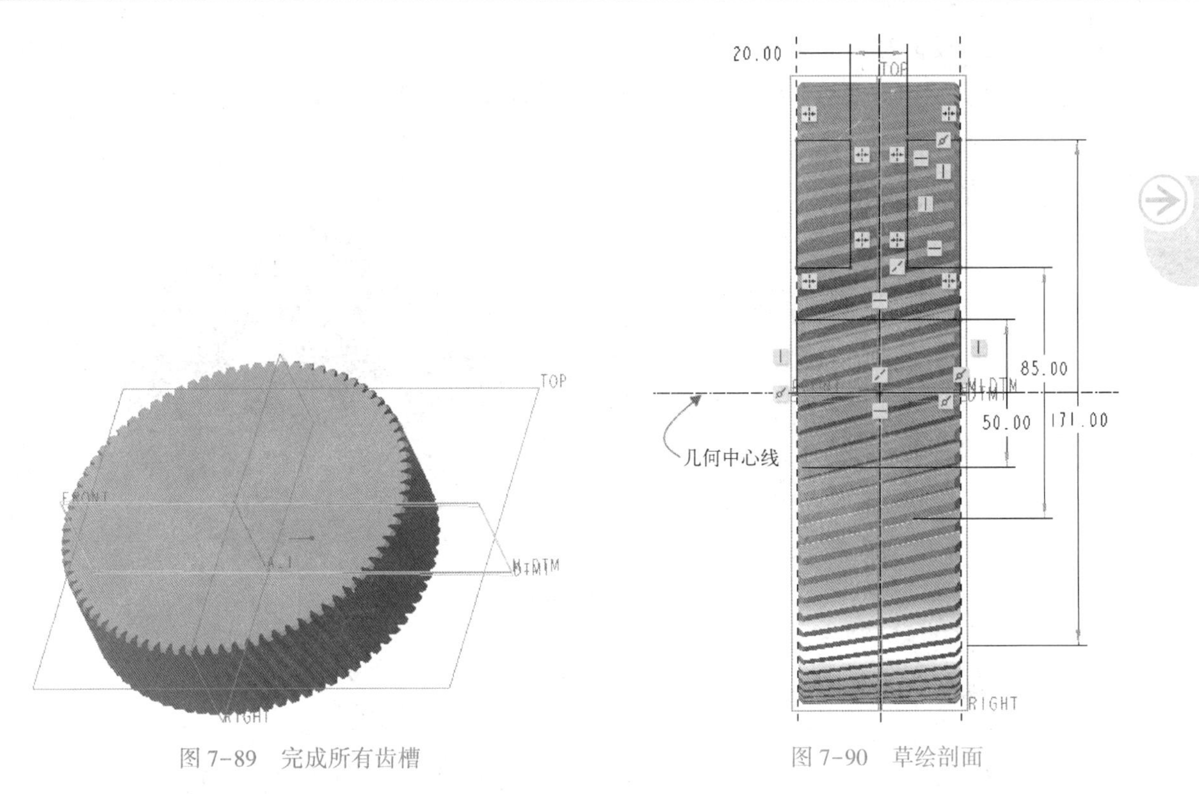

图 7-89　完成所有齿槽　　　　图 7-90　草绘剖面

（5）接受默认的旋转角度为 360°，单击“旋转”选项卡中的“确定”按钮✔，按〈Ctrl+D〉快捷键，此时以默认的标准方向视角来显示齿轮模型，效果如图 7-91 所示。

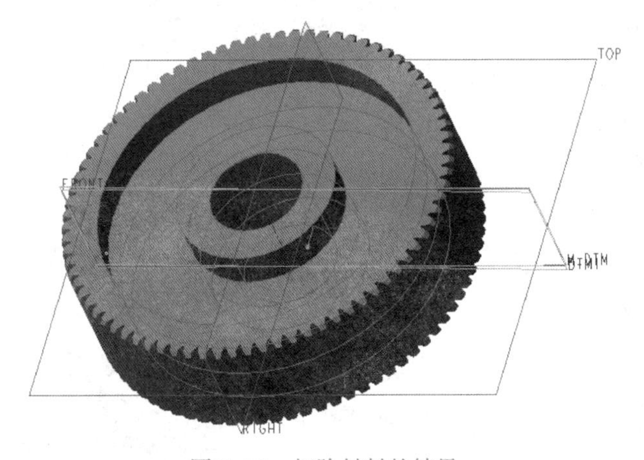

图 7-91　切除材料的结果

步骤 25：以拉伸方式切除出键槽结构。

（1）单击“拉伸”按钮，打开“拉伸”选项卡。

（2）指定要创建的模型特征为“实心”，并单击“移除材料”按钮。

（3）选择 TOP 基准平面作为草绘平面，快速地进入内部草绘器中。

（4）绘制图 7-92 所示的剖面，单击“确定”按钮✔。

（5）在“拉伸”选项卡中单击“选项”按钮，打开“选项”下滑面板，将侧 1 和侧 2

的深度选项均设置为⫿⫿（穿透）选项。

（6）单击“拉伸”选项卡中的“确定”按钮✔，得到的键槽结构如图 7-93 所示。

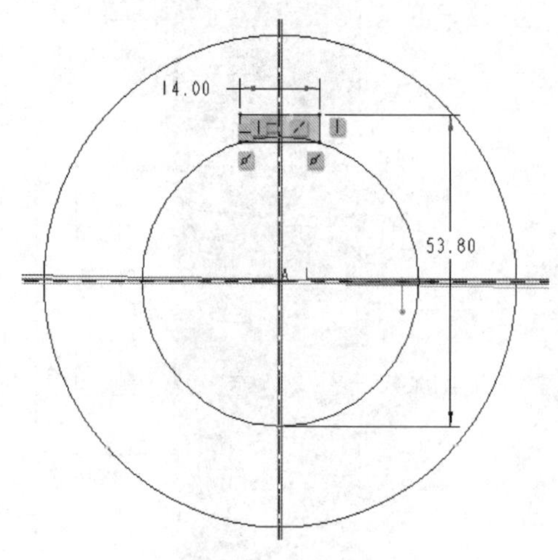

图 7-92　草绘剖面

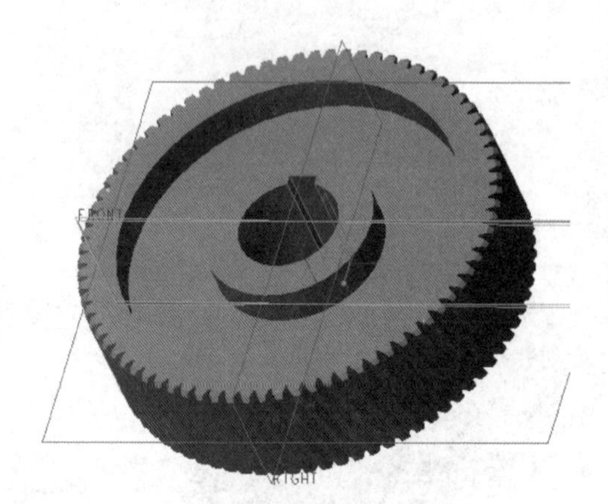

图 7-93　完成键槽结构

步骤 26：在腹板上创建一个圆孔。

（1）单击“拉伸”按钮，打开“拉伸”选项卡。

（2）指定要创建的模型特征为“实心”，并单击“移除材料”按钮。

（3）单击“放置”按钮，打开“放置”下滑面板，单击“定义”按钮，打开“草绘”对话框。在“草绘”对话框上单击“使用先前的”按钮，进入草绘模式。

（4）绘制图 7-94 所示的草图，单击“确定”按钮✔。

（5）在“拉伸”选项卡中单击“选项”按钮，打开“选项”下滑面板，将侧 1 和侧 2 的深度选项均设置为⫿⫿（穿透）选项。

（6）单击“拉伸”选项卡中的“确定”按钮✔，得到的通孔如图 7-95 所示。

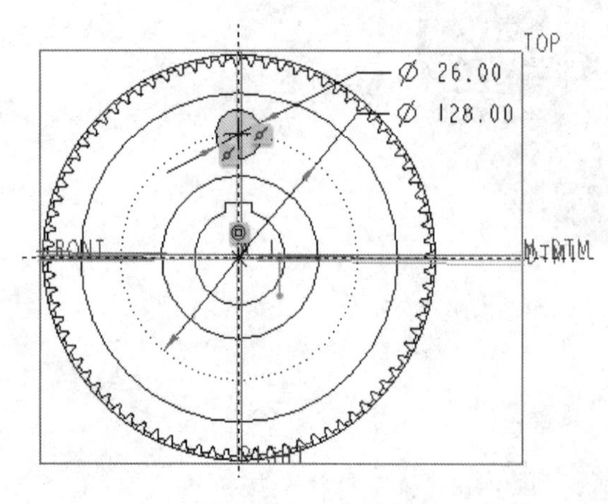

图 7-94　绘制草图

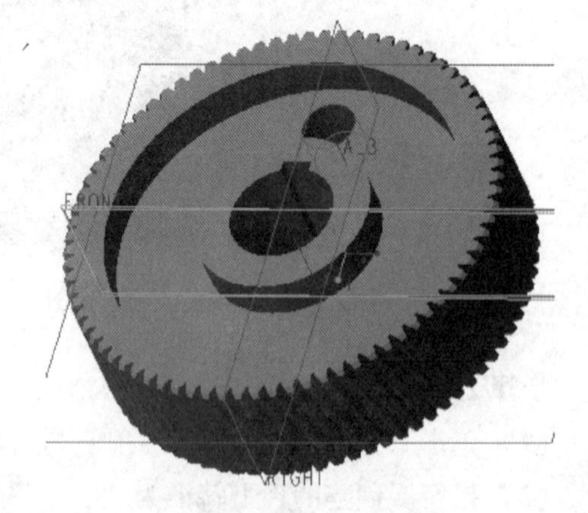

图 7-95　绘制 1 个圆孔

步骤 27：以阵列的方式完成均布圆孔。

（1）确保选定刚创建的第一个圆孔，单击“阵列”按钮，打开“阵列”选项卡。

（2）在“阵列”选项卡的阵列类型列表框中选择“轴”选项，接着在模型中选择中心特征轴 A_1。

（3）单击“阵列”选项卡中的“设置阵列角度范围”按钮，设置角度范围为 360°，输入第一方向的阵列成员数为 6，此时如图 7-96 所示。

（4）单击“阵列”选项卡中的“确定”按钮，建立的均布圆孔如图 7-97 所示。

图 7-96　动态预览

图 7-97　完成均布圆孔

步骤 28：创建拔模特征。

（1）单击“拔模”按钮，打开“拔模”选项卡。

（2）结合〈Ctrl〉键选择要拔模的零件曲面，如图 7-98 所示。

（3）在“拔模”选项卡中单击 ●单击此处添加项 （“拔模枢轴”收集器），将其激活，接着选择图 7-99 所示的零件面定义拔模枢轴。

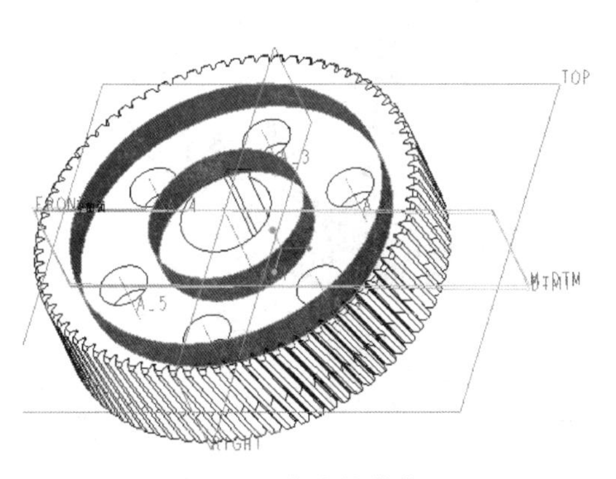

图 7-98　指定拔模曲面

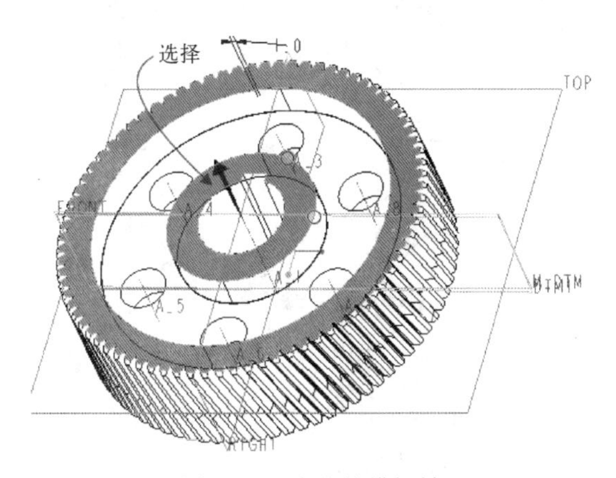

图 7-99　定义拔模枢轴

（4）在“拔模”选项卡的拔模角度尺寸框中输入-5，并按〈Enter〉键，此时如图 7-100 所示。

（5）单击“确定”按钮，拔模结果如图 7-101 所示。

翻转到齿轮零件腹板的另一面，以同样的方法创建所需要的拔模特征。

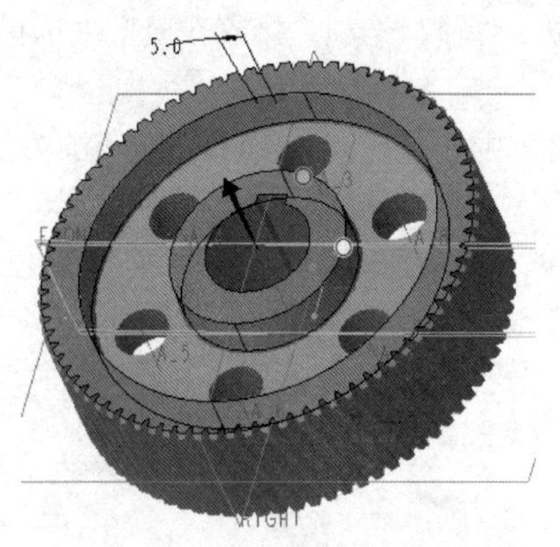

图 7-100　设置拔模角度

图 7-101　拔模结果

步骤 29：创建倒角特征。

(1) 单击“边倒角”按钮。

(2) 在“边倒角”选项卡中，选择边倒角标注形式为 45×D，在 D 尺寸框中输入 2。

(3) 按住〈Ctrl〉键选择图 7-102 所示的轮廓边。

(4) 单击“边倒角”选项卡中的“确定”按钮✔。

步骤 30：继续创建倒角特征。

(1) 单击“边倒角”按钮。

(2) 在“边倒角”选项卡中，选择边倒角标注形式为 D×D，在 D 尺寸框中输入 2。

(3) 按住〈Ctrl〉键选择图 7-103 所示的轮廓边。

图 7-102　倒角处理

图 7-103　倒角处理

(4) 单击“边倒角”选项卡中的“确定”按钮✔。

步骤 31：创建倒圆角特征。

(1) 单击“倒圆角”按钮，打开“倒圆角”选项卡。

(2) 设置当前倒圆角集的半径为 3。

(3) 按住〈Ctrl〉键选择图 7-104 所示的两条边参考。

(4) 单击“倒圆角”选项卡中的“确定”按钮✔。

使用同样的方法，在齿轮腹板的另一面创建过渡圆角，圆角半径也设置为 3。

至此，完成本渐开线斜齿圆柱齿轮的创建，最后的零件效果如图 7-105 所示。

图 7-104　倒圆角处理

图 7-105　完成的渐开线斜齿圆柱齿轮

7.4　齿轮轴实例

齿轮轴零件是将齿轮与轴结构设计在一起的零件。本实例所介绍的齿轮轴零件如图 7-106 所示。该齿轮轴上的齿轮模数为 2 mm，齿数为 18，压力角为 20°，齿顶高系数为 1，顶隙系数为 0.25。特别说明一下，对于 $m\geqslant 1$ 的正常齿制齿轮，其齿顶高系数标准值为 1，顶隙系数为 0.25，所述的顶隙是指齿轮副中一个齿轮的齿根圆柱面与配对齿轮的齿顶圆柱面之间在连心线上度量的距离，顶隙的作用是避免一齿轮的齿顶与另一齿轮的齿根相抵触，同时也便于储存润滑油。

图 7-106　齿轮轴

本实例的目的是让读者了解齿轮轴的结构特点，并重点复习渐开线直齿圆柱齿轮的创建方法及技巧等。

下面是该齿轮轴的设计方法及设计步骤。

步骤 1：新建零件文件。

（1）在“快速访问”工具栏上单击“新建”按钮，弹出“新建”对话框。

（2）在“类型”选项组中选择“零件”单选按钮，在“子类型”选项组中选择“实体”单选按钮，在“名称”文本框中输入 HY_7_3，并取消勾选“使用默认模板”复选框，不使用默认模板，单击“确定”按钮，弹出“新文件选项”对话框。

（3）在“新文件选项”对话框的“模板”选项组中选择 mmns_part_solid 选项。单击“确定”按钮，进入零件设计模式。

步骤 2：以旋转的方式创建齿轮轴的基本体。

（1）单击“旋转”按钮，打开“旋转”选项卡，默认选中“实心”按钮。

（2）选择 TOP 基准平面作为草绘平面，进入草绘器中。

（3）绘制图 7-107 所示的旋转剖面和几何中心线，在完成标注需要的尺寸及修改尺寸后，单击“确定”按钮。

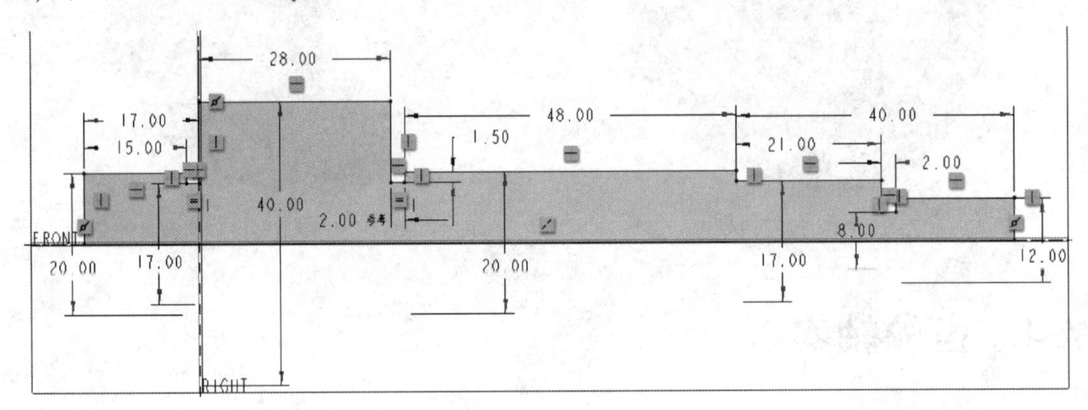

图 7-107　草绘

（4）接受默认的旋转角度为 360°。单击“确定”按钮，创建的齿轮轴基本体如图 7-108 所示。

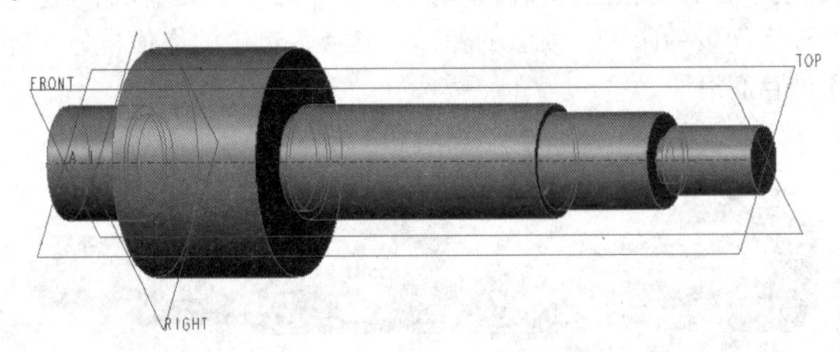

图 7-108　齿轮轴基本体

步骤 3：创建键槽结构。

（1）单击“拉伸”按钮，打开“拉伸”选项卡。

（2）指定要创建的模型特征为“实心”，并单击“移除材料”按钮。

（3）打开“放置”下滑面板，单击“定义”按钮，打开“草绘”对话框。

（4）单击“基准”→“基准平面”按钮，打开“基准平面”对话框。选择 TOP 基准平面作为偏移参考，在“平移”框中输入 5.5，如图 7-109 所示，单击“确定”按钮。

（5）系统自动以 DTM1 基准平面作为草绘平面，单击“草绘”按钮，进入草绘模式。

（6）绘制图 7-110 所示的草图，单击“确定”按钮。

（7）在“拉伸”选项卡中单击“深度方向”按钮，并选择（穿透）选项。

（8）单击“拉伸”选项卡中的“确定”按钮，创建的键槽结构如图 7-111 所示。

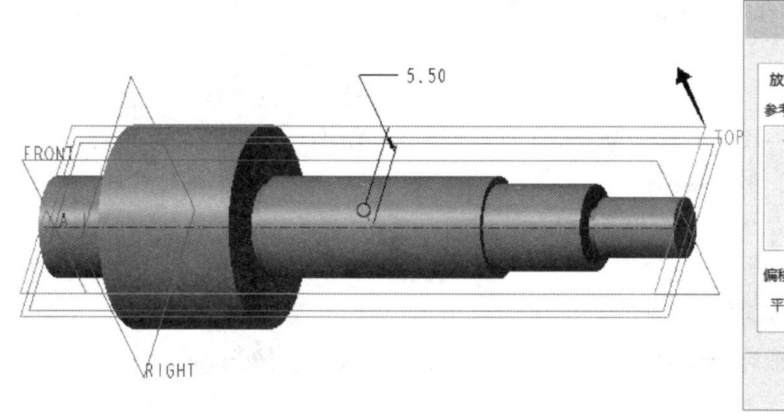

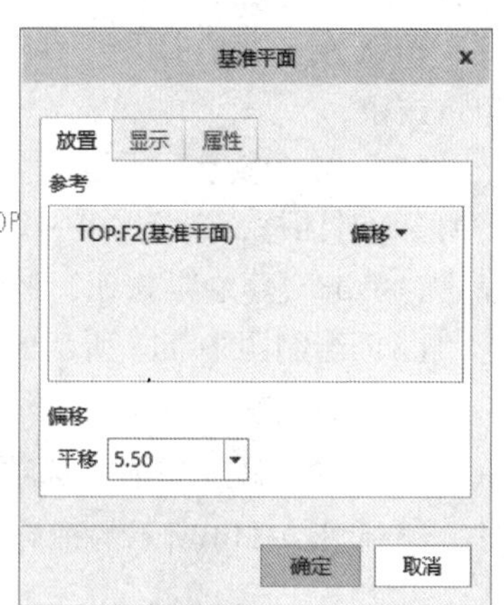

图 7-109 创建基准平面 DTM1

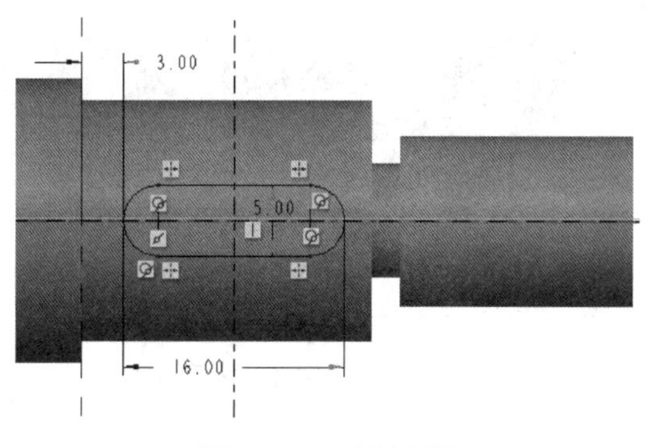

图 7-110 绘制草图

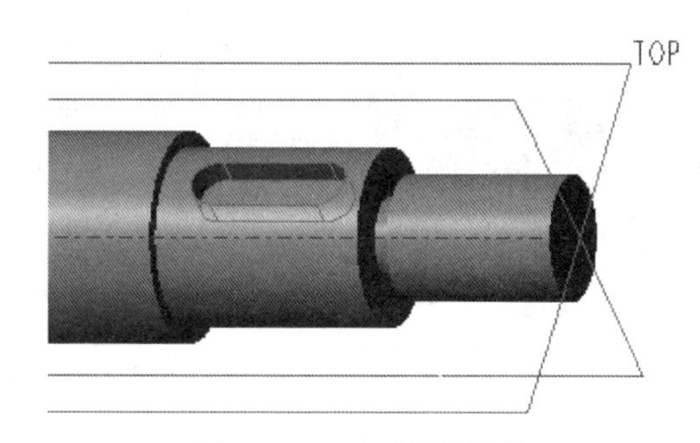

图 7-111 建造键槽结构

步骤 4：创建倒角特征。

(1) 单击“边倒角”按钮。

(2) 在“边倒角”选项卡中，选择边倒角标注形式为 45×D，在 D 尺寸框中输入 2。

(3) 按住〈Ctrl〉键选择图 7-112 所示的两处轮廓边。

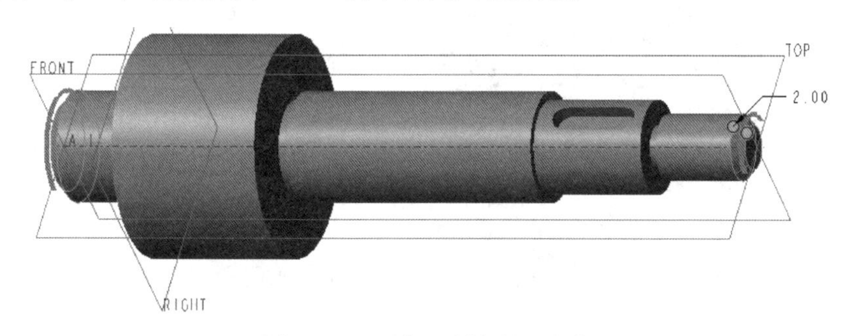

图 7-112 选择要倒角的边参考

(4) 单击“边倒角”选项卡中的“确定”按钮✔。

步骤 5：创建螺旋扫描特征。

(1) 在“形状”组中单击“螺旋扫描”按钮，打开“螺旋扫描”选项卡。

(2) 在“螺旋扫描”选项卡中单击“实心”按钮、“移除材料”按钮和“右手定则”按钮，接着打开“参考”下滑面板，从“截面方向”选项组中选择“穿过螺旋轴”单选按钮。

（3）在“参考”下滑面板中单击位于“螺旋轮廓”收集器右侧的“定义”按钮，弹出“草绘”对话框，选择 TOP 基准平面作为草绘平面，默认以 RIGHT 基准平面为“右”方向参考，单击“草绘”按钮，进入草绘器。

（4）绘制图 7-113 所示的图形，单击“确定”按钮。

（5）输入螺距值为 1.5。

（6）在“螺旋扫描”选项卡中单击“创建或编辑扫描截面”按钮，进入内部草绘器，绘制图 7-114 所示的螺旋扫描剖面（螺纹剖面），单击“确定”按钮。

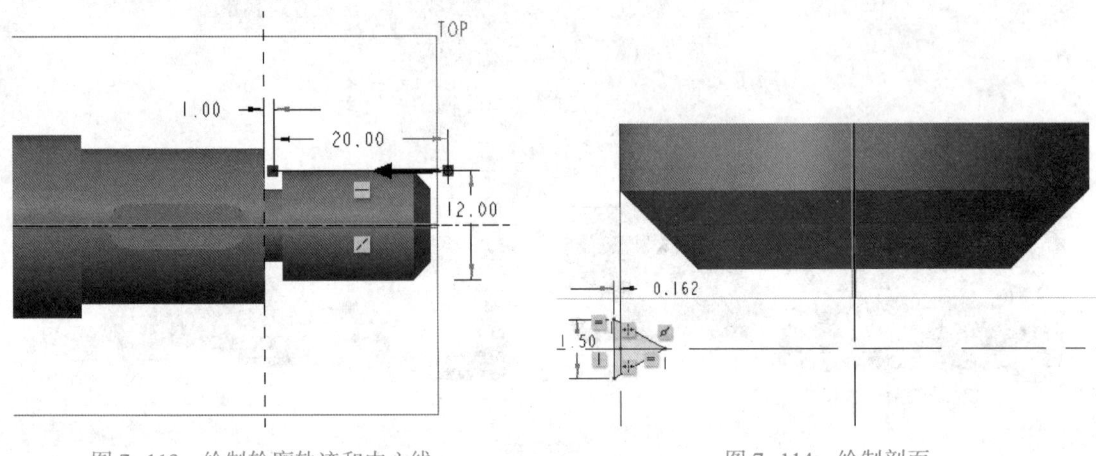

图 7-113　绘制轮廓轨迹和中心线　　图 7-114　绘制剖面

（7）在“螺旋扫描”选项卡中单击“确定”按钮，按〈Ctrl+D〉快捷键调整视角，创建的外螺纹结构如图 7-115 所示。

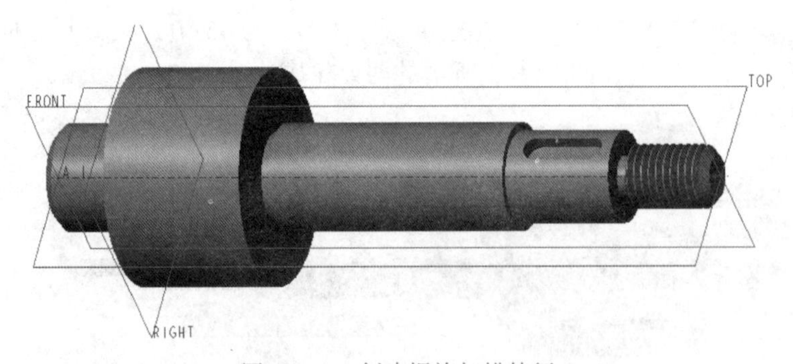

图 7-115　创建螺旋扫描特征

步骤 6：建立齿轮参数。

（1）在功能区“模型”选项卡中单击“模型意图”→“参数”按钮，或者在功能区“工具”选项卡的“模型意图”组中单击“参数”按钮，此时系统弹出“参数”对话框。

（2）5 次单击“添加”按钮，从而增加 5 个参数。

（3）分别修改新参数名称及其相应的数值、说明，如图 7-116 所示。

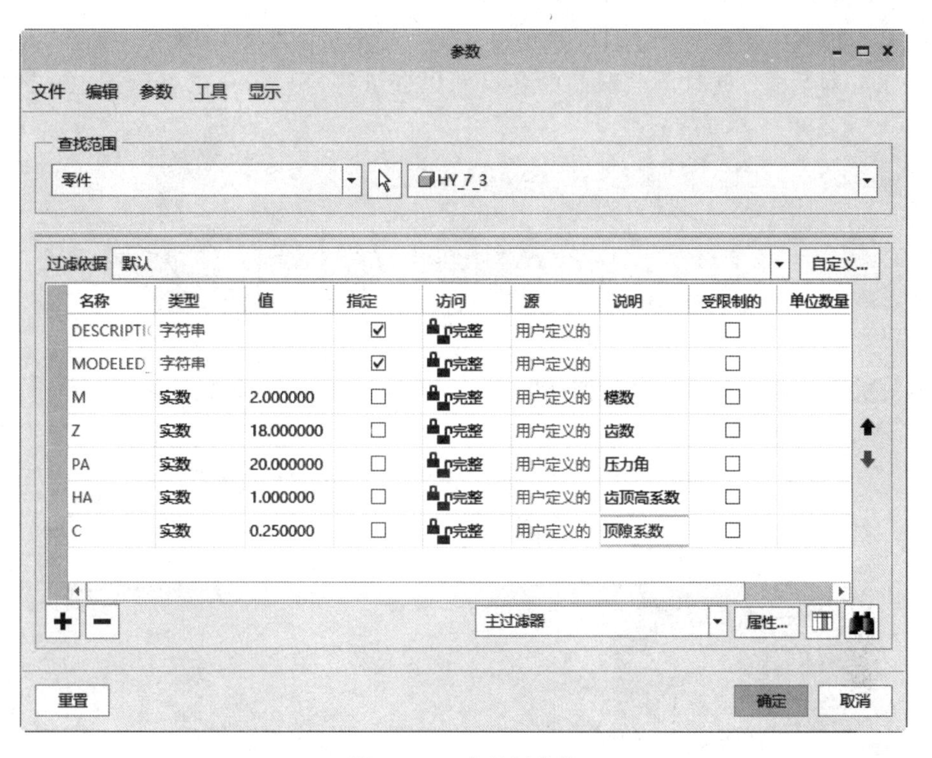

图 7-116　定义新参数

（4）在“参数”对话框上单击“确定”按钮，完成用户自定义参数的建立。

步骤 7：草绘定义分度圆、基圆、齿根圆和齿顶圆的圆。

（1）单击“草绘”按钮，弹出“草绘”对话框。

（2）选择 RIGHT 基准平面为草绘平面，以 TOP 基准平面作为“左”方向参考，单击“草绘”按钮，进入草绘模式。

（3）分别绘制 4 个圆，如图 7-117 所示。

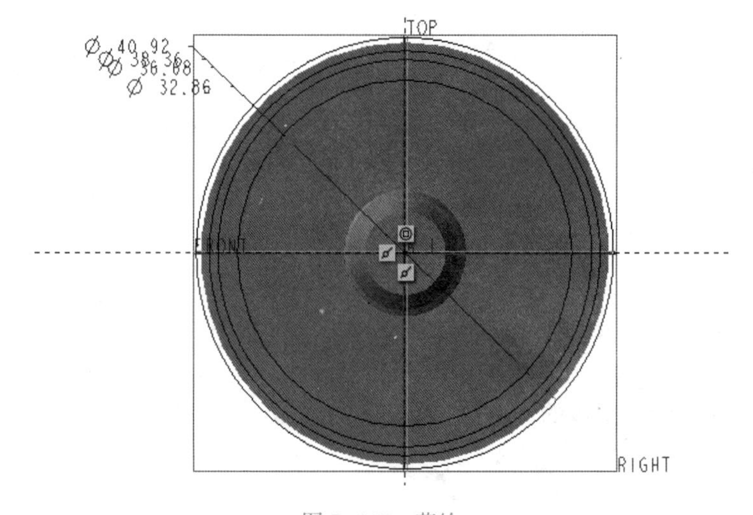

图 7-117　草绘

（4）在功能区中切换至“工具”选项卡，从“模型意图”组中单击“关系”按钮d=，弹出“关系”对话框。此时草绘截面的各尺寸以变量符号显示，在对话框中输入如下关系式：

```
sd0=m*(z+2*ha)          /*齿顶圆直径
sd1=m*z                 /*分度圆直径
sd2=m*z*cos(PA)         /*基圆直径
sd3=m*(z-2*ha-2*c)      /*齿根圆直径
DB=sd2
```

输入好关系式的“关系”对话框如图7-118所示。在“关系”对话框上单击“确定”按钮。

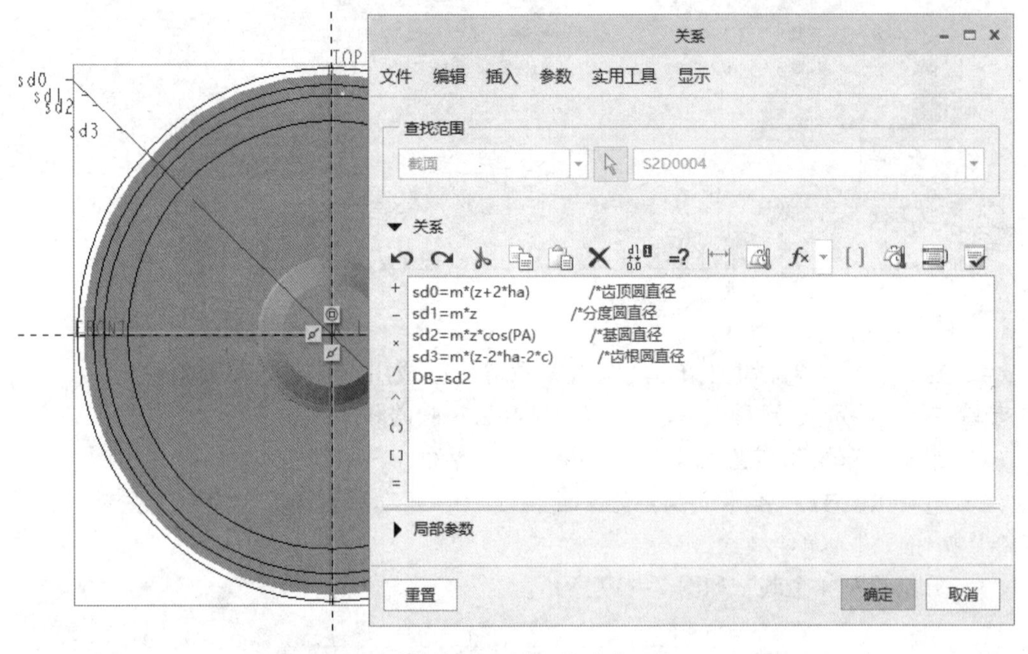

图7-118　设置关系式

（5）在功能区中切换至“草绘”选项卡，单击“确定”按钮✔。

步骤8：创建渐开线。

（1）在功能区的“模型”选项卡中选择“基准”“→曲线”命令旁的小三角按钮▸→“来自方程的曲线”命令，打开“曲线：从方程”选项卡。

（2）在模型树中选择PRT_CSYS_DEF基准坐标系。

（3）从“坐标类型”下拉列表框中选择“笛卡尔”选项。

（4）在“曲线：从方程”选项卡中单击“方程”按钮，打开“方程”编辑窗口。

（5）在“方程”编辑窗口的文本框中输入下列函数方程：

```
r=DB/2                  /*r为基圆半径
theta=t*45              /*设置渐开线展角为从0到45度
x=0
```

```
y=r*sin(theta)-r*(theta*pi/180)*cos(theta)
z=r*cos(theta)+r*(theta*pi/180)*sin(theta)
```

完成输入函数方程的“方程”编辑窗口如图7-119所示。

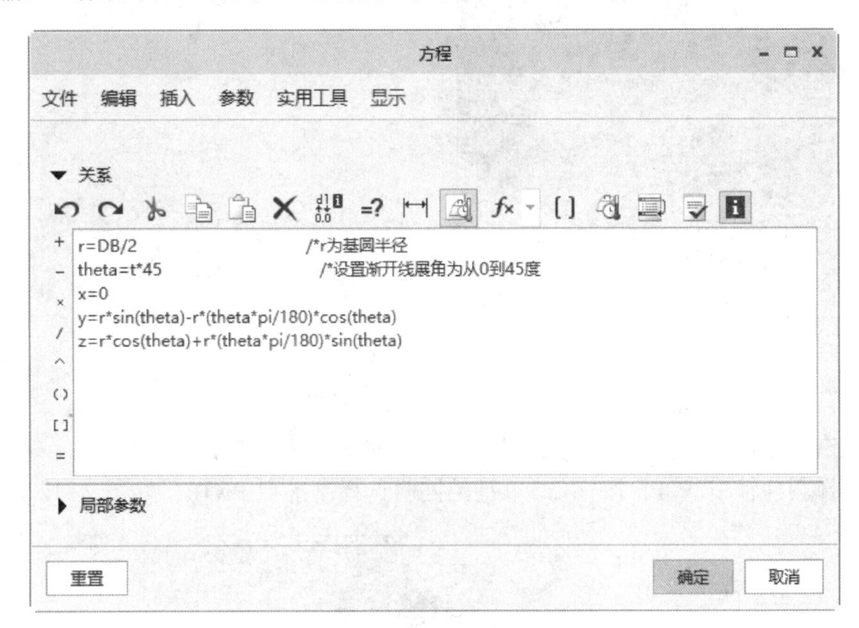

图7-119 定义渐开线方程

(6) 在“方程”编辑窗口中单击“确定”按钮。

(7) 在“曲线：从方程”选项卡中单击“确定”按钮✔，创建的渐开线如图7-120所示。

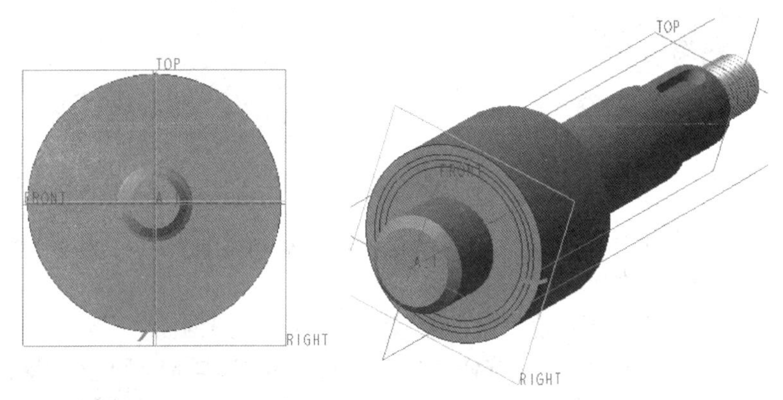

图7-120 完成一条渐开线

步骤9：创建基准点。

(1) 单击“基准点”按钮，打开“基准点”对话框。

(2) 选择渐开线，按住〈Ctrl〉键选择分度圆曲线，如图7-121所示，在它们的交点处产生一个基准点PNT0。

(3) 在“基准点”对话框中单击“确定”按钮。

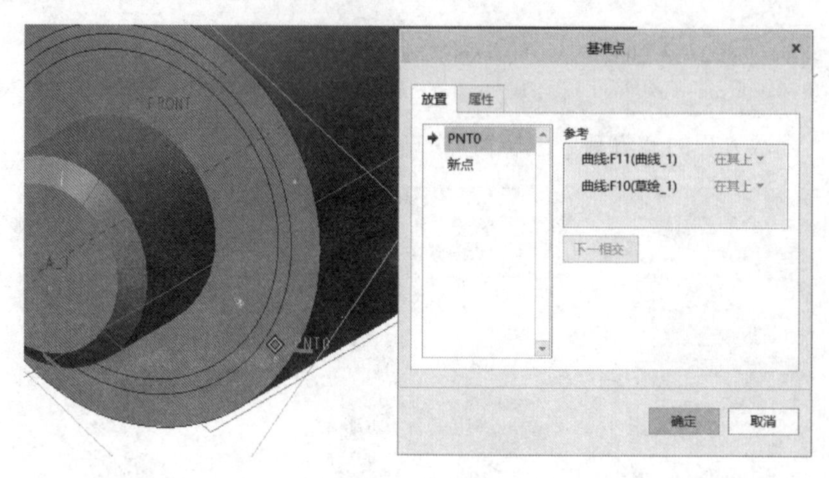

图 7-121 创建基准点

步骤 10：创建通过基准点 PNT0 与圆柱轴线的参考平面。

（1）单击“基准平面”按钮▱，打开“基准平面”对话框。

（2）选择圆柱轴线 A_1，按〈Ctrl〉键的同时选择基准点 PNT0，如图 7-122 所示。

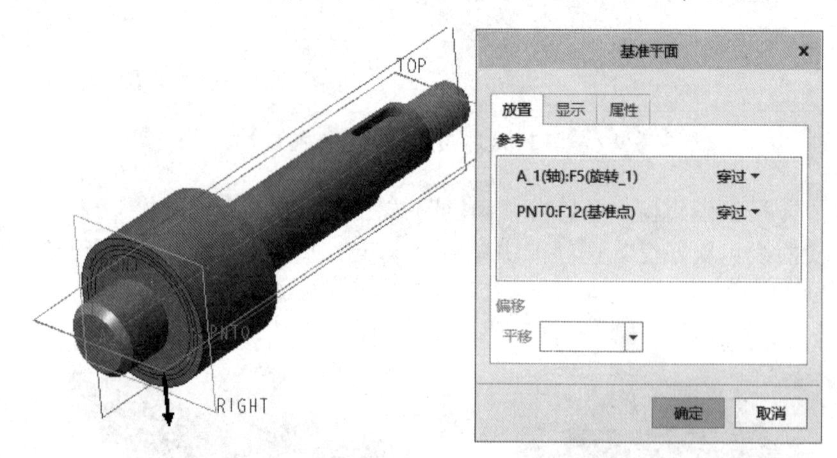

图 7-122 创建基准平面 DTM2

（3）单击“基准平面”对话框的“确定”按钮，完成基准平面 DTM2 的创建。

步骤 11：创建基准平面 M_DTM。

（1）单击“基准平面”按钮▱，打开“基准平面”对话框。

（2）确保选中 DTM2 基准平面，按住〈Ctrl〉键的同时选择轴线 A_1，接着在“基准平面”对话框的“旋转”框中输入“360/(4＊Z)”，按〈Enter〉键，系统询问是否要添加 360/(4＊Z)作为特征关系，如图 7-123 所示，单击“是”按钮，系统自动计算该关系式。

（3）切换到“属性”选项卡，在“名称”文本框中输入 M_DTM。

（4）单击“基准平面”对话框的“确定”按钮。

步骤 12：镜像渐开线。

（1）在模型树上选择渐开线，单击“镜像”按钮▱，打开“镜像”选项卡。

（2）选择 M_DTM 基准平面作为镜像平面。

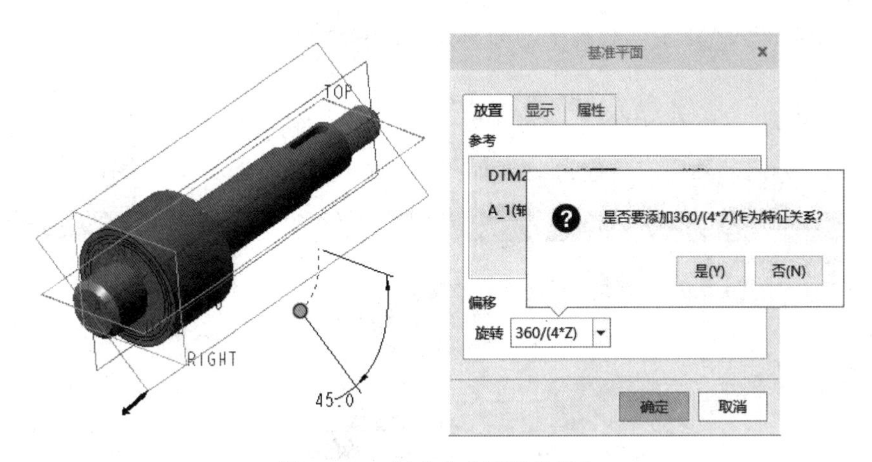

图 7-123　创建基准平面的操作

（3）单击“镜像”选项卡的“确定”按钮✔。

步骤 13：切除出第一个齿槽。

（1）单击“拉伸”按钮，打开“拉伸”选项卡。

（2）指定要创建的模型特征为“实心”，并单击“移除材料”按钮。

（3）打开“放置”下滑面板，单击“定义”按钮，打开“草绘”对话框。

（4）选择 RIGHT 基准平面作为草绘平面，以 TOP 基准平面作为“左”方向参考，单击“草绘”按钮，进入草绘模式。

（5）绘制图 7-124 所示的剖面，单击“确定”按钮✔。

（6）在“拉伸”选项卡中单击“选项”按钮，打开“选项”下滑面板，将侧 1 和侧 2 的深度选项均设置为（穿透）选项。

（7）在“拉伸”选项卡中单击“确定”按钮✔，创建的第一个齿槽如图 7-125 所示。

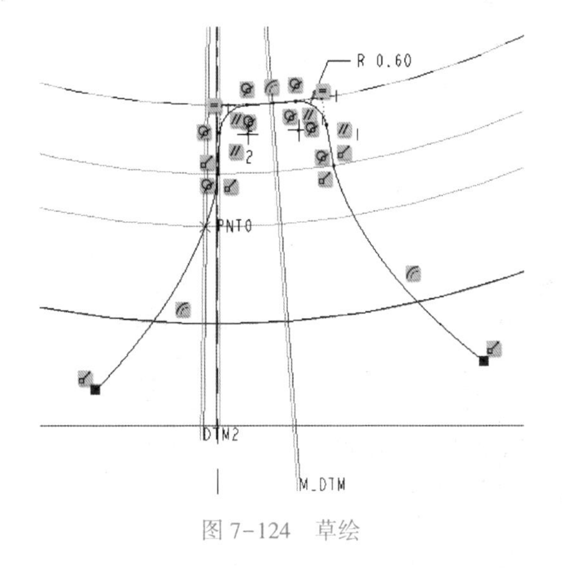

图 7-124　草绘

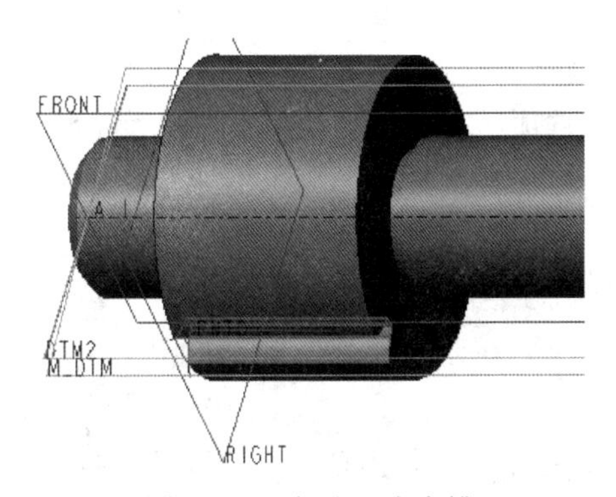

图 7-125　切出一个齿槽

步骤 14：阵列操作。

（1）单击“阵列”按钮，打开“阵列”选项卡。

（2）从“阵列”选项卡的阵列类型列表框中选择“轴”选项，然后在模型中选择中心轴线 A_1。

（3）在“阵列”选项卡中单击“设置阵列的角度范围”按钮，将该角度范围设置为 360°，输入第一方向的阵列成员数为 18，如图 7-126 所示。

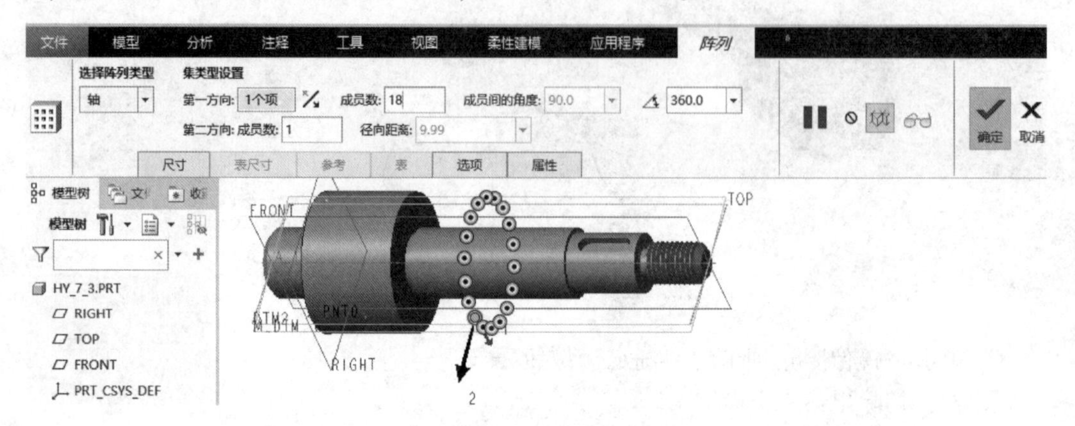

图 7-126　设置阵列参数

（4）单击“阵列”选项卡中的“确定”按钮，阵列结果如图 7-127 所示。

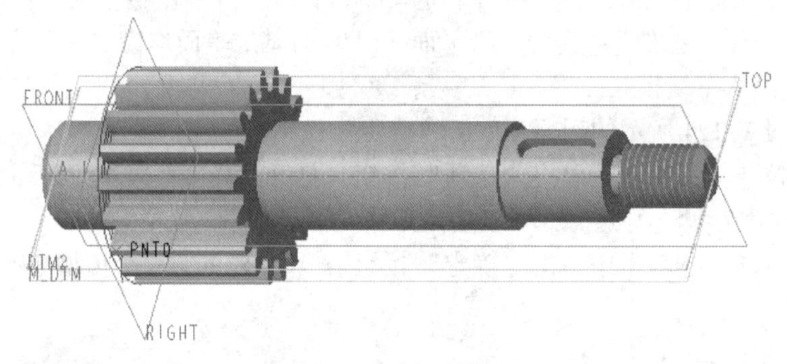

图 7-127　阵列结果

步骤 15：建立图层来管理曲线。

（1）在导航区的模型树上方单击“显示”按钮，如图 7-128 所示，接着选择“层树”选项，则导航区切换至层树显示状态。

（2）在层树的上方单击“层”按钮，从下拉菜单中选择“新建层”命令。

（3）在出现的“层属性”对话框上输入名称为 CURVE，选择模型中的曲线特征作为该图层的项目。

（4）在“层属性”对话框上单击“确定”按钮。

（5）在层树上右击 CURVE 图层，从出现的快捷菜单中选择“隐藏”命令。再次右击 CURVE 图层，从出现的快捷菜单中选择“保存状况”命令。

（6）在“图形”工具栏中单击“重画”按钮。

（7）在导航区的层树上方单击“显示”按钮，如图 7-129 所示，接着选择“模型树”选项，则导航区切换至模型树显示状态。

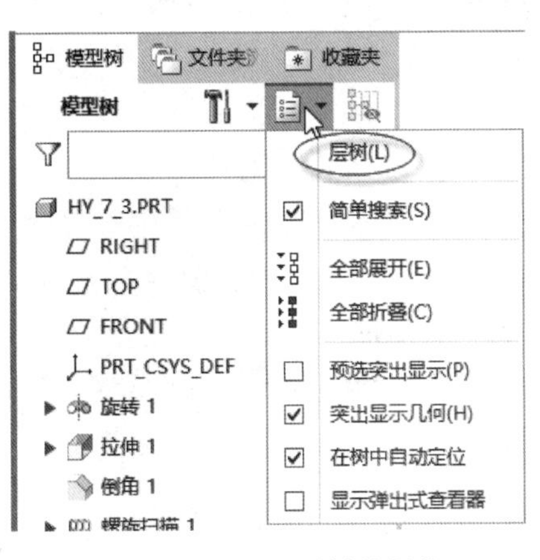

图 7-128　显示层树的操作

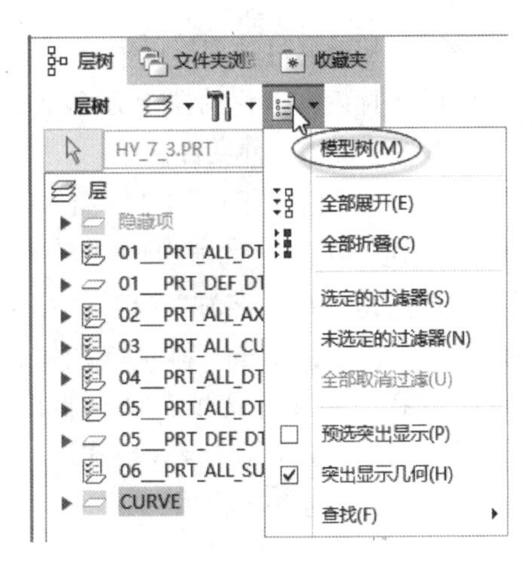

图 7-129　显示模型树的操作

步骤 16：保存文件。

至此，完成了该齿轮轴的创建，最后的模型效果如图 7-130 所示。

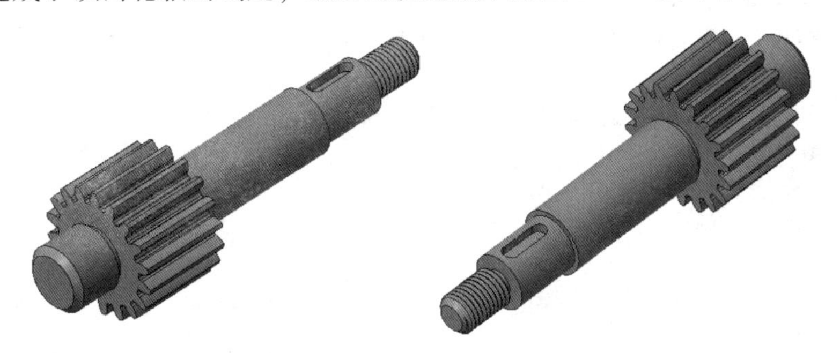

图 7-130　完成的齿轮轴

7.5　直齿锥齿轮实例

直齿锥齿轮的齿廓曲线在理论上是球面曲线，这就给设计和制造增加了一定复杂程度，在其设计中使用的参数和关系式也更加丰富。本实例介绍一个轴夹角 $\Sigma=90°$ 的标准直齿锥齿轮的建模方法及其步骤。该标准直齿锥齿轮的三维模型，如图 7-131 所示。

图 7-131　标准直齿锥齿轮

在该实例中，首先设置直齿锥齿轮的基本参数，给曲线添加关系式，创建渐开线，接着由渐开线等曲线建立齿廓曲线，使用旋转的方式来创建锥体形状，使用扫描混合的方式构建轮齿

（或齿槽），然后通过阵列形成整个轮齿、齿槽，最后创建其他附加的结构，如键槽孔等结构。

该标准直齿锥齿轮的建模方法及步骤如下。

步骤 1：新建零件文件。

（1）在“快速访问”工具栏上单击“新建”按钮，弹出“新建”对话框。

（2）在“类型”选项组中选择“零件”单选按钮，在“子类型”选项组中选择“实体”单选按钮，在“名称”文本框中输入 HY_7_4，并取消勾选“使用默认模板”复选框，不使用默认模板，单击“确定”按钮，弹出“新文件选项”对话框。

（3）在“新文件选项”对话框的“模板”选项组中选择 mmns_part_solid 选项。单击“确定”按钮，进入零件设计模式。

步骤 2：新建参数。

（1）在功能区“工具”选项卡的“模型意图”组中单击“参数”按钮[]，此时系统弹出“参数”对话框。

（2）单击 8 次“添加”按钮[]，即一共增加 8 个新参数。

（3）分别修改新参数名称和相应的数值，并注写“说明”信息，如图 7-132 所示。

（4）在“参数”对话框上单击“确定”按钮，完成用户自定义参数的建立。

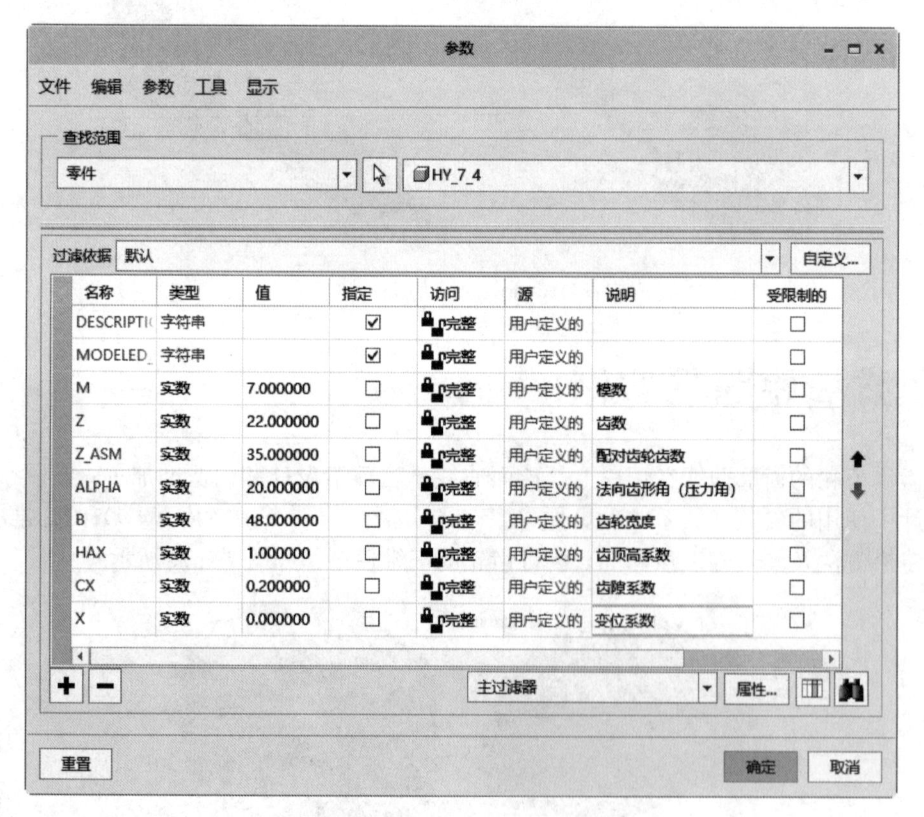

名称	类型	值	指定	访问	源	说明	受限制的
DESCRIPTI	字符串		☑	完整	用户定义的		☐
MODELED_	字符串		☑	完整	用户定义的		☐
M	实数	7.000000	☐	完整	用户定义的	模数	☐
Z	实数	22.000000	☐	完整	用户定义的	齿数	☐
Z_ASM	实数	35.000000	☐	完整	用户定义的	配对齿轮齿数	☐
ALPHA	实数	20.000000	☐	完整	用户定义的	法向齿形角（压力角）	☐
B	实数	48.000000	☐	完整	用户定义的	齿轮宽度	☐
HAX	实数	1.000000	☐	完整	用户定义的	齿顶高系数	☐
CX	实数	0.200000	☐	完整	用户定义的	齿隙系数	☐
X	实数	0.000000	☐	完整	用户定义的	变位系数	☐

图 7-132　定义新参数

步骤 3：创建基准轴 A_1。

（1）在功能区中打开“模型”选项卡，从“基准”组中单击“基准轴”按钮，打开“基准轴”对话框。

（2）选择 TOP 基准平面，然后按住〈Ctrl〉键的同时选择 RIGHT 基准平面，如图 7-133 所示。

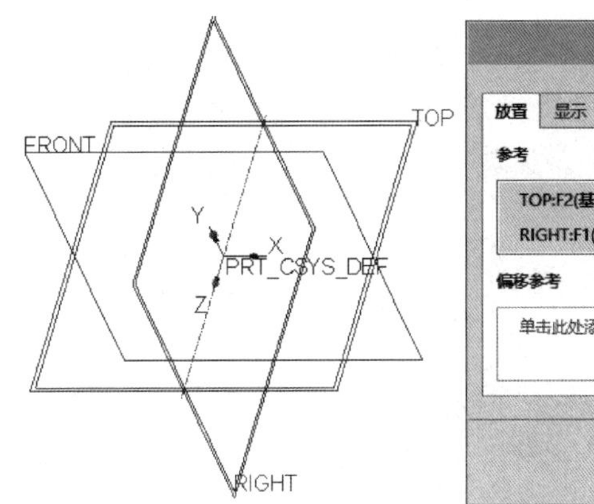

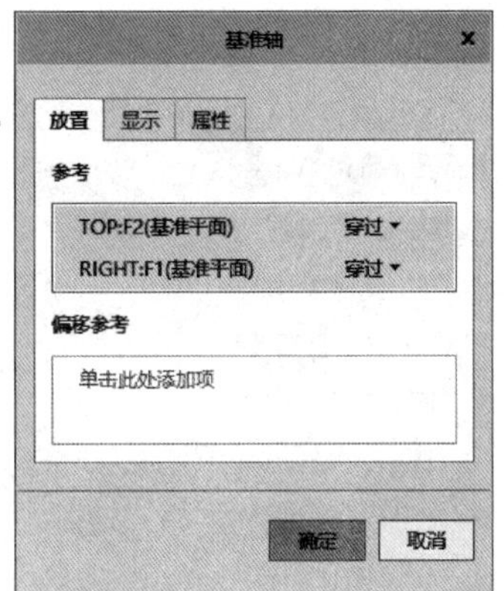

图 7-133　创建基准轴

（3）在“基准轴”对话框中单击“确定”按钮，在 TOP 基准平面与 RIGHT 基准平面的相交处创建了基准轴 A_1。

步骤 4：创建基准平面 DTM1 并定义相关的关系式。

（1）单击“基准平面”按钮，打开“基准平面”对话框。

（2）选择 FRONT 基准平面作为偏移参考，在模型窗口中将光标移至基准平面的控制图柄处，按住鼠标左键将其往当前坐标的 Z 轴负方向移动适当的距离（如往该方向的平移距离约为 170）后释放光标，如图 7-134 所示。

（3）在“基准平面”对话框上单击“确定”按钮。

（4）在功能区的“模型”选项卡中打开“模型意图”组溢出列表，从中单击“关系”按钮d=，打开“关系”对话框。此时，在模型窗口中单击 DTM1 基准平面，则显示出其偏移距离的尺寸代号，如图 7-135 所示。

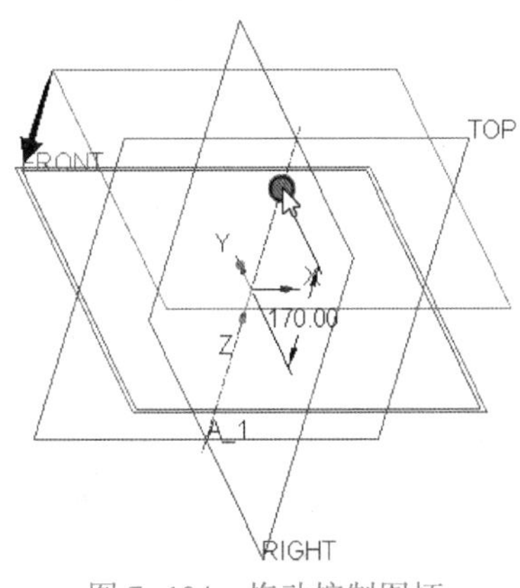

图 7-134　拖动控制图柄

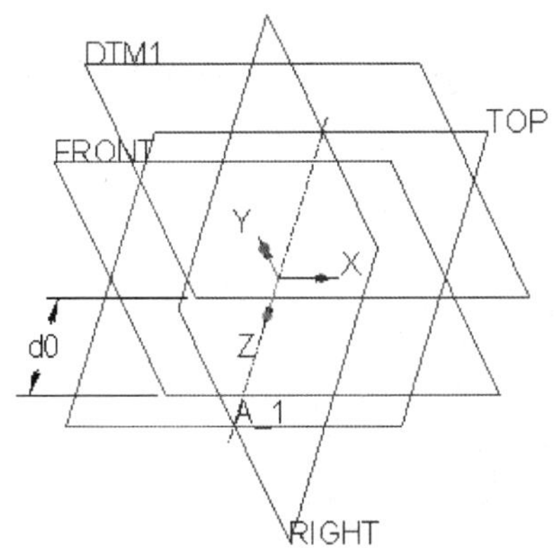

图 7-135　显示尺寸代号

（5）在“关系”对话框中输入如下的关系式：

```
DELTA=ATAN(Z/Z_ASM)          /*分锥角
D=M*Z                        /*分度圆直径
HA=(HAX+X)*M                 /*齿顶高
```

```
HF=(HAX+CX-X)*M                                /*齿根高
H=(2*HAX+CX)*M                                 /*齿高
DB=D*COS(ALPHA)                                /*基圆直径
DA=D+2*HA*COS(DELTA)                           /*齿顶圆直径
DF=D-2*HF*COS(DELTA)                           /*齿根圆直径
RX=D/(2*SIN(DELTA))                            /*锥距
THETA_A=ATAN(HA/RX)                            /*齿顶角
THETA_F=ATAN(HF/RX)                            /*齿根角
DELTA_A=DELTA+THETA_A                          /*顶锥角
DELTA_F=DELTA-THETA_F                          /*根锥角
HB=(D-DB)/(2*COS(DELTA))
THETA_B=ATAN(HB/RX)
DELTA_B=DELTA-THETA_B
BA=B/COS(THETA_A)
BB=B/COS(THETA_B)
BF=B/COS(THETA_F)
D0=D/(2*TAN(DELTA))
```

初步完成输入关系式的“关系”对话框如图7-136所示，单击对话框中的“执行/校验关系并按关系创建新参数”按钮，成功校验关系后，单击“关系”对话框的“确定”按钮。

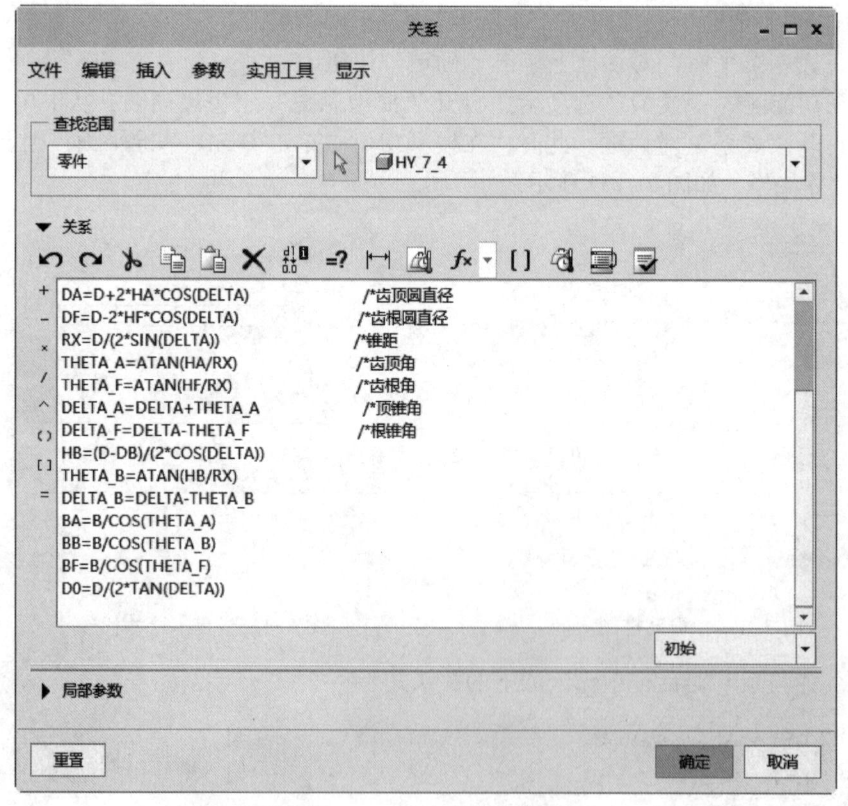

图7-136 输入关系式

步骤 5：创建基准点 CONIC_PNT。

（1）单击“基准点工具”按钮，打开“基准点”对话框。

（2）选择 DTM1 基准平面，按〈Ctrl〉键的同时选择 A_1 基准轴，接着在对话框上将该基准点重新命名为 CONIC_PNT，如图 7-137 所示。

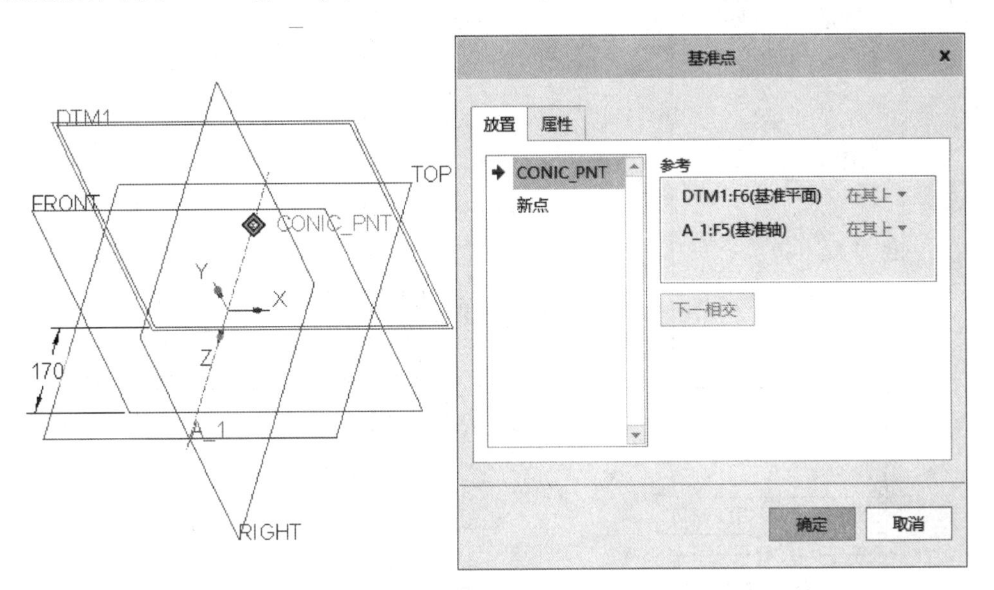

图 7-137 创建基准点

（3）单击“基准点”对话框的“确定”按钮。

步骤 6：绘制锥齿辅助曲线。

（1）单击“草绘”按钮，弹出“草绘”对话框。

（2）选择 TOP 基准平面作为草绘平面，以 RIGHT 基准平面作为“右”方向参考，单击“草绘”按钮，进入草绘模式。

（3）绘制图 7-138 所示的二维图形。

（4）在功能区中切换至“工具”选项卡，从“模型意图”组中单击“关系”按钮d=，弹出“关系”对话框。此时，在图形中显示出尺寸参数符号，如图 7-139 所示。

（5）在“关系”对话框中，为图形设置相应的尺寸关系，如图 7-140 所示，注意和图形中显示的尺寸参数代号相符。

（6）在“关系”对话框中单击“确定”按钮。图形按照关系计算出来的尺寸值自动更新。

（7）在功能区中切换至“草绘”选项卡，单击“确定”按钮✔。

步骤 7：创建用来辅助设计齿轮大端部分的基准平面。

（1）单击“基准平面”按钮，打开“基准平面”对话框。

（2）选择图 7-141 所示的曲线段，按住〈Ctrl〉键选择 TOP 基准平面，并在“基准平面”对话框的“参考”收集器中设置相应的放置约束选项，并注意箭头方向。

（3）在“基准平面”对话框上单击“确定”按钮，创建了基准平面 DTM2。

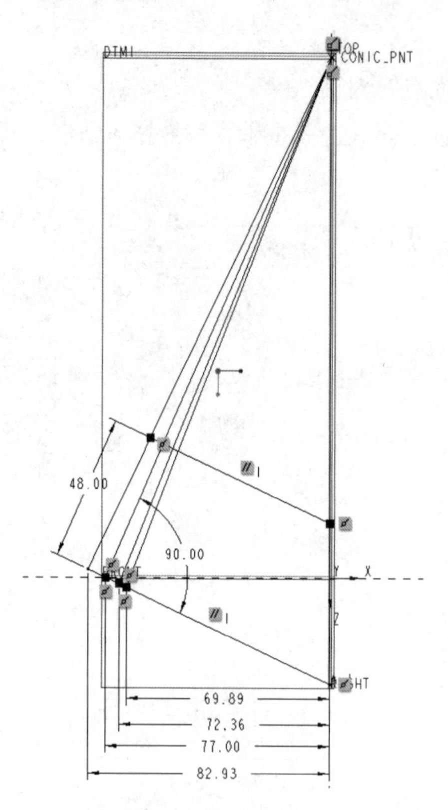

图 7-138　绘制图形

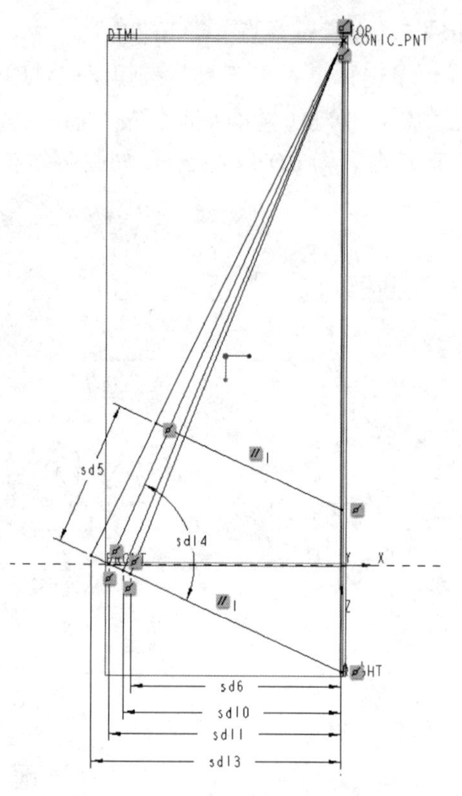

图 7-139　显示尺寸参数符号

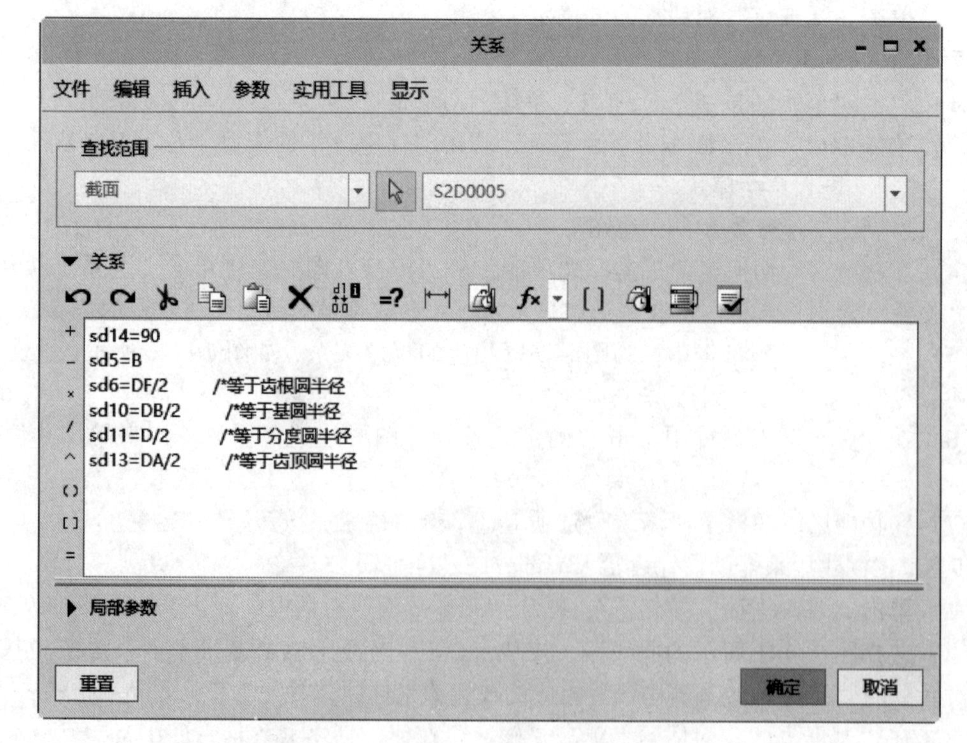

图 7-140　设置关系式

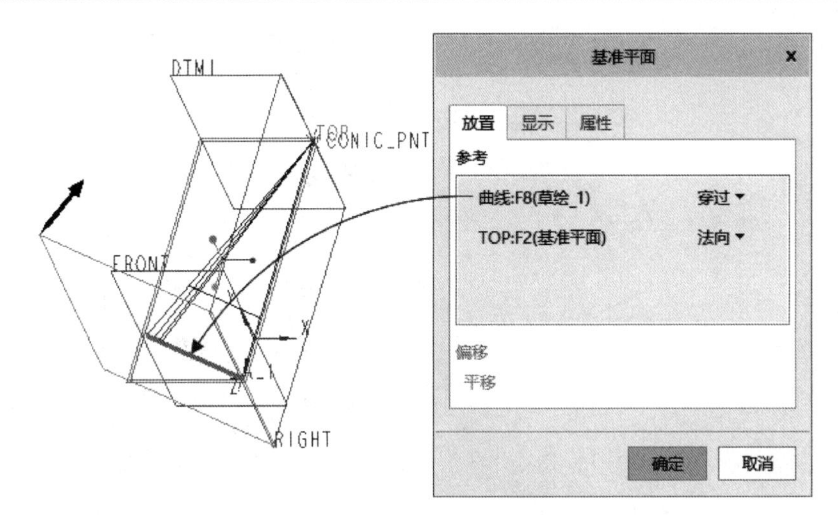

图 7-141　创建基准平面 DTM2

步骤 8：创建基准点 PNT0。

（1）单击“基准点”按钮，打开“基准点”对话框。

（2）结合〈Ctrl〉键选择图 7-142 所示的曲线 1 和曲线 2 作为参考。

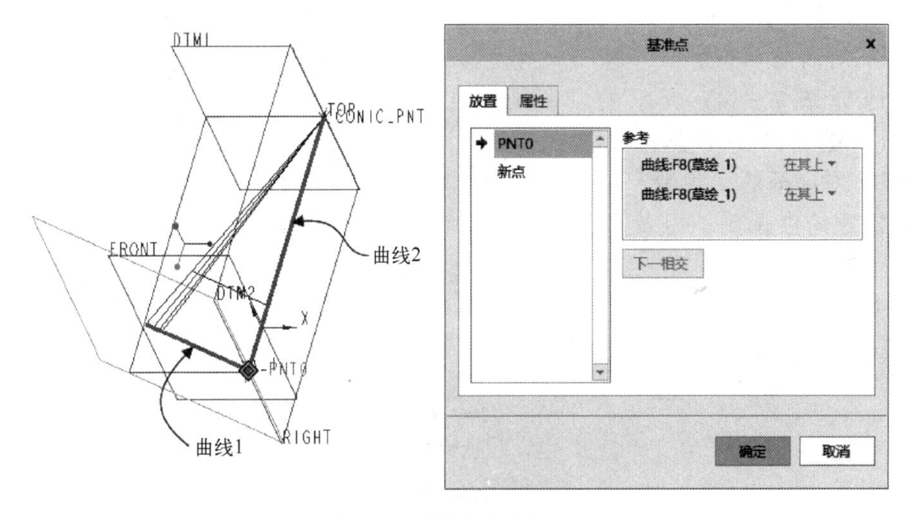

图 7-142　创建基准点 PNT0

（3）单击“基准点”对话框的“确定”按钮。

步骤 9：绘制大端基本圆。

（1）单击“草绘”按钮，弹出“草绘”对话框。

（2）选择 DTM2 基准平面作为草绘平面，并设置相应的草绘方向参考等，如图 7-143 所示，单击“草绘”按钮，进入草绘模式。

（3）绘制图 7-144 所示的图形，该图形为 4 个同心圆和一条过圆心的直线段 AB。

（4）在功能区中切换至“工具”选项卡，从“模型意图”组中单击“关系”按钮 d=，系统弹出“关系”对话框。输入图 7-145 所示的关系式，单击“确定”按钮。

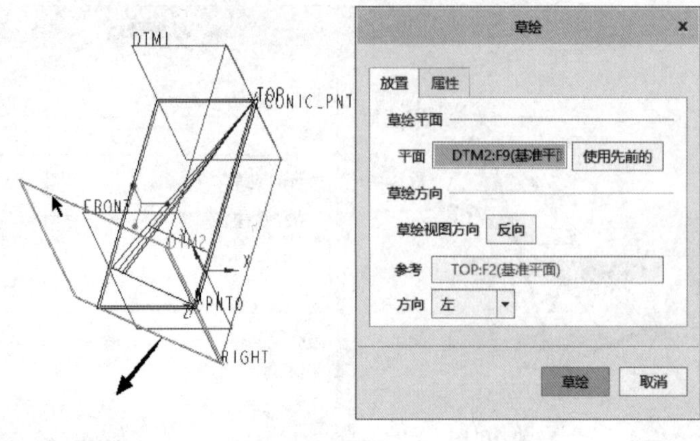

图 7-143　定义草绘平面

（5）在功能区中切换到“草绘”选项卡，单击“确定”按钮✔。按〈Ctrl+D〉快捷键，效果如图 7-146 所示。

步骤 10：创建用来辅助设计齿轮小端部分的基准平面。

（1）单击“基准平面”按钮▱，打开“基准平面”对话框。

（2）选择图 7-147 所示的曲线段，按住〈Ctrl〉键选择 TOP 基准平面，并在“基准平面”对话框的“参考”收集器中设置相应的放置约束选项，以及调整平面箭头方向。

（3）在“基准平面”对话框中单击“确定”按钮，创建了基准平面 DTM3。

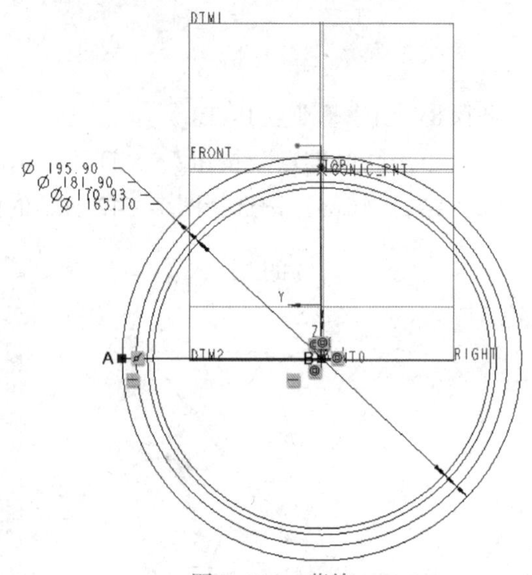

图 7-144　草绘

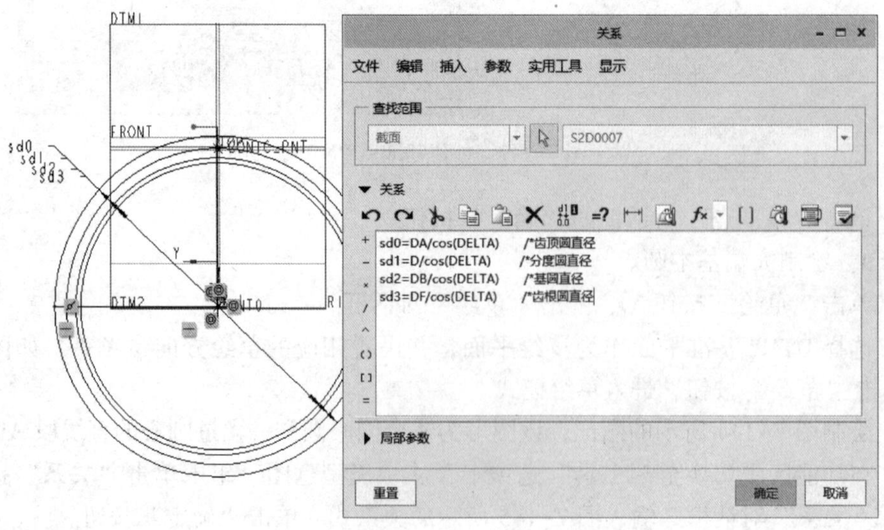

图 7-145　输入关系式

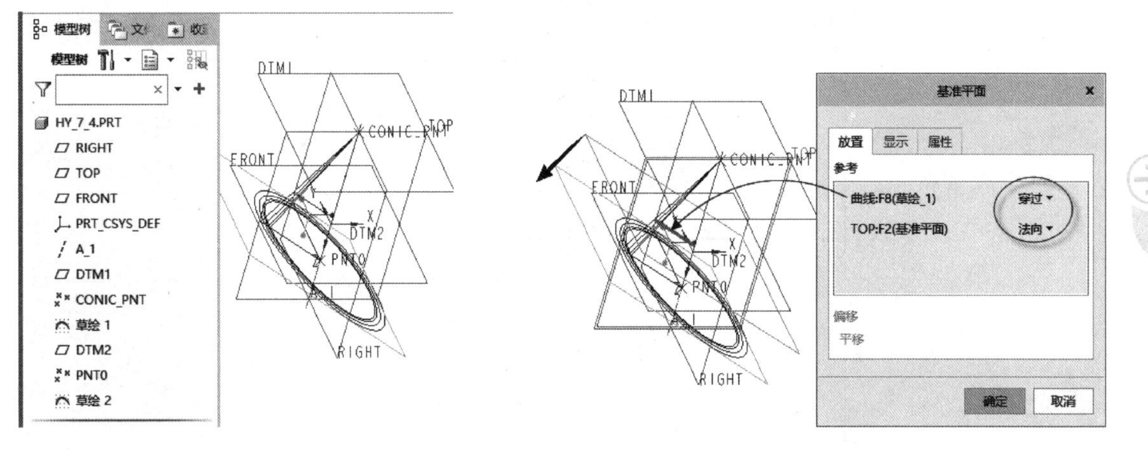

图 7-146 “草绘 2”特征　　　　图 7-147 创建基准平面 DTM3

步骤 11：创建基准点 PNT1。

（1）单击“基准点”按钮，打开“基准点”对话框。

（2）结合〈Ctrl〉键选择图 7-148 所示的两段曲线作为参考。

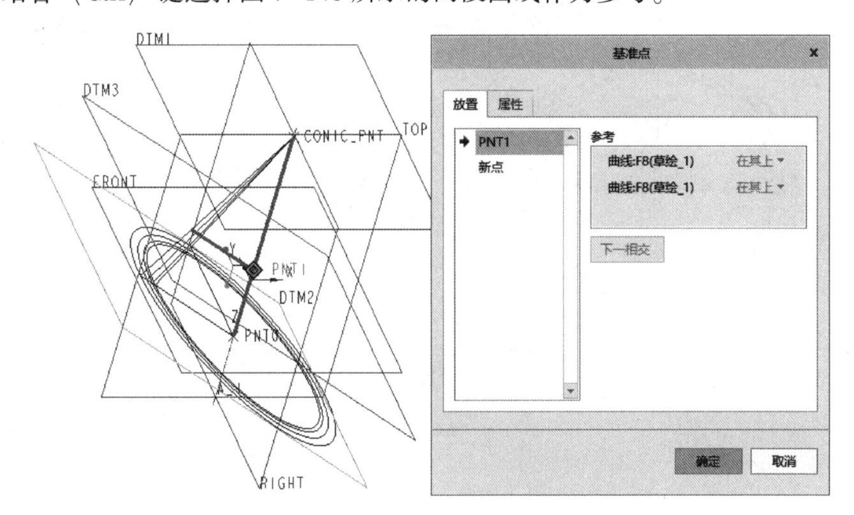

图 7-148 创建基准点 PNT1

（3）单击“基准点”对话框中的“确定”按钮。

步骤 12：绘制小端基本圆。

（1）单击“草绘”按钮，弹出“草绘”对话框。

（2）选择 DTM3 基准平面作为草绘平面，以 TOP 基准平面作为“上（顶）”方向参考，单击“草绘”按钮，进入草绘模式。

（3）单击“参考”按钮以打开“参考”对话框，增加选择 PNT1 作为绘图参考，然后在“参考”对话框中单击“关闭”按钮。绘制图 7-149 所示的图形，该图形为 4 个同心圆和一条过圆心的直线。

（4）在功能区中切换至“工具”选项卡，从“模型意图”组中单击“关系”按钮 d=，打开“关系”对话框。输入图 7-150 所示的关系式，单击“确定”按钮。

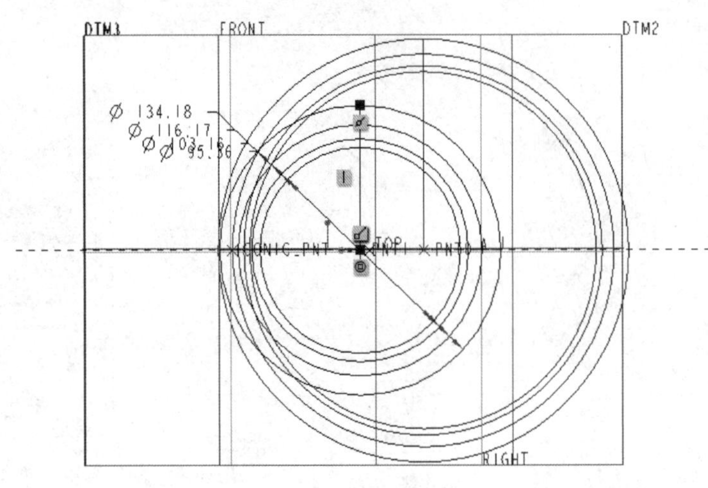

图 7-149　草绘

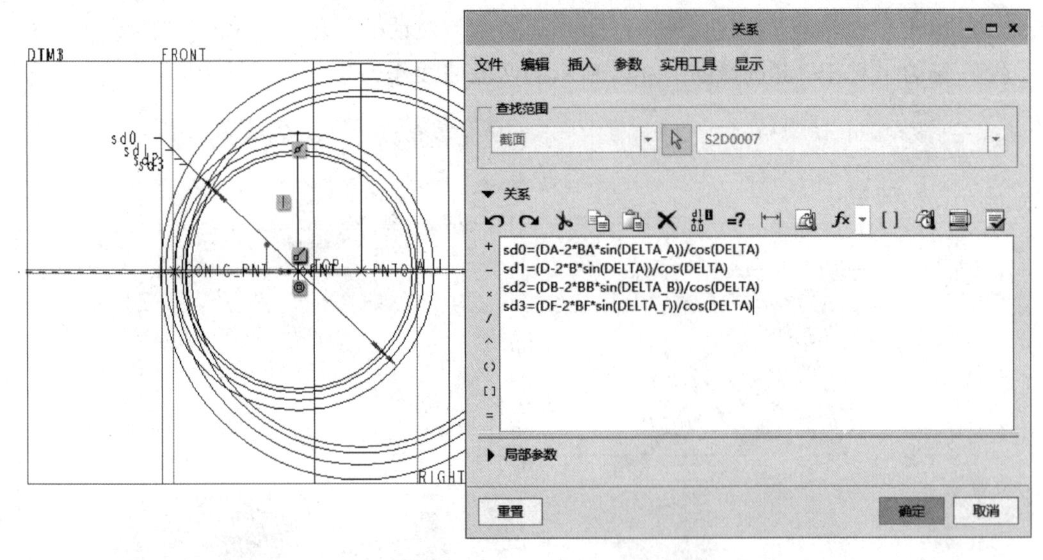

图 7-150　输入关系式

（5）在功能区中切换回“草绘”选项卡，单击“确定”按钮✔。

步骤 13：创建过大端圆心且垂直于 DTM2 基准平面的基准轴。

（1）单击“基准轴”按钮 ／，打开“基准轴”对话框。

（2）选择 PNT0 基准点，按住〈Ctrl〉键选择 DTM2 基准平面，设置如图 7-151 所示。

（3）在“基准轴”对话框中单击“确定”按钮，创建了基准轴 A_2。

步骤 14：创建过小端圆心且垂直于 DTM3 基准平面的基准轴。

同上步骤的方法一样，创建基准轴 A_3，该基准轴通过小端圆心且垂直于基准平面 DTM3。

步骤 15：创建大端齿轮的渐开线。

说明　要创建符合要求的标准渐开线，建议先建立定向好的基准坐标系。

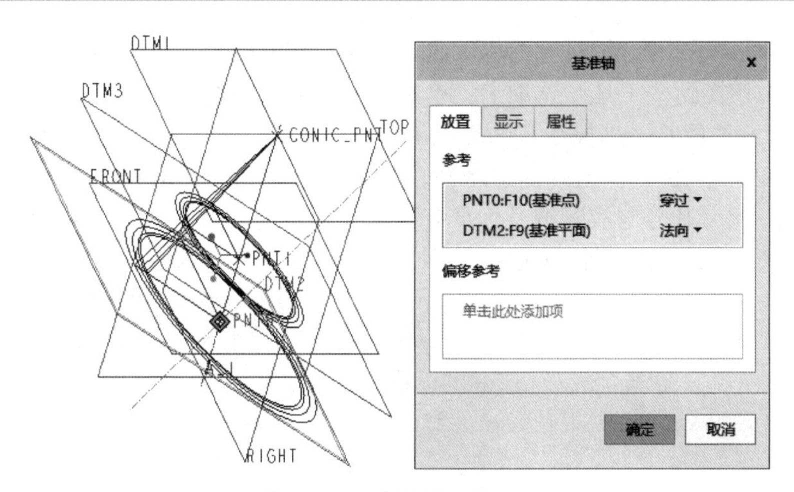

图 7-151　创建基准轴 A_2

（1）单击“基准坐标系”按钮，打开“坐标系”对话框。选择基准点 PNT0 作为新坐标系的放置参考，接着切换到“坐标系”对话框的“方向”选项卡，激活第一个“使用”收集器并选择图 7-152 所示的曲线 1 定义 X 轴的正向（可单击“反向”按钮观察轴正向指向），激活第二个“使用”收集器并选择曲线 2 定义 Y 轴的正向。单击“坐标系”对话框中的“确定”按钮，建立完成基准坐标系 CS0。

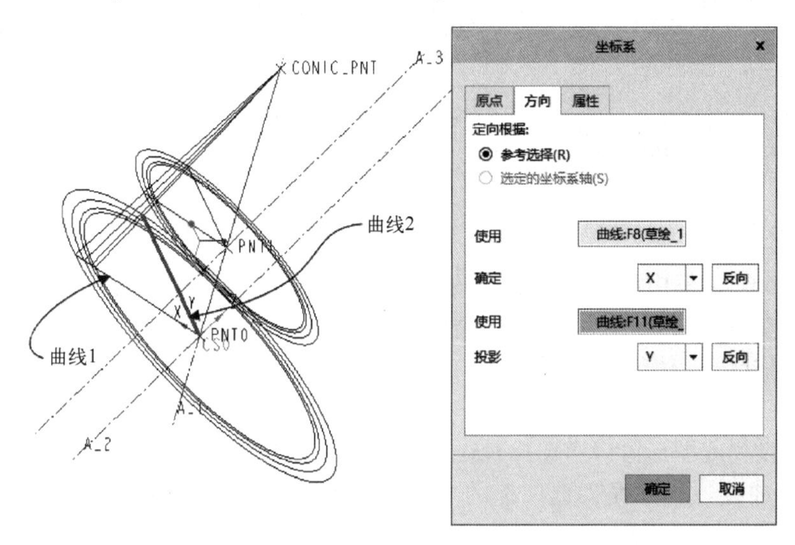

图 7-152　定向坐标系

说明　在定向坐标系时，必要时可以在“坐标系”对话框中使用“方向”选项卡上相应的“反向”按钮来获得满足设计要求的坐标轴正方向。

（2）选择 CS0 基准坐标系，从“操作”组中单击“复制”按钮，接着单击“选择性粘贴”按钮，弹出“选择性粘贴”对话框，从中勾选图 7-153 所示的复选框，单击“确定”按钮，则功能区出现“移动（复制）”选项卡。在“移动（复制）”选项卡中单击“相对选定参考旋转特征”按钮，以及在模型中选择基准轴 A_2，先默认旋转角度为 0，单击

“确定”按钮✔，完成创建 CS1 坐标系。此时，可以将 CS0 坐标系隐藏起来。

在功能区中切换到“工具”选项卡，单击“模型意图”组中的“关系”按钮d=，弹出“关系”对话框。选择 CS1 坐标系，单击 CS1 的旋转角度代号 d20，在文本框中为 d20 添加关系式，即 $ d20=-(360 * COS(DELTA)/(4 * Z)+180 * TAN(ALPHA)/PI-ALPHA)，如图 7-154 所示。尺寸代号与实际编号为准，而尺寸代号前面加符号“$”是为了允许负的角度值。方向由用户根据实际情况而定。

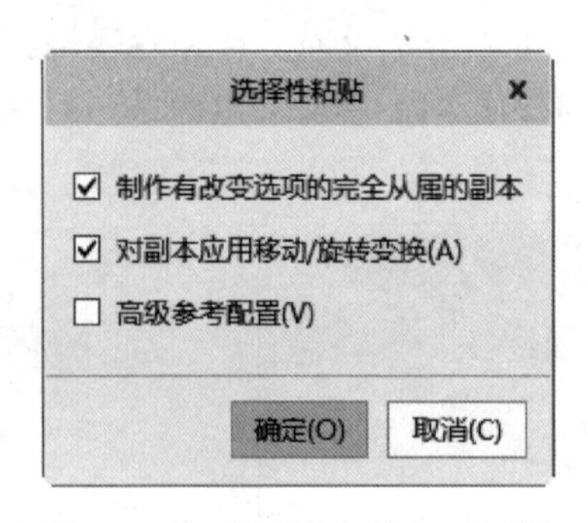

图 7-153 “选择性粘贴”对话框

图 7-154 定义 CS1 坐标系——添加旋转尺寸关系式

在“关系”对话框中单击“确定”按钮，完成 CS1 基准坐标系的定义。此时可以切换回功能区的“模型”选项卡，单击“重新生成”按钮。

（3）在功能区的“模型”选项卡中打开“基准”组溢出列表，接着从“曲线”级联列表中选择“来自方程的曲线”命令，打开“曲线：从方程”选项卡。

（4）在模型树或图形窗口中选择 CS1 基准坐标系。

（5）在“曲线：从方程”选项卡的“坐标系类型”下拉列表框中选择“笛卡尔”选项，单击“方程”按钮，弹出“方程”窗口。

（6）在“方程”窗口的文本框中输入下列函数方程：

```
r=db/cos(delta)/2                                /*大端基圆半径
theta=t*60                                       /*角度从 0 变化到 60 度
x=r*cos(theta)+r*sin(theta)*theta*pi/180
y=-(r*sin(theta)-r*cos(theta)*theta*pi/180)
z=0
```

完成输入函数方程后的“方程”窗口如图 7-155 所示。

（7）在“方程”窗口中单击“确定”按钮。

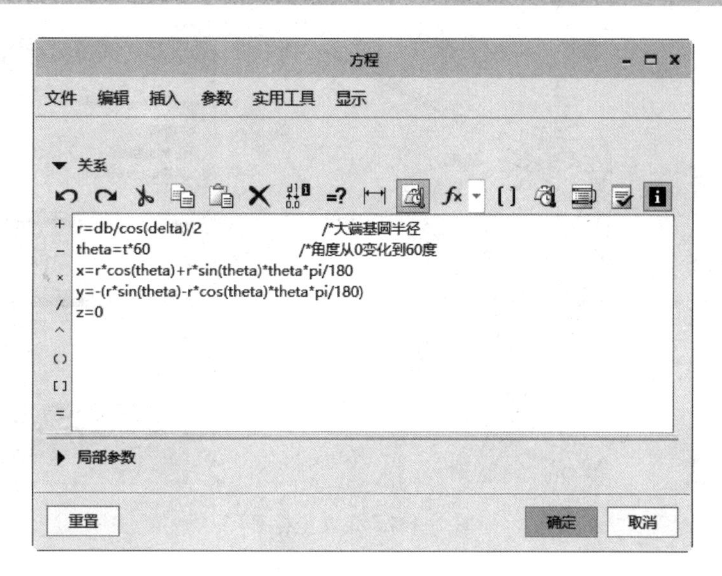

图 7-155 定义渐开线方程

（8）在“曲线：从方程”选项卡中单击“确定”按钮✔，创建图 7-156 所示的齿轮大端上的渐开线。

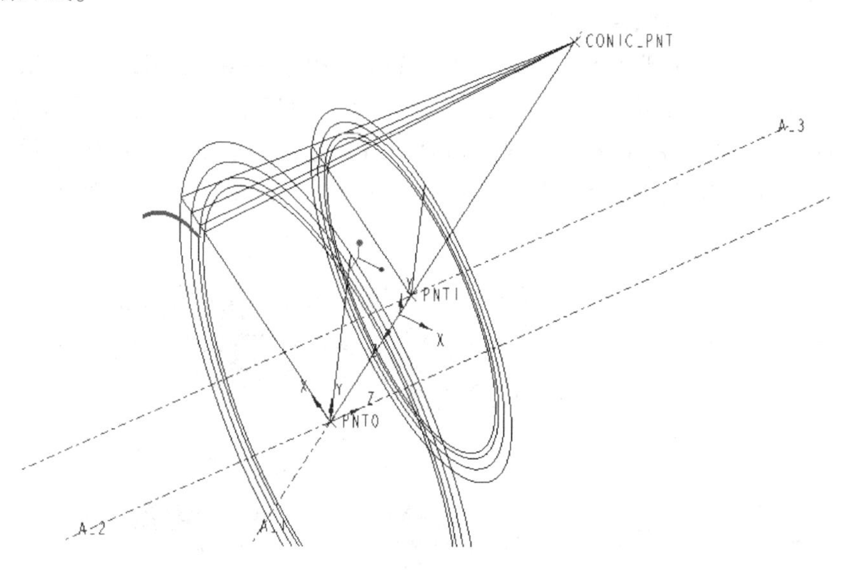

图 7-156 创建齿轮大端上的渐开线

步骤 16：创建小端齿轮的渐开线。

（1）单击“基准坐标系”按钮，打开“坐标系”对话框。选择基准点 PNT1 作为新坐标系的放置参考，接着切换到“坐标系”对话框的“方向”选项卡，单击激活第一个“使用”收集器，选择图 7-157 所示的曲线 1 来定义 X 轴的正向，注意使用相应的“反向”按钮来获得满足要求的 X 坐标轴正方向；单击激活第二个“使用”收集器，选择曲线 2 定义 Y 轴的正向。单击“坐标系”对话框中的“确定”按钮，建立了基准坐标系 CS2。

（2）选择 CS2 基准坐标系，从“操作”组中单击“复制”按钮，接着单击“选择性粘贴”按钮，弹出“选择性粘贴”对话框，从中勾选“制作有改变选项的完全从属的副

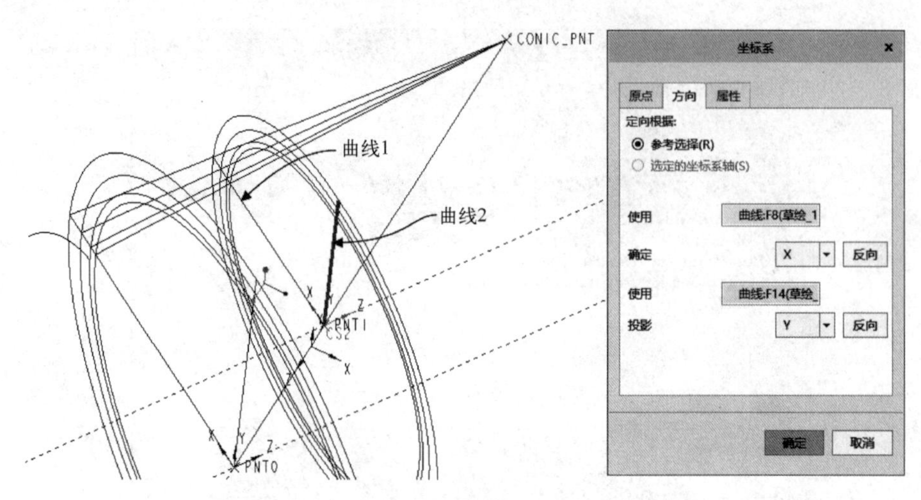

图 7-157　定义坐标系

本”复选框和“对副本应用移动/旋转变换”复选框，单击“确定”按钮，则功能区出现“移动（复制）”选项卡。在“移动（复制）”选项卡中单击“相对选定参考旋转特征”按钮，在模型中选择基准轴 A_3，先默认旋转角度为 0，单击“确定”按钮，完成创建 CS3 坐标系。此时，可以将 CS2 坐标系隐藏起来。

（3）在功能区中切换到“工具”选项卡，单击“模型意图”组中的“关系”按钮 d=，弹出“关系”对话框。选择 CS3 坐标系，在“关系”对话框的文本框的最后添加：d22 = 360 * COS(DELTA)/(4 * Z)+180 * TAN(ALPHA)/PI-ALPHA，如图 7-158 所示。需要用户注意的是，该尺寸代号以实际编号为准。校验关系成功后，在“关系”对话框中单击“确定”按钮。

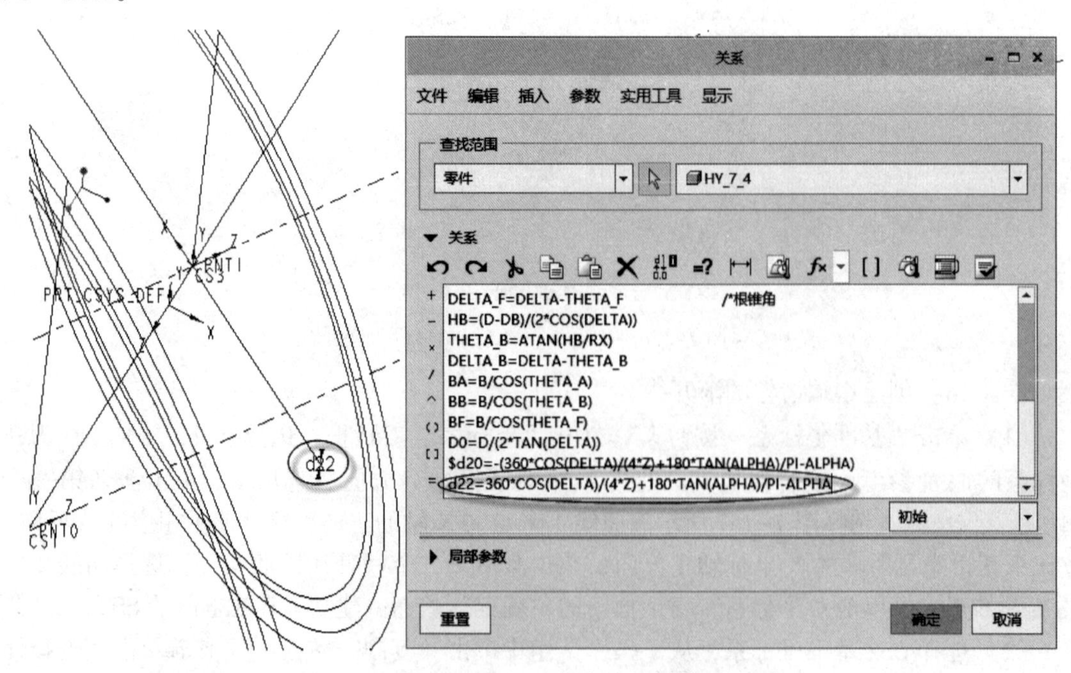

图 7-158　为 CS3 坐标系的旋转角度设置关系式

此时切换回功能区的“模型”选项卡，单击“重新生成”按钮。

(4) 在功能区的“模型”选项卡中打开“基准”组溢出列表，接着从“曲线”级联列表中选择“来自方程的曲线”命令，打开“曲线：从方程”选项卡。

(5) 在模型树或图形窗口中选择 CS3 基准坐标系，接着在“曲线：从方程”选项卡的“坐标系类型”下拉列表框中选择“笛卡尔”选项，单击“方程”按钮，弹出“方程”窗口。

(6) 在“方程”窗口的文本框中输入下列函数方程：

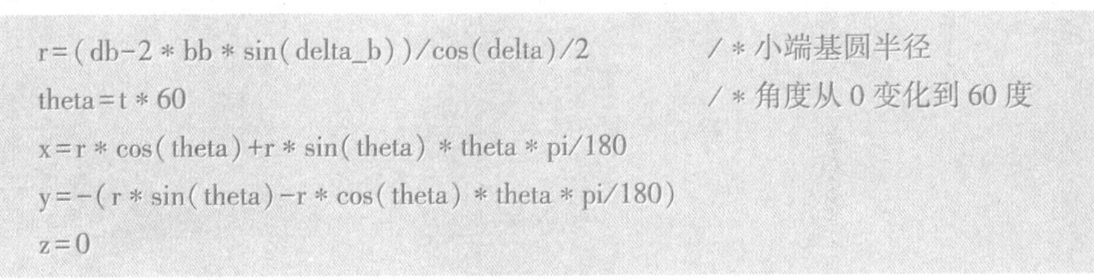

```
r=(db-2*bb*sin(delta_b))/cos(delta)/2          /*小端基圆半径
theta=t*60                                     /*角度从0变化到60度
x=r*cos(theta)+r*sin(theta)*theta*pi/180
y=-(r*sin(theta)-r*cos(theta)*theta*pi/180)
z=0
```

(6) 在“方程”窗口中单击“确定”按钮。

(7) 在“曲线：从方程”选项卡中单击“确定”按钮，创建图 7-159 所示的齿轮小端上的渐开线。

步骤 17：创建基准点。

(1) 单击“基准点”按钮，打开“基准点”对话框。

(2) 选择大端面的渐开线，按住〈Ctrl〉键选择该端面上的分度圆曲线，如图 7-160 所示，在它们的交点处产生一个基准点 PNT2。

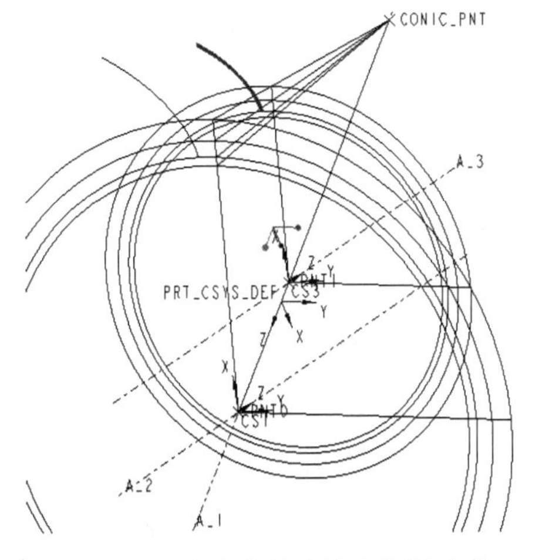

图 7-159 生成齿轮小端上的渐开线

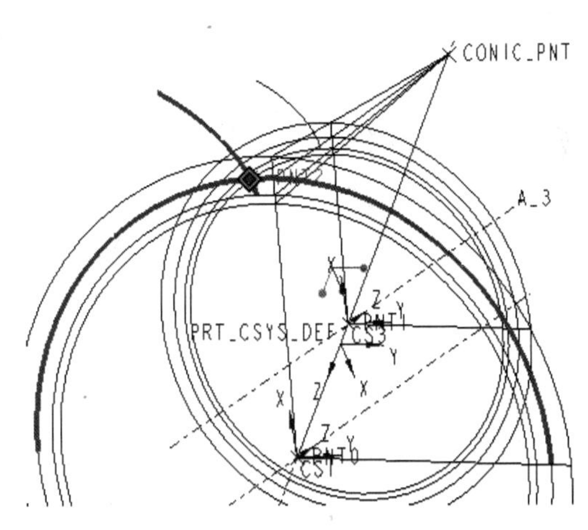

图 7-160 创建基准点 PNT2

(3) 选定“新点”，选择小端面的渐开线，按住〈Ctrl〉键选择小端面上的分度圆曲线，如图 7-161 所示。

(4) 在“基准点”对话框中单击“确定”按钮。

步骤 18：创建基准平面。

(1) 单击“基准平面”按钮，打开“基准平面”对话框。

(2) 选择 PNT2 基准点，按住〈Ctrl〉键选择 A_2 基准轴，单击“确定”按钮，创建通

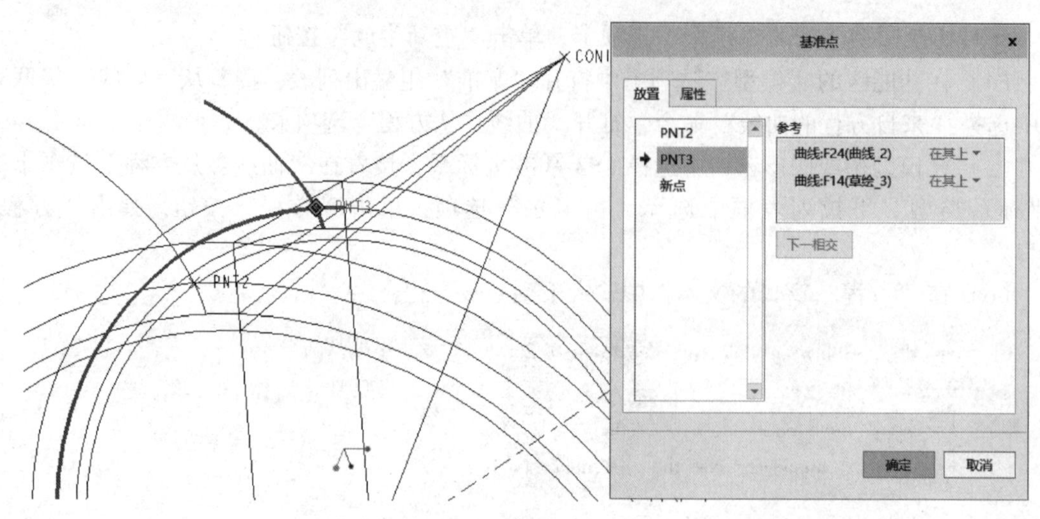

图 7-161　创建基准点 PNT3

过 PNT2 基准点和 A_2 基准轴的基准平面。系统自动给该基准平面命名为 DTM4。

（3）单击“基准平面”按钮，打开“基准平面”对话框。

（4）选择 DTM4 基准平面，按住〈Ctrl〉键选择 A_2 基准轴，在“旋转”尺寸框中输入 -360＊COS(DELTA)/(4＊Z)，按〈Enter〉键，确认后如图 7-162 所示。是否输入负值要根据实际情况而定。然后在“基准平面”对话框中单击“确定”按钮，建立了基准平面 DTM5。

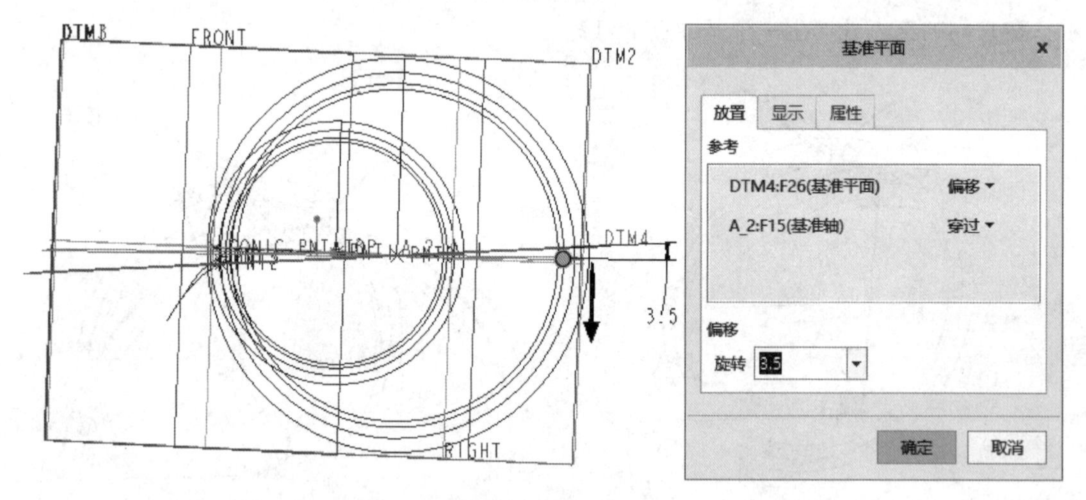

图 7-162　创建基准平面 DTM5

步骤 19：镜像大端渐开线和小端渐开线。

（1）选择大端面的渐开线，单击“镜像”按钮，打开“镜像”选项卡。

（2）选择 DTM5 基准平面作为镜像平面。

（3）单击“镜像”选项卡的“确定”按钮✔，镜像结果如图 7-163 所示。

使用同样的方法，选择小端面的渐开线，单击“镜像”按钮，打开“镜像”选项卡，接着选择 DTM5 基准平面作为镜像平面，单击“确定”按钮✔，镜像结果如图 7-164 所示。

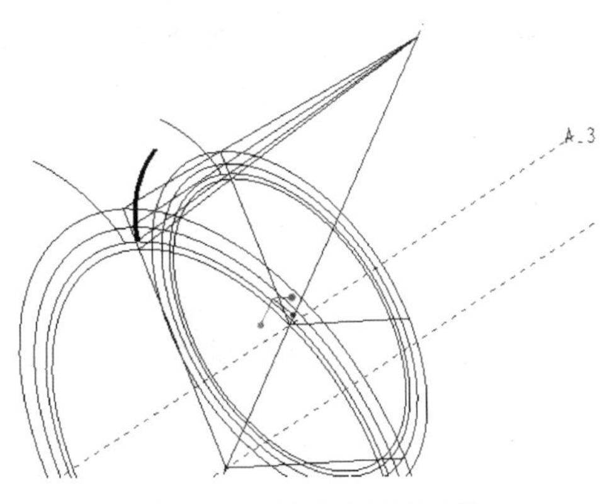

图 7-163　镜像大端渐开线

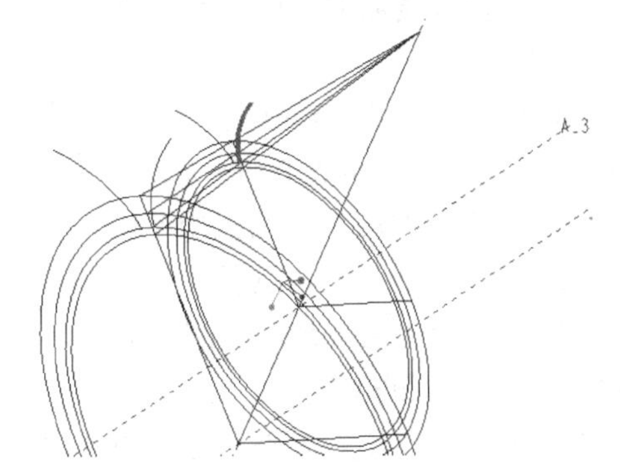

图 7-164　镜像小端剪开线

步骤 20：创建旋转特征。

（1）单击“旋转”按钮，打开“旋转”选项卡，默认选中“实心”按钮。

（2）单击“旋转”选项卡中的“放置”按钮，打开“放置”下滑面板。单击该下滑面板上的“定义”按钮，弹出“草绘”对话框。

（3）选择 TOP 基准平面作为草绘平面，以 RIGHT 基准平面为“右”方向参考，单击“草绘”按钮，进入草绘模式。

（4）绘制图 7-165 所示的旋转剖面和将用作旋转轴的一条几何中心线，在完成标注需要的尺寸及修改尺寸后，单击“确定”按钮。

（5）接受默认的旋转角度为 360°，单击“确定”按钮，创建的圆锥形的旋转体如图 7-166 所示。

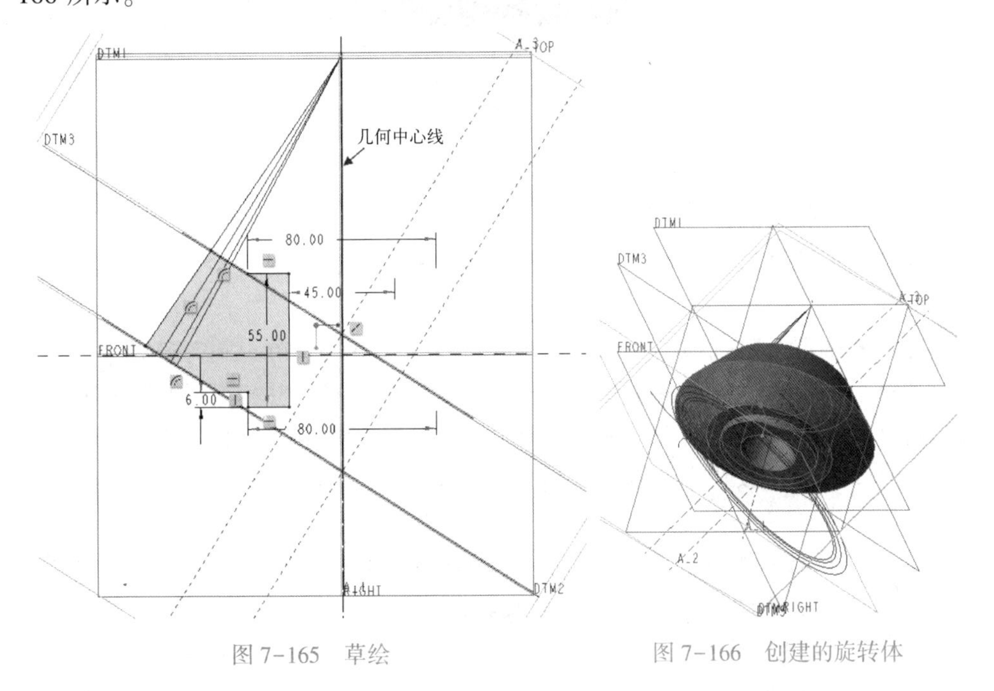

图 7-165　草绘　　图 7-166　创建的旋转体

步骤 21：创建两个基准点。

（1）单击“基准点”按钮，弹出“基准点”对话框。

（2）选择大端面的一段分度圆曲线，按住〈Ctrl〉键的同时选择 DTM5 基准平面，以生成 PNT4 基准点。

（3）切换到新点创建状态，选择小端面的一段分度圆曲线，按住〈Ctrl〉键的同时选择 DTM5 基准平面，以生成 PNT5 基准点。

（4）在“基准点”对话框中单击“确定”按钮。

步骤 22：绘制一段直线段。

（1）为了便于接下来的草图绘制，可以通过模型树将相关的基准点特征隐藏（上步骤创建的基准点特征除外）。

（2）单击“草绘”按钮，弹出“草绘”对话框。

（3）选择 DTM5 基准平面作为草绘平面，单击“草绘”按钮，进入草绘模式。

（4）在“设置”组中单击“参考”按钮，打开“参考”对话框，分别选择 PNT4 基准点和 PNT5 基准点作为草图参考，单击“关闭”按钮。

（5）单击“线链”按钮，分别单击 PNT4 基准点参考和 PNT5 基准点参考来绘制图 7-167所示的一条直线段。

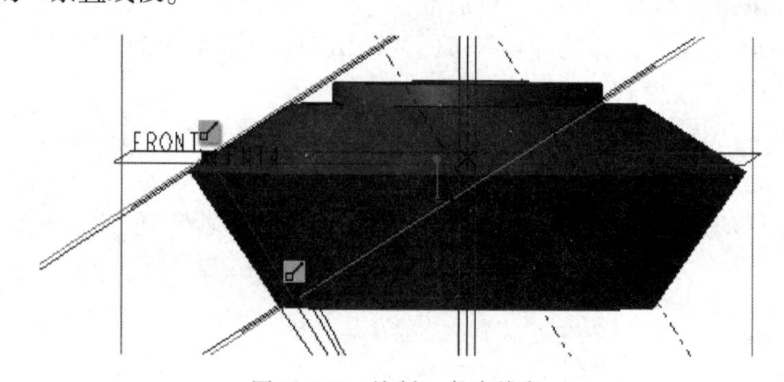

图 7-167　绘制一条直线段

（6）单击“确定”按钮。

步骤 23：创建扫描混合切口特征。

（1）在功能区“模型”选项卡的“形状”组中单击“扫描混合”按钮，打开“扫描混合”选项卡。

（2）在“扫描混合”选项卡中单击“实心”按钮和“移除材料”按钮。

（3）选择上步骤刚绘制的线段作为原点轨迹，设置原点轨迹的起点如图 7-168 所示。

（4）打开“截面”下滑面板，默认截面 1 的位置位于轨迹线的开始点处，单击“截面”下滑面板上的“草绘”按钮，进入草绘模式。绘制图 7-169 所示的剖面 1，单击“确定”按钮。

（5）单击“截面”下滑面板上的“插入”按钮，在截面列表中确保选择“截面 2”，设置截面 2 的位置位于轨迹结束点处，其旋转角度默认为 0，接着单击“截面”下滑面板上的“草绘”按钮，进入草绘模式。绘制图 7-170 所示的剖面 2，单击“确定”按钮。

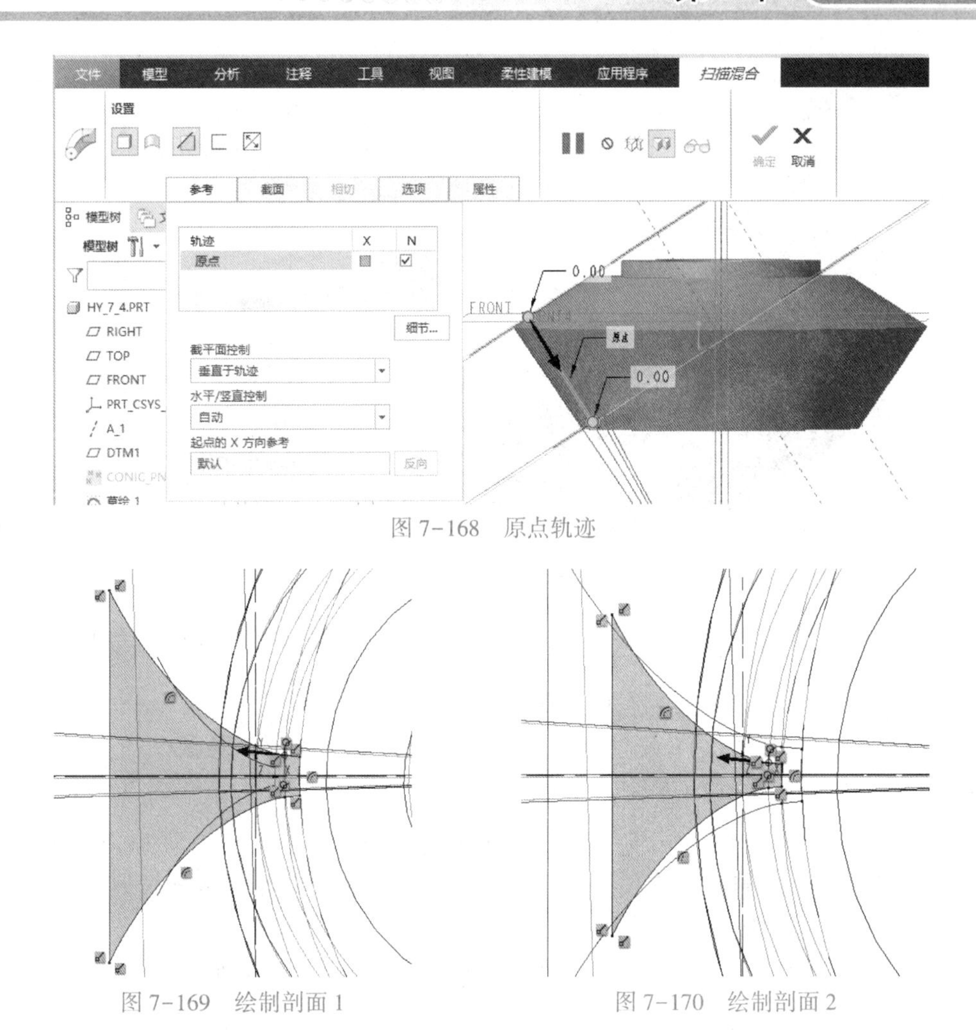

图 7-168　原点轨迹

图 7-169　绘制剖面 1

图 7-170　绘制剖面 2

说明 在本例中，扫描混合的各剖面，其图元数目应该相等，并且注意剖面的起始点。如果起始点不一致（不满足设计要求的），可以先选择欲作为起始点的曲线点，然后在功能区的“草绘”选项卡中执行“设置”→“特征工具”→“起点”命令。另外，完成两个截面后，如果无法正确显示动态预览的扫描混合特征，那么要认真核查两个截面的图元数是否相等。

（6）在“扫描混合”选项卡中单击“确定”按钮✔，生成图 7-171 所示的一个切口。

步骤 24：隐藏基准曲线。

（1）切换至功能区的“视图”选项卡，从“可见性”组中单击“层”按钮，此时打开层树。

（2）在层树的上方单击“层”按钮，从下拉菜单中选择“新建层”命令。

（3）在出现的“层属性”对话框上输入名称为 CURVE。

（4）在“选择过滤器”下拉列表框中选择“曲线”选项，如图 7-172 所示。然后在模型窗口中框选整个模型，则选择到模型中的所有曲线特征作为该图层的项目。

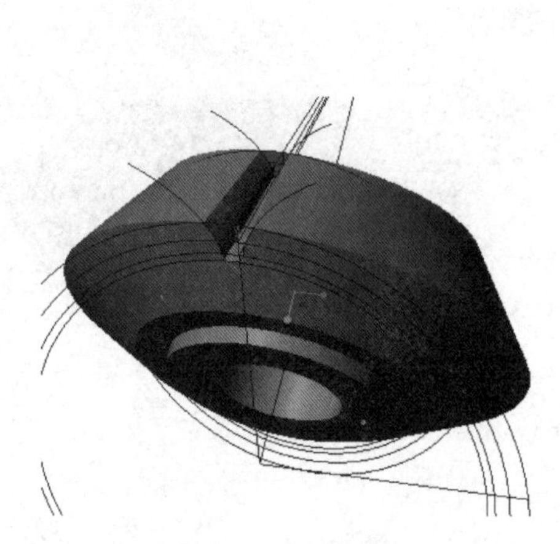

图 7-171　生成切口

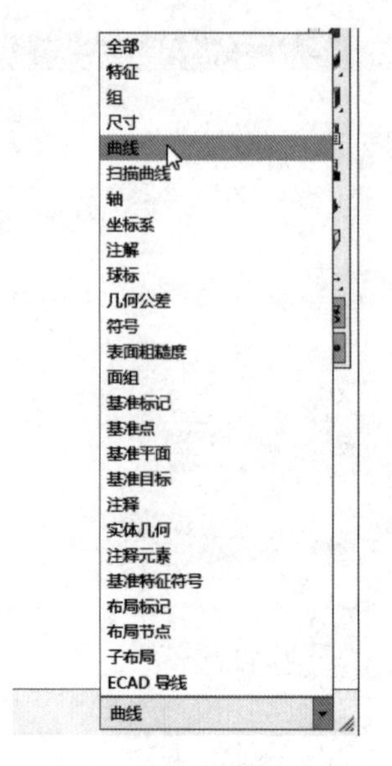

图 7-172　选择“曲线”选项

（5）在“层属性”对话框上单击“确定”按钮。

（6）在层树上右击 CURVE 图层，从出现的快捷菜单中选择“隐藏”命令。再次右击 CURVE 图层，从出现的快捷菜单中选择“保存状况”命令。

（7）在“图形”工具栏中单击“重画”按钮。

（8）在“视图”选项卡的“可见性”组中单击“层”按钮，关闭层树。

步骤 25：从实体中移除选定的面。

（1）确保“选择过滤器”下拉列表框的选项为“几何”，在图形窗口中单击图 7-173 所示的曲面。

（2）在功能区的“模型”选项卡中单击“编辑”→“移除”按钮，打开图 7-174 所示的“移除曲面”选项卡。

图 7-173　选择要移除的曲面

图 7-174　“移除曲面”选项卡

（3）单击“确定”按钮。

（4）选择图 7-175 所示的实体面，在功能区的“模型”选项卡中单击“编辑”→“移除”按钮，打开“移除曲面”选项卡。

（5）单击“确定”按钮✔，移除选定曲面后的模型效果如图 7-176 所示。

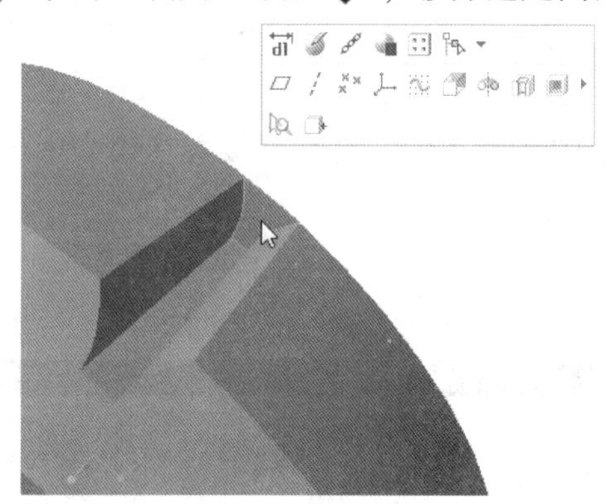

图 7-175　选择要移除的曲面

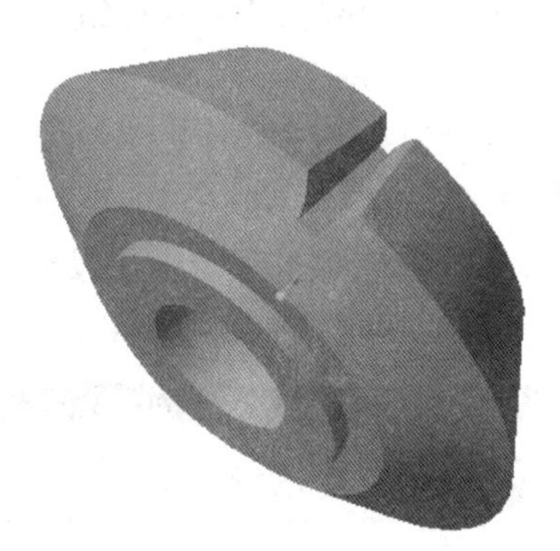

图 7-176　移除曲面的结果

步骤 26：倒圆角。

（1）单击“倒圆角”按钮，打开“倒圆角”选项卡。

（2）输入倒圆角集的圆角半径为 1.4。

（3）选择要倒圆角的两条边线，如图 7-177 所示。

（4）单击“确定”按钮✔，倒圆角的效果如图 7-178 所示，从而创建好一个齿槽。

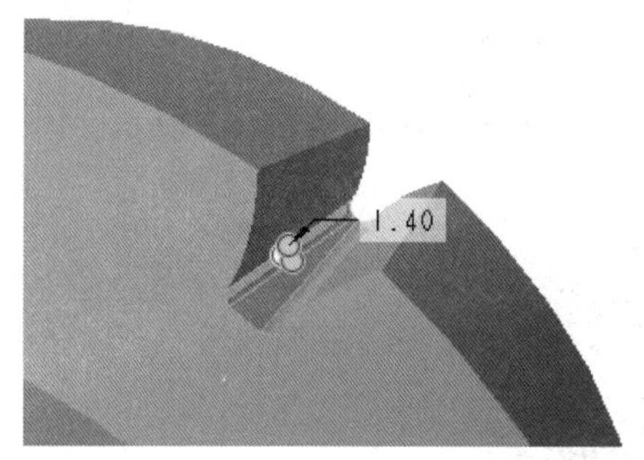

图 7-177　选择要倒圆角的边参考

图 7-178　倒圆角的效果

步骤 27：将要阵列的多个特征生成特征组。

（1）结合〈Ctrl〉键选择图 7-179 所示的 4 个特征。

（2）在出现的浮动工具栏中单击“分组”按钮，从而为所选的这 4 个特征创建一个特征组（局部组），如图 7-180 所示。

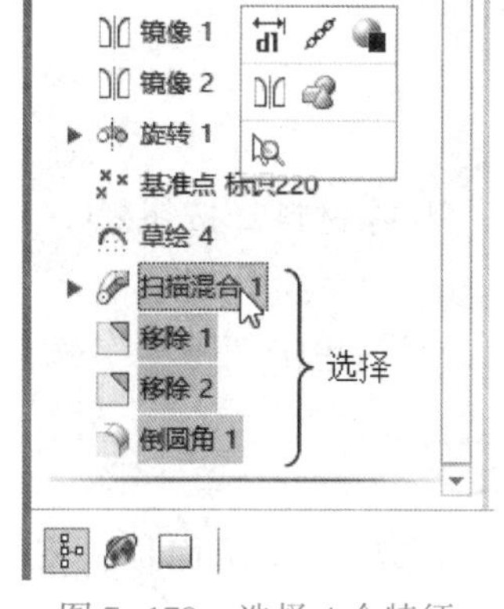

图 7-179　选择 4 个特征

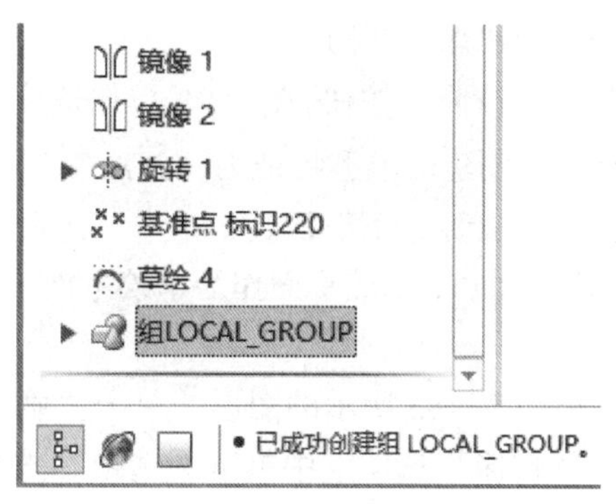

图 7-180　分组结果

步骤 28：以“轴”阵列的方式阵列轮槽。

（1）确保选中刚创建的特征组（局部组），单击“阵列”按钮▦/▦，打开“阵列”选项卡。

（2）在“阵列”选项卡的阵列类型列表框中选择“轴”选项，接着在模型中选择中心轴线 A_1。

（3）在“阵列”选项卡中，设置第 1 方向的阵列成员数为 22（即等于齿数），阵列角度范围为 360°，如图 7-181 所示。

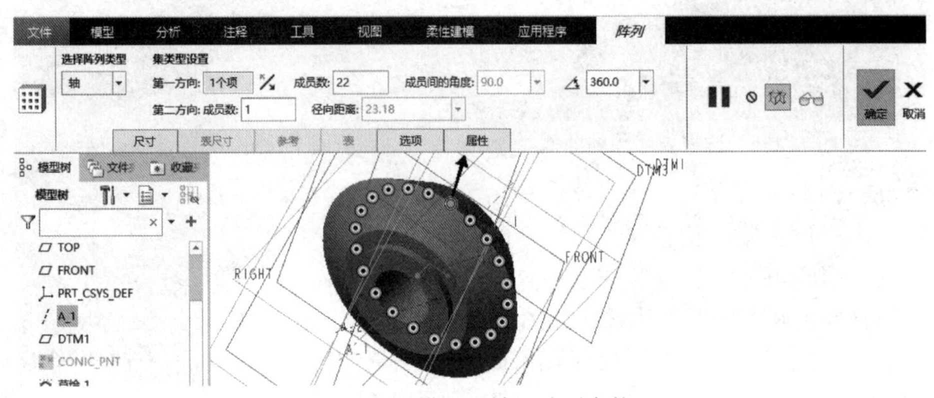

图 7-181　设置“轴”阵列参数

（4）单击“阵列”选项卡中的“确定”按钮✔，阵列效果如图 7-182 所示。

图 7-182　阵列效果

步骤 29：创建键槽结构。

（1）单击“拉伸”按钮，打开拉伸选项卡。

（2）指定要创建的模型特征为“实心”□，并单击“移除材料”按钮。

（3）打开“放置”下滑面板，单击“定义”按钮，出现“草绘”对话框。

（4）选择 FRONT 基准平面作为草绘平面，其他默认，然后单击“草绘”按钮，进入内部草绘器。

（5）草绘图 7-183 所示的图形，单击“确定”按钮✔。

（6）在“拉伸”选项卡中单击“选项”按钮，打开“选项”下滑面板，将侧 1 和侧 2 的深度选项均设置为（穿透）选项。

（7）单击“拉伸”选项卡中的“确定”按钮✔，完成的键槽结构如图 7-184 所示。

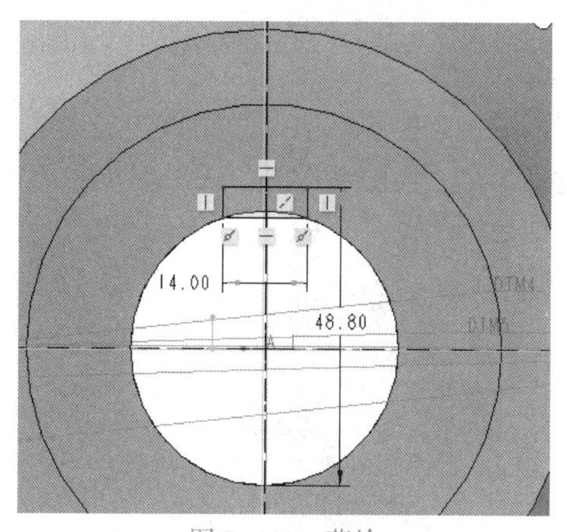

图 7-183　草绘

图 7-184　完成键槽

步骤 30：创建倒角特征。

（1）单击“边倒角”按钮，打开“边倒角”选项卡。

（2）在“边倒角”选项卡中，选择边倒角标注形式为 45×D，在 D 尺寸框中输入 2。

（3）按住〈Ctrl〉键选择图 7-185 所示的轮廓边。

（4）单击“边倒角”选项卡的“确定”按钮✔，完成的模型效果如图 7-186 所示。

图 7-185　选择边参考

图 7-186　倒角后的效果

步骤 31：保存文件。

至此，基本上完成了本直齿锥齿轮的设计工作，完成的参考效果如图 7-187 所示。

图 7-187　完成的直齿锥齿轮

7.6 初试牛刀

设计题目1：设计一个渐开线标准直齿圆柱齿轮的三维模型。已知该齿轮的模数 m = 2 mm，齿数 Z=20，压力角 α=20°，齿顶高系数 h_a^* =1，齿隙系数 c^* =0.25，变位系数X为0，齿轮的宽度为20 mm。完成的模型效果如图7-188所示。

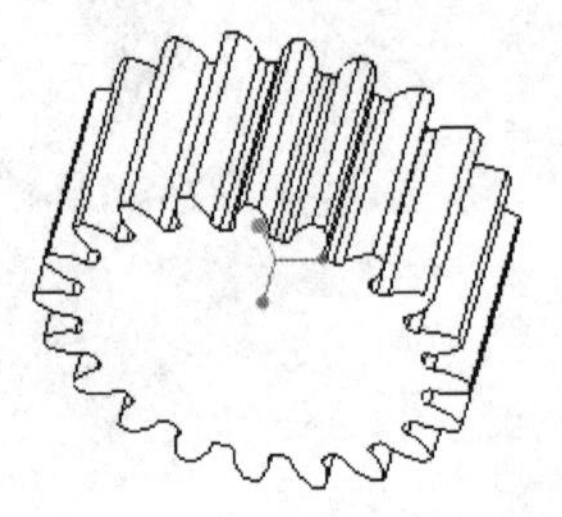

图7-188 渐开线标准直齿圆柱齿轮

设计题目2：设计一个人字齿齿轮，其完成的模型效果如图7-189所示。已知该齿轮的法向模数为2.5 mm，齿数为75，齿形角（法向压力角）为20°，螺旋角为13.5°，齿顶高系数为1，顶隙系数为0.25，齿轮总宽度为78，孔直径为50。

提示 可以考虑先创建好一个宽度为39的斜齿圆柱齿轮，然后通过镜像的方式创建另一部分，即螺旋角相对的斜齿圆柱齿轮。

图7-189 人字齿齿轮

设计题目3：设计一个∑=90°的直齿锥齿轮，其三维模型如图7-190所示。已知齿轮模数为3 mm，齿数为30，法向齿形角为20°，齿轮宽度为30，齿顶高系数为1，顶隙系数为0.25，变位系数为0，配对齿轮的齿数为50，孔直径为28。

图7-190 直齿锥齿轮

第 8 章　蜗杆、蜗轮设计

本章导读：

蜗杆、蜗轮传动机构用于传递空间交错的两轴之间的运动和动力，其在仪器仪表、机床、起重及矿山机械等工业领域中有着广泛的应用。蜗杆机构具有多种类型，按照蜗杆的不同形状来分，蜗杆机构可以分为圆柱蜗杆机构、环面蜗杆机构和锥蜗杆机构。其中，普通圆柱蜗杆机构应用最久、最广泛，也是本章重点介绍的蜗杆机构。蜗杆和蜗轮总是成对出现、成对存在。

本章精彩范例：

- 圆柱蜗杆齿轮段设计
- 阿基米德蜗杆轴
- 蜗轮

8.1　蜗杆、蜗轮结构分析

蜗杆传动机构是在空间交错的两轴间传递运动和动力的一种常见传动机构。可以将蜗杆近似看成一个具有凹形轮缘的斜齿轮。对于一般的单头蜗杆，其旋转一周，蜗轮只转过一个齿距。

按照蜗杆形状的不同，可以将蜗杆传动分为圆柱蜗杆传动、环面蜗杆传动和锥蜗杆传动，其中以圆柱蜗杆传动应用较多。

圆柱蜗杆传动又包括普通圆柱蜗杆传动和圆弧圆柱蜗杆传动两大类。根据齿廓曲线形状来分，普通圆柱蜗杆可以分为阿基米德蜗杆（ZK 蜗杆）、渐开线蜗杆（ZI 蜗杆）、法向直廓蜗杆（ZN 蜗杆）和锥面包络蜗杆（ZK 蜗杆）等。

环面蜗杆的结构特点是，蜗杆体在轴向的外形是以凹圆弧为母线所形成的旋转曲面。环面蜗杆传动轮齿受力情况和润滑油膜形成条件较好，其承载能力约为阿基米德蜗杆传动的 2 到 4 倍，效率可高达 85%到 90%，但是其制造和安装精度要求较高。

锥蜗杆传动的两轴交错角通常为 90°，在传动过程中，同时接触的点数较多，重合度大，传动比范围大，承载能力和效率较高，侧隙便于控制和调整。另外，锥蜗杆的制造和安装都较为简便，工艺性好。

下面，主要介绍普通圆柱蜗杆中的阿基米德蜗杆，其传动结构如图 8-1 所示。

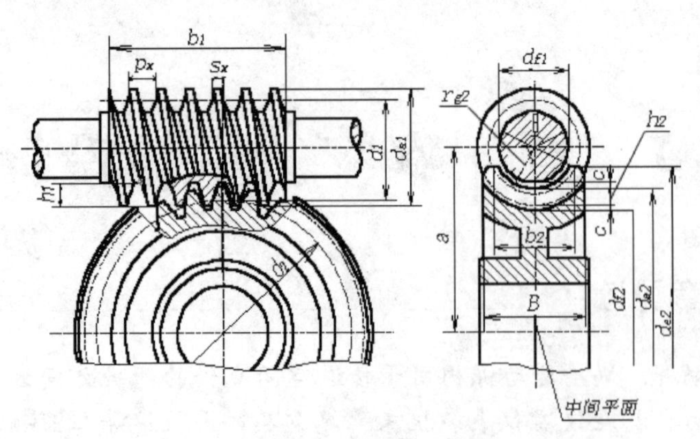

图 8-1　蜗杆、蜗轮传动

在分析阿基米德蜗杆结构尺寸时，常采用中间平面内的参数作为标准值来进行描述，所述的中间平面是指通过蜗杆轴线并与蜗轮轴线垂直的平面，在该平面内，可以将蜗杆与蜗轮的啮合关系看作是齿条与渐开线齿轮的啮合关系。

阿基米德圆柱蜗杆传动的主要参数有模数 m、压力角 α、蜗杆头数（即蜗杆螺旋线数）z_1，蜗轮齿数 z_2、导程角 γ（蜗杆分度圆上任一点的切线与端面之间所夹的锐角称为蜗杆的导程角）、蜗杆的分度圆直径 d_1 和蜗杆直径系数 q。

下表 8-1 是标准蜗杆传动的主要几何尺寸计算公式及说明（变位系数为 0）。

表 8-1　标准蜗杆传动的几何尺寸计算公式及说明

名　称	计算公式	
	蜗　杆	蜗　轮
齿顶高	$h_{a1}=m$	$h_{a2}=m$
齿根高	$h_{f1}=1.2m$	$h_{f1}=1.2m$
分度圆直径	$d_1=mq$	$d_2=mz_2$
齿顶圆直径	$d_{a1}=m(q+2)$	$d_{a2}=m(z_2+2)$
齿根圆直径	$d_{f1}=m(q-2.4)$	$d_{f2}=m(z_2-2.4)$
顶隙	$c=0.2m$	
蜗杆轴向齿距 蜗轮端面齿距	$p_{x1}=p_{t2}=\pi m$	
蜗轮分度圆柱螺旋角	$\gamma=\arctan(z_1/q)$	
蜗杆分度圆柱的导程角		$\beta=\gamma$
中心距	$a=0.5m(q+z_2)$	
蜗杆螺纹长度	$z_1=1、2, b_1\geqslant(11+0.06z_2)m$ $z_1=4, b_1\geqslant(12.5+0.09z_2)m$	
蜗轮咽喉母圆半径		$r_{g2}=a-d_{a2}/2$
蜗轮最大外圆直径		$z_1=1, d_{e2}\leqslant d_{a2}+2m$ $z_1=2, d_{e2}\leqslant d_{a2}+1.5m$ $z_1=4, d_{e2}\leqslant d_{a2}+m$

（续）

名称	计算公式	
	蜗杆	蜗轮
蜗轮轮缘宽度		$z_1=1、2, b_2 \leqslant 0.75\ d_{a1}$ $z_1=4, b_2 \leqslant 0.67\ d_{a1}$
蜗轮轮齿包角		$\theta=2\arcsin(b_2/d_1)$ 分度传动，$\theta=45° \sim 60°$ 一般动力传动，$\theta=70° \sim 90°$ 高速动力传动，$\theta=90° \sim 130°$

在进行蜗杆、蜗轮结构设计时，需要考虑其材料、常用的结构特点等因素。通常蜗杆是和轴做成一体的，若在轴上没有设计有退刀槽等工艺结构时，蜗杆牙齿部分用铣制的方式来加工；若轴上设计有退刀槽结构，牙齿部分可以采用车制加工的方式，也可以采用铣制的方式来加工。常用的蜗轮结构形式主要有齿圈形式、螺栓联接形式、整体浇铸形式和拼铸形式等几种方式，具体的结构形式可以参看有关的机械设计课本或者相关的设计资料。

8.2 圆柱蜗杆齿轮段设计实例

本实例以一个圆柱蜗杆齿轮段设计为例，介绍其具体的设计方法、步骤及设计技巧等。已知该圆柱蜗杆的主要参数：模数为 4 mm，直径系数为 12，蜗杆头数为 2，压力角为 20°，蜗杆螺旋部分为 130 mm。完成的圆柱蜗杆如图 8-2 所示。

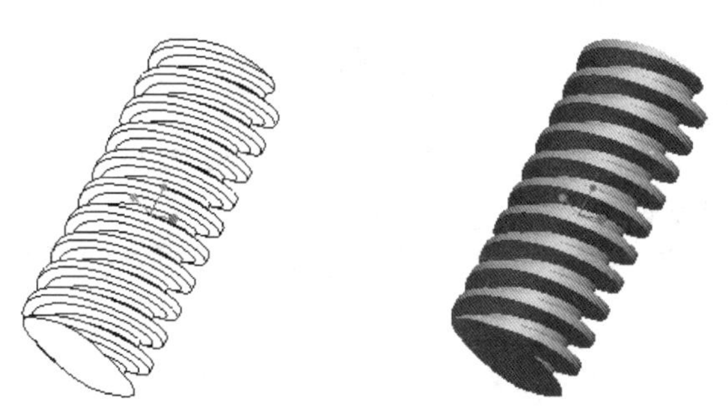

图 8-2　圆柱蜗杆齿轮段

设计圆柱蜗杆齿轮段时可以借鉴蜗杆车削加工的思路，先建立蜗杆的基本体（基体），绘制好缠绕蜗杆基本体的螺旋曲线，接着由蜗杆轴向齿形截面沿着螺旋曲线扫描，切除出蜗杆的一头齿槽，然后移动复制出另一头齿槽。注意“螺旋扫描”命令的应用。

下面介绍圆柱蜗杆齿轮段的具体设计方法及其步骤。

步骤 1： 新建零件文件。

（1）在“快速访问”工具栏上单击“新建”按钮，弹出“新建”对话框。

（2）在“类型”选项组中选择“零件”单选按钮，在“子类型”选项组中选择“实体”单选按钮，在“名称”文本框中输入 HY_8_1，并取消勾选“使用默认模板”复选框，不使用默认模板，单击“确定”按钮，弹出“新文件选项”对话框。

（3）在“新文件选项”对话框的“模板”选项组中选择 mmns_part_solid 选项。单击“确定”按钮，进入零件设计模式。

步骤 2：定义参数。

（1）在功能区的“工具”选项卡中，单击“模型意图”组中的“参数”按钮[]，此时系统弹出“参数”对话框。

（2）单击 5 次“添加”按钮+，从而增加 5 个参数。

（3）将新参数名称分别设置为 Q、M、Z1、ALPHA 和 L，并设置其对应的初始值和说明文字，如图 8-3 所示。

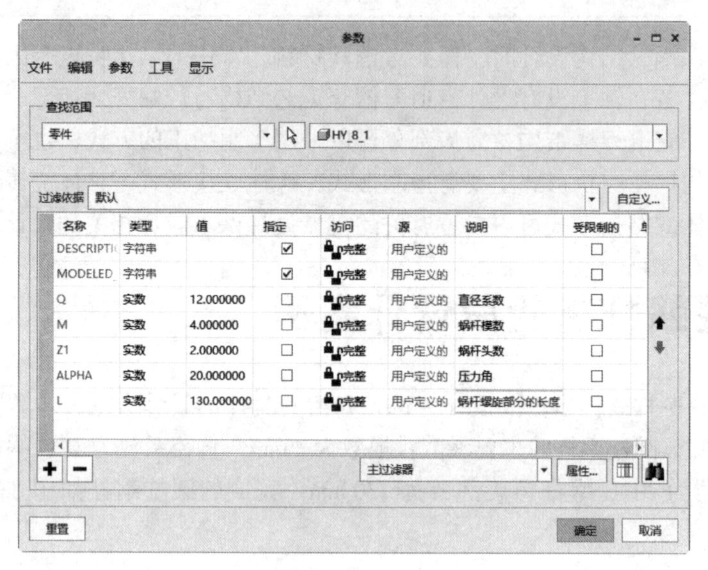

图 8-3 定义新参数

（4）在“参数”对话框上单击“确定”按钮，完成用户自定义参数的建立。

步骤 3：创建蜗杆基本体。

（1）在功能区“模型”选项卡的“形状”组中单击“旋转”按钮，打开“旋转”选项卡，默认选中“实心”按钮。

（2）选择 FRONT 基准平面作为草绘平面，进入草绘器中。

（3）绘制图 8-4 所示的旋转剖面和几何中心线（该几何中心将默认用作旋转轴）。

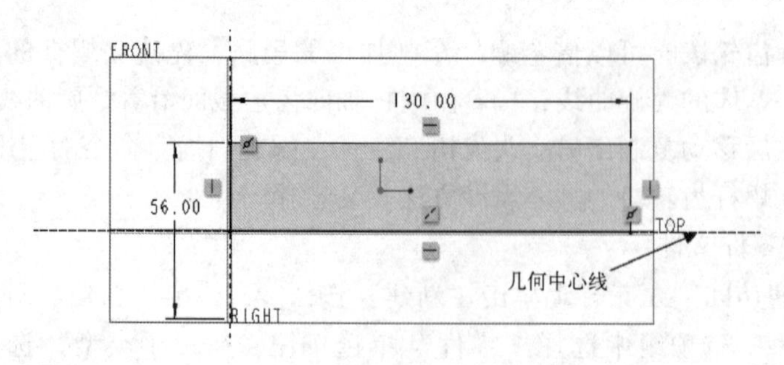

图 8-4 草绘

(4) 在功能区中切换至“工具”选项卡，从“模型意图”组中单击“关系”按钮d=，打开“关系”对话框。输入关系式，如图 8-5 所示。然后单击“关系”对话框中的“确定”按钮。

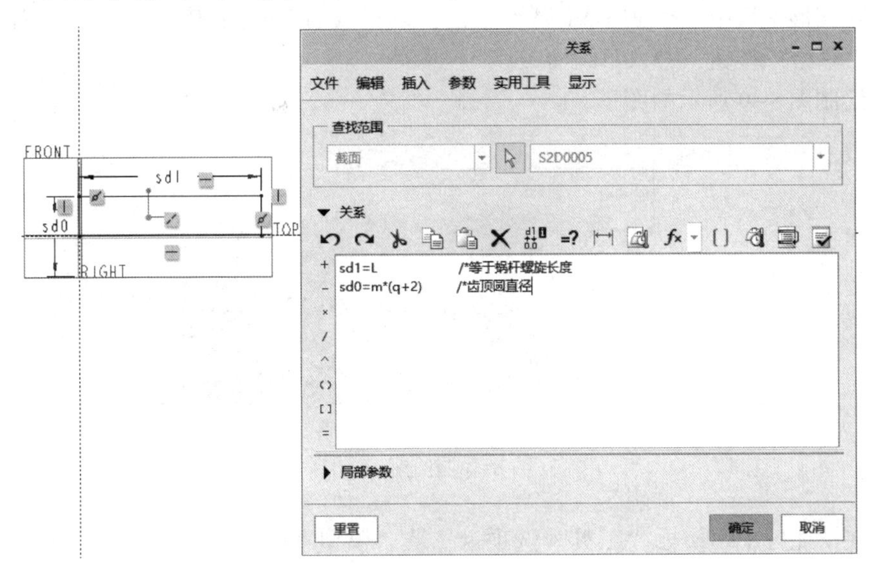

图 8-5 设置关系式

(5) 在功能区中切换至“草绘”选项卡，单击“确定”按钮✔，完成草绘并退出草绘模式。

(6) 接受默认的旋转角度为 360°，单击“确定”按钮✔，创建的蜗杆基本体如图 8-6 所示。

步骤 4：以螺旋扫描的方式切除出一条齿槽。

(1) 在功能区“模型”选项卡的“形状”组中单击“螺旋扫描”按钮（如图 8-7 所示），则功能区出现“螺旋扫描”选项卡。

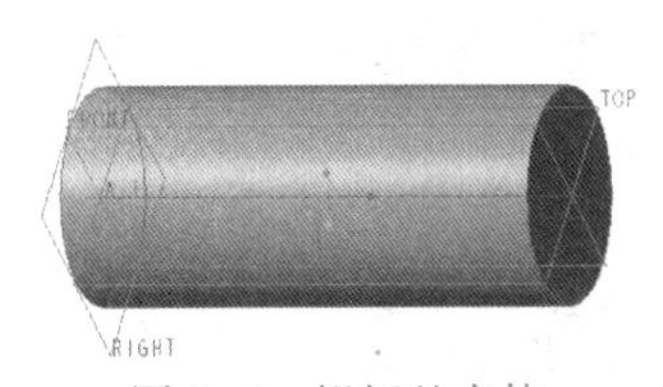

图 8-6 蜗杆基本体

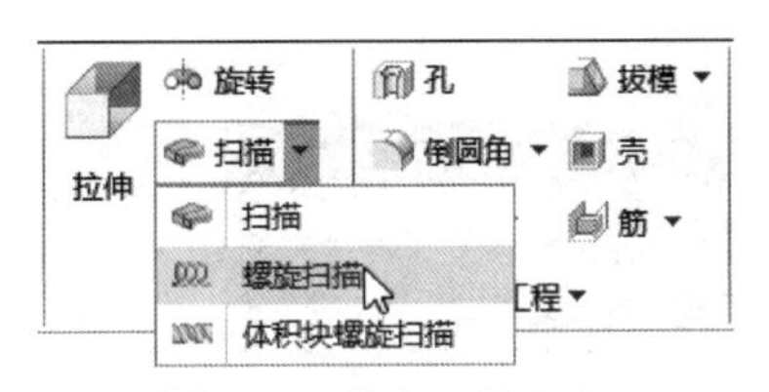

图 8-7 单击工具命令

(2) 在“螺旋扫描”选项卡中单击“实心”按钮、“移除材料”按钮和“右手定则”按钮，如图 8-8 所示。

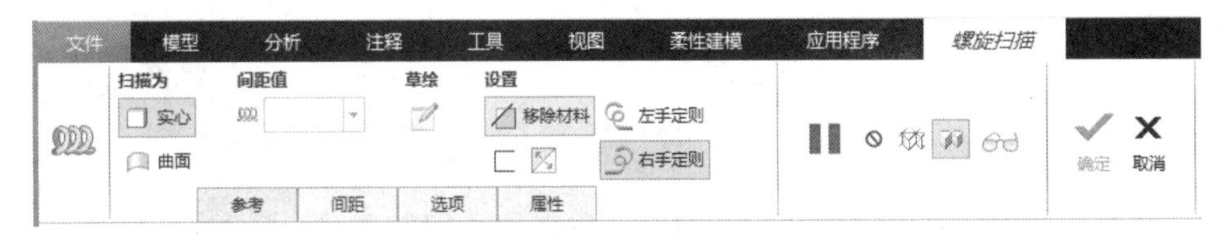

图 8-8 “螺旋扫描”选项卡

（3）在“螺旋扫描”选项卡中打开“参考”下滑面板，从“截面方向”选项组中选择“穿过螺旋轴”单选按钮，接着单击“定义”按钮，弹出“草绘”对话框。

（4）在图形窗口中选择 FRONT 基准平面，以默认的 RIGHT 基准平面为“右”方向参考，单击“草绘”按钮，进入草绘器中。

（5）绘制图 8-9 所示的图形。

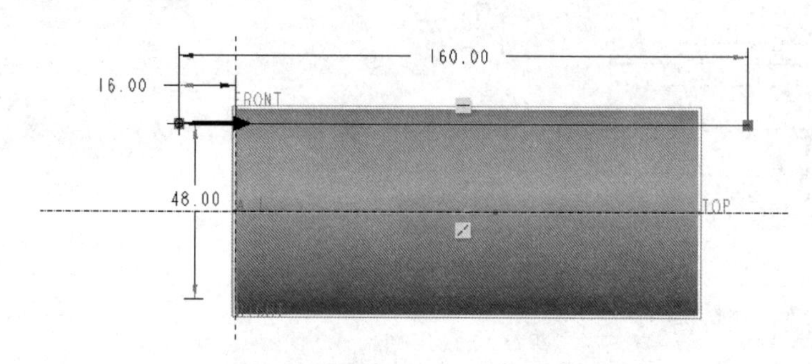

图 8-9　绘制图形

（6）在功能区中切换至“工具”选项卡，从“模型意图”组中单击“关系”按钮 d=，打开“关系”对话框，输入如下的关系式：

```
sd0=m*q                /*分度圆直径
sd1=L+3*pi*m           /*该关系式中的 pi*m 为蜗杆轴向齿距
sd2=1.5*pi*m           /*等于 1.5 倍的轴向齿距
```

此时，“关系”对话框和模型如图 8-10 所示，单击“关系”对话框中的“确定”按钮。

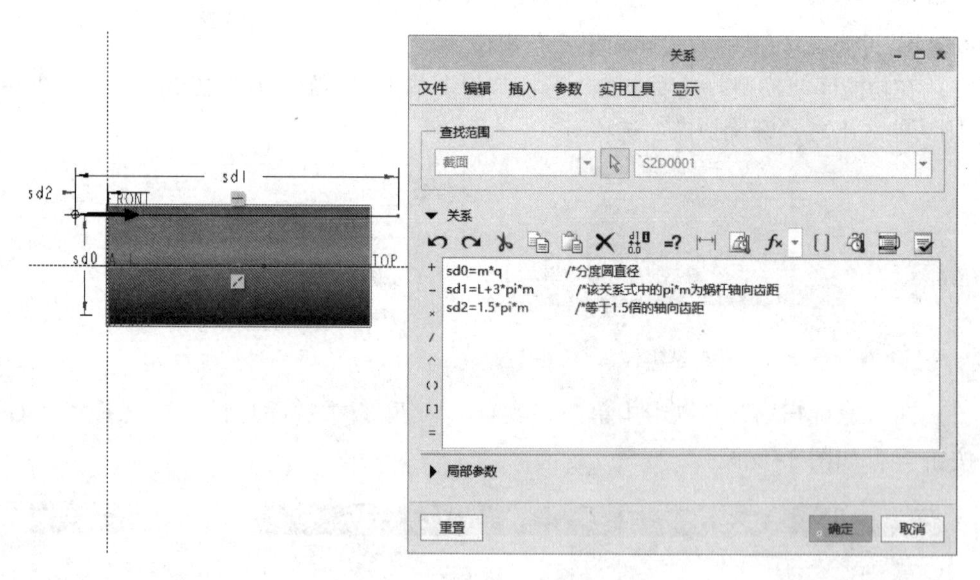

图 8-10　输入关系式

（7）在功能区中切换到“草绘”选项卡，单击“确定”按钮✔，完成螺旋扫引轨迹的绘制。

（8）输入的间距值（螺距）为蜗杆头数乘以蜗杆轴向齿距，即 z1*pi*m，如图 8-11 所示，按〈Enter〉键确认输入，并从弹出的一个对话栏中单击“是”以确认允许该特征关系。

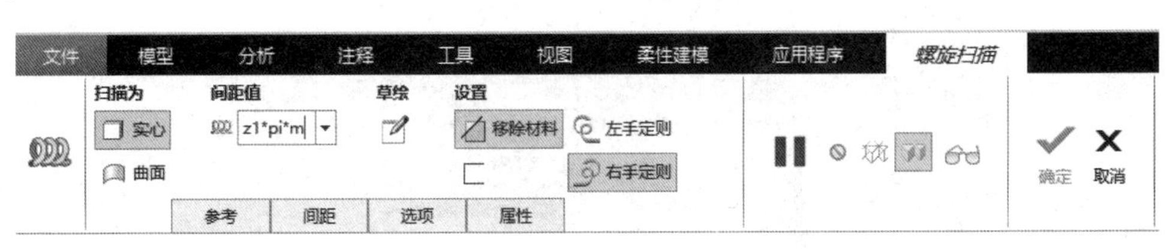

图 8-11　输入螺距

说明　该间距（螺距）其实等于蜗杆导程，蜗杆导程的公式为 $p_{ta}=\pi m z_1$，也就是等于蜗杆头数乘以蜗杆轴向齿距。

（9）在“螺旋扫描”选项卡中单击“创建或编辑扫描剖面”按钮，绘制图 8-12 所示的螺旋扫描剖面，剖面中左边竖线与轴圆周轮廓线为共线约束关系。

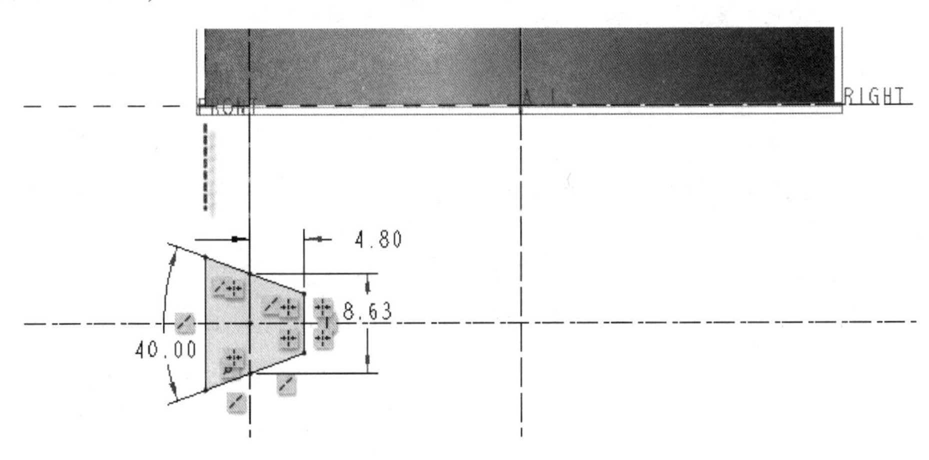

图 8-12　绘制齿形剖面

说明　除了本例所绘制的齿形剖面之外，还可以在特定的蜗杆设计中绘制渐开线齿廓形状的齿形剖面和内凹圆弧形状的齿形剖面等。其中，设计中需要的渐开线，可以事先通过相关的方程来在适当的平面中建立。

（10）在功能区中切换至“工具”选项卡，从“模型意图”组中单击“关系”按钮 d=，打开“关系”对话框。输入如下的关系式（相关的尺寸代号与模型窗口中显示的相一致）：

```
sd23 = 2 * ALPHA            /* 等于两倍的压力角
sd15 = 1.2 * m              /* 等于齿根高
sd19 = pi * m/2             /* 等于蜗杆轴向齿距的一半
```

此时，对话框和模型如图 8-13 所示，单击“关系”对话框中的“确定”按钮。

（11）在功能区中切换到“草绘”选项卡，接着单击“确定”按钮✔。

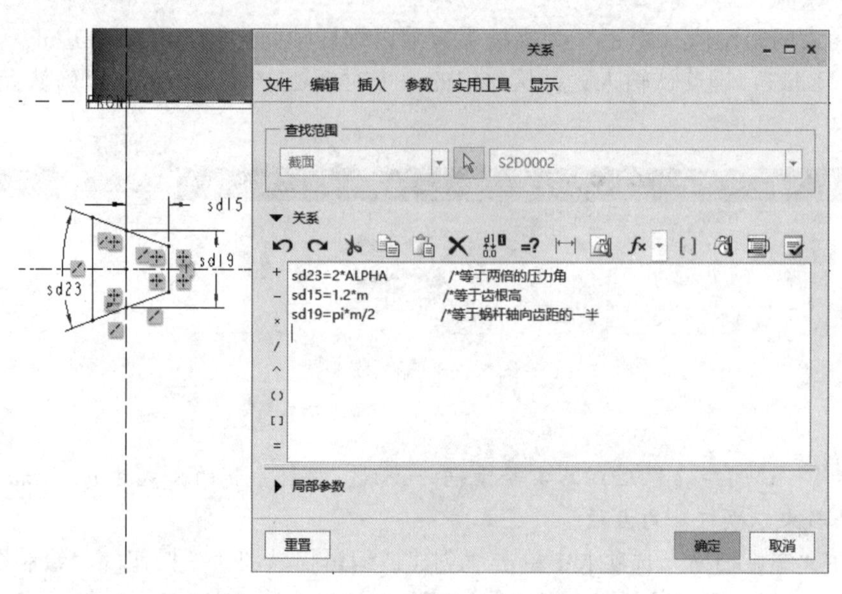

图 8-13 输入关系式

（12）在“螺旋扫描”选项卡中单击“确定”按钮，完成的螺旋扫描特征如图 8-14 所示。

步骤 5：移动复制。

（1）选择刚创建的螺旋扫描特征（螺旋齿槽），按〈Ctrl+C〉快捷键将其复制到剪切板。

（2）在功能区“模型”选项卡的“操作”组中单击“选择性粘贴”按钮，弹出“选择性粘贴”对话框，从中进行图 8-15 所示的设置，然后单击“确定”按钮。

图 8-14 创建一条螺旋齿槽

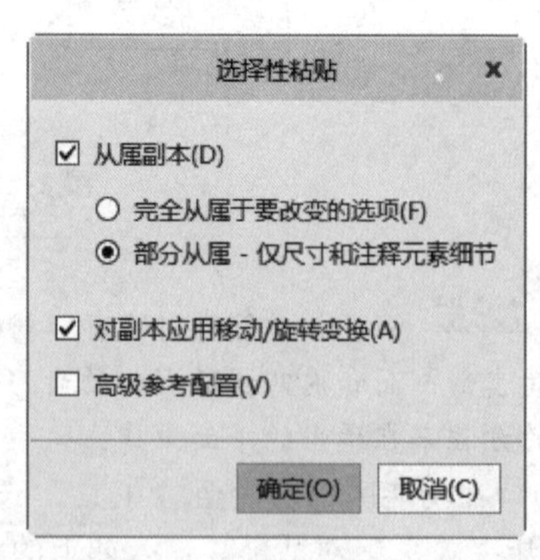

图 8-15 “选择性粘贴”对话框

（3）功能区提供“移动（复制）”选项卡，单击“沿选定参考平移特征”按钮，在图形窗口中选择 RIGHT 基准平面，并设置平移距离为 pi * m，按〈Enter〉键，系统提示是否要添加 pi * m 作为特征关系，如图 8-16 所示，单击“是”按钮。

（4）在“移动（复制）”选项卡中单击“确定”按钮，完成移动复制的操作结果如图 8-17 所示。

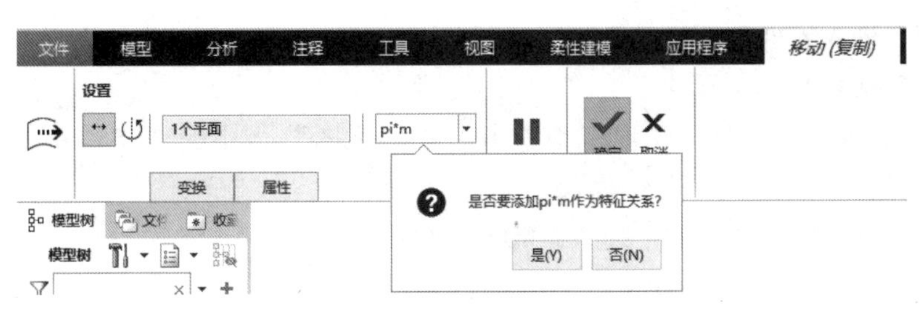

图 8-16　设置平移距离

图 8-17　移动复制的操作结果

再生模型后保存文件。至此，完成了本圆柱蜗杆齿轮段的设计。

8.3　阿基米德蜗杆轴实例

在这里，介绍一个阿基米德蜗杆轴零件（模型效果如图 8-18 所示）的建模方法及过程。该阿基米德蜗杆轴零件的主要参数为：轴向模数为 8 mm，蜗杆头数为 2，蜗杆直径系数为 12.5，螺杆螺旋线方向为右旋，轴向剖面内齿形角为 20°。

图 8-18　阿基米德蜗杆轴

本实例的主要目的是掌握设计阿基米德蜗杆轴的方法及其步骤，熟悉蜗杆轴零件的结构特点等。

下面是具体的设计方法及步骤。

步骤 1：新建零件文件。

(1) 在“快速访问”工具栏上单击“新建”按钮，弹出“新建”对话框。

(2) 在“类型”选项组中选择“零件”单选按钮，在“子类型”选项组中选择“实体”单选按钮，在“名称”文本框中输入 HY_8_2，并取消勾选“使用默认模板”复选框，不使用默认模板，单击“确定”按钮，弹出“新文件选项”对话框。

(3) 在“新文件选项”对话框的“模板”选项组中选择 mmns_part_solid 选项。单击

“确定”按钮，进入零件设计模式。

步骤 2：定义参数。

（1）在功能区的“工具”选项卡中单击“模型意图”组中的“参数”按钮[]，此时系统弹出“参数”对话框。

（2）单击 4 次“添加”按钮+，从而增加 4 个参数。

（3）将新参数名称分别设置为 Q、M、ALPHA 和 Z1，并设置其对应的初始值和说明文字，如图 8-19 所示。

图 8-19 定义新参数

（4）在“参数”对话框上单击“确定”按钮，完成用户自定义参数的建立。

步骤 3：创建旋转特征。

（1）在功能区中切换至“模型”选项卡，从“形状”组中单击“旋转”按钮，打开“旋转”选项卡，默认选中“实心”按钮。

（2）选择 FRONT 基准平面作为草绘平面，进入草绘器。

（3）绘制图 8-20 所示的旋转剖面和用作旋转轴的一条几何中心线。图中数值为 116 的尺寸是齿顶圆直径尺寸，由公式 $d_{a1}=m(q+2)$ 计算而得。

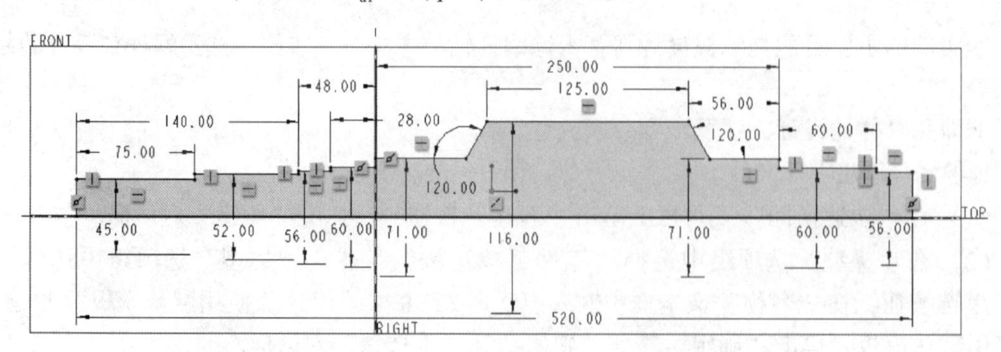

图 8-20 草绘

(4) 单击“确定”按钮✔，完成草绘并退出草绘器。

(5) 接受默认的旋转角度为360°，单击“确定”按钮✔，创建的旋转实体如图8-21所示。

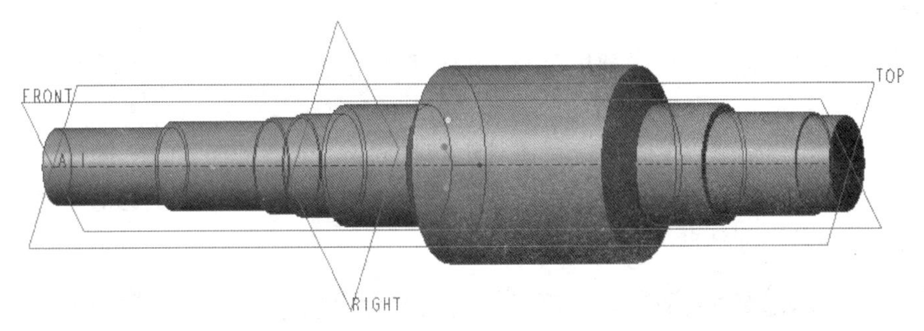

图 8-21 创建的旋转实体

步骤4：以旋转的方式切除出退刀槽。

(1) 单击“旋转”按钮，打开“旋转”选项卡。

(2) 指定要创建的模型特征为“实心”，并单击“移除材料”按钮。

(3) 单击“旋转”选项卡中的“放置”按钮，打开“放置”下滑面板。单击该下滑面板上的“定义”按钮，弹出“草绘”对话框。

(4) 在“草绘”对话框上单击“使用先前的”按钮，进入草绘模式。

(5) 绘制图8-22所示的旋转轴线和剖面，单击“确定”按钮✔。

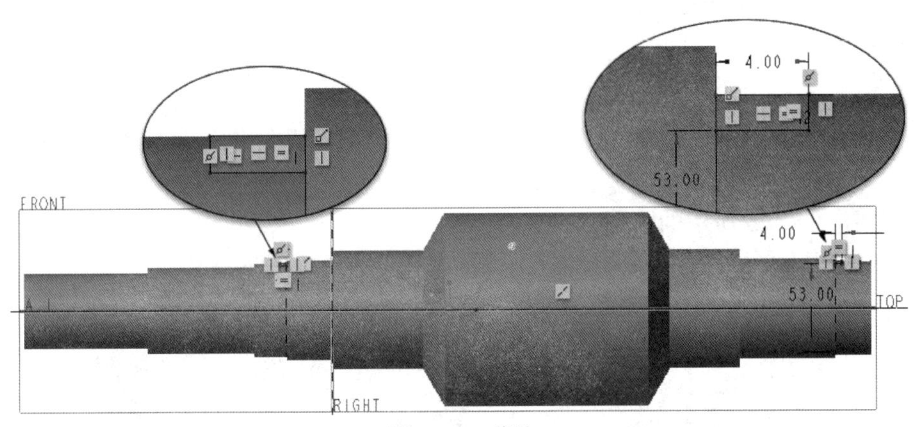

图 8-22 草绘

(6) 接受默认的旋转角度为360°。单击“确定”按钮✔，以旋转方式切除出两个退刀槽，其效果如图8-23所示。

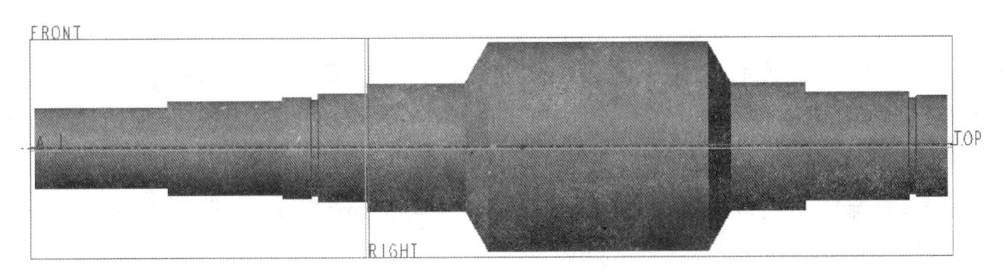

图 8-23 切除出退刀槽的模型效果

步骤5：创建蜗杆齿槽。

（1）在功能区“模型”选项卡的“形状”组中找到并单击“螺旋扫描”按钮，打开“螺旋扫描”选项卡。

（2）在“螺旋扫描”选项卡中单击“实心”按钮、“移除材料”按钮和“右手定则”按钮。

（3）在“螺旋扫描”选项卡中打开“参考”下滑面板，从“截面方向”选项组中选择“穿过螺旋轴”单选按钮，接着单击位于“螺旋轮廓”收集器右侧的“定义”按钮，如图8-24所示，系统弹出“草绘”对话框。

图8-24 “螺旋扫描”选项卡及其“参考”下滑面板

（4）选择FRONT基准平面作为草绘平面，以RIGHT基准平面为“右”方向参考，单击“草绘”按钮，进入草绘模式。

（5）绘制图8-25所示的图形。

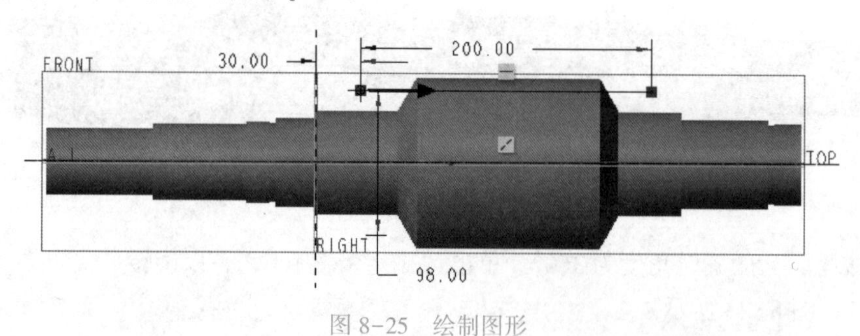

图8-25 绘制图形

（6）在功能区中切换至“工具”选项卡，接着从“模型意图”组中单击“关系”按钮 **d=**，弹出“关系”对话框。输入的关系式如图8-26所示，注意模型中显示的尺寸符号。完成剖面关系式的设置后，单击“关系”对话框中的“确定”按钮。

（7）此时系统自动更新剖面尺寸，切换回“草绘”选项卡，单击“确定”按钮，完成螺旋扫描轨迹的绘制。

（8）输入的间距值（螺距）为蜗杆头数乘以蜗杆轴向齿距，即输入 z1 * pi * m，按

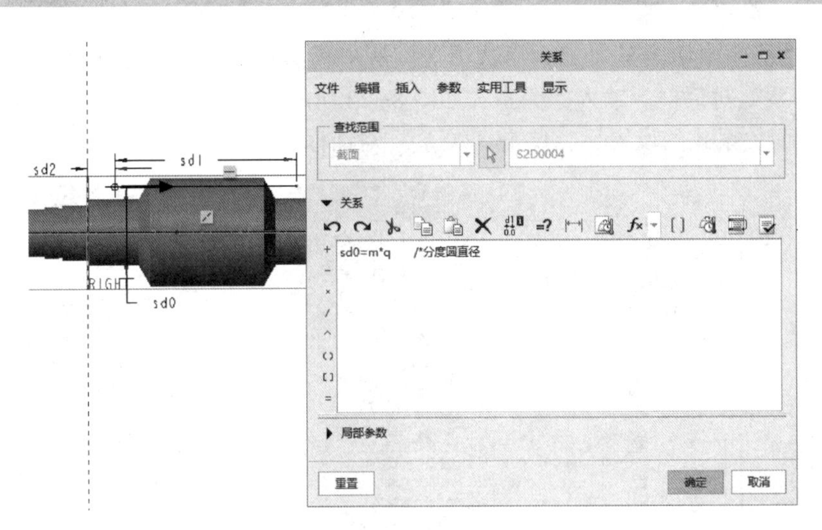

图 8-26 输入关系式

〈Enter〉键确认，此时系统提示是否要添加 z1 * pi * m 作为特征关系，如图 8-27 所示，单击“是”按钮。

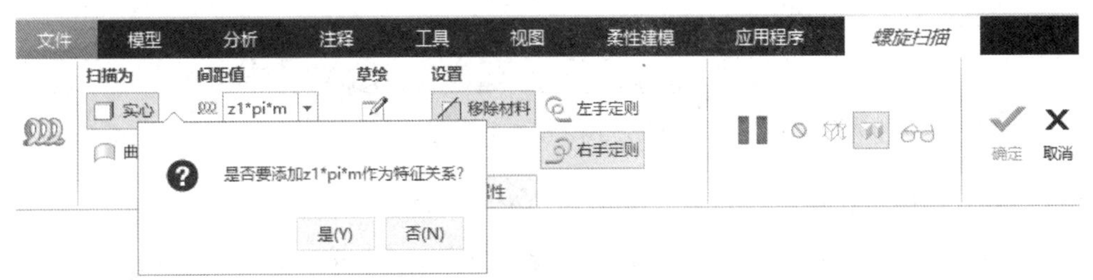

图 8-27 输入螺距关系式并确定

(9) 在“螺旋扫描”选项卡中单击“创建或编辑扫描剖面”按钮，进入草绘器中绘制图 8-28 所示的螺旋扫描剖面，其中的尺寸可以不必直接修改为如图所示的精确数值，只需保持相同形状的图形和标注所需的尺寸即可，尺寸的最终值将通过设置蜗杆关系式来计算驱动。

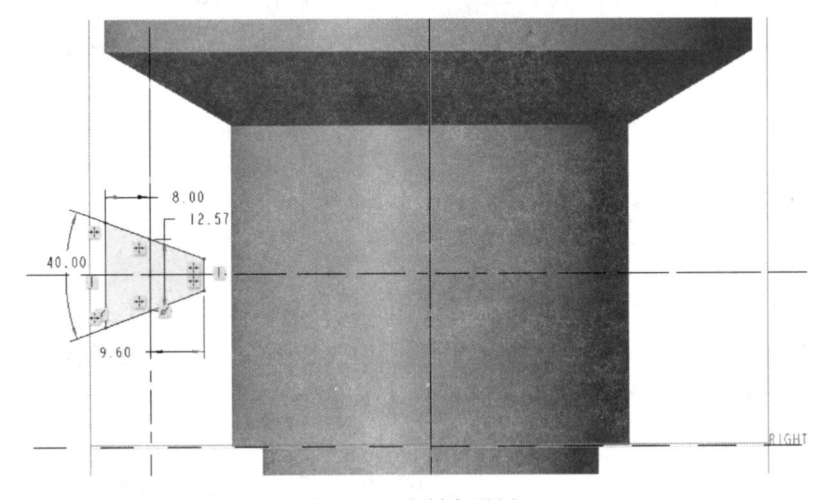

图 8-28 绘制齿形剖面

（10）在功能区中切换至“工具”选项卡，从“模型意图”组中单击“关系”按钮 d=，系统弹出“关系”对话框。输入的关系式如图 8-29 所示，注意与模型中显示的尺寸符号相对应。完成剖面关系式的设置后，单击“关系”对话框中的“确定”按钮。

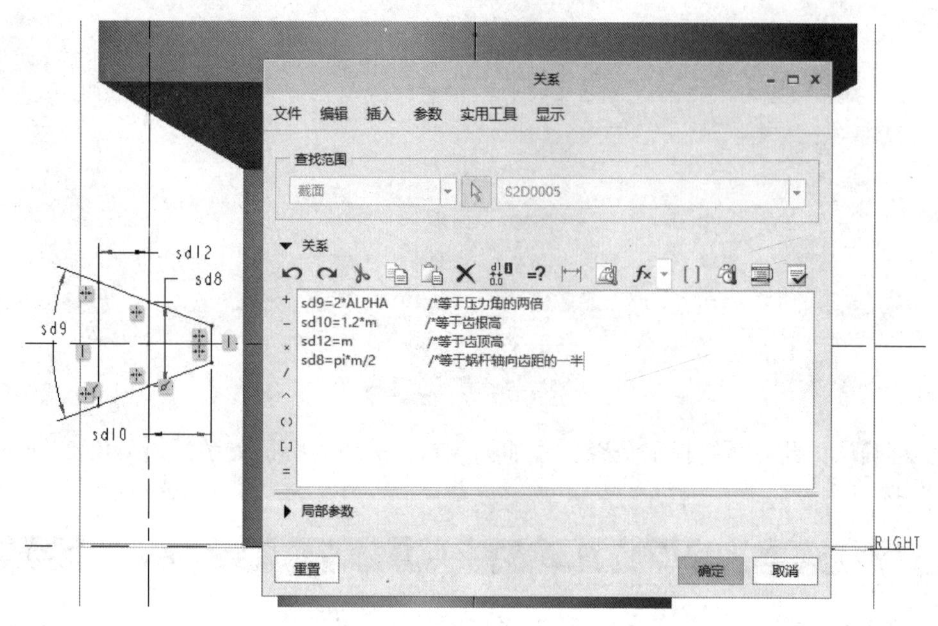

图 8-29 输入关系式

（11）在功能区中切换回“草绘”选项卡，单击“确定”按钮✔。

（12）单击“螺旋扫描”选项卡中的“确定”按钮✔，按〈Ctrl+D〉快捷键以默认的标准方向视角显示模型，此时模型效果如图 8-30 所示。

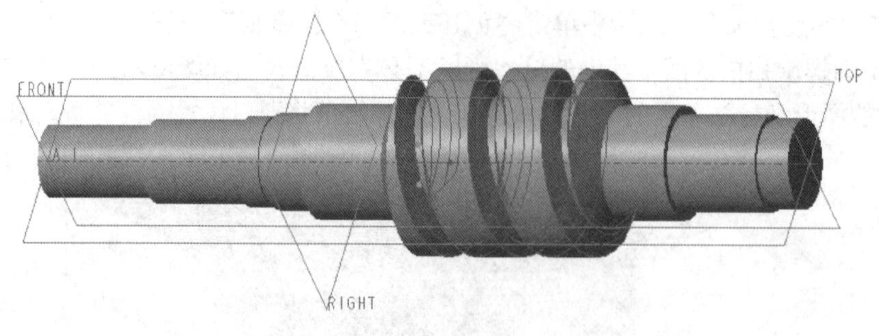

图 8-30 模型效果

步骤 6：移动复制。

（1）选择刚创建好的“螺旋扫描 1”特征作为要复制的特征，单击“复制”按钮。

（2）在功能区“模型”选项卡的“操作”组中找到并单击“选择性粘贴”按钮（如图 8-31 所示），弹出“选择性粘贴”对话框，从中进行图 8-32 所示的设置，单击“确定”按钮。

（3）功能区出现“移动（复制）”选项卡，单击“沿选定参考平移特征”按钮，在图形窗口中选择 RIGHT 基准平面，输入平移距离为 pi * m，按〈Enter〉键，此时系统弹出一个对话栏询问是否添加 pi * m 作为特征关系，如图 8-33 所示。从中单击“是”按钮，接受添加 pi * m 作为特征关系。

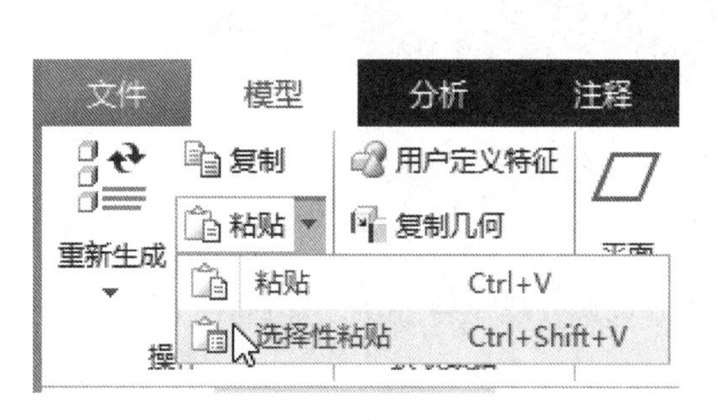

图 8-31　找到“选择性粘贴”按钮并单击它

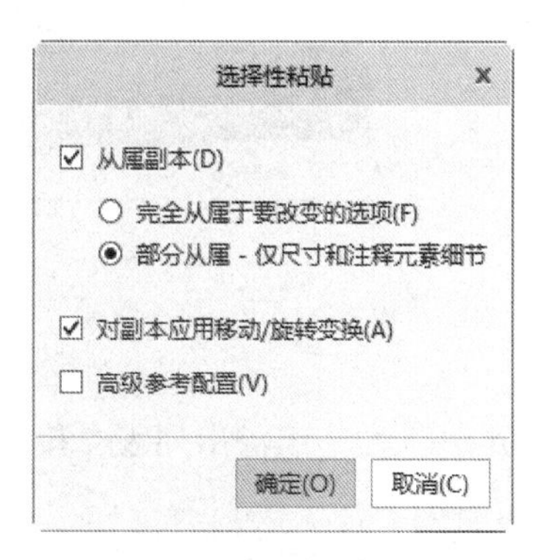

图 8-32　“选择性粘贴”对话框

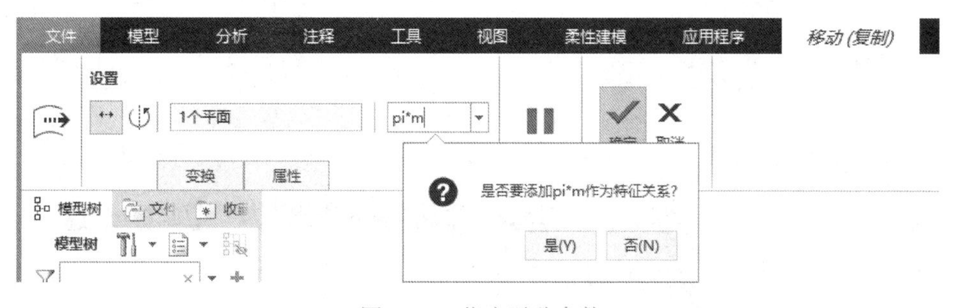

图 8-33　指定平移参数

（4）在“移动（复制）”选项卡中单击“确定”按钮✔，此时模型效果如图 8-34 所示。

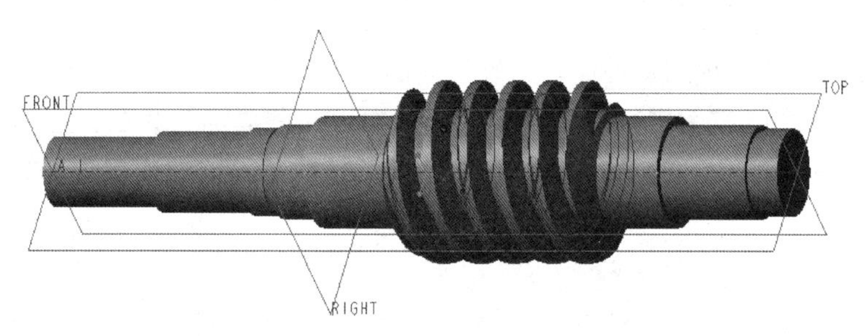

图 8-34　移动复制的效果

步骤 7：创建倒角特征。

（1）单击“边倒角”按钮，打开“边倒角”选项卡。

（2）在“边倒角”选项卡中，选择倒角的标注形式为 45×D，并输入 D 值为 2。

（3）选择图 8-35 所示的边参考。

（4）单击“边倒角”选项卡中的“确定”按钮✔。

步骤 8：创建一处“修饰螺纹”特征。

（1）在功能区的“模型”选项卡中单击“工程”组溢出按钮**工程**▾，如图 8-36 所示，

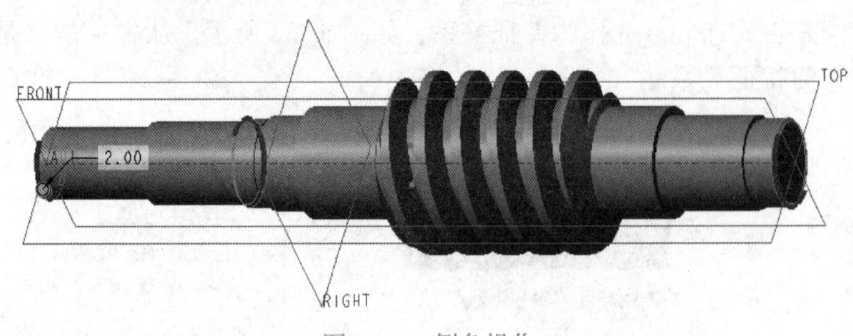

图 8-35　倒角操作

从而打开“工程”组溢出列表，接着选择“修饰螺纹”命令，则功能区出现图 8-37 所示的“螺纹”选项卡。

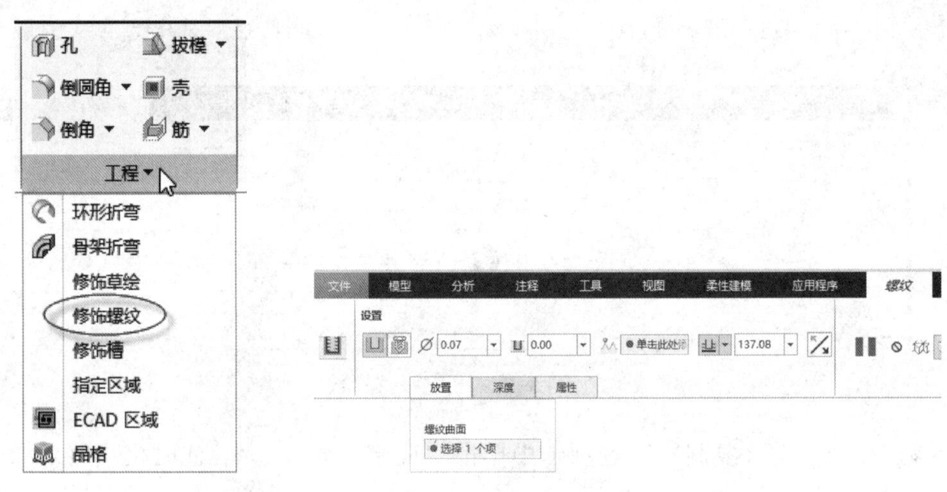

图 8-36　打开“工程”组溢出列表　　　图 8-37　“螺纹”选项卡

（2）选择图 8-38 所示的零件面作为螺纹曲面。

（3）在“螺纹”选项卡中打开“深度”下滑面板，在“螺纹起始自”收集器的框内单击以激活该收集器，如图 8-39 所示。用户也可以在收集器的框内单击以激活“螺纹起始自”收集器。

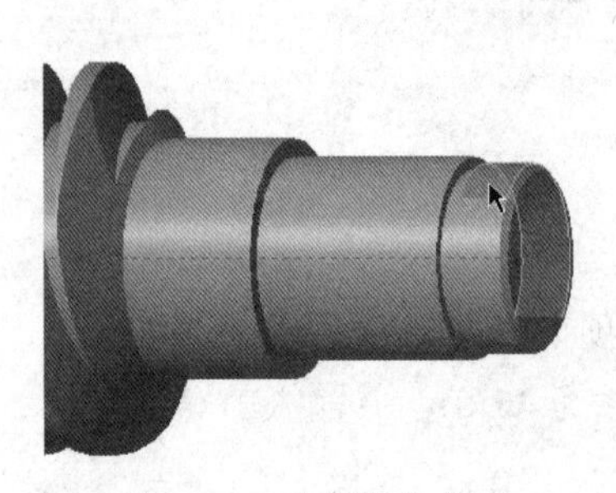
图 8-38　选择螺纹曲面

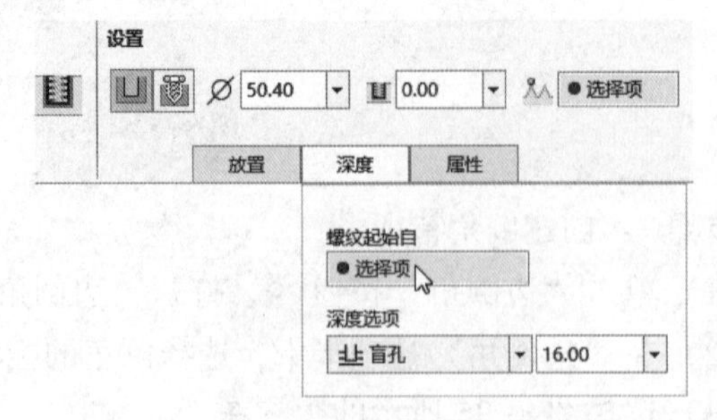

图 8-39　激活“螺纹起始自”收集器

（4）选择图 8-40 所示的零件端面作为螺纹的起始面。

（5）从“深度选项”下拉列表框中选择“到选定项”图标选项，如图 8-41 所示。

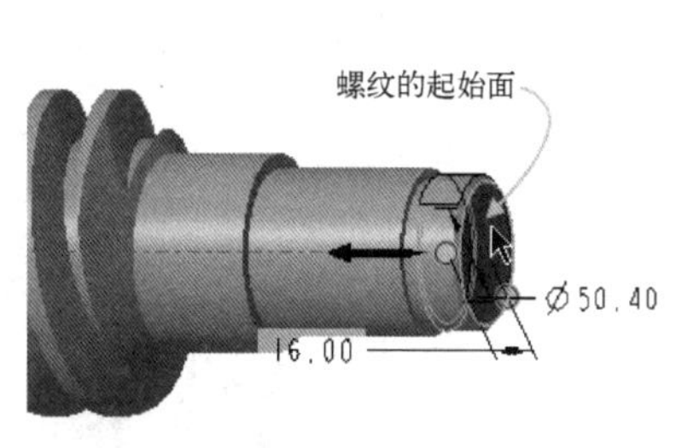

图 8-40 指定螺纹的起始面

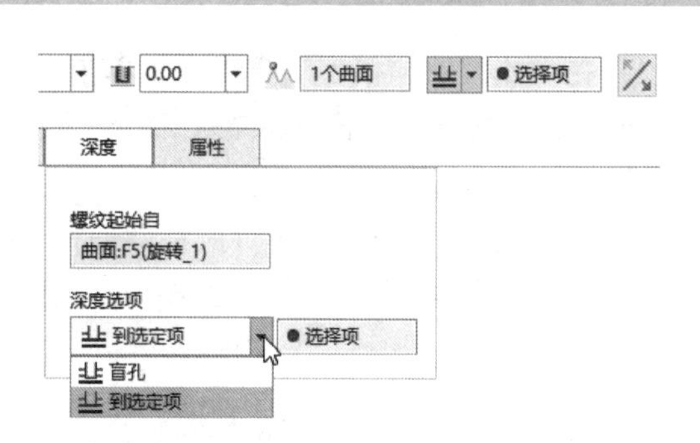

图 8-41 指定深度选项

（6）选择图 8-42 所示的退刀槽上的一个环形面作为螺纹的终止面。

（7）在⌀框中输入螺纹直径（这里指小径）为 53.835，如图 8-43 所示。

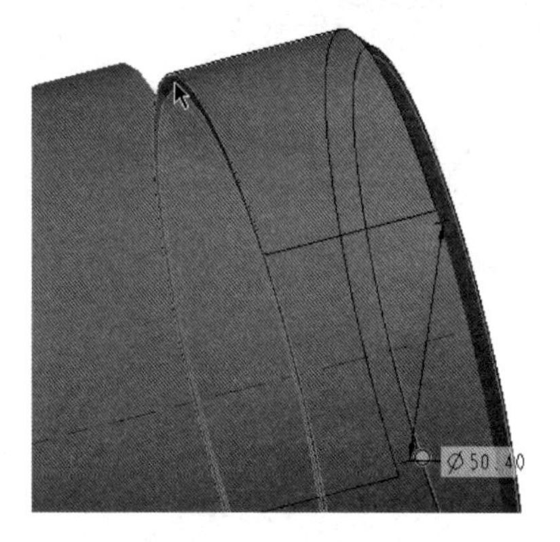

图 8-42 指定终止面

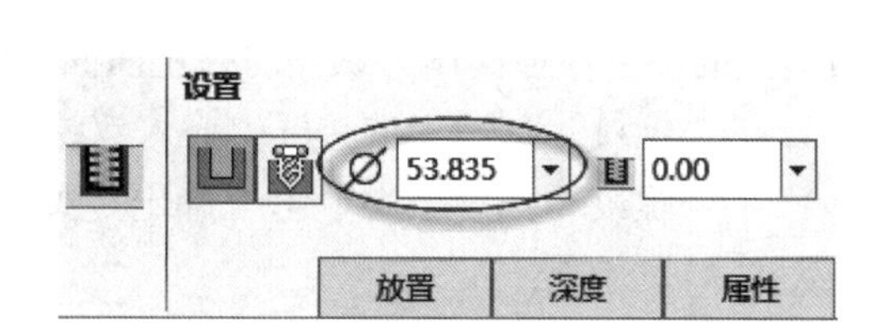

图 8-43 输入螺纹直径（小径）

（8）如果在“螺纹”选项卡中单击“属性”标签以打开“属性”下滑面板，则可以对特征名称进行重命名，以及参看相关参数，如图 8-44 所示。

（9）在“螺纹”选项卡中单击“确定”按钮✔，创建的“修饰螺纹 1”特征在模型中的显示如图 8-45 所示。

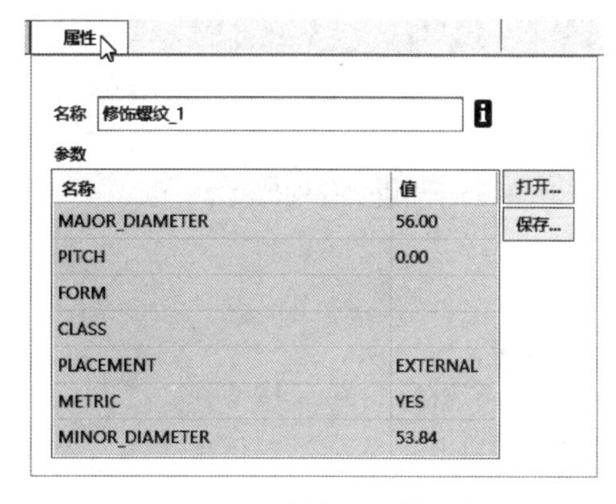
属性

名称 修饰螺纹_1

参数

名称	值
MAJOR_DIAMETER	56.00
PITCH	0.00
FORM	
CLASS	
PLACEMENT	EXTERNAL
METRIC	YES
MINOR_DIAMETER	53.84

打开...
保存...

图 8-44 “属性”下滑面板

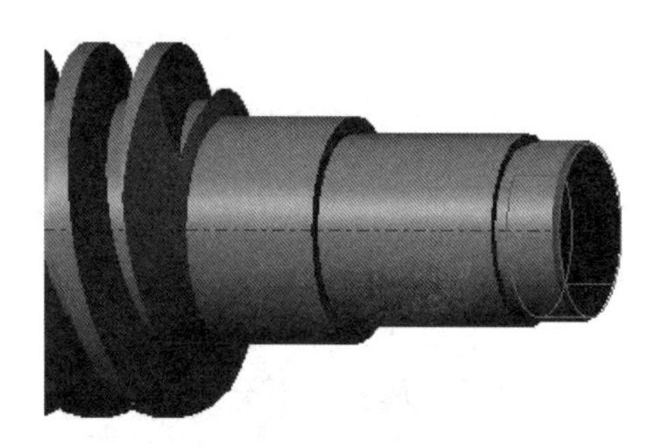
图 8-45 完成一处“修饰螺纹”特征

步骤 9：创建另一处“修饰螺纹”特征。

（1）在功能区的“模型”选项卡中单击“工程”组溢出按钮工程▾，从而打开“工程”组溢出列表，接着选择“修饰螺纹”命令，则功能区出现“螺纹”选项卡，默认选中“定义简单螺纹”按钮。

（2）选择图 8-46 所示的零件圆柱曲面作为螺纹曲面。

（3）选择图 8-47 所示的零件面作为螺纹的起始曲面。

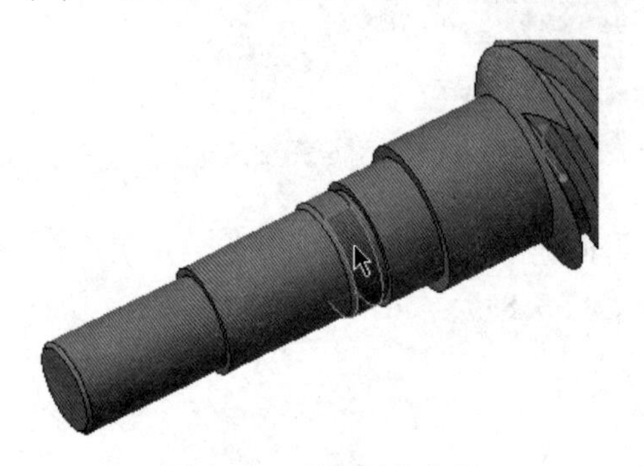

图 8-46　指定螺纹曲面

图 8-47　指定螺纹的起始曲面

（4）从“深度选项”下拉列表框中选择（到选定项）图标选项，选择图 8-48 所示的退刀槽上的一个环形面作为螺纹的终止曲面。

（5）在“螺纹”选项卡的⌀框中输入螺纹直径（这里指小径）为 53. 835。

（6）在“螺纹”选项卡中单击“确定”按钮，创建的“修饰螺纹 2”特征在模型中的显示如图 8-49 所示。

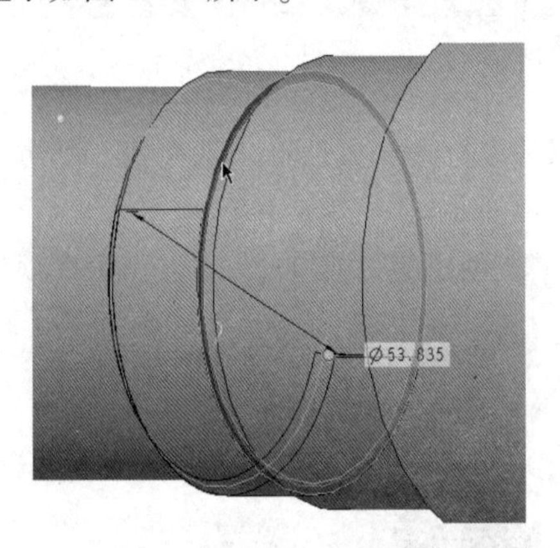

图 8-48　选择螺纹的终止面

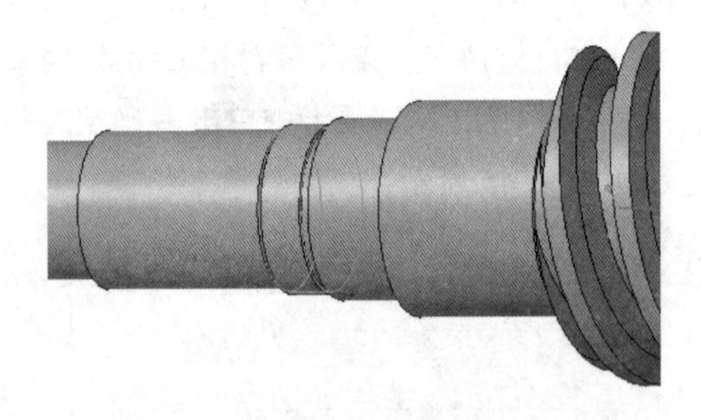

图 8-49　完成“修饰螺纹 2”特征

步骤 10：创建一处键槽结构。

（1）单击“拉伸”按钮，打开“拉伸”选项卡。

（2）指定要创建的模型特征为“实心”，并单击“移除材料”按钮。

（3）打开“放置”下滑面板，单击“定义”按钮，弹出“草绘”对话框。

（4）此时，需要创建一个基准平面作为其内部基准平面，用来辅助建立键槽结构。单击“基准”→“平面”按钮，打开“基准平面”对话框，选择 TOP 基准平面作为偏移参考，设置偏移距离为 17，如图 8-50 所示，单击“确定”按钮，创建基准平面 DTM1。

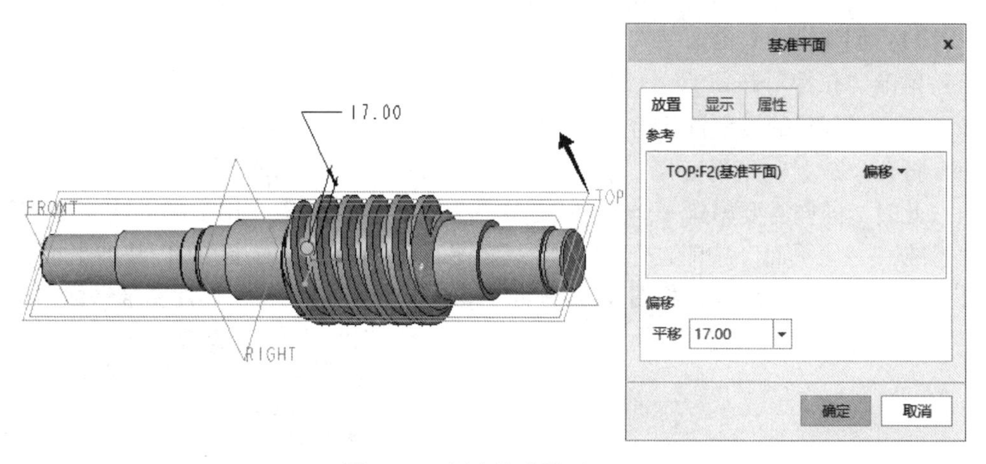

图 8-50 创建基准平面 DTM1

（5）系统自动以 DTM1 基准平面作为草绘平面，以 RIGHT 基准平面作为“右”方向参考，单击“草绘”对话框上的“草绘”按钮，进入草绘模式。

（6）绘制图 8-51 所示的剖面，单击“确定”按钮✔。

（7）在键盘上按〈Ctrl+D〉快捷键，接着在“拉伸”选项卡中单击“深度方向”按钮，并从深度选项下拉列表框中选择（穿透）选项，此时模型显示如图 8-52 所示。

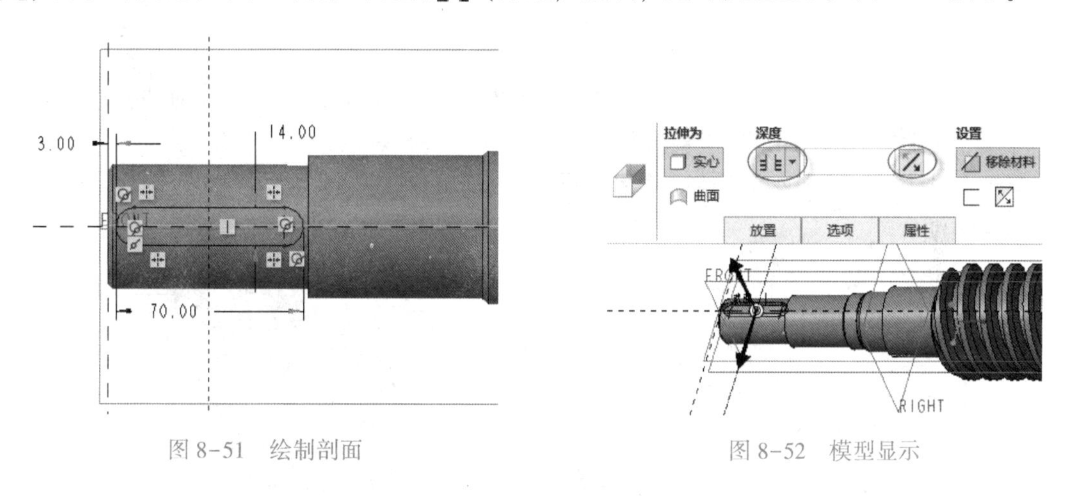

图 8-51 绘制剖面

图 8-52 模型显示

（8）在“拉伸”选项卡中单击“确定”按钮✔，完成第一个键槽结构的创建，效果如图 8-53 所示。

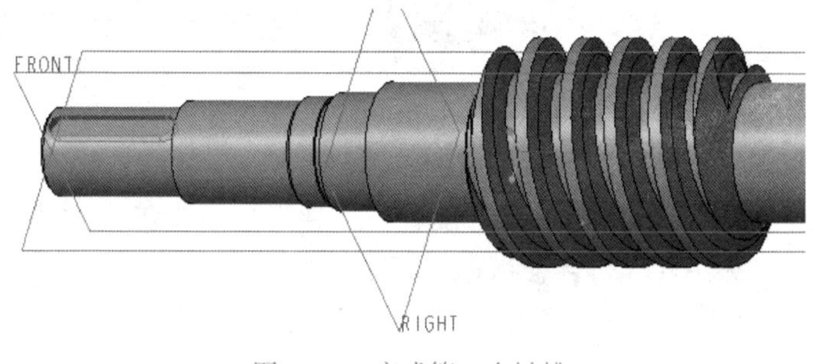

图 8-53 完成第一个键槽

步骤 11：创建另两处键槽结构。

（1）单击“拉伸”按钮，打开“拉伸”选项卡。

（2）指定要创建的模型特征为“实心”，并单击“移除材料”按钮。

（3）打开“放置”下滑面板，单击“定义”按钮，弹出“草绘”对话框。

（4）此时，同样需要创建一个基准平面作为其内部基准平面，用来辅助建立键槽结构。单击“基准”→“平面”按钮，打开“基准平面”对话框，选择 TOP 基准平面作为偏移参考，设置偏移距离为 24，如图 8-54 所示，单击“确定”按钮，创建基准平面 DTM2。

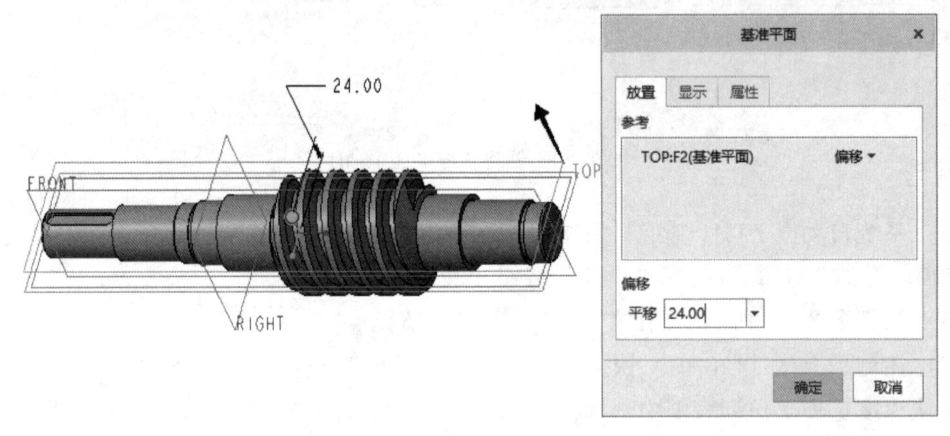

图 8-54　创建基准平面 DTM2

（5）系统自动以 DTM2 基准平面作为草绘平面，以 RIGHT 基准平面作为“右”方向参考，单击“草绘”对话框上的“草绘”按钮，进入草绘模式。

（6）绘制图 8-55 所示的剖面，单击“确定”按钮✔。

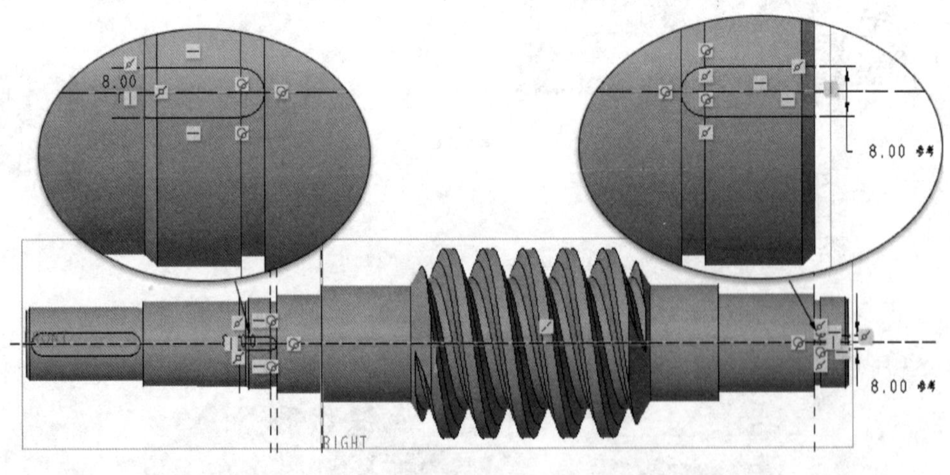

图 8-55　绘制剖面

（7）在键盘上按〈Ctrl+D〉快捷键，接着在拉伸选项卡中单击“深度方向”按钮，并从深度选项下拉列表框中选择（穿透）选项。

（8）在“拉伸”选项卡中单击“确定”按钮，完成两个键槽结构的创建，如图 8-56 所示。

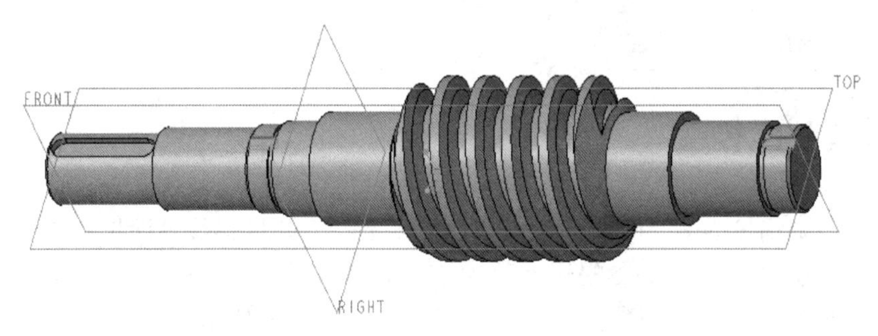

图 8-56　完成两个键槽的模型效果

步骤 12：创建倒圆角特征。

（1）单击“倒圆角”按钮，打开“倒圆角”选项卡。

（2）设置当前倒圆角集的半径为 5。

（3）按〈Ctrl〉键的同时依次选择图 8-57 所示的两处边线。

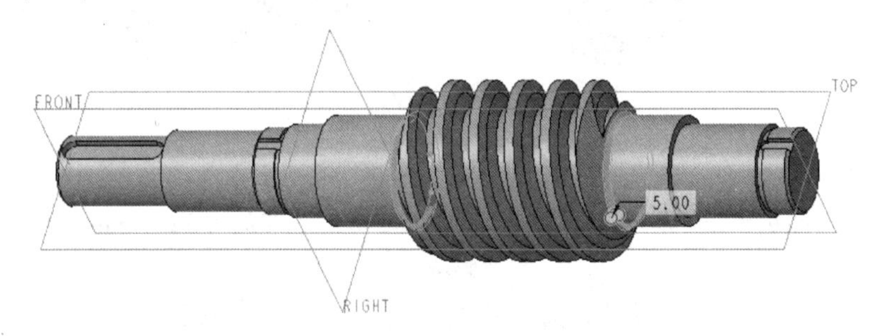

图 8-57　选择要倒圆角的边参考

（4）单击“倒圆角”选项卡中的“确定”按钮。

至此，完成了本阿基米德蜗杆轴的创建，设计结果如图 8-58 所示。

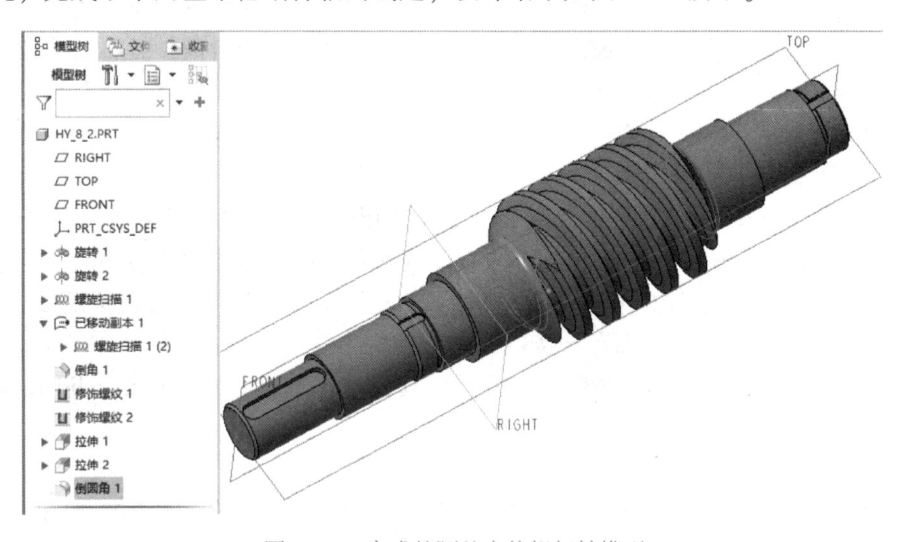

图 8-58　完成的阿基米德蜗杆轴模型

步骤 13：保存文件。

8.4 蜗轮实例

本实例以一个蜗轮为例，介绍其具体的设计方法、设计步骤及设计技巧等。已知该蜗轮的主要参数为：模数为 2.5 mm，蜗轮齿数为 33，压力角为 20°，蜗轮变位系数为-0.5，配对蜗杆直径系数为 10，蜗杆头数为 1。完成的蜗轮如图 8-59 所示。

图 8-59 蜗轮

由已知的主要参数可以算出，蜗杆齿顶圆直径 $d_{a1}=m(q+2)=2.5\times(10+2)=30\text{ mm}$，由于蜗杆头数为 1，即 $z_1\leqslant3$，则蜗轮宽度为 $b_2\leqslant0.75\ d_{a1}$，即 $b_2\leqslant22.5\text{ mm}$，在本例中取 $b_2=22\text{ mm}$。

在介绍该蜗轮的三维造型设计之前，先了解一下为什么有时需要变位的蜗杆蜗轮传动机构。为了配凑中心矩或提高蜗杆传动的承载能力及传动效率，常采用变位蜗杆传动。由于蜗杆的齿槽形状和尺寸要与加工蜗轮的滚刀形状和尺寸相同，为了保持刀具尺寸不变，蜗杆尺寸通常是不能变动的，只能对蜗轮进行变位。

蜗轮设计方法和齿轮的设计方法有相似之处，重点在于创建蜗轮端面齿形的渐开线，由渐开线构造齿槽截面，将齿槽截面沿着螺旋线扫描混合生成单个齿槽，然后以适当的方式阵列形成所有齿槽。

下面介绍该蜗轮零件的具体设计方法及设计步骤。

步骤 1：新建零件文件。

（1）在“快速访问”工具栏上单击“新建”按钮，弹出“新建”对话框。

（2）在“类型”选项组中选择“零件”单选按钮，在“子类型”选项组中选择“实体”单选按钮，在“名称”文本框中输入 HY_8_3，并取消勾选“使用默认模板”复选框，以取消使用默认模板，单击“确定”按钮，弹出“新文件选项”对话框。

（3）在“新文件选项”对话框的“模板”选项组中选择 mmns_part_solid 选项。单击“确定”按钮，进入零件设计模式。

步骤 2：定义参数。

（1）在功能区的“工具”选项卡中单击“模型意图”组中的“参数”按钮 [ ]，此时系统弹出“参数”对话框。

（2）单击 7 次“添加”按钮 +，从而增加 7 个参数。

（3）将新参数名称分别设置为 M、Z2、Q、Z1、ALPHA、B 和 X2，并设置各参数相应的初始值和说明文字，如图 8-60 所示。

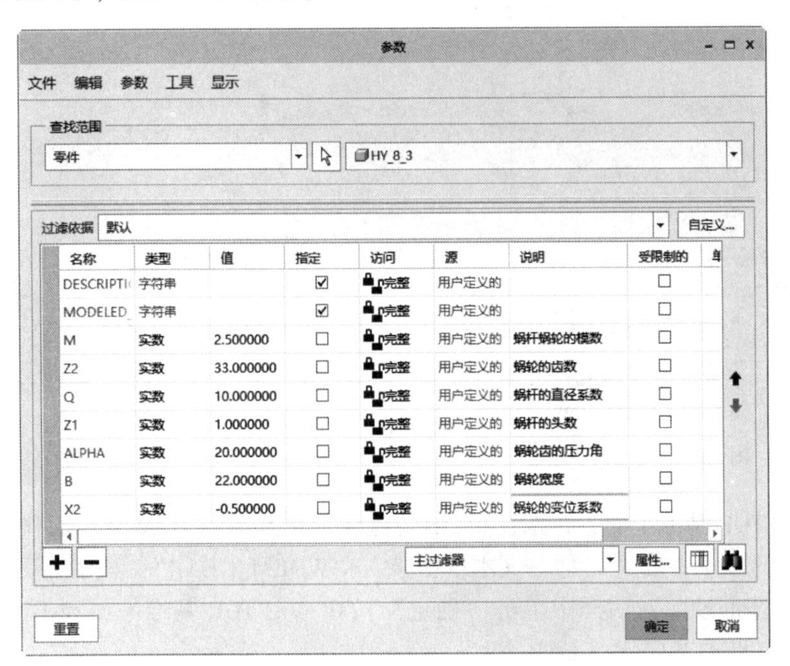

图 8-60 定义新参数

（4）在“参数”对话框上单击“确定”按钮，完成用户自定义参数的建立。

步骤 3：添加关系式。

（1）在功能区的“工具”选项卡中单击“模型意图”组中的“关系”按钮 d=，此时系统弹出“关系”对话框。

（2）在“关系”对话框的文本编辑框中输入下列关系式：

```
GAMMA=ATAN(Z1/Q)                  /* 等于蜗杆分度圆柱的导程角和蜗轮分度圆柱的螺旋角
BETA=GAMMA
ALPHA_T=ATAN(TAN(ALPHA)/COS(BETA))
S=PI*Z1*M                         /* 等于蜗杆导程
```

（3）单击“关系”对话框中的“确定”按钮。

步骤 4：创建基准平面。

（1）在功能区中切换到“模型”选项卡，从“基准”组中单击“基准平面”按钮，打开“基准平面”对话框。

（2）选择 TOP 基准平面作为偏移参考，在“平移”框中输入“M * Q/2”，按〈Enter〉键，系统出现一个询问“是否要添加 M * Q/2 作为特征关系”的对话栏，如图 8-61 所示，接着单击“是”按钮。

（3）在“基准平面”对话框中单击“确定”按钮，创建的基准平面 DTM1 如图 8-62 所示。

步骤 5：创建基准轴。

（1）单击“基准轴”按钮，打开“基准轴”对话框。

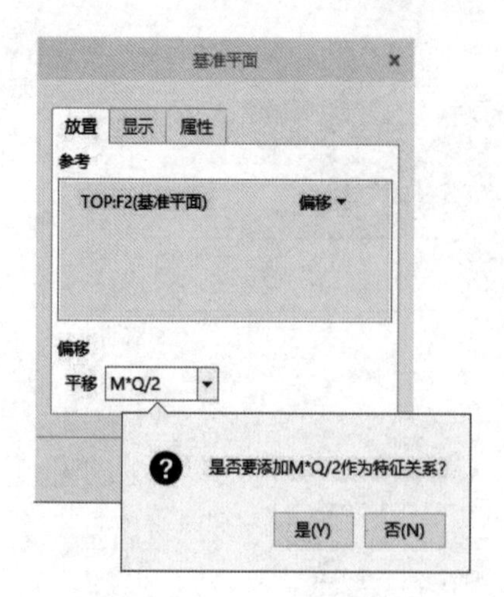

图 8-61　定义偏移关系

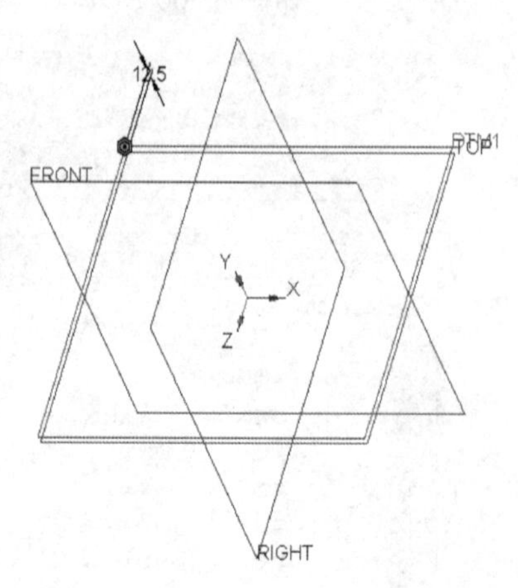

图 8-62　创建基准平面 DTM2

（2）选择 TOP 基准平面，再按住〈Ctrl〉键增加选择 RIGHT 基准平面作为参考，并切换到“属性”选项卡，在“名称”文本框中输入“WORM_GEAR”，如图 8-63 所示。

（3）在“基准轴”对话框中单击“确定”按钮，在 TOP 基准平面和 RIGHT 基准平面相交处创建了基准轴 WORM_GEAR。

（4）用同样的方法，在 DTM1 基准平面和 RIGHT 基准平面的相交处创建基准轴 A_1，如图 8-64 所示。

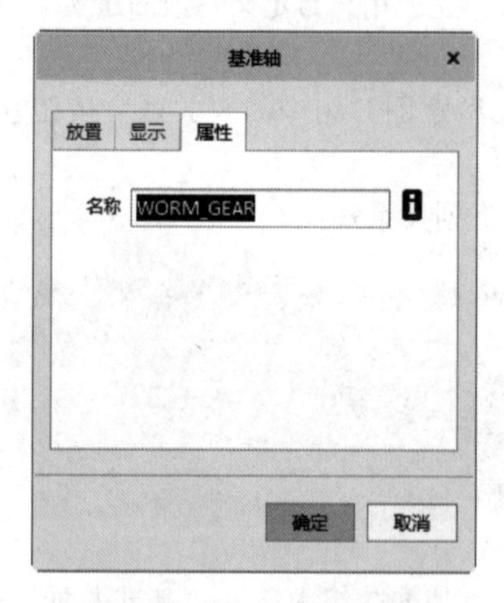

图 8-63　输入基准轴的名称

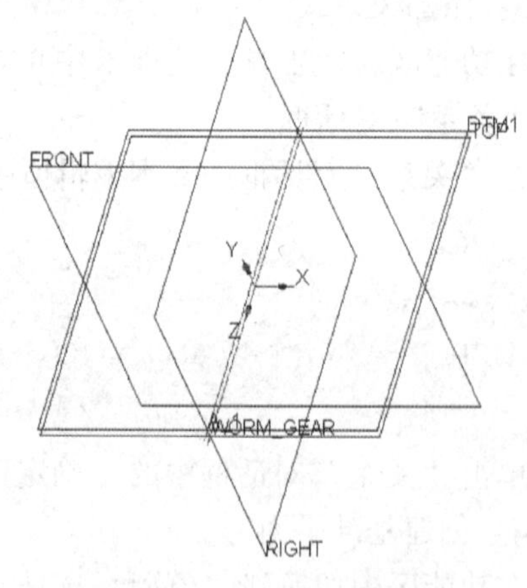

图 8-64　完成两根基准轴

步骤 6：创建基准坐标系 CS0。

（1）单击“坐标系”按钮，打开“坐标系”对话框。

（2）选择 DTM1 基准平面，接着按住〈Ctrl〉键选择 RIGHT 基准平面和 FRONT 基准平面，此时如图 8-65 所示。

（3）在“坐标系”对话框上单击“确定”按钮，创建的基准坐标系 CS0。

步骤 7：绕轴 A_1 旋转而复制出一个坐标系。

（1）在图形窗口或在模型树中选择 CS0 坐标系，按〈Ctrl+C〉快捷键或者单击“复制”

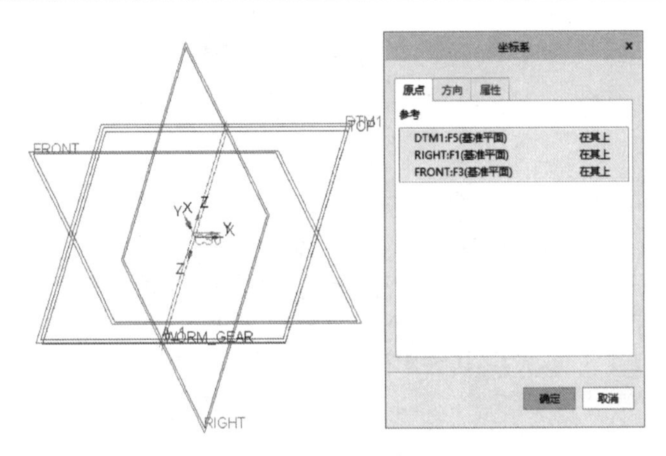

图 8-65 选择参考

按钮。

（2）在“操作”组中单击“选择性粘贴”按钮，打开“选择性粘贴”对话框，从中勾选“制作有改变选项的完全从属的副本”复选框和“对副本应用移动/旋转变换”复选框，如图 8-66 所示，单击“确定”按钮，则功能区打开“移动（复制）”选项卡。

（3）在“移动（复制）”选项卡中单击“相对选定参考旋转特征”按钮，在图形窗口或模型树中选择 A_1 基准轴，接受默认的旋转角度为 0 或随便输入一个较小的角度值，单击“确定”按钮，移动复制结果如图 8-67 所示。

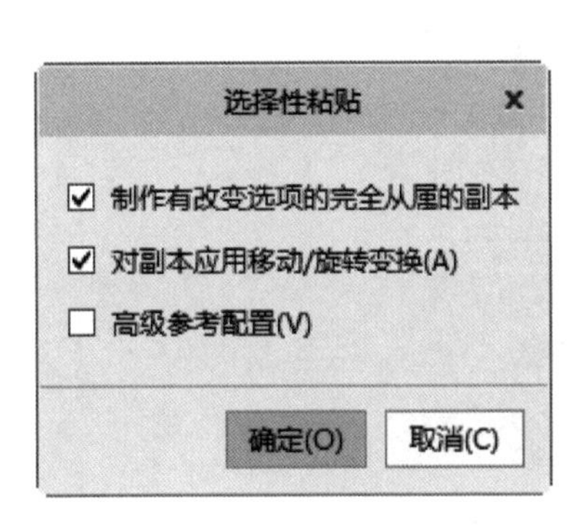

图 8-66 “选择性粘贴”对话框

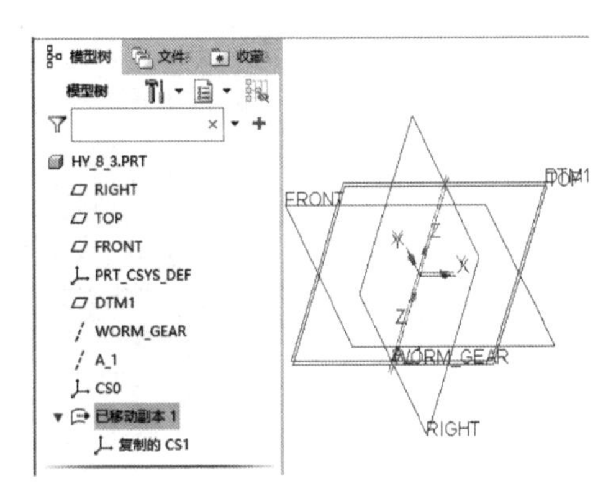

图 8-67 移动复制的结果

（4）在功能区的“模型”选项卡中单击“模型意图”→“关系”按钮d=，弹出“关系”对话框，在模型树或图形窗口中单击“复制的 CS1”坐标系以显示其旋转角度尺寸代号 d1，在“关系”对话框的文本编辑框中已有关系式的末尾处中增加输入一行关系式“d1=360/(4*Z2)-180*TAN(ALPHA_T)/PI+ALPHA_T”，如图 8-68 所示，然后单击“确定”按钮，从而定义好 CS1 坐标系相对于指定参考的旋转轴。

步骤 8：草绘曲线。

（1）单击“草绘”按钮，弹出“草绘”对话框。

（2）选择 FRONT 基准平面作为草绘平面，以 RIGHT 基准平面作为“右”方向参考，单击“草绘”按钮。

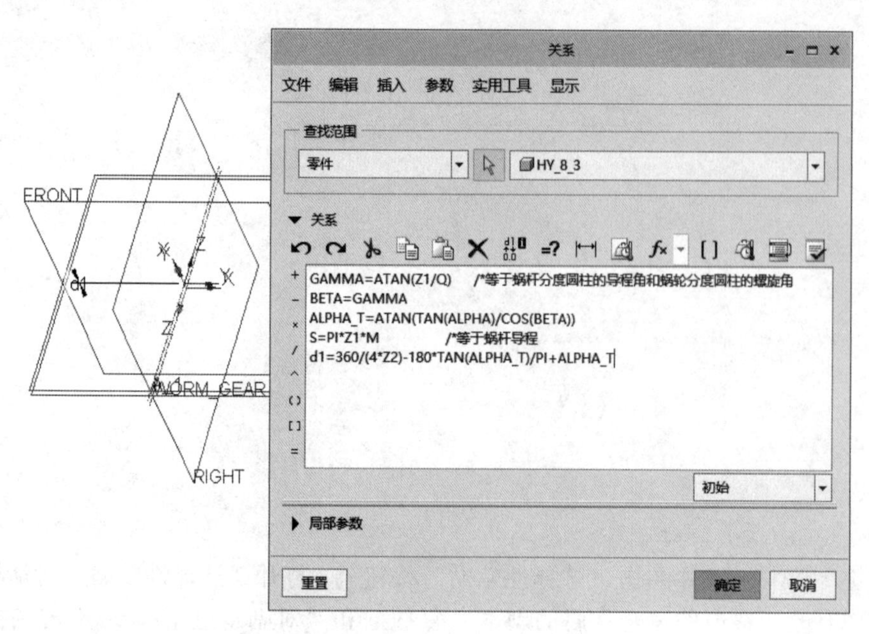

图 8-68 输入关系式

（3）单击“参考”按钮，利用弹出来的“参考”对话框指定相应的绘图参考，关闭“参考”对话框后分别绘制同圆心的 4 个圆，如图 8-69 所示，不必直接修改其尺寸。

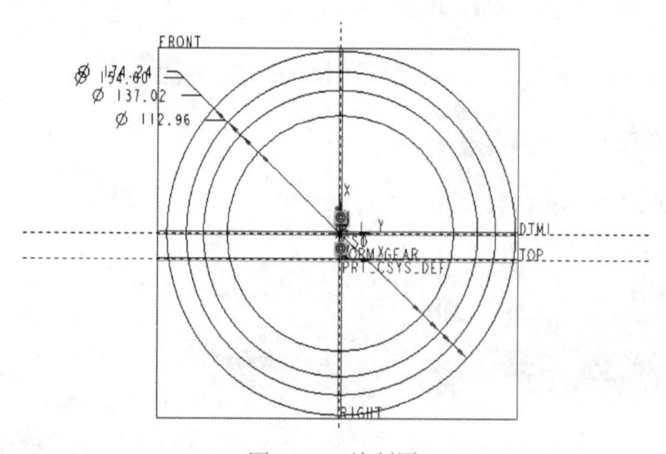

图 8-69 绘制圆

（4）在功能区中切换至“工具”选项卡，从“模型意图”组中单击“关系”按钮 d=，打开“关系”对话框。此时草绘截面的各尺寸以变量符号显示，在对话框中输入如下关系式：

```
sd1=M*Z2                    /*蜗轮分度圆直径
sd0=M*Z2+2*M                /*蜗轮齿顶圆直径
sd2=M*Z2*COS(ALPHA_T)       /*蜗轮基圆直径
sd3=M*Z2-2.4*M              /*蜗轮齿根圆直径
DB=sd2
```

如图 8-70 所示，在“关系”对话框上单击“确定”按钮。系统自动计算齿顶圆、分度圆、齿根圆、基圆这 4 个圆的直径尺寸。

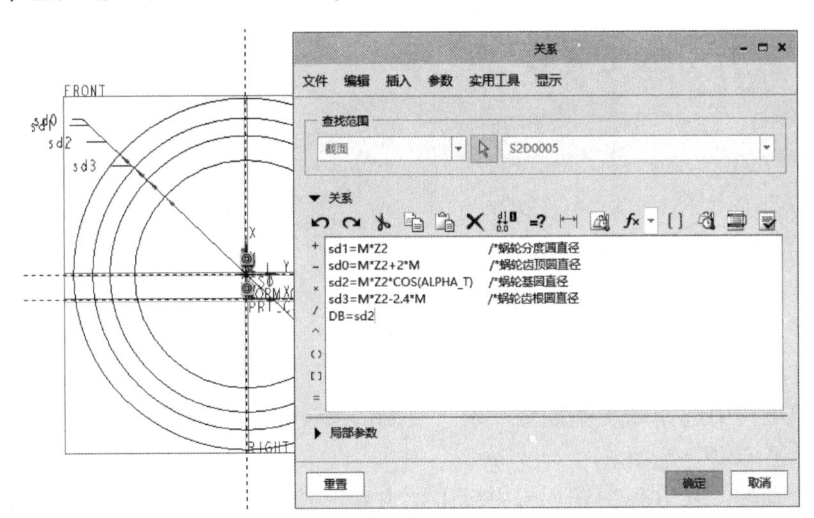

图 8-70 定义关系式

(5) 在功能区中切换至“草绘”选项卡，单击“确定”按钮✔。

步骤 9：创建渐开线。

(1) 在功能区“模型”选项卡的“基准”组溢出列表中打开“曲线”级联列表，接着选择“来自方程的曲线”命令，打开“曲线：从方程”选项卡。

(2) 在模型树中选择 CS1 基准坐标系（复制的 CS1），并在“曲线：从方程”选项卡的“坐标类型”下拉列表框中选择“笛卡尔”选项。

(3) 在“曲线：从方程”选项卡中单击“方程”按钮，弹出“方程”编辑窗口。

(4) 在“方程”编辑窗口中输入下列函数方程：

```
r=DB/2                                        /*等于蜗轮基圆直径
theta=t*45                                    /*角度从0到45度
x=r*cos(theta)+r*sin(theta)*theta*pi/180
y=r*sin(theta)-r*cos(theta)*theta*pi/180
z=m*q/2
```

(5) 在“方程”编辑窗口中单击“确定”按钮。

(6) 在“曲线：从方程”选项卡中单击“确定”按钮✔，创建图 8-71 所示的渐开线。

步骤 10：镜像渐开线。

(1) 选择渐开线，单击“镜像”按钮▯▯，打开“镜像”选项卡。

(2) 选择 RIGHT 基准平面作为镜像平面。

(3) 单击“镜像”选项卡的“确定”按钮✔。

步骤 11：创建 FRONT 另一侧的渐开线。

(1) 在功能区“模型”选项卡的“基准”组溢出列表中打开“曲线”级联列表，接着

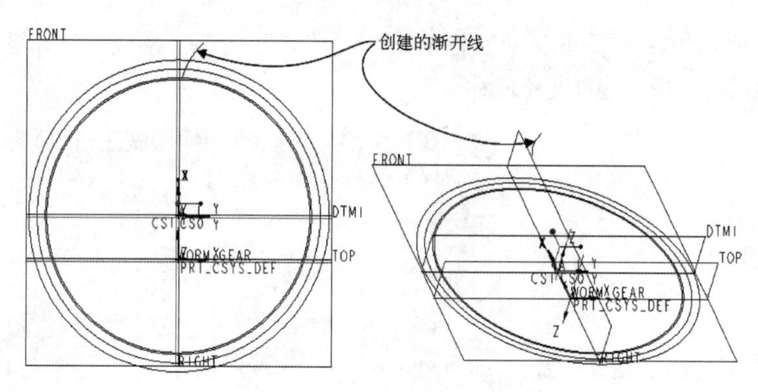

图 8-71　完成一条渐开线

选择“来自方程的曲线”命令，打开“曲线：从方程”选项卡。

（2）在模型树中选择 CS1 基准坐标系（复制的 CS1），接着在“曲线：从方程”下拉列表框中选择“笛卡尔”选项。

（3）在“曲线：从方程”选项卡中单击“方程”按钮，弹出“方程”编辑窗口。

（4）在“方程”编辑窗口中输入下列函数方程：

```
r=DB/2                                  /*等于蜗轮基圆直径
theta=t*45                              /*角度从 0 到 45 度
x=r*cos(theta)+r*sin(theta)*theta*pi/180
y=r*sin(theta)-r*cos(theta)*theta*pi/180
z=-m*q/2
```

（5）在“方程”编辑窗口中单击“确定”按钮。

（6）在“曲线：从方程”选项卡单击“确定”按钮✔，创建图 8-72 所示的渐开线。

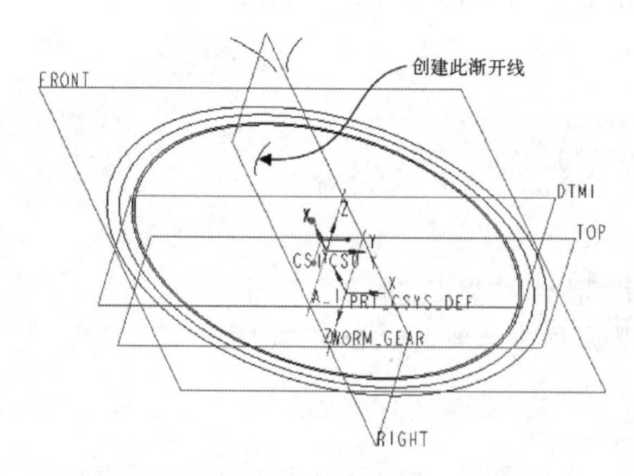

图 8-72　创建渐开线

步骤 12：镜像渐开线。

（1）确保选中上步骤所创建的渐开线，单击“镜像”按钮▯▯，打开“镜像”选项卡。

（2）选择 RIGHT 基准平面作为镜像平面。

（3）单击“镜像”选项卡的“确定”按钮✔。

步骤 13：旋转复制渐开线。

（1）结合〈Ctrl〉键在模型树上选择图 8-73 所示的两个特征，也可以在模型窗口中选择对应的渐开线曲线。

（2）单击“复制”按钮，接着单击“选择性粘贴”按钮，打开“选择性粘贴”对话框，如图 8-74 所示，从中勾选“对副本应用移动/旋转变换”复选框，然后单击“确定”按钮。

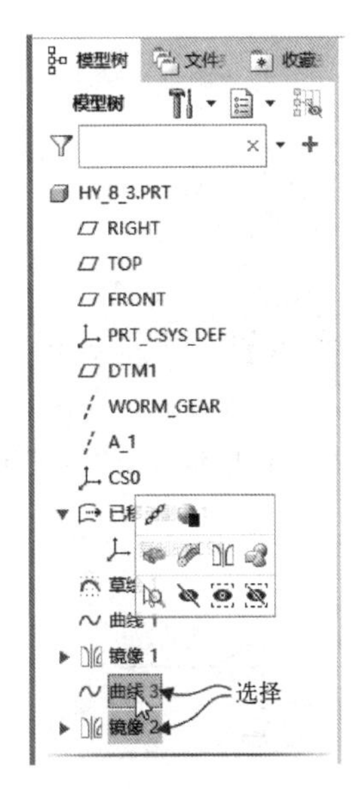

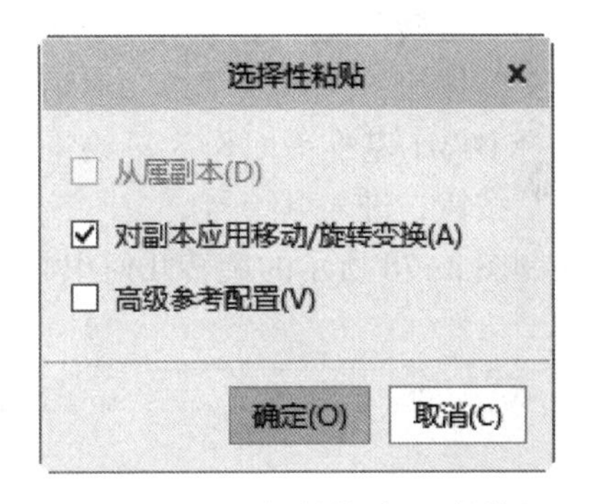

图 8-73 选择要旋转复制的特征　　图 8-74 “选择性粘贴”对话框

（3）在打开“移动（复制）”选项卡中单击“相对选定参考旋转特征”按钮，选择 A_1 基准轴，接着输入旋转角度为-ASIN(M＊Q＊TAN(BETA)/DB)，如图 8-75 所示，按〈Enter〉键确认输入。

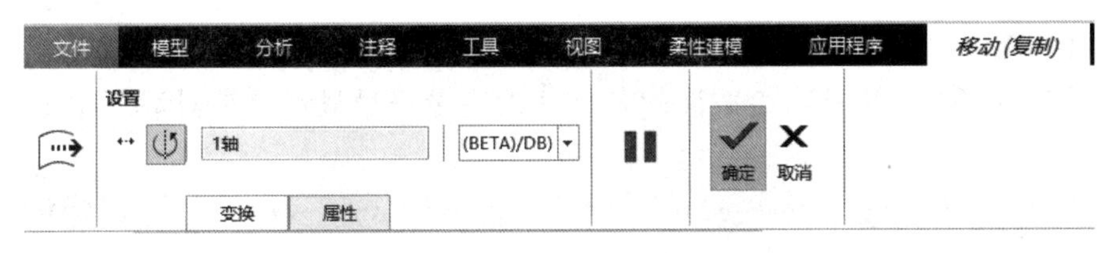

图 8-75 指定旋转变换的参考与参数

（4）单击“确定”按钮✔。

步骤 14：隐藏不需要的渐开线。

（1）在模型窗口中，选择图 8-76 所示的两条渐开线（在选择其中一条渐开线后，需要按住〈Ctrl〉键选择第二条渐开线）。

（2）从出现的浮动工具栏中单击“隐藏”按钮，如图 8-77 所示。

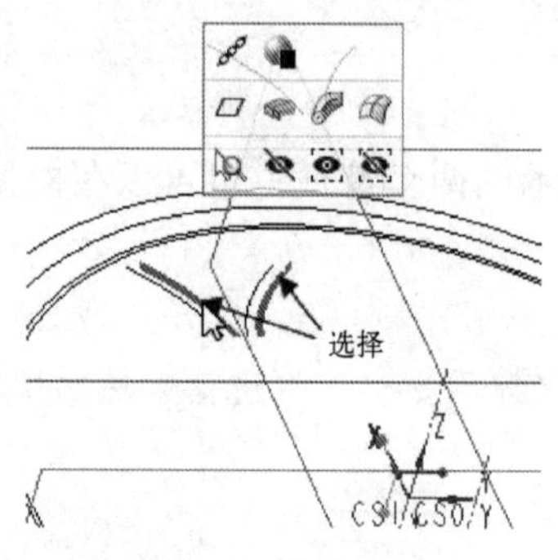

图 8-76　选择两条渐开线

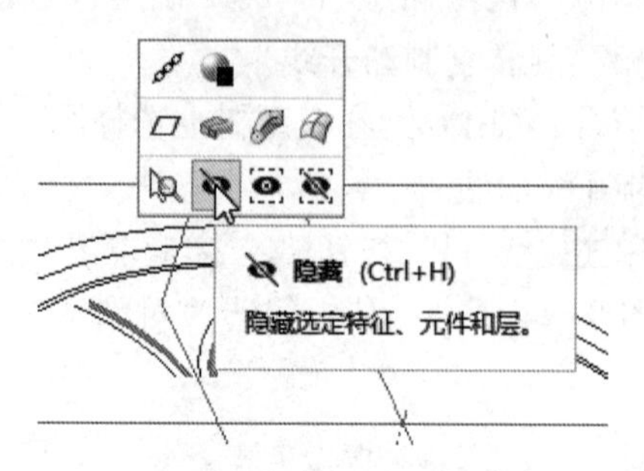

图 8-77　单击“隐藏”图标/按钮

步骤 15：创建旋转曲面。

（1）单击“旋转”按钮，打开“旋转”选项卡。

（2）在“旋转”选项卡中单击“曲面”按钮。

（3）单击“旋转”选项卡中的“放置”按钮，打开“放置”下滑面板。单击该下滑面板上的“定义”按钮，弹出“草绘”对话框。

（4）选择 DTM1 基准平面作为草绘平面，默认以 RIGHT 基准平面为“右”方向参考，单击“草绘”按钮，进入草绘器。

（5）绘制图 8-78 所示的旋转几何中心线和旋转剖面。

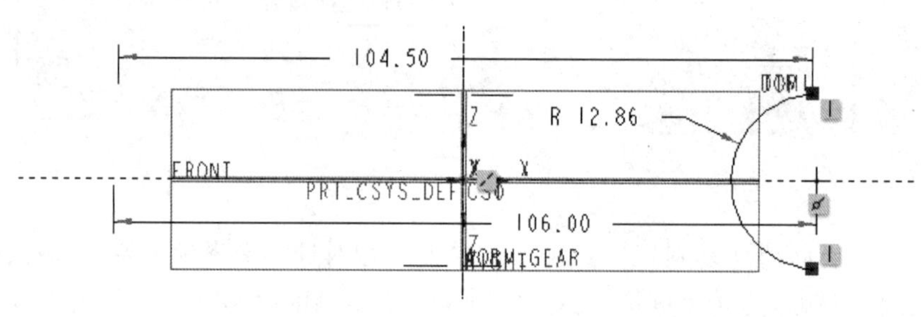

图 8-78　绘制草图

（6）在功能区中切换至“工具”选项卡，从“模型意图”组中单击“关系”按钮 d=，打开“关系”对话框。此时草绘截面的各尺寸以变量符号显示，在对话框中输入如下关系式：

```
A_MID=M*(Q+Z2+2*X2)/2          /*中心矩
sd0=2*A_MID
sd1=M*Q/2
sd2=sd0-0.5
```

在“关系”对话框中单击“确定”按钮，如图 8-79 所示。

（7）此时，剖面的尺寸由关系式驱动，驱动结果如图 8-80 所示，在功能区的“草绘”选项卡中单击“确定”按钮✔。

（8）接受默认的旋转角度为 360°，单击“旋转”选项卡中的“确定”按钮✔，创建的旋转曲面如图 8-81 所示。

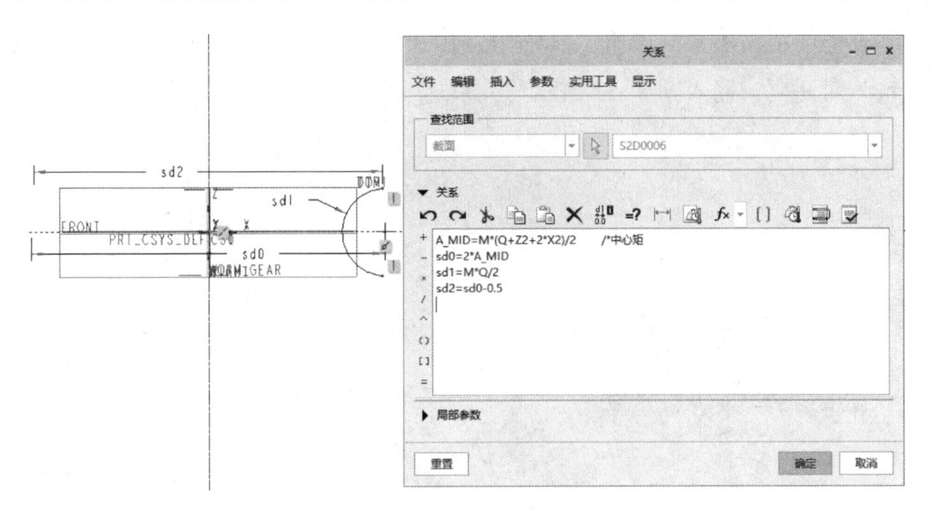

图 8-79 输入关系式

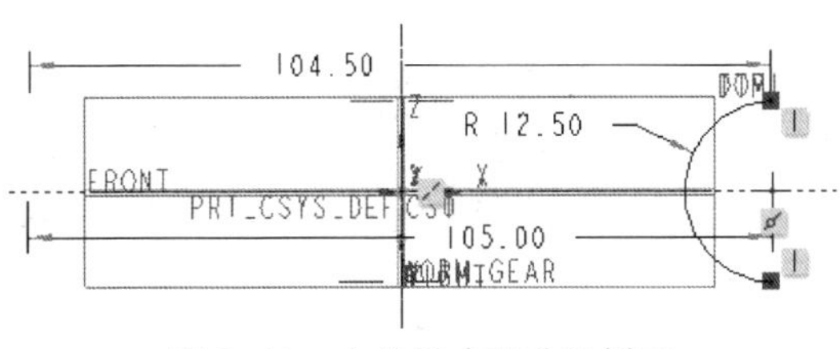

图 8-80 由关系式驱动的剖面

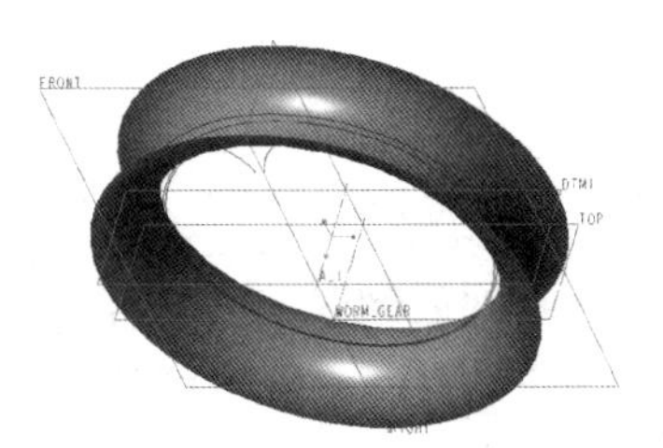

图 8-81 创建的旋转曲面

步骤 16：创建投影曲线。

（1）从功能区“模型”选项卡的“编辑”组中单击“投影”按钮，打开“投影曲线”选项卡。

（2）进入图 8-82 所示的“参考”下滑面板，从下拉列表框中选择“投影草绘”选项，接着单击“定义”按钮，弹出“草绘”对话框。

（3）选择 DTM1 基准平面作为草绘平面，以 RIGHT 基准平面作为“右”方向参考，单击“草绘”按钮，进入草绘模式中。

（4）绘制图 8-83 所示的剖面。

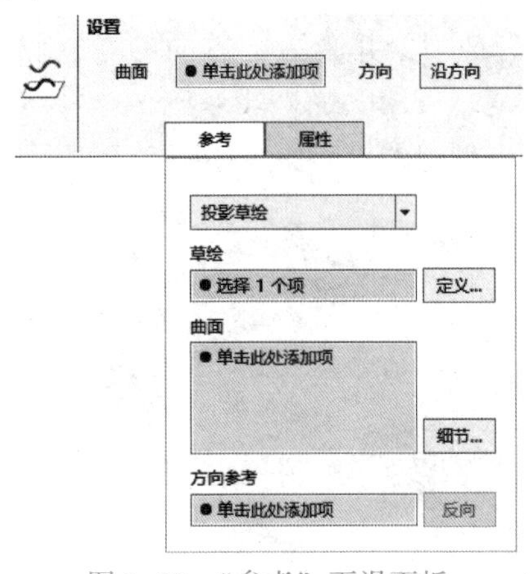

图 8-82 “参考”下滑面板

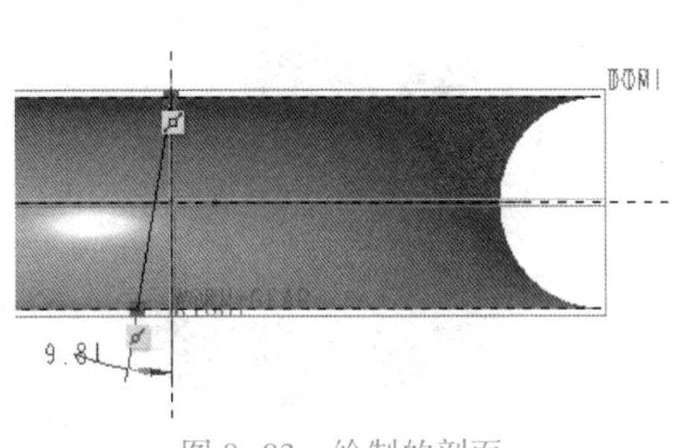

图 8-83 绘制的剖面

（5）从功能区中切换至“工具”选项卡，从“模型意图”组中单击“关系”按钮d=，打开“关系”对话框，输入图 8-84 所示的关系式，单击“确定”按钮。

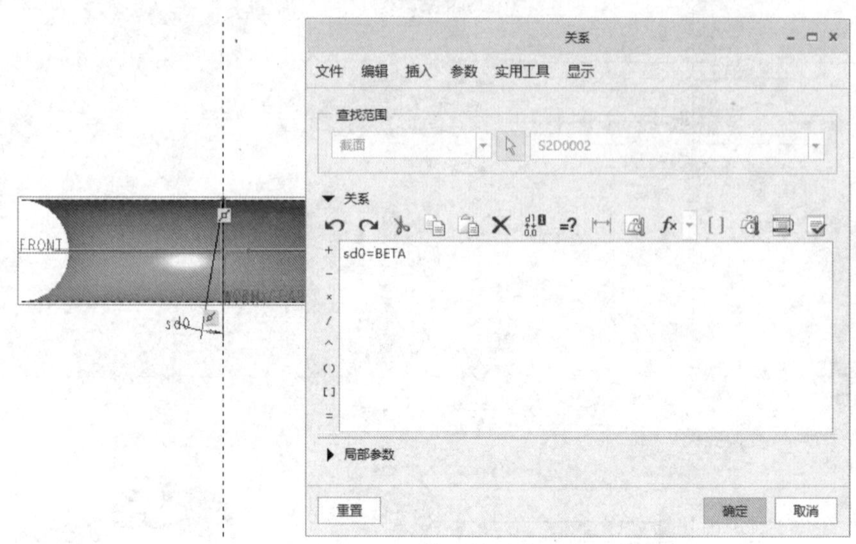

图 8-84 输入关系式

（6）此时，剖面的尺寸由关系式驱动，驱动结果如图 8-85 所示。切换回功能区的“草绘”选项卡，然后单击“确定”按钮✔。

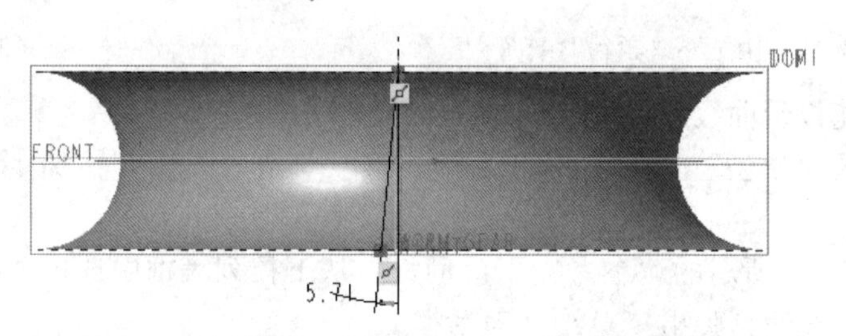

图 8-85 定义关系式后的剖面

（7）按〈Ctrl+D〉快捷键以默认的标准方向视角显示模型，选择图 8-86 所示的曲面，在该曲面上将放置投影曲线。

（8）在“投影”选项卡中接受默认的“沿方向”选项，并激活“方向参考”收集器，接着选择 DTM1 基准平面或 TOP 基准平面作为方向参考。

（9）单击“投影”选项卡中的“确定”按钮✔，创建的投影曲线如图 8-87 所示。

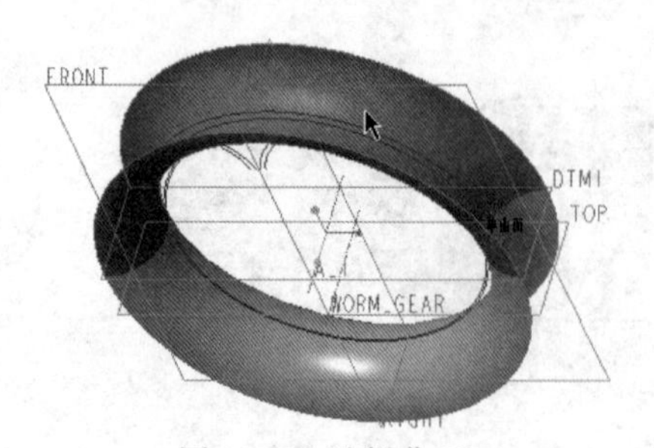

图 8-86 选择曲面

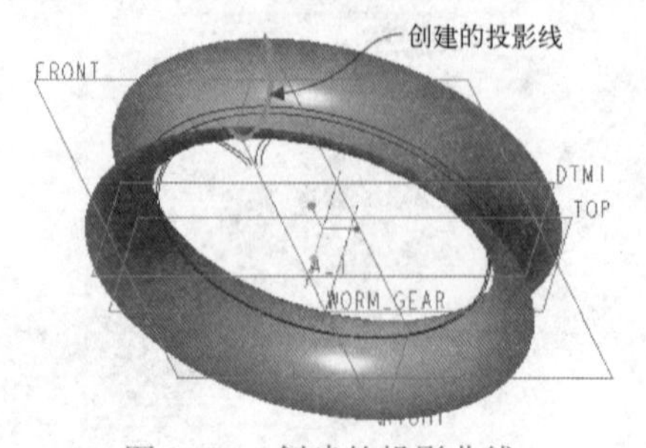

图 8-87 创建的投影曲线

步骤 17：创建旋转实体特征。

（1）单击“旋转”按钮，打开“旋转”选项卡，默认选中“实心”按钮。

（2）单击“旋转”选项卡中的“放置”按钮，打开“放置”下滑面板。单击该下滑面板上的“定义”按钮，弹出“草绘”对话框。

（3）选择 TOP 基准平面作为草绘平面，默认以 RIGHT 基准平面为“右”方向参考，单击“草绘”按钮，进入草绘器中。

（4）绘制图 8-88 所示的旋转几何中心线和旋转剖面，其中绘制的第一条几何中心线为竖直的中心线，它将作为旋转特征的旋转中心轴线。

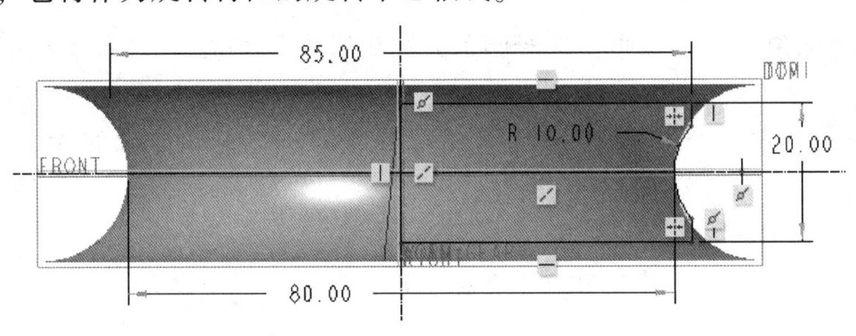

图 8-88　绘制几何中心线和剖面

（5）在功能区中切换至“工具”选项卡，接着从“模型意图”组中单击“关系”按钮 d=，打开“关系”对话框。输入图 8-89 所示的关系式，注意关系式中的相关符号和模型中显示的尺寸参数符号相一致，单击“确定”按钮。

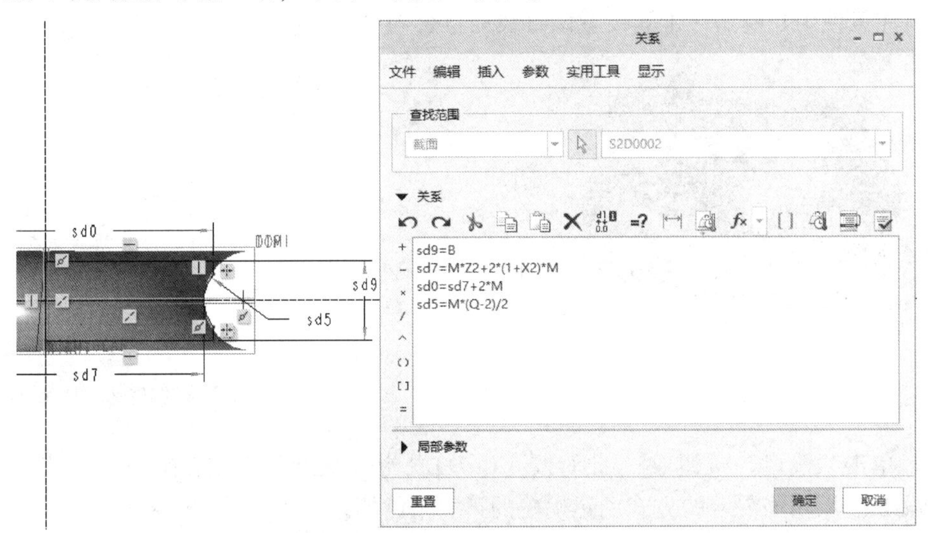

图 8-89　输入关系式

（6）此时，剖面的尺寸由关系式驱动，驱动结果如图 8-90 所示。切换至功能区的“草绘”选项卡，单击“确定”按钮✔。

（7）接受默认的旋转角度为 360°，单击“旋转”选项卡中的“确定”按钮✔。

步骤 18：边倒角。

（1）单击“边倒角”按钮，打开“边倒角”选项卡。

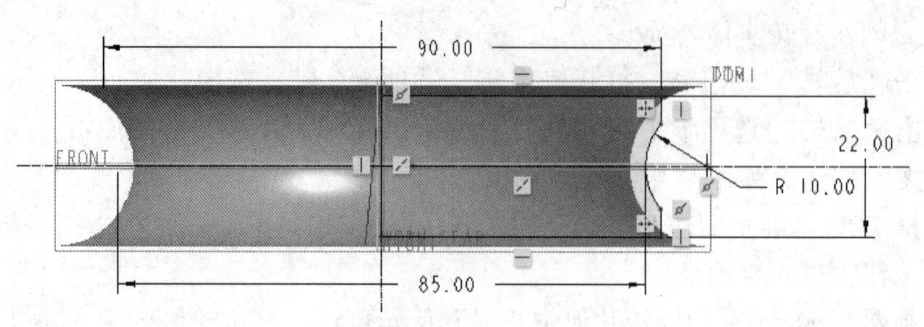

图 8-90　得到的旋转剖面

（2）在“边倒角”选项卡中，选择倒角的标注形式为 45×D，并输入 D 值为 2.5。

说明　也可以将 D 值设置等于 M（模数），即在 D 框中输入 M，按〈Enter〉键确认。

（3）选择图 8-91 所示的边参考。

（4）单击“边倒角”选项卡中的“确定”按钮✔。

步骤 19：草绘曲线。

（1）单击“草绘”按钮，弹出“草绘”对话框。

（2）选择 RIGHT 基准平面作为草绘平面，以 TOP 基准平面作为“左”方向参考，单击“草绘”按钮。

（3）单击“参考”按钮，指定相应的绘图参考。接着绘制图 8-92 所示的一根直线段，也可注意使用几何约束工具设置该直线的重合约束条件。

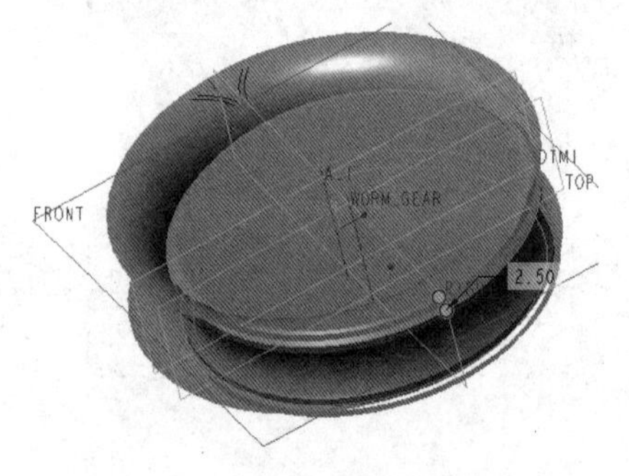

图 8-91　倒角操作

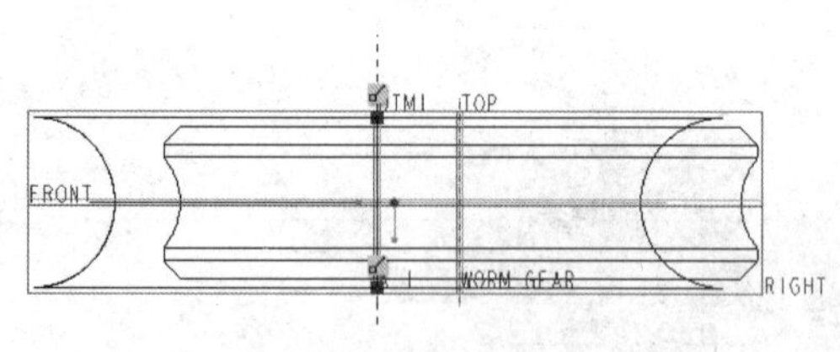

图 8-92　绘制直线段

（4）单击“确定”按钮✔。此时按〈Ctrl+D〉快捷键自动调整模型视角。

步骤 20：以扫描混合的方式创建蜗轮的第一个齿槽。

（1）在“形状”组中单击“扫描混合”按钮，打开“扫描混合”选项卡。

（2）在“扫描混合”选项卡中单击“实心”按钮和“移除材料”按钮。

（3）选择先前创建的投影曲线，按住〈Ctrl〉键选择上步骤（步骤 19）所创建的直线，如图 8-93 所示。所选的第一条曲线是原点轨迹。

（4）打开“参考”下滑面板，在“轨迹”收集器中将“次要”轨迹设置为法向轨迹，即勾选其对应的 N 复选框，如图 8-94 所示。从“截平面控制”下拉列表框中选择“垂直于轨迹”选项，从“水平/垂直控制”下拉列表框中选择“自动”选项，“起点的 X 方向参考”选项为“默认”选项。

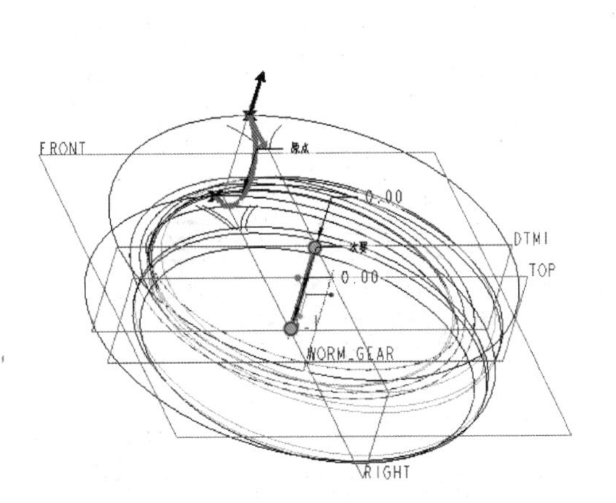

图 8-93 选择作为轨迹的曲线

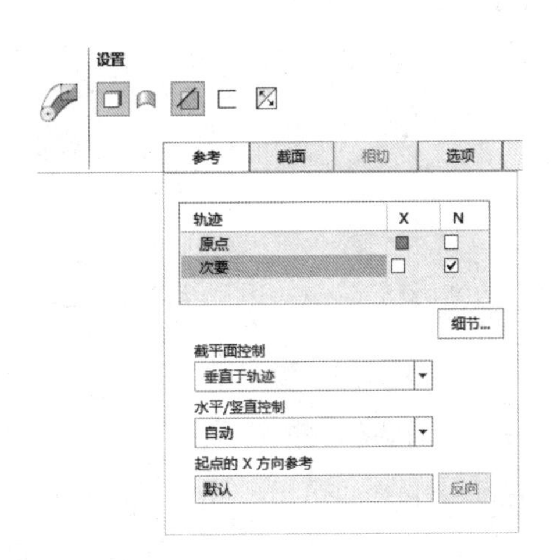

图 8-94 定义参考

(5) 打开“截面”下滑面板，选择“草绘截面”单选按钮，在“截面”列表框中选择“截面 1”，默认开始截面位置的截面旋转角度为 0，如图 8-95 所示。

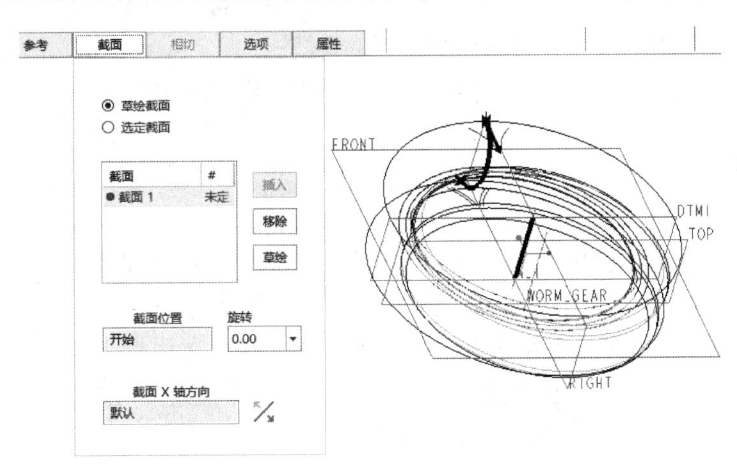

图 8-95 “截面”下滑面板

(6) 在“截面”下滑面板中单击“草绘”按钮，绘制图 8-96 所示的截面 1，单击“确定”按钮✔。

(7) 在“截面”下滑面板中单击“插入”按钮以插入截面 2，在“截面”列表框中选择“截面 2”，单击“草绘”按钮，进入草绘模式。绘制第二个截面（结束截面），如图 8-97所示，单击“确定”按钮✔。

说明 两个截面中的起始点及其箭头方向应该相对应，若起始点不相符，则需要先选择欲作为起始点的曲线点，然后从功能区的“草绘”选项卡中选择“设置”→“特征工具”→“起点”命令。

(8) 单击“扫描混合”选项卡中的“确定”按钮✔，完成一个齿槽的创建，结果如

图 8-98 所示。

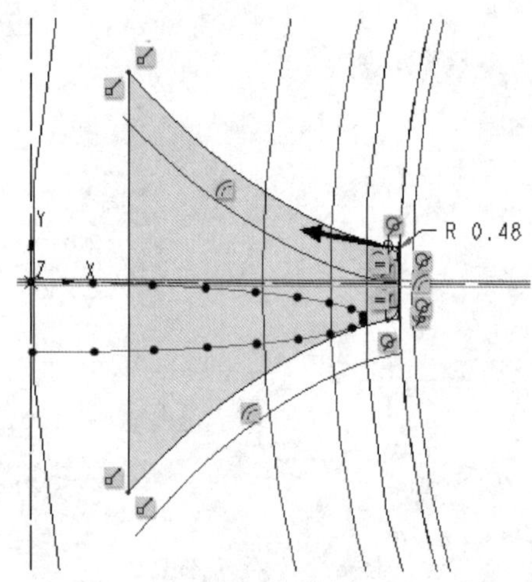

图 8-96　绘制截面 1

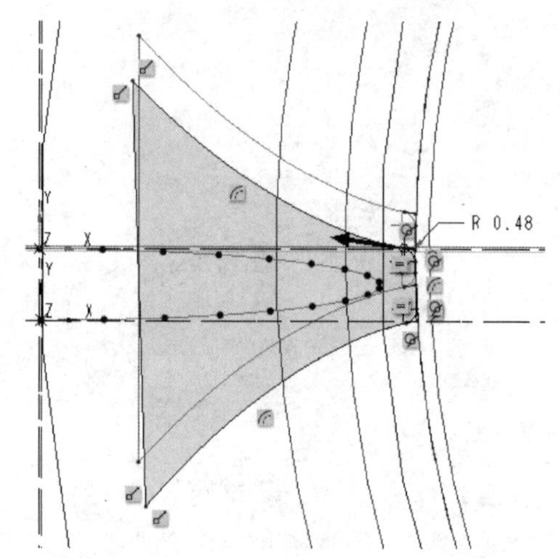

图 8-97　绘制截面 2

步骤 21：建立图层来管理曲面和曲线。

（1）在导航区的模型树上方单击“显示”按钮，接着从其下拉菜单中选择“层树”命令，从而使导航区切换至层树显示状态。

（2）在层树的上方单击“层”按钮，从下拉菜单中选择“新建层”命令。

（3）在弹出的“层属性”对话框上输入名称为 TEMP，选择模型中的所有曲线（包括渐开线等）以及旋转曲面作为该图层的项目。

（4）在“层属性”对话框上单击“确定”按钮。

（5）在层树上右击 TEMP 图层，从出现的快捷菜单中选择“隐藏”命令。

（6）在“图层”工具栏中单击“重画”按钮，或者按〈Ctrl+R〉快捷键。

（7）此时可以通过右键菜单选择“保存状况”，然后在层树上方单击“显示”按钮，选择“模型树”命令，从而使导航区返回到模型树的显示状态。

此时可以在图形窗口中看到模型效果如图 8-99 所示。

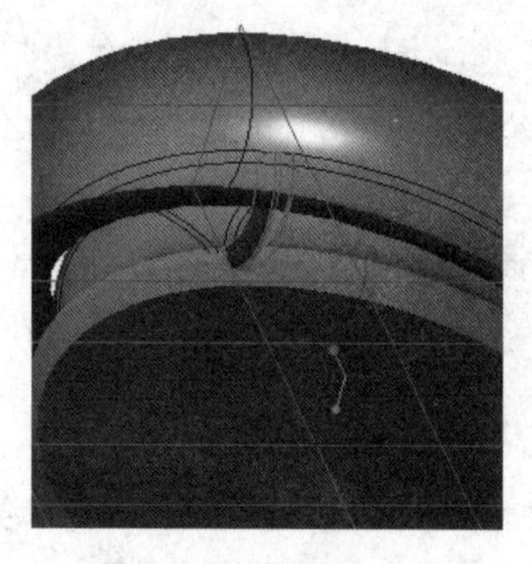
图 8-98　建造一个齿槽

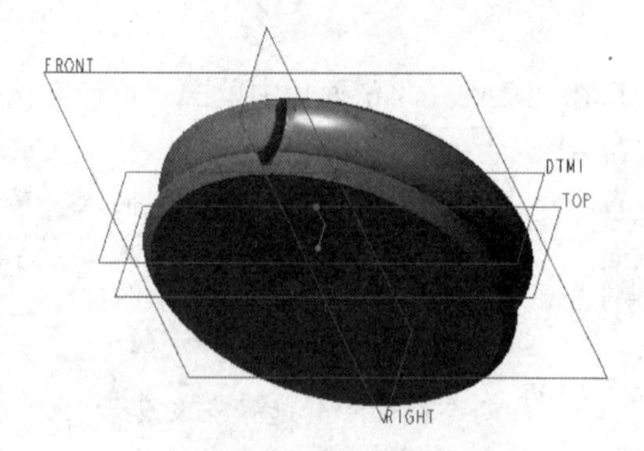

图 8-99　模型效果

步骤 22：以阵列的方式生成所有齿槽。

（1）选定创建的第一个齿槽（即“扫描混合 1”特征），单击“阵列”按钮/，打开“阵列”选项卡。

（2）在“阵列”选项卡的阵列类型列表框中选择“轴”选项，在模型中选择 WORM_GEAR 基准轴，接着单击“阵列角度范围”按钮来设置阵列的角度范围为 360°，输入第一方向的阵列成员数为 33，此时“阵列”选项卡和模型如图 8-100 所示。

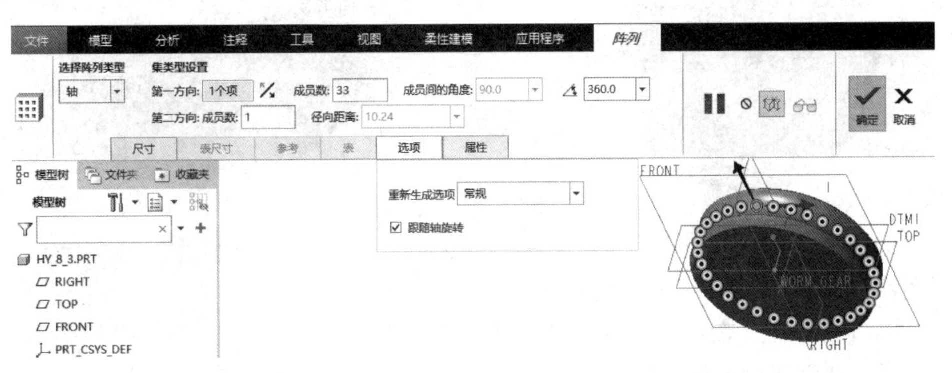

图 8-100　阵列选项卡和模型显示

（3）单击“阵列”选项卡中的“确定”按钮，阵列结果如图 8-101 所示。

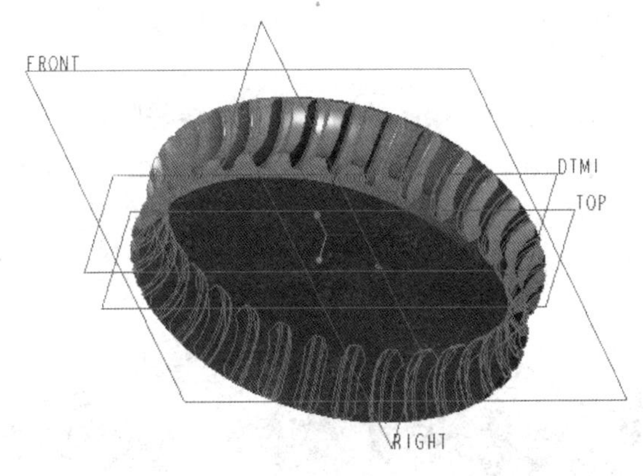

图 8-101　阵列结果

步骤 23：创建拉伸特征。

（1）单击“拉伸”按钮，打开“拉伸”选项卡，默认选中“实心”按钮。

（2）在“拉伸”选项卡中单击“放置”按钮，打开“放置”下滑面板，然后单击该面板中的“定义”按钮。弹出“草绘”对话框，选择 FRONT 基准平面作为草绘平面，其他设置默认，单击“草绘”按钮，进入草绘器中。

（3）绘制图 8-102 所示的拉伸剖面。单击“确定”按钮，完成草绘并退出草绘器。

（4）在“拉伸”选项卡中确保取消选中“移除材料”按钮，设置深度类型选项为（对称），接着输入要拉伸的深度值为 30。

（5）在“拉伸”选项卡中单击“确定”按钮。在键盘上按〈Ctrl+D〉快捷键，以默认的标准方向显示模型，如图 8-103 所示。

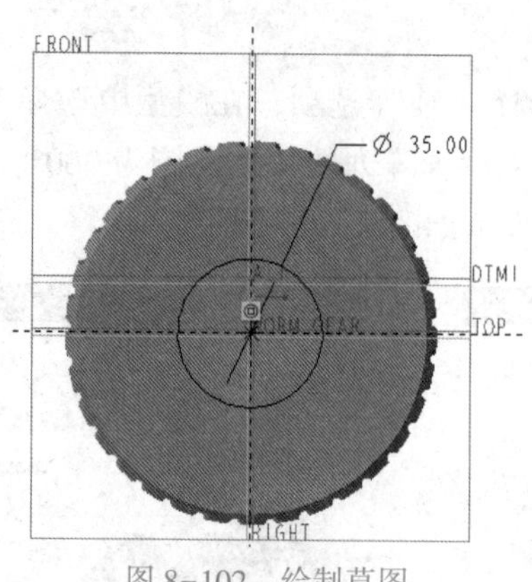

图 8-102　绘制草图

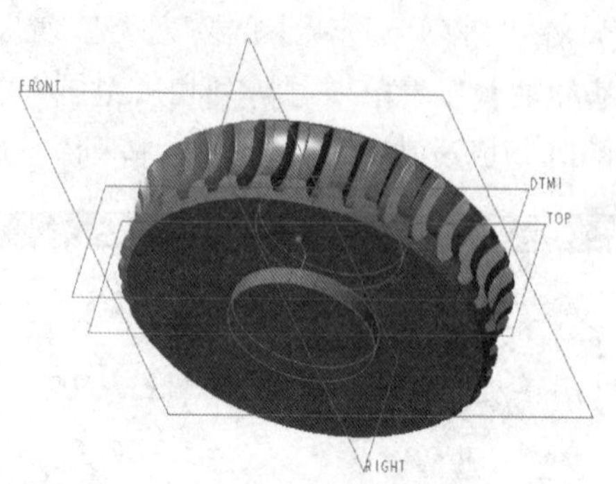

图 8-103　模型效果

步骤 24：以旋转的方式切除材料。

（1）单击“旋转”按钮，打开“旋转”选项卡。

（2）指定要创建的模型特征为“实心”，并单击“移除材料”按钮。

（3）单击“旋转”选项卡中的“放置”按钮，打开“放置”下滑面板，接着单击该下滑面板上的“定义”按钮，弹出“草绘”对话框。

（4）选择 RIGHT 基准平面，默认以 TOP 基准平面为“左”方向参考，单击“草绘”按钮，进入草绘模式。

（5）绘制图 8-104 所示的剖面，绘制的第一条中心线是竖直的几何中心线（使用“基准”组中的“中心线”按钮 来创建），它将作为旋转轴线。而第二条中心线（水平中心线）可以使用“草绘”组中的“中心线”按钮 来创建，使用“草绘”组中的“中心线”按钮 创建的是构造中心线，而非几何中心线。完成草图绘制时单击“确定”按钮。

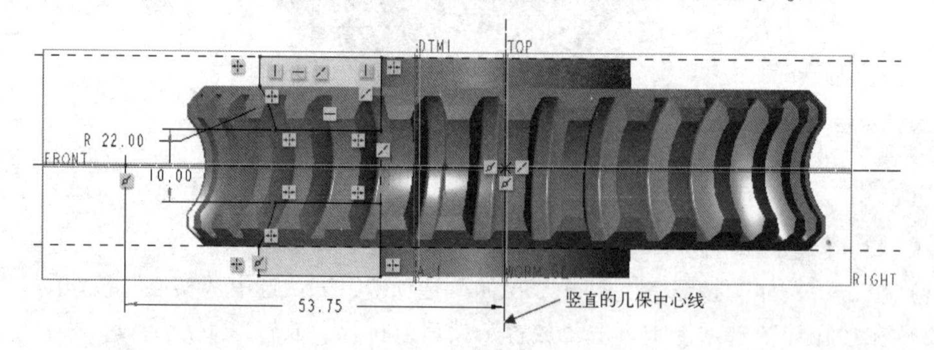

图 8-104　绘制剖面

（6）在“旋转”选项卡中接受默认的旋转角度为 360°，单击“确定”按钮，得到的模型效果如图 8-105 所示。

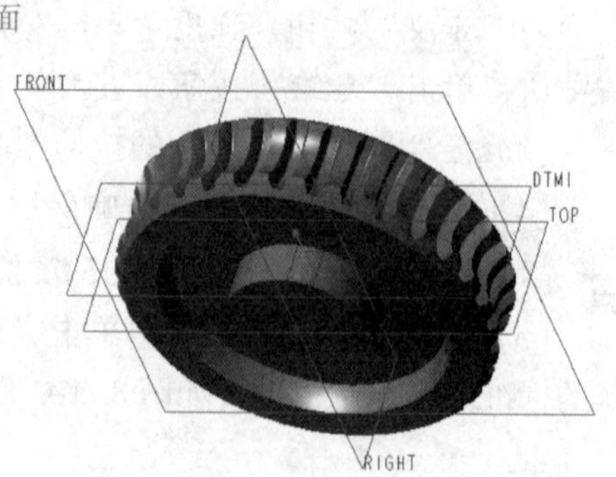

图 8-105　模型效果

步骤 25：以拉伸的方式切除材料。

（1）单击“拉伸”按钮，打开“拉伸”选项卡。

（2）指定要创建的模型特征为“实心”，并单击“移除材料”按钮。

(3) 打开“拉伸”选项卡的“放置”下滑面板，然后单击“放置”下滑面板中的“定义”按钮。弹出“草绘”对话框，选择FRONT基准平面作为草绘平面，其他设置默认，单击“草绘”按钮，进入草绘器中。

(4) 绘制图8-106所示的拉伸剖面。单击“确定”按钮，完成草绘并退出草绘器。

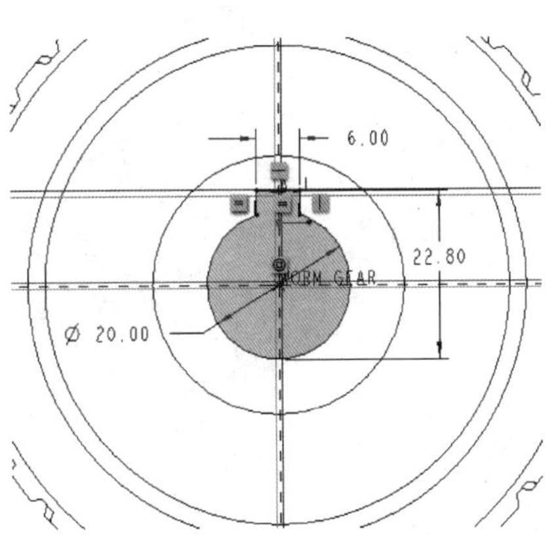

图8-106 绘制草图

(5) 在“拉伸”选项卡中单击“选项”按钮，打开“选项”下滑面板，分别从“侧1”和“侧2”下拉列表框中选择（穿透）选项。

(6) 单击“拉伸”选项卡中的“确定”按钮。

步骤26：以拉伸的方式切除材料。

(1) 单击“拉伸”按钮，打开“拉伸”选项卡。

(2) 指定要创建的模型特征为“实心”，并单击“移除材料”按钮。

(3) 打开“拉伸”选项卡的“放置”下滑面板，单击“定义”按钮。

(4) 弹出“草绘”对话框，单击“使用先前的”按钮，进入草绘器中。

(5) 绘制图8-107所示的拉伸剖面。单击“确定”按钮。

(6) 在“拉伸”选项卡中单击“选项”按钮，打开“选项”下滑面板，分别从“侧1”和“侧2”下来列表框中选择（穿透）选项。

(7) 单击“拉伸”选项卡中的“确定”按钮，得到的模型效果如图8-108所示。

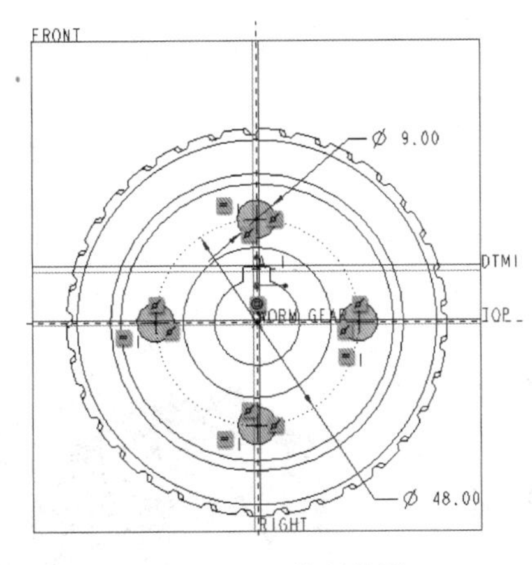

图8-107 绘制草图

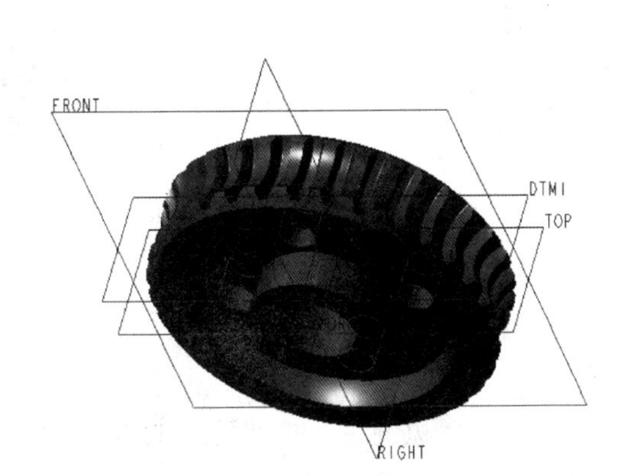

图8-108 模型效果

步骤27：创建根据拔模枢轴分割的拔模特征。

(1) 单击“拔模”按钮，打开“拔模”选项卡。

(2) 选择图8-109所示的圆柱面作为拔模曲面。

(3) 在“拔模”选项卡中激活 ● 单击此处添加项 （“拔模枢轴”收集器），选择

FRONT 基准平面作为拔模枢轴参考。

（4）在“拔模”选项卡中进入“分割”下滑面板，从“分割选项”下拉列表框中选择“根据拔模枢轴分割”选项，从“侧选项”下拉列表框中选择“独立拔模侧面”，如图 8-110所示。

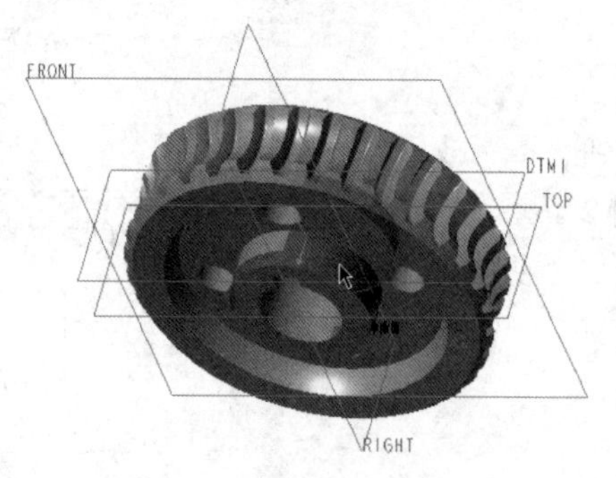

图 8-109　指定拔模曲面

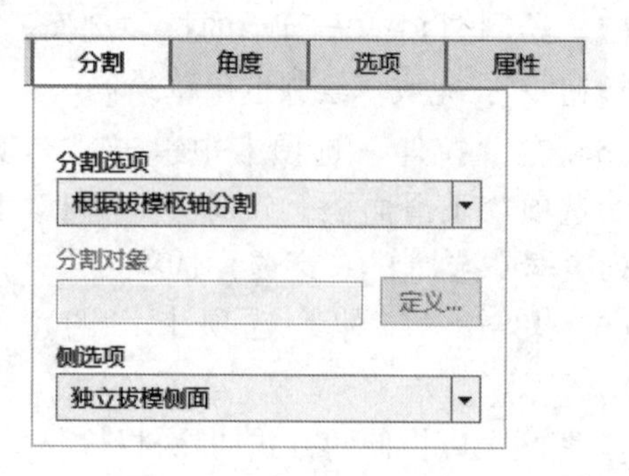

图 8-110　“分割”下滑面板

（5）拔模角度 1 设置为-5°，拔模角度 2 设置为 5°，此时模型效果如图 8-111 所示（注意：在图形窗口中显示的拔模角度均为其绝对值）。

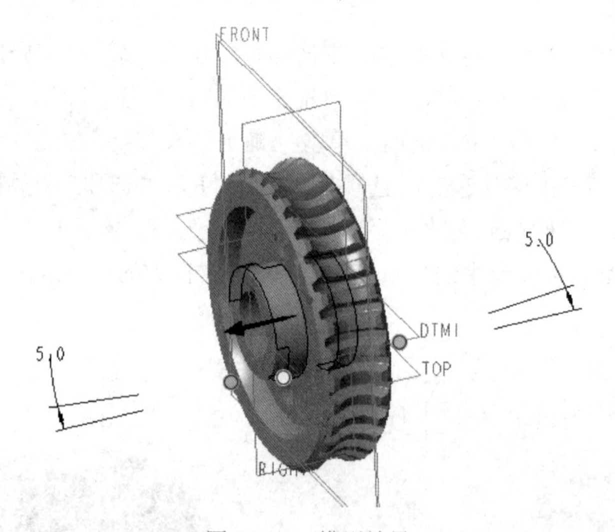

图 8-111　模型效果

（6）单击“拔模”选项卡中的“确定”按钮✔。

步骤 28：倒角操作。

（1）单击“边倒角”按钮，打开“边倒角”选项卡。

（2）在“边倒角”选项卡中，选择倒角的标注形式为 45×D，并输入 D 值为 1。

（3）结合〈Ctrl〉键选择图 8-112 所示的边参考。

（4）单击“边倒角”选项卡中的“确定”按钮✔。

步骤 29：倒圆角操作。

（1）单击“倒圆角”按钮，打开“倒圆角”选项卡。

图 8-112　选择要倒角的边参考

（2）设置当前倒圆角集的半径为2。
（3）按〈Ctrl〉键的同时依次选择图8-113所示的两处边线。
（4）单击“倒圆角”选项卡中的“确定”按钮✔。
步骤30：保存文件。
至此，完成了本蜗轮零件的设计，最终的模型效果如图8-114所示。

图8-113 选择要倒圆角的边参考

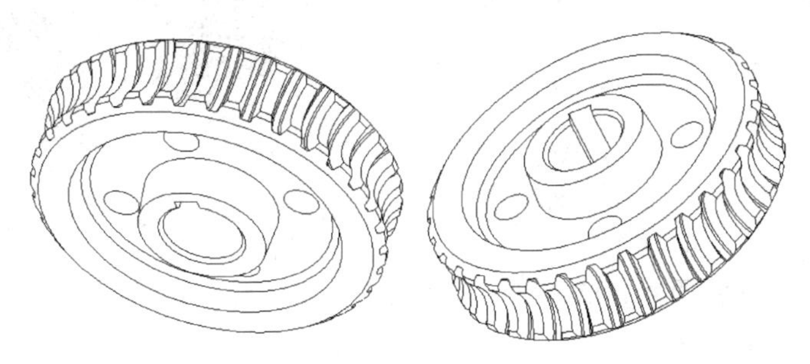
图8-114 完成的蜗轮零件

本例蜗轮分度圆柱螺旋角相对较小，即该螺旋角 $\beta=\gamma=\arctan(z_1/q)=\arctan(1/10)$，$q$ 为蜗杆直径系数，z_1 为蜗杆头数，当 z_1 一定时，q 越小则 γ 越大，其传动效率就越高。理解了这一层关系则可知：如果要获得较高的传动效率，当 z_1 一定时，可以取较小的直径系数，这也会影响到配对蜗轮的设计。

8.5 初试牛刀

设计题目1：设计一个阿基米德蜗杆，其主要参数为：模数为4mm，蜗杆头数为2，直径系数为10，蜗杆螺旋长度为120mm。该阿基米德蜗杆的三维造型如图8-115所示，一些细节尺寸由读者自行确定。

图8-115 完成的蜗杆模型

设计题目2：设计一个蜗轮，其三维造型如图8-116所示，除了齿槽（轮齿）之外，其他具体的结构（如齿圈式结构形式、螺栓联接形式、拼铸形式等）不要求进行设计；已知其主要参数为：模数为4mm，蜗轮齿数为33，压力角为20°，蜗轮宽度为40mm，变位系数为-0.5或0，其配对蜗杆的头数为2，直径系数为8。

设计题目2的附加任务：参考本章介绍的蜗轮设计方法，建立好该蜗轮造型后，打开图8-117所示的“参数”对话框，尝试修改相关参数的值，即改变蜗轮的主要设计参数的值，

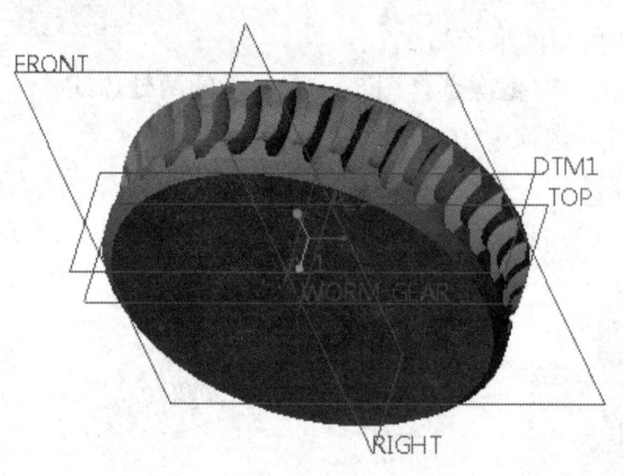

图 8-116　蜗轮造型

修改完毕并单击“参数”对话框的“确定”按钮后，单击“重新生成”按钮，观察蜗轮模型的变化。

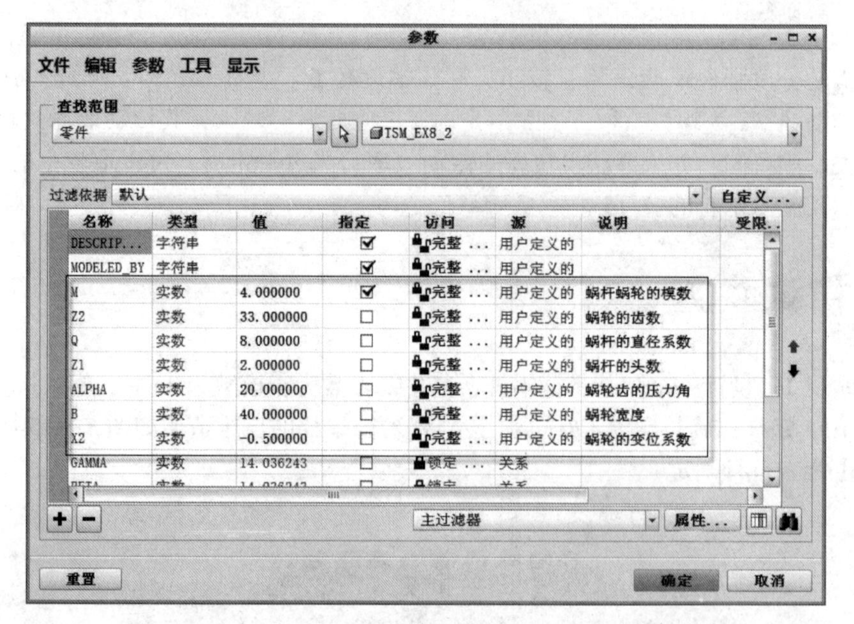

图 8-117　“参数”对话框

第9章 轴承设计

本章导读：

轴承是常见的机械零件之一，根据轴承中摩擦性质的不同，可以把轴承分为滑动摩擦轴承（简称滑动轴承）和滚动摩擦轴承（简称滚动轴承）两大类。其中，滚动轴承具有摩擦系数低、起动阻力小、已经实现标准化等优势，在一般机器中应用较广。而滑动轴承由于本身具有一些特殊的优点，故在某些特殊场合仍然占有重要地位，其在航空发动机附件、仪表、金属切削机床、内燃机、卫星通信地面站等方面应用仍很广泛。

滑动轴承的设计方法和前面介绍的盘盖类零件及叉架类零件的设计方法差不多，本章对滑动轴承的设计方法不作介绍，而重点分析滚动轴承的结构，介绍滚动轴承的设计方法及技巧等。

本章精彩范例：

- 深沟球滚动轴承
- 圆柱滚子轴承

9.1 滚动轴承结构分析

滚动轴承依靠主要元件间的滚动接触来支承转动零件，它具有传动灵活、摩擦阻力小、效率高、润滑简便及易于互换等优点，应用广泛。

滚动轴承的典型结构一般由内圈、外圈、滚动体和保持架等4部分组成，内圈装配在轴颈上，外圈用来和轴承座装配。在正常工作时，滚动体将沿着内、外圈滚道滚动，所述的滚动体可以分为球形、圆柱滚子、滚针、圆锥滚子、球面滚子、非对称球面滚子等几种。保持架的主要作用是均匀地隔开滚动体，减少相邻滚动体之间的接触磨损。保持架主要有冲压保持架和实体保持架两种，前者一般用低碳钢板冲压制成，它与滚动体之间有着较大的间隙；后者则常用铜合金、铝合金或塑料经切削加工而成，有着较好的定心作用。

滚动轴承的内、外圈及滚动体多用轴承铬钢制造，热处理后硬度一般不低于60HRC。

需要注意的是，当滚动体是圆柱滚子或者滚针时，在某些情况下，可以不设计内圈、外圈或者保持架，这时的轴颈或轴承座便起着内圈或外圈的作用。还有一些轴承需要增加一些特殊的元件，如在外圈上设计有止动环或带密封盖等结构。

按照轴承所能承受的外载荷不同，滚动轴承可以概括性地分为向心轴承、推力轴承和向心推力轴承三大类，

滚动轴承的创建方法是比较灵活的，总体上来说，可以分为两种主要的方法，即由底而上（DOWN-TOP）方法和自顶而下（TOP-DOWN）方法。前者是先设计好滚动轴承的各个元件（零件），然后将它们按照一定的关系装配起来，构成完整的滚动轴承；后者则是先新建一个组件文件，建立好必要的骨架模型，规划好各个组成元件的关系，然后在规划框架内进行各元件的结构设计。

9.2 深沟球滚动轴承实例

深沟球滚动轴承主要承受径向载荷，也可同时承受较小的轴向载荷，其当量摩擦系数较小，在高速工作时，可用来承受纯轴向载荷。深沟球滚动轴承结构简单，制造成本较低，应用十分广泛。本实例将介绍一个深沟球滚动轴承的创建方法及步骤，图 9-1 为本实例要完成的深沟球轴承的三维模型，该轴承的型号标记为“滚动轴承 6210 GB/T 276”。

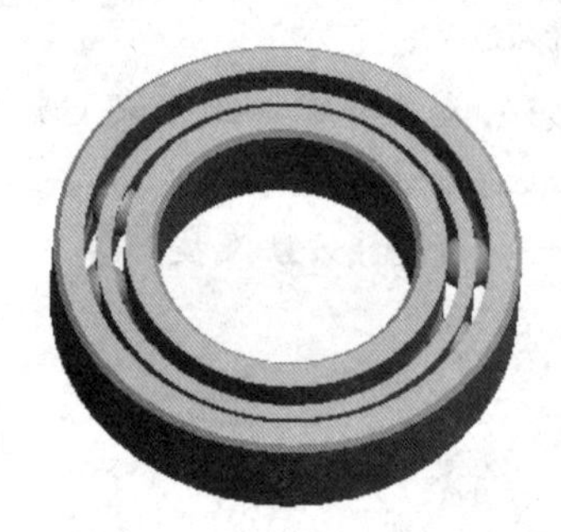

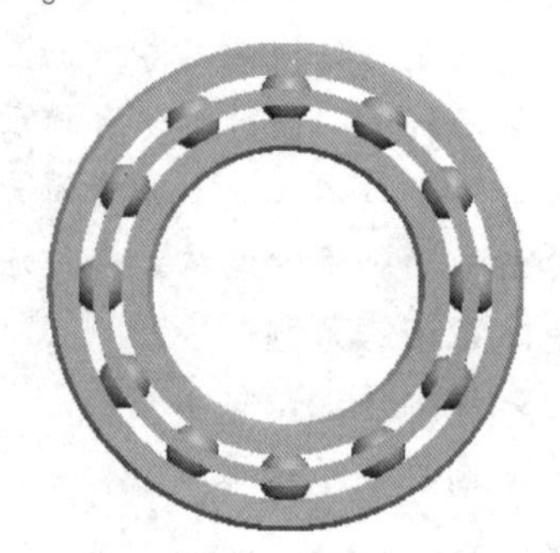

图 9-1　深沟球轴承

该深沟球轴承将采用由底而上的方法进行设计，即先设计好各个元件，然后建立一个组件文件，将各元件装配进来，从而组成一个完整的深沟球轴承零件。

为了有效地管理该轴承的模型文件，在进行具体的元件设计之前，可以设置专门的工作目录；以后创建的该轴承的所有文件都将存储在该工作目录中。设置工作目录的方法很简单，即运行 Creo Parametric 6.0 软件，在功能区的“文件”选项卡中选择“管理会话”→“选择工作目录”命令，打开“选择工作目录”对话框，接着选择欲作为工作目录的文件夹或者在指定的路径下新建一个文件夹，单击“确定”按钮。

下面介绍该深沟球轴承的设计步骤。

9.2.1 设计轴承外圈

步骤 1：新建零件文件。

（1）在“快速访问”工具栏上单击“新建”按钮，弹出“新建”对话框。

（2）在“类型”选项组中选择“零件”单选按钮，在“子类型”选项组中选择“实体”单选按钮，在“名称”文本框中输入 HY_9_1_1，并取消勾选“使用默认模板”复选框，不使用默认模板，单击“确定”按钮，系统弹出“新文件选项”对话框。

（3）在“新文件选项”对话框的“模板”选项组中选择 mmns_part_solid 选项。单击“确定”按钮，进入零件设计模式。

步骤 2：创建旋转特征。

（1）单击“旋转”按钮，打开“旋转”选项卡，默认选中“实心”按钮。

（2）选择 TOP 基准平面作为草绘平面，进入草绘模式。

（3）绘制图 9-2 所示的剖面，其中绘制的水平几何中心线将作为旋转特征的旋转轴线，单击“确定”按钮。

（4）在“旋转”选项卡中，接受默认的旋转角度为 360°，单击“确定”按钮，创建的旋转特征如图 9-3 所示。

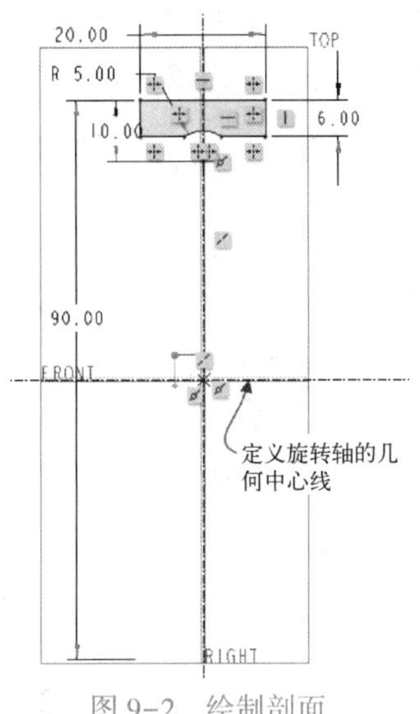

图 9-2 绘制剖面

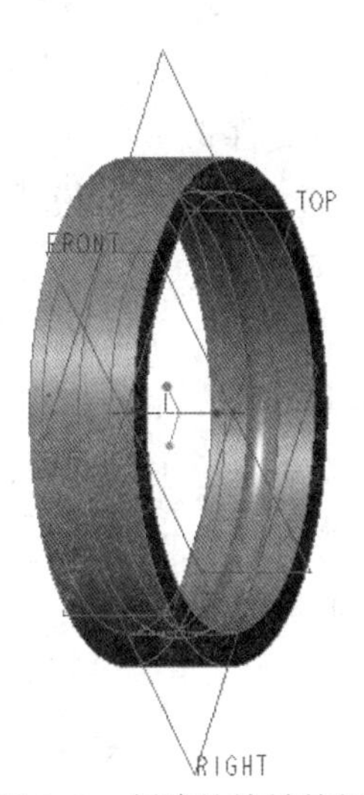

图 9-3 创建的旋转特征

步骤 3：倒角。

（1）单击“边倒角”按钮，打开“边倒角”选项卡。

（2）在“边倒角”选项卡中，选择边倒角的标注形式为 D×D，并输入 D 值为 1。

（3）结合〈Ctrl〉键选择图 9-4 所示的边参考。

（4）单击“边倒角”选项卡中的“确定”按钮，完成的轴承外圈如图 9-5 所示。

图 9-4 选择要倒角的边参考

图 9-5 轴承外圈

步骤 4：保存文件。

在“快速访问”工具栏中单击“保存”按钮，打开“保存对象”对话框，保存路径指向当前的工作目录，单击“确定”按钮。

9.2.2 设计轴承内圈

步骤 1：新建零件文件。

（1）在“快速访问”工具栏上单击“新建”按钮，弹出“新建”对话框。

（2）在“类型”选项组中选择“零件”单选按钮，在“子类型”选项组中选择“实体”单选按钮，在“名称”文本框中输入 HY_9_1_2，并取消勾选“使用默认模板”复选框，不使用默认模板，单击“确定”按钮，弹出“新文件选项”对话框。

（3）在“新文件选项”对话框的“模板”选项组中选择 mmns_part_solid 选项。单击“确定”按钮，进入零件设计模式。

步骤 2：创建旋转特征。

（1）单击“旋转”按钮，打开“旋转”选项卡，默认选中“实心”按钮。

（2）选择 TOP 基准平面作为草绘平面，进入草绘模式。

（3）绘制图 9-6 所示的剖面，单击“确定”按钮。

（4）在“旋转”选项卡中，接受默认的旋转角度为 360°，单击“确定”按钮，创建的旋转特征如图 9-7 所示。

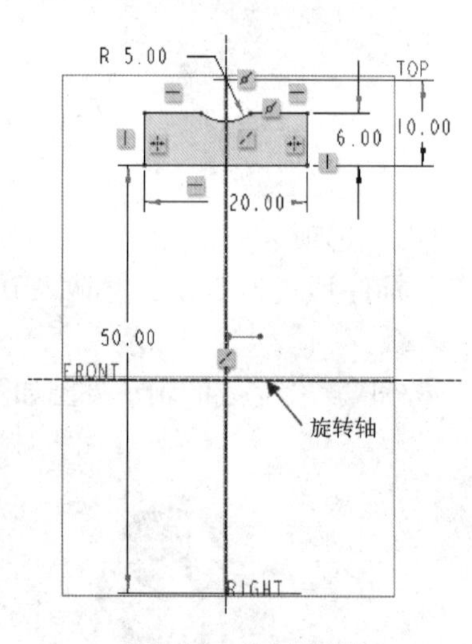

图 9-6 绘制草图

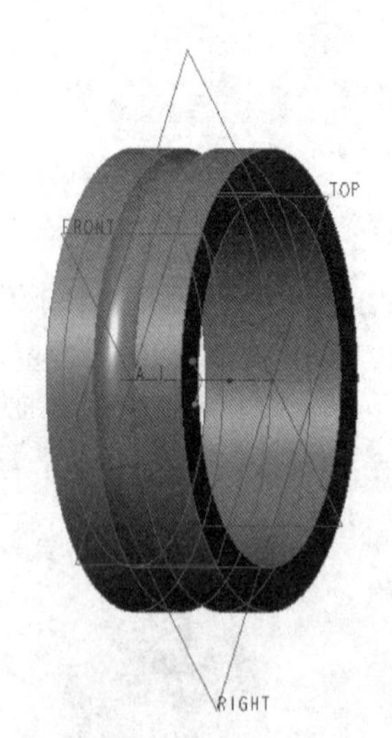

图 9-7 创建的旋转特征

步骤 3：创建倒角特征。

（1）单击“边倒角”按钮，打开“边倒角”选项卡。

（2）在“边倒角”选项卡中，选择倒角的标注形式为 D×D，并输入 D 值为 1。

（3）结合〈Ctrl〉键选择图 9-8 所示的边参考。

（4）单击“边倒角”选项卡中的“确定”按钮，完成的轴承内圈如图 9-9 所示。

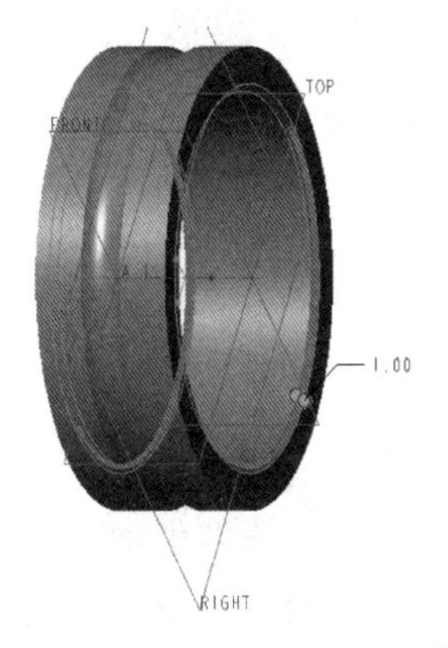

图 9-8 选择要倒角的边参考

图 9-9 完成的轴承内圈

步骤 4：保存文件。

在“快速访问”工具栏中单击“保存”按钮，打开“保存对象”对话框，保存路径指向当前的工作目录，单击“确定”按钮。

9.2.3 设计滚珠

步骤 1：新建零件文件。

（1）在“快速访问”工具栏上单击“新建”按钮，弹出“新建”对话框。

（2）在“类型”选项组中选择“零件”单选按钮，在“子类型”选项组中选择“实体”单选按钮，在“名称”文本框中输入 HY_9_1_3，并取消勾选“使用默认模板”复选框，不使用默认模板，单击“确定”按钮，弹出“新文件选项”对话框。

（3）在“新文件选项”对话框的“模板”选项组中选择 mmns_part_solid 选项。单击“确定”按钮，进入零件设计模式。

步骤 2：创建旋转特征。

（1）单击“旋转”按钮，打开“旋转”选项卡，默认选中“实心”按钮。

（2）选择 TOP 基准平面作为草绘平面，进入草绘模式。

（3）绘制图 9-10 所示的剖面，单击“确定”按钮。

（4）在“旋转”选项卡中接受默认的旋转角度为 360°，单击“确定”按钮，创建的旋转特征如图 9-11 所示。

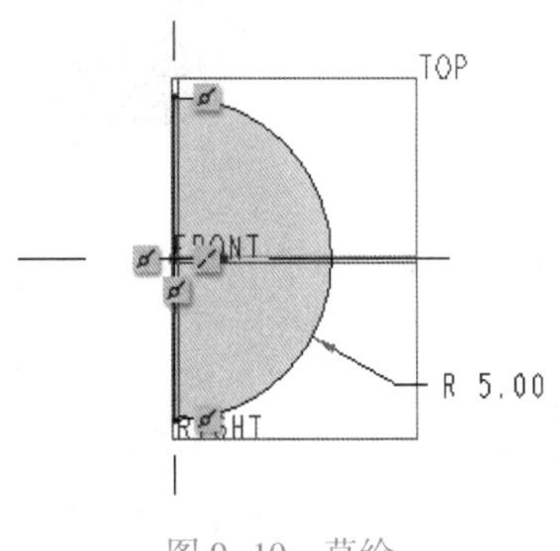

图 9-10 草绘

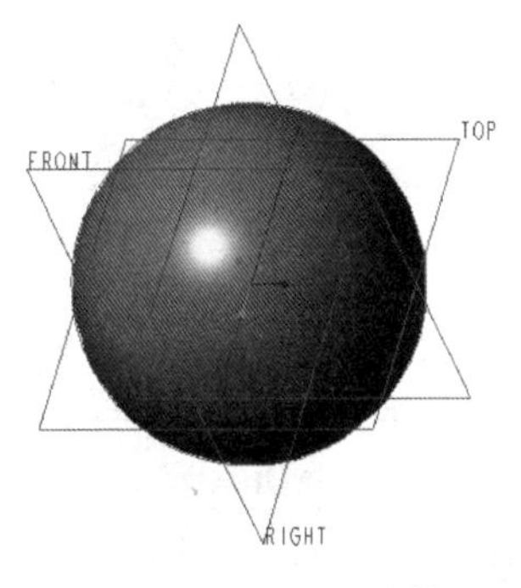

图 9-11 形成的球体

步骤 3：保存文件。

在“快速访问”工具栏中单击“保存”按钮，打开“保存对象”对话框，保存路径指向当前的工作目录，单击“确定”按钮。

9.2.4 设计保持架

步骤 1：新建零件文件。

（1）在“快速访问”工具栏上单击“新建”按钮，弹出“新建”对话框。

（2）在“类型”选项组中选择“零件”单选按钮，在“子类型”选项组中选择“实体”单选按钮，在“名称”文本框中输入 HY_9_1_4，并取消勾选“使用默认模板”复选框，以不使用默认模板，单击“确定”按钮，弹出“新文件选项”对话框。

（3）在“新文件选项”对话框的“模板”选项组中选择 mmns_part_solid 选项。单击“确定”按钮，进入零件设计模式。

步骤 2：创建拉伸特征。

（1）单击“拉伸”按钮，打开“拉伸”选项卡。

（2）指定要创建的模型特征为“实心”，并单击“加厚草绘”按钮，输入加厚的厚度为 3。

（3）选择 RIGHT 基准平面作为草绘平面，进入草绘模式。

（4）绘制图 9-12 所示的草图，单击“确定”按钮。

（5）在“拉伸”选项卡中单击“在草绘的一侧、另一侧或两侧间更改拉伸方向”按钮，直到设置由草绘线向两侧加厚为止。

（6）从深度选项列表框中选择（对称）选项，在深度尺寸文本框中输入拉伸的深度值为 15。

（7）单击“确定”按钮，创建的拉伸特征如图 9-13 所示。

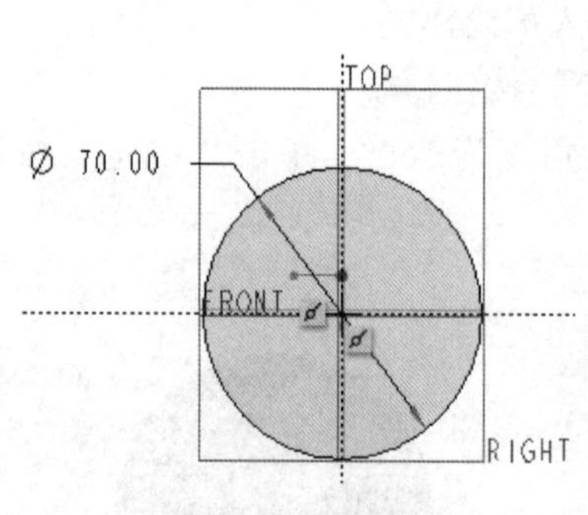

图 9-12　绘制草图

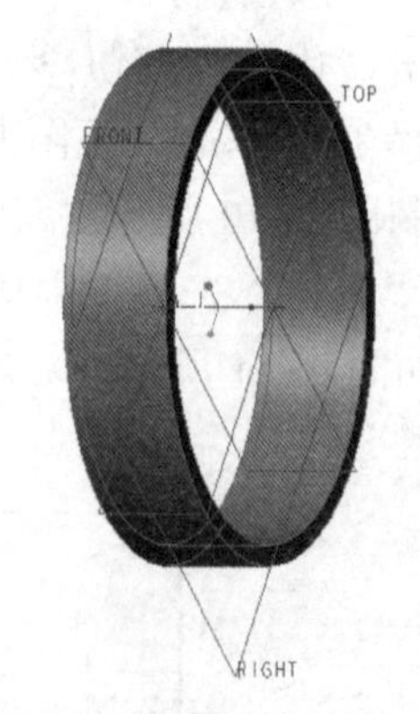

图 9-13　创建的拉伸特征

步骤 3：以拉伸的方式切除出一个孔。

（1）单击“拉伸”按钮，打开“拉伸”选项卡。

（2）指定要创建的模型特征为“实心”，并单击“移除材料”按钮。

（3）进入“放置”下滑面板，单击“定义”按钮，打开“草绘”对话框。

(4) 选择 FRONT 基准平面作为草绘平面，以 RIGHT 基准平面作为“右”方向参考，单击“草绘”按钮，进入草绘模式。

(5) 绘制图 9-14 所示的剖面，单击“确定”按钮✔。

(6) 在“拉伸”选项卡的深度选项列表框中选择⫶⫶（穿透）选项。

(7) 在“拉伸”选项卡中单击“确定”按钮✔，切除出图 9-15 所示的一个孔。

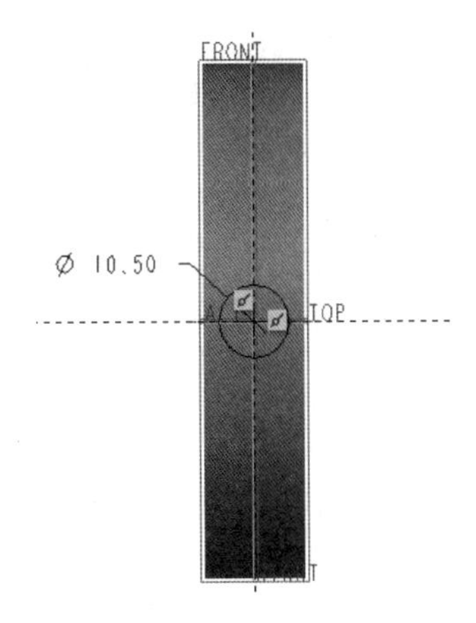

图 9-14 绘制剖面

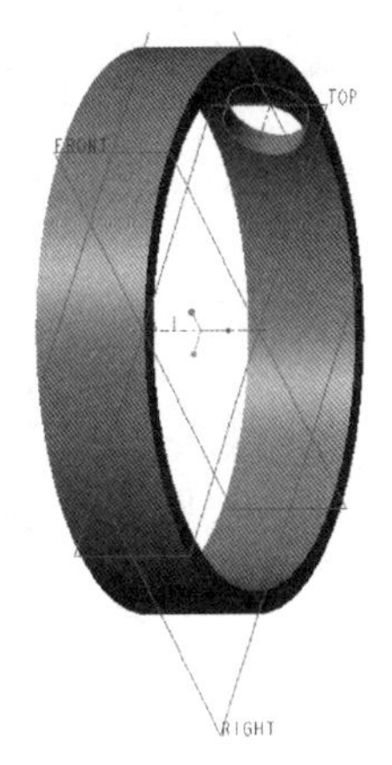

图 9-15 切除出一个孔

步骤 4：创建阵列特征。

(1) 单击“阵列”按钮，打开“阵列”选项卡。

(2) 在“阵列”选项卡的阵列类型列表框中选择“轴”选项，在模型中选择中心特征轴线_1，然后设置阵列的角度范围为 360°，输入第一方向的阵列成员数为 12。

(3) 在“阵列”选项卡中单击“确定”按钮✔，阵列结果如图 9-16 所示。

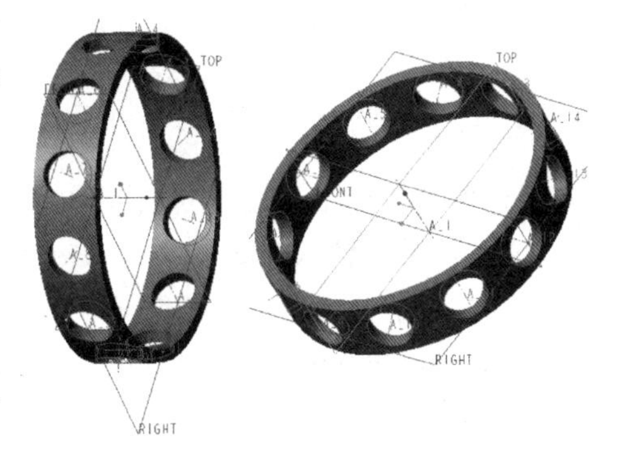

图 9-16 阵列结果

步骤 5：在工作目录下保存文件。

在“快速访问”工具栏中单击“保存”按钮，打开“保存对象”对话框，保存路径指向当前的工作目录，单击“确定”按钮。

9.2.5 装配各元件

步骤 1：创建一个装配文件。

(1) 在“快速访问”工具栏上单击“新建”按钮，弹出“新建”对话框。

(2) 在“类型”选项组中选择“装配”单选按钮，在“子类型”选项组中选择“设计”单选按钮，在“名称”文本框中输入 HY_9_1，并取消勾选“使用默认模板”复选框以不使用默认模板，单击“确定”按钮，弹出“新文件选项”对话框。

(3) 在“新文件选项”对话框的“模板”选项组中选择 mmns_asm_design 选项，单击“确定”按钮，进入装配设计模式。

步骤 2：设置树过滤器。

（1）在导航区单击“设置”按钮，如图 9-17 所示，从其下拉菜单中选择“树过滤器”选项，弹出“模型树项”对话框。

（2）在“模型树项”对话框中增加勾选“特征”复选框和“放置文件夹”复选框，如图 9-18 所示。

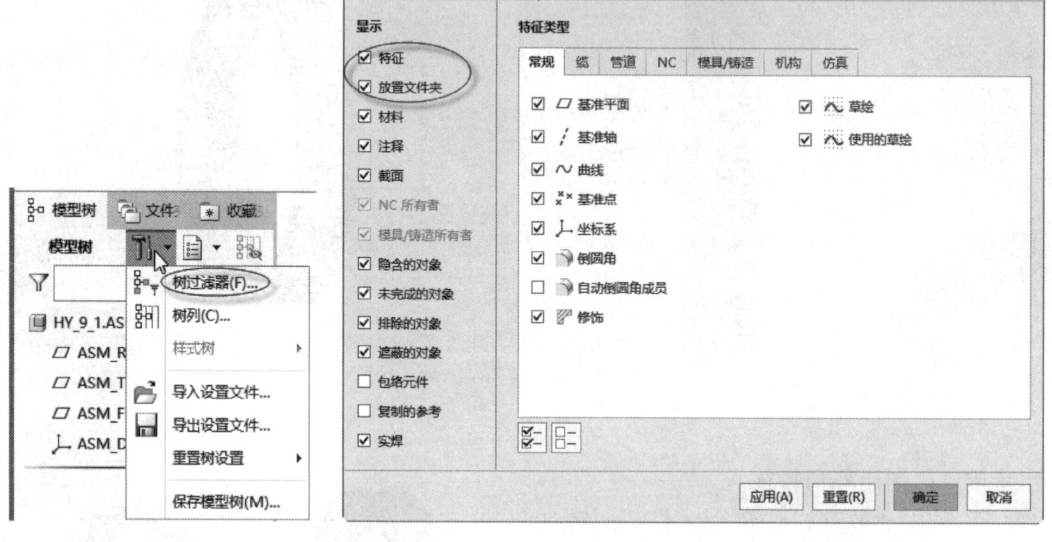

图 9-17　选择“树过滤器”选项　　　　图 9-18　“模型树项”对话框

（3）单击“模型树项”对话框中的“确定”按钮。

步骤 3：装配轴承外圈。

（1）在功能区“模型”选项卡的“元件”组中单击“组装”按钮，接着利用弹出的“打开”对话框选择 HY_9_1_1. PRT 文件，单击“打开”按钮。

（2）功能区出现“元件放置”选项卡，从图 9-19 所示的列表框中选择“默认”选项。

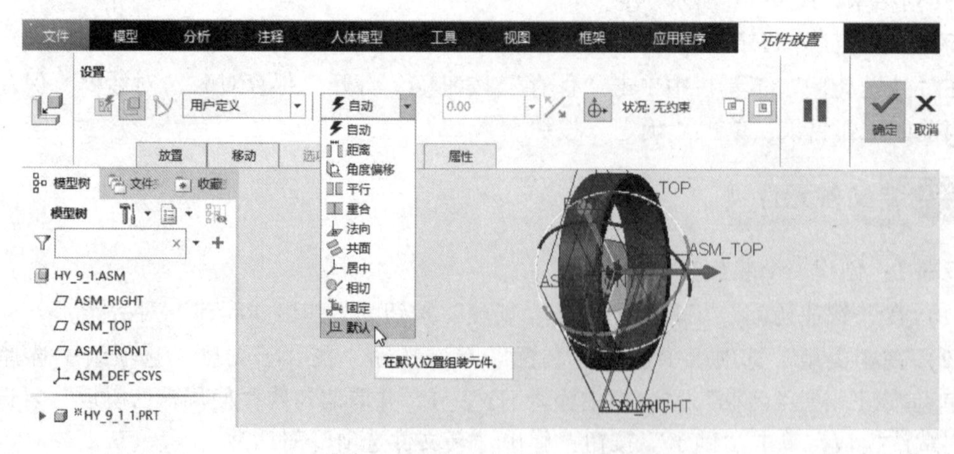

图 9-19　选择“默认”选项

（3）单击“元件放置”选项卡中的“确定”按钮✔，在默认位置装配第一个零件——轴承外圈，此时可以通过模型树将轴承外圈零件的基准特征隐藏起来，效果如图 9-20 所示。

步骤 4：装配保持架。

（1）单击“组装”按钮，接着利用弹出的“打开”对话框选择 HY_9_1_4. PRT 文件，单击“打开”按钮。

（2）在打开的“元件放置”选项卡中，从“约束”下拉列表框中选择“默认”选项。

（3）单击“元件放置”选项卡上的“确定”按钮✔，完成了保持架零件的装配，结果如图 9-21 所示，图中已经将保持架的内部基准特征隐藏了起来。

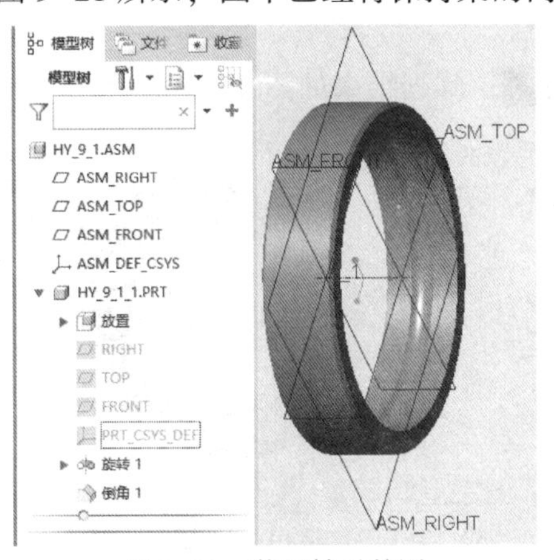

图 9-20　装配轴承外圈

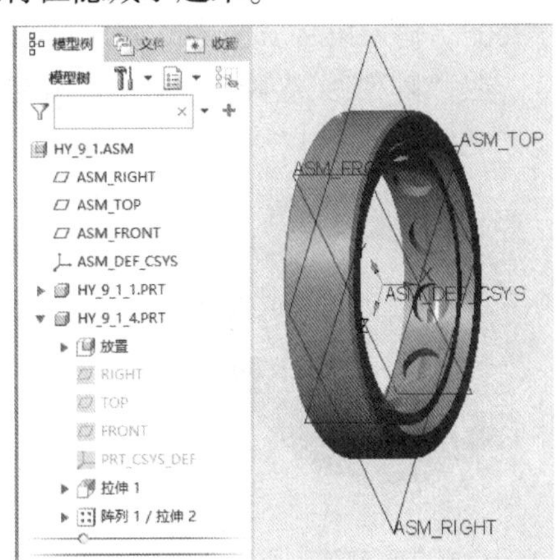

图 9-21　装配保持架

步骤 5：装配第一个滚珠（滚动体）。

（1）单击“组装”按钮，利用弹出的对话框选择 HY_9_1_3. PRT 文件，单击“打开”按钮。

（2）在“元件放置”选项卡的“约束”下拉列表框中选择“相切”选项，接着在滚珠球面上单击，再在轴承外圈的图 9-22 所示的曲面上单击。

（3）单击“元件放置”选项卡上的“放置”按钮，打开“放置”下滑面板，选择“新建约束”，接着设置约束类型为“重合”，分别选择滚珠的 RIGHT 基准平面和装配组件的 ASM_RIGHT 基准平面，此时“放置”下滑面板如图 9-23 所示。

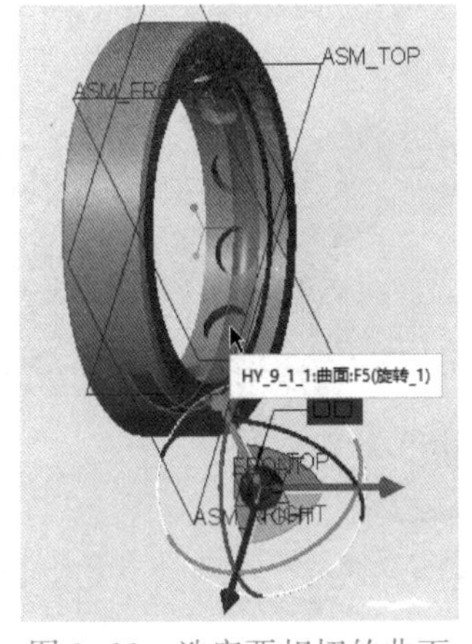

图 9-22　选定要相切的曲面

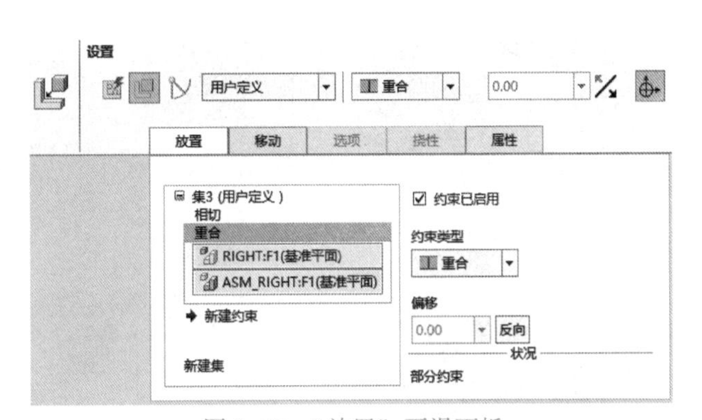

图 9-23　“放置”下滑面板

（4）在“放置”下滑面板中选择“新建约束”，分别选择滚珠的 TOP 基准平面和组件的 ASM_TOP 基准平面，系统自动将约束类型设置为“重合”。

（5）单击“元件放置”选项卡上的“确定”按钮✔，完成第一个滚珠的装配，结果如图 9-24 所示。

步骤 6：阵列元件。

（1）选中装配进来的滚珠零件，单击“阵列”按钮，打开“阵列”选项卡。

（2）在“阵列”选项卡的阵列类型列表框中选择“轴”选项，在模型中选择外圈的中心轴线，然后在“阵列”选项卡中单击“设置阵列的角度范围”按钮，设置阵列的角度范围为 360°，输入第一方向的阵列成员数为 12。

（3）在“阵列”选项卡中单击“确定”按钮✔，阵列结果如图 9-25 所示。

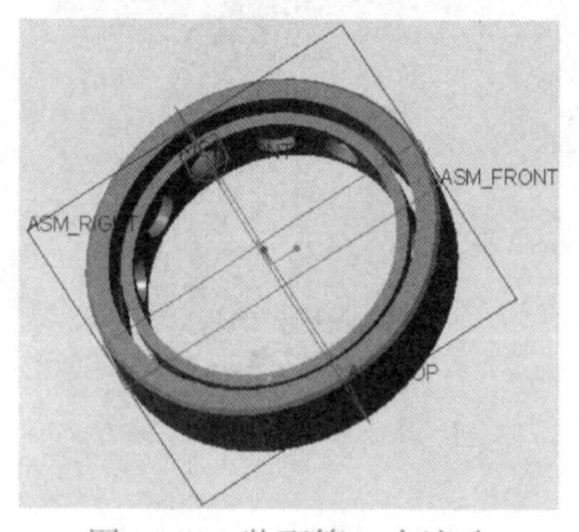

图 9-24　装配第一个滚珠

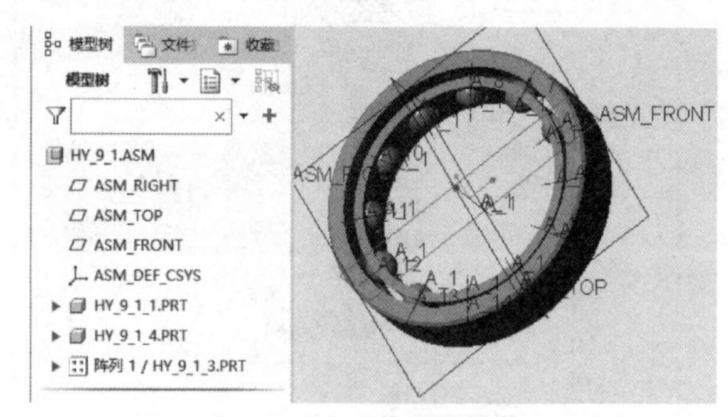

图 9-25　完成在装配中组装所有滚珠

步骤 7：装配轴承内圈。

（1）单击“组装”按钮，利用弹出的“打开”对话框选择 HY_9_1_2. PRT 文件，单击“打开”按钮，功能区出现“元件放置”选项卡。

（2）从“元件放置”选项卡的“预定义约束集”下拉列表框中选择“销”选项，如图 9-26 所示。

（3）分别选择轴承内圈的中心轴线和装配组件（装配体）中轴承外圈的中心轴线来定义轴对齐，接着分别选择轴承内圈的 RIGHT 基准平面和装配组件的 ASM_RIGHT 基准平面来定义轴对齐。

（4）单击“元件放置”选项卡上的“确定”按钮✔，完成轴承内圈的装配，完成装配后的效果如图 9-27 所示。

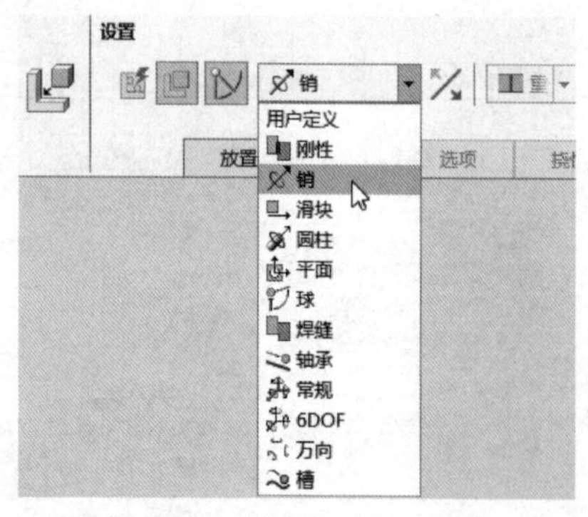

图 9-26　选择“销”选项

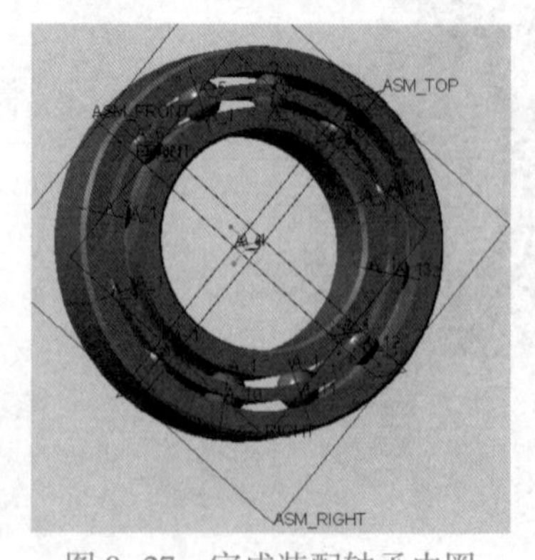

图 9-27　完成装配轴承内圈

步骤 8：保存装配文件。

在“快速访问”工具栏中单击“保存”按钮，打开“保存对象”对话框，保存路径指向当前的工作目录，单击“确定”按钮。

至此，完成了本深沟球滚动轴承的设计。有兴趣的读者可以尝试设计其他形状的保持架来替换本例所创建的保持架。

9.3 圆柱滚子轴承实例

圆柱滚子轴承的外圈（或内圈）可以分离，滚子由内圈（或外圈）的挡边轴向定位，工作时允许内、外圈有少量的轴向错位。在某些应用场合，圆柱滚子轴承还可以不带外圈或内圈。

本例要完成的圆柱滚子轴承如图 9-28 所示，其规格型号标记为“滚动轴承 NF209 GB/T 283”。

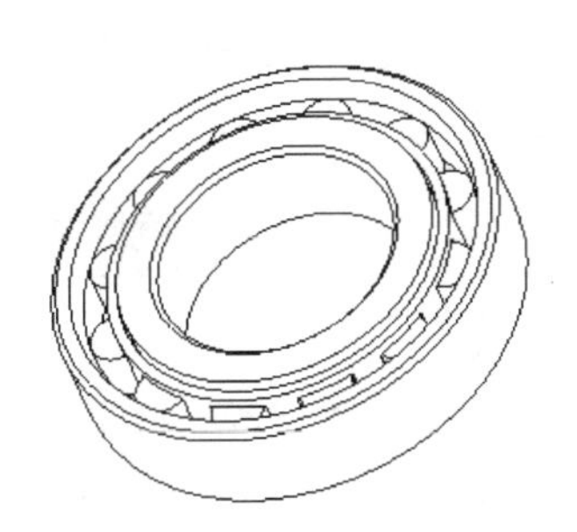

图 9-28 圆柱滚子轴承

本圆柱滚子轴承将采用自顶而下的设计方法来进行，即先由在组件中建立的骨架模型来规划布局好轴承的结构，然后在组件环境中分别创建轴承中的内圈、外圈、圆柱滚子和保持架元件。

下面介绍该圆柱滚子轴承的设计方法及步骤。

9.3.1 使用骨架模型来规划产品结构

步骤 1：建立一个装配文件。

（1）在“快速访问”工具栏上单击“新建”按钮，弹出“新建”对话框。

（2）在“类型”选项组中选择“装配”选项，在“子类型”选项组中选择“设计”选项，输入名称为 HY_9_2，取消勾选“使用默认模板”复选框，单击“确定”按钮。

（3）在“新文件选项”对话框中选择模板为 mmns_asm_design，单击“确定”按钮。

步骤 2：设置树过滤器。

（1）在导航区的模型树上方单击“设置”按钮，从下拉菜单中选择“树过滤器”选项。

（2）在打开的“模型树项”对话框中增加勾选“特征”和“放置文件夹”复选框，单击“确定”按钮。

步骤 3：在装配中建立骨架模型。

（1）在功能区“模型”选项卡的“元件”组中单击“创建”按钮，打开“创建元件”对话框。在“类型”选项组中选择“骨架模型”单选按钮，在“子类型”选项组中选择“标准”单选按钮，接着输入名称为 HY_9_2_SKEL，如图 9-29 所示，单击“确定”按钮，系统弹出“创建选项”对话框。

（2）在“创建方法”选项组中选择“从现有项复制”单选按钮，在“复制自”选项组中输入或选择 mmns_part_solid. prt，如图 9-30 所示，单击“确定”按钮。

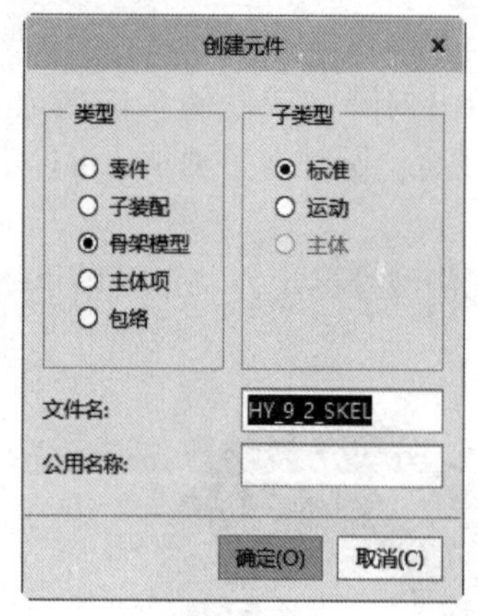

图 9-29 “元件创建”对话框

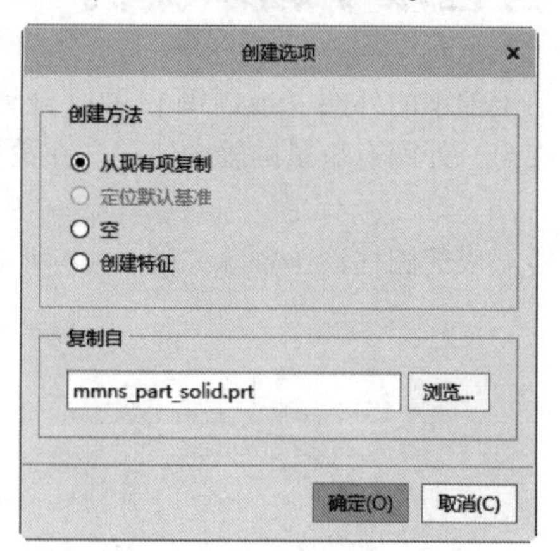

图 9-30 “创建选项”对话框

（3）在装配（组件）的模型树中，结合〈Ctrl〉键选择 ASM_RIGHT、ASM_TOP、ASM_FRONT 基准平面和 ASM_DEF_CSYS 基准坐标系，从出现的浮动工具栏中单击“隐藏”按钮，如图 9-31 所示，从而将这些选定的基准特征隐藏起来。

（4）在模型树上选择骨架模型，接着在出现的浮动工具栏中单击“激活”选项，如图 9-32 所示，从而激活骨架模型。

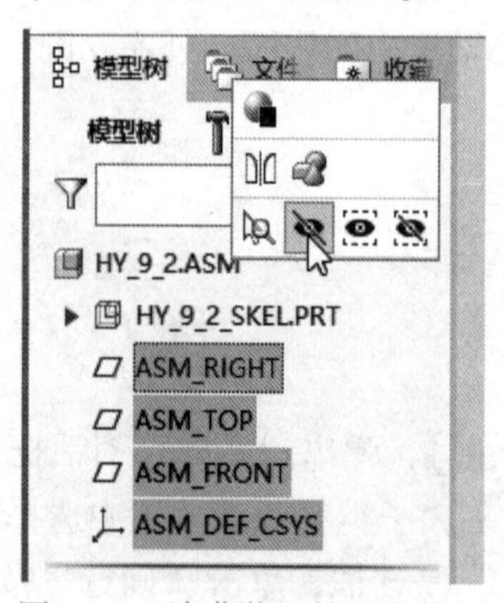

图 9-31 隐藏装配的基准特征

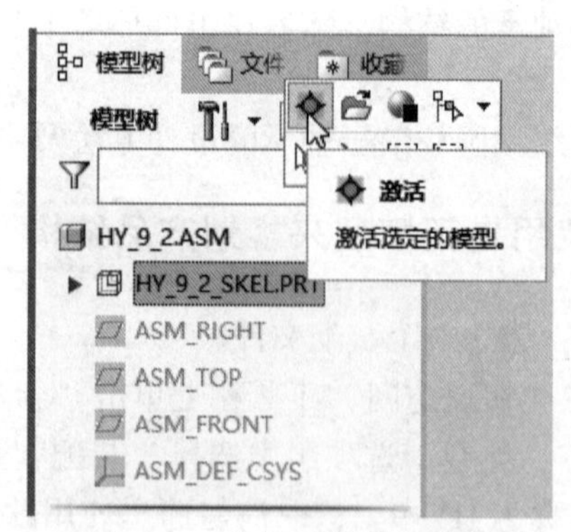

图 9-32 选择“激活”选项

（5）从“基准”组中单击“基准轴”按钮，打开“基准轴”对话框，结合〈Ctrl〉键选择 FRONT 基准平面和 RIGHT 基准平面，单击“确定”按钮，创建基准轴 A_1。

（6）单击“草绘”按钮，打开“草绘”对话框。选择 FRONT 基准平面作为草绘平面，默认以 RIGHT 基准平面作为“右”方向参考，单击“草绘”按钮，进入草绘器中。绘制图 9-33 所示的图形，单击“确定”按钮。

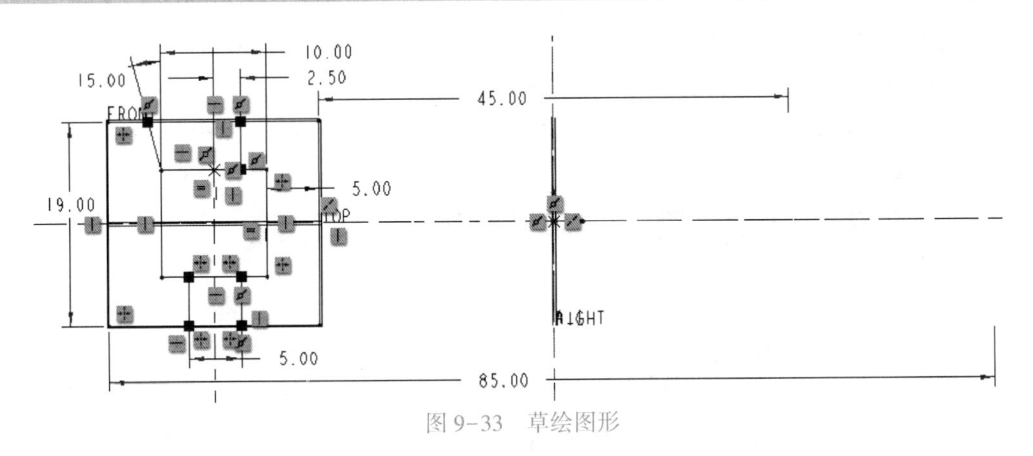

图 9-33　草绘图形

（7）在功能区中切换至“工具”选项卡，从“模型意图”组中单击“发布几何”按钮，系统弹出图 9-34 所示的“发布几何”对话框。

单击“链”收集器，从而将其激活。接着，按住〈Ctrl〉键选择刚建立的曲线，如图 9-35所示，单击“确定”按钮，完成一个已发布几何特征的创建。

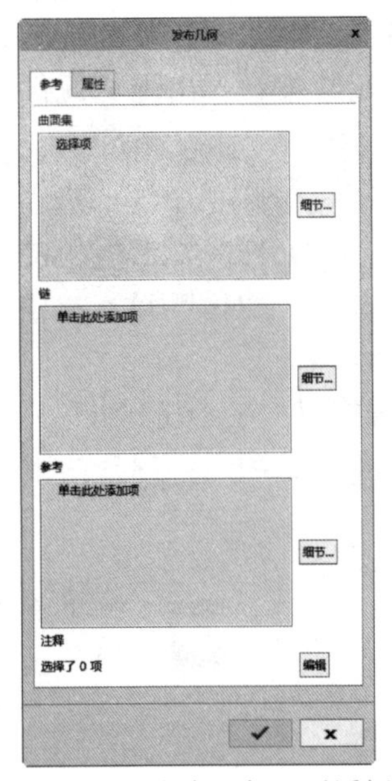

图 9-34　“发布几何”对话框

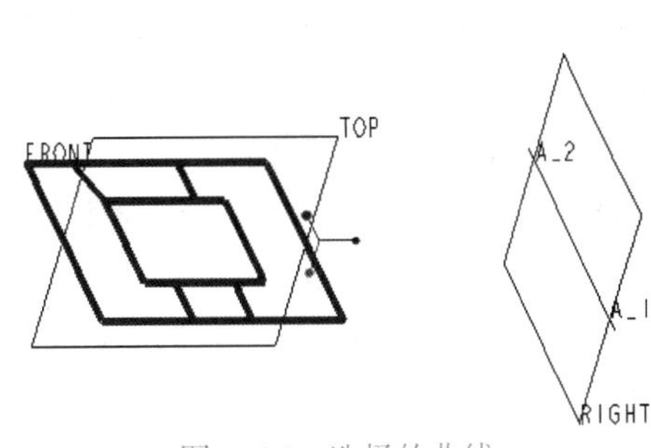

图 9-35　选择的曲线

说明　已发布几何特征又称出版几何特征，其在模型树上显示的图标为。

（8）在模型树中选择骨架模型，从出现的浮动工具栏中单击“隐藏”按钮。

步骤 4：规划产品结构。

（1）在模型树上选择顶级装配体 HY_9_2. ASM，接着在出现的浮动工具栏中单击“激活”按钮，将顶级装配体激活。

（2）在功能区“模型”选项卡的“元件”组中单击“创建”按钮，弹出“创建元件”对话框。在“类型”选项组中选择“零件”单选按钮，在“子类型”选项组中选择“实体”单选按钮，输入名称为 HY_9_2_1，单击“确定”按钮，系统弹出“创建选项”对话框。

在“创建选项”对话框的“创建方法”选项组中选择“从现有项复制”选项，在“复制自”选项组中输入或通过浏览操作选择 mmns_part_solid. prt，单击“确定”按钮。此时，功能区出现“元件放置”选项卡，选择约束类型为“默认”选项，如图 9-36 所示，单击“确定”按钮。

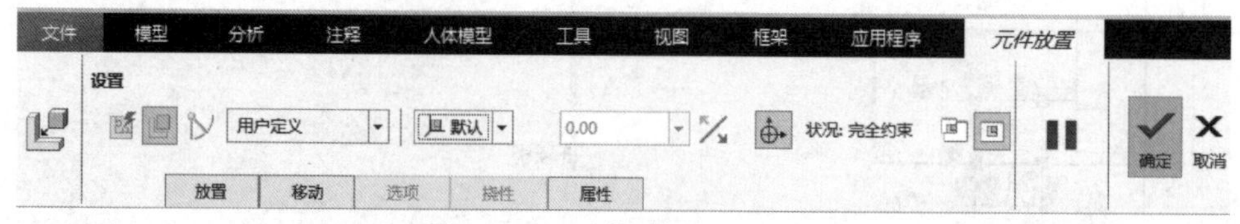

图 9-36 “元件放置”选项卡

创建的新零件文件 HY_9_2_1. PRT 出现在装配模型树上，其将作为轴承内圈的模型文件。

（3）在“元件”组中单击“创建”按钮，弹出“创建元件”对话框。在“类型”选项组中选择“零件”单选按钮，在“子类型”选项组中选择“实体”单选按钮，输入名称为 HY_9_2_2，单击“确定”按钮，弹出“创建选项”对话框。

在“创建选项”对话框的“创建方法”选项组中选择“从现有项复制”单选按钮，在“复制自”选项组中选择 mmns_part_solid. prt，单击“确定”按钮，出现“元件放置”选项卡，指定约束类型为“默认”选项，单击“确定”按钮。

创建的 HY_9_2_2. PRT 零件将作为轴承外圈的模型文件。

（4）在“元件”组中单击“创建”按钮，打开“创建元件”对话框。在“类型”选项组中选择“零件”单选按钮，在“子类型”选项组中选择“实体”单选按钮，输入名称为 HY_9_2_3，单击“确定”按钮，弹出“创建选项”对话框。

在“创建方法”选项组中选择“从现有项复制”单选按钮，在“复制自”选项组中选择 mmns_part_solid. prt，单击“确定”按钮，出现“元件放置”选项卡，选择约束类型为“默认”选项，单击“确定”按钮。

创建的 HY_9_2_3. PRT 零件将作为轴承的圆柱滚子。

（5）在“元件”组中单击“创建”按钮，弹出“创建元件”对话框。在“类型”选项组中选择“零件”单选按钮，在“子类型”选项组中选择“实体”单选按钮，输入名称为 HY_9_2_4，单击“确定”按钮，弹出“创建选项”对话框。

在“创建方法”选项组中选择“从现有项复制”单选按钮，在“复制自”选项组中选择 mmns_part_solid. prt，单击“确定”按钮，出现“元件放置”选项卡，选择约束类型为“默认”选项，单击“确定”按钮。

建立的 HY_9_2_4. PRT 零件将作为轴承的保持架。

规划好产品结构的模型树如图 9-37 所示。

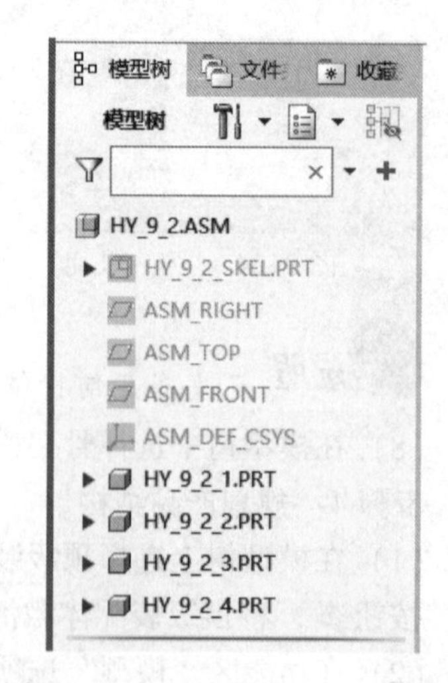

图 9-37 规划好产品结构的模型树

9.3.2 设计轴承内圈

步骤 1：激活 HY_9_2_1. PRT。

在模型树上选择 HY_9_2_1. PRT，从出现的浮动工具栏中单击“激活”按钮◆，激活后，在模型树上该元件（零件）节点处会显示一个激活标识，如图 9-38 所示。

步骤 2：隐藏对象。

在模型树上，结合〈Ctrl〉键选择 HY_9_2_2. PRT、HY_9_2_3. PRT 和 HY_9_2_4. PRT，接着从出现的浮动工具栏中单击“隐藏”按钮。

步骤 3：创建复制几何特征。

（1）从功能区“模型”选项卡的“获取数据”组中单击“复制几何”按钮，打开图 9-39 所示的“复制几何”选项卡。

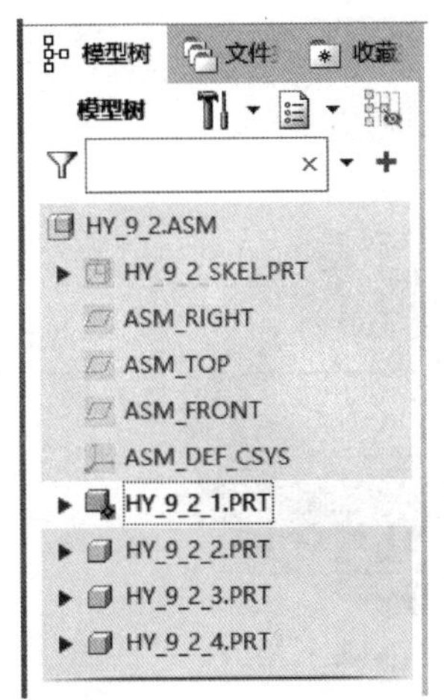

图 9-38 激活元件

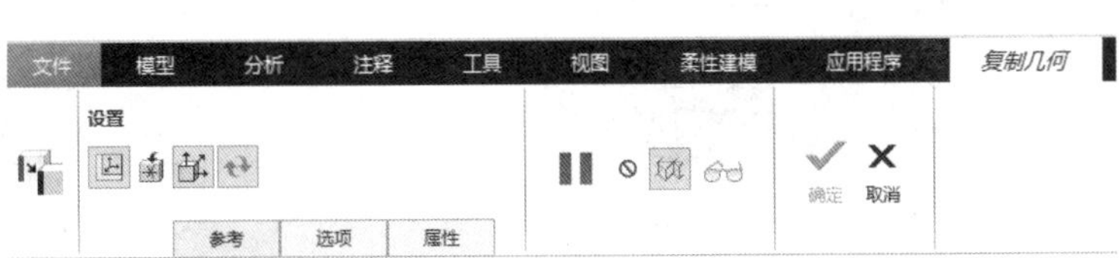

图 9-39 “复制几何”选项卡

（2）在模型树上选择骨架模型的已发布几何特征，如图 9-40 所示。

（3）单击“确定”按钮✔，完成复制几何特征的创建。

步骤 4：创建旋转特征。

（1）单击“旋转”按钮，打开“旋转”选项卡。默认创建的是实体。

（2）选择 FRONT 基准平面作为草绘平面，进入草绘模式。

（3）绘制图 9-41 所示的剖面，单击“确定”按钮✔。

（4）在“旋转”选项卡中接受默认的旋转角度为 360°，单击“确定”按钮✔，创建的旋转特征如图 9-42 所示。

步骤 5：创建倒角特征。

（1）单击“边倒角”按钮，打开“边倒角”选项卡。

（2）选择边倒角的标注形式为 45×D，设置 D 值为 1. 1。

（3）选择图 9-43 所示的边链。

（4）单击“边倒角”选项卡中的“确定”按钮✔。

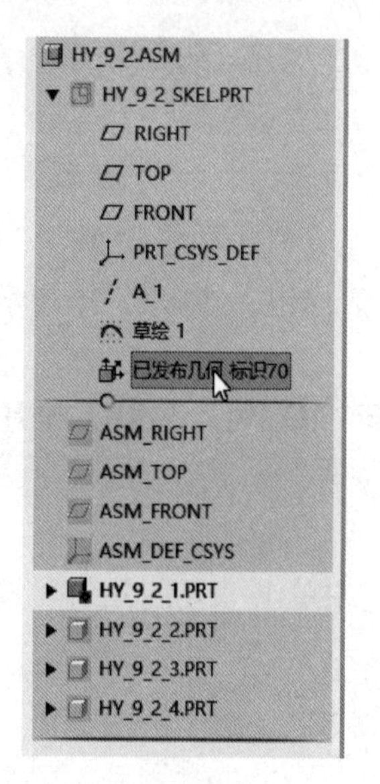

图 9-40　选择发布几何特征

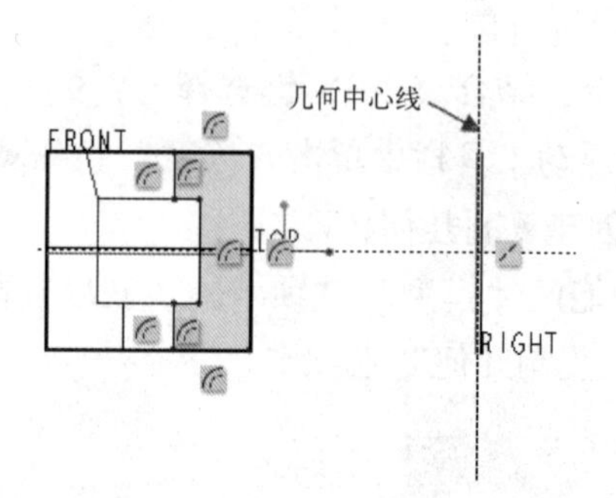

图 9-41　绘制剖面

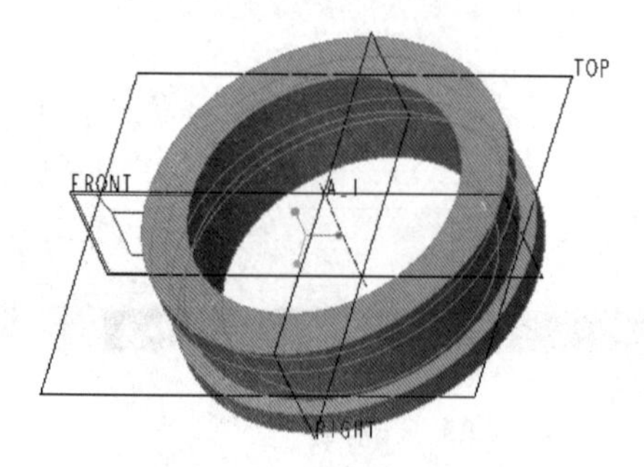

图 9-42　创建的旋转特征

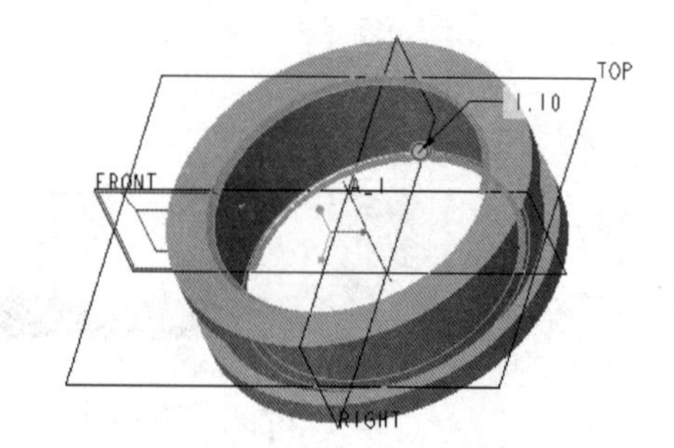

图 9-43　选择边链

步骤 6：通过模型树隐藏复制几何特征。

完成的轴承内圈元件如图 9-44 所示。

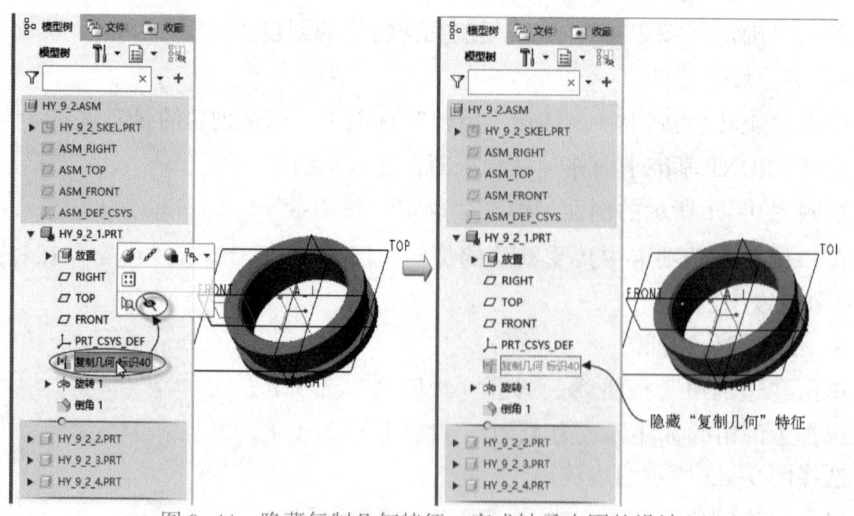

图 9-44　隐藏复制几何特征，完成轴承内圈的设计

9.3.3 设计轴承外圈

步骤 1：激活 HY_9_2_2. PRT。

在模型树中选择 HY_9_2_2. PRT，从出现的浮动工具栏中单击“激活”按钮。

步骤 2：取消隐藏 HY_9_2_2. PRT，增加隐藏 HY_9_2_1. PRT 内圈零件。

步骤 3：创建复制几何特征。

（1）从功能区“模型”选项卡的“获取数据”组中单击“复制几何”按钮，打开“复制几何”选项卡。

（2）在模型树上选择骨架模型的发布几何特征。

（3）单击“复制几何”选项卡上的“确定”按钮，完成复制几何特征的创建。

步骤 4：创建旋转特征。

（1）单击“旋转”按钮，打开“旋转”选项卡。默认创建的是实体特征。

（2）选择 FRONT 基准平面作为草绘平面，进入草绘模式。

（3）绘制图 9-45 所示的图形，单击“确定”按钮。

（4）接受默认的旋转角度值为 360°，单击“确定”按钮，创建的旋转实体特征如图 9-46所示，图中隐藏了该零件的复制几何特征。

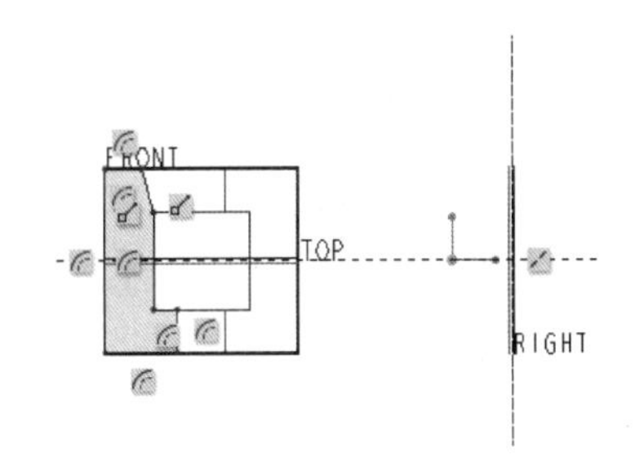

图 9-45　绘制几何中心线和旋转剖面

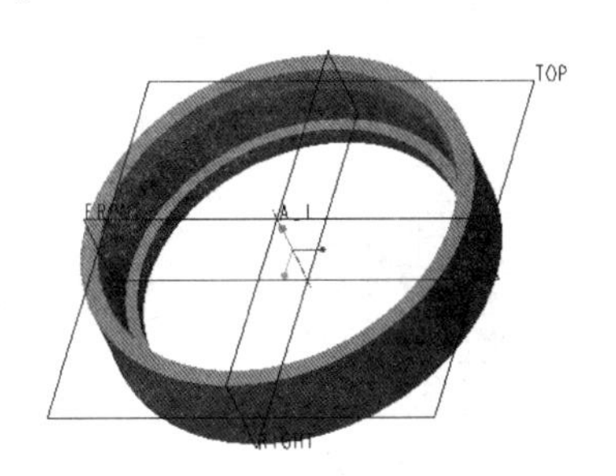

图 9-46　创建的旋转特征

步骤 5：创建倒角特征。

（1）单击“边倒角”按钮，打开“边倒角”选项卡。

（2）选择边倒角的标注形式为 D×D，设置 D 值为 1. 1。

（3）结合〈Ctrl〉键选择图 9-47 所示的边链。

（4）单击“确定”按钮。完成倒角后的轴承外圈如图 9-48 所示。

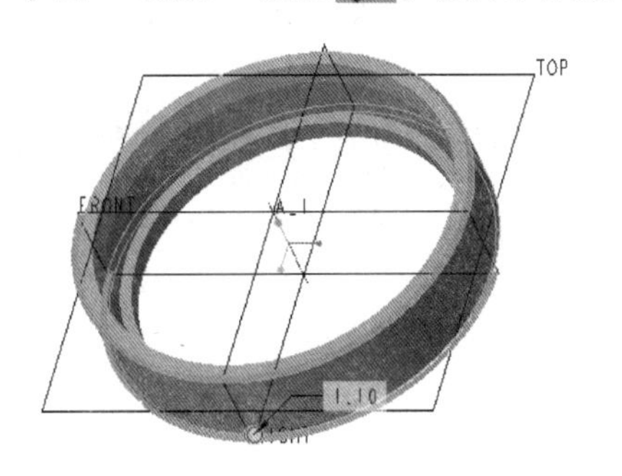

图 9-47　选择边链

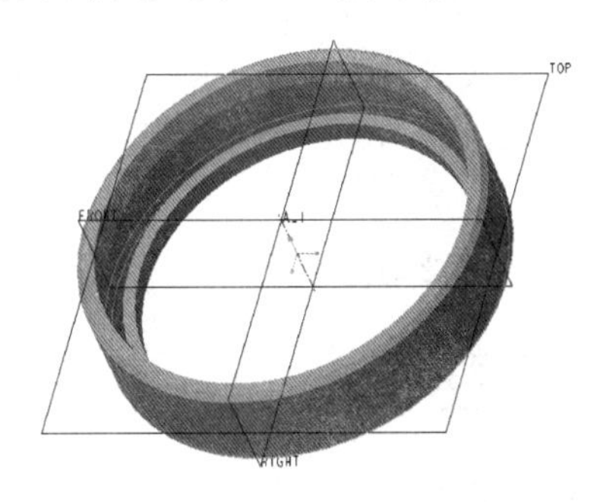

图 9-48　倒角

9.3.4 设计圆柱滚子

步骤 1：激活 HY_9_2_3. PRT。

在模型树上选择 HY_9_2_3. PRT，从出现的浮动工具栏中单击“激活”按钮。

步骤 2：取消隐藏 HY_9_2_3. PRT，增加隐藏 HY_9_2_2. PRT 外圈零件。

步骤 3：创建复制几何特征。

（1）从功能区“模型”选项卡的“获取数据”组中单击“复制几何”按钮，打开“复制几何”选项卡。

（2）在模型树上选择骨架模型的发布几何特征。

（3）单击“确定”按钮，完成复制几何特征的创建。

步骤 4：创建旋转特征。

（1）单击“旋转”按钮，打开“旋转”选项卡，默认创建的是实体特征。

（2）选择 FRONT 基准平面作为草绘平面，进入草绘模式。

（3）绘制图 9-49 所示的图形，单击“确定”按钮。

（4）接受默认的旋转角度值为 360°，单击“确定”按钮，创建的圆柱体如图 9-50 所示，图中隐藏了该零件的复制几何特征。

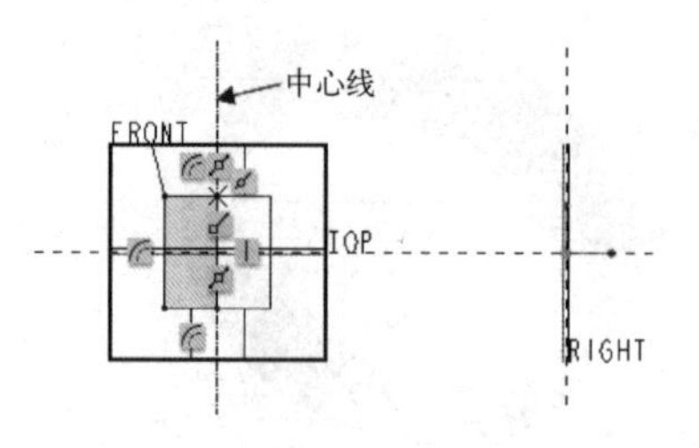

图 9-49　绘制剖面

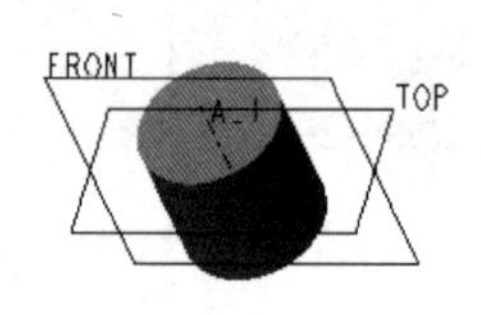

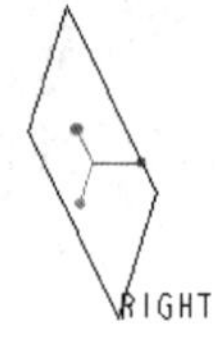

图 9-50　创建的圆柱滚子

步骤 5：阵列圆柱滚子。

（1）在模型树上选择顶级装配，在出现的浮动工具栏中单击“激活”按钮。

（2）取消隐藏骨架模型。

（3）选择 HY_6_2_3. PRT 圆柱滚子零件。

（4）单击“阵列”按钮，打开“阵列”选项卡。在“阵列”选项卡的阵列类型列表框中选择“轴”选项，接着在模型窗口中选择骨架模型中的 A_1 轴，并设置阵列的角度范围为 360，阵列成员数为 12，如图 9-51 所示。

（5）在“阵列”选项卡中单击“确定”按钮，完成所有圆柱滚子的创建，效果如图 9-52 所示。

步骤 6：隐藏骨架模型。

9.3.5 设计保持架

步骤 1：激活 HY_9_2_4. PRT。

在模型树上选择 HY_9_2_4. PRT，从出现的浮动工具栏中单击“激活”按钮。

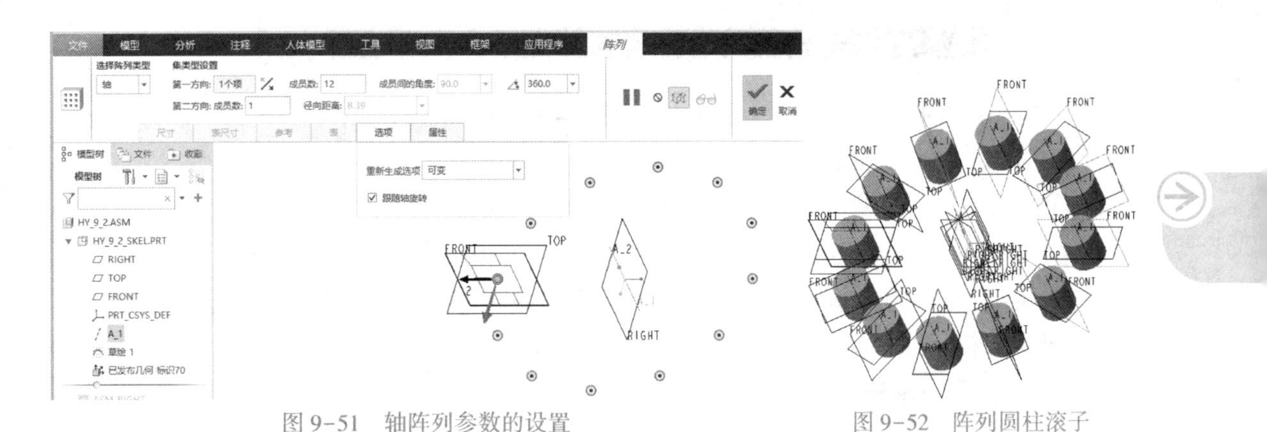

图 9-51　轴阵列参数的设置　　图 9-52　阵列圆柱滚子

步骤 2： 取消隐藏 HY_9_2_4. PRT，而隐藏其他元件（零件）。

步骤 3： 创建复制几何特征。

（1）从功能区“模型”选项卡的“获取数据”组中单击“复制几何”按钮，打开“复制几何”选项卡。

（2）在模型树上选择骨架模型的发布几何特征。

（3）单击“确定”按钮，完成复制几何特征的创建。

步骤 4： 创建旋转特征。

（1）单击“旋转”按钮，打开“旋转”选项卡。

（2）选择 FRONT 基准平面作为草绘平面，进入草绘模式。

（3）绘制图 9-53 所示的图形，单击“确定”按钮。

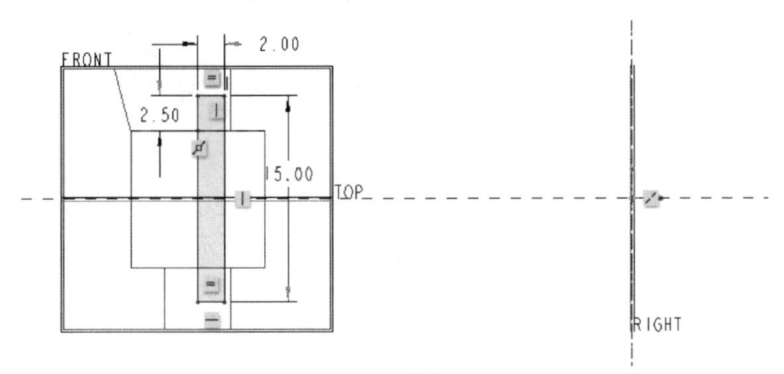

图 9-53　绘制草图

（4）接受默认的旋转角度值为 360°，单击“确定”按钮，创建的旋转特征如图 9-54所示，图中隐藏了该零件的复制几何特征。

步骤 5： 切除材料。

（1）从功能区的“模型”选项卡中“获取数据”→“合并/继承”命令。

（2）在打开的“合并/继承”选项卡中单击“移除材料”按钮，如图 9-55 所示。

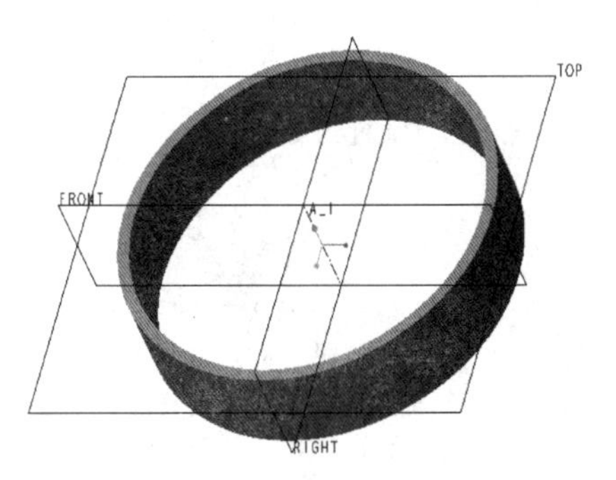

图 9-54　创建的旋转特征

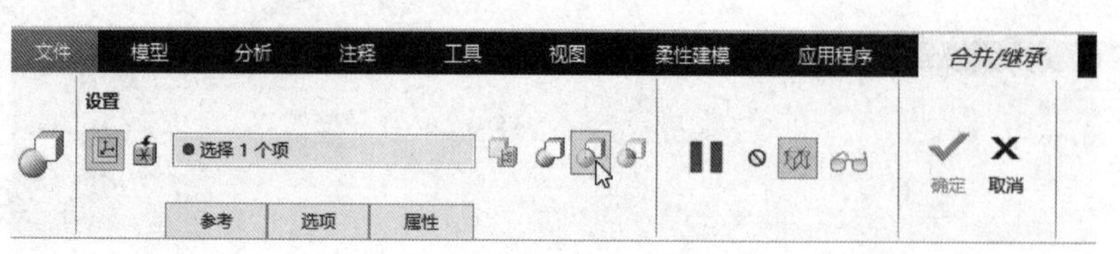

图 9-55 “合并/继承”选项卡

（3）在模型中单击图 9-56 所示的一个 HY_9_2_3. PRT（圆柱滚子零件）。

（4）单击“合并/继承”选项卡中的“确定”按钮，得到的保持架模型如图 9-57 所示。此时可确保隐藏该零件的复制几何特征。

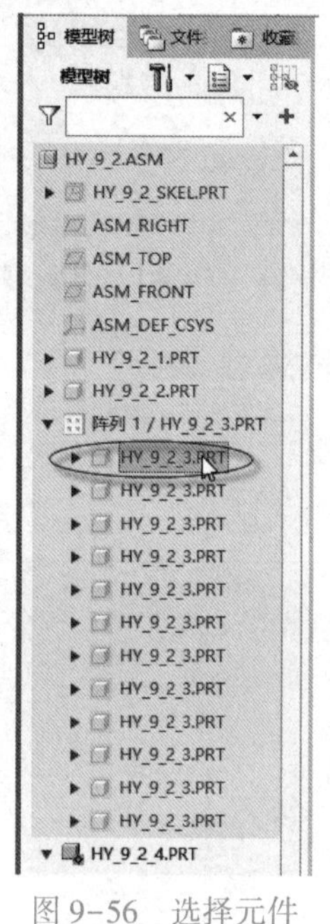

图 9-56 选择元件

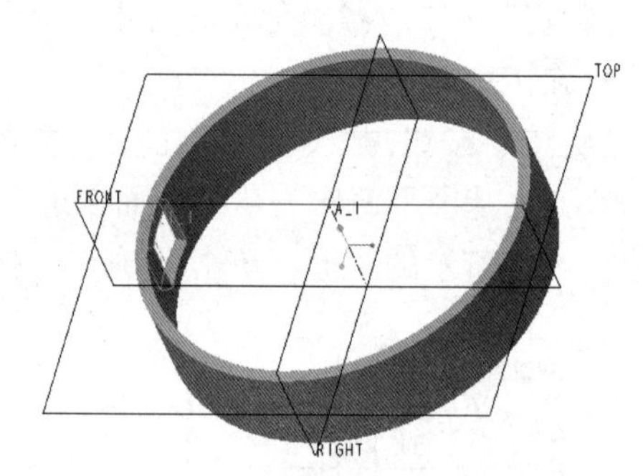

图 9-57 切除材料的效果

步骤 6：偏移曲面，使保持架与滚子之间具有合适的间距。

（1）结合〈Ctrl〉键选择切口四壁的曲面，如图 9-58 所示。

（2）从“编辑”组中单击“偏移”按钮，打开“偏移”选项卡。

（3）在“偏移”选项卡的偏移类型列表框中选择（展开特征）图标选项，输入偏移距离为 0.5，并单击“偏移方向”按钮，使偏移方向如图 9-59 所示。

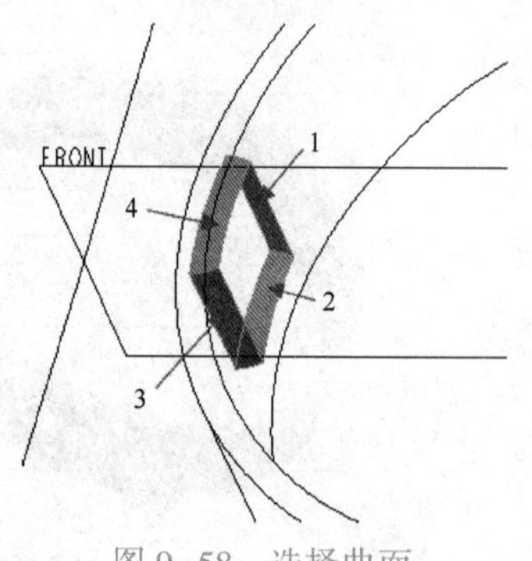

图 9-58 选择曲面

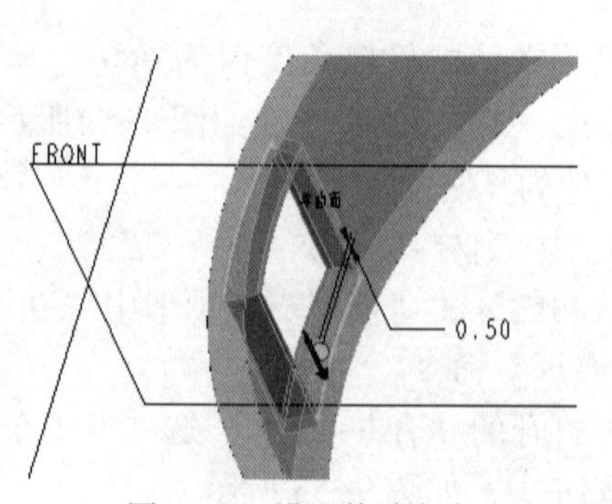

图 9-59 设置偏移方向

(4) 单击“确定”按钮✔。

步骤 7：创建特征组。

(1) 结合〈Ctrl〉键选择图 9-60 所示的两个特征。

(2) 在所选的特征上右击，接着从出现的浮动工具栏中单击“分组”按钮，此时，模型树如图 9-61 所示。

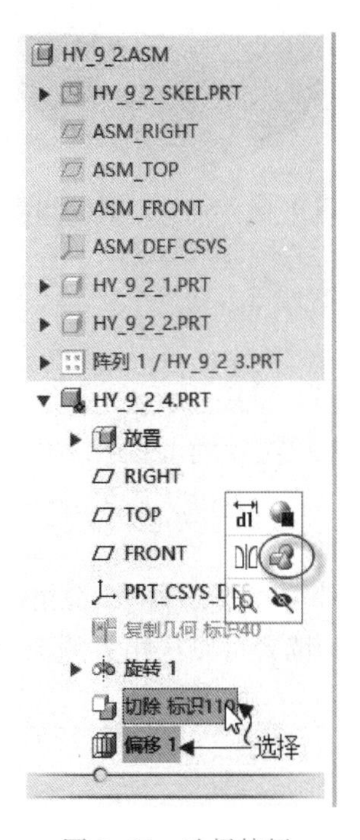

图 9-60 选择特征

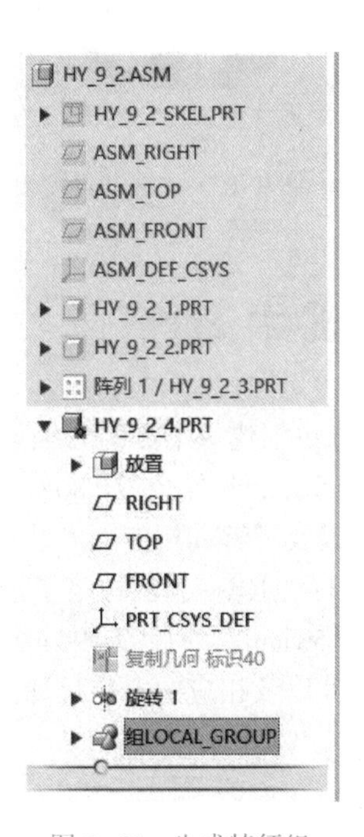

图 9-61 生成特征组

步骤 8：创建阵列特征。

(1) 单击“阵列”按钮，打开“阵列”选项卡。

(2) 默认的阵列类型为“参考”，如图 9-62 所示。

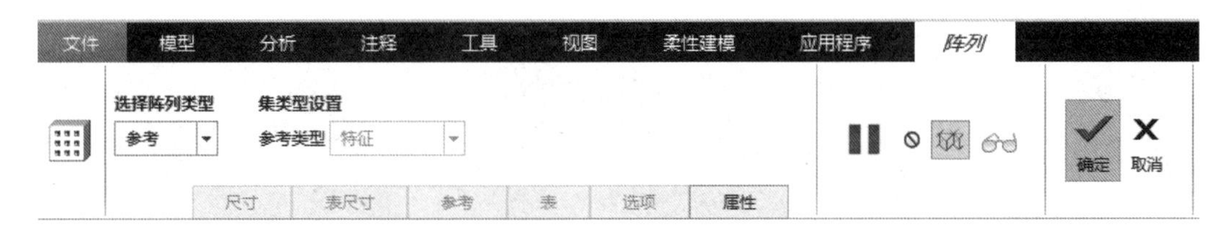

图 9-62 阵列选项卡

(3) 在“阵列”选项卡中单击“确定”按钮✔，阵列结果如图 9-63 所示。

步骤 9：激活顶级装配并保存文件。

至此，完成了轴承内圈、外圈、圆柱滚子和保持架的创建。取消隐藏轴承内圈、外圈和所有圆柱滚子，最后得到的圆柱滚子轴承模型如图 9-64 所示。

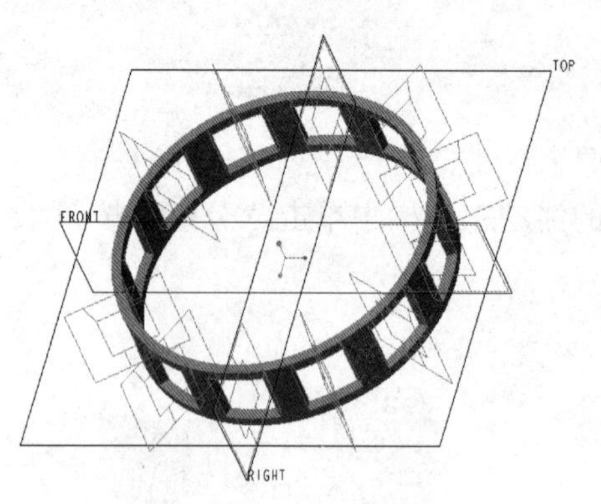

图 9-63　完成的保持架

图 9-64　完成的圆柱滚子轴承

9.4　初试牛刀

设计题目 1：创建一个深沟球轴承，该轴承的型号为“滚动轴承 6010 GB/T 276”，轴承的公称内径 $d=50$ mm，外径 $D=80$ mm，宽度 $B=16$ mm，读者可以从相关的标准中查阅该轴承的基本尺寸以及了解其相应的安装尺寸。

设计题目 2：创建一个圆柱滚子轴承，该轴承的型号为“滚动轴承 N210E GB/T 283”，其工程内径 $d=50$ mm，外径 $D=90$ mm，宽度 $B=20$ mm，读者可以从相关的标准中查阅到该轴承的基本尺寸以及相应的安装尺寸。

第 10 章　螺纹与滚花结构设计

本章导读：

在机械设计中，常需要在金属零件中设计螺纹与滚花结构，前者可以在车床上通过回转车削而生成，后者可通过回转压碾而生成。

本章首先剖析了金属零件的螺纹与滚花结构设计思路，然后详细地介绍几个有代表性的设计实例，加深读者对螺纹与滚花结构设计的理解和掌握。

本章精彩范例：

- 螺栓设计
- 螺母设计
- 铜柱设计
- 具有滚花结构的零件设计

10.1　螺纹与滚花结构设计思路

在一些金属零件中，常常需要设计螺纹或者滚花结构。下面对这两种典型结构的设计思路进行应用剖析。

10.1.1 螺纹设计思路

螺纹联接和螺旋传动都是利用螺纹零件工作的。螺纹有外螺纹和内螺纹之分，它们共同组成螺旋副。螺纹分米制和英制（螺距以每英寸牙数表示）两类。在我国，除了管螺纹还保留英制之外，基本上都采用米制螺纹。

常用螺纹的类型主要包括普通螺纹、米制锥螺纹、管螺纹、梯形螺纹、矩形螺纹以及锯齿形螺纹等。除矩形螺纹之外，其他类型的螺纹都已经实现了标准化。可以在相关的标准中查阅到标准螺纹的规格尺寸。

在本章中，如没有特别说明，实例中涉及的螺纹均指普通螺纹，其牙型可以视为等边三角形（或形状接近于等边三角形的等腰梯形），牙型角为 60°，内外螺纹旋和后留有径向间隙。

在 Creo Parametric 6.0 中，设计螺纹的思路是比较灵活的。

对于外螺纹而言，其设计思路主要有以下 3 种。

（1）执行“螺旋扫描”功能，在圆柱形状的实体中切除出外螺纹结构。

（2）执行“螺旋扫描”功能，以增加实体材料的方式创建螺纹形状的特征，然后将多余的螺旋扫描特征修剪掉。

（3）使用螺纹修饰的方式来表示螺纹结构。执行功能区“模型”选项卡的“工程”→“修饰螺纹”命令，需要在零件中指定螺纹曲面、起始曲面、螺纹长度、螺距等参数。

对于内螺纹而言，其设计思路主要有以下 3 种。

（1）执行“螺旋扫描”工具命令的“去除材料”功能，在圆孔形状的实体处切除出内螺纹结构。

（2）执行“孔”按钮，并在“孔”选项卡中单击“标准螺纹孔”按钮，设置相关的标准螺纹孔的规格尺寸，设置放置参考，便可以在实体模型上建立一个标准的螺纹孔特征。

（3）使用“修饰螺纹”工具命令。

10.1.2 滚花结构设计思路

滚花结构多种多样，其设计思路要根据具体的滚花形状来合理确定。

例如，要创建图 10-1 所示的直纹滚花结构，可以采用拉伸切除与阵列相结合的方式创建，也可以采用扫描切除的方式创建。

要创建图 10-2 所示的格式滚花结构，则可以先在圆柱面上以螺旋扫描的方式切除出右旋和左旋的滚槽各一条，然后采用轴阵列（圆周阵列）的方式完善整个滚花结构。也可以采用扫描的方式，沿着在圆柱面上建立的投影曲线切除出其中的一个滚槽，接着建立另一个方向上的滚槽，然后进行阵列操作。

图 10-1　直纹滚花

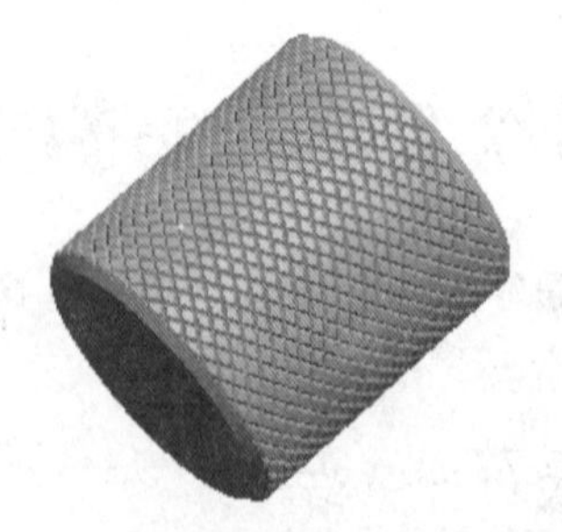

图 10-2　格式滚花

10.2　螺栓设计实例

本实例要完成的螺栓为六角头螺栓，如图 10-3 所示，其标记为“螺栓 GB/T 5782 M12×80”，即螺纹规格 d = M12、公称长度为 80 mm、性能等级为 8.8 级、表面氧化、A 级的六角头螺栓。

本实例的主要知识点是以螺旋扫描的方式建立外螺纹，此外还将学习如何创建混合特征等。本实例的学习有助于加深读者对普通螺纹的牙型横截面及牙型角的理解掌握。

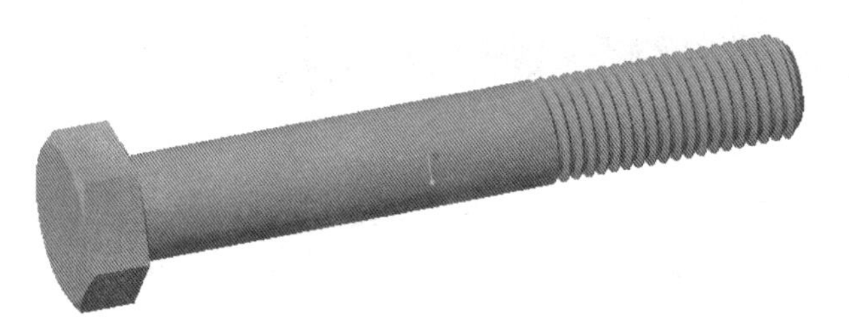

图 10-3　六角头螺栓

具体的设计方法及步骤如下。

步骤 1：新建零件文件。

（1）在“快速访问”工具栏上单击“新建”按钮，弹出“新建”对话框。

（2）在“类型”选项组中选择“零件”单选按钮，在“子类型”选项组中选择“实体”单选按钮，在“名称”文本框中输入 PRT010_1，并取消勾选“使用默认模板”复选框，不使用默认模板，单击“确定”按钮，弹出“新文件选项”对话框。

（3）在“新文件选项”对话框的“模板”选项组中选择 mmns_part_solid 选项。单击“确定”按钮，进入零件设计模式。

步骤 2：以拉伸的方式建立六角头的主体造型。

（1）单击“拉伸”按钮，打开“拉伸”选项卡，默认选中“实心”按钮。

（2）选择 TOP 基准平面作为草绘平面，进入草绘器中。

（3）绘制图 10-4 所示的拉伸剖面，单击“确定”按钮。

（4）在“拉伸”选项卡中输入拉伸深度值为 7。

（5）在“拉伸”选项卡中单击“确定”按钮，创建的六角头主体造型如图 10-5 所示。

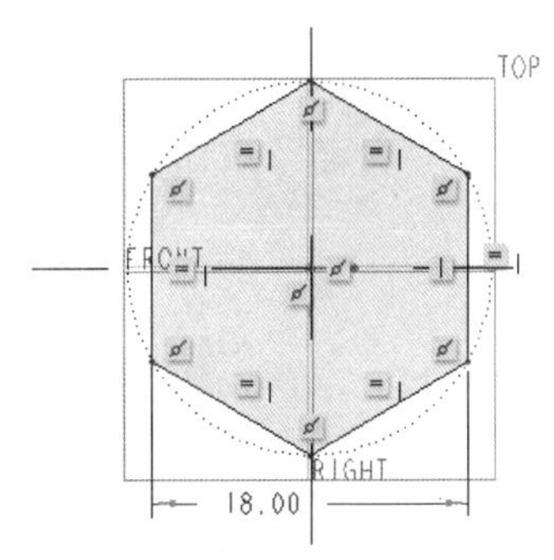

图 10-4　拉伸剖面

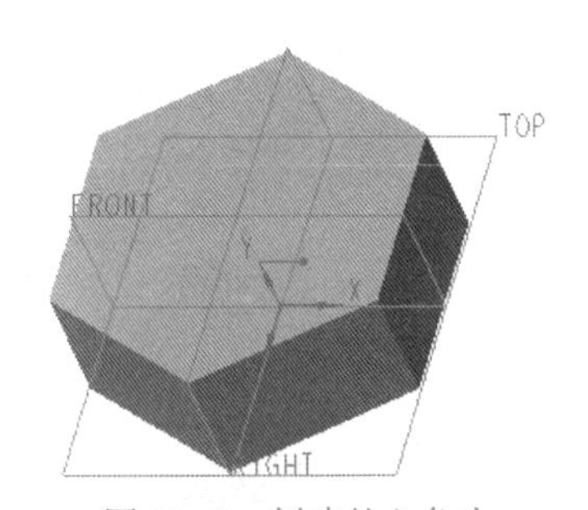

图 10-5　创建的六角头

步骤 3：创建混合特征。

（1）在功能区的“模型”选项卡中单击“形状”→“混合”按钮，打开图 10-6 所示的“混合”选项卡。

（2）打开“截面”下滑面板，选择“草绘截面”单选按钮（与在“混合”选项卡中选中“草绘截面”按钮的操作是一样的效果），接着在“截面”下滑面板中单击“定义”按钮，弹出“草绘”对话框。

（3）选择 TOP 基准平面作为草绘平面，默认以 RIGHT 基准平面为“右”方向参考，单

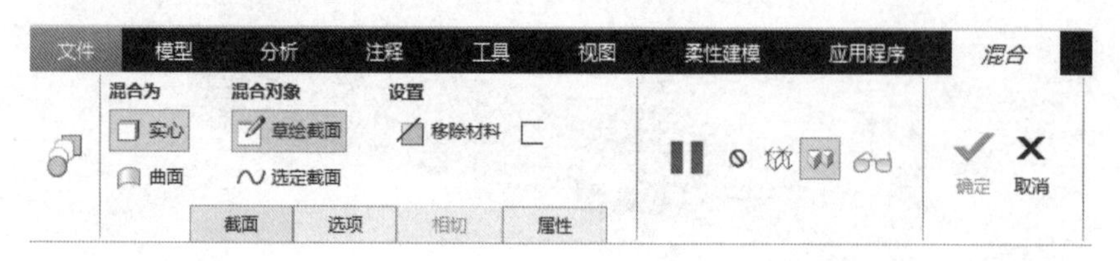

图 10-6 “混合”选项卡

击“草绘”按钮，进入草绘模式。绘制第一个混合剖面，如图 10-7 所示，单击“确定”按钮✔。

（4）在“截面”下滑面板的“草绘平面位置定义方式”选项组中选择“偏移尺寸”单选按钮，从“偏移自”下拉列表框中选择“截面 1”选项，输入偏移距离为-0.5（输入负值相当于更改偏移方向，确定输入偏移距离后在该偏移框内显示的是其偏移绝对值），单击“草绘”按钮，进入草绘模式。

（5）绘制第二个混合剖面，如图 10-8 所示，单击“确定”按钮✔。

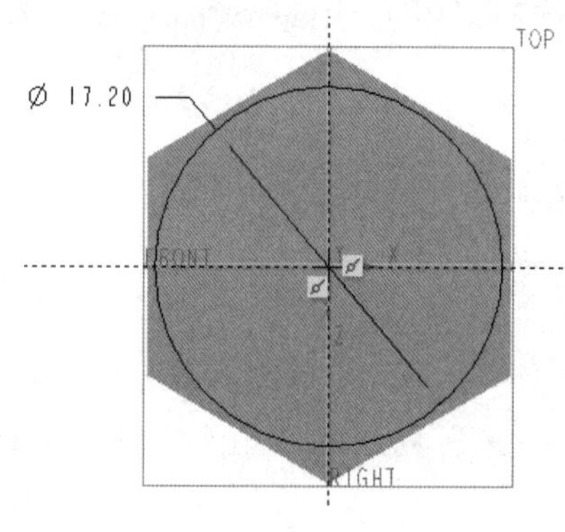

图 10-7 绘制第一个混合剖面

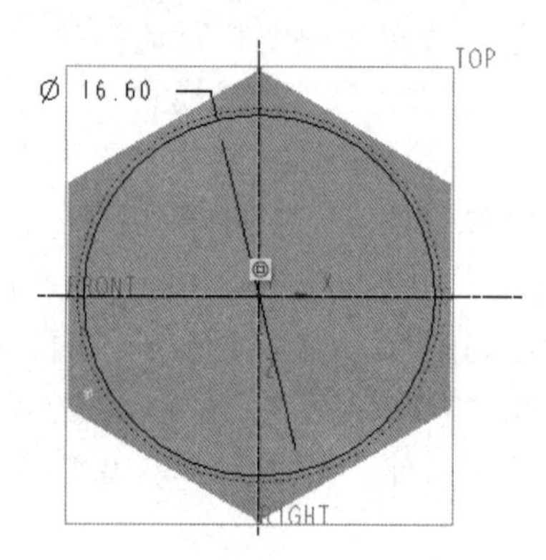

图 10-8 绘制

（6）此时混合特征动态预览如图 10-9 所示。单击“确定”按钮✔，完成创建的混合实体特征如图 10-10 所示。

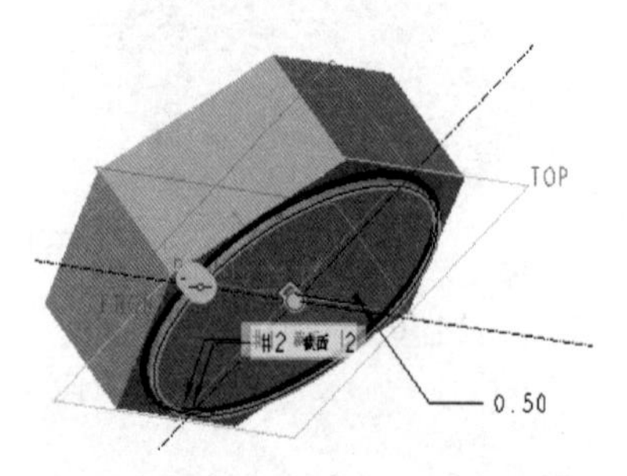

图 10-9 混合特征动态预览

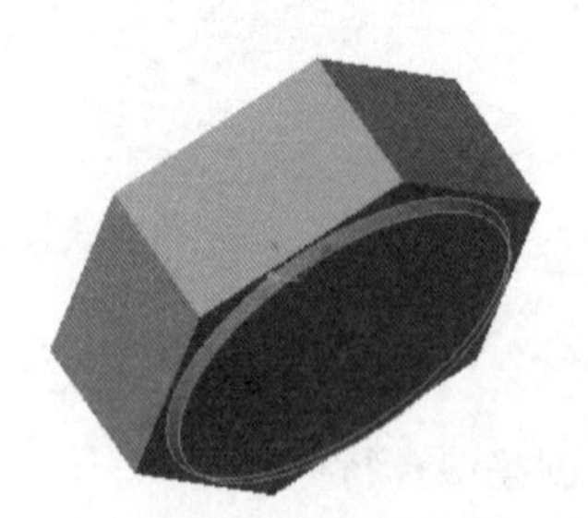

图 10-10 创建混合特征

步骤 4：创建圆柱体。

（1）单击“拉伸”按钮，打开“拉伸”选项卡，默认选中“实心”按钮。

（2）在“拉伸”选项卡中单击“放置”按钮，打开“放置”下滑面板，单击“定义”按钮，弹出“草绘”对话框。

（3）选择图 10-11 所示的零件面作为草绘平面，选择 RIGHT 基准平面作为“上”方向参考，单击“草绘”按钮，进入草绘器中。

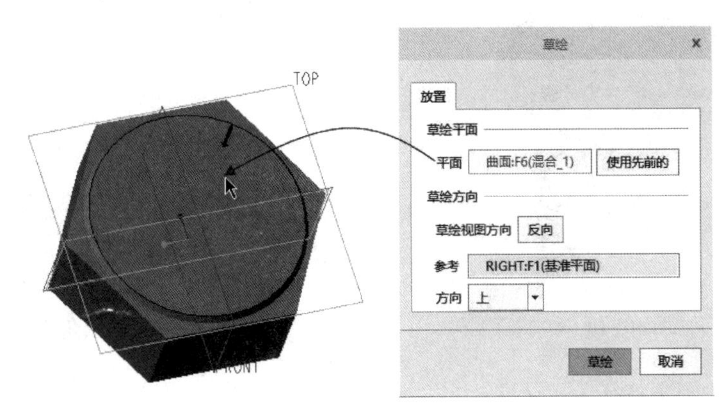

图 10-11　指定草绘平面及草绘方向参考

（4）绘制图 10-12 所示的拉伸剖面，单击“确定”按钮✔。

（5）在“拉伸”选项卡中输入拉伸深度值为 80。

（6）在“拉伸”选项卡中单击“确定”按钮✔，创建的圆柱形状拉伸实体如图 10-13 所示。

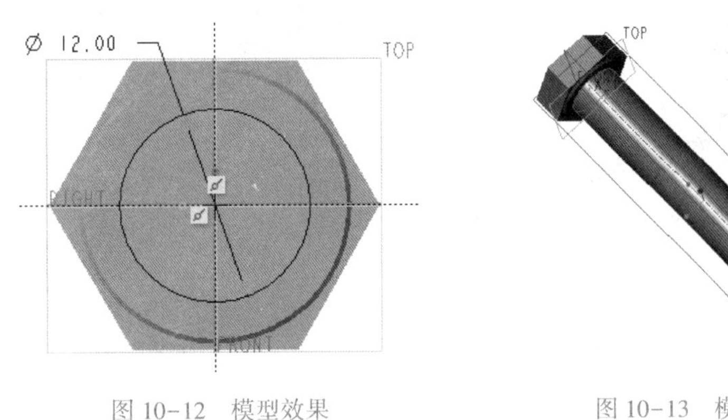

图 10-12　模型效果

图 10-13　模型效果

步骤 5：以旋转的方式在六角头上切除材料。

（1）单击“旋转”按钮，打开“旋转”选项卡。

（2）指定要创建的模型特征为“实心”，并单击“移除材料”按钮。

（3）在“旋转”选项卡中单击“放置”按钮，打开“放置”下滑面板，单击“定义”按钮，打开“草绘”对话框。

（4）选择 FRONT 基准平面作为草绘平面，以 RIGHT 基准平面为“右”方向参考，单击“草绘”按钮，进入草绘模式。

（5）绘制图 10-14 所示的图形，单击“确定”按钮✔。

（6）接受默认的旋转角度为 360°。

（7）在“旋转”选项卡中单击“确定”按钮✔。在键盘上按〈Ctrl+D〉快捷键，以默认的标准方向的视角来显示模型，效果如图 10-15 所示。

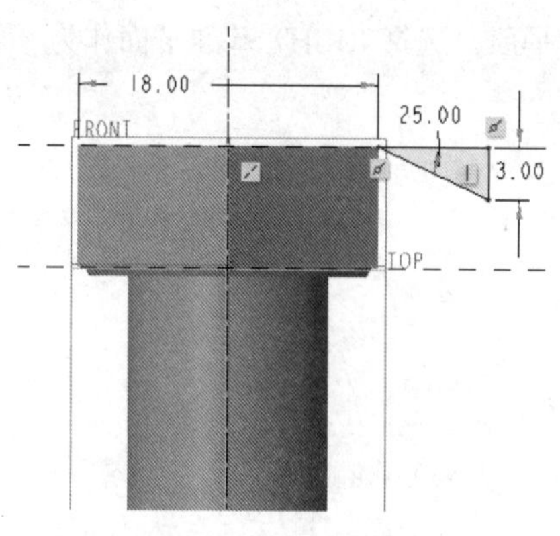

图 10-14　绘制草图

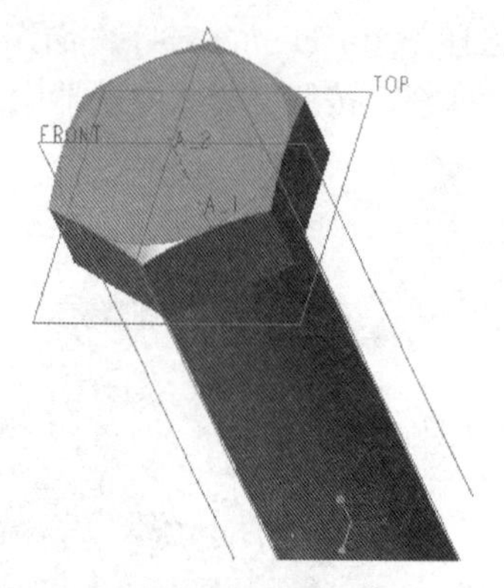

图 10-15　完善六角头的造型

步骤 6：创建倒角特征。

（1）单击“边倒角”按钮，打开“边倒角”选项卡。

（2）在“边倒角”选项卡中，选择倒角标注形式为 45×D，并在 D 框中输入 1.5。

（3）选择图 10-16 所示的边参考。

（4）单击“确定”按钮，倒角效果如图 10-17 所示。

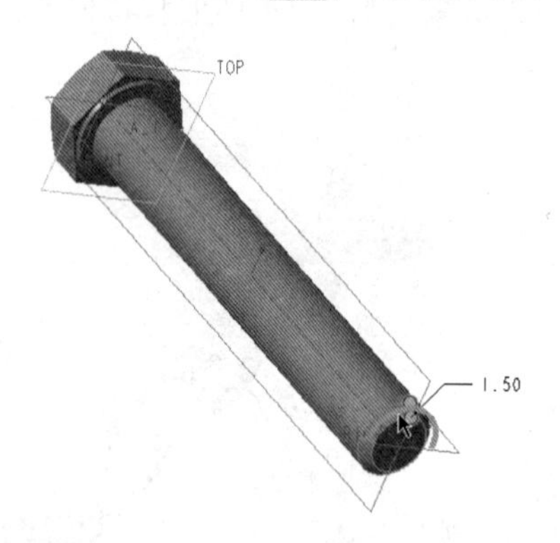

图 10-16　选择要倒角的边参考

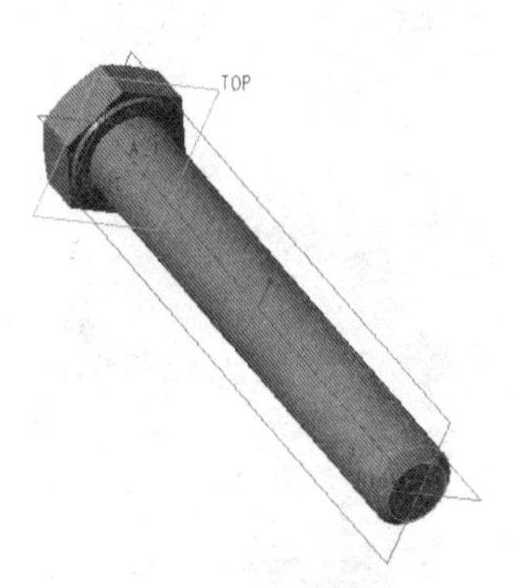

图 10-17　倒角结果

步骤 7：以螺旋扫描的方式创建外螺纹结构。

（1）在功能区“模型”选项卡的“形状”组中打开“扫描”旁边的下三角按钮，接着单击“螺旋扫描”按钮，打开“螺旋扫描”选项卡。

（2）在“螺旋扫描”选项卡中单击“实心”按钮、“移除材料”按钮和“右手定则”按钮，接着打开“参考”下滑面板，从“截面方向”选项组中选择“穿过螺旋轴”单选按钮，如图 10-18 所示。

（3）在“参考”下滑面板中单击“定义”按钮，弹出“草绘”对话框，选择 FRONT 基准平面，以 RIGHT 基准平面为“右”方向参考，单击“草绘”按钮，进入草绘模式。

（4）绘制图 10-19 所示的草图，单击“确定”按钮。

（5）在“螺旋扫描”选项卡中输入螺距为 1.5，如图 10-20 所示。

图 10-18 “螺旋扫描”选项卡

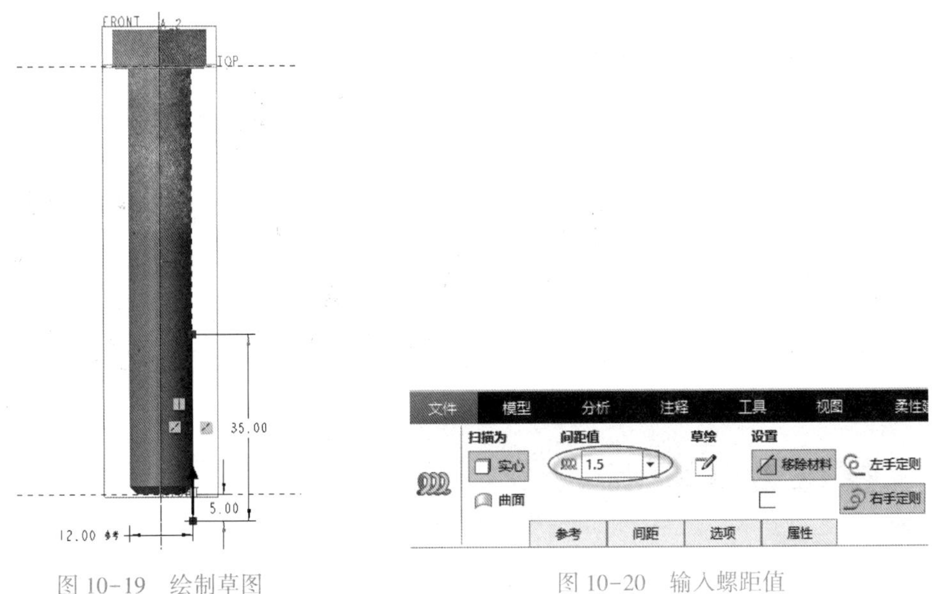

图 10-19 绘制草图

图 10-20 输入螺距值

(6) 在“螺旋扫描”选项卡中单击“草绘（创建或编辑扫描剖面）”按钮，进入草绘模式中，绘制图 10-21 所示的牙型横截面，单击“确定”按钮。

说明 普通螺纹的牙型角为 60°，在设计中，常将普通螺纹的牙型横截面简化绘制成图 10-22 所示的等边三角形，图中 $H=1.299\ \mathrm{mm}\approx 0.866p$（$p$ 为螺距），而 $0.325\ \mathrm{mm}\approx H/4$，$0.162\ \mathrm{mm}\approx H/8$。

(7) 在“螺旋扫描”选项卡中单击“确定”按钮，完成创建的外螺纹结构如图 10-23 所示。

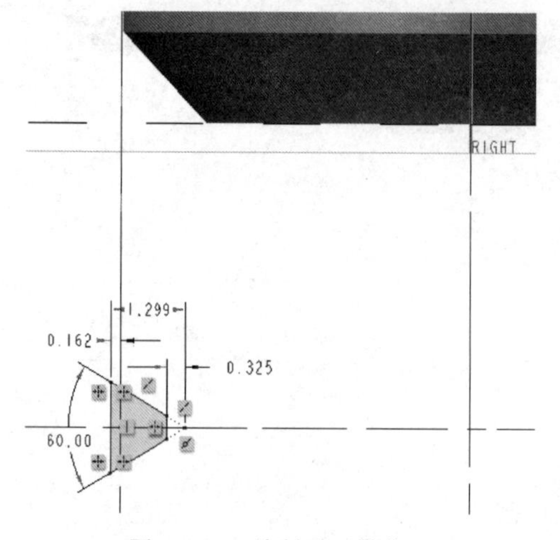

图 10-21 绘制牙型横截面

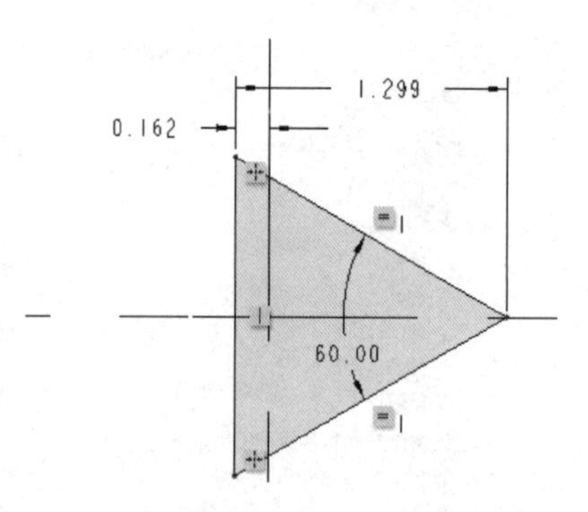

图 10-22 绘制普通螺纹的牙型横截面

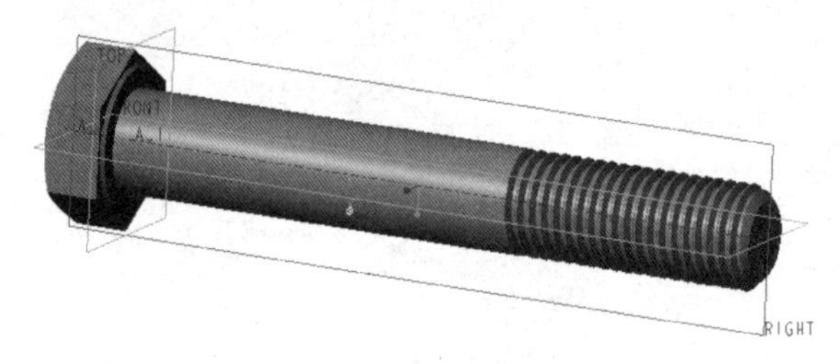

图 10-23 创建外螺纹

可以考虑在螺栓中添加半径最小值为 0.6 mm 的过渡圆角。

至此，基本上完成了该螺栓零件的设计工作。由于螺栓为标准件，以及在加工中会自动形成螺纹的收尾结构，因此很多设计人员在建立螺栓三维模型时，都将螺纹的自然收尾结构给省略了。

10.3 螺母设计实例

本实例要完成的螺母为六角螺母，如图 10-24 所示，其标记为“螺母 GB/T 6170 M12”，即螺纹规格 d = M12、性能等级为 10 级、不经表面处理、A 级的 1 型六角螺母。

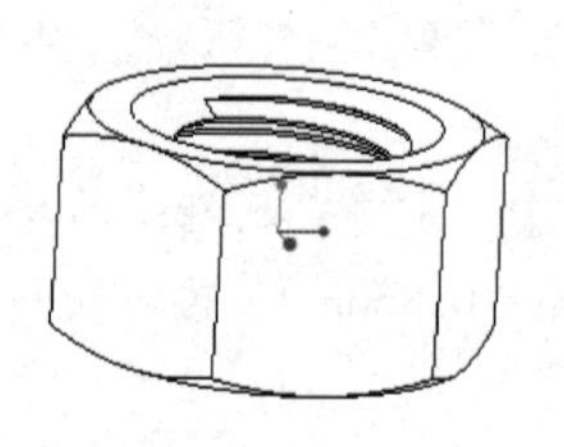

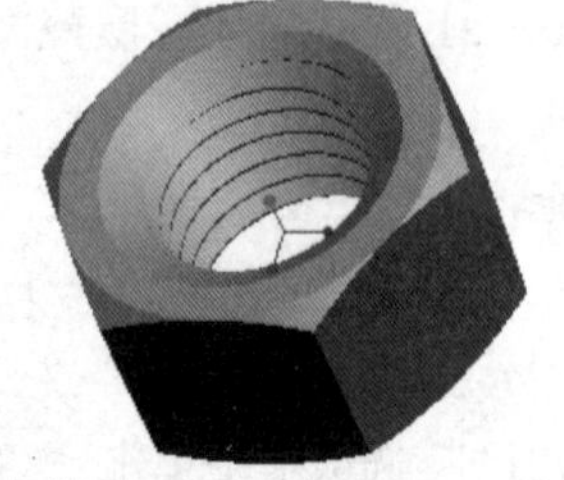

图 10-24 六角螺母

本实例的重点是学习和掌握如何通过螺旋扫描的方式来在零件中创建内螺纹结构。

下面介绍螺母的具体设计方法及步骤。

步骤 1：新建零件文件。

（1）在“快速访问”工具栏上单击“新建”按钮，弹出“新建”对话框。

（2）在“类型”选项组中选择“零件”单选按钮，在“子类型”选项组中选择“实体”单选按钮，在“名称”文本框中输入 HY_10_2。并取消勾选“使用默认模板”复选框，不使用默认模板，单击“确定”按钮，弹出“新文件选项”对话框。

（3）在“新文件选项”对话框的“模板”选项组中选择 mmns_part_solid 选项。单击“确定”按钮，进入零件设计模式。

步骤 2：以拉伸的方式建立螺母基本体。

（1）单击“拉伸”按钮，打开“拉伸”选项卡，默认选中“实心”按钮。

（2）选择 TOP 基准平面作为草绘平面，进入草绘器中。

（3）绘制图 10-25 所示的拉伸剖面，单击“确定”按钮。

（4）在“拉伸”选项卡中输入拉伸深度值为 10。

（5）单击“确定”按钮，创建的六角螺母的基本体如图 10-26 所示。

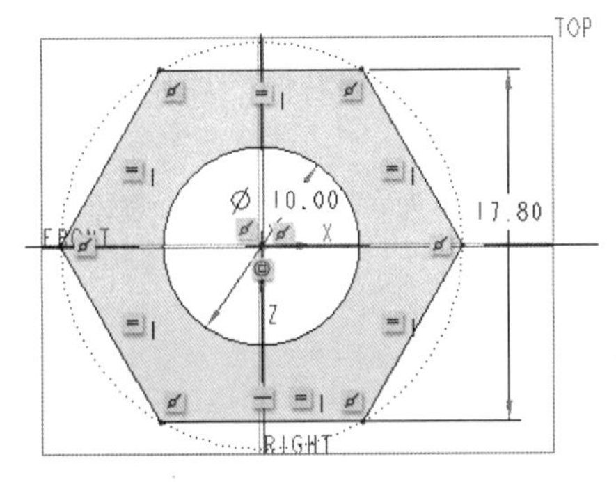

图 10-25 绘制剖面

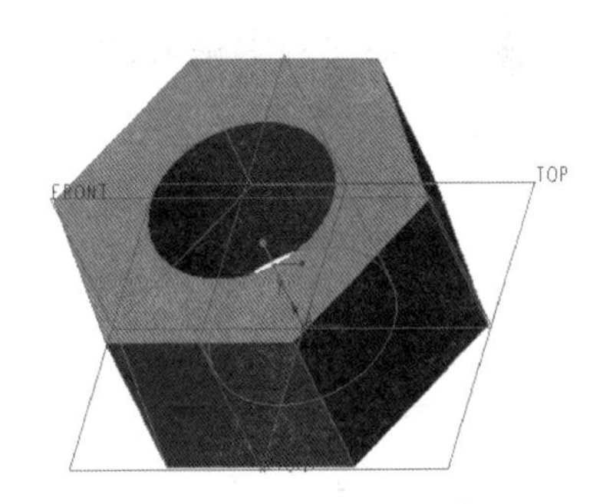

图 10-26 螺母基本体

步骤 3：创建倒角特征。

（1）单击“边倒角”按钮，打开“边倒角”选项卡。

（2）在“边倒角”选项卡中，选择倒角标注形式为“角度×D”，并在“角度”文本框中输入 60，在 D 文本框中输入 1.2，如图 10-27 所示。

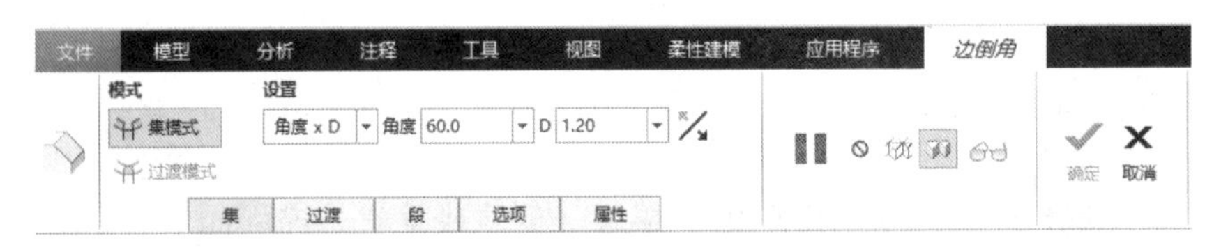

图 10-27 设置倒角标注形式及其尺寸

（3）结合〈Ctrl〉键选择两处边参考，并单击“切换角度使用的曲面”按钮，使倒角效果如图 10-28 所示。

（4）单击“确定”按钮，如图 10-29 所示。

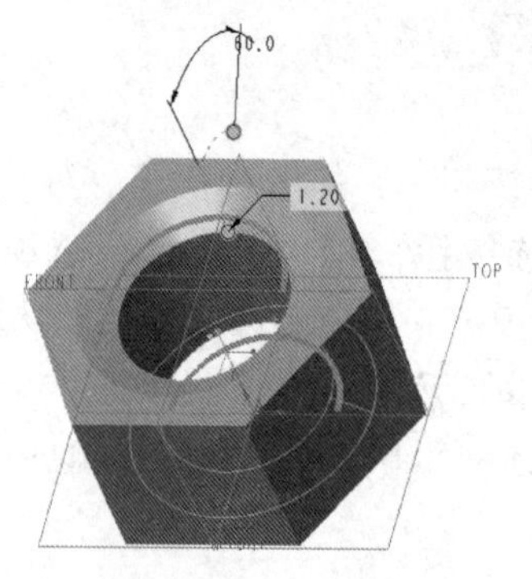

图 10-28　选择参考及设置角度使用的曲面

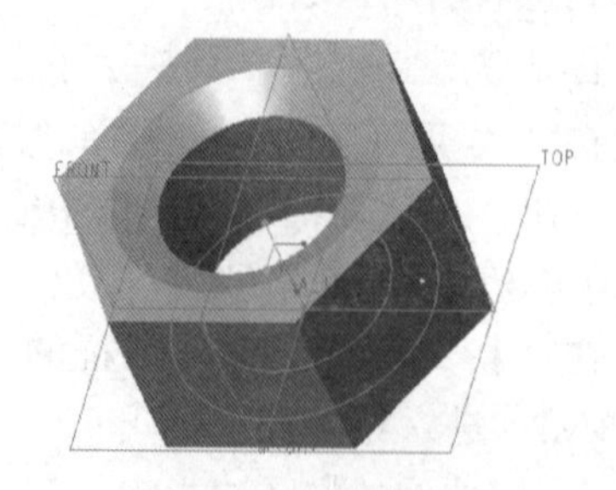

图 10-29　倒角效果

步骤 4：创建内螺纹结构。

（1）单击“螺旋扫描”按钮，打开“螺旋扫描”选项卡。

（2）在“螺旋扫描”选项卡中单击“实心”按钮、“移除材料”按钮和“右手定则”按钮，接着打开“参考”下滑面板，从“截面方向”选项组中选择“穿过螺旋轴”单选按钮。

（3）在“参考”下滑面板中单击位于“螺旋轮廓”收集器右侧的“定义”按钮，弹出“草绘”对话框。

（4）选择 FRONT 基准平面，默认以 RIGHT 基准平面为“右”方向参考，单击“草绘”按钮，进入草绘模式。

（5）绘制图 10-30 所示的草图，单击“确定”按钮。

（6）在“螺旋扫描”选项卡中输入螺距为 1.5，如图 10-31 所示。

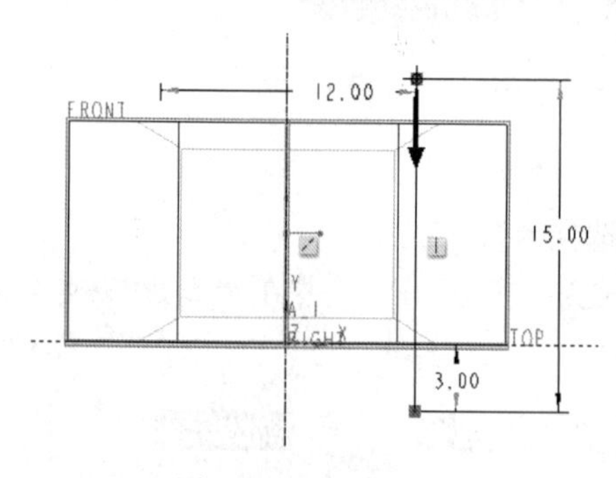

图 10-30　绘制草图

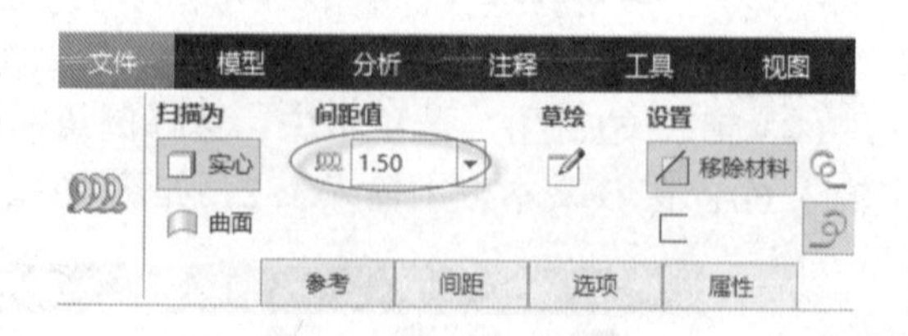

图 10-31　输入螺距

（7）在“螺旋扫描”选项卡中单击“草绘（创建或编辑扫描剖面）”按钮，进入草绘模式。

（8）绘制图 10-32 所示的牙型横截面，单击“确定”按钮。

说明　该螺母的螺纹横截面，严格来说应绘制成如图 10-33 所示，图中 $H=1.299\,mm\approx0.866p$（p 为螺距），而 $0.162\,mm\approx H/8$。在本例螺母之内螺纹的设计中，可以将普通内螺纹的牙型横截面简化绘制成图 10-33 所示的等边三角形。

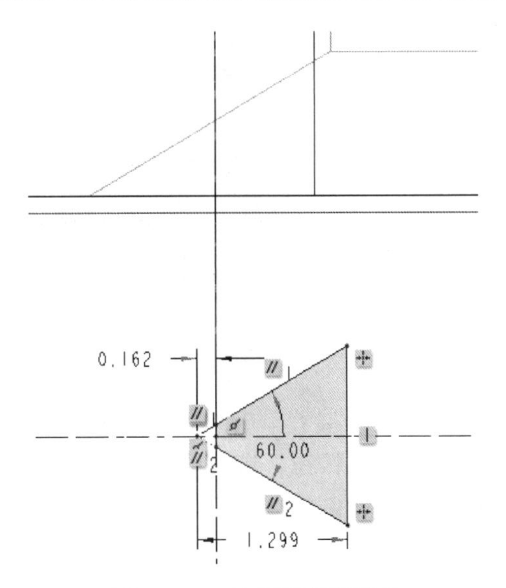

图 10-32 绘制牙型横截面

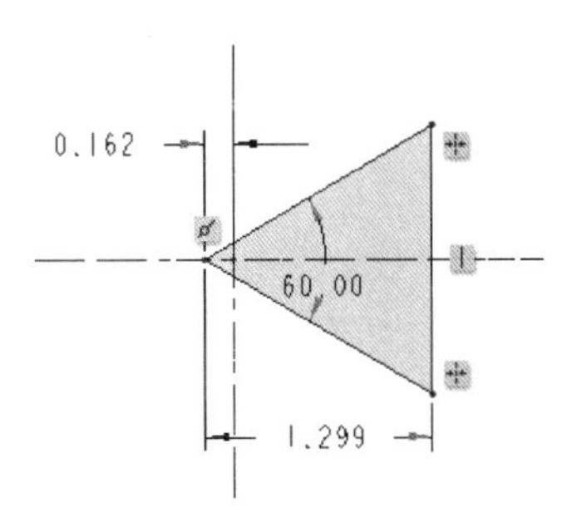

图 10-33 绘制牙型横截面

（9）在“螺旋扫描”选项卡中单击“确定”按钮，在螺母基本体中创建的内螺纹结构如图 10-34 所示。

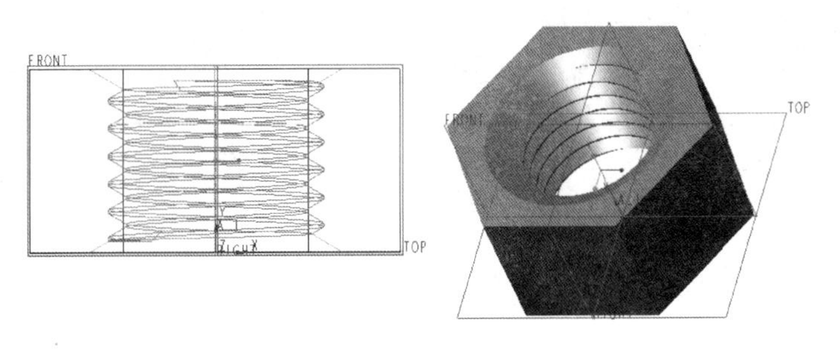

图 10-34 创建内螺纹

步骤 5：以旋转的方式在六角螺母上切除材料。

（1）单击“旋转”按钮，打开“旋转”选项卡。

（2）指定要创建的模型特征为“实心”，并单击“移除材料”按钮。

（3）在“旋转”选项卡中单击“放置”按钮，打开“放置”下滑面板，单击“定义”按钮，打开“草绘”对话框。选择 FRONT 基准平面作为草绘平面，以 RIGHT 基准平面为“右”方向参考，单击“草绘”按钮，进入草绘模式。

（4）绘制图 10-35 所示的图形，单击“确定”按钮。

（5）接受默认的旋转角度为 360°。

（6）在“旋转”选项卡中单击“确定”按钮。在键盘上按〈Ctrl+D〉快捷键，以标准方向的视角来显示模型，效果如图 10-36 所示。

步骤 6：继续以旋转的方式在六角螺母上切除材料。

（1）单击“旋转”按钮，打开“旋转”选项卡。

（2）指定要创建的模型特征为“实心”，并单击“移除材料”按钮。

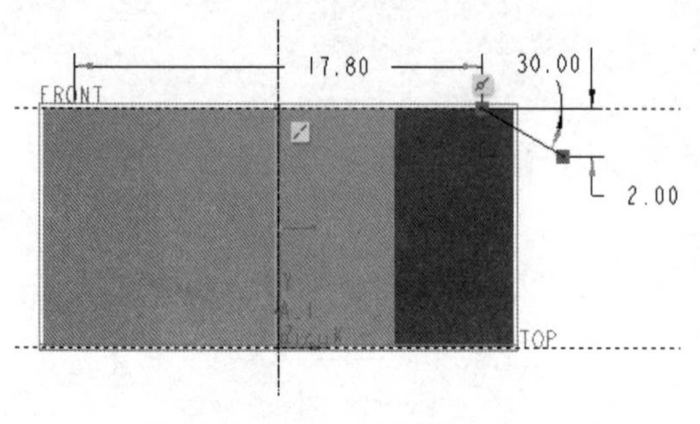

图 10-35　绘制图形

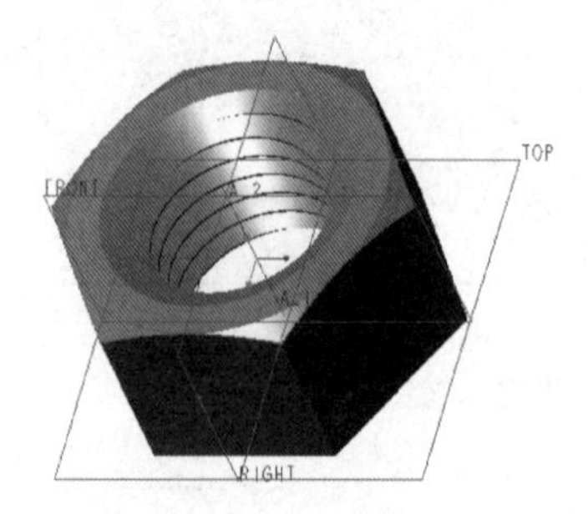

图 10-36　模型效果

（3）单击“放置”按钮，打开“放置”下滑面板，接着单击“定义”按钮，打开“草绘”对话框。在“草绘”对话框中单击“使用先前的”按钮，进入草绘模式。

（4）绘制图 10-37 所示的图形，单击“确定”按钮✔。

（5）接受默认的旋转角度为 360°。

（6）在“旋转”选项卡中单击“确定”按钮✔，完成的效果如图 10-38 所示。

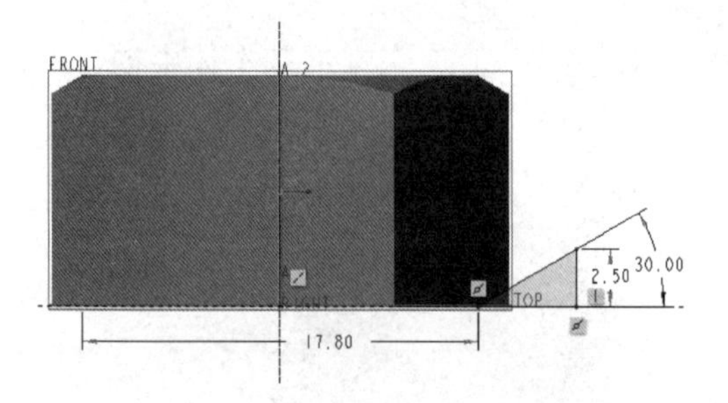

图 10-37　绘制图形

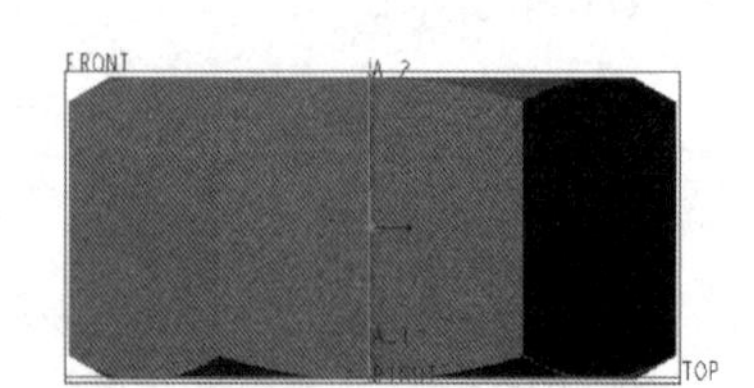

图 10-38　完成的效果

10.4　铜柱设计实例

在一些电子或电气设备中，常需要设计特定的铜柱来支承和定位印制电路板（PCB）。在本实例中，要完成的铜柱如图 10-39 所示。

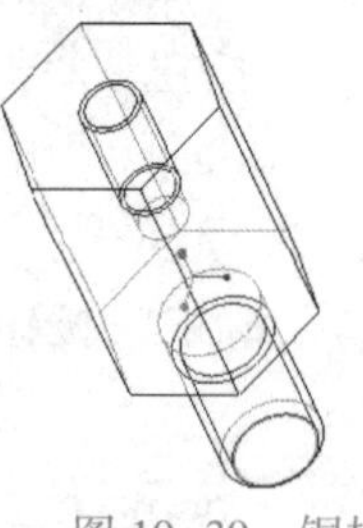

图 10-39　铜柱

本实例的重点是学习和掌握如何利用孔工具来建立标准螺纹孔，以及如何使用“修饰螺纹”工具命令来创建螺纹修饰特征。

下面介绍该铜柱的具体设计方法及步骤。

步骤 1：新建零件文件。

（1）在“快速访问”工具栏上单击“新建”按钮，弹出“新建”对话框。

（2）在“类型”选项组中选择“零件”单选按钮，在“子类型”选项组中选择“实体”单选按钮，在“名称”文本框中输入 HY_10_3，并取消勾选“使用默认模板”复选框，不使用默认模板，单击“确定”按钮，弹出“新文件选项”对话框。

（3）在“新文件选项”对话框的“模板”选项组中选择 mmns_part_solid 选项。单击“确定”按钮，进入零件设计模式。

步骤 2：创建拉伸特征。

（1）单击“拉伸”按钮，打开“拉伸”选项卡，默认选中“实心”按钮。

（2）选择 TOP 基准平面作为草绘平面，进入草绘器中。

（3）绘制图 10-40 所示的拉伸剖面，单击“确定”按钮。

（4）在“拉伸”选项卡中输入拉伸深度值为 15。

（5）单击“确定”按钮，创建的拉伸特征如图 10-41 所示。

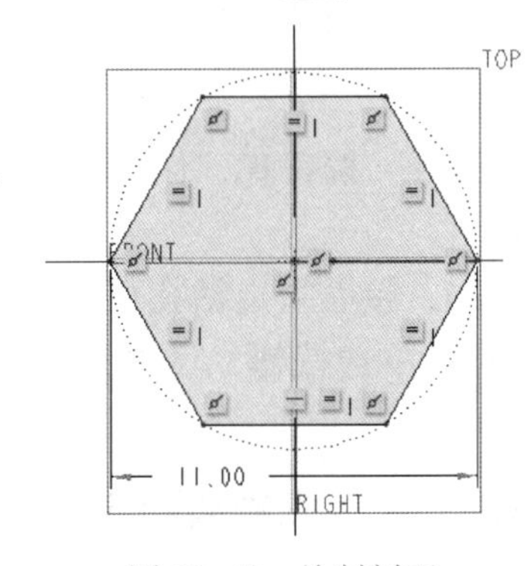

图 10-40 绘制剖面

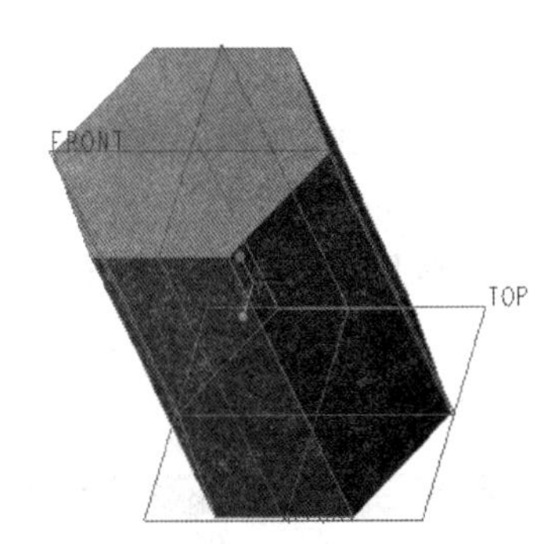

图 10-41 创建的拉伸特征

步骤 3：创建拉伸特征。

（1）单击“拉伸”按钮，打开“拉伸”选项卡，默认选中“实心”按钮。

（2）打开“拉伸”选项卡的“放置”下滑面板，单击“定义”按钮，弹出“草绘”对话框。翻转视图角度，选择图 10-42 所示的零件面作为草绘平面，以 RIGHT 基准平面作为“上”方向参考，单击“草绘”按钮，进入草绘模式中。

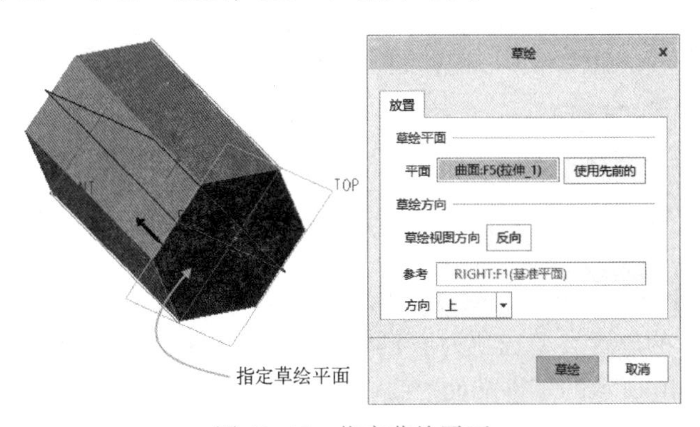

图 10-42 指定草绘平面

（3）绘制图 10-43 所示的拉伸剖面，单击“确定”按钮✔。

（4）在“拉伸”选项卡中输入拉伸深度值为 10。

（5）单击“确定”按钮✔，创建的拉伸特征如图 10-44 所示。

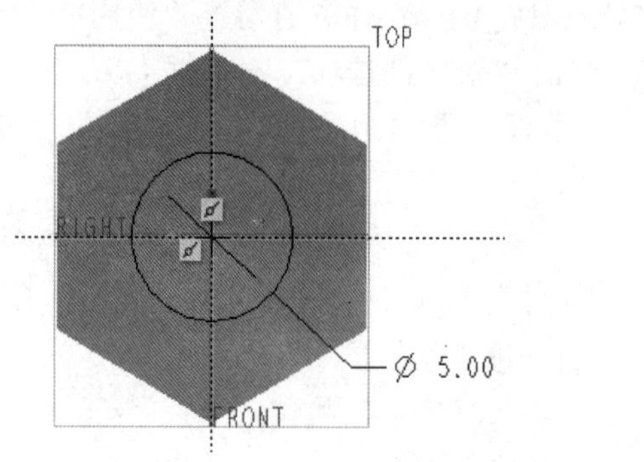

图 10-43　绘制拉伸剖面

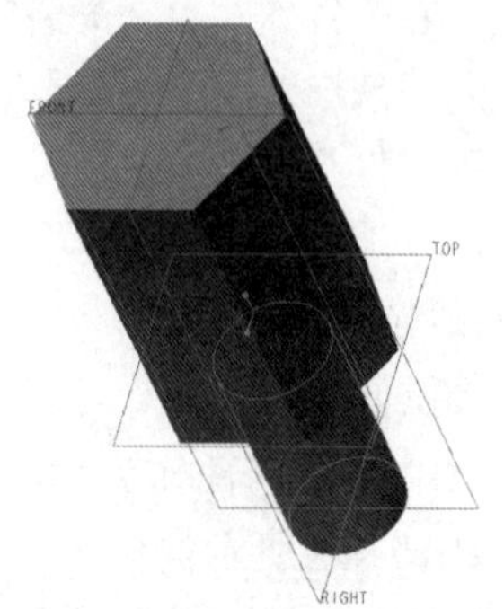

图 10-44　完成的拉伸特征

步骤 4：创建标准螺纹孔特征。

（1）单击“孔”按钮，打开“孔”选项卡。

（2）单击“孔”选项卡中的“标准（创建标准孔）”按钮，保持不选中“埋头孔”按钮和“沉孔”按钮。

（3）在（螺钉尺寸）后的列表框中选择 M3x. 5，接着指定钻孔深度为 8。然后单击“形状”按钮打开“形状”下滑面板，选择“可变”单选按钮，设置螺纹深度为 6，如图 10-45所示。

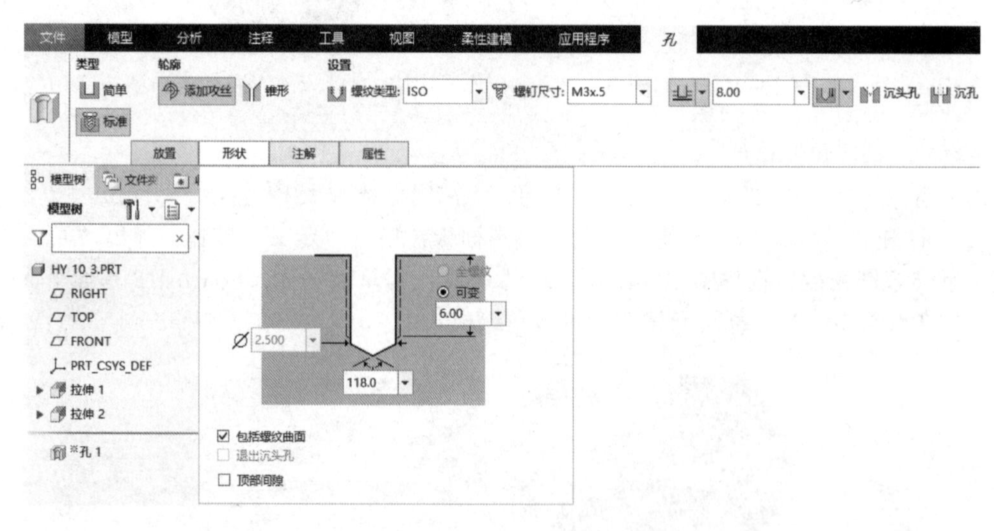

图 10-45　设置螺纹规格尺寸等

（4）在“孔”选项卡中单击“放置”按钮，打开“放置”下滑面板。在模型窗口中选择 A_1 特征轴，默认的放置类型选项为“同轴”（不可更改），接着按住〈Ctrl〉键的同时在模型中单击图 10-46 所示的零件端面。

（5）在“孔”选项卡中单击“注解”按钮以打开“注解”下滑面板，从中取消勾选

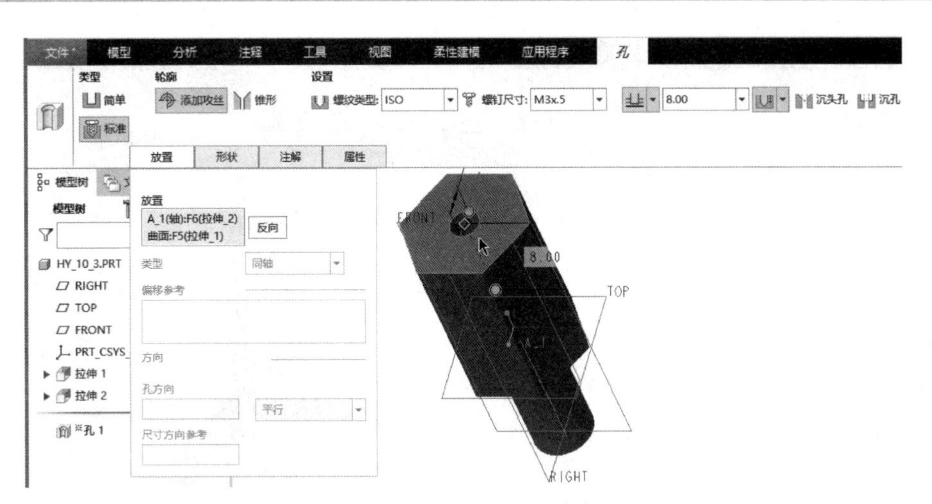

图 10-46　指定放置参考

“添加注解”复选框，如图 10-47 所示。

（6）在“孔”选项卡中单击“确定”按钮✓，如图 10-48 所示。

步骤 5：创建倒角特征。

（1）单击“边倒角”按钮，打开“边倒角”选项卡。

（2）在“边倒角”选项卡中，从下拉列表框中选择倒角的标注形式选项为 45×D，输入 D 值为 0.5。

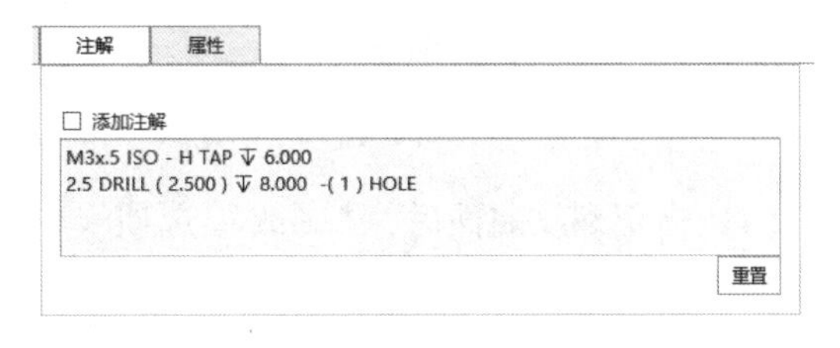

图 10-47　“注解”下滑面板

（3）选择图 10-49 所示的边参考。

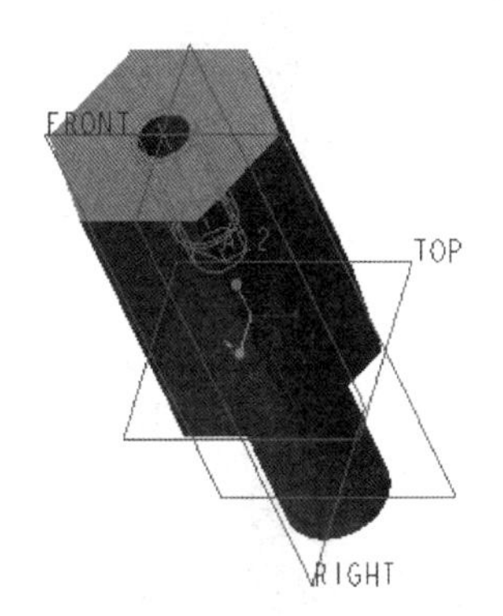

图 10-48　创建标准螺纹孔

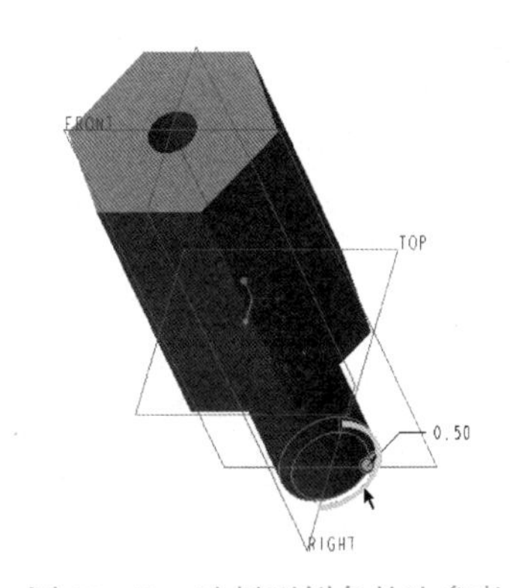

图 10-49　选择要倒角的边参考

（4）单击“确定”按钮✓。

步骤 6：创建螺纹修饰特征。

（1）在功能区的“模型”选项卡中单击“工程”以打开“工程”组溢出列表，从中选择“修饰螺纹”命令，打开图 10-50 所示的“螺纹”选项卡。

（2）在“螺纹”选项卡中单击“定义简单螺纹”按钮，此时如果打开“放置”下滑面板，则可以看到“螺纹曲面”收集器自动处于激活（当前活动）状态，如图 10-51 所示。

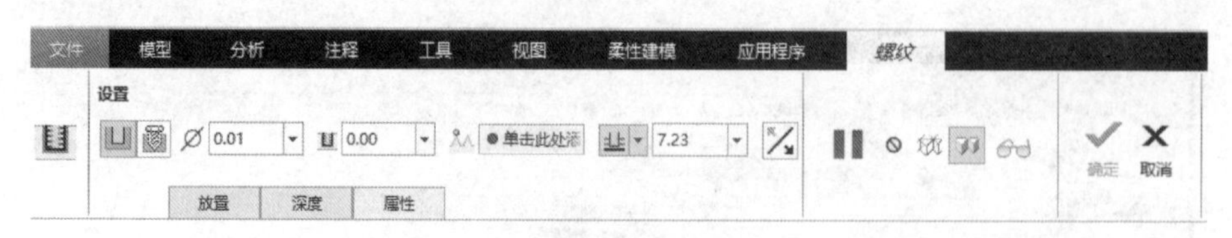

图 10-50 “螺纹”选项卡

（3）单击图 10-52 所示的圆柱曲面作为螺纹曲面。

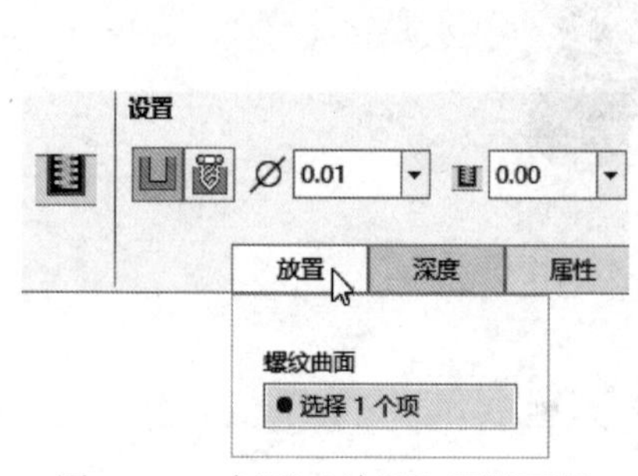

图 10-51 打开“放置”下滑面板

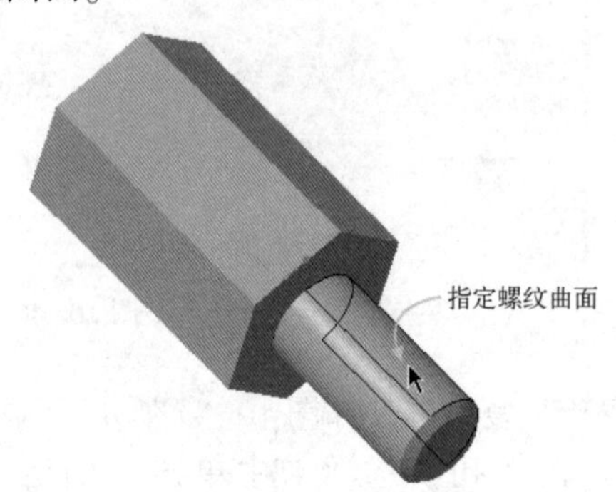

图 10-52 指定螺纹曲面

（4）指定螺纹曲面后，“螺纹”选项卡中的框自动被激活，选择图 10-53 所示的端面作为螺纹的起始面。

（5）设定螺纹深度为 8，如图 10-54 所示。

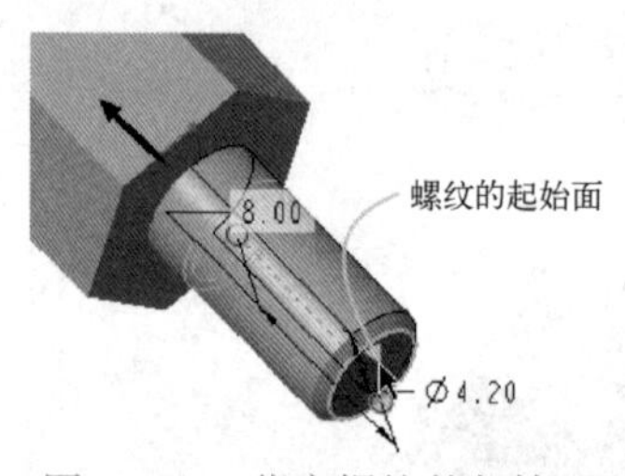

图 10-53 指定螺纹的起始面

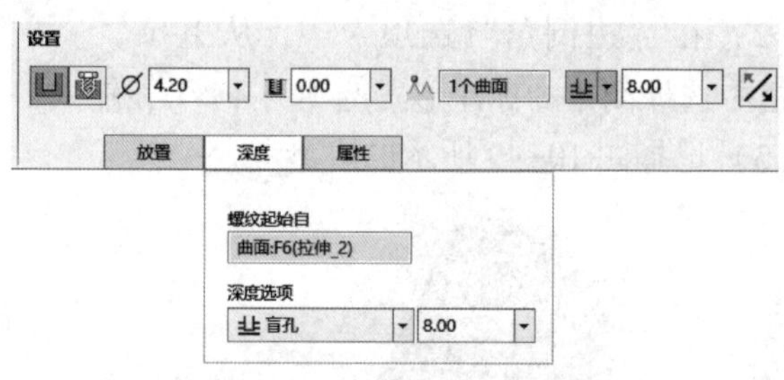

图 10-54 设定螺纹深度

（6）在“螺纹直径值”下拉列表框 Ø 中输入螺纹的直径值为 4.2。

（7）单击“确定”按钮，完成修饰螺纹特征的创建，结果如图 10-55 所示。

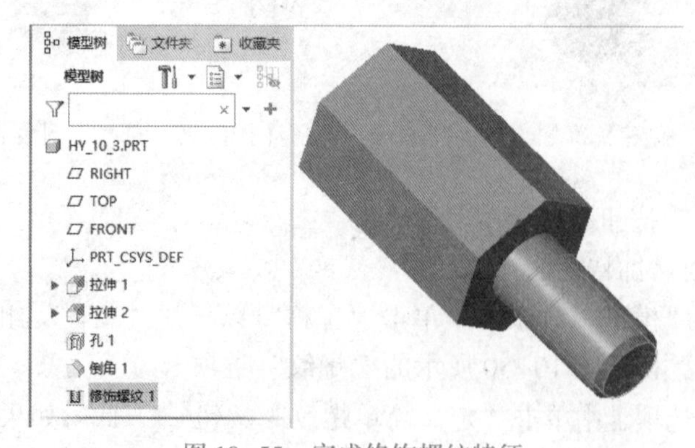

图 10-55 完成修饰螺纹特征

10.5 具有滚花结构的零件设计实例

本实例要完成的零件如图 10-56 所示，该零件除了设计有外螺纹结构之外，还具有网纹形式的滚花结构。

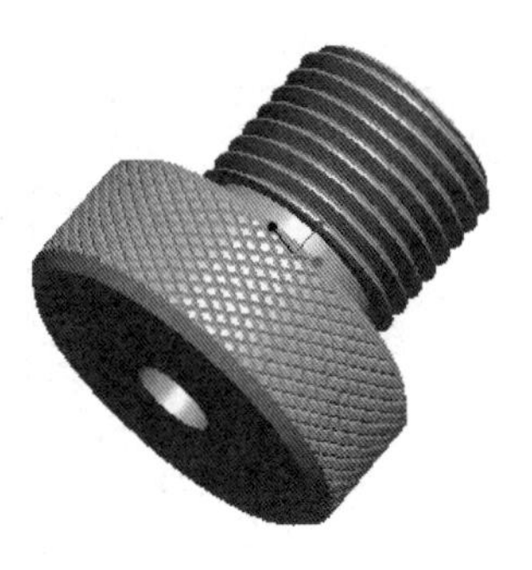

图 10-56 具有滚花结构的实例模型

本实例的目的在于复习如何创建螺旋扫描特征，以及学习如何构建滚花结构。

具体的操作方法及步骤如下。

步骤 1：新建零件文件。

（1）在“快速访问”工具栏上单击“新建”按钮，弹出“新建”对话框。

（2）在“类型”选项组中选择“零件”单选按钮，在“子类型”选项组中选择“实体”单选按钮，在“名称”文本框中输入 HY_10_4，并取消勾选“使用默认模板”复选框，不使用默认模板，单击“确定”按钮，弹出“新文件选项”对话框。

（3）在“模板”选项组中选择 mmns_part_solid 选项，单击“确定”按钮，进入零件设计模式。

步骤 2：创建旋转特征。

（1）单击“旋转”按钮，打开“旋转”选项卡，默认选中“实心”按钮。

（2）选择 FRONT 基准平面作为草绘平面，进入草绘器中。

（3）单击“基准”组中的“中心线”按钮，绘制一条水平的几何中心线，接着单击“草绘”选项组的“线链”按钮，绘制封闭的旋转剖面，如图 10-57 所示。单击“确定”按钮，完成草绘并退出草绘模式。

（4）接受默认的旋转角度为 360°。

（5）在“旋转”选项卡中单击“确定”按钮，完成该零件基本体的创建。按〈Ctrl+D〉快捷键以标准方向显示模型，此时如图 10-58 所示。

步骤 3：创建倒角特征。

（1）单击“边倒角”按钮，打开“边倒角”选项卡。

（2）在“边倒角”选项卡的下拉列表框中选择倒角的标注形式选项为 45×D，接着输入 D 值为 1。

（3）选择图 10-59 所示的边参考。

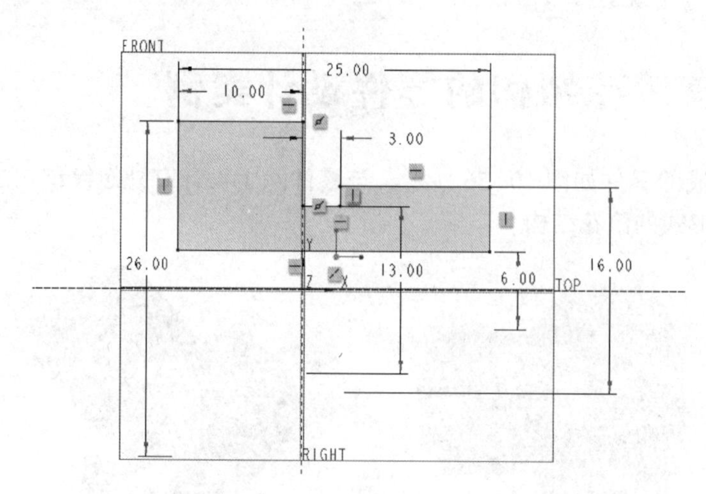

图 10-57　草绘剖面

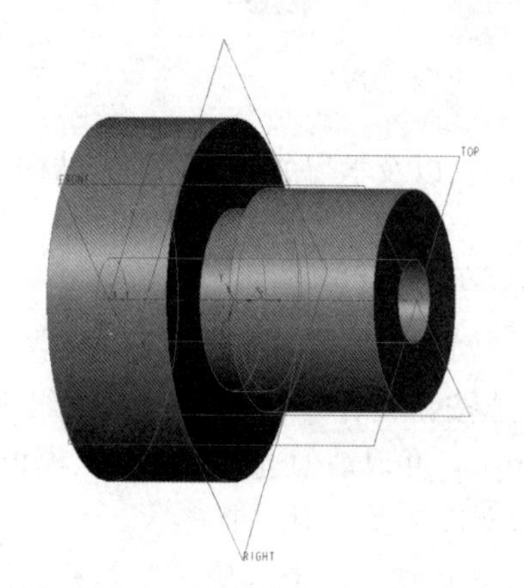

图 10-58　创建的旋转特征

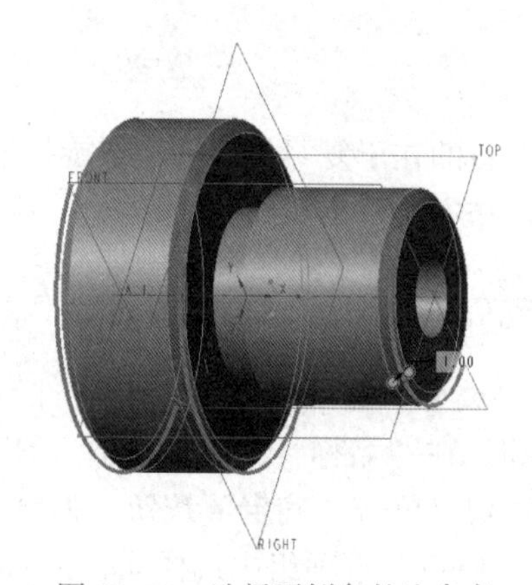

图 10-59　选择要倒角的边参考

（4）单击“确定”按钮。

步骤 4：建构外螺纹结构。

（1）单击“螺旋扫描”按钮，打开“螺旋扫描”选项卡。

（2）在“螺旋扫描”选项卡中单击“实心”按钮、“移除材料”按钮和“右手定则”按钮，接着打开“参考”下滑面板，从“截面方向”选项组中选择“穿过螺旋轴”单选按钮。

（3）在“参考”下滑面板中单击位于“螺旋轮廓”收集器右侧的“定义”按钮，弹出“草绘”对话框。选择 FRONT 基准平面，默认以 RIGHT 基准平面为“右”方向参考，单击“草绘”按钮，进入草绘模式。

（4）绘制图 10-60 所示的草图，单击“确定”按钮。

（5）在“螺旋扫描”选项卡中输入螺距为 1.5，如图 10-61 所示。

（6）在“螺旋扫描”选项卡中单击“草绘（创建或编辑扫描剖面）”按钮，进入草绘模式中。

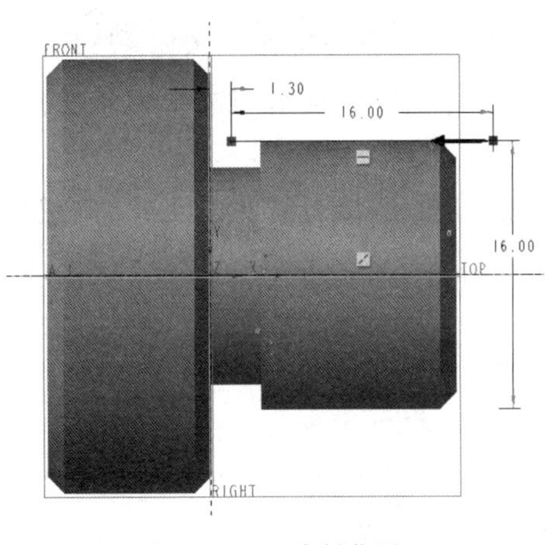

图 10-60　绘制草图

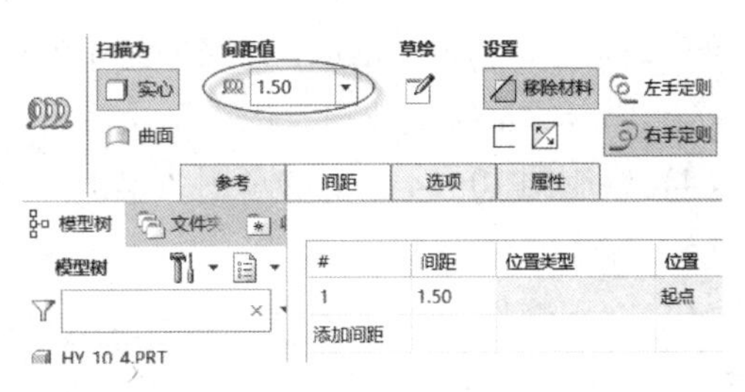

图 10-61　输入螺距

（7）绘制图 10-62 所示的牙型横截面，单击“确定”按钮✓。

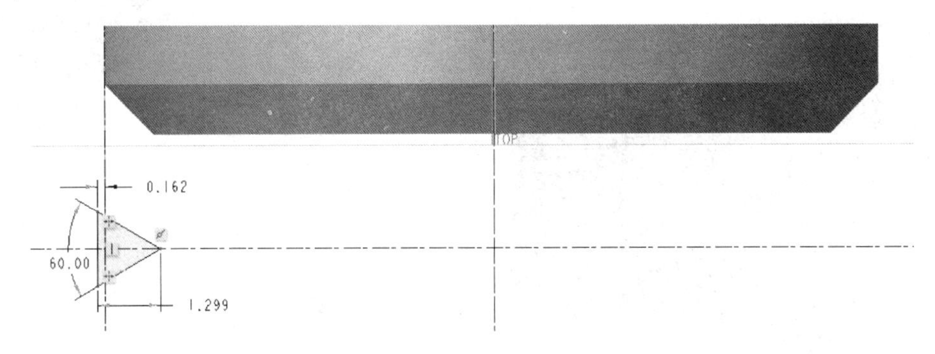

图 10-62　绘制螺纹牙型横截面

（8）在“螺旋扫描”选项卡中单击“确定”按钮✓，完成的该外螺纹效果如图 10-63 所示。

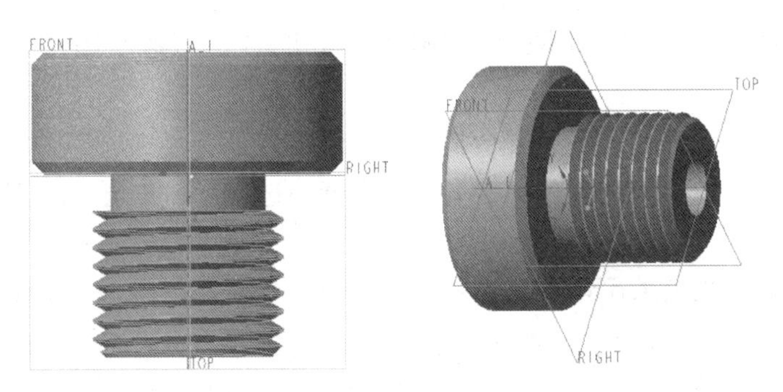

图 10-63　完成外螺纹

说明　下面介绍的步骤 5 至步骤 8，是在零件上进行网纹滚花结构的设计。

步骤 5：创建一条右旋滚槽。

（1）单击“螺旋扫描”按钮，打开“螺旋扫描”选项卡。

（2）在“螺旋扫描”选项卡中单击“实心”按钮、“移除材料”按钮和“右手定则”按钮，接着打开“参考”下滑面板，从“截面方向”选项组中选择“穿过螺旋轴”单选按钮。

（3）在“参考”下滑面板中单击位于“螺旋轮廓”收集器右侧的“定义”按钮，弹出“草绘”对话框。选择 FRONT 基准平面作为草绘平面，默认以 RIGHT 基准平面为“右”方向参考，单击“草绘”按钮，进入草绘器。

（4）绘制图 10-64 所示的草图，单击“确定”按钮。

（5）输入螺距为 52。

（6）在“螺旋扫描”选项卡中单击“草绘（创建或编辑扫描剖面）”按钮，进入草绘模式中。绘制图 10-65 所示的牙型横截面，单击“确定”按钮。

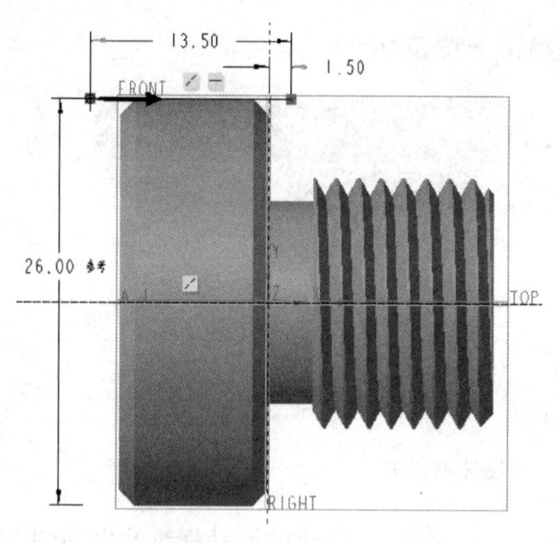

图 10-64　绘制草图

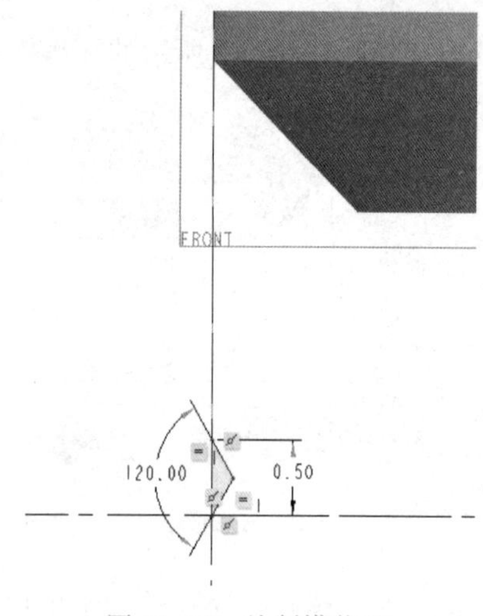

图 10-65　绘制横截面

（7）单击“螺旋扫描”选项卡中的“确定”按钮，创建图 10-66 所示的一条滚槽。

步骤 6： 阵列。

（1）单击“阵列”按钮，打开“阵列”选项卡。

（2）在“阵列”选项卡的阵列类型下拉列表框中选择“轴”选项，然后在模型中选择 A_1 轴线。

（3）在“阵列”选项卡中单击“设置阵列的角度范围”按钮，设置阵列的角度范围为 360°，并输入第一方向的阵列成员数为 50。

（4）在“阵列”选项卡中单击“确定”按钮，阵列结果如图 10-67 所示。

步骤 7： 创建一条左旋滚槽。

（1）单击“螺旋扫描”按钮，打开“螺旋扫描”选项卡。

（2）在“螺旋扫描”选项卡中单击“实心”按钮、“移除材料”按钮和“左手定则”按钮，接着打开“参考”下滑面板，从“截面方向”选项组中选择“穿过螺旋轴”单选按钮。

图 10-66 创建的一条滚槽

图 10-67 阵列结果

（3）在“参考”下滑面板中单击位于“螺旋轮廓”收集器右侧的“定义”按钮，弹出“草绘”对话框。在“草绘”对话框中单击“使用先前的”按钮，进入草绘器。

（4）绘制图 10-68 所示的草图，单击“确定”按钮✔。

（5）输入螺距为 52。

（6）在“螺旋扫描”选项卡中单击“草绘（创建或编辑扫描剖面）”按钮，进入草绘模式中。绘制图 10-69 所示的牙型横截面，单击“确定”按钮✔。

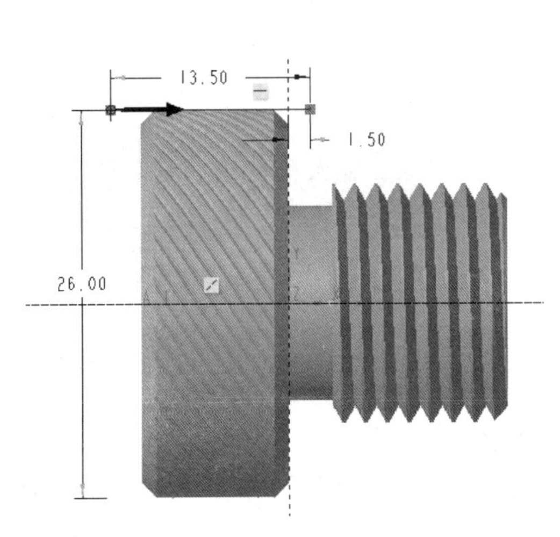

图 10-68 绘制草图

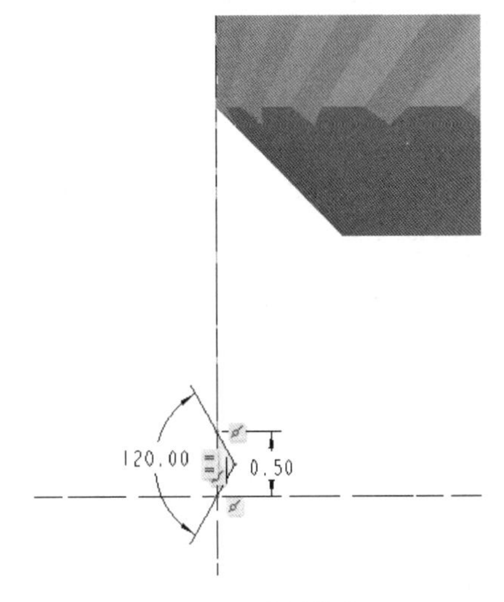

图 10-69 绘制横截面

（7）单击“螺旋扫描”选项卡中的“确定”按钮✔，创建图 10-70 所示的一条滚槽。

步骤 8： 阵列。

（1）单击“阵列”按钮，打开“阵列”选项卡。

（2）在“阵列”选项卡的阵列类型下拉列表框中选择“轴”选项，然后在模型中选择特征轴线 A_1。

（3）在“阵列”选项卡中单击“设置阵列的角度范围”按钮，设置阵列的角度范围为 360°，并输入第一方向的阵列成员数为 50。

（4）在“阵列”选项卡中单击“确定”按钮✔，阵列结果如图 10-71 所示。

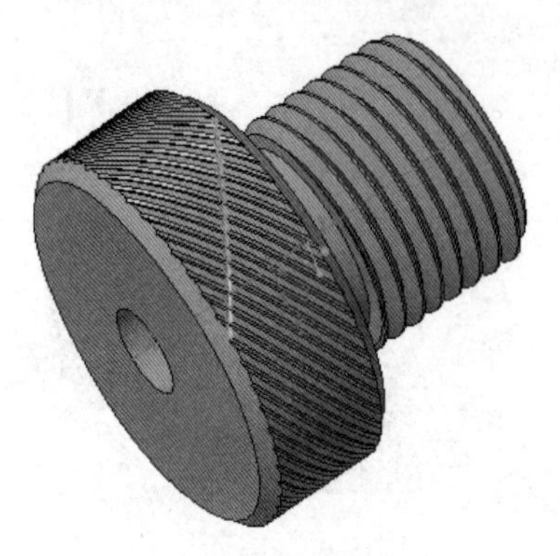
图 10-70　创建一条滚槽

图 10-71　阵列结果

至此，完成了该零件的三维造型设计，保存文件。

10.6　初试牛刀

设计题目 1：设计一个开槽锥端紧定螺钉，该螺钉的规格为“GB/T 71　M5×12”，具体的尺寸如图 10-72 所示，未注倒角为 C0.6（45°×0.6 mm）。完成的该开槽锥端紧定螺钉的三维造型如图 10-73 所示。

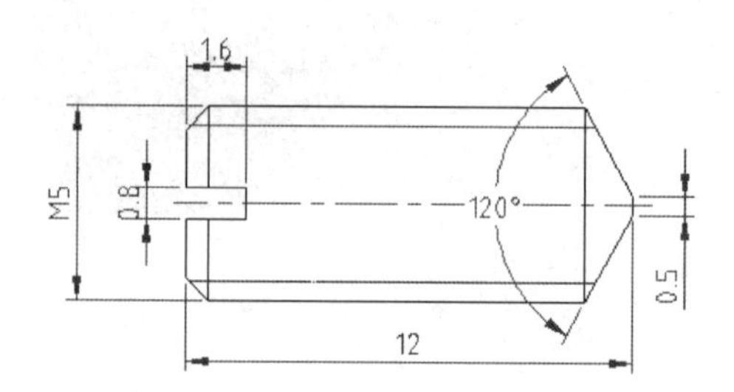

图 10-72　开槽锥端紧定螺钉

图 10-73　开槽锥端紧定螺钉的三维造型

设计题目 2：设计一个圆螺母，如图 1-74 所示。

该圆螺母的规格为“螺母 GB 812　M52×1.5”，具体尺寸如图 10-75 所示，未注倒角为 C1.5（45°×1.5 mm）。

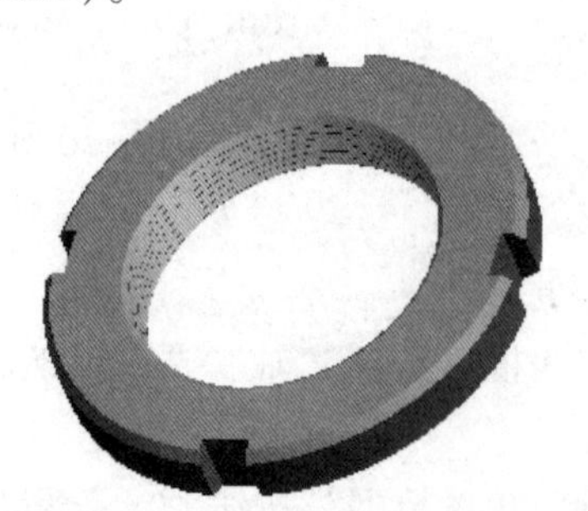

图 10-74　圆螺母三维造型

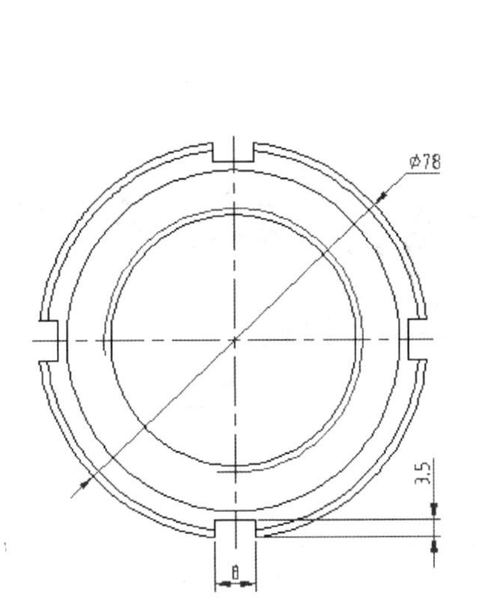

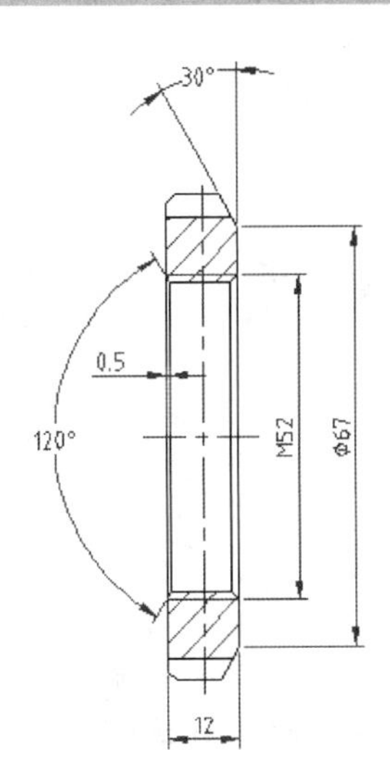

图 10-75 圆螺母零件工程图

设计题目 3：设计图 10-76 所示的一个零件，注意在该零件上创建滚花结构。具体的尺寸由读者根据零件造型自行选择（确定）。

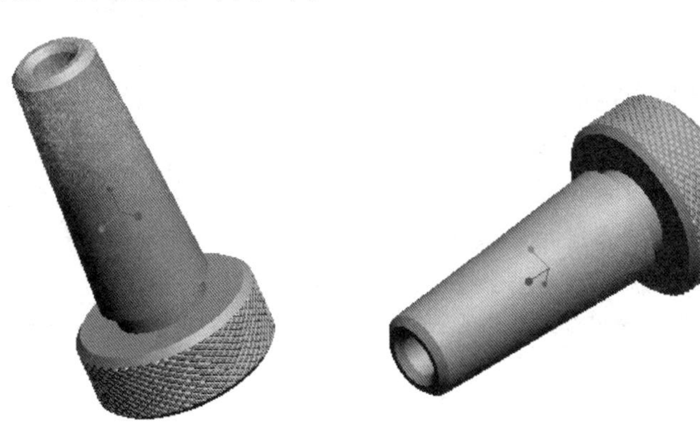

图 10-76 具有滚花结构的零件造型

第 11 章　建立标准件库与通用零件参数化模型

本章导读：

对于一些标准件和通用件，可以在 Creo Parametric 6.0 中建立相应的零件库或通用零件的参数化模型。建立这些零件库或通用零件的参数化模型后，就可以直接调用零件或设置参数变量值来获得所需的零件。可以说，建立标准件库和通用零件的参数化模型是高效运用 Creo Parametric 的一项基础工作，是高级设计人员需要重点掌握的。本章通过典型实例介绍如何建立零件族表以及通用零件的参数化模型。

本章精彩范例：

- 建立轴肩挡圈族表
- 建立内六角圆柱头螺钉族表
- 建立铜套通用参数化模型
- 建立标准圆柱齿轮的通用参数化模型

11.1　方法概述

在介绍具体的典型实例之前，先简单介绍建立族表和程序设计的一些基础知识。

11.1.1　族表基础

在机械设计工作中，可以考虑为螺钉、螺栓、螺母、垫圈等常用紧固件类标准件建立族表，从而形成一系列的相似零件，组成一个实用的零件库。

建立族表首先需要创建一个基准零件，该基准零件在族表中被称为“普通模型”，接着在功能区中打开“工具”选项卡并从“模型意图”组中单击“族表”按钮，如图 11-1 所示，打开图 11-2 所示的对话框。

在该族表对话框中单击“添加/删除表列”按钮，打开图 11-3 所示的对话框。通过单击模型的方式选择模型上的尺寸、特征、参数等作为可变项目。

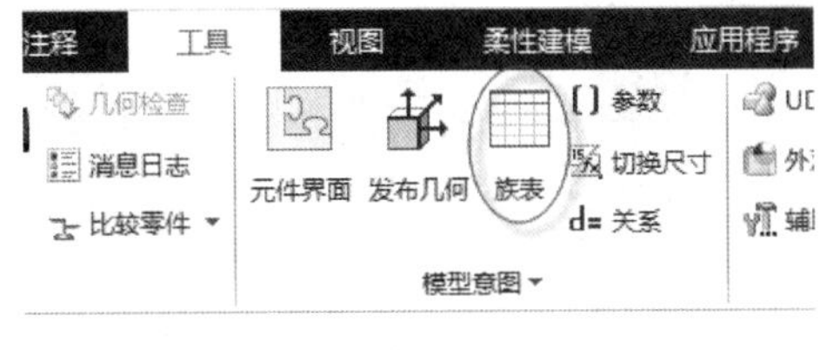

图 11-1 “族表”工具出处

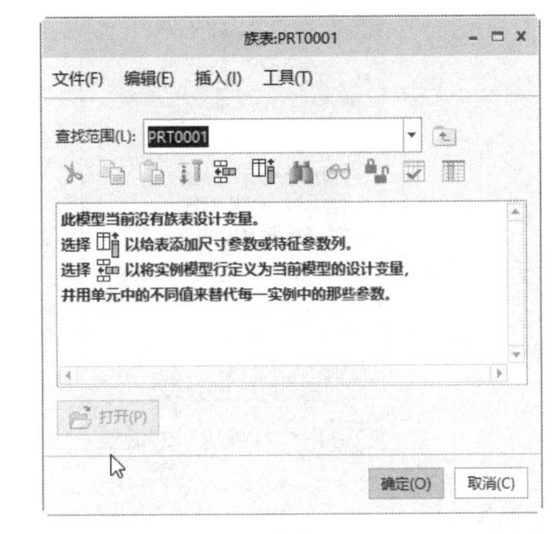

图 11-2 设置零件族表的对话框

添加表列并创建零件之间的差异后，单击“在选定行处插入新的实例”按钮，将所选的实例模型行定义为当前模型的设计变量，并可以在表列单元格中设置新的参数值来定义新实例。

单击“按增量复制所选实例”按钮，打开图 11-4 所示的“阵列实例”对话框，从中设置指定方向上的阵列实例数量、可变项目的增量等。

图 11-3 设置族项目的对话框

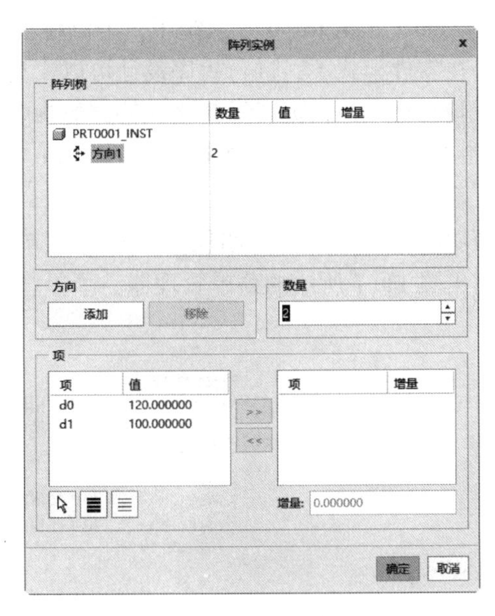

图 11-4 “阵列实例”对话框

添加阵列实例后，可以单击“校验族的实例”按钮，打开图 11-5 所示的“族树”对话框，单击该对话框中的“校验”按钮，则会显示校验状态，如图 11-6 所示。

关于族表的应用请参看本章的 11.2 和 11.3 节介绍的应用实例。

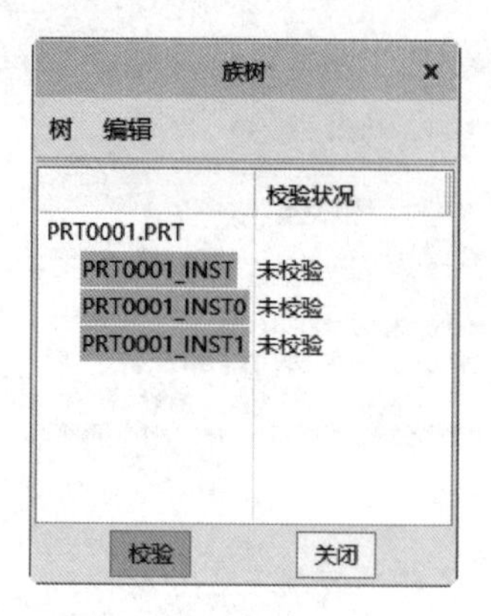

图 11-5 “族树”对话框

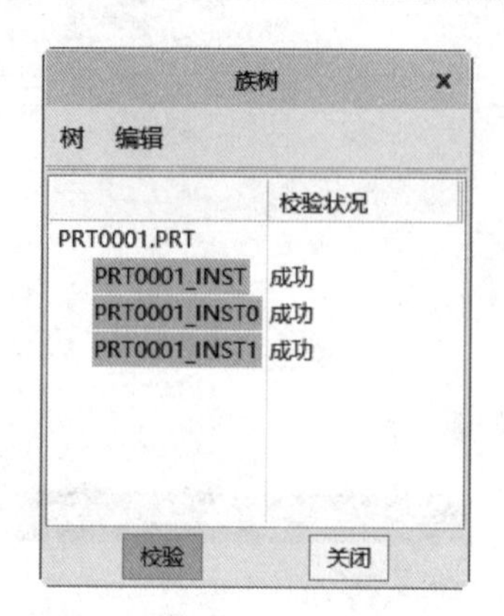

图 11-6 校验成功

11.1.2 程序设计基础

除了标准件之外，还有机械行业的通用件需要读者注意。可以为常用的通用件如弹簧、轴用铜套等建立通用参数化模型，在需要使用这些零件时不必从头进行建模，根据通用参数模型输入相应的参数值即可得到新的通用件。

建立通用参数化模型，需要掌握程序设计的一些基础知识。在本节中，将介绍一些必要的程序设计基础知识，以便读者能够更好地学习本章中的铜套通用参数化模型的创建实例和标准圆柱齿轮通用参数化模型的创建实例。

在 Creo Parametric 6.0 系统中，可以将程序内容视为对建模或其他操作过程的一个记录文件。在零件模式下，进行程序设计可以实现这些主要功能：产生不同版本的零件；设置输入提示句，让用户根据提示句输入特定的参数值；添加关系式，设置相关尺寸之间的关系；加入 IF-ELSE 判断式，实现 Creo Parametric 6.0 系统自动判断特征的建立方式；进行特征的删除、隐含等操作。

在功能区的“工具”选项卡中打开“模型意图”组溢出列表，接着选择“程序”命令，弹出图 11-7 所示的菜单管理器。菜单管理器下“程序”菜单中的选项功能说明如下。

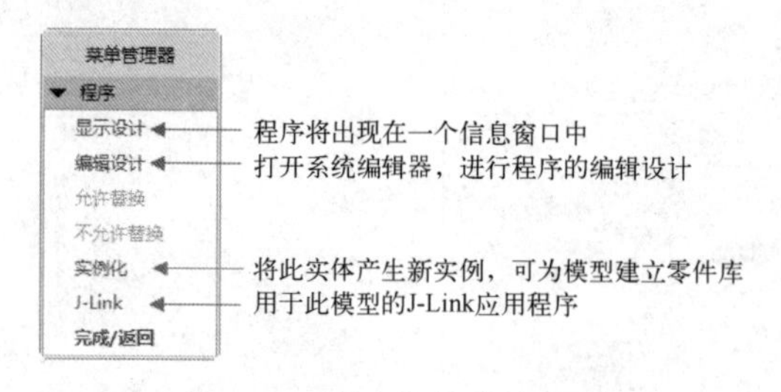

图 11-7 弹出的菜单管理器

- “显示设计”：显示零件的程序。如果选择此选项命令，程序将出现在一个信息窗口中。
- “编辑设计”：修改/重新运行零件的程序。如果选择此选项命令，程序将出现在系统编辑器中（通常在启动窗口中），从中可以进行程序的编辑设计。

- “允许替换”：允许程序控制所使用的元件模型。
- “不允许替换”：不允许程序控制所使用的元件模型。
- “实例化”：把此实体作为一个新实例，用于产生不同版本的模型，可以为模型建立零件库。
- “J-Link”：用于实现此模型的 J-链接应用功能。
- “完成/返回”：完成程序定义。

在菜单管理器的“程序”菜单中，若选择“显示设计”选项，则打开图 11-8 所示的信息窗口，该窗口中列出了当前模型的程序内容及相关的参数状态。这些程序信息只供参看，不能在该窗口中进行重要编辑。

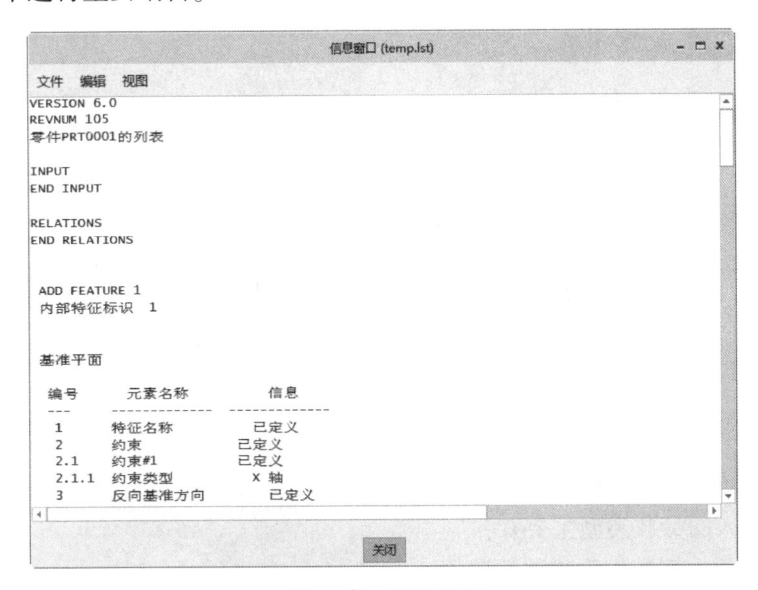

图 11-8 信息窗口

在菜单管理器的“程序”菜单中，若选择“编辑设计”选项，则弹出图 11-9 所示的系统编辑器，用户可以在系统编辑器中编辑当前模型的程序内容与参数。在实际设计工作中，编辑程序时需要认真地考虑一个原则：**能够不在系统编辑器中修改的内容，尽量不在程序中修改，以免造成程序混乱，破坏模型的稳定性；能够通过修改模型而修改的内容，应尽量通过修改模型的方式来实现。**

在这里，简单介绍程序内容的组成。Creo Parametric 6.0 中的程序内容可以划分为如下 5 个部分。

（1）标题。标题也称抬头。这部分的内容由 Creo Parametric 6.0 自动产生，用于列出文件的类型、名称等。在每个设计列表的标题中，REVNUM 会指出模型最近修改的版本。

（2）参数输入。这部分的格式以 INPUT 语句开始，以 END INPUT 语句结束。对于没有经过修改的程序而言，在 INPUT 语句和 END INPUT 语句之间是空的。允许用户在该处设置输入提示句与参数，实现以人机交互的方式来进行模型变更。

参数输入的语法如下。

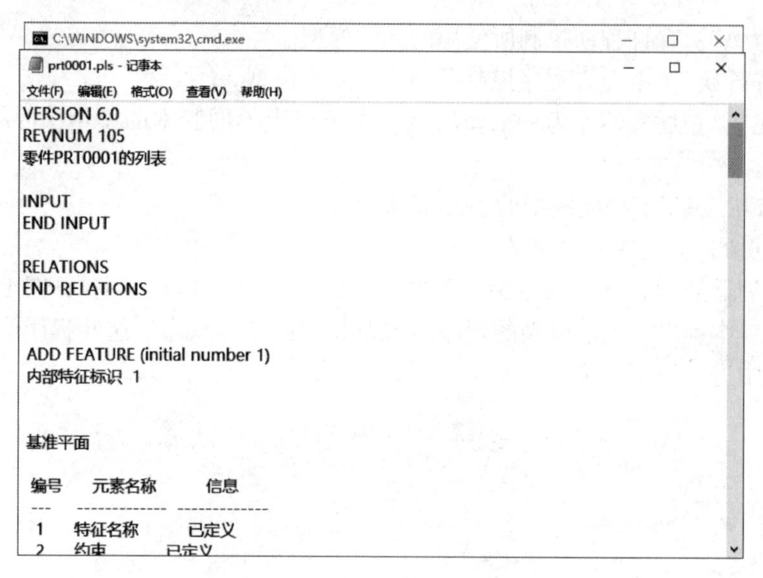

图 11-9 系统编辑器

```
参数名 参数类型
"提示语句"
```

例如：

```
D1 NUMBER= 150
"长方体的宽是多少?"
```

可以在此输入的参数类型主要有：

Number——输入实数作为参数的数值。

String——输入字符串作为参数值，利用此功能可以输入参数或者模型的名称

YES_NO——输入 Y 或者 N 作为参数值，一般用于判断句中。

（3）关系式设置。该部分以 RELATIONS 开始，以 END RELATIONS 结束。用户可以在该部分编写关系式，也可以通过功能区“工具”选项卡中的“关系”工具**d=**来设置或编辑关系式，两者是互通的。

（4）文件创建过程。该部分以 ADD FEATURE 形式开头，以 END ADD 结尾。这部分记录了模型的创建过程。在零件模型中，每一个 ADD FEATURE 到 END ADD 均代表着一个特征，其间的文字信息等描述了该特征的创建过程及相关的参数设置。这部分可以由 Creo Parametric 6.0 系统自动产生。

（5）设置质量性质。这部分用来设置质量性质，第一次进入时，此部分均呈空白状态。

11.2 建立轴肩挡圈族表实例

轴肩挡圈是一类常见的紧固标准件。用户可以根据 GB 886-86 标准规定的尺寸建立轴肩挡圈的标准零件库，即在 Creo Parametric 6.0 系统中建立轴肩挡圈的族表。

在本实例中，首先需要建立一个基准模型，如图 11-10 所示。然后由该基准模型生成一系列同族的轴肩挡圈零件。读者在该实例中还将学习打开族类零件的方法。

图 11-10　轴肩挡圈

步骤 1：新建零件文件。

（1）在“快速访问”在工具栏上单击“新建”按钮，弹出“新建”对话框。

（2）在“类型”选项组中选择“零件”单选按钮，在“子类型”选项组中选择“实体”单选按钮，在“名称”文本框中输入 HY_11_1，并取消勾选“使用默认模板”复选框，不使用默认模板，单击“确定”按钮。

（3）弹出“新文件选项”对话框，在“模板”选项组中选择 mmns_part_solid 选项。单击“确定”按钮，进入零件设计模式。

步骤 2：以拉伸的方式建立轴肩挡圈的模型。

（1）单击“拉伸”按钮，打开“拉伸”选项卡，默认选中“实心”按钮。

（2）选择 TOP 基准平面作为草绘平面，进入草绘器中。

（3）绘制图 11-11 所示的拉伸剖面，单击“确定”按钮。

（4）在“拉伸”选项卡中输入拉伸深度值为 5。

（5）在“拉伸”选项卡中单击“确定”按钮，完成的轴肩挡圈如图 11-12 所示。

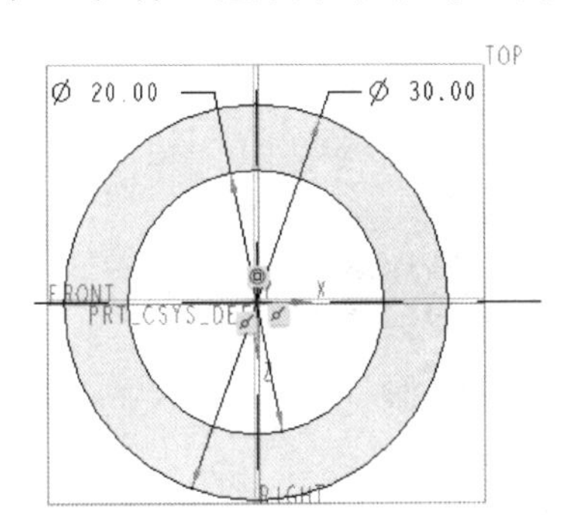

图 11-11　绘制剖面

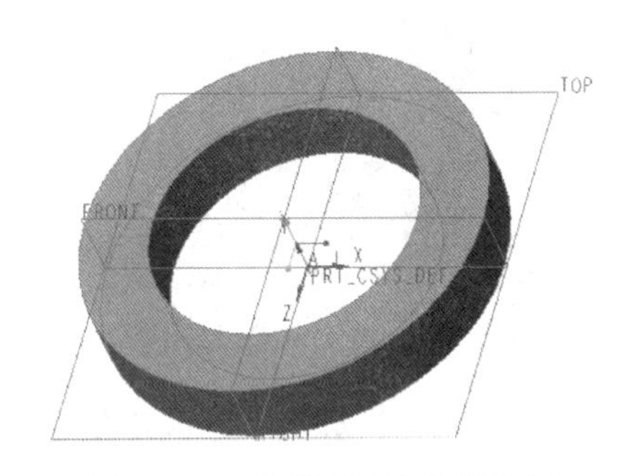

图 11-12　完成的轴肩挡圈模型

步骤 3：建立轴肩挡圈族表。

（1）在功能区的“工具”选项卡中单击“族表”按钮，打开“族表：HY_11_1”对话框。

（2）在“族表 HY_11_1”对话框中单击“添加/删除表列”按钮，打开“族项，类属模型：HY_11_1”对话框。

（3）在模型的实体特征中单击，此时模型特征显示出其尺寸，接着分别单击 Φ20、Φ30 和 5 这 3 个尺寸，如图 11-13 所示。

（4）在“族项，类属模型：HY_11_1”对话框中单击“确定”按钮。此时，“族表：HY_11_1”对话框如图 11-14 所示。

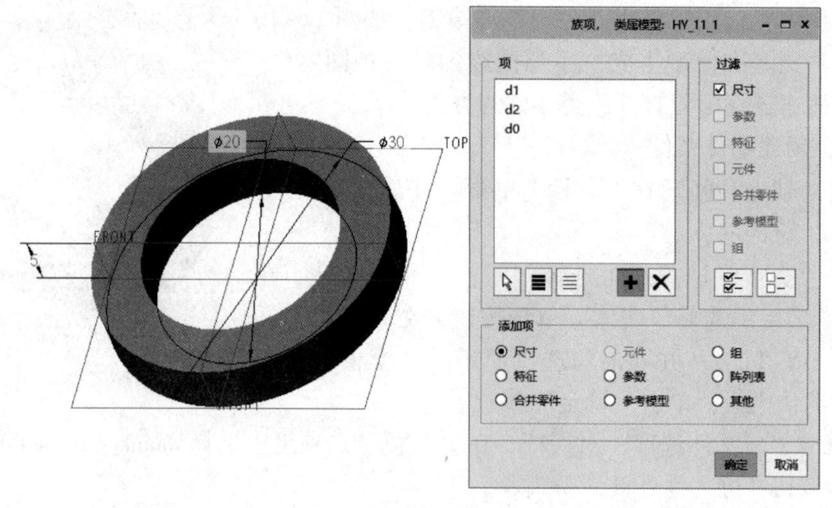

图 11-13　设置族项目

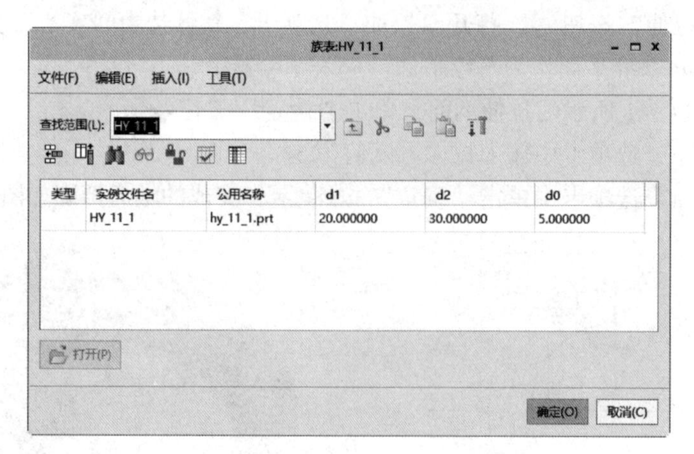

图 11-14　“族表 HY_11_1”对话框

（5）单击“在选定行处插入新的实例”按钮。

（6）将插入的新实例的实例文件名设置为“GB886-86_”，如图 11-15 所示。

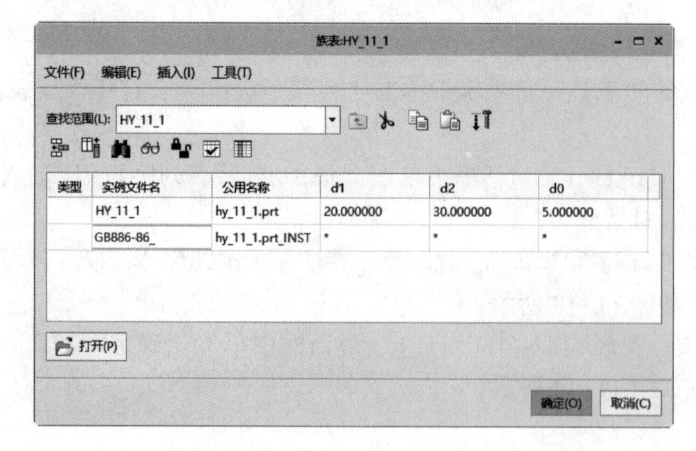

图 11-15　修改插入实例的实例名

（7）单击“按增量复制所选实例”按钮，打开“阵列实例”对话框。

（8）在“数量”选项组的文本框中输入数量为17。

（9）在“项目”选项组的左框中选中初始值为20的d1可变项目，如图11-16所示。单击“添加”按钮 >> ，将其切换到右侧的框中。接着设置该可变项目的增量为5，如图11-17所示。

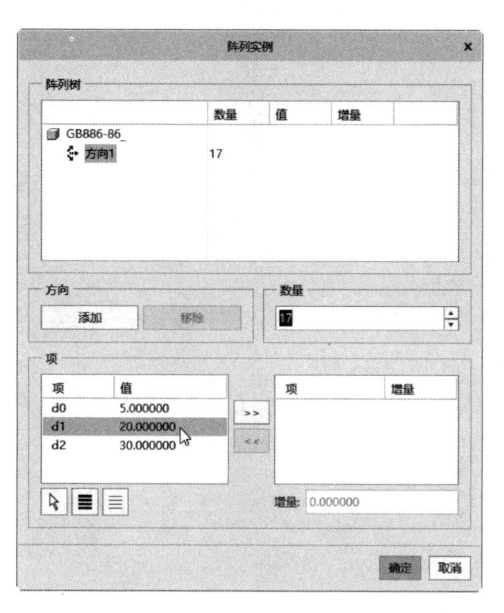

图 11-16 选择可变项目

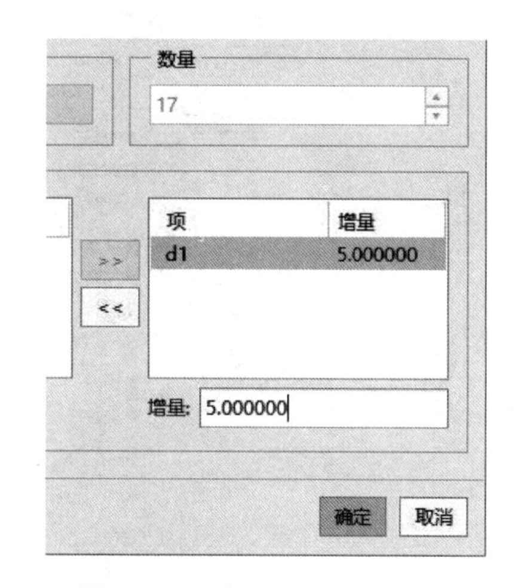

图 11-17 设置可变项目的增量

（10）在“阵列实例”对话框中单击“确定”按钮。

（11）此时，在“族表：HY_11_1”对话框中生成所需要的阵列实例行，如图11-18所示。

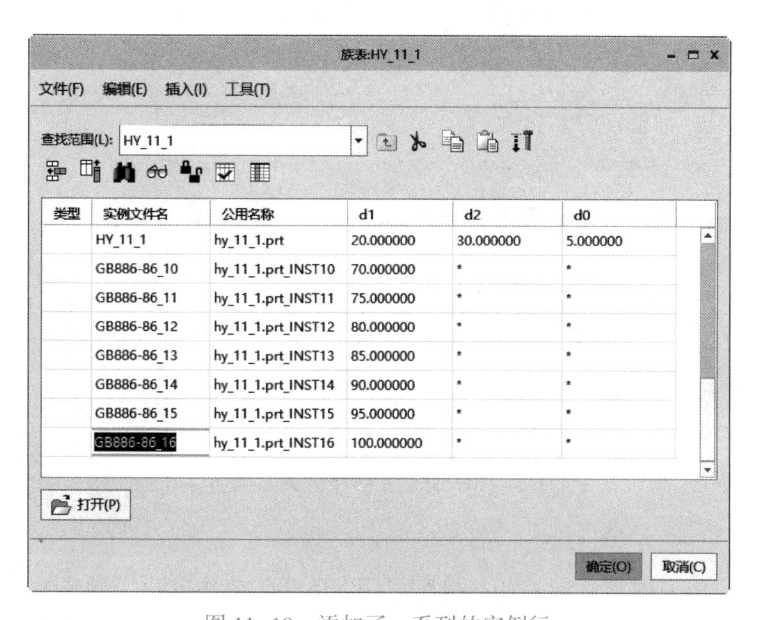

图 11-18 添加了一系列的实例行

（12）在“族表：HY_11_1”对话框的表格中选择实例名为“GB886-86_”的实例，右击，弹出图 11-19 所示的快捷菜单，从中选择“删除行”命令，系统弹出一个“确认”对话框来询问是否确认删除，单击“是”按钮，则将实例名为“GB886-86_”的实例行删除掉。

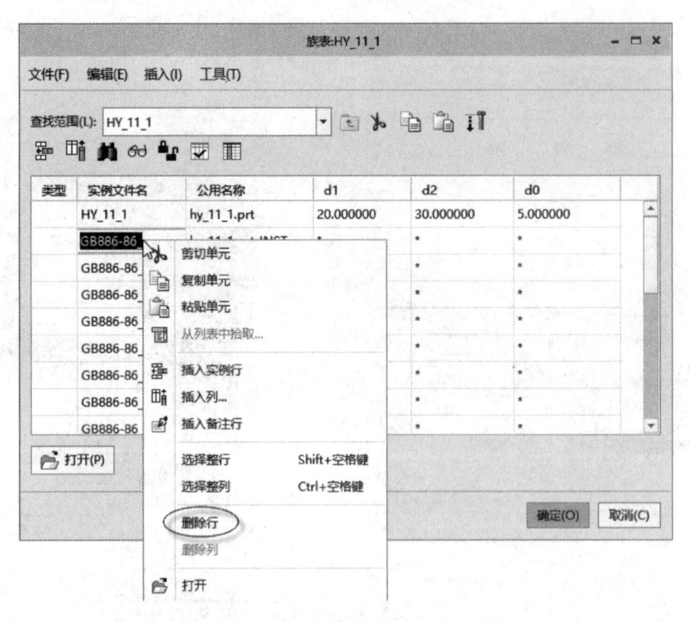

图 11-19　删除不需要的实例行

（13）在“实例名”列的“GB886-86_0”单元格中单击，将其实例名修改为“GB886-86_20X30”。该实例行的 d1 和 d0 值为默认的初始值，用“ * ”表示，如图 11-20 所示。

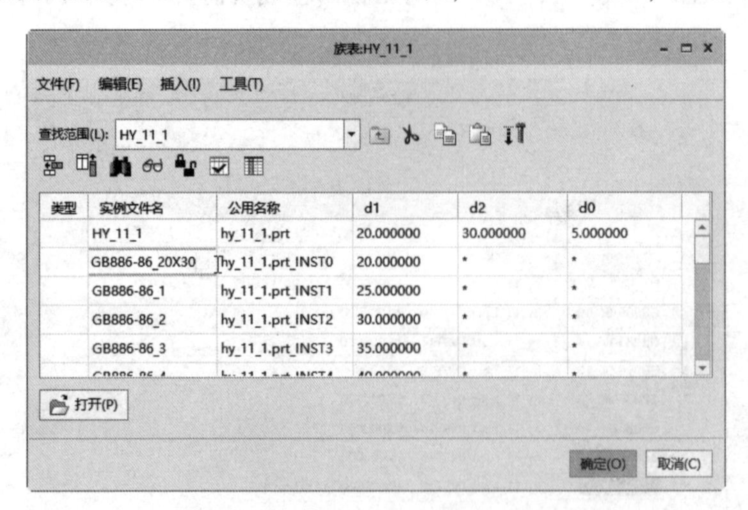

图 11-20　修改第一个阵列实例名

说明　实例名的重新命名可以按照“GB886-86_公称直径（轴径）X 挡圈外径”的形式来执行。在本例中，公称直径的尺寸代号为 d1，挡圈外径为 d2，以在操作过程中系统自动赋予的尺寸代号为准。

（14）根据表 11-1 所示的尺寸值来修改相应的族表阵列实例，实例名按“GB886-86_ 公称直径（轴径）X 挡圈外径”的形式来进行修改。

表 11-1　轴肩挡圈（尺寸数据摘自 GB 886）

序号	1	2	3	4	5	6	7	8	9	10	11	12	13	14	15	16	17
公称直径	20	25	30	35	40	45	50	55	60	65	70	75	80	85	90	95	100
挡圈外径	30	35	40	47	52	58	65	70	75	80	85	90	100	105	110	115	120
厚度	5	5	5	5	5	5	5	6	6	6	6	6	8	8	8	8	10

完成后，“族表：TSM_11_1”对话框如图 11-21 所示。

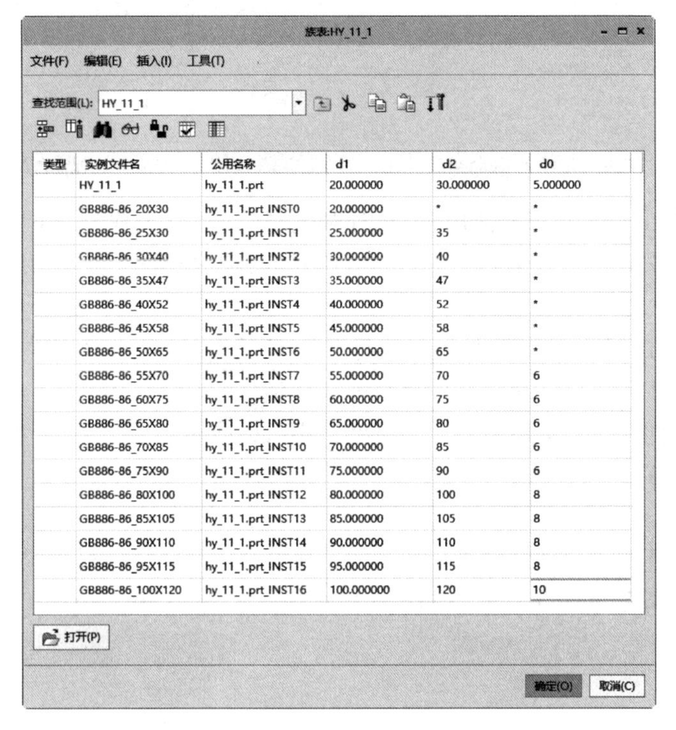

图 11-21　修改好相应的族表阵列实例

（15）单击“校验族的实例”按钮，打开“族树”对话框，接着单击“族树”对话框中的“校验”按钮，校验成功后，单击“关闭”按钮。

（16）在“族表：HY_11_1”对话框中单击“确定”按钮。

步骤 4：保存文件。

（1）在“快速访问”工具栏中单击“保存”按钮，打开“保存对象”对话框。

（2）指定保存路径后，单击“保存对象”对话框的“确定”按钮。

步骤 5：拭除文件。

（1）在功能区中打开“文件”选项卡，如图 11-22 所示，选择“管理会话”→“拭除当前”命令。

（2）在出现的图 11-23 所示的“拭除确认”对话框中单击“是”按钮。

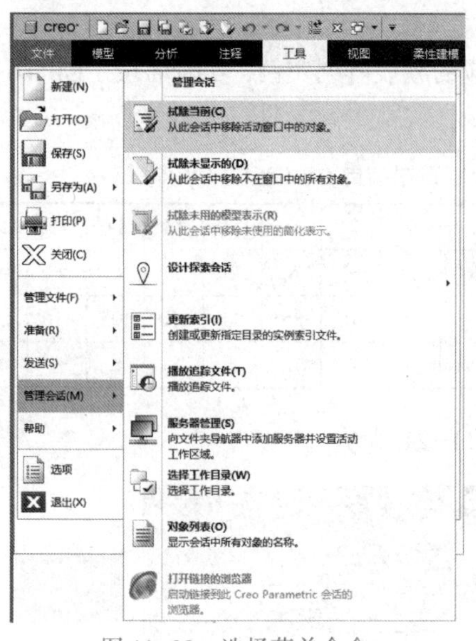

图 11-22　选择菜单命令

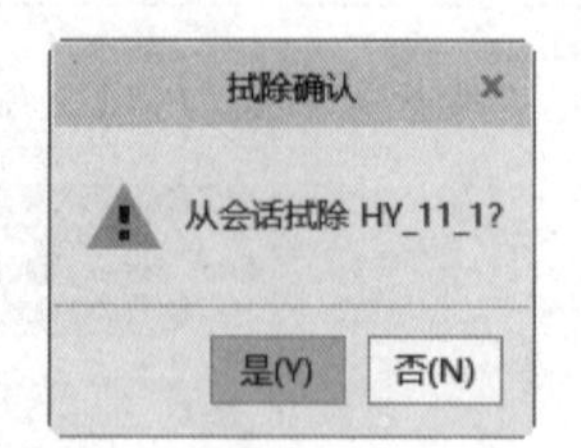

图 11-23　“拭除确认”对话框

下面介绍在设计工作中需要使用轴肩挡圈时，如何在族表模型中调用所需要的轴肩挡圈。例如需要调用标记为“挡圈 GB 886 80×100”的轴肩挡圈，可以按照如下方法及步骤进行。

（1）在“快速访问”工具栏中单击“打开”按钮，通过“文件打开”对话框在指定的文件夹中选择 HY_11_1. prt，单击“打开”按钮。

（2）系统弹出图 11-24 所示的“选择实例”对话框，在“按名称”选项卡中选择“GB886-86_80X100”。

说明 也可以切换到“按列（参数）”选项卡，通过选择列（参数）符号及参数值的方式选中所需要的实例零件，如图 11-25 所示。

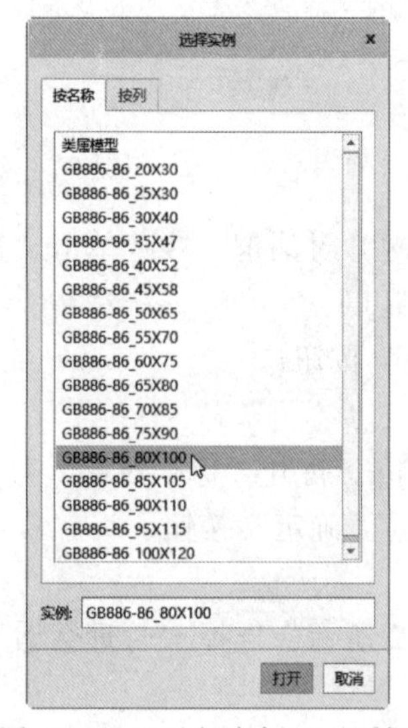

图 11-24　“选择实例”对话框

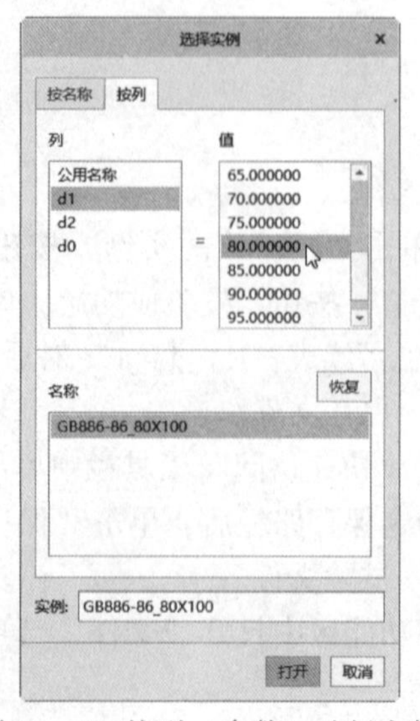

图 11-25　按列（参数）选择实例

(3) 在“选择实例”对话框中单击“打开”按钮，则系统由族表打开图 11-26 所示的轴肩挡圈零件，该零件即为标记为“GB886-86_80×100”的轴肩挡圈。

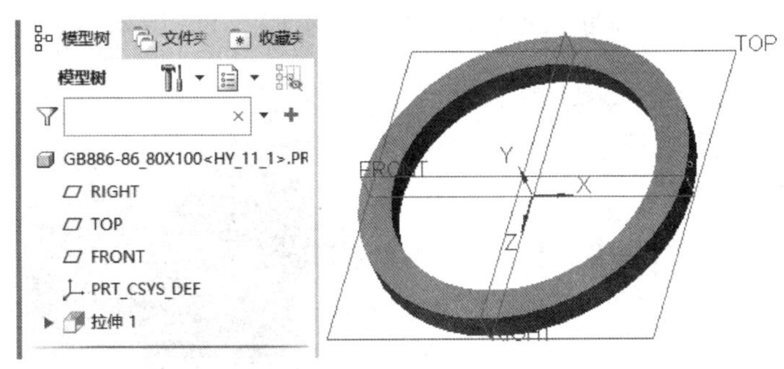

图 11-26　打开所需的轴肩挡圈

11.3　建立内六角圆柱螺钉族表实例

内六角圆柱头螺钉也是一类常见的紧固标准件。在本实例中，首先需要建立一个规格为“螺钉 GB/T 70 M8×30”的基准模型，如图 11-27 所示。然后由该基准模型生成一系列同族的内六角圆柱螺钉零件。

图 11-27　内六角圆柱螺栓

步骤 1：新建零件文件。

(1) 在“快速访问”在工具栏上单击“新建”按钮，弹出“新建”对话框。

(2) 在“类型”选项组中选择“零件”单选按钮，在“子类型”选项组中选择“实体”单选按钮，在“名称”文本框中输入 HY_11_2，并取消勾选“使用默认模板”复选框，不使用默认模板，单击“确定”按钮。

(3) 弹出“新文件选项”对话框，在“模板”选项组中选择 mmns_part_solid 选项。单击“确定”按钮，进入零件设计模式。

步骤 2：创建旋转特征。

(1) 单击“旋转”按钮，打开“旋转”选项卡，默认选中“实心”按钮。

(2) 选择 FRONT 基准平面作为草绘平面，进入草绘器中。

(3) 单击“基准”组中的“中心线”按钮，绘制一条将默认作为旋转轴的几何中心线，接着单击“草绘”组中的“线链”按钮，绘制封闭的旋转剖面，修改尺寸后图形如图 11-28 所示。单击“确定”按钮，完成草绘并退出草绘模式。

（4）接受默认的旋转角度为 360°。

（5）在“旋转”选项卡中单击“确定”按钮✔，完成了该螺钉基本体的创建。按〈Ctrl+D〉快捷键以标准方向显示模型，此时模型显示如图 11-29 所示。

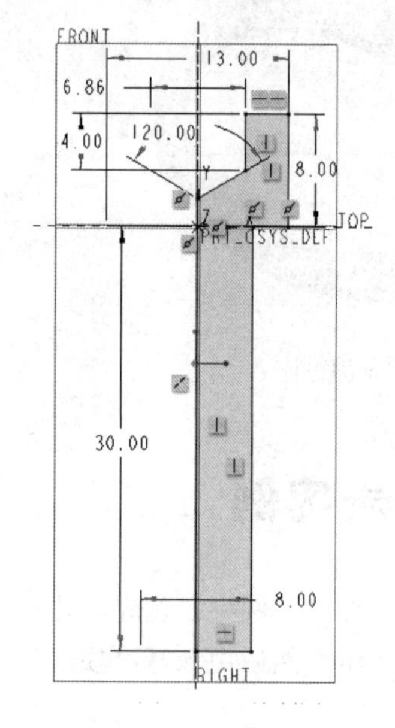

图 11-28　绘制图形

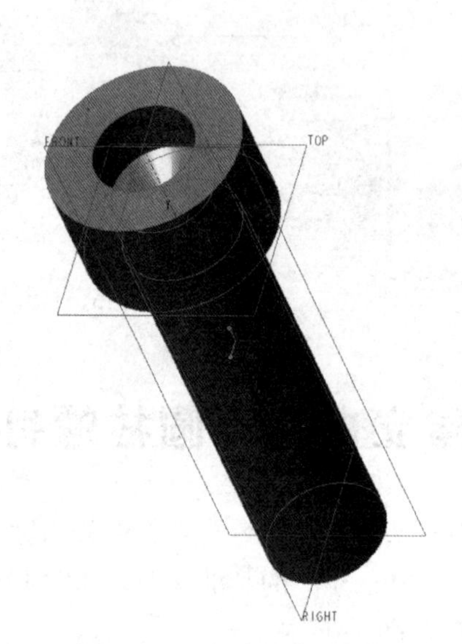

图 11-29　创建的旋转特征

步骤 3：以拉伸的方式建构内六角造型。

（1）单击“拉伸”按钮，打开“拉伸”选项卡，默认选中“实心”按钮。

（2）打开“拉伸”选项卡的“放置”下滑面板，单击该面板中的“定义”按钮，弹出“草绘”对话框。

（3）选择图 11-30 所示的零件端面作为草绘平面，其他设置默认，单击“草绘”按钮，进入草绘模式。

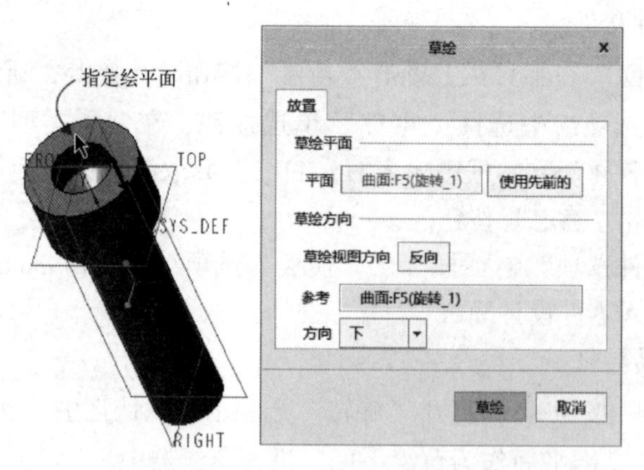

图 11-30　指定草绘平面

（4）绘制图 11-31 所示的剖面，单击“确定”按钮✔。

（5）在“拉伸”选项卡中输入拉伸深度为 6.8，单击“深度方向”按钮。

（6）在“拉伸”选项卡中单击“确定”按钮✔，完成的内六角造型如图 11-32 所示。

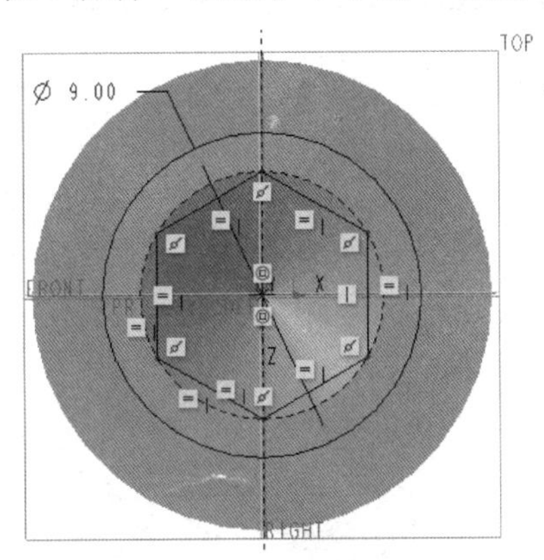

图 11-31 绘制剖面

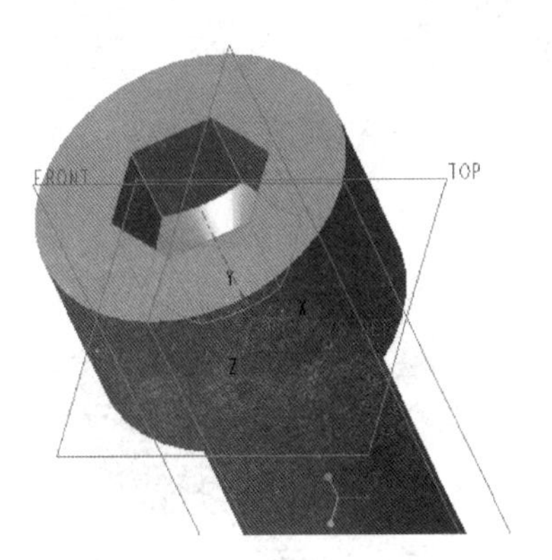

图 11-32 完成内六角圆柱头

步骤 4：创建倒角特征。

（1）单击“边倒角”按钮，打开“边倒角”选项卡。

（2）在“边倒角”选项卡中选择边倒角标注形式为 45×D，在 D 尺寸框中输入 0.8。

（3）在模型中选择图 11-33 所示的边线。

（4）在“边倒角”选项卡中单击“确定”按钮✔。

步骤 5：创建倒圆角特征。

（1）单击“倒圆角”按钮，打开“倒圆角”选项卡。

（2）设置当前倒圆角集的半径为 1。

（3）选择图 11-34 所示的边线。

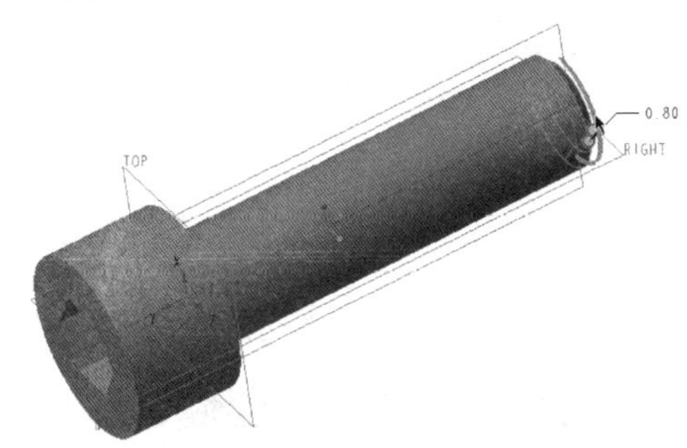

图 11-33 倒角操作

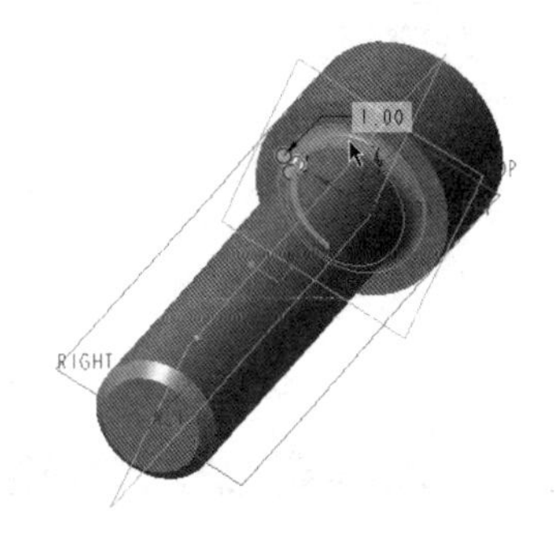

图 11-34 倒圆角

（4）单击“倒圆角”选项卡中的“确定”按钮✔。

步骤 6：创建修饰螺纹特征。

（1）在功能区的“模型”选项卡中单击“工程”组溢出按钮以打开“工程”组的溢出列表，接着选择“修饰螺纹”命令，则功能区出现图 11-35 所示的“螺纹”选项卡。默认选中“定义简单螺纹”按钮。

（2）选择图 11-36 所示的圆柱面作为螺纹曲面。

（3）系统提示选择平面、曲面或面组以指定螺纹的起始位置。在本例中，选择图 11-37 所示的端面作为螺纹的起始曲面。

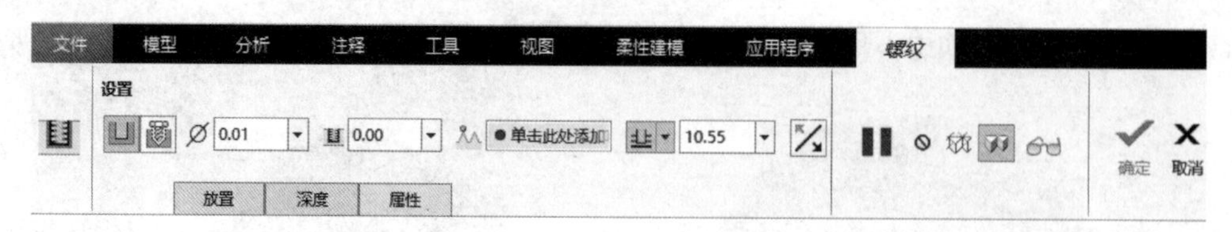

图 11-35 “螺纹”选项卡

图 11-36 指定螺纹曲面

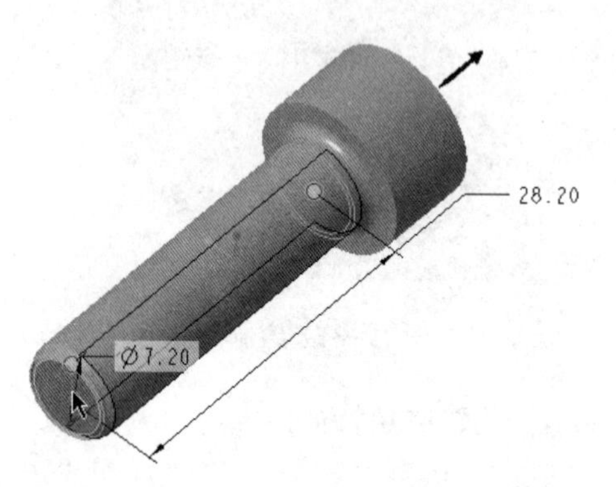

图 11-37 指定起始曲面

（4）在“螺纹”选项卡中打开“深度”下滑面板，从“深度选项”下拉列表框中选择“盲孔”图标选项，输入螺纹深度值为 28，如图 11-38 所示。用户也可以在“螺纹”选项卡中图 11-39 所示的地方设置螺纹深度和相应的螺纹深度值。

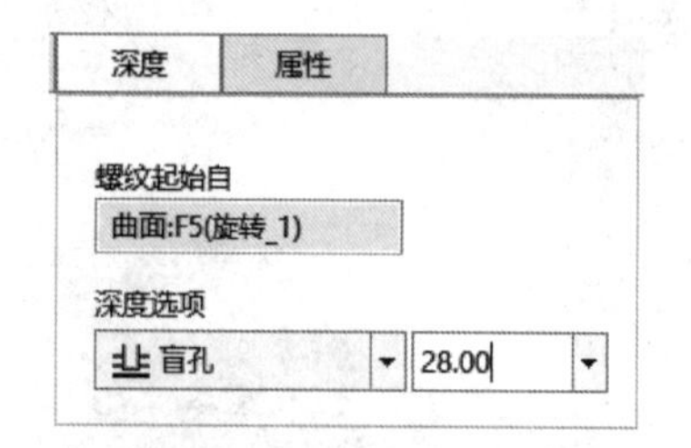

图 11-38 指定螺纹深度

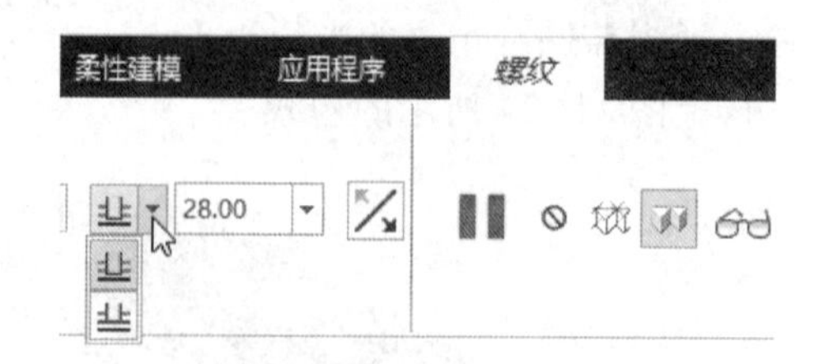

图 11-39 在另外的地方设置螺纹深度

（5）在“螺纹”选项卡中输入螺纹直径值为 7，如图 11-40 所示。

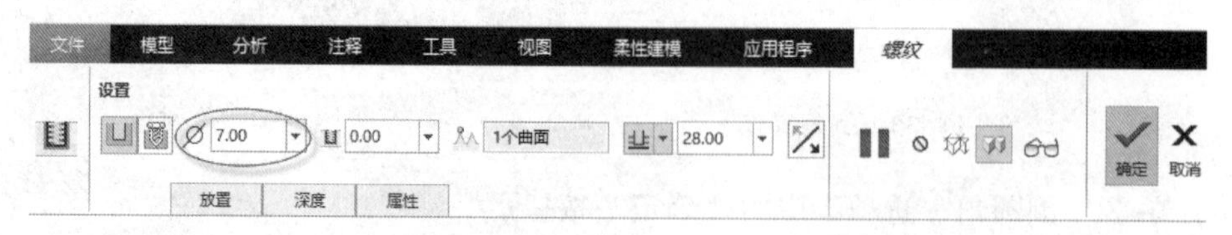

图 11-40 输入螺纹直径值

（6）在“螺纹”选项卡中单击“确定”按钮，完成该内六角圆柱头螺钉的创建，如图 11-41 所示。

步骤 7：建立部分内六角圆柱头螺钉的族表。

（1）在功能区中切换到“工具”选项卡，从图 11-42 所示的“模型意图”组中单击“族表”按钮，打开“族表：HY_11_2”对话框。

图 11-41　完成的内六角圆柱头螺钉

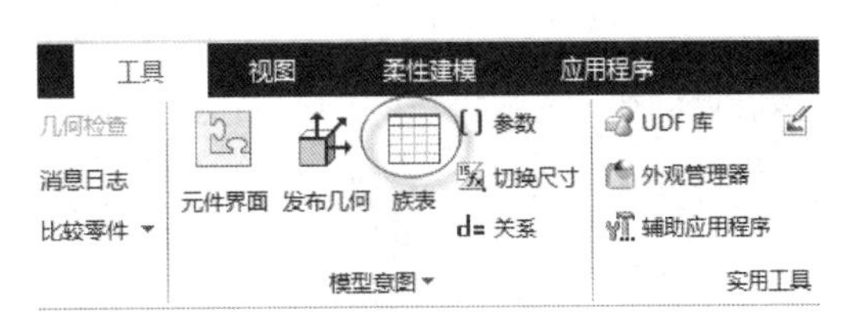

图 11-42　“工具”选项卡的“模型意图”组

（2）在“族表：HY_11_2”对话框上单击“添加/删除表列”按钮，打开“族项，类属模型：HY_11_2”对话框。

（3）在模型树上单击“旋转 1”特征，如图 11-43 所示，此时模型特征显示出该旋转特征的尺寸，如图 11-44 所示。

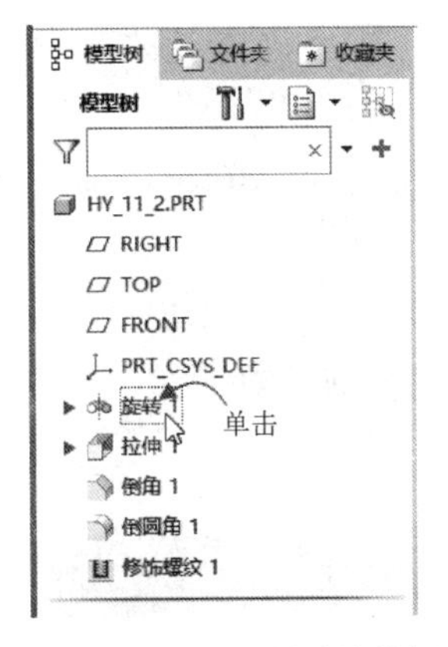

图 11-43　选择所需的特征

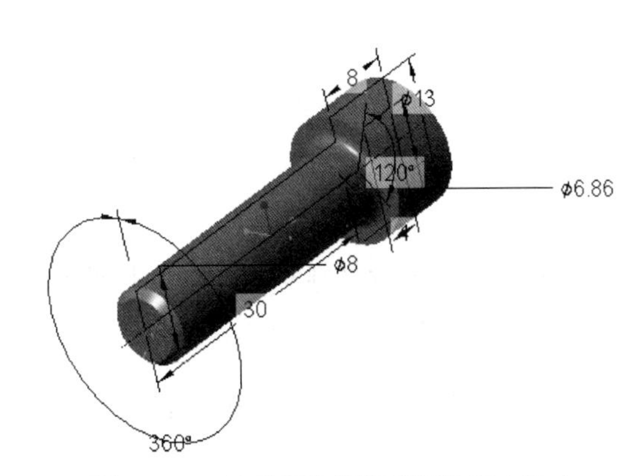

图 11-44　显示螺纹修饰特征的两个尺寸

（4）在模型中选择数值为 30 的尺寸，单击鼠标中键确认。此时，“族项，类属模型：HY_11_2”对话框如图 11-45 所示。

图 11-45　完成设置可变的尺寸项目

（5）单击“族项，类属模型：HY_11_2”对话框中的“确定”按钮。

（6）在“族表：HY_11_2”对话框中单击“在所选行处插入新的实例”按钮，插入一个新的实例，然后将该实例的名称修改为“GB70-85_”，如图 11-46 所示。

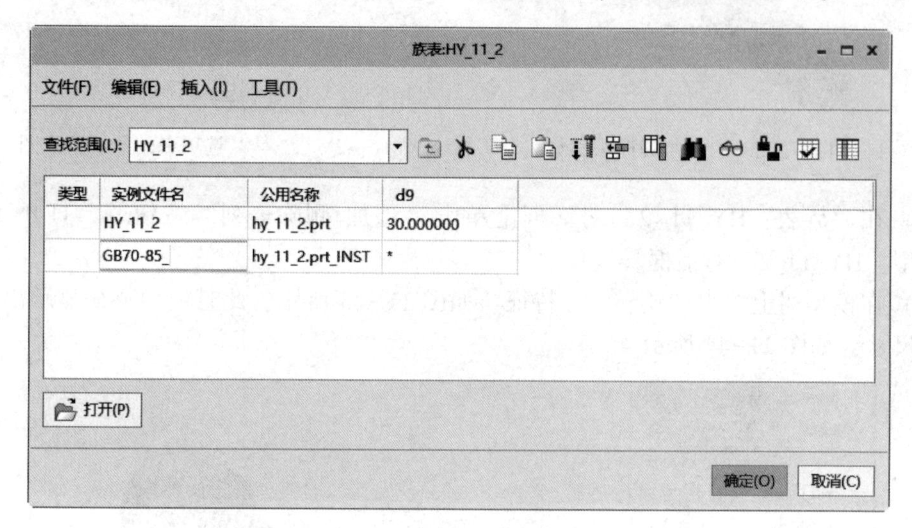

图 11-46　添加新实例并修改其实例名

（7）单击“按增量复制所选实例”按钮，打开“阵列实例”对话框。在“数量”选项组的文本框中输入 5，并按〈Enter〉键，如图 11-47 所示。

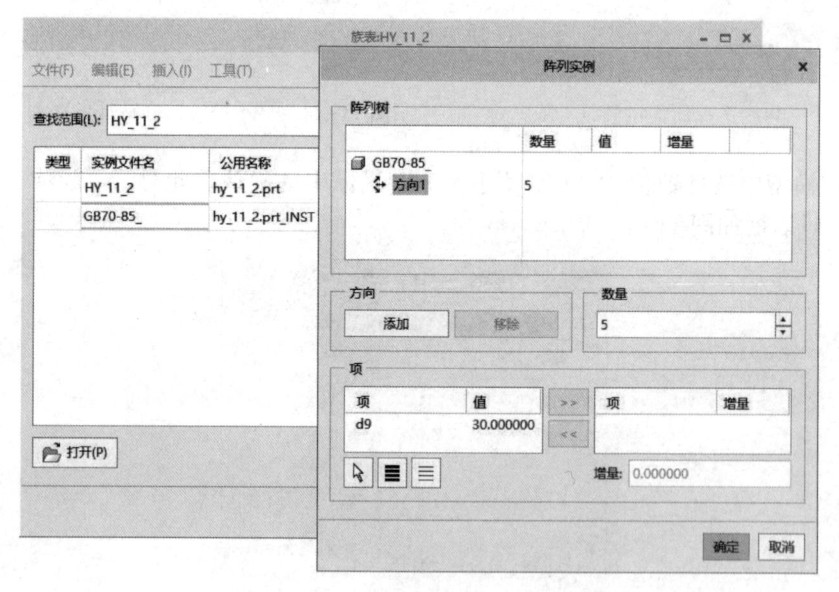

图 11-47　设置阵列实例的数量等

（8）选中 d9 可变项目，单击“添加”按钮，将其切换到右侧的框中。接着设置该可变项目的增量为 5，如图 11-48 所示。

（9）单击“阵列实例”对话框中的“确定”按钮。

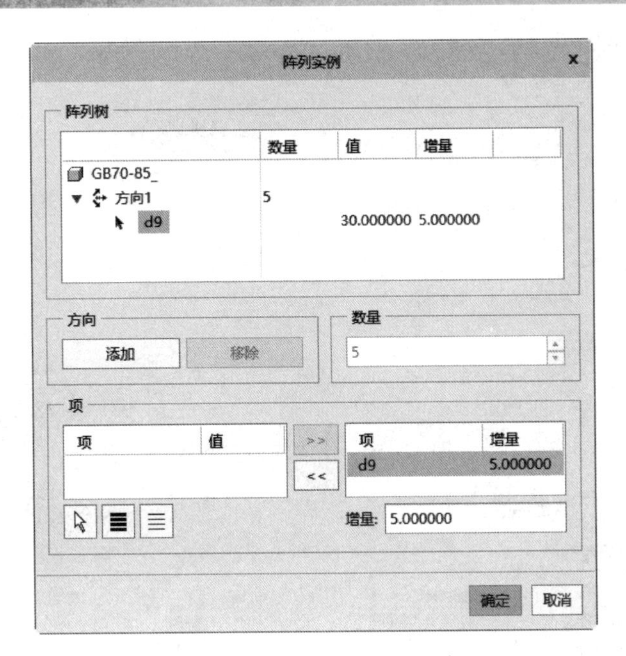

图 11-48 设置可变项目的增量

（10）这时，“族表：HY_11_2”对话框如图 11-49 所示。单击实例名“GB70-85_”所在的实例行，右击，接着从出现的菜单中选择“删除行”命令，然后确认删除即可。

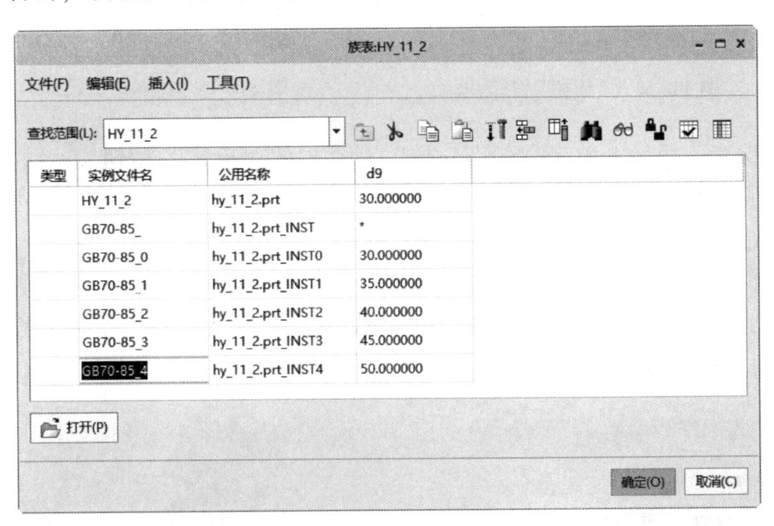

图 11-49 “族表：HY_11_2”对话框

（11）修改各阵列实例的实例名，修改结果如图 11-50 所示。

（12）单击“校验族的实例”按钮，打开如图 11-51 所示的“族树”对话框，接着单击“族树”对话框中的“校验”按钮，校验成功后，如图 11-52 所示，单击“关闭”按钮。

（13）在“族表：HY_11_2”对话框中单击“确定”按钮。

步骤 8：保存文件。

（1）在“快速访问”工具栏中单击“保存”按钮，打开“保存对象”对话框。

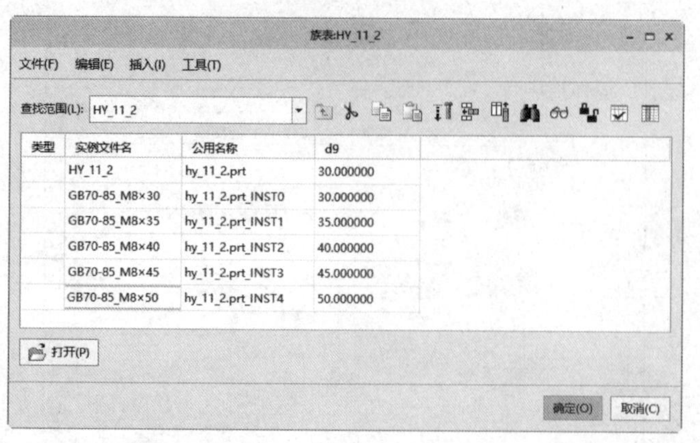

图 11-50　修改阵列实例名

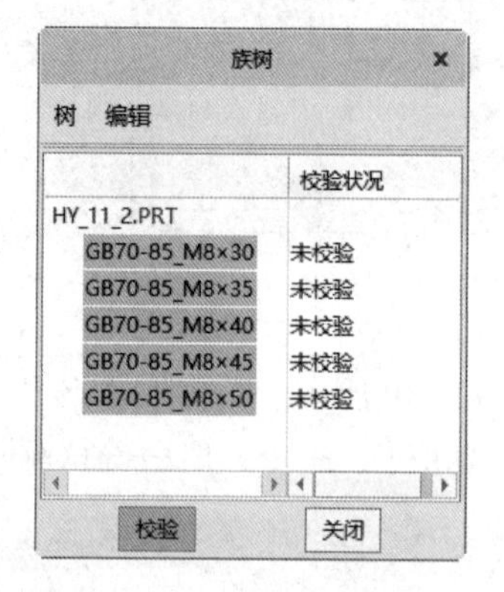

图 11-51　“族树”对话框

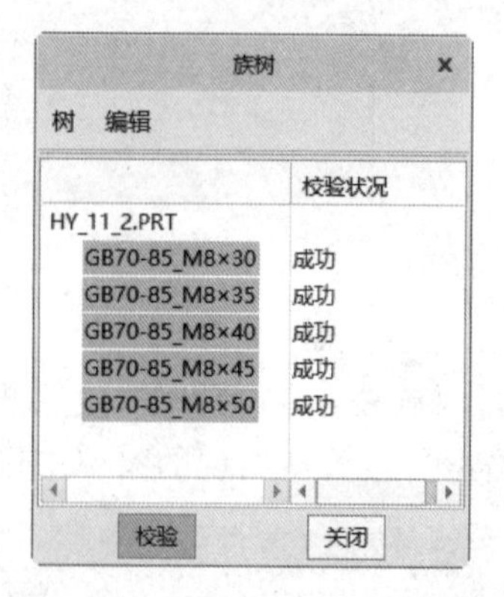

图 11-52　校验成功

（2）指定保存路径后，单击“保存对象”对话框的“确定”按钮。

至此完成了该内六角圆柱螺钉族表的创建。

若以后在 Creo Parametric 6.0 软件系统中单击“打开”按钮，通过“文件打开”对话框选择 hy_11_2. prt，将弹出图 11-53 所示的“选择实例”对话框。可以按名称或按列参数来选择所需要的实例，例如选择 GB70-85_M8×50，单击“打开”按钮，打开的内六角圆柱头螺钉如图 11-54 所示。

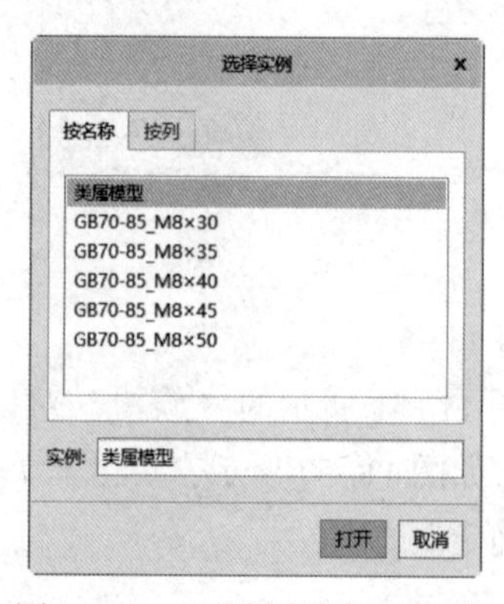

图 11-53　“选择实例”对话框

图 11-54　打开的螺钉示例

11.4 建立铜套通用参数化模型实例

本实例以一个常用的铜套零件为例，说明如何建立铜套的通用参数化模型，使得以后需要此类铜套时不必从头进行建模，而是根据通用参数模型输入相应的参数值即可得到新的铜套零件。该铜套零件的原始模型如图 11-55 所示。

图 11-55 铜套模型

下面介绍建立铜套通用参数化模型的操作方法及步骤。

步骤 1：新建零件文件。

（1）在“快速访问”在工具栏上单击“新建”按钮，弹出“新建”对话框。

（2）在“类型”选项组中选择“零件”单选按钮，在“子类型”选项组中选择“实体”单选按钮，在“名称”文本框中输入 HY_11_3，并取消勾选“使用默认模板”复选框，不使用默认模板，单击“确定”按钮。

（3）弹出“新文件选项”对话框，在“模板”选项组中选择 mmns_part_solid 选项。单击“确定”按钮，进入零件设计模式。

步骤 2：以旋转方式创建铜套模型。

（1）单击“旋转工具”按钮，打开“旋转”选项卡，默认选中“实心”按钮。

（2）选择 FRONT 基准平面作为草绘平面，进入草绘模式。

（3）单击“基准”组中的“中心线”按钮绘制一条将默认作为旋转轴的几何中心线，接着单击“草绘”组中的“线链”按钮绘制封闭的旋转剖面，如图 11-56 所示。单击“确定”按钮，完成草绘并退出草绘模式。

（4）接受默认的旋转角度为 360°。

（5）在旋转选项卡中单击“确定”按钮，完成铜套模型的创建。按〈Ctrl+D〉快捷键以标准方向显示模型，此时如图 11-57 所示。

步骤 3：设置铜套参数。

（1）在功能区切换至“工具”选项卡，从“模型意图”组中单击“参数”按钮[]，打开“参数”对话框。

（2）连续单击“添加新参数”按钮 5 次，即添加 5 个新参数，接着将这 5 个新参数分别命名为 ID、OD、JD、H 和 JH，如图 11-58 所示。其中 ID 代表铜套内径，OD 代表铜套外径，JD 代表套肩直径，H 表示铜套轴向总长度，JH 表示套肩轴向厚度。

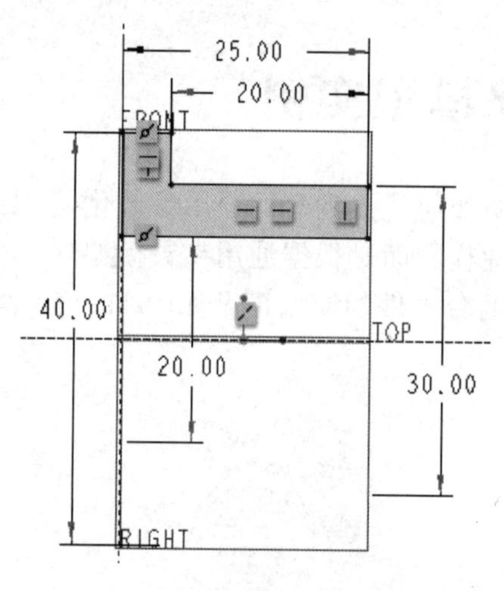

图 11-56　草绘

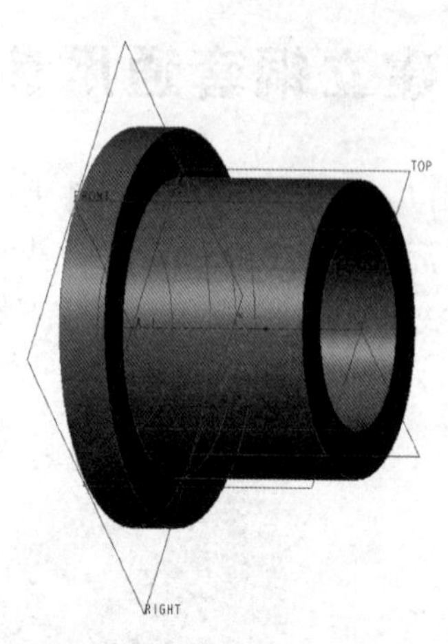

图 11-57　完成的铜套模型

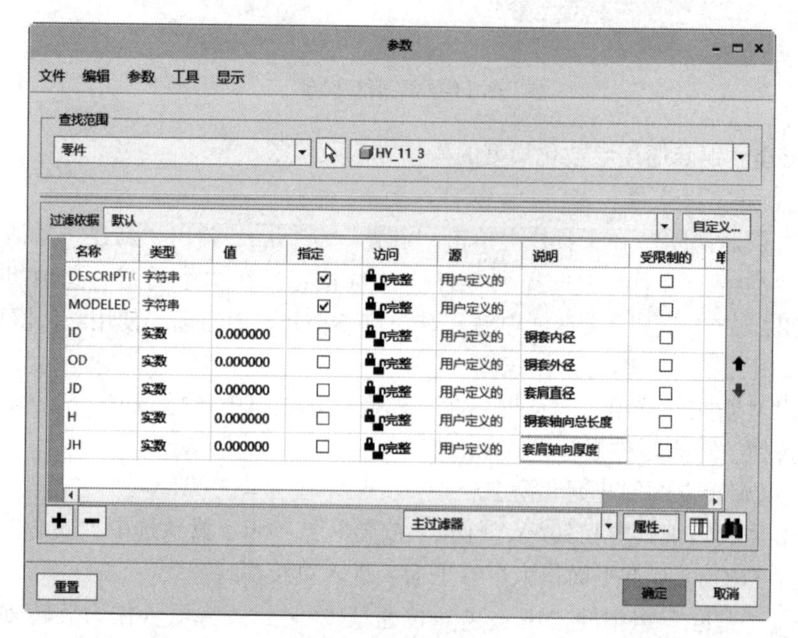

图 11-58　添加新参数

（3）在“参数”对话框中单击“确定”按钮。

步骤 4：添加关系式。

（1）在功能区“工具”选项卡的“模型意图”组中单击“关系”按钮 **d=**，打开“关系”对话框。

（2）在模型窗口中单击铜套模型（旋转特征），则该模型特征显示相关的尺寸代号，在“关系”对话框的文本框中输入以下关系式：

```
d4=ID
d2=OD
d1=JD
```

d5 = H
d3 = H-JH

此时，“关系”对话框如图 11-59 所示。

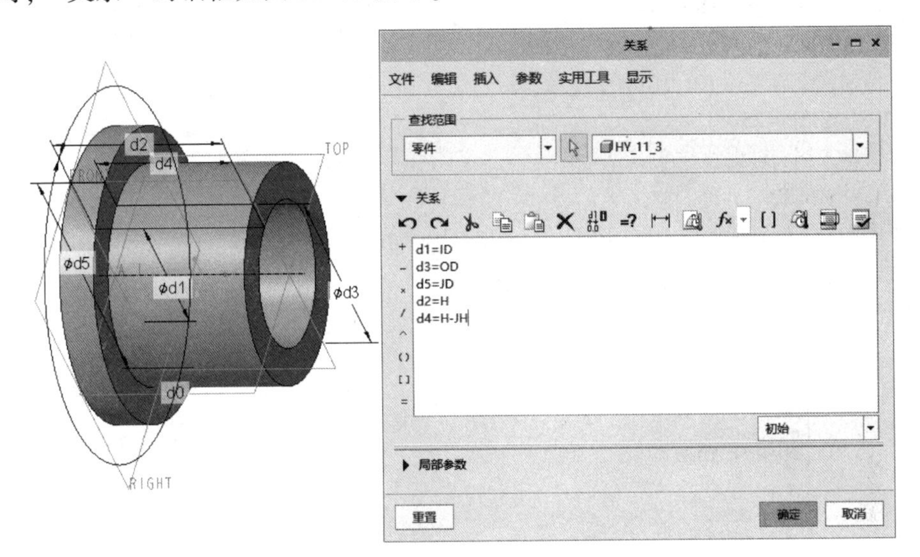

图 11-59 添加关系式

（3）在“关系”对话框中单击“校验关系”按钮，弹出图 11-60 所示的“校验关系”提示框，系统提示已经成功校验了关系，单击“校验关系”提示框中的“确定”按钮。

（4）单击“关系”对话框中的“确定”按钮，完成关系式的设置。

步骤 5：编辑程序。

（1）在功能区“工具”选项卡中单击选择“模型意图”→“程序”命令，弹出图 11-61 所示的菜单管理器。

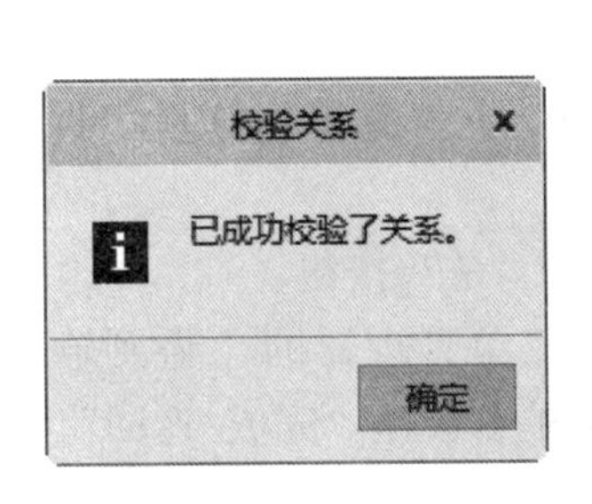

图 11-60 “校验关系”对话框

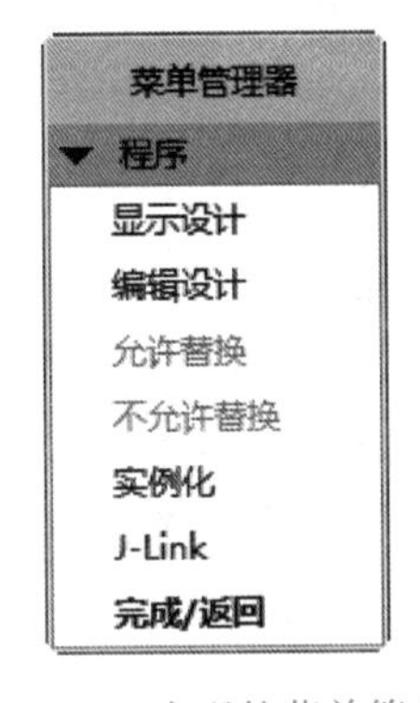

图 11-61 出现的菜单管理器

（2）在菜单管理器的“程序”菜单中选择“编辑设计”选项，弹出用于编辑程序的系统编辑器（“记事本”编辑器窗口）。

（3）在 INPUT 和 END INPUT 之间输入如下所示的简单程序语句：

```
ID NUMBER=20
"请输入铜套内径 ID:"
OD NUMBER=30
"请输入铜套外径 OD(OD>ID):"
JD NUMBER=40
"请输入套肩直径 JD(JD>OD)"
H NUMBER=25
"请输入铜套轴向总长度 H:"
JH NUMBER=5
"请输入套肩轴向厚度 JH(JH<H):"
```

此时“记事本”编辑器窗口如图 11-62 所示。

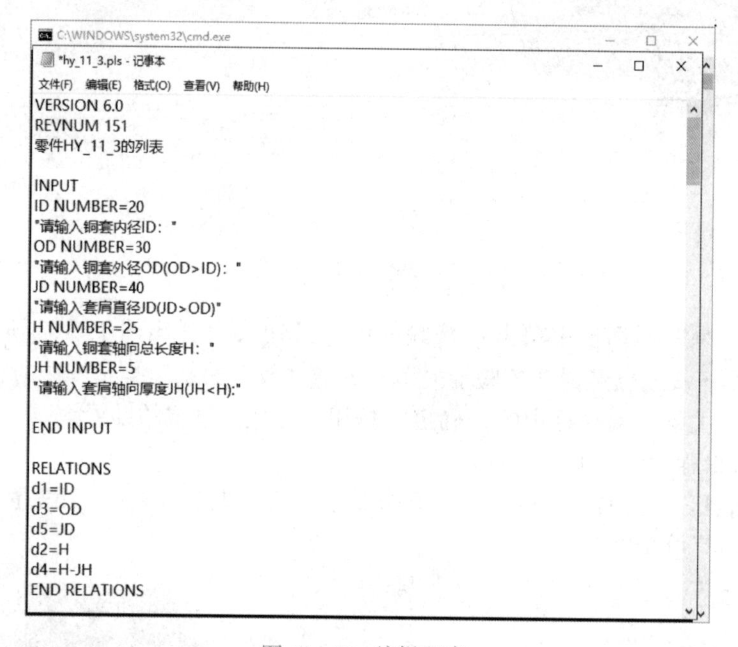


```
VERSION 6.0
REVNUM 151
零件HY_11_3的列表

INPUT
ID NUMBER=20
"请输入铜套内径ID: "
OD NUMBER=30
"请输入铜套外径OD(OD>ID): "
JD NUMBER=40
"请输入套肩直径JD(JD>OD)"
H NUMBER=25
"请输入铜套轴向总长度H: "
JH NUMBER=5
"请输入套肩轴向厚度JH(JH<H):"

END INPUT

RELATIONS
d1=ID
d3=OD
d5=JD
d2=H
d4=H-JH
END RELATIONS
```

图 11-62　编辑程序

（4）在“记事本”编辑器窗口中，从“文件”下拉菜单中选择“保存”命令，再从“文件”下拉菜单中选择“退出”命令。

（5）系统弹出图 11-63 所示的询问信息，单击“是”按钮。

（6）此时，菜单管理器如图 11-64 所示。在菜单管理器的“得到输入”菜单中选择“当前值”选项，接着在菜单管理器的“程序”菜单中选择“完成/返回”选项。

说明 至此，完成了该铜套的建模工作，并设置了相关的程序，使之成了一个通用的铜套参数化模型。此时，可以保存一下文件。下面的步骤将介绍如何采用该通用参数化模型来生成新的铜套。

步骤 6：利用通用参数化模型生成新的铜套。

（1）在功能区中切换到“模型”选项卡，从“操作”组中单击“重新生成”按钮，弹出图 11-65 所示的“得到输入”菜单。

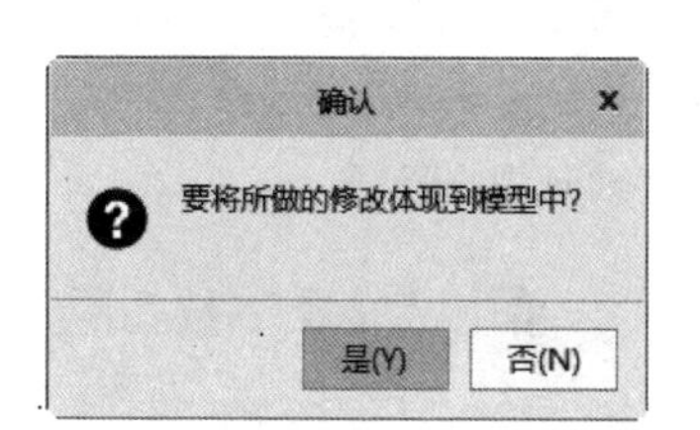

图 11-63 询问信息

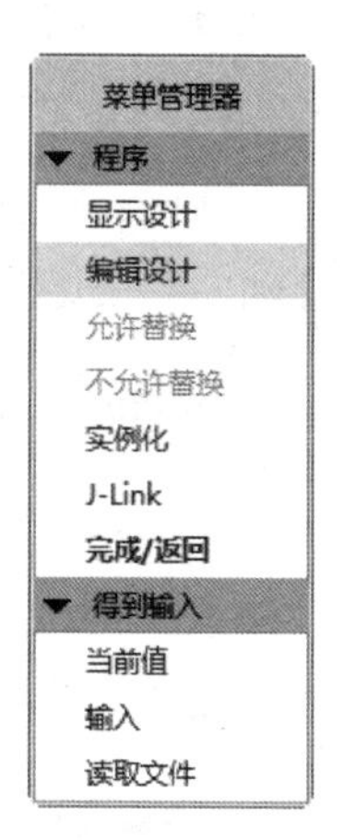

图 11-64 菜单管理器

（2）在“得到输入”菜单中选择“输入”选项，接着在出现的 INPUT SEL 菜单中选择“全选”选项，如图 11-66 所示。然后选择“完成选择”选项。

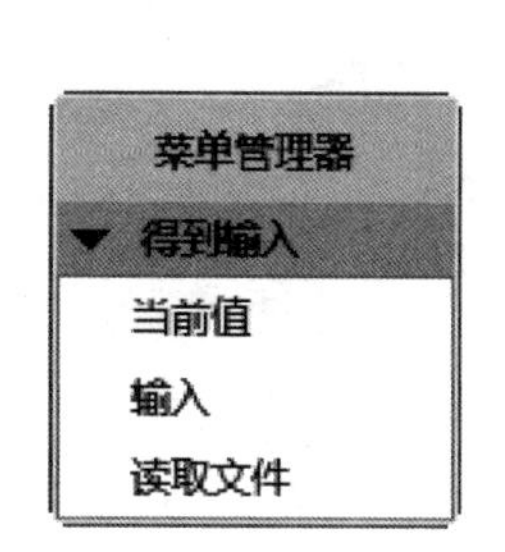

图 11-65 “得到输入”菜单

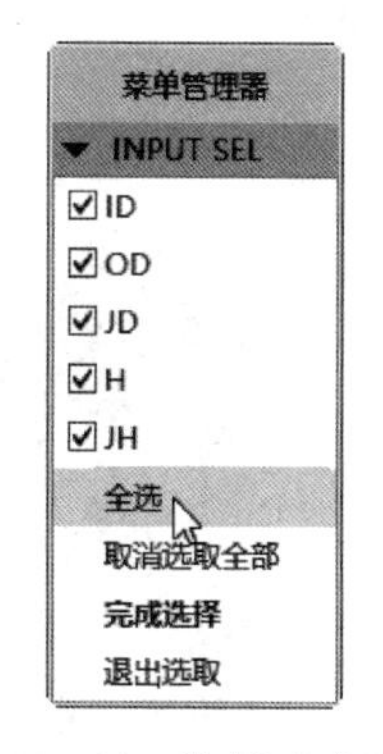

图 11-66 选择“全选”

（3）系统弹出自定义的提示信息，输入铜套内径为 25，如图 11-67 所示，单击“接受”按钮或按〈Enter〉键。

图 11-67 输入铜套内径

（4）输入铜套外径为 35，如图 11-68 所示，单击“接受”按钮。

图 11-68 输入铜套外径

（5）输入套肩直径为 50，如图 11-69 所示，单击“接受”按钮。

请输入套肩直径JD(JD>OD)

50

图 11-69　输入套肩直径

（6）输入铜套轴向总长度为 20，如图 11-70 所示，单击“接受”按钮✓。

图 11-70　输入铜套轴向总长度

（7）输入套肩轴向厚度为 6，如图 11-71 所示，单击“接受”按钮✓。

图 11-71　输入套肩轴向厚度

此时，由新参数驱动而生成的铜套零件如图 11-72 所示。

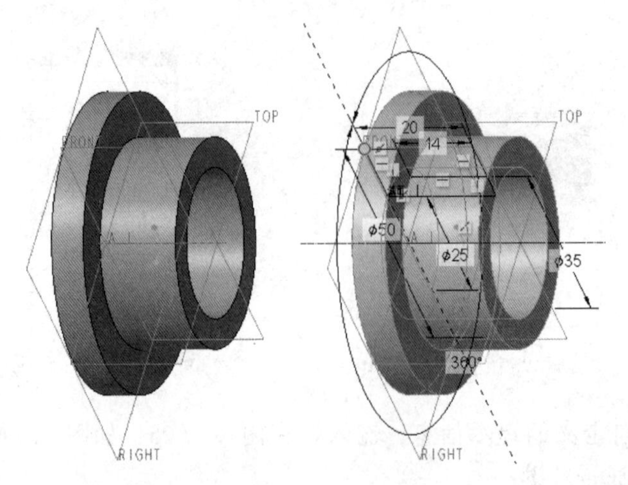

图 11-72　新铜套零件

11.5　建立渐开线直齿圆柱齿轮的通用参数化模型实例

本实例以一个相对复杂的渐开线直齿圆柱齿轮为例，说明如何建立满足一定使用要求的齿轮通用参数化模型。该齿轮的三维模型如图 11-73 所示。

该通用参数化模型适用于齿数小于 41 的渐开线直齿圆柱齿轮（其压力角为 20°）。以后在使用该通用的参数化齿轮模型时，只需输入齿轮的相关参数，如模数、齿数等，便可以生成新的直齿圆柱齿轮。在某些情况下，当输入的齿轮参数使基圆直径只比齿根圆直径略大一些时，可能会导致模型生成失败，这时，可以重新定义齿廓剖面，包括更新绘图参考和修改齿根的圆角半径，从而有效地解决模型再生错误的问题。

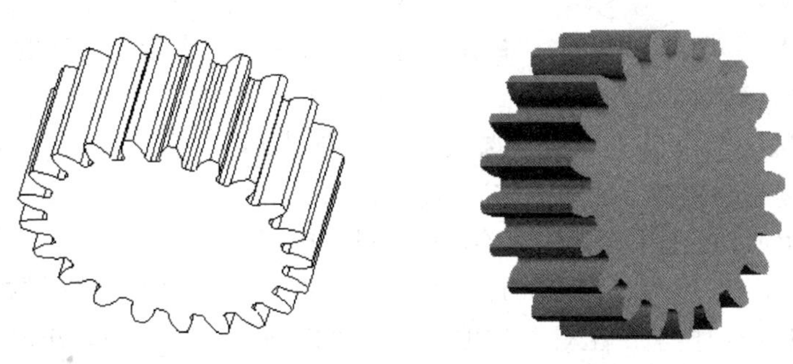

图 11-73 渐开线直齿圆柱小齿轮的三维模型

下面介绍具体的操作步骤。

步骤 1：新建零件文件。

（1）在“快速访问”在工具栏上单击“新建”按钮，弹出“新建”对话框。

（2）在“类型”选项组中选择“零件”单选按钮，在“子类型”选项组中选择“实体”单选按钮，在“名称”文本框中输入 HY_11_4，并取消勾选“使用默认模板”复选框，不使用默认模板，然后单击“确定”按钮。

（3）弹出“新文件选项”对话框，在“模板”选项组中选择 mmns_part_solid 选项。单击“确定”按钮，进入零件设计模式。

步骤 2：定义参数。

（1）在功能区中切换至“工具”选项卡，从“模型意图”组中单击“参数”按钮[ ]，此时系统弹出“参数”对话框。

（2）单击 7 次“添加”按钮，从而增加 7 个参数。

（3）分别修改新参数名称、对应的初始值以及说明信息，如图 11-74 所示。

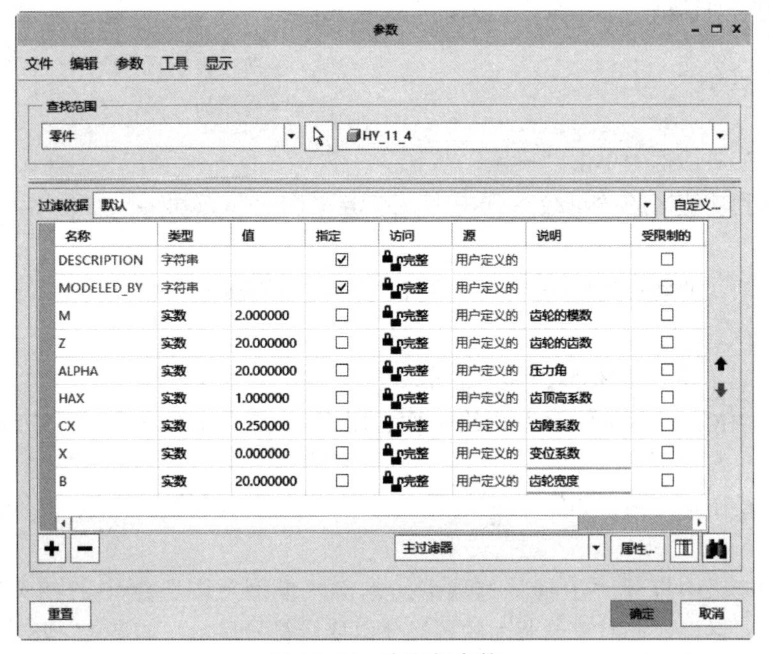

名称	类型	值	指定	访问	源	说明	受限制的
DESCRIPTION	字符串		☑	完整	用户定义的		☐
MODELED_BY	字符串		☑	完整	用户定义的		☐
M	实数	2.000000	☐	完整	用户定义的	齿轮的模数	☐
Z	实数	20.000000	☐	完整	用户定义的	齿轮的齿数	☐
ALPHA	实数	20.000000	☐	完整	用户定义的	压力角	☐
HAX	实数	1.000000	☐	完整	用户定义的	齿顶高系数	☐
CX	实数	0.250000	☐	完整	用户定义的	齿隙系数	☐
X	实数	0.000000	☐	完整	用户定义的	变位系数	☐
B	实数	20.000000	☐	完整	用户定义的	齿轮宽度	☐

图 11-74 定义新参数

（4）在“参数”对话框中单击“确定”按钮，完成用户自定义参数的建立。

步骤 3：创建旋转特征。

（1）在功能区中切换至“模型”选项卡，单击“旋转”按钮，打开“旋转”选项卡，默认指定要创建的模型特征为“实心”。

（2）选择 FRONT 基准平面作为草绘平面，进入内部草绘模式。

（3）草绘图 11-75 所示的旋转截面，其中水平的中心线将作为旋转轴线。

（4）在功能区中切换至“工具”选项卡，从“模型意图”组中单击“关系”按钮 d=，打开“关系”对话框。此时草绘截面的各尺寸以变量符号显示，如图 11-76 所示。

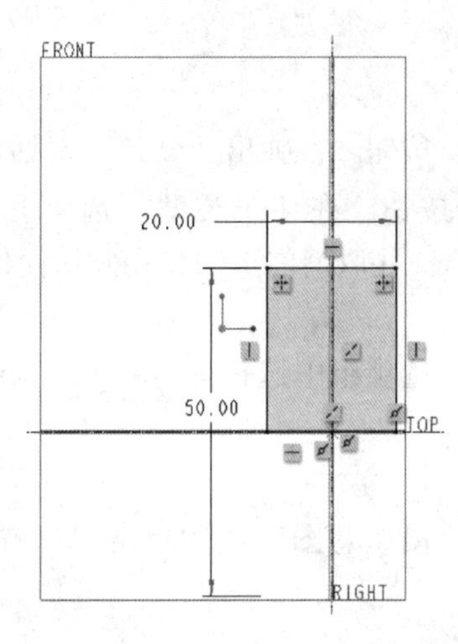

图 11-75　绘制草图

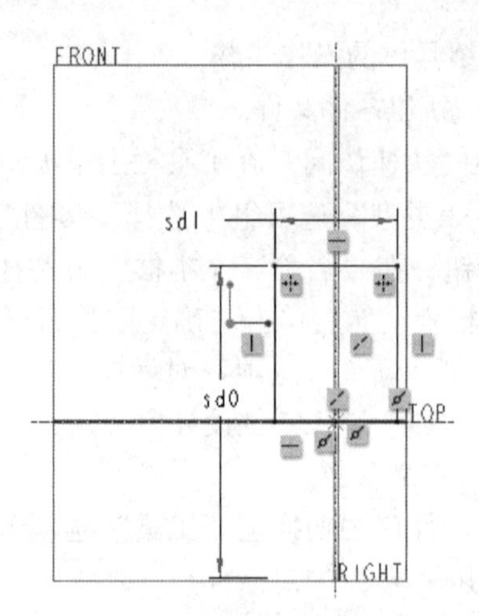

图 11-76　显示尺寸变量符号

在“关系”对话框的文本框中输入以下关系式：

```
sd0=M*Z+2*(HAX+X)*M                    /*等于齿顶圆直径
sd1=B                                  /*等于齿轮宽度
```

在“关系”对话框中单击“确定”按钮。

（5）返回到功能区的“草绘”选项卡，单击“确定”按钮，完成草绘并退出草绘模式。

（6）接受默认的旋转角度为 360°，单击“确定”按钮，创建一个圆柱体。

步骤 4：草绘曲线。

（1）单击“草绘”按钮，弹出“草绘”对话框。

（2）选择 RIGHT 基准平面为草绘平面，以 TOP 基准平面为“左”方向参考，单击“草绘”按钮。

（3）分别绘制 4 个圆，如图 11-77 所示（不必修改各圆的直径值，它们将会由关系式驱动）。

（4）在功能区中打开“工具”选项卡，单击“模型意图”组中的“关系”按钮 d=，打开“关系”对话框。此时草绘截面的各尺寸以变量符号显示，如图 11-78 所示。

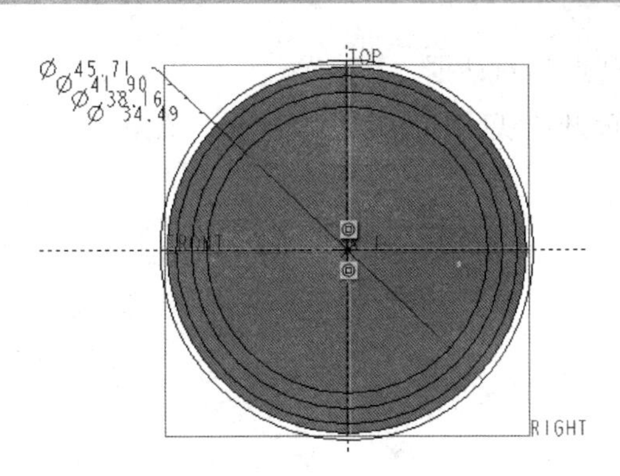

图 11-77 绘制 4 个圆

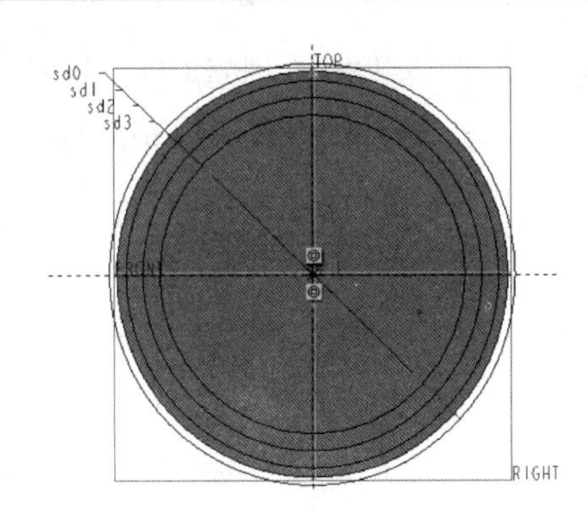

图 11-78 显示尺寸符号

在“关系”对话框中输入以下关系式：

```
HA=(HAX+X)*M
HF=(HAX+CX-X)*M
D=M*Z
DA=D+2*HA
DB=D*COS(ALPHA)
DF=D-2*HF
sd0=DA
sd1=D
sd2=DB
sd3=DF
```

在“关系”对话框中单击“确定”按钮。

(5) 切换到功能区的“草绘”选项卡，单击“确定”按钮✔。

步骤 5：创建渐开线。

(1) 在功能区的“模型”选项卡中打开“基准”组的溢出列表，接着展开“曲线”级联列表，从中选择“来自方程的曲线”命令，系统弹出“曲线：从方程”选项卡。

(2) 在模型树中选择 PRT_CSYS_DEF 基准坐标系，接着从“曲线：从方程”选项卡的“坐标类型”下拉列表框中选择“笛卡尔”选项。

(3) 在“曲线：从方程”选项卡中单击“方程”按钮，系统弹出“方程”编辑窗口，在该编辑窗口的文本框中输入下列函数方程：

```
r=DB/2                                   /*r为基圆半径
theta=t*45                               /*设置渐开线展角为从0到45度
x=0
z=r*sin(theta)-r*(theta*pi/180)*cos(theta)
y=r*cos(theta)+r*(theta*pi/180)*sin(theta)
```

(4) 在“方程”编辑窗口中单击“确定”按钮。

(5) 在“曲线：从方程”选项卡中单击“确定”按钮✔，完成创建图 11-79 所示的渐开线。

步骤 6：创建基准点。

（1）单击“基准点”按钮，打开“基准点”对话框。

（2）选择渐开线，按住〈Ctrl〉键选择分度圆曲线，如图 11-80 所示，在它们的交点处产生一个基准点 PNT0。

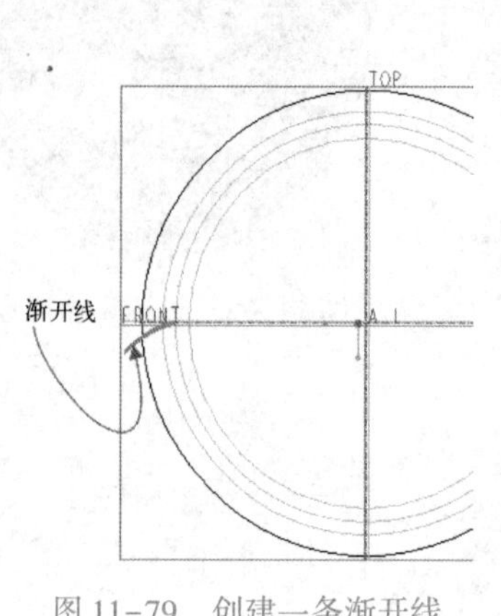

图 11-79　创建一条渐开线

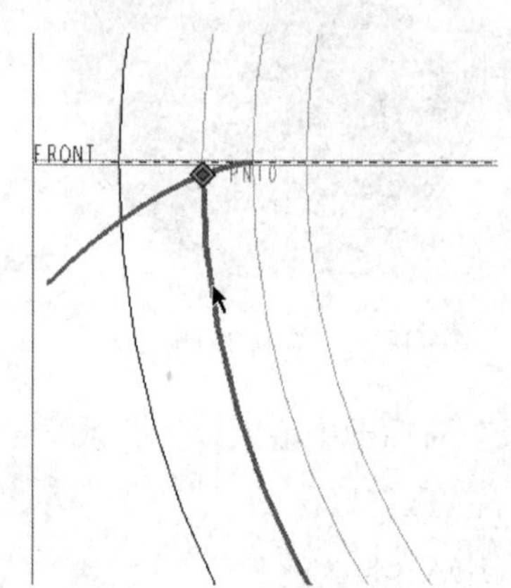

图 11-80　创建基准点

（3）在“基准点”对话框中单击“确定”按钮。

步骤 7：创建既通过基准点 PNT0 又通过圆柱轴线的参考平面。

（1）单击“平面”按钮，打开“基准平面”对话框。

（2）选择圆柱轴线 A_1，按〈Ctrl〉键的同时选择基准点 PNT0。

（3）在“基准平面”对话框中单击“确定”按钮，创建了基准平面 DTM1。

步骤 8：创建基准平面 M_DTM。

（1）单击“平面”按钮，打开“基准平面”对话框。

（2）确保选择 DTM1 基准平面，按住〈Ctrl〉键的同时选择圆柱轴线 A_1，接着在“基准平面”对话框的“旋转”框中输入“-360/(4 * Z)”，按〈Enter〉键，系统自动计算该关系式。

（3）切换到“属性”选项卡，在“名称”文本框中输入 M_DTM。

（4）单击“基准平面”对话框的“确定”按钮，创建的 M_DTM 基准平面如图 11-81 所示（RIGHT 视角）。

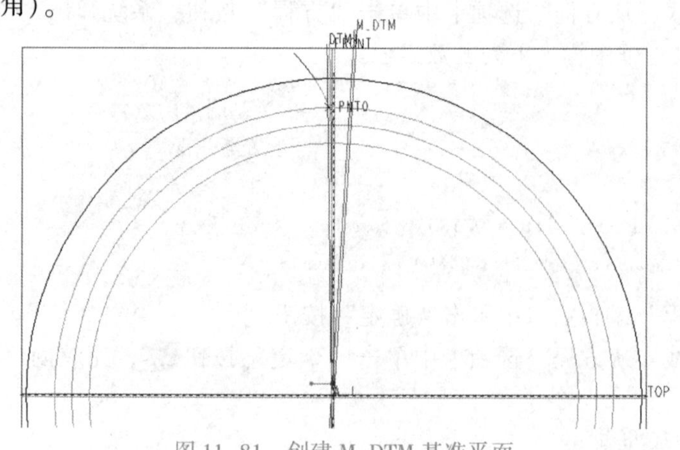

图 11-81　创建 M_DTM 基准平面

步骤 9：镜像渐开线。

（1）选择渐开线，单击“镜像”按钮，打开“镜像”选项卡。

（2）选择 M_DTM 基准平面作为镜像平面。

（3）单击“镜像”选项卡中的“确定”按钮。

步骤 10：以拉伸的方式切出第一个齿槽。

（1）单击“拉伸”按钮，打开“拉伸”选项卡。

（2）在“拉伸”选项卡中指定要创建的模型特征为“实心”，并单击“移除材料”按钮。

（3）打开“放置”下滑面板，单击“定义”按钮，出现“草绘”对话框。

（4）选择 RIGHT 基准平面作为草绘平面，以 TOP 基准平面为“左”方向参考，单击“草绘”按钮，进入内部草绘器中。

（5）草绘图 11-82 所示的图形，注意选择齿根圆来与渐开线构成该开放图形。

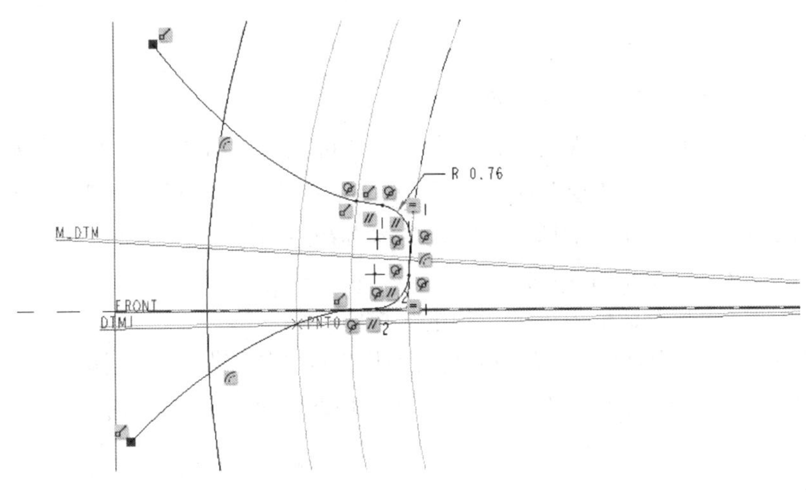

图 11-82 绘制草图

（6）从功能区中切换至“工具”选项卡，单击“模型意图”组中的“关系”按钮，打开“关系”对话框。在对话框中输入下列关系式（如图 11-83 所示）：

```
IF HAX<1
sd0=0.46*M
ENDIF
IF HAX>=1
sd0=0.38*M
ENDIF
```

单击“关系”对话框的“确定”按钮。

（7）返回到功能区的“草绘”选项卡，单击“确定”按钮。

（8）在“拉伸”选项卡中单击“选项”按钮，打开“选项”下滑面板，从“侧 1”和“侧 2”下拉列表框中均选择（穿透）选项。

（9）单击“拉伸”选项卡中的“确定”按钮，创建的第一个齿槽如图 11-84 所示。

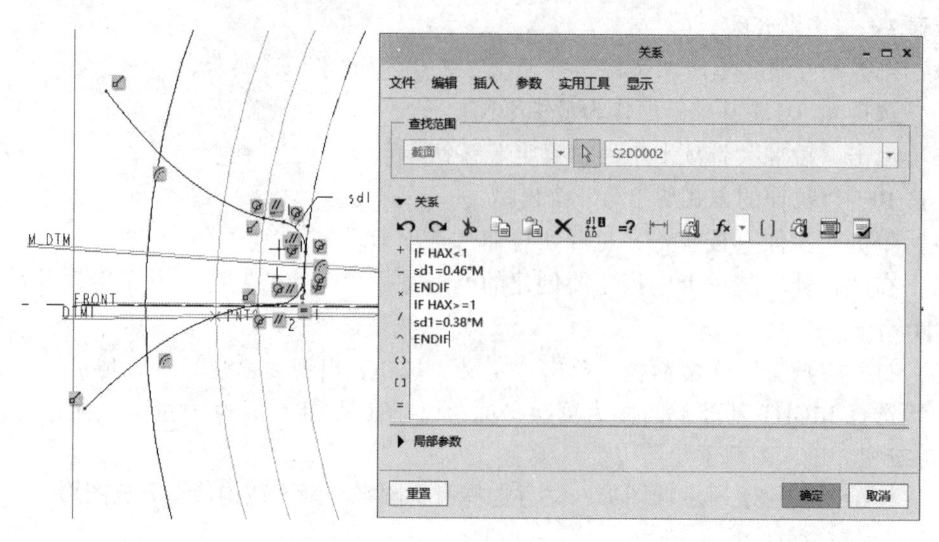

图 11-83　输入关系式

步骤 11：建立曲线图层并隐藏该图层

（1）在功能区中切换至“视图”选项卡，从“可见性”组中单击“层”按钮。

（2）在层树的上方单击“层”按钮，从其下拉菜单中选择“新建层”命令。

（3）在弹出的“层属性”对话框上输入名称为 CURVE，选择模型中的所有曲线（包括渐开线等）作为 CURVE 图层的项目。

（4）在“层属性”对话框中单击“确定”按钮。

（5）在层树上右击刚创建的 CURVE 图层，从出现的快捷菜单中选择“隐藏”命令，如图 11-85 所示。可以再次右击 CURVE 图层，从出现的快捷菜单中选择“保存状况”命令。

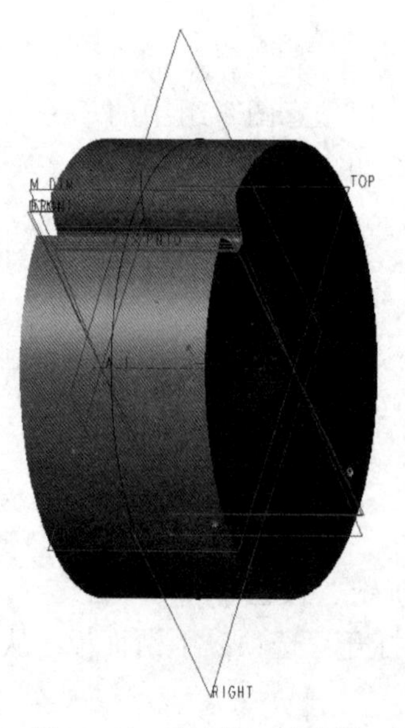

图 11-84　完成第一个齿槽

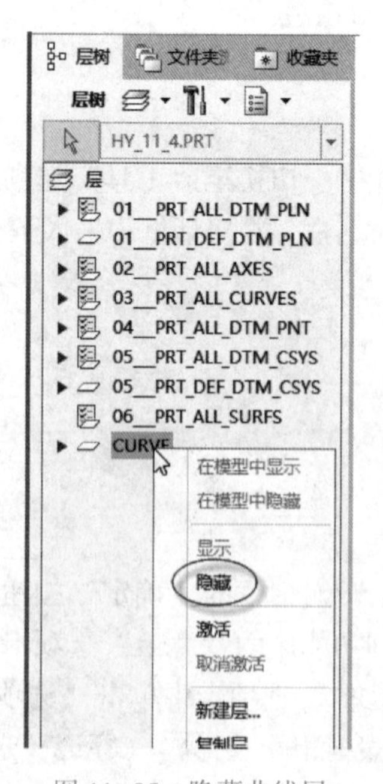

图 11-85　隐藏曲线层

(6) 在“图形”工具栏中单击“重画”按钮。

(7) 从功能区“视图”选项卡的“可见性”组中单击“层”按钮，返回到特征模型树的显示状态。此时可以切换至功能区的“模型”选项卡。

步骤 12：阵列齿槽。

(1) 在模型树上选择刚创建的第一个齿槽特征，单击“阵列”按钮，打开“阵列”选项卡。

(2) 从“阵列”选项卡中的阵列类型列表框中选择“轴”选项，接着在零件模型中选择齿轮零件的圆柱轴线 A_1。

(3) 在“阵列”选项卡中，设置方向 1 的阵列成员数为 20，其角度增量为 360/Z。当输入角度增量为 360/Z 并按〈Enter〉键时，系统会弹出图 11-86 所示的对话框来询问是否增加该特征关系，单击“是”按钮。

(4) 单击“确定”按钮，阵列齿槽的效果如图 11-87 所示。

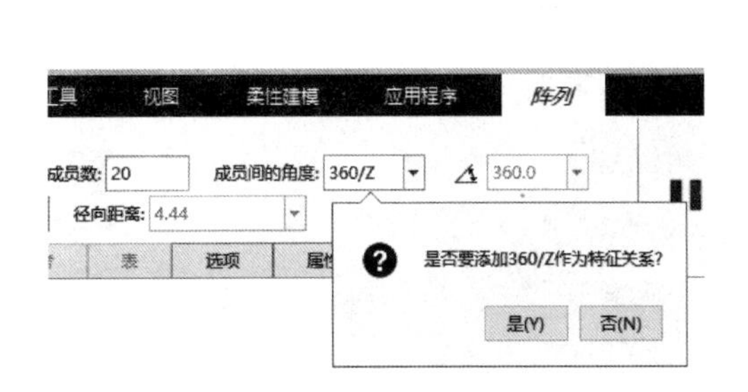

图 11-86 系统询问

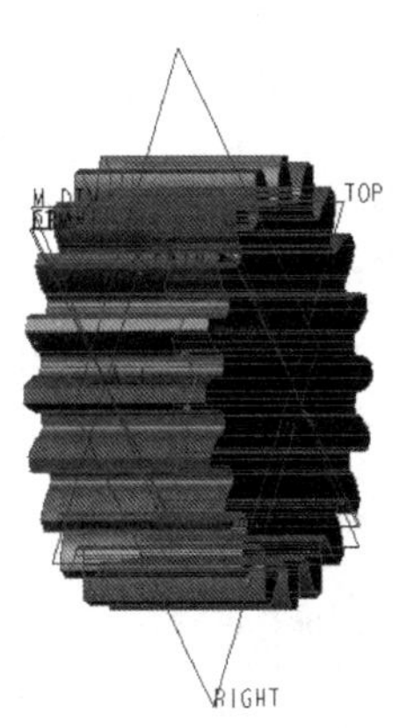

图 11-87 阵列结果

步骤 13：设置阵列参数的关系式。

(1) 在功能区中切换至“工具”选项卡，从“模型意图”组中单击“关系”按钮 d=，打开“关系”对话框。

(2) 在模型树上单击阵列特征和 M_DTM 基准平面，然后根据模型中显示的尺寸变量符号，在“关系”对话框的文本框中输入以下关系式：

```
p17=Z              /* 第一方向的阵列成员数
p18=1              /* 第二方向的阵列成员数
d14=360/Z          /* 第一方向上的相邻阵列成员间的角度增量
d10=360/(4*Z)      /* M_DTM 基准平面与 DTM1 基准平面之间的角度
```

输入关系式的“关系”对话框如图 11-88 所示。

(3) 校验成功后，单击“关系”对话框中的“确定”按钮。

步骤 14：编辑程序。

(1) 在功能区的“工具”选项卡中，选择“模型意图”→“程序”命令，弹出一个菜单管理器。

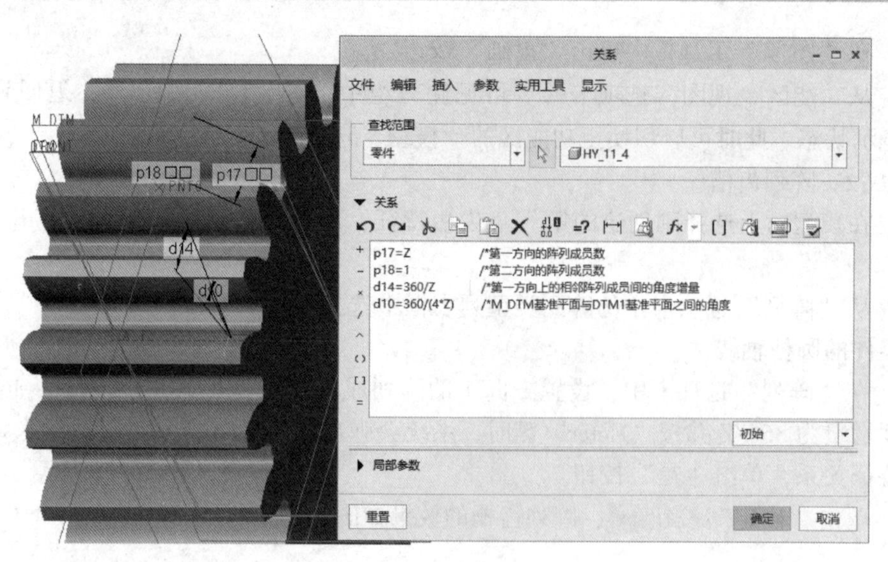

图 11-88　输入关系式

（2）在菜单管理器的“程序”菜单中选择“编辑设计”选项，弹出用于编辑程序的系统编辑器（记事本编辑器）。

（3）在 INPUT 和 END INPUT 之间输入如下所示的简单程序语句：

```
M NUMBER
"请输入齿轮的模数:"
Z NUMBER
"请输入齿轮的齿数:"
HAX NUMBER
"请输入齿顶高系数:"
CX NUMBER
"请输入齿隙系数:"
X NUMBER
"请输入齿轮的变位系数:"
B NUMBER
"请输入齿轮的宽度:"
```

此时记事本编辑器如图 11-89 所示。

（4）在记事本编辑器中，从“文件”下拉菜单中选择“保存”命令，接着再从“文件”下拉菜单中选择“退出”命令。

（5）系统弹出图 11-90 所示的“确认”对话框，单击“是”按钮。

（6）在菜单管理器的“得到输入”菜单中选择“输入”选项，如图 11-91 所示。

（7）在菜单管理器的“INPUT SEL”菜单中选择“全选”选项，如图 11-92 所示，然后选择“完成选择”选项。

（8）输入齿轮的模数为 1.5 mm，如图 11-93 所示，单击“接受”按钮✓。

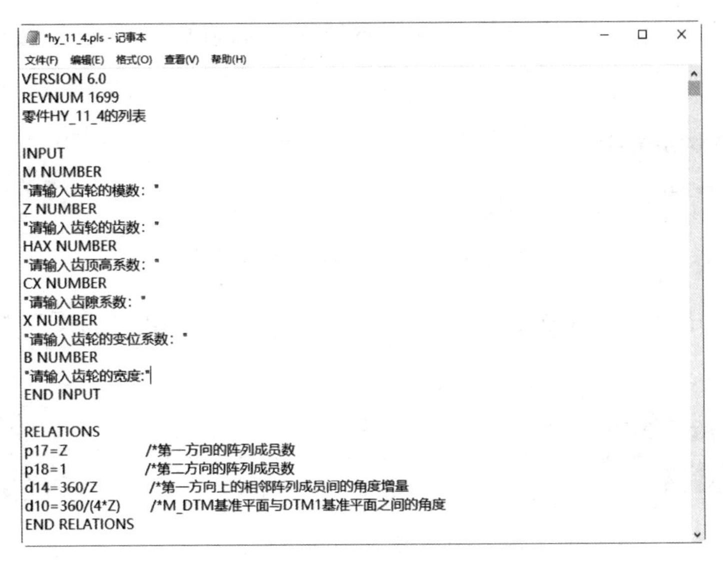

图 11-89 编辑程序

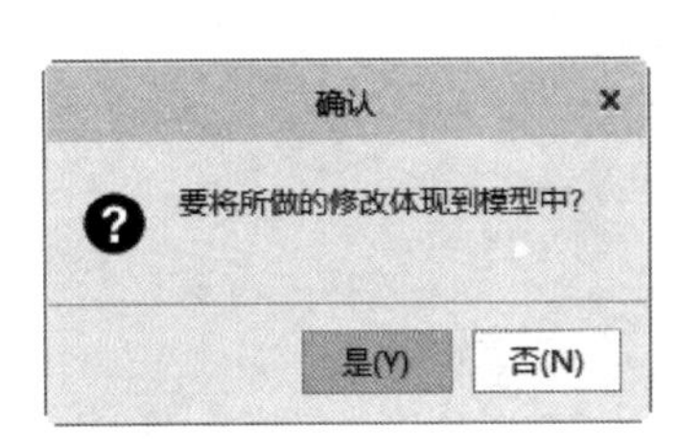

图 11-90 “确认”对话框

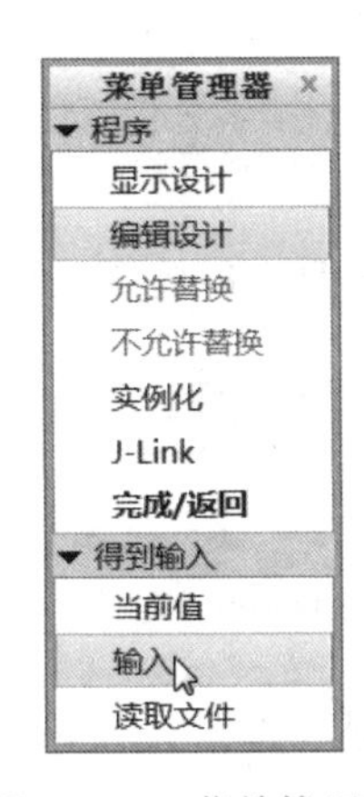

图 11-91 菜单管理器

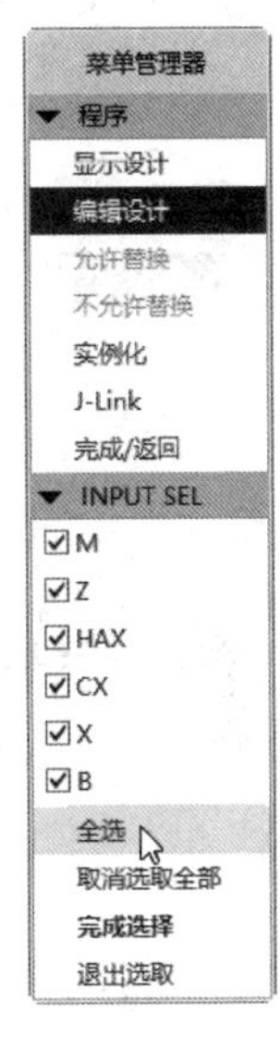

图 11-92 菜单管理器

图 11-93 输入模数

（9）输入齿轮的齿数为 21，如图 11-94 所示，单击“接受”按钮。

图 11-94 输入模数

（10）默认的齿顶高系数为 1，如图 11-95 所示，直接单击“接受”按钮✓，接受其默认值。

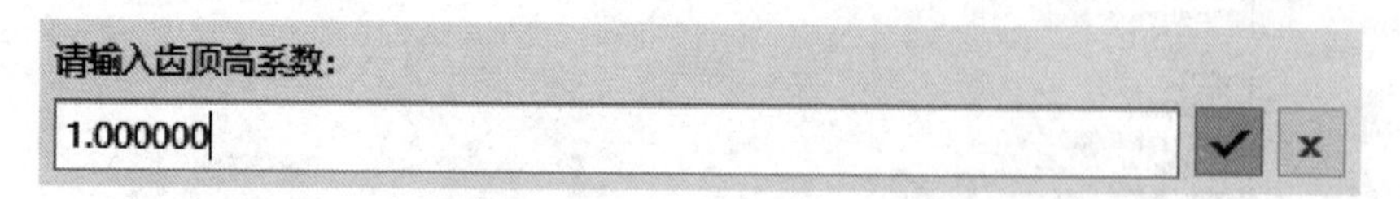

图 11-95　接受默认的齿顶高系数

（11）默认的齿隙系数为 0.25，如图 11-96 所示，直接单击“接受”按钮✓，接受其默认值。

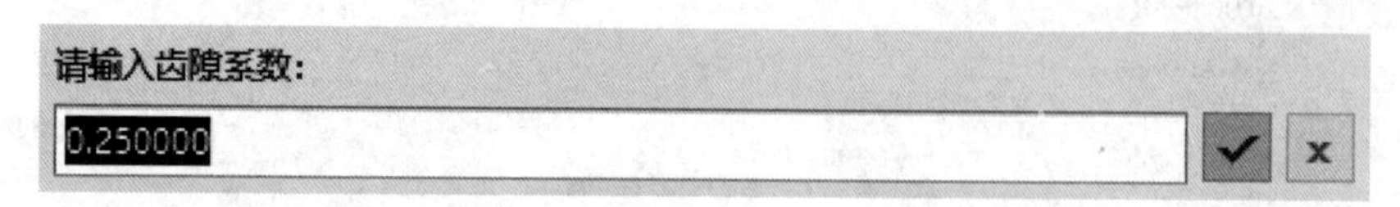

图 11-96　接受默认的齿隙系数

（12）默认的变位系数为 0，如图 11-97 所示，直接单击“接受”按钮✓，接受其默认值。

图 11-97　接受默认的变位系数

（13）输入齿轮的宽度为 18，如图 11-98 所示，单击“接受”按钮✓。

图 11-98　输入齿轮的宽度

此时，系统自动再生模型，形成一个新的小齿轮。

步骤 15：保存文件。

特别说明：以后每次打开该零件文件时，如果要生成新的渐开线圆柱直齿小齿轮，则单击“重新生成”按钮，将弹出“得到输入”菜单。在“得到输入”菜单中选择“输入”选项，接着出现 INPUT SEL 菜单，从中指定要重新定义的参数，输入新值即可。

11.6　初试牛刀

设计题目 1：以图 11-99 所示的 B 型圆柱销（GB/T 119）为例，按照表 11-2 提供的圆柱销尺寸建立相应的标准件库（部分）。在建立族表时，可以以“GB119-86_B 公称直径(d)×公称长度(l)”的形式来命名圆柱销实例，例如公称直径 $d=6$ mm、长度 $l=30$ mm 的 B 型圆柱销实例，可以命名为“GB119-86_B6×30”。

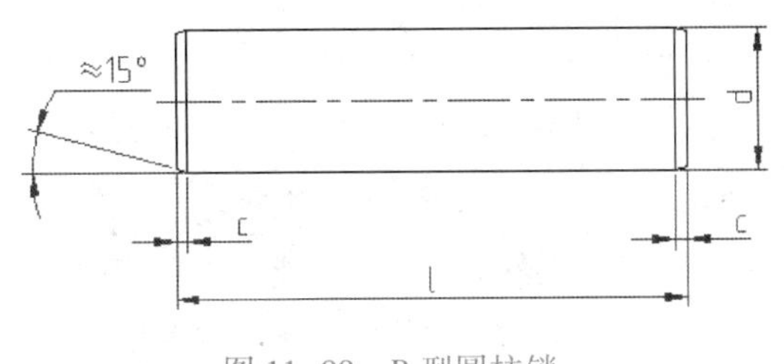

图 11-99　B 型圆柱销

表 11-2　要建立库的圆柱销（单位：mm）

公称直径 d	6	6	6	6	6	6	6	6	6
c	1.2	1.2	1.2	1.2	1.2	1.2	1.2	1.2	1.2
l（公称）	28	30	32	35	40	45	50	55	60

设计题目 2：请自行设计一个简单的零件，然后参考本章相关实例所介绍的方法建立其通用件库。

设计题目 3：打开配套资料包中的 HY_EX11_3. PRT 文件，其零件模型是一个渐开线直齿圆柱小齿轮的通用参数化模型。请读者根据提示进行下列操作，重点体会和掌握如何解决再生（重新生成）失败的问题。

（1）单击“重新生成”按钮，弹出图 11-100 所示的“得到输入”菜单。在“得到输入”菜单中选择“输入”选项，出现 INPUT SEL 菜单，选择“全选”选项，如图 11-101 所示，然后选择“完成选择”选项。

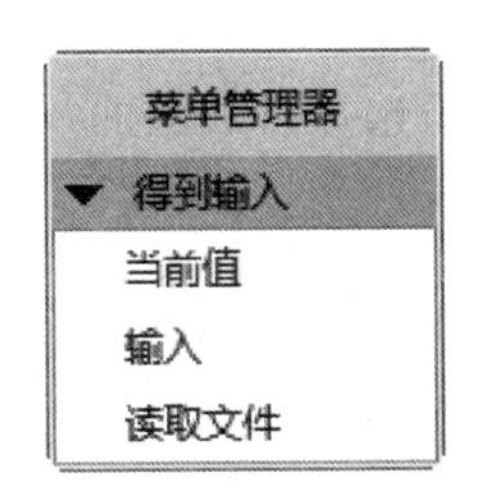

图 11-100　“得到输入”菜单

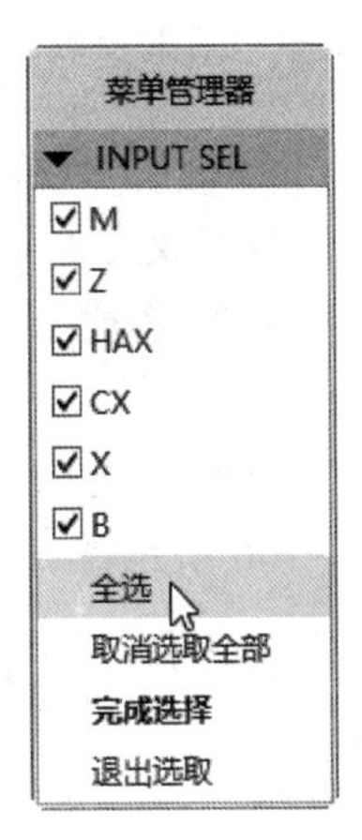

图 11-101　INPUT SEL 菜单

（2）输入 M = 2，Z = 40，HAX = 1，CX = 0.25，X = 0，B = 20，状态栏中将出现图 11-102 所示的“重新生成失败”通知信息（与解决失败模式的设置相关）。

（3）在模型树中展开阵列特征，单击选择再生失败的“拉伸 1[1]”特征，如图 11-103 所示。接着从出现的浮动工具栏中单击“编辑定义”图标选项，打开图 11-104 所示的“拉伸”选项卡。打开“放置”下滑面板，单击“编辑”按钮。

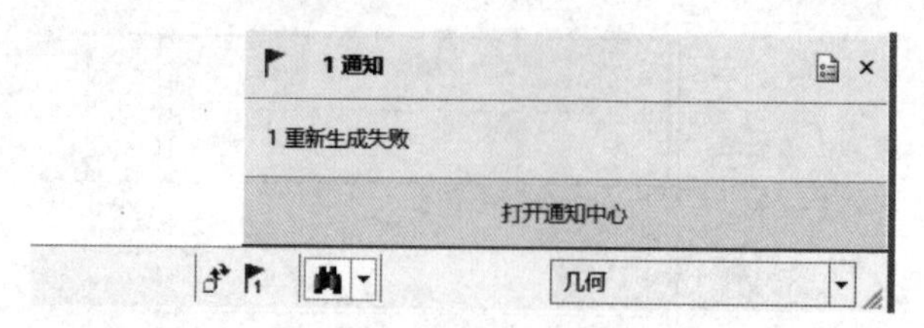

图 11-102　通知某些特征重新生成失败

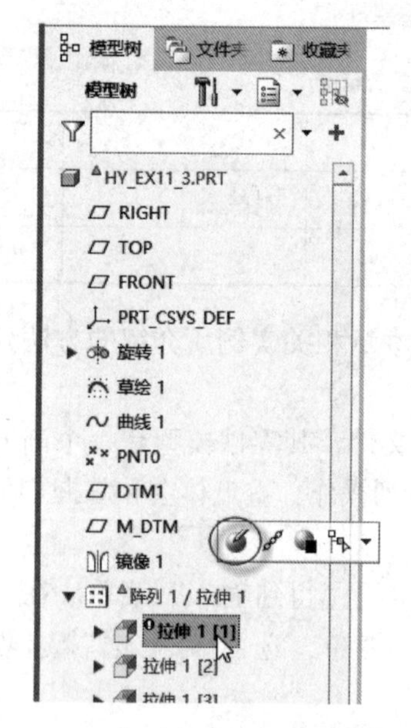

图 11-103　拟对失败特征重新编辑定义

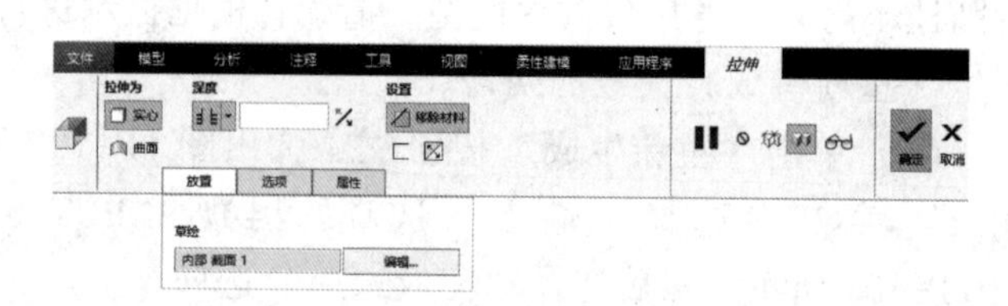

图 11-104　“拉伸”选项卡

（4）系统弹出图 11-105 所示的“参考”对话框，提示草图的参考基准已经失效，这是由原来的圆角关系式不再成立所造成的。选择第一个参考基准，单击“更新”按钮，使用同样的操作更新第二个参考基准，删除第三个参考基准。然后单击“参考”对话框中的“关闭”按钮。

（5）通过图层，取消隐藏 CURVE 层，这样可以重新选择齿根圆曲线作为绘图参考。修改后的草图如图 11-106 所示。

图 11-105　“参考”对话框

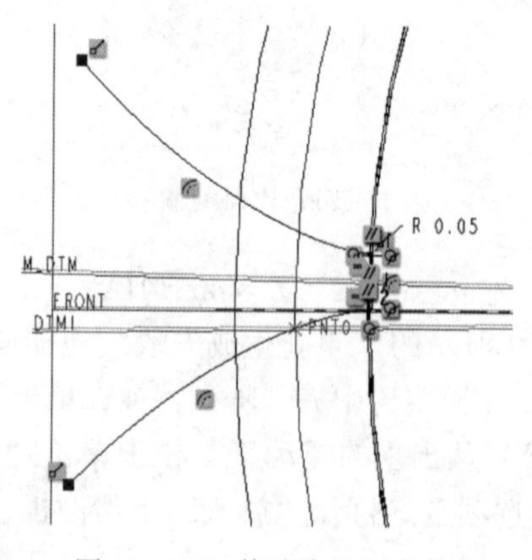

图 11-106　修改齿根圆角等

（6）此时，可以切换至功能区的“工具”选项卡，单击“关系”按钮 d=，打开图 11-107 所示的“关系”对话框，从中看到系统提示关系式 sd4 = 0. 38 * M 的赋值语句左侧无效，读者可以根据当前草图中的新代号值修改该关系式，例如将其修改为 sd26 = 0. 05，sd26 为新圆角的尺寸变量符号。也可以不修改该关系式，因为该关系式已经不成立了。

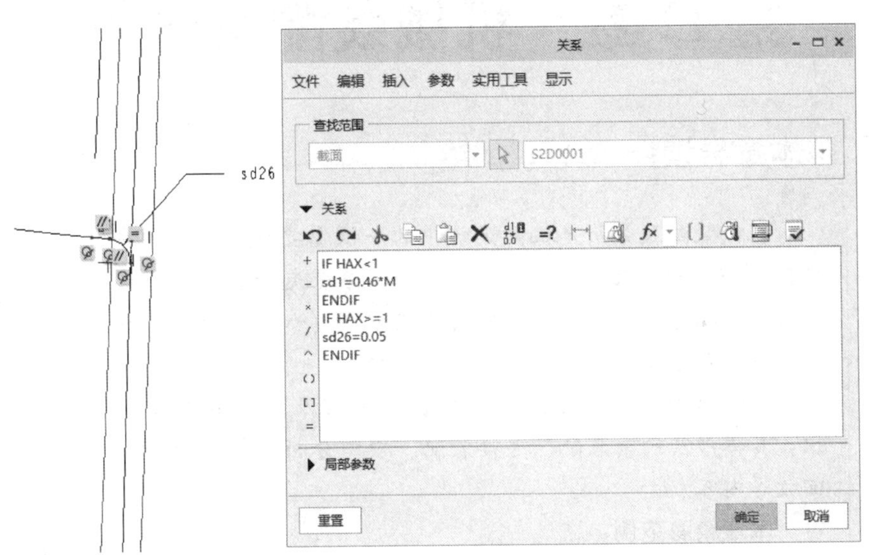

图 11-107 “关系”对话框

（7）完成关系式修改后返回到功能区的“草绘”选项卡，单击“确定”按钮✔。

（8）单击“拉伸”选项卡中的“确定”按钮✔，系统自动再生模型后，得到的齿轮如图 11-108 所示，图中隐藏了相关的曲线。

图 11-108 得到的新齿轮

思考与总结经验：如果在齿槽截面中不绘制圆角，而是留在最后才使用“倒圆角”按钮来独立在齿槽中生成圆角，是不是就不容易出现此类再生失败的情况，而修改起来也轻松很多？

第 12 章 机械装配及分析

本章导读：

机械装配及分析是机械设计中的一项重要内容。将各个零部件按照一定的约束关系或连接关系依次装配起来，便构成了一个完整的产品造型。对于一些采用连接方式（如齿轮连接、销连接等）建立的装配体，可以进行运动学分析。

本章通过实例的方式，讲解机械装配及分析的相关实用知识，具体涉及约束装配、连接装配、模型分析、机构分析和动画回放等内容。

本章精彩范例：

- 平口虎钳装配
- 齿轮-凸轮传动机构装配及运动仿真

12.1 装配基础

在介绍具体的机械装配及分析实例之前，先简单介绍一下 Creo Parametric 6.0 的装配基础，包括如何进入装配（组件）模式、如何将元件添加到装配组件中、如何进行模型分析以及如何进入机构模块等。

12.1.1 进入装配模式

在启动 Creo Parametric 6.0 软件之后，单击“快速访问”工具栏中的“新建”按钮，弹出“新建”对话框。在“类型”选项组中选择“装配”单选按钮，在“子类型”选项组中选择“设计”单选按钮，在“名称”文本框中输入文件名或接受默认的文件名，并取消勾选“使用默认模板”复选框，如图 12-1 所示，单击“确定”按钮。

弹出“新文件选项”对话框，在“模板”选项组中，选择 mmns_asm_design 选项，如图 12-2 所示。单击“确定”按钮，进入装配设计模式。

在新建的装配文件中，倘若模型树没有显示特征等项目时，可以通过树过滤器来设置显示相关的项目。设置的方法很简单，即在导航区的模型树上方，单击“设置”按钮，出现图 12-3 所示的下拉菜单，从中选择“树过滤器”选项，打开“模型树项”对话框，在

“显示”区域中勾选图 12-4 所示的复选框，例如增加勾选“特征”复选框，然后单击“确定”按钮，则在模型树中显示所设定的项目。

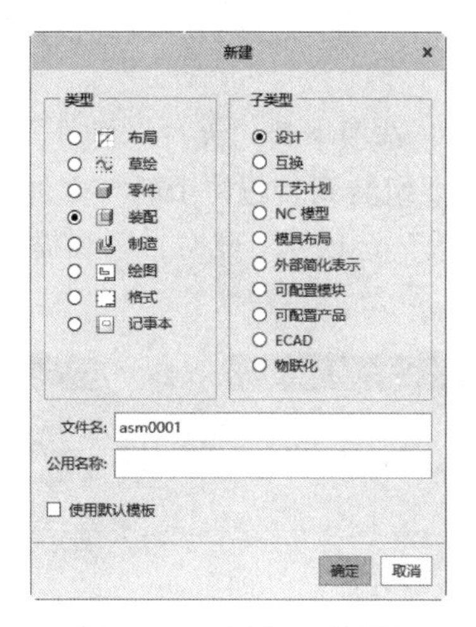

图 12-1 “新建”对话框

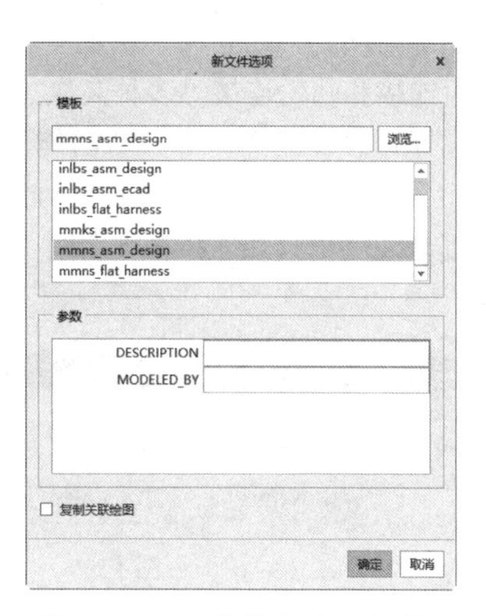

图 12-2 “新文件选项”对话框

图 12-3 选择“树过滤器”选项

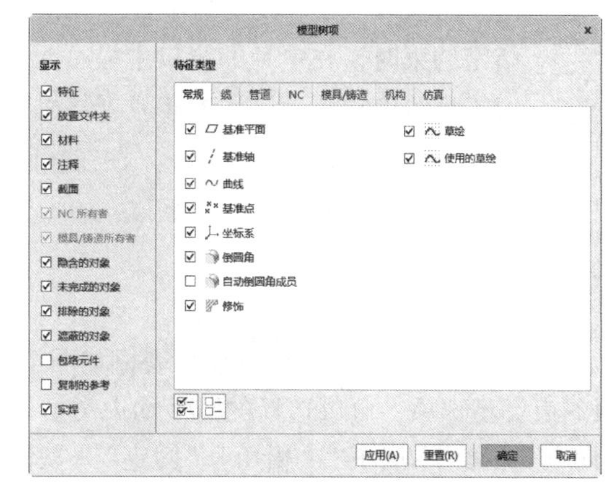

图 12-4 “模型树项”对话框

12.1.2 约束装配与连接装配

在 Creo Parametric 6.0 系统中，约束装配可谓是最基本的装配形式。对于任何一个零件，都可以通过定义若干个放置约束条件来将它组装到装配体组件中，在装配过程中，系统会自动提示该零件当前处于何种约束状态，例如处于完全约束状态、不完全约束状态、过约束状态等。

约束装配的主要类型包括“距离”“角度偏移”“平行”“重合”“法向”“共面”“居中”“相切”“固定”和“默认”等。

连接装配主要适用在可以实现运动的机构、产品或相关的部件中，也就是说，对于具有一定运动自由度的零部件，可以采用连接装配的方式来进行装配。严格来说，连接装配是一个使用预定义约束的约束集，例如，销钉连接装配需要分别定义两组约束：一组轴对齐约束和一组平移约束。

连接装配的类型主要包括“刚性”“销（销钉）”“滑块（滑动杆）”“圆柱”“平面”“球”“焊缝”“轴承”“常规”“6DOF”“万向”“槽”等。此外，在机构设计环境中，还可以定义齿轮连接和凸轮连接等多种高级连接装配。

在新建或打开的装配文件中，从功能区“模型”选项卡的“元件”组中单击“组装”按钮，弹出“打开”对话框。通过该对话框选择要组装到装配体中的零部件，单击“打开”按钮，则功能区出现图 12-5 所示的“元件放置”选项卡。此时，系统提示：“状况：无约束”。

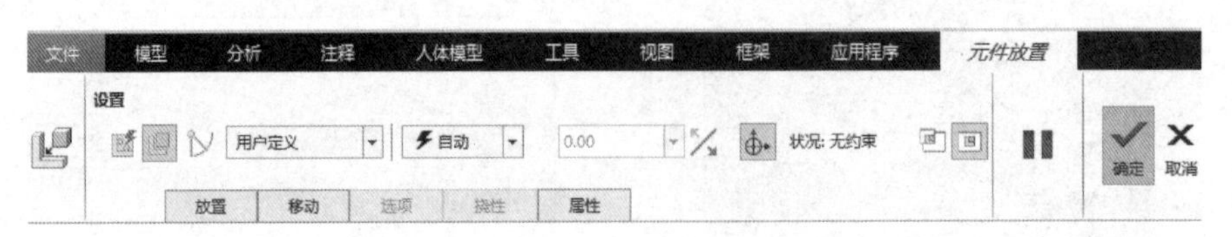

图 12-5 “元件放置”选项卡

在这里，简单介绍一下“元件放置”选项卡上的主要按钮及选项的功能。

：指定约束时，在装配窗口中显示元件。在初始默认时，该按钮处于被选定的状态。

：指定约束时，在单独的窗口中显示元件。

：用于将约束转换为机构连接或者将机构连接转换为约束。

其中，“在装配窗口中显示元件”按钮和“在单独窗口中显示元件”按钮，可以同时处于活动状态（即被选中的状态）。

：使用界面放置元件。

：手动放置元件。

“约束”下拉列表框：该下拉列表框如图 12-6 所示，默认选项为“自动”，但可以手动更改约束类型选项，可供选择的其他约束类型选项有“距离”“角度偏移”“平行”“重合”“法向”“共面”“居中”“相切”“固定”“默认”等。

“预定义集”下拉列表框：该下拉列表框如图 12-7 所示，可供选择的连接类型选项有“用户定义”“刚性”“销”“滑块”“圆柱”“平面”“球”“焊缝”“轴承”“常规”“6DOF”“万向”和“槽”等。

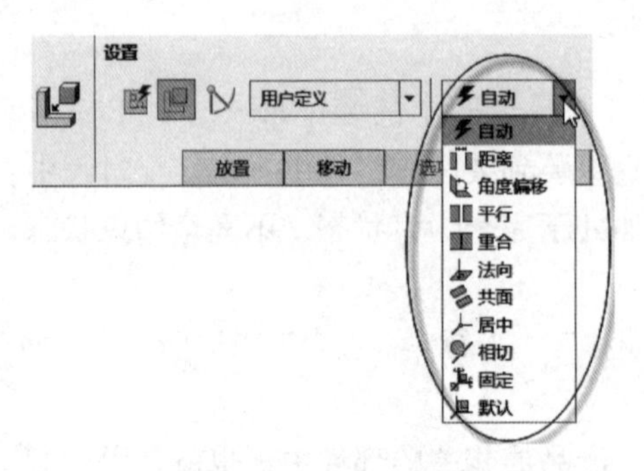

图 12-6 “约束”下拉列表框

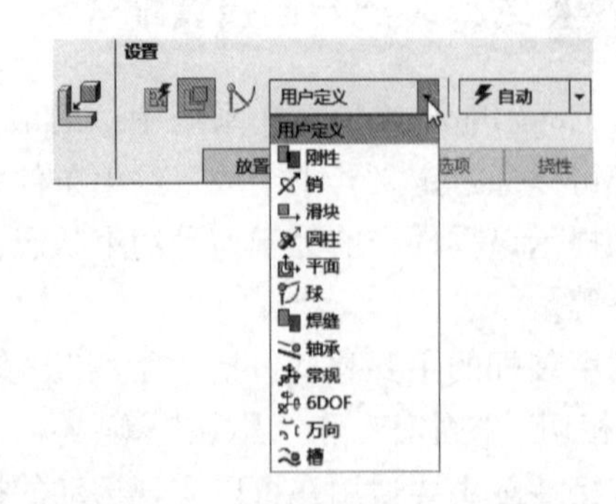

图 12-7 “预定义集”下拉列表框

“放置”下滑面板：该下滑面板用来显示元件放置和连接定义。

“移动”下滑面板：使用该下滑面板可以移动正在装配的元件，使元件的取放更加方便。当该下滑面板处于活动状态时，将暂停所有其他元件的放置操作。

“挠性”下滑面板：该下滑面板仅对具有预定义挠性的元件可用。

“属性”下滑面板：利用该下滑面板，可以查看元件名称，以及打开 Creo Parametric 浏览器来查阅详细的元件信息。

约束装配和常规的连接装配的操作，都是利用“元件放置”选项卡来完成的。

12.1.3 模型分析

装配好零部件后，可以对模型进行必要的分析，如分析装配组件的全局干涉、体积干涉、全局间隙、配合间隙、厚度、质量属性等情况，从而有效地把握产品结构，完善对产品结构设计的检验。

在图 12-8 所示的功能区“分析”选项卡中，可以选择所需要的分析命令。下面以进行全局干涉分析为例，简述模型分析的一般步骤。

图 12-8 功能区的“分析”选项卡

（1）在功能区“分析”选项卡的“检查几何”组中单击“全局干涉”按钮（如图 12-9a 所示），系统弹出图 12-9b 所示的“全局干涉”对话框。

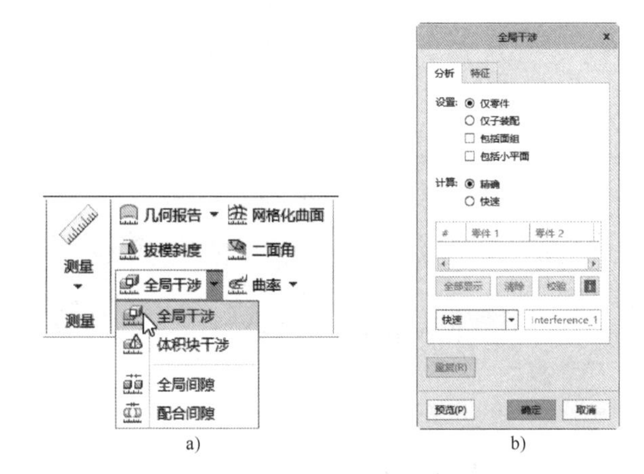

图 12-9 进行全局干涉的操作

a）单击“全局干涉”按钮 b）“全局干涉”对话框

（2）在“全局干涉”对话框中设置分析类型、计算精度，定义要分析的对象（切换到“定义”选项卡设置相关的选项）等。

（3）单击“预览”按钮，则系统开始对模型进行全局干涉分析以供预览。

（4）单击“确定”按钮，接受并完成当前的分析，或者单击“取消”按钮，取消当前的分析并关闭对话框。

12.1.4 机构模式简介

采用连接装配形式建立的机构，可以实现运动学分析、动力学分析、力平衡分析等。

在装配模式下，从图 12-10 所示的功能区“应用程序”选项卡中单击“运动”组中的“机构”按钮，即可进入机构模式。如果要从机构模式返回到装配模式，则在功能区的“应用程序”选项卡中单击“运动”组中的“机构”按钮以取消选中它即可。

图 12-10　菜单命令

机构模式的工作界面如图 12-11 所示。

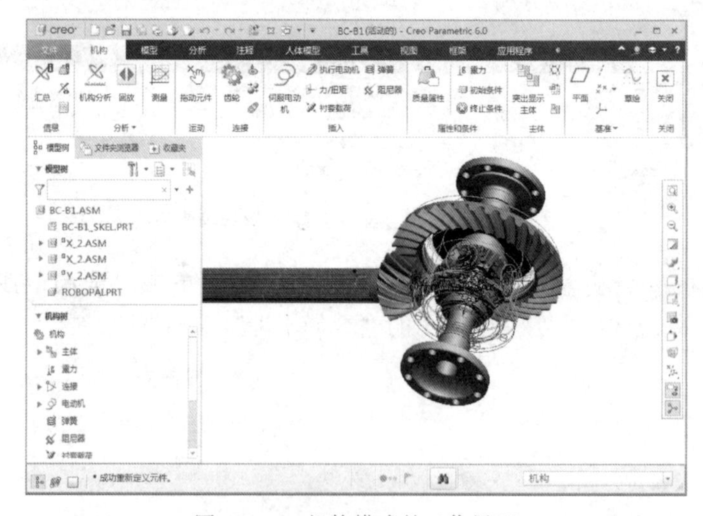

图 12-11　机构模式的工作界面

在机构模式下，窗口左侧的导航区具有两个模型树，其中位于下方的是机构（机械设计）模型树，简称“机构树”。

在机构模式界面中，机构设计的相关工具按钮基本集中在功能区的“机构”选项卡中。

12.2　平口虎钳装配实例

本实例介绍一个虎钳的装配方法及步骤。装配好的平口虎钳模型如图 12-12 所示（参考效果）。该虎钳由护口板、活动钳块、钳座、垫圈、方块螺母、螺杆、螺母和螺钉等零件组成。

本实例的目的是使读者学习和掌握约束装配的方法。本实例所使用到的源零件位于配书资料包的 CH12→TSM_12_1 文件夹中。

虎钳装配的具体方法及步骤如下。

步骤 1：新建装配文件并设置模型树显示项目。

（1）启动 Creo Parametric 6.0 软件，接着单击“快速访问”工具栏中的“新建”按钮，弹出“新建”对话框。

（2）在“类型”选项组中选择“装配”单选按钮，在“子类型”选项组中选择“设计”单选按钮，在“名称”文本框中输入 HY_12_1X_MAIN，并取消勾选“使用默认模板”复选框，单击“确定”按钮。

图 12-12　平口虎钳

（3）系统弹出“新文件选项”对话框，在“模板”选项组中选择 mmns_asm_design 选项，单击“确定”按钮，进入装配设计模式。

（4）在导航区的模型树上方单击“设置”按钮，从出现的快捷菜单中选择“树过滤器”选项，打开“模型树项”对话框。

（5）在“显示”区域中增加勾选“特征”和“放置文件夹”复选框，单击“确定”按钮，则在模型树中显示所设定的项目。

步骤 2：以“默认”方式组装钳座零件（TSM_12_1_9. PRT）。

（1）在功能区“模型”选项卡的“元件”组中单击“组装”按钮，弹出“打开”对话框，选择源文件 TSM_12_1_9. PRT，单击该对话框中的“打开”按钮。

（2）功能区出现“元件放置”选项卡，从“约束”下拉列表框中选择“默认”选项，如图 12-13 所示。

图 12-13　选择“默认”选项

（3）单击“确定”按钮，在装配组件中放置钳座零件，如图 12-14 所示。

为了方便其他零件的装配操作，可以将钳座零件自身的基准特征隐藏起来。

步骤 3：组装方块螺母（TSM_12_1_8. PRT）。

（1）单击“组装”按钮，选择源文件 TSM_12_1_8. PRT，单击对话框中的“打开”按钮，则在装配窗口中出现方块螺母（默认选中“指定约束时在装配窗口中显示元件”按钮），如图 12-15 所示。

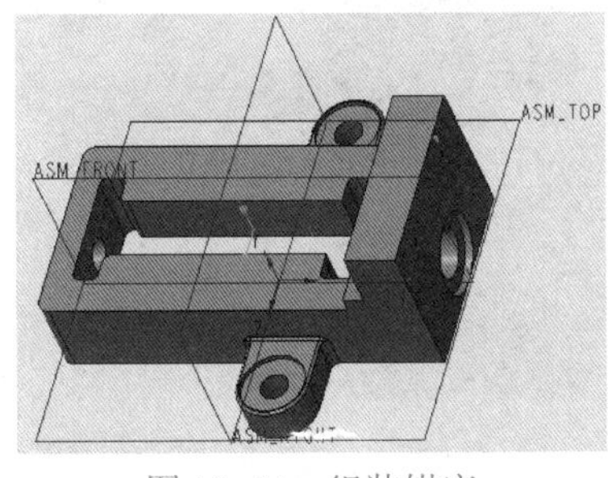

图 12-14　组装钳座

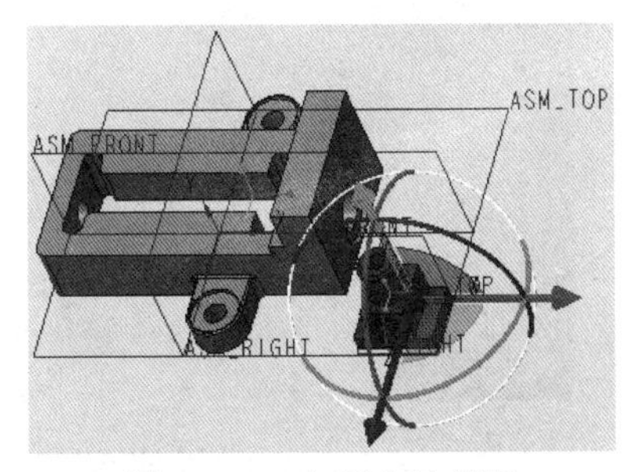

图 12-15　打开方块螺母

（2）系统打开“元件放置”选项卡，在“预定义集”下拉列表框中选择“滑块”选项，此时，在“放置”下滑面板中，可以看到滑块连接需要分别定义“轴对齐”和“旋转”两组约束，如图 12-16 所示。

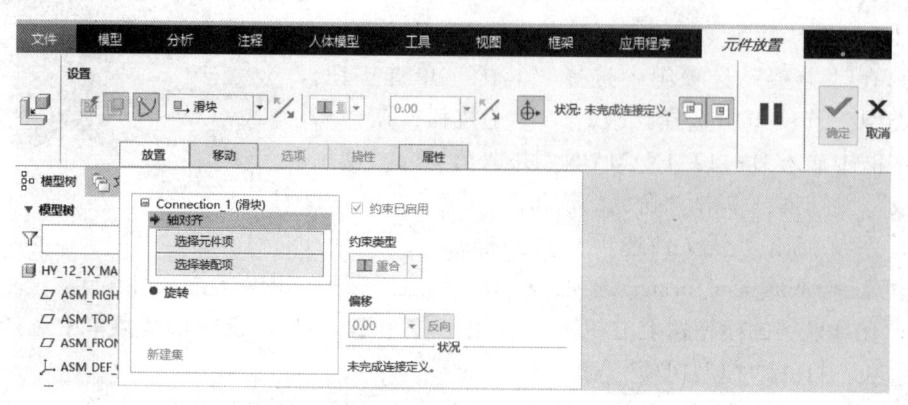

图 12-16　选择“滑块”选项

（3）定义“轴对齐”约束，选择方块螺母的 A_2 轴和选择钳座的 A_7 轴。

（4）定义“旋转”约束，在方块螺母上选择图 12-17 所示的零件面，在钳座上选择图 12-18 所示的零件面。

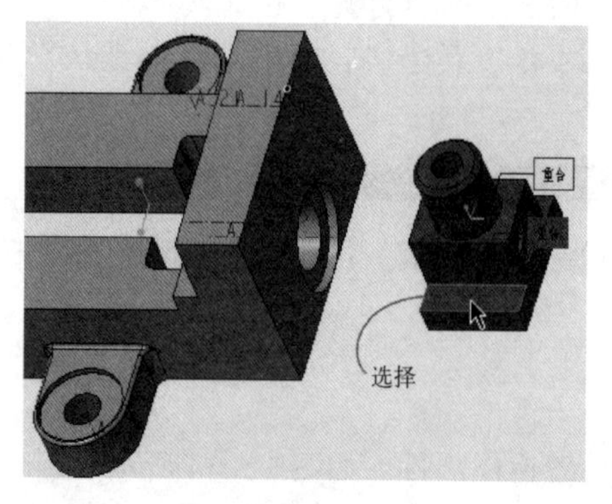

图 12-17　选择方块螺母的零件面

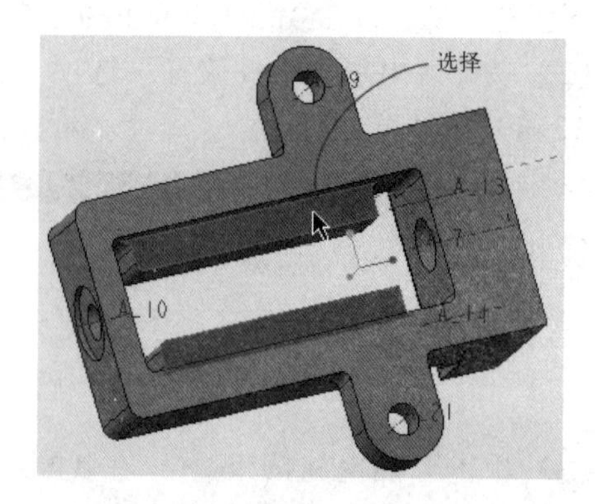

图 12-18　选择钳座的零件面

（5）在“放置”下滑面板中，单击出现的“平移轴（Translation1）”约束选项，然后分别选择图 12-19 所示的两个零件面。

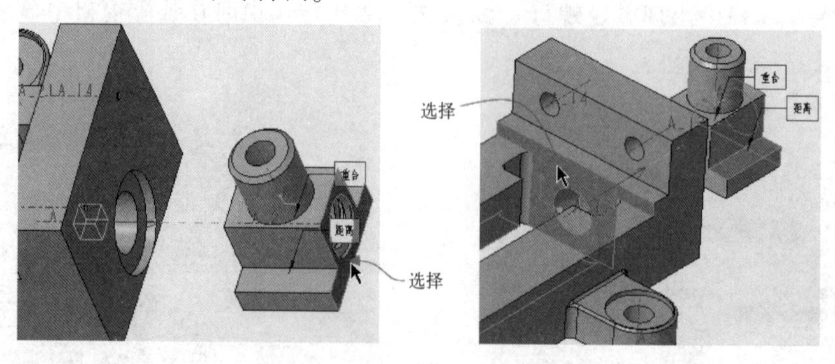

图 12-19　选择零件面定义“平移轴”

(6) 在“放置”下滑面板中勾选“启用重新生成值”复选框，在“当前位置”下拉列表框中输入数值为-45，单击“将当前位置设置为重新生成值”按钮 >> ，则重新生成值被设置为-45。接着，勾选“最小限制”复选框和“最大限制”复选框，并根据实际设置其相应的限制值，如图 12-20 所示。

图 12-20　定义当前位置和重新生成值等

(7) 单击“确定”按钮，完成了在装配组件中组装了方块螺母，效果如图 12-21 所示，图中隐藏了方块螺母的基准平面。

步骤 4： 组装活动钳块（TSM_12_1_4. PRT）。

(1) 单击“组装”按钮，选择源文件 TSM_12_1_4. PRT，单击“打开”对话框中的“打开”按钮，则在装配组件体中出现活动钳块，如图 12-22 所示。

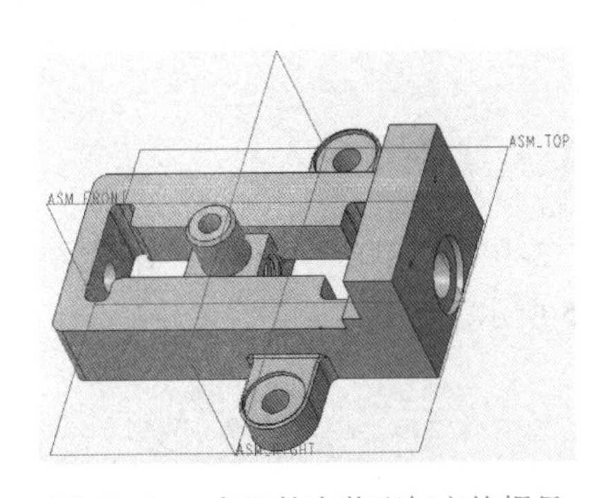

图 12-21　在组件中装配好方块螺母

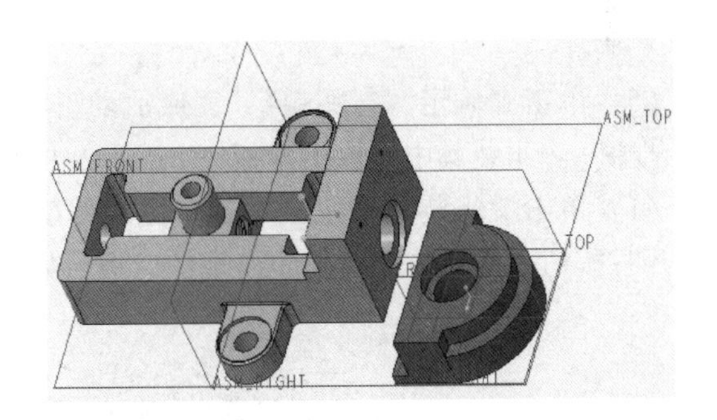

图 12-22　打开活动钳块

(2) 出现“元件放置”选项卡，从“约束”下拉列表框中选择“重合”选项，选择活动钳块的 FRONT 基准平面和装配组件中的 ASM_FRONT 基准平面，并根据实际情况单击“更改约束方向”按钮。

(3) 打开“放置”下滑面板，新建约束，将该约束类型设置为“重合”，分别选择图 12-23 所示的两个零件面作为重合的参考面，然后单击“反向”按钮以获得满足装配条件的方向（注意结合实际情况来判断）。

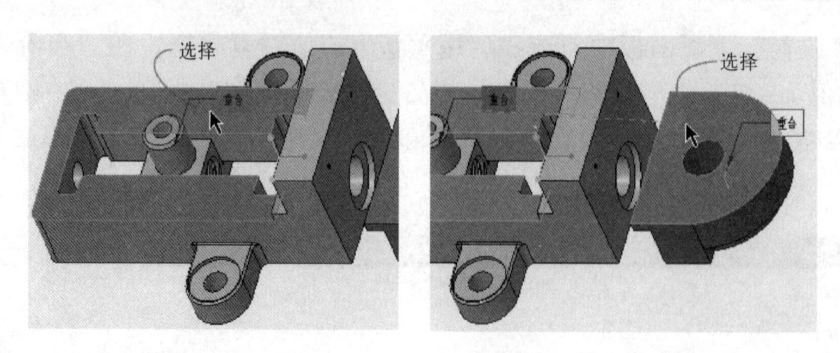

图 12-23　选择重合参考面

（4）新建约束，将新约束设置为“居中”，然后分别在活动钳块和组件的方块螺母中选择相应的配合曲面，结果如图 12-24 所示。

图 12-24　定义“居中”约束

（5）单击“确定”按钮，完成活动钳块的装配。

步骤 5：组装其中一块护口板（TSM_12_1_2. PRT）。

（1）单击“组装”按钮，选择源文件 TSM_12_1_2. PRT，单击“打开”对话框中的“打开”按钮，则在装配组件中出现护口板，如图 12-25 所示。

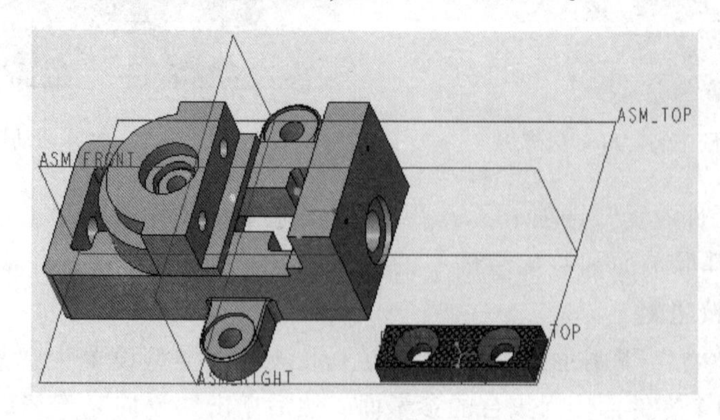

图 12-25　打开护口板零件

（2）在“元件放置”选项卡的“约束”下拉列表框中选择“重合”选项，分别选择图 12-26 所示的装配面和元件面。

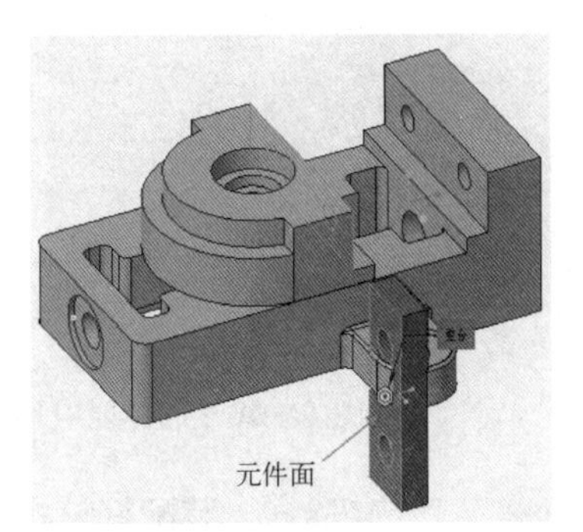

图 12-26　选择要重合匹配的零件面

（3）新建下列另外两组“重合”约束：

“重合”约束 2：将护口板的 A_3 轴线与组件中活动钳块的 A_8 轴线重合（对齐）。

“重合”约束 3：将护口板的 A_4 轴线与组件中活动钳块的 A_7 轴线重合（对齐）。

（4）单击“确定”按钮✔，完成其中一块护口板的装配，结果如图 12-27 所示。

步骤 6：组装另一块护口板。

第二块护口板的组装方法和步骤 5 的方法及步骤相似，分别定义 3 组“重合”约束来装配另一块护口板，装配结果如图 12-28 所示。

图 12-27　组装一块护口板

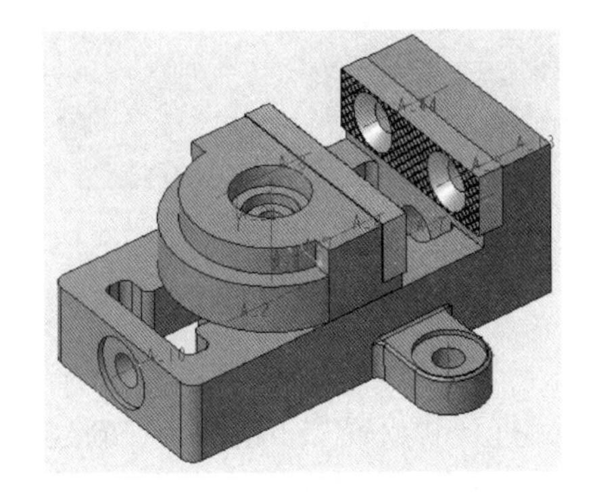
图 12-28　组装另一块护口板

步骤 7：组装螺钉（TSM_12_1_3. PRT）。

（1）单击“组装”按钮，选择源文件 TSM_12_1_3. PRT，单击“打开”对话框中的“打开”按钮。

（2）出现“元件放置”选项卡，单击“指定约束时在单独的窗口中显示元件”按钮。

（3）从“约束”下拉列表框中选择“重合”选项，分别选择图 12-29 所示的面 1（元件面）和面 2（装配中的配合面）。

（4）新建约束，设置新约束类型为“重合”，选择该螺钉的轴线 A_2 和装配组件中活动钳块的轴线 A_4。

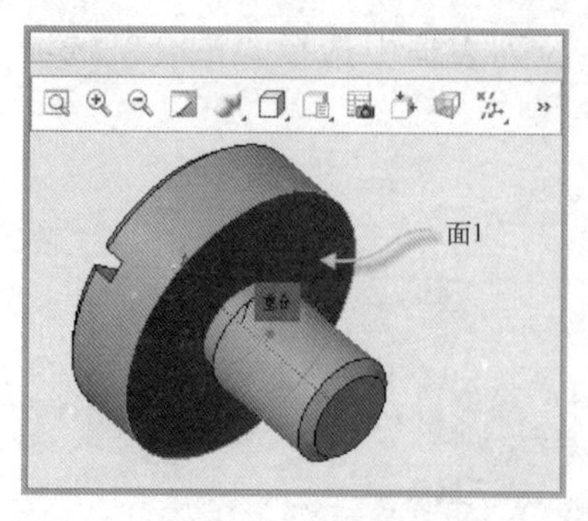

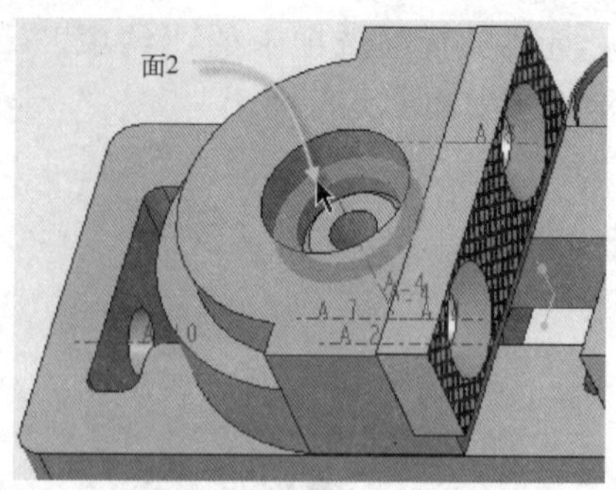

图 12-29　选择要应用“重合”约束的两个面

（5）单击“确定”按钮✓，装配好该螺钉的装配体模型如图 12-30 所示。

步骤 8：组装螺钉 GB/T 68（TSM_12_1_1. PRT）。

（1）单击“组装”按钮，选择源文件 TSM_12_1_1. PRT，单击“打开”对话框中的“打开”按钮。

（2）从“元件放置”选项卡的“约束”下拉列表框中选择“居中”选项，分别选择图 12-31 所示的配合面 1 和配合面 2。

图 12-30　装配体效果

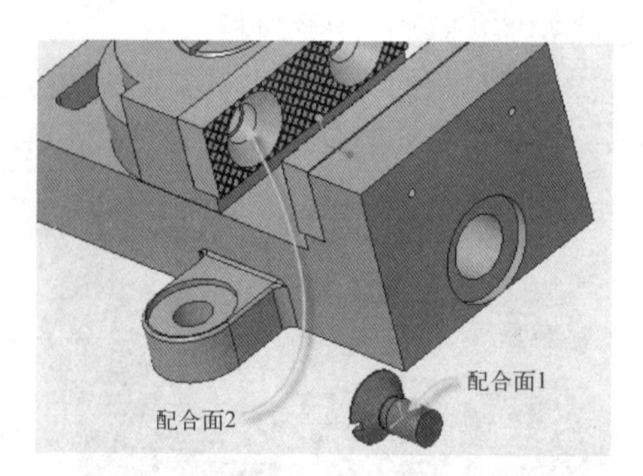

图 12-31　选择要“居中”约束的配合面

（3）打开“放置”下滑面板，新建约束，从“约束类型”下拉列表框中选择“相切”选项，然后选择图 12-32 所示的相切面 1 和相切面 2。

（4）单击“确定”按钮✓，装配结果如图 12-33 所示。

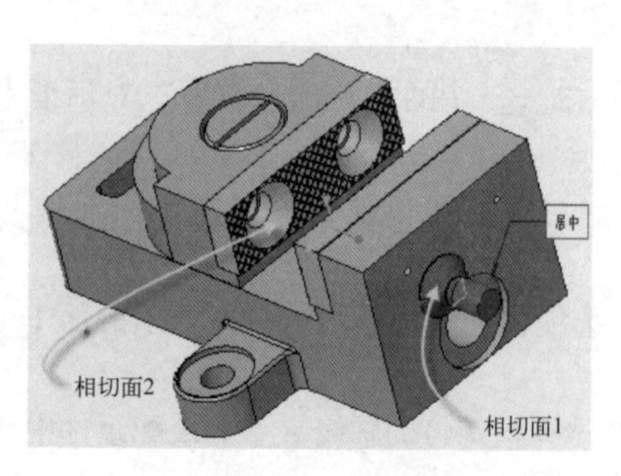

图 12-32　选择相切面

图 12-33　装配结果

步骤 9：以“重复”的方式装配其他螺钉。

（1）在模型树上或者在模型窗口中选择组装进来的小螺钉 GB/T 68（TSM_12_1_1. PRT）。

（2）从功能区“模型”选项卡的“元件”组中单击“重复”按钮，打开“重复元件”对话框。

（3）在“重复元件”对话框的“可变装配参考”选项组的列表框中选择“居中”和“相切”类型，如图 12-34 所示。

（4）在“放置元件”选项组中单击“添加”按钮，接着在装配中分别选择 3 组参考，每一组参考包括一个“插入”参考（装配参考 1）和一个“相切”参考（装配参考 2），所选参考标示将出现在“放置元件”选项组的框中，如图 12-35 所示。

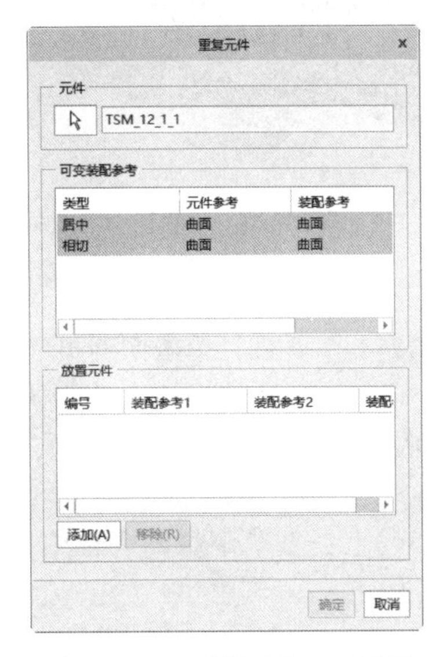

图 12-34 “重复元件”对话框

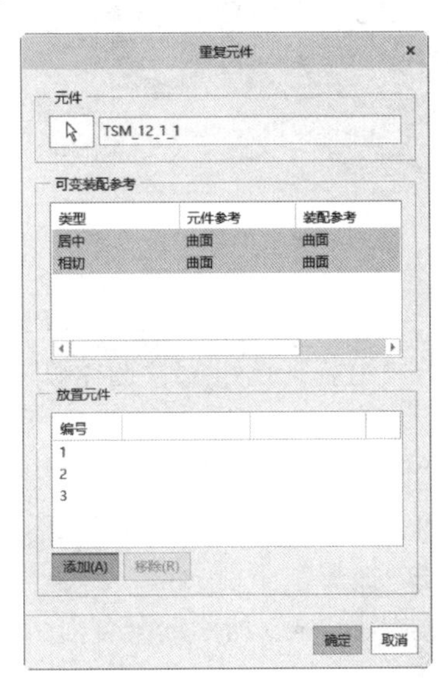

图 12-35 选择装配参考

（5）在“重复元件”对话框中单击“确定”按钮，装配结果如图 12-36 所示。

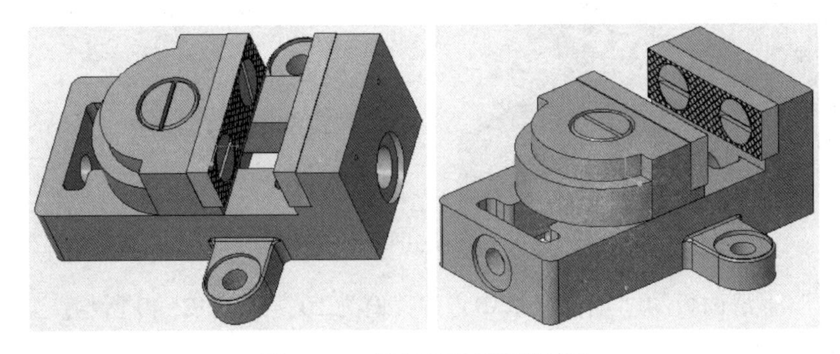

图 12-36 重复放置螺钉的结果

步骤 10：组装垫圈 1（TSM_12_1_10. PRT）。

（1）单击“组装”按钮，选择源文件 TSM_12_1_10. PRT，单击“打开”对话框中的“打开”按钮。

（2）从“元件放置”选项卡的“约束”下拉列表框中选择“重合”选项，分别选择该垫圈的 A_2 轴和组件中钳座的 A_7 轴。

（3）打开“放置”下滑面板，新建约束，从“约束类型”下拉列表框中选择“重合”选项，然后选择图 12-37 所示的配合面 1 和配合面 2，单击“反向”按钮。

（4）单击“确定”按钮，装配结果如图 12-38 所示。

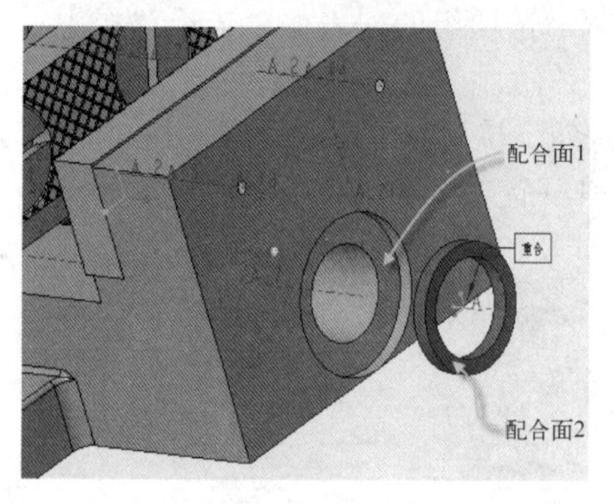

图 12-37　选择相重合的配合参考面

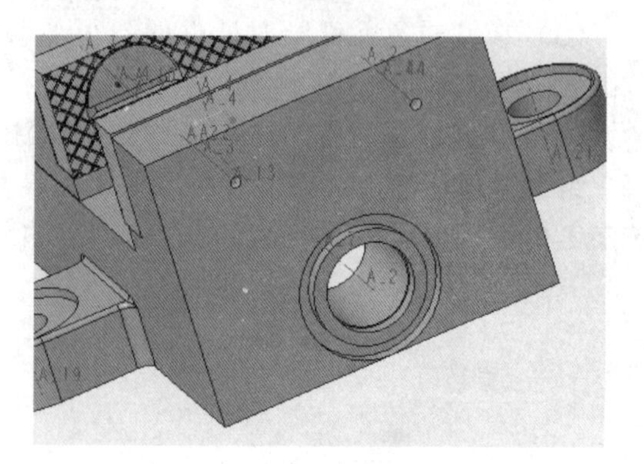

图 12-38　组装垫圈 1 的结果

步骤 11：组装螺杆（TSM_12_1_7. PRT）。

（1）单击“组装”按钮，选择源文件 TSM_12_1_7. PRT，单击“打开”对话框中的“打开”按钮。

（2）从“元件放置”选项卡的“约束”下拉列表框中选择“重合”选项，分别选择螺杆的 A_2 轴和装配组件中钳座的 A_7 轴。

（3）打开“放置”下滑面板，新建约束，从“约束类型”下拉列表框中选择“距离”选项，然后选择图 12-39 所示的配合面 1 和配合面 2。

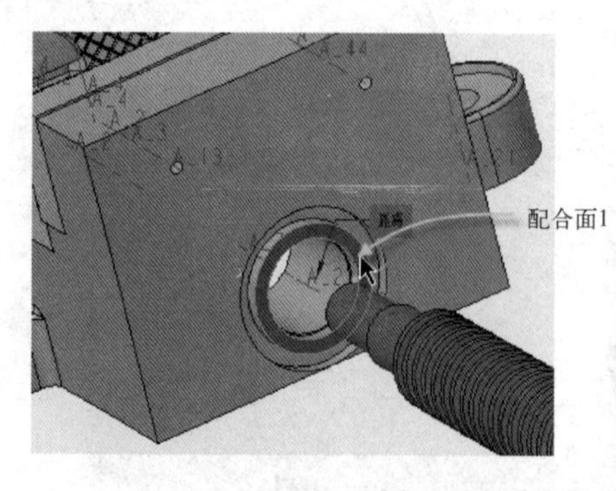

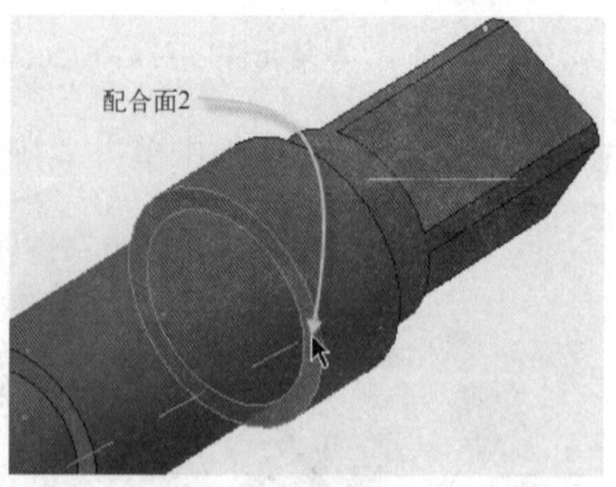

图 12-39　选择相匹配的参考面

在“放置”下滑面板的“偏移”框中将偏移值为 10，如图 12-40 所示。

（4）单击“确定”按钮。

步骤 12：组装垫圈 2（TSM_12_1_6. PRT）。

（1）单击“组装”按钮，选择源文件 TSM_12_1_6. PRT，单击“打开”对话框中的“打开”按钮。

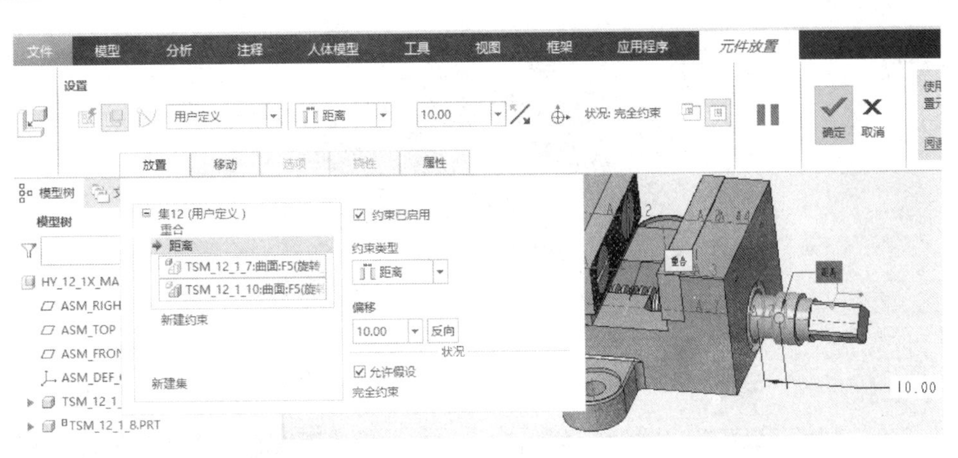

图 12-40 设置“距离”约束的偏移值

（2）从“元件放置”选项卡的“约束”下拉列表框中选择“重合”选项，分别选择垫圈 2 的 A_3 轴和装配组件中螺杆的 A_2 轴。

（3）打开“放置”下滑面板，新建约束，从“约束类型”下拉列表框中选择“重合”选项，接着选择图 12-41 所示的面 1 和面 2，然后单击“反向”按钮。

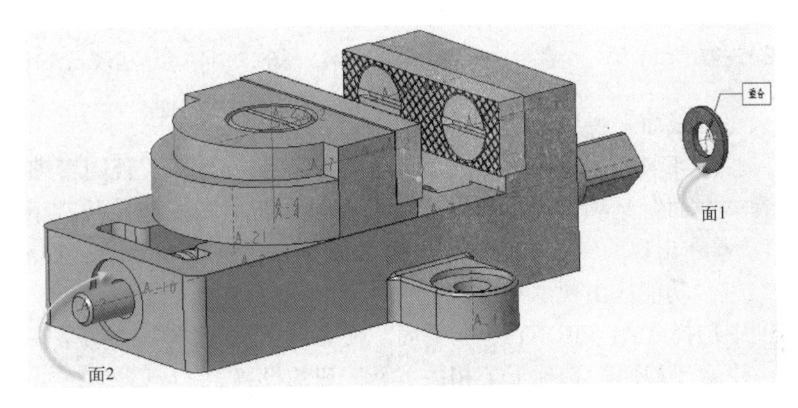

图 12-41 选择要“重合”约束的参考面

（4）单击“确定”按钮✓。

步骤 13：组装一个 M10 螺母（TSM_12_1_5. PRT）。

（1）单击“组装”按钮，选择源文件 TSM_12_1_5. PRT，单击“打开”对话框中的“打开”按钮。

（2）从“元件放置”选项卡的“约束”下拉列表框中选择“重合”选项，分别选择螺母的 A_2 轴和组件中螺杆的 A_2 轴。

（3）打开“放置”下滑面板，新建约束，从“约束类型”列表框中选择“重合”选项，接着选择图 12-42 所示的面 1 和面 2，然后单击“反向”按钮。

（4）单击“确定”按钮✓，装配结果如图 12-43 所示。

步骤 14：组装第 2 个 M10 螺母（TSM_12_1_5. PRT）。

执行同样的方法，使用两组“重合”约束来组装另一个 M10 螺母（TSM_12_1_5. PRT），组装结果如图 12-44 所示。

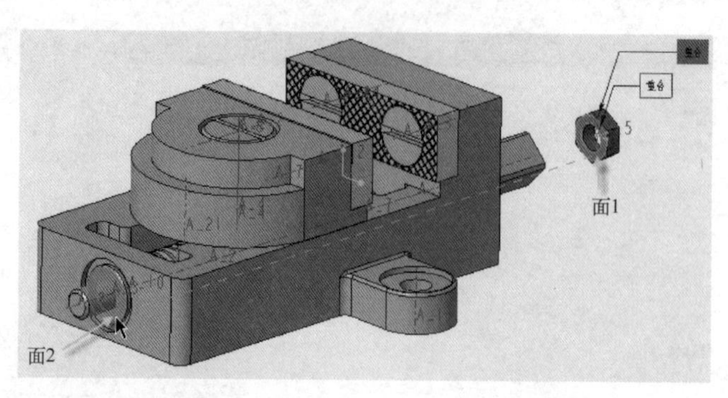

图 12-42　选择元件与装配组件的配合面

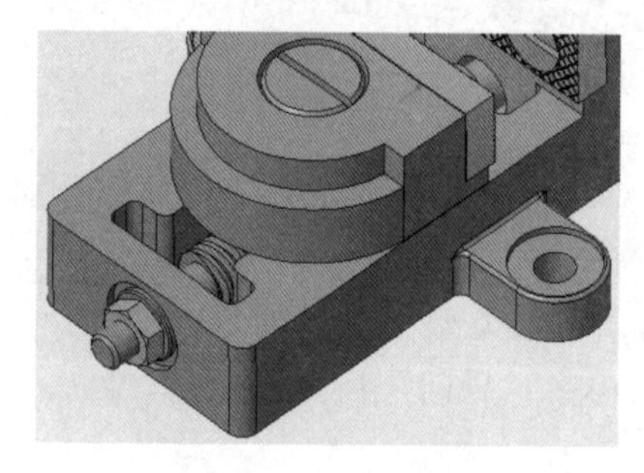

图 12-43　组装第一个螺母

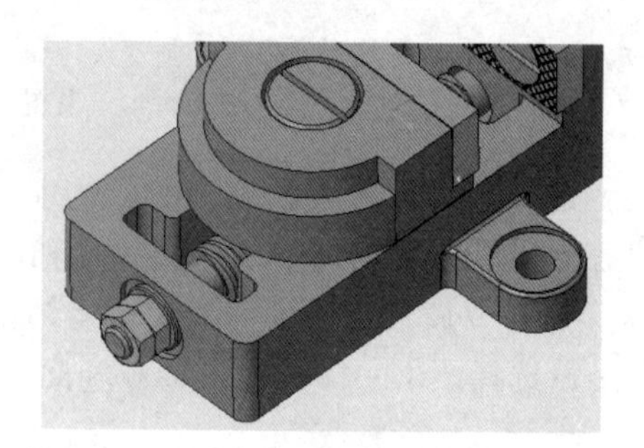

图 12-44　组装第2个螺母

步骤 15：设置剖截面来观察装配内部结构。

（1）在“图形”工具栏中单击“视图管理器”按钮，打开“视图管理器”对话框。

（2）切换到“截面”选项卡，单击该选项卡中的“新建”按钮并从其下拉菜单中选择“平面”选项，接着在出现的文本框中输入剖面名称为 HY_SEC_FRONT，如图 12-45 所示，然后按〈Enter〉键，功能区出现“截面”选项卡。

（3）在模型中选择 ASM_FRONT 基准平面，便在装配模型体中建立了一个剖截面，如图 12-46 所示，注意“截面”选项卡上相关工具按钮的设置。

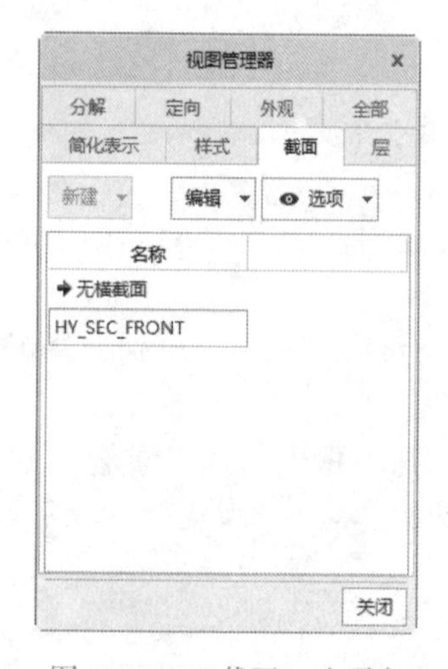

图 12-45　“截面”选项卡

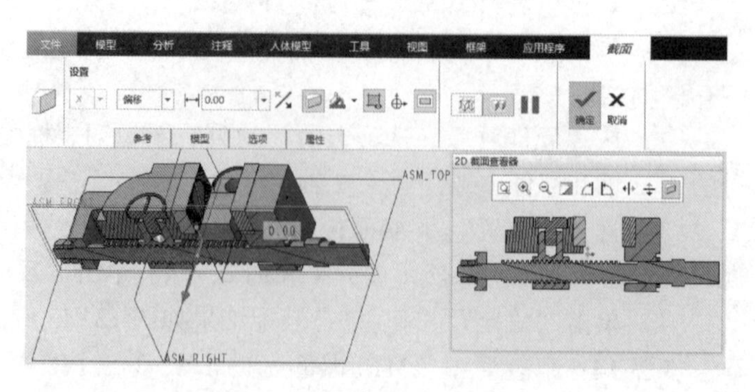

图 12-46　建立一个剖截面

（4）单击“确定”按钮✓，接着在“视图管理器”对话框中单击“关闭”按钮。

（5）在模型树中单击以选择截面 HY_SEC_FRONT 节点（亦可右击该节点），接着从弹出的浮动工具栏中选择“取消激活”图标工具。此时模型显示如图 12-47 所示。如果不想在模型视图中显示截面，那么可在“图形”工具栏中单击“视图管理器”按钮以打开“视图管理器”对话框，在“截面”选项卡的截面名称列表中选择所需剖截面，单击“选项”按钮，如图 12-48 所示，然后取消勾选“显示截面”复选框，最后关闭“视图管理器”对话框。

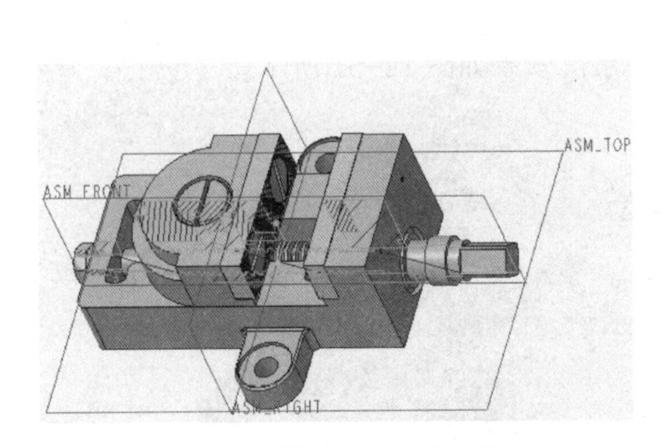

图 12-47　模型中显示有剖截面

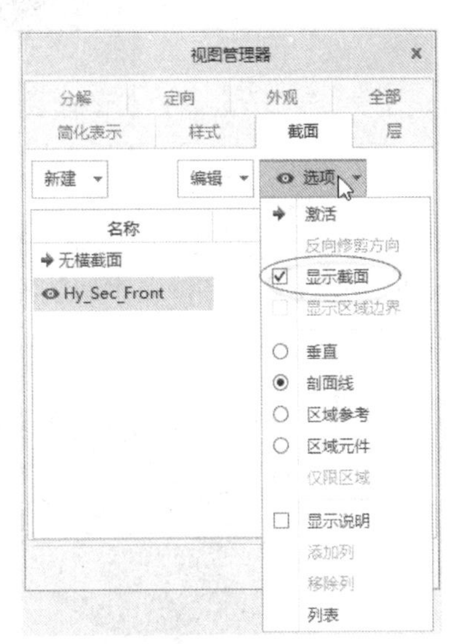

图 12-48　设置不显示截面

步骤 16： 练习更改螺杆的“距离”约束参数值来观察平口虎钳的变化。

（1）在模型树中选择 TSM_12_1_7. PRT（螺杆）节点，接着从弹出的浮动工具栏中选择“编辑定义”图标选项，打开“元件放置”选项卡。

（2）在“元件放置”选项卡中单击“放置”标签以打开“放置”下滑面板，从列表框中选择“距离”约束，接着在“偏移”值框中将偏移值更改为 0，如图 12-49 所示。

图 12-49　更改偏移值

（3）在“元件放置”选项卡中单击“确定”按钮✓，结果如图12-50所示。

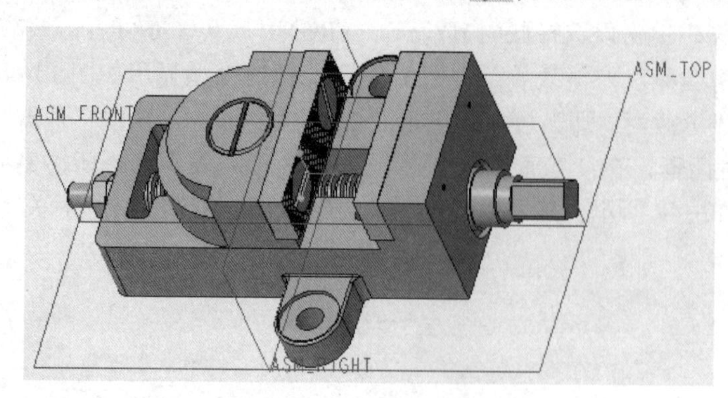

图12-50　修改距离参数的结果

步骤17：重新生成模型后保存文件。

至此，完成了该平口虎钳的装配设计，总装配效果如图12-51所示。

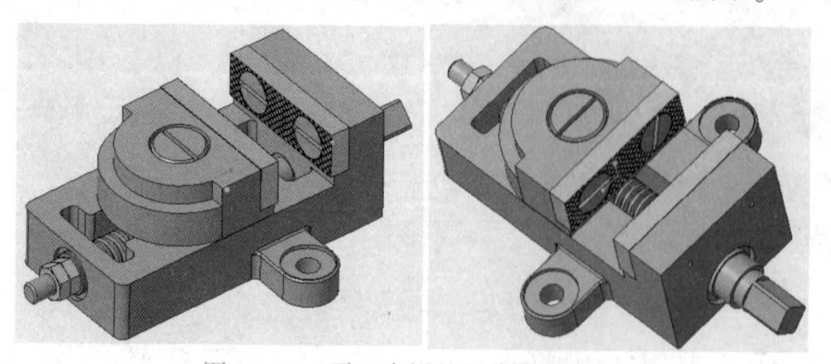

图12-51　平口虎钳的最终装配效果

12.3　齿轮-凸轮传动机构装配及运动仿真实例

本节以一个齿轮-凸轮的综合传动机构为例，介绍该机构的装配方法及运动仿真等内容。装配好的齿轮-凸轮传动机构的三维模型如图12-52所示。

图12-52　建立的齿轮-凸轮传动机构

本实例的目的是使读者学习和掌握约束装配、连接装配的方法以及对机构进行运动仿真的操作方法等，读者应重点熟悉齿轮副与凸轮副机构的定义。本实例所使用的源零件位于本书配套资料包 CH12→TSM_12_2 文件夹中。在进行装配设计之前，建议将本书配套资料包中的该例源文件复制到计算机硬盘的指定文件夹中，然后执行“文件”→“管理会话”→“选择工作目录”命令，将该文件夹设置为工作目录，以方便文件管理操作。

下面介绍本实例的具体设计方法及步骤。

12.3.1 轴系零部件1装配

步骤1：新建装配文件并设置模型树显示项目。

(1) 单击“快速访问”工具栏中的“新建”按钮，弹出“新建”对话框。

(2) 在“类型”选项组中选择“装配”单选按钮，在“子类型”选项组中选择“设计”单选按钮，在“名称”文本框中输入 HY_12_2_ZM1，并取消勾选“使用默认模板”复选框，单击“确定”按钮。

(3) 系统弹出“新文件选项”对话框，在“模板”选项组中选择 mmns_asm_design 选项，单击“确定”按钮，进入装配设计模式。

(4) 在导航区的模型树上方单击“设置”按钮，从出现的下拉菜单中选择“树过滤器”选项，打开“模型树项”对话框。

(5) 在“显示”区域中增加勾选“特征”和“放置文件夹”复选框，单击“确定”按钮，则在模型树中显示所设定的项目。

步骤2：将轴零件（TSM_12_2_1.PRT）组装进组件中。

(1) 单击“组装”按钮，弹出“打开”对话框，选择源文件 TSM_12_2_1.PRT，单击“打开”对话框中的“打开”按钮。

(2) 出现“元件放置”选项卡，从“约束”下拉列表框中选择“默认”选项。

(3) 单击“确定”按钮，在装配中放置该轴零件，如图 12-53 所示。

为了方便其他零件的装配操作，可以将该轴零件自身的基准特征隐藏起来。

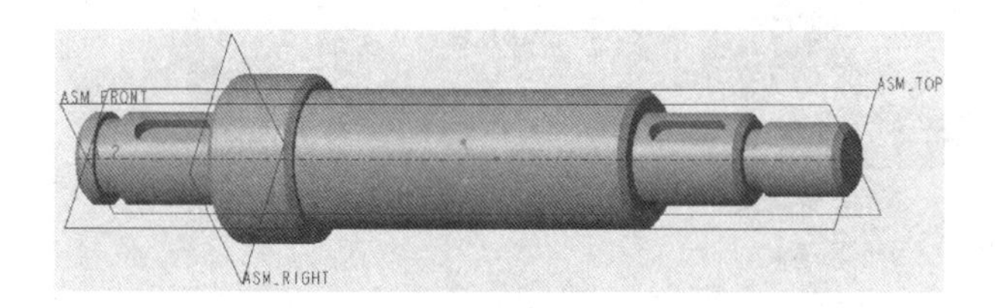

图 12-53　以“默认”方式组装轴零件

步骤3：组装平键。

(1) 单击“组装”按钮，弹出“打开”对话框，选择源文件 TSM_12_2_4.PRT，单击“打开”对话框中的“打开”按钮。

(2) 出现“元件放置”选项卡，从“约束”下拉列表框中选择“重合”选项，选择图 12-54 所示的重合参考面。

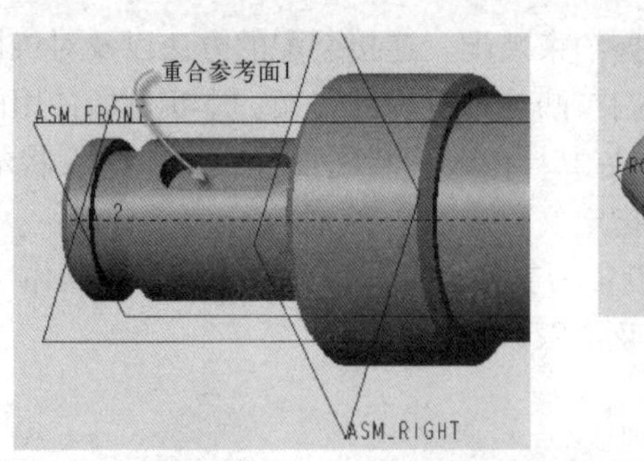

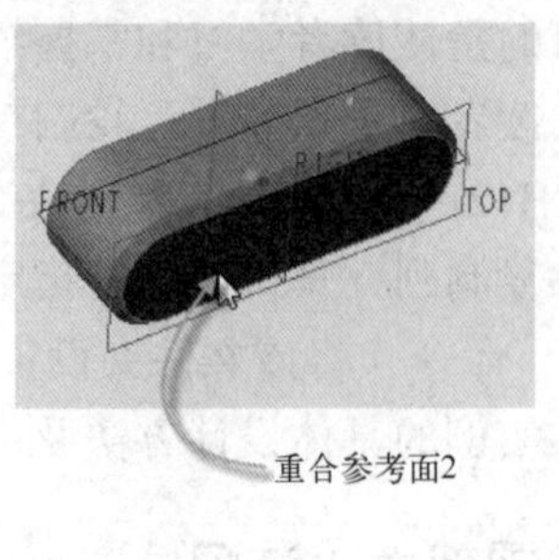

图 12-54　选择要配合的一对重合参考面

（3）打开“放置”下滑面板，新建约束，将该约束类型设置为“重合”，分别选择装配组件中的 ASM_FRONT 基准平面和平键的 FRONT 基准平面。

（4）新建约束，将新约束类型设置为“相切”，分别选择图 12-55 所示的相配合的曲面 1 和曲面 2。

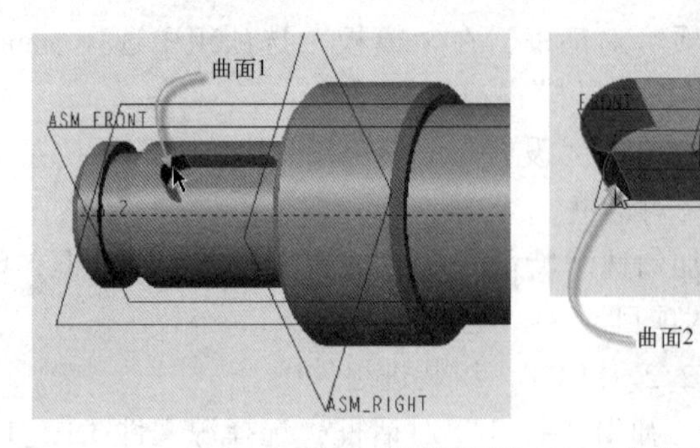

图 12-55　选择相切的一对参考曲面

（5）单击“确定”按钮，完成该平键的装配工作，结果如图 12-56 所示，图中已经隐藏了平键的内部基准特征。

图 12-56　装配好平键

步骤 4：组装大齿轮。

（1）单击“组装”按钮，选择源文件 TSM_12_2_3. PRT，单击对话框中的“打开”按钮。

（2）出现“元件放置”选项卡，从“约束”下拉列表框中选择“重合”选项，分别选择大齿轮的 GEAR_AXIS 轴线和装配组件中 A_2 轴线。

（3）打开“放置”下滑面板，新建约束，将该约束类型设置为“重合”，分别选择图 12-57 所示的匹配面 1 和匹配面 2。

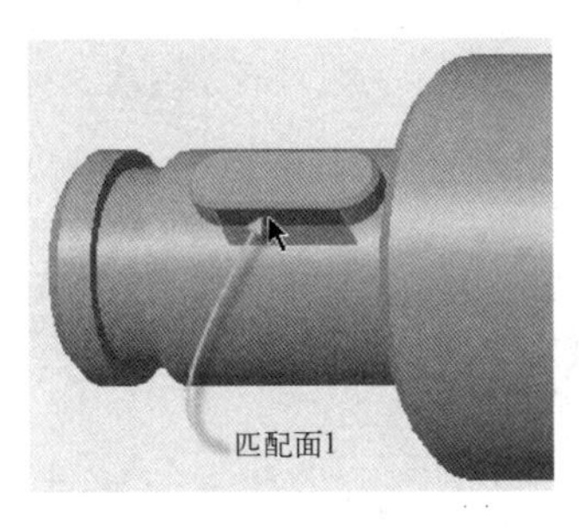

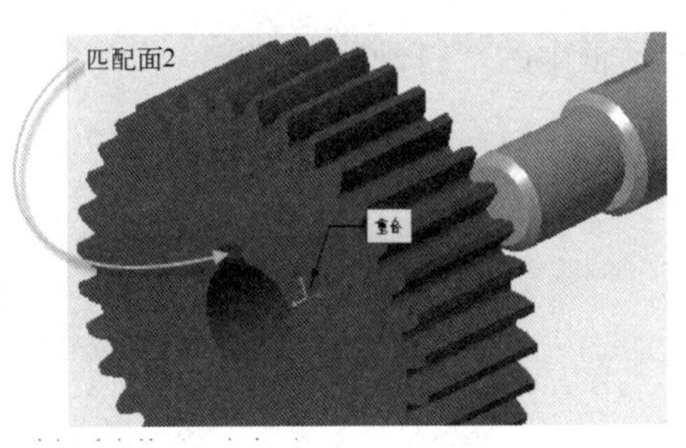

图 12-57　选择重合的匹配参考面

（4）新建约束，将该约束类型设置为“重合”，分别在装配组件中和大齿轮中选择相匹配的参考面，结果如图 12-58 所示。

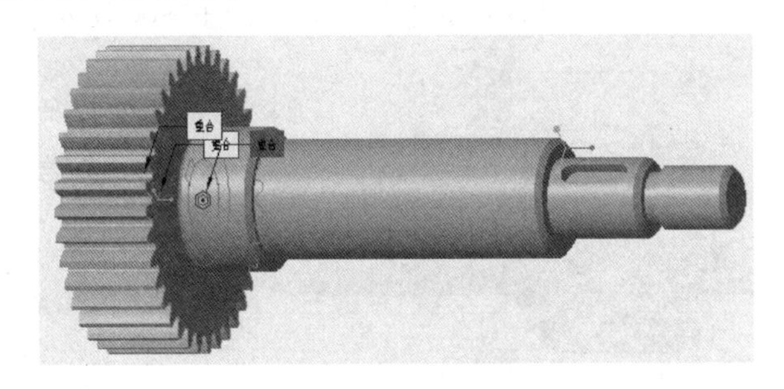

图 12-58　重合匹配结果

（5）单击“确定”按钮。

步骤 5：保存文件。

12.3.2 轴系零部件 2 装配

步骤 1：新建装配文件。

（1）单击“快速访问”工具栏中的“新建”按钮，弹出“新建”对话框。

（2）在“类型”选项组中选择“装配”单选按钮，在“子类型”选项组中选择“设计”单选按钮，在“名称”文本框中输入 HY_12_2_ZM2，并取消勾选“使用默认模板”复选框，单击“确定”按钮。

（3）弹出“新文件选项”对话框，在“模板”选项组中，选择 mmns_asm_design 选项，单击“确定”按钮，进入装配设计模式。

步骤 2：组装齿轮轴。

（1）单击“组装”按钮，弹出“打开”对话框，选择源文件 TSM_12_2_2. PRT，单击“打开”对话框中的“打开”按钮。

（2）出现“元件放置”选项卡，从“约束”下拉列表框中选择“默认”选项。

（3）单击“确定”按钮，在装配组件中放置齿轮轴零件，如图 12-59 所示，图中隐藏了该齿轮轴的 RIGHT、TOP 和 FRONT 基准平面。

步骤 3：组装平键。

（1）单击“组装”按钮，弹出“打开”对话框，选择源文件 TSM_12_2_5. PRT，单击“打开”对话框中的“打开”按钮。

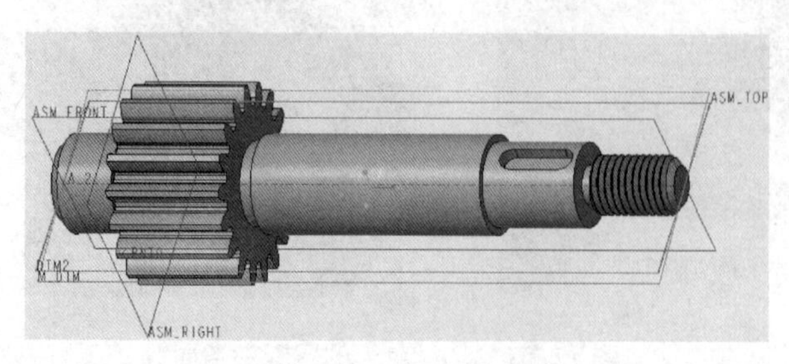

图 12-59 将齿轮轴组装进来

（2）分别定义“重合”约束 1、“重合”约束 2 和“相切”约束来组装该平键。

（3）单击“确定”按钮，组装好的平键效果如图 12-60 所示。

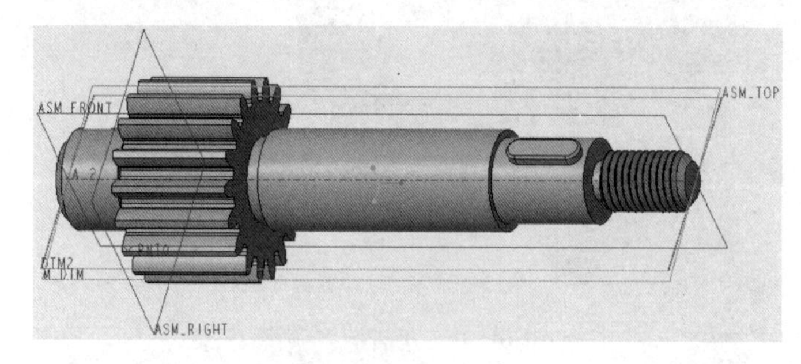

图 12-60 组装平键

步骤 4：组装凸轮。

（1）单击“组装”按钮，弹出“打开”对话框，选择源文件 TSM_12_2_6. PRT，单击“打开”对话框中的“打开”按钮。

（2）分别指定图 12-61 所示的 3 组约束参考。注意读者也可以通过定义其他合适的约束来完成该凸轮装配。

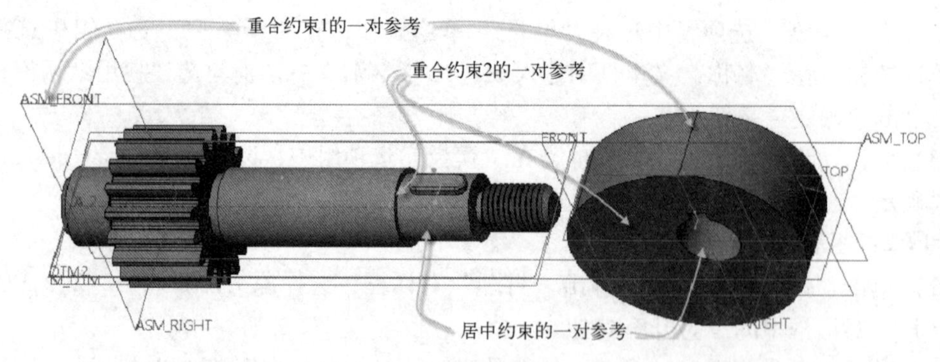

图 12-61 定义 3 组约束参考

（3）单击“确定”按钮，完成轴系零部件 2 的装配操作，结果如图 12-62 所示。

步骤 5：保存文件。

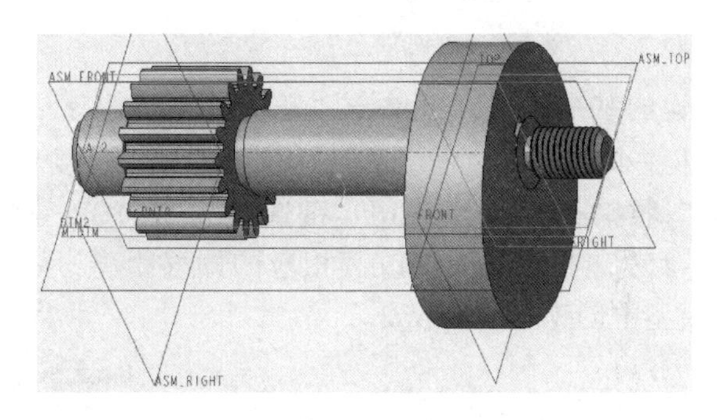

图 12-62 装配好的轴系零部件 2

12.3.3 总装配

步骤 1：新建装配文件。

（1）单击“快速访问”工具栏中的“新建”按钮，弹出“新建”对话框。

（2）在“类型”选项组中选择“装配”单选按钮，在“子类型”选项组中选择“设计”单选按钮，在“名称”文本框中输入 HY_12_2_M，并取消勾选“使用默认模板”复选框，单击“确定”按钮。

（3）弹出“新文件选项”对话框，在“模板”选项组中选择 mmns_asm_design 选项，单击“确定”按钮，进入组件设计模式。

步骤 2：创建骨架模型。

（1）在功能区“模型”选项卡的“元件”组中单击“创建”按钮，打开如图 12-63 所示的“创建元件”对话框，在“类型”选项组中选择“骨架模型”单选按钮，在“子类型”选项组中选择“标准”单选按钮，接受默认的骨架名称，单击“确定”按钮。

（2）弹出“创建选项”对话框，在“创建方法”选项组中选择“创建特征”单选按钮，如图 12-64 所示，然后单击“确定”按钮。

此时，创建的骨架模型处于被激活的状态。

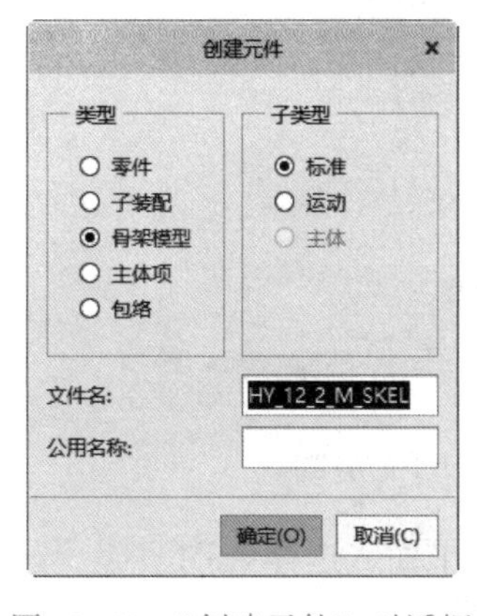

图 12-63 “创建元件”对话框

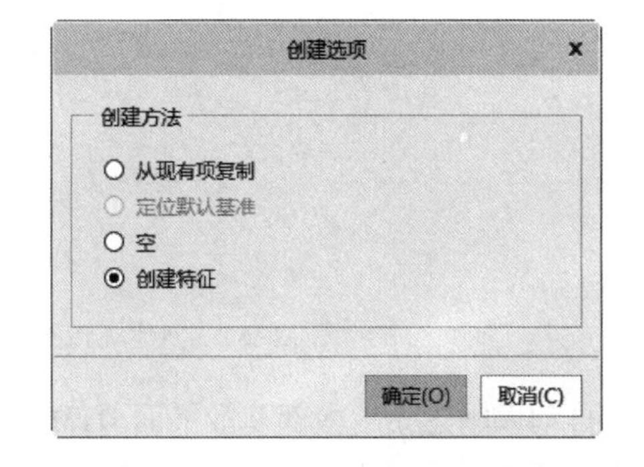

图 12-64 “创建选项”对话框

（3）单击“基准轴”按钮，打开“基准轴”对话框。选择 ASM_TOP 基准平面，接着按〈Ctrl〉键选择 ASM_RIGHT 基准平面，如图 12-65 所示，单击“确定”按钮，在骨架模型中创建基准轴 A_1。

（4）取消选中刚创建的基准轴后，再单击“基准轴”按钮 /，打开“基准轴”对话框。在 ASM_FRONT 基准平面的显示边框上的合适位置处单击，接着在“基准轴”对话框中单击激活“偏移参考”收集器，结合〈Ctrl〉键选择 ASM_TOP 基准平面和 ASM_RIGHT 基准平面，并在“偏移参考”收集器中修改其相应的偏移距离，如图 12-66 所示，单击“确定”按钮，在骨架模型中创建基准轴 A_2。

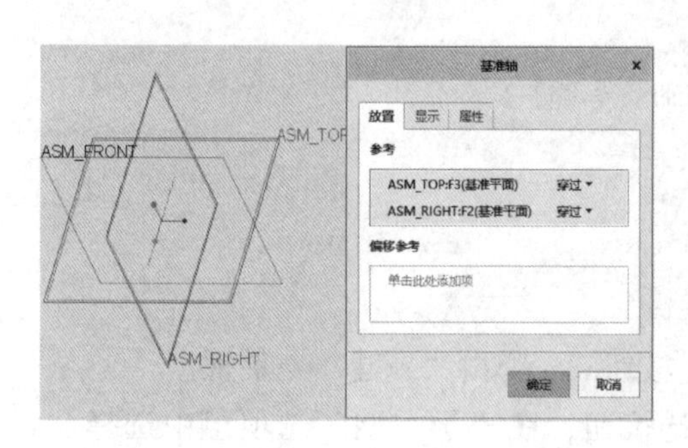

图 12-65　在骨架模型中创建基准轴 A_1

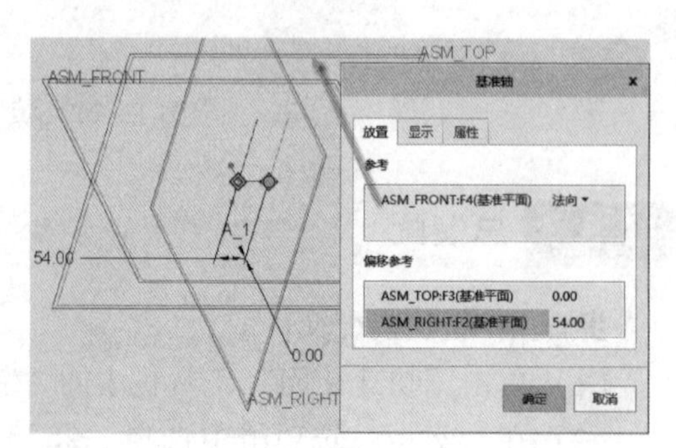

图 12-66　在骨架模型中创建基准轴 A_2

说明 骨架模型中的两基准轴之间的距离等于齿轮副的中心距。

（5）单击“旋转”按钮，打开“旋转”选项卡。在“旋转”选项卡上单击“曲面”按钮。接着“放置”按钮，打开“放置”下滑面板，单击位于其上的“定义”按钮，弹出“草绘”对话框。

单击“基准”→“基准平面”按钮，打开“基准平面”对话框，选择 ASM_FRONT 基准平面作为偏移参考，并使用鼠标光标将基准平面的控制图柄向与箭头相反的方向拖曳，然后输入其平移距离为 88，如图 12-67 所示，单击“确定”按钮。

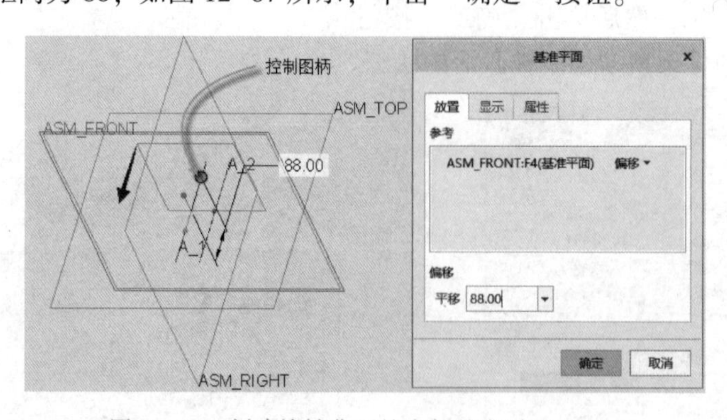

图 12-67　创建旋转曲面的内部基准平面 DTM1

系统自动以刚建立的内部基准平面 DTM1 作为草绘平面，选择 ASM_TOP 基准平面作为“上（顶）”方向参考，单击“草绘”按钮，进入草绘模式。

利用“参考”对话框辅助选择 ASM_TOP、ASM_RIGHT 基准平面和 A_2 轴线作为绘图基准，接着绘制图 12-68 所示的剖面（包含一条几何中心线），单击“确定”按钮✔。

在“旋转”选项卡中输入旋转角度为 180°，单击“将旋转的角度方向更改为草绘的另一侧”按钮，然后单击“确定”按钮，在骨架模型中创建的旋转曲面如图 12-69 所示。

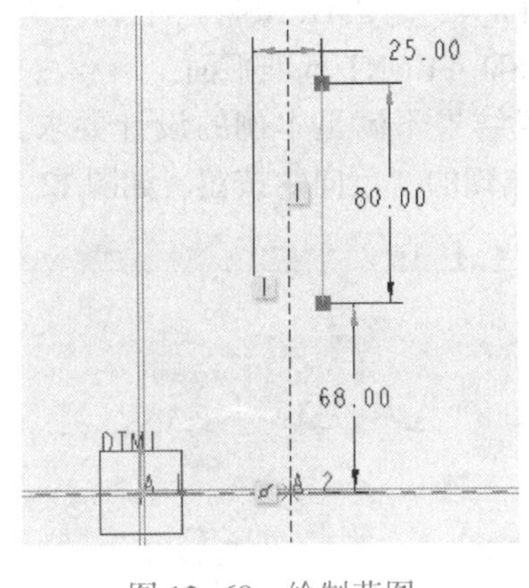

图 12-68　绘制草图

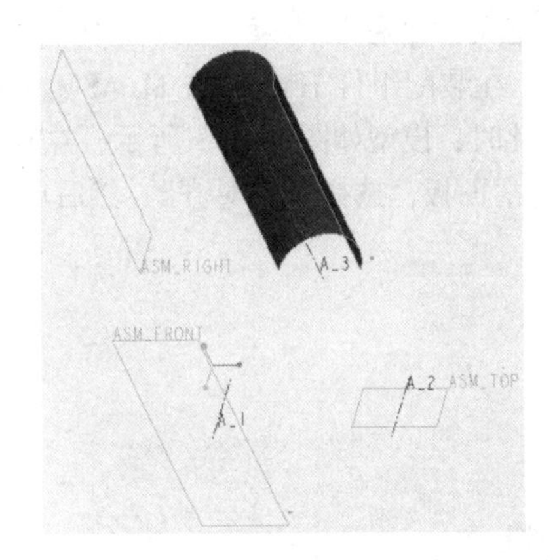

图 12-69　创建旋转曲面

步骤 3：激活顶级装配（组件）。

在模型树上选择顶级装配（组件）TSM_12_2_M. ASM，接着从出现的图 12-70 所示的浮动工具栏中单击“激活”按钮。

激活顶级装配（组件）后，装配模型树的显示情况如图 12-71 所示。

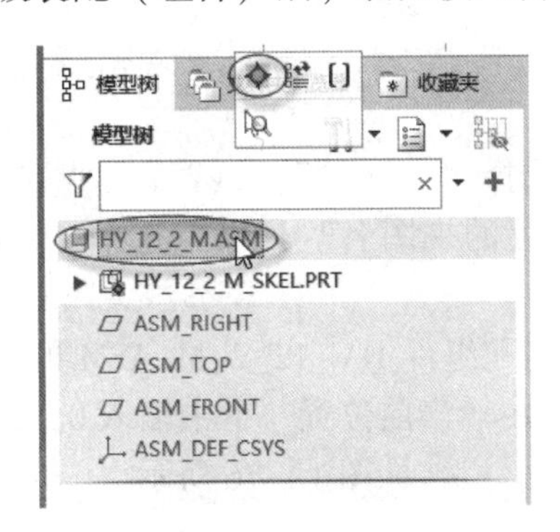

图 12-70　激活顶级装配（组件）

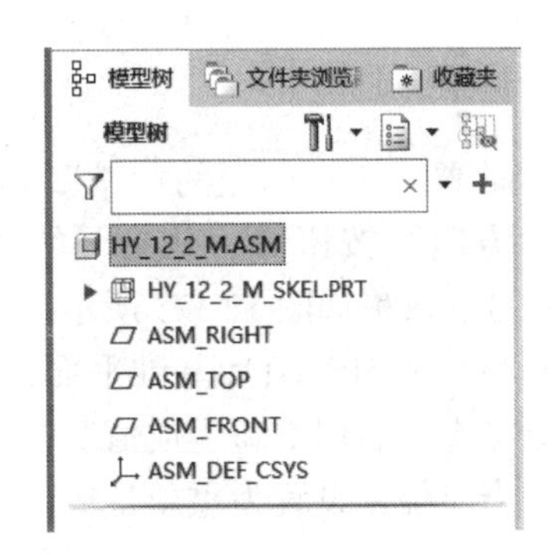

图 12-71　激活顶级装配后的模型树

步骤 4：组装轴系零部件 1。

(1) 单击“组装”按钮，弹出“打开”对话框，选择源文件 HY_12_2_ZM1. ASM，单击“打开”对话框中的“打开”按钮。

(2) 在功能区中出现“元件放置”选项卡，在“预定义集”下拉列表框中选择“销”选项，如图 12-72 所示。

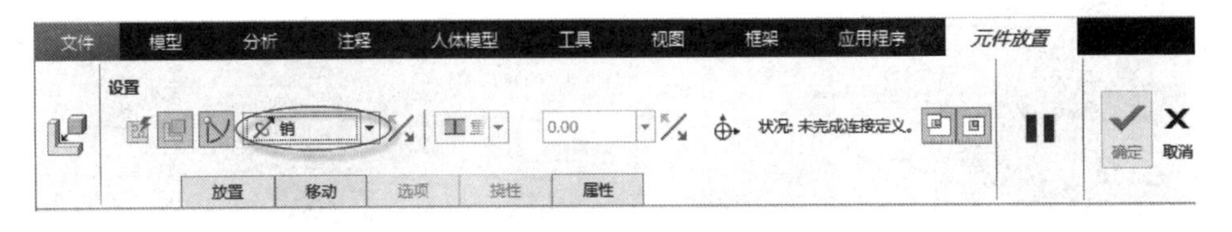

图 12-72　选择“销”选项

（3）定义“轴对齐”约束，在轴系零部件 1（HY_12_2_ZM1. ASM）中选择 GEAR_AXIS 轴线，在骨架模型中选择 A_1 轴线。

（4）定义“平移”约束，在轴系零部件 1（HY_12_2_ZM1. ASM）中选择 ASM_RIGHT 基准平面，在装配组件 HY_12_2_M. ASM 中选择 ASM_FRONT 基准平面。

（5）此时，模型如图 12-73 所示，这样的放置结果不满足本例的设计要求，需要打开“放置”下滑面板，选择“轴对齐”，然后单击右侧出现的“反向”按钮，如图 12-74 所示。

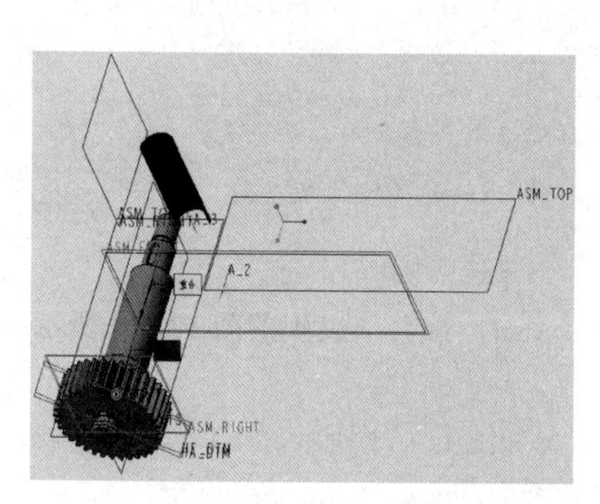

图 12-73　放置效果

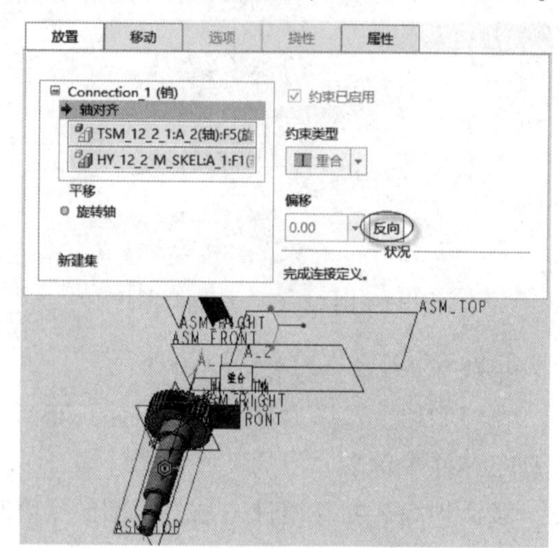

图 12-74　单击“反向”按钮

（6）在“放置”下滑面板的“销”列表中选择“旋转轴”。接着在“图形”工具栏中单击“已保存方向”按钮，从打开的“已保存的视图名”列表中选择“FRONT”视图名，使装配的显示效果如图 12-75 所示。

（7）选择齿轮的 HF_DTM 基准平面，选择装配组件 HY_12_2_M. ASM 的 ASM_TOP 基准平面，接着勾选“启用重新生成值”复选框，在“当前位置”框中输入 0，并按〈Enter〉键，单击“将当前位置设置为重新生成值”按钮 >> ，如图 12-76 所示。

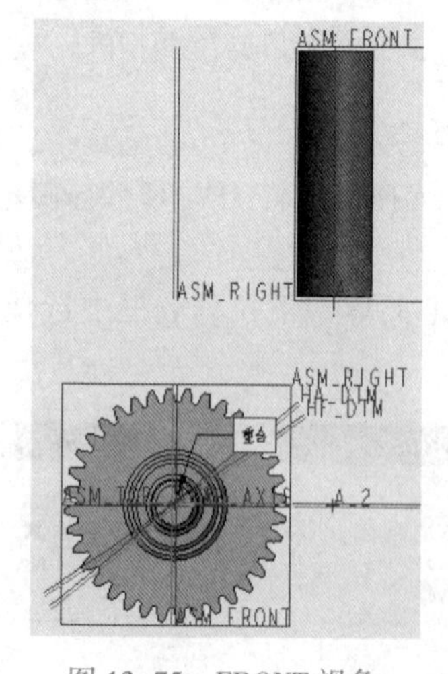

图 12-75　FRONT 视角

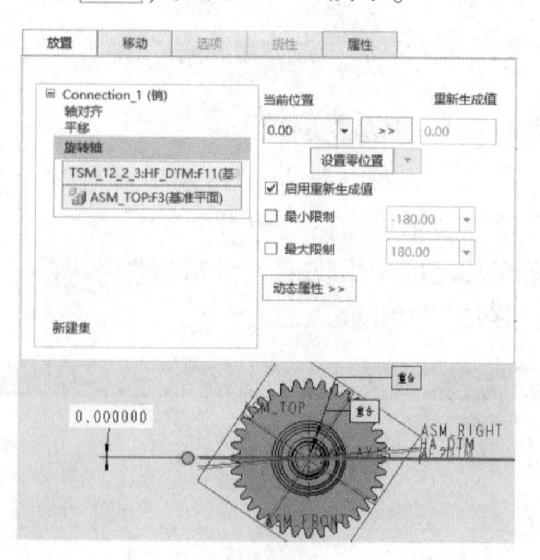

图 12-76　定义旋转轴及其位置重新生成值

(8) 单击“确定”按钮✔，装配结果如图 12-77 所示。

步骤 5：组装轴系零部件 2。

(1) 单击“组装”按钮，弹出“打开”对话框，选择源文件 HY_12_2_ZM2. ASM，单击“打开”对话框中的“打开”按钮。

(2) 出现“元件放置”选项卡，在“预定义集”下拉列表框中选择“销”选项。

(3) 定义“轴对齐”约束，分别选择新齿轮轴的 A_2 轴线和骨架模型中的 A_2 轴线。

(4) 定义“平移”约束，选择轴系零部件 2（HY_12_2_ZM2. ASM）的 ASM_RIGHT 基准平面，选择装配组件 HY_12_2_M. ASM 中的 ASM_FRONT 基准平面。

(5) 此时，若模型如图 12-78 所示，则不满足装配设计的要求。解决的方法是打开“放置”下滑面板，选择“轴对齐”，然后单击右侧出现的“反向”按钮。

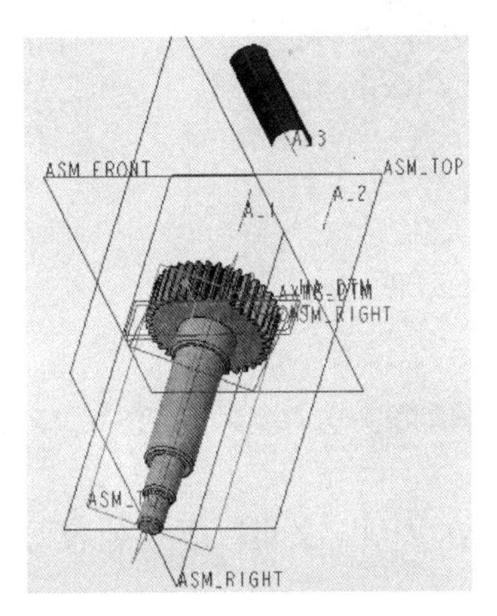

图 12-77 装配结果

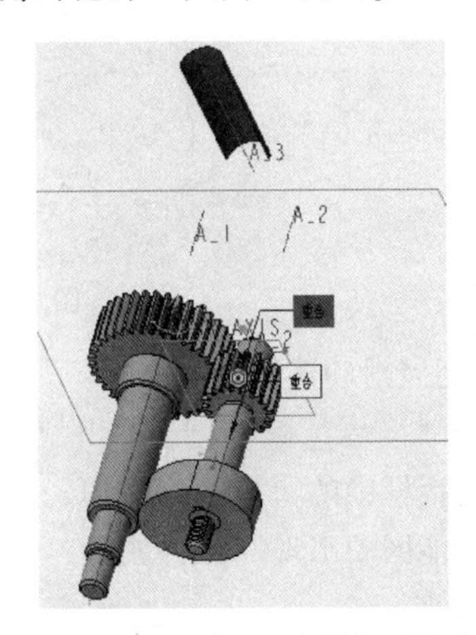

图 12-78 不满足要求的模型效果

(6) 在“放置”下滑面板的“销”列表中选择“旋转轴”，选择齿轮轴的 M_DTM 基准平面，选择装配组件 HY_12_2_M. ASM 的 ASM_TOP 基准平面。接着勾选“启用重新生成值”复选框，在“当前位置”框中输入 0，并按〈Enter〉键。然后单击“将当前位置设置为重新生成值”按钮 >> ，如图 12-79 所示。

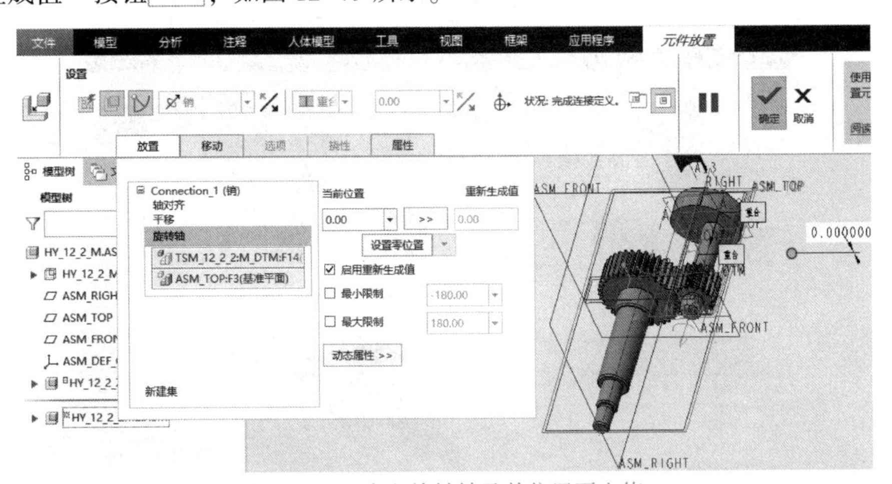

图 12-79 定义旋转轴及其位置再生值

说明 定义旋转轴及其位置重新生成（再生）值是为了使齿轮配合时，其中一个齿轮的齿槽正好对着另一个齿轮的轮齿，从而不至于产生干涉情况。也可以进入机构模式对齿轮的初始位置进行定义。

（7）单击“确定”按钮✔，装配结果如图 12-80 所示。

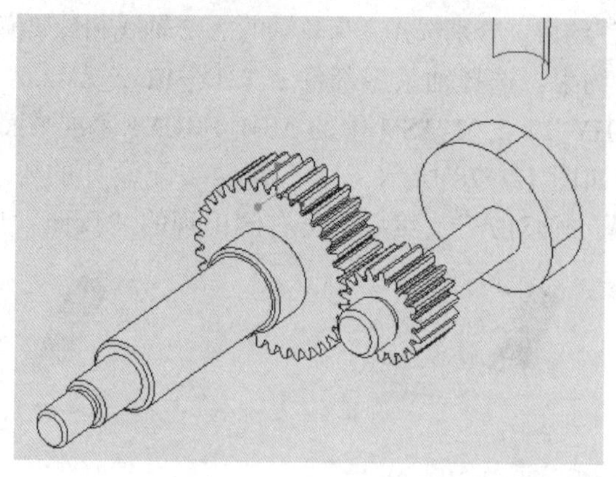

图 12-80　装配结果

步骤 6：组装滑动连杆。

（1）单击“组装”按钮，弹出“打开”对话框，选择源文件 TSM_12_2_7. PRT，单击“打开”对话框中的“打开”按钮。

（2）在功能区中出现“元件放置”选项卡，在“预定义集”下拉列表框中选择“滑块（滑动杆）”选项。

（3）定义“轴对齐”约束，选择滑动连杆的 A_2 轴线和骨架模型中旋转曲面的中心轴线 A_3。

（4）定义“旋转”约束，在模型树上选择骨架模型的内部基准平面 DTM1，在模型窗口中选择滑动连杆的基准平面 FRONT。

（5）在“元件放置”选项卡中打开“移动”下滑面板，将“运动类型”选项设置为“平移”，然后使用鼠标光标将滑动连杆沿着轴线往上移动适当的距离，如图 12-81 所示。

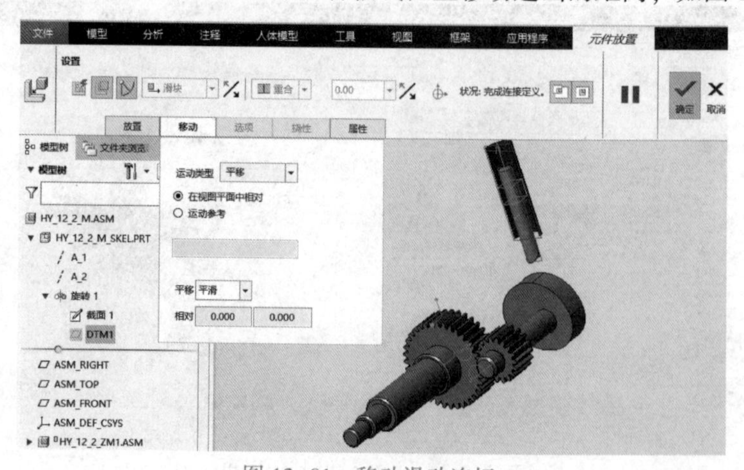

图 12-81　移动滑动连杆

（6）单击“确定”按钮✔。

步骤 7：保存文件。

12.3.4 机构定义及运动仿真

步骤 1：进入机构模式。

在功能区中打开“应用程序”选项卡，接着从“运动”组中单击“机构”按钮，进入机构模式。

步骤 2：定义齿轮副。

（1）从功能区“机构”选项卡的“连接”组中单击“齿轮连接”按钮，打开“齿轮副定义”对话框。

（2）接受默认的齿轮副名称为 GearPair1，齿轮副类型为“一般”，选择大齿轮的销钉连接，在“节圆”选项组中输入分度圆直径为 72，如图 12-82 所示。

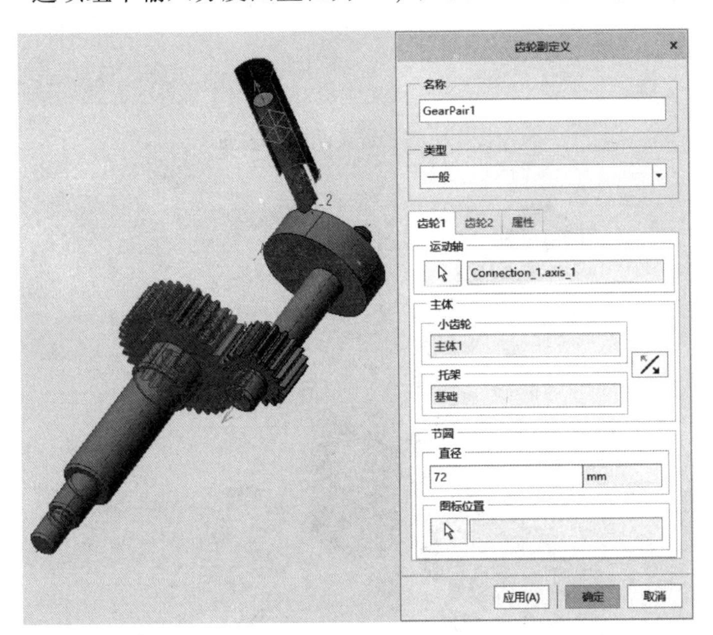

图 12-82　定义齿轮副

（3）切换到“齿轮 2”选项卡，选择小齿轮的销钉连接，在“节圆”选项组中输入分度圆直径为 36。

（4）单击“齿轮副定义”对话框中的“确定”按钮。

步骤 3：定义凸轮副。

（1）从“连接”组中单击“凸轮”按钮，打开“凸轮从动机构连接定义”对话框。

（2）接受默认的凸轮副名称为 Cam Follower1，在“凸轮 1”选项卡上勾选“自动选择”复选框，在模型中选择凸轮表面，单击鼠标中键来确定，如图 12-83 所示。

（3）切换到“凸轮 2”选项卡，在滑动杆上选择图 12-84 所示的曲面定义凸轮 2 曲面。

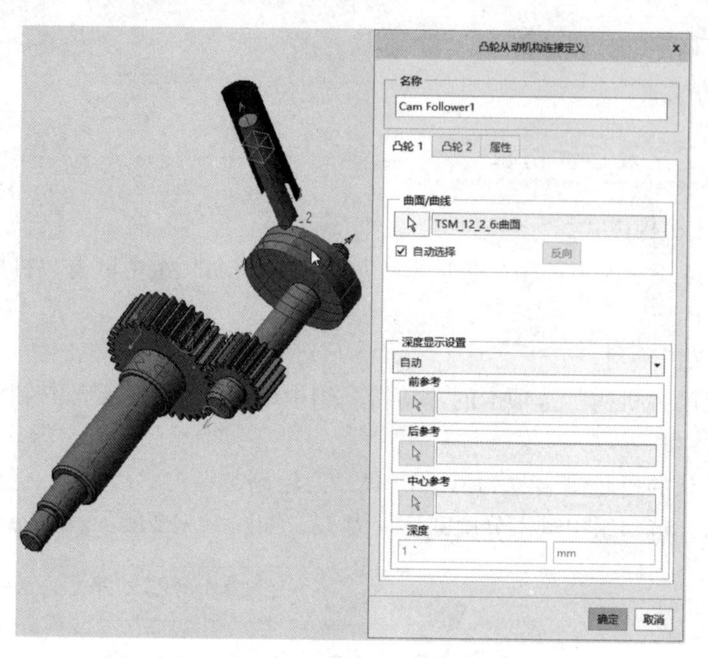

图 12-83　定义凸轮 1 表面

图 12-84　定义凸轮 2 曲面

(4) 单击“确定”按钮。定义好凸轮副的机构效果如图 12-85 所示。

步骤 4：定义驱动。

(1) 从“插入”组中单击“伺服电动机”按钮，打开“电动机”选项卡。

(2) 在“属性”滑出面板上可以看到默认的名称为“电动机_1”，选择大齿轮的销连接作为驱动关节（旋转轴），如图 12-86 所示。

图 12-85 定义好凸轮副的机构

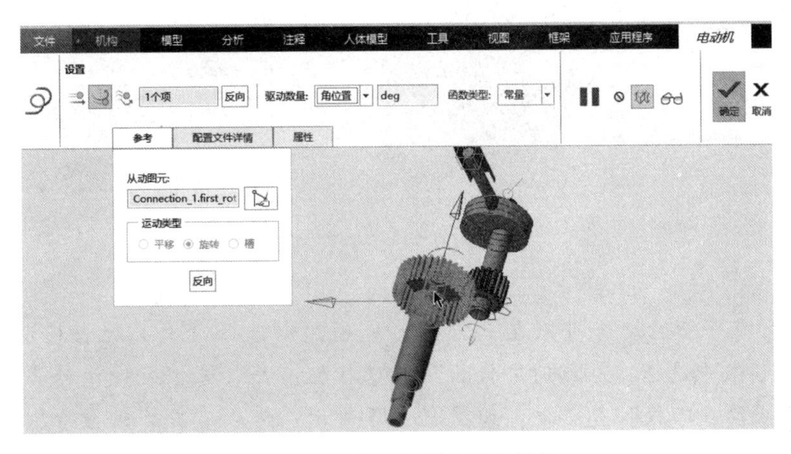

图 12-86 定义伺服电动机操作

(3) 在“电动机”选项卡的“配置文件详情”滑出面板上，从“驱动数量”下拉列表框中选择“角位置”选项，在“电动机函数”选项组的“函数类型”下拉列表框中选择“斜坡”选项，输入 A 值为 60，B 值为 30，如图 12-87 所示。

(4) 单击“确定”按钮✔。

步骤 5： 定义分析。

(1) 从“分析”组中单击“机构分析”按钮，打开“分析定义”对话框。

(2) 接受默认的分析名称，从“类型”选项组中选择“运动学”选项，而在“首选项”选项卡上的设置如图 12-88 所示。

(3) 单击“分析定义”对话框中的“运行”按钮，则可以在模型中观察到机构的动态运动画面。

(4) 单击“分析定义”对话框中的“确定”按钮。

步骤 6： 回放以前运行的分析。

(1) 从“分析”组中单击“回放”按钮，打开图 12-89 所示的“回放”对话框。

（2）单击“碰撞检测设置”按钮，弹出“碰撞检测设置”对话框。一般情况下，选择默认的“无碰撞检测”单选按钮。

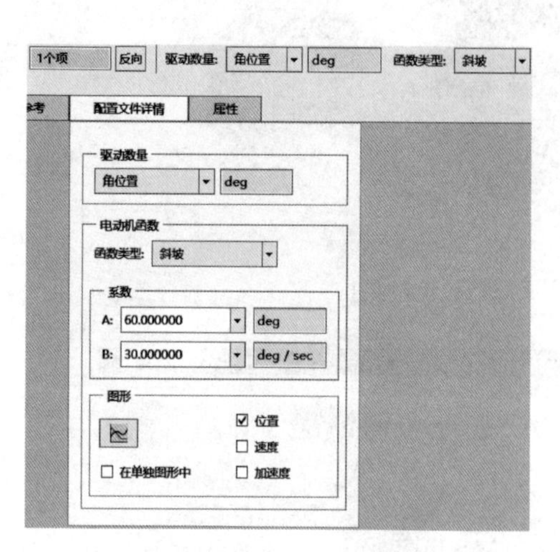

图 12-87　定义运动轮廓

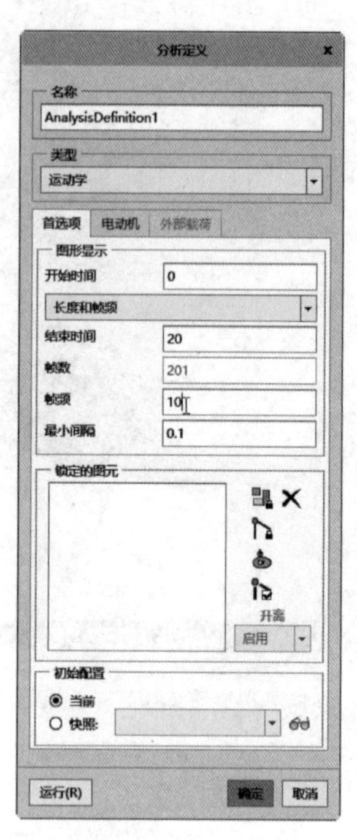

图 12-88　“分析定义”对话框

说明　有兴趣的读者可以在“常规”选项组中选择“全局碰撞检测”单选按钮，在“可选”选项组中选择“碰撞时即停止”单选按钮，并勾选“碰撞时铃声警告”复选框和“碰撞时停止动画回放”复选框，如图 12-90 所示，然后单击“碰撞检测设置”对话框中的“确定”按钮。

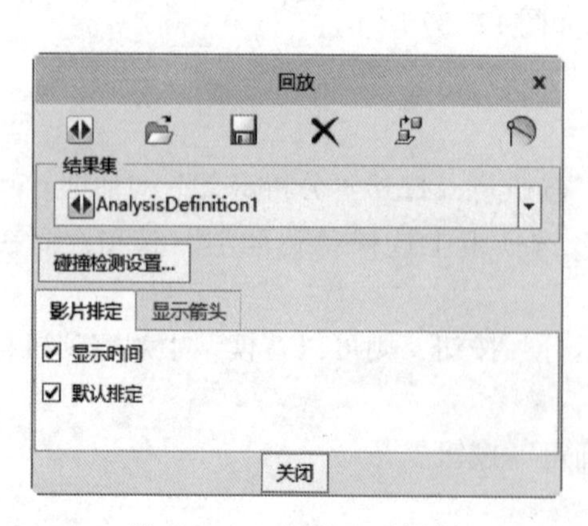

图 12-89　“回放”对话框

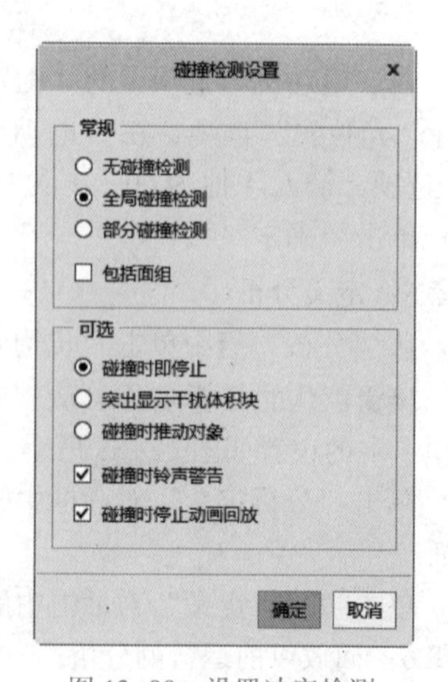

图 12-90　设置冲突检测

（3）在“回放”对话框上单击“播放当前结果集”按钮◆。若之前设置了冲突检测选项，则系统开始计算整个运动过程是否存在着干涉情况，计算过程需要一些时间。

（4）计算完毕，系统弹出图12-91所示的“动画”对话框，通过该对话框上的相关播放按钮，可以回放动画，若遇到干涉冲突情况，系统将以设置的方式提醒设计人员。

（5）单击“动画”对话框上的“捕获”按钮，打开图12-92所示的“捕获”对话框。通过该对话框，可以将动画保存为允许的格式，如MPEG、TIFF、BMP和AVI等。

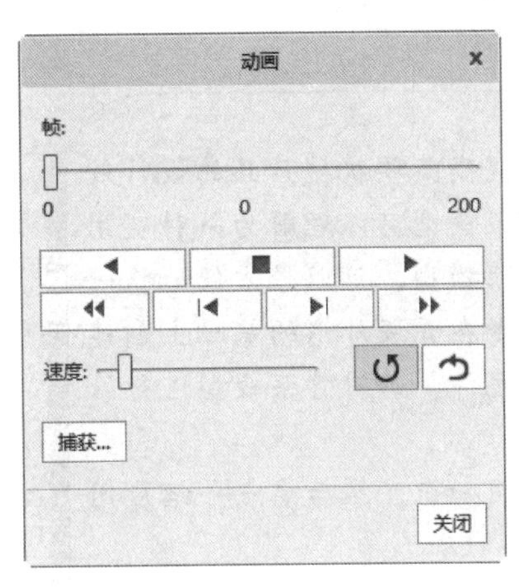

图12-91 “动画”对话框

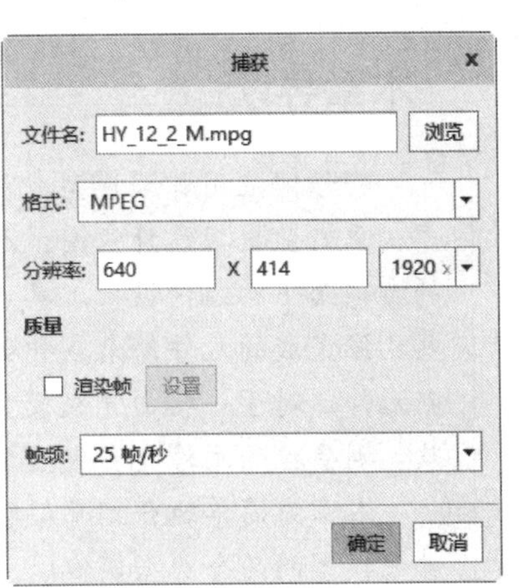

图12-92 “捕获”对话框

12.4 初试牛刀

设计题目1： 请对本章完成装配的平口虎钳模型进行全局干涉检查，思考哪些部分具有干涉现象，存在的干涉现象是否合理？

设计题目2： 建立图12-93所示的齿轮副，并对其进行运动仿真，观察其运动效果。本设计题目所使用到的两个齿轮零件位于本书配套资料包CH12→TSM_EX12文件夹中，已知齿轮的模数为2.5mm，大齿轮（TSM_EX12_2_1.PRT）的齿数为125，小齿轮（TSM_EX12_2_2.PRT）的齿数为30。在定义齿轮连接时，注意两齿轮要能够正确啮合，消除在传动中产生体积干涉的情况。

图12-93 齿轮副连接

第 13 章　骨架模型的应用实例

本章导读：

巧妙地应用骨架模型，可以大大提高某些机械产品的设计效率，更好地把握设计意图，所述的骨架模型可以理解为一种实用的自顶而下的组件设计工具。利用骨架模型，可以很方便地将一些已经完成的元件约束在骨架上，或者在骨架外形的基础上创建新元件。对于一些由骨架模型驱动的元件，若对骨架模型进行修改，则受控的元件也会发生变化。

本章先简单地介绍骨架模型的应用知识，然后重点介绍应用骨架模型的两个典型实例。

本章精彩范例：

- 利用骨架模型进行链条装配设计
- 利用骨架模型进行连杆机构的运动分析

13.1　骨架模型在机械设计中的应用概述

通常，骨架模型主要由基准点、基准轴、基准坐标系、基准曲线和曲面组成，这些组成元素都是没有质量属性的，不会影响组件的质量分析等设计操作。然而，在某些特殊场合，也可以在骨架模型中创建实体特征。

建立骨架模型的基本指导思路是：根据每个主要零部件在空间中的静态位置来绘制骨架模型，或者按照运动时的特定相对位置来绘制骨架模型。建立好的骨架模型，相当于给产品建立了框架。

骨架模型主要有标准骨架模型和运动骨架模型两种类型。在这里有必要简单介绍一下这两种骨架模型的概念。标准骨架模型是为了定义组件中某元件的设计意图而创建的，它的文件格式是 .prt；建立或插入的标准骨架总会作为组件中的一个插入元件，它被列在模型树中，显示为▣。运动骨架模型用来定义组件中实体元件之间的运动，它是在活动组件或子组件中创建的子组件，文件保存格式为 .asm，在模型树中显示为▣；运动骨架模型包括设计骨架、骨架主体（也描述成主体骨架）和预定义的约束集；使用运动骨架模型，可以在创建实际的组件元件之前测试组件的基本结构和运动情况。

要在组件中创建多个标准骨架模型，需要将系统的 Config. pro 的配置文件选项 multiple_

skeletons_allowed 的值设置为 yes。

建立好骨架模型，便可以将相应的元件装配到骨架上，或者参考骨架模型在组件环境中设计具体的元件，从而构成完整的组件。

骨架模型在机械设计中会偶尔应用到。例如，在前面章节中介绍的圆柱滚子轴承的设计以及齿轮-凸轮传动机构的装配设计中，便巧妙地应用了骨架模型，这对于定位产品相关元件的位置非常重要，可以使设计意图更为明显。在本章中，侧重介绍利用骨架模型进行链条的装配设计以及利用骨架模型进行连杆机构的运动分析两个方面，让读者更深刻地学习和总结骨架模型在机械设计中的应用特点和应用技巧等。

13.2 利用骨架模型进行链条装配设计实例

链传动是应用较广的一种机械传动，其组成部分除了主、从动链轮之外，还包括链条。链传动主要用在要求工作可靠且两轴相距较远的一些场合，如在自行车、摩托车等机械中便具有链传动机构。传动链主要有短节距精密滚子链（简称滚子链）、齿形链等类型，其中滚子链使用最广。

本实例以链号为 12 A 的滚子链作为模型来进行介绍。滚子链由滚子、套筒、销轴、内链板和外链板组成。其中，外链板与销轴之间、内链板与套筒之间分别用过盈配合固联；滚子与套筒之间、套筒与销轴之间均采用间隙配合。当内、外链板相对翘曲时，套筒可以绕销轴自由转动。滚子是活套在套筒上的，工作时，滚子沿链轮齿廓滚动。链板一般制作成 8 字形，目的是使它的各个横截面具有接近相等的抗拉强度，以及有效地减少链的质量和运动时的惯性力。

本实例最终完成的链条模型如图 13-1 所示。

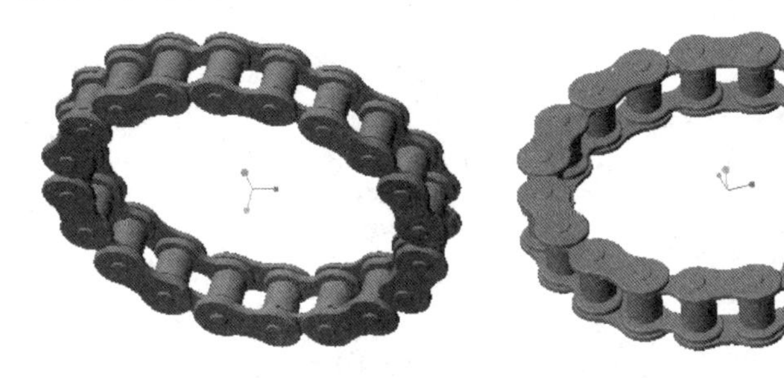

图 13-1 完成的滚子链条

在本实例中，骨架模型的设计工作在整个设计过程中所占的工作量较少，但实际上却起到设定链条的装配框架的作用。其设计步骤大体如下。

（1）建立内链子组件（内链板与套筒、滚子组成的零部件）。

（2）建立外链子组件（外链板与销轴组成的零部件）。

（3）新建一个用来装配内链子组件和外链子组件的组件文件，并在该组件文件中建立骨架模型。

（4）装配内链子组件和外链子组件。

下面介绍具体的设计方法及步骤。

13.2.1 建立内链子组件

步骤 1：新建组件文件并设置组件模型树显示项目。

（1）启动 Creo Parametric 6.0 软件，接着在“快速访问”工具栏中单击“新建”按钮，弹出“新建”对话框。

（2）在“类型”选项组中选择“装配”单选按钮，在“子类型”选项组中选择“设计”单选按钮，在“名称”文本框中输入 HY_13_1_LINK1，并取消勾选“使用默认模板”复选框，单击“确定”按钮。

（3）弹出“新文件选项”对话框，在“模板”选项组中选择 mmns_asm_design 选项，单击“确定”按钮，进入装配设计模式。

（4）在导航区的模型树上方单击“设置”按钮，从出现的下拉菜单中选择“树过滤器”选项，打开“模型树项”对话框。

（5）在“显示”区域中确保增加勾选“特征”和“放置文件夹”复选框，单击“确定”按钮，则在模型树中显示所设定的项目。

步骤 2：在装配模式下设计套筒零件。

（1）在功能区“模型”选项卡的“元件”组中单击“创建”按钮，打开“创建元件”对话框，在“类型”选项组中选择“零件”单选按钮，在“子类型”选项组中选择“实体”单选按钮，在“名称”文本框中输入 HY_13_1_TT，如图 13-2 所示，单击“确定”按钮。

（2）系统弹出“创建选项”对话框，在“创建方法”选项组中选择“定位默认基准”单选按钮，在“定位基准的方法”选项组中选择“对齐坐标系与坐标系”单选按钮，如图 13-3 所示，单击“确定”按钮。

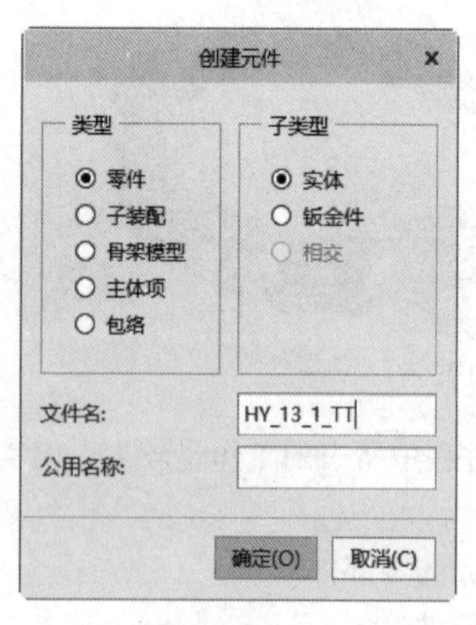

图 13-2 “创建元件”对话框

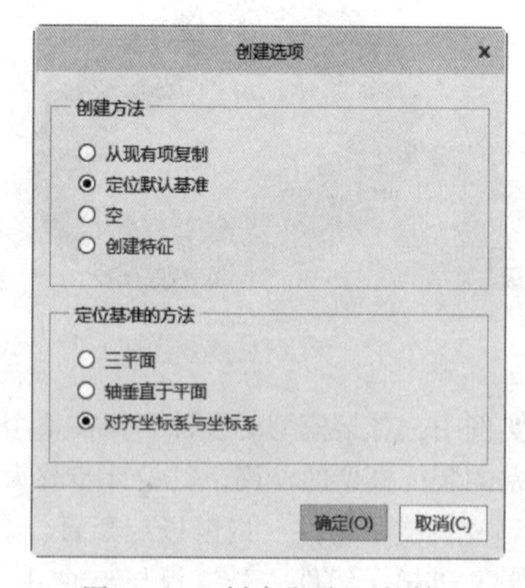

图 13-3 “创建选项”对话框

（3）选择装配组件中的坐标系 ASM_DEF_CSYS，此时建立的 HY_13_1_TT. PRT 零件自动处于被激活的状态。可以在模型树中将装配组件的 ASM_RIGHT、ASM_TOP 和 ASM_FRONT 基准平面隐藏。

(4) 单击“拉伸”按钮，打开“拉伸”选项卡。在“拉伸”选项卡中选中“实心”按钮。选择 DTM3 基准平面作为草绘平面，进入草绘模式。绘制图 13-4 所示的剖面，单击“确定”按钮。

在“拉伸”选项卡的深度选项列表框中选择（对称）选项，输入拉伸深度为 16.57，单击“确定”按钮，创建的拉伸特征如图 13-5 所示。

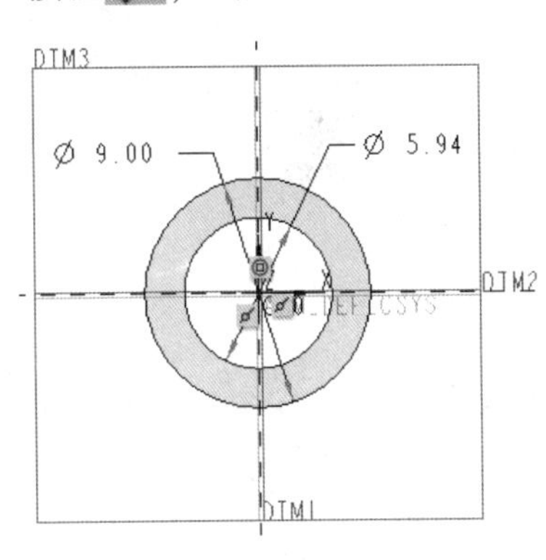

图 13-4 绘制剖面

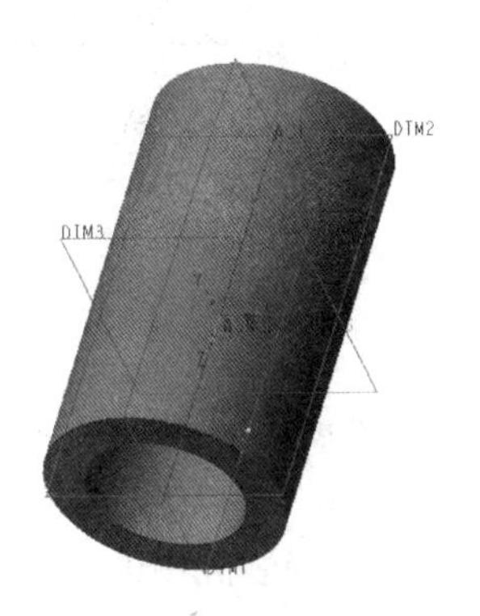

图 13-5 套筒模型

(5) 将 HY_13_1_TT. PRT 零件的基准平面和基准坐标系隐藏。

步骤 3：激活顶级装配。

在模型树上单击或右击 HY_13_1_LINK1. ASM 顶级装配组件节点，接着从出现的浮动工具栏中选择“激活”按钮。

步骤 4：在装配模式下设计滚子零件。

(1) 在功能区“模型”选项卡的“元件”组中单击“创建”按钮，打开“创建元件”对话框，在“类型”选项组中选择“零件”单选按钮，在“子类型”选项组中选择“实体”单选按钮，在“名称”文本框中输入 HY_13_1_GZ，单击“确定”按钮。

(2) 系统弹出“创建选项”对话框，在“创建方法”选项组中选择“定位默认基准”单选按钮，在“定位基准的方法”选项组中选择“对齐坐标系与坐标系”单选按钮，单击“确定”按钮，接着选择装配中的坐标系 ASM_DEF_CSYS。

(3) 单击“拉伸”按钮，打开“拉伸”选项卡，选中“实心”按钮。打开“放置”下滑面板，单击“定义”按钮，弹出“草绘”对话框。选择 DTM3 基准平面作为草绘平面，以 DTM1 基准平面为“右”方向参考，单击“草绘”按钮，进入草绘模式。绘制图 13-6 所示的剖面，单击“确定”按钮。

在“拉伸”选项卡的深度选项列表框中选择（对称）选项，输入拉伸深度为 9.8，单击“确定”按钮，创建好的滚子模型如图 13-7 所示，滚子套在套筒上。

(4) 将 HY_13_1_ GZ. PRT 零件的基准平面和基准坐标系隐藏。

步骤 5：激活顶级装配组件。

在模型树上单击或右击 HY_13_1_LINK1. ASM 顶级装配组件的节点，从弹出的浮动工具栏中选择“激活”按钮。

步骤 6：在装配模式下设计内链板。

(1) 从“元件”组中单击“创建”按钮，打开“创建元件”对话框，在“类型”选

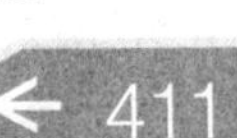

项组中选择“零件”单选按钮，在“子类型”选项组中选择“实体”单选按钮，在“名称”文本框中输入HY_13_1_NLB，单击“确定”按钮。

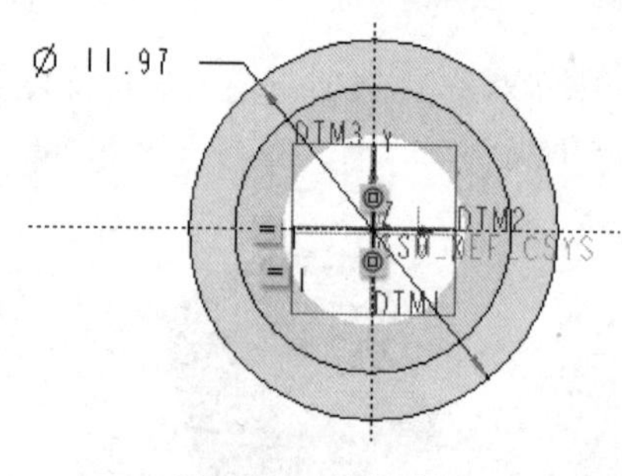

图13-6　绘制草图

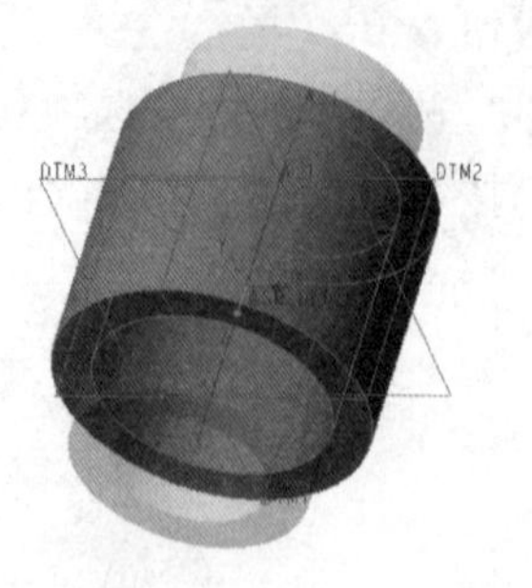

图13-7　创建好的滚子

（2）系统弹出“创建选项”对话框，在“创建方法”选项组中选择“定位默认基准”单选按钮，在“定位基准的方法”选项组中选择“对齐坐标系与坐标系”单选按钮，单击“确定”按钮，接着选择装配中的坐标系ASM_DEF_CSYS。

（3）单击“拉伸”按钮，打开“拉伸”选项卡，确保选中“实心”按钮。单击“放置”按钮，打开“放置”下滑面板，接着单击位于该面板中的“定义”按钮，弹出“草绘”对话框。选择图13-8所示的零件面作为草绘平面，单击“草绘”按钮，进入草绘模式。

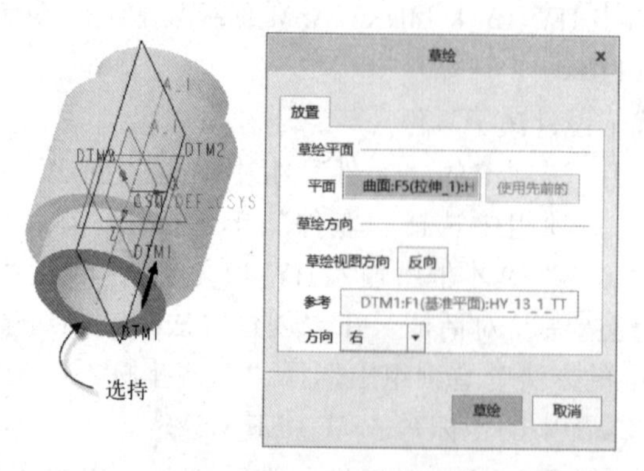

图13-8　定义草绘平面

绘制图13-9所示的剖面，单击“确定”按钮。

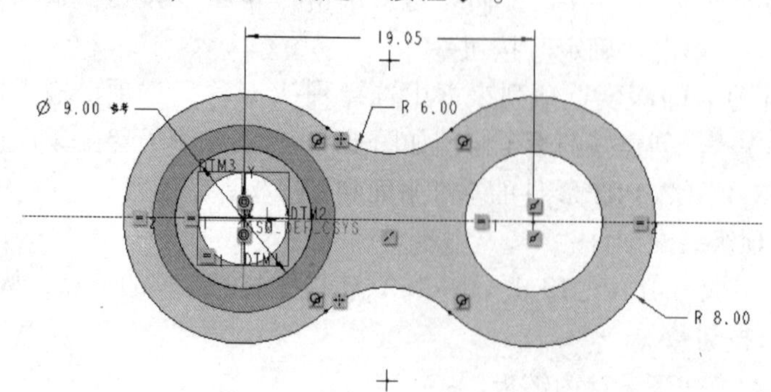

图13-9　绘制草图

在“拉伸”选项卡中输入拉伸深度为 2，单击“深度方向”按钮，单击“确定”按钮，创建的内链板如图 13-10 所示。

（4）将 HY_13_1_ NLB. PRT 零件的基准平面和基准坐标系隐藏。

（5）单击“边倒角”按钮，打开“边倒角”选项卡。在“边倒角”选项卡中，从一个下拉列表框中选择倒角的标注形式选项为 D×D，输入 D 值为 0. 5，选择图 13-11 所示的边参考，单击“确定”按钮。

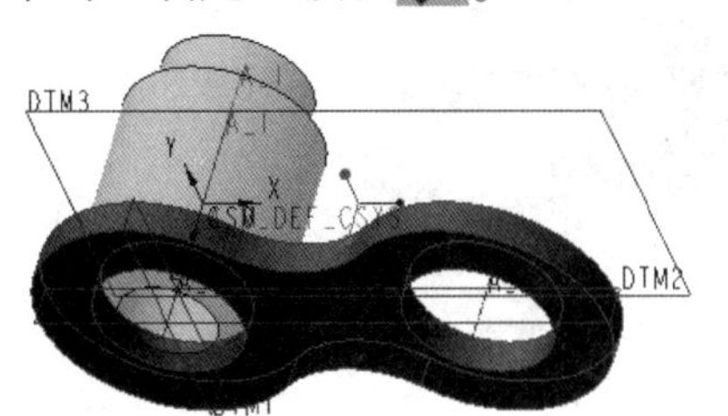

图 13-10 创建内链板

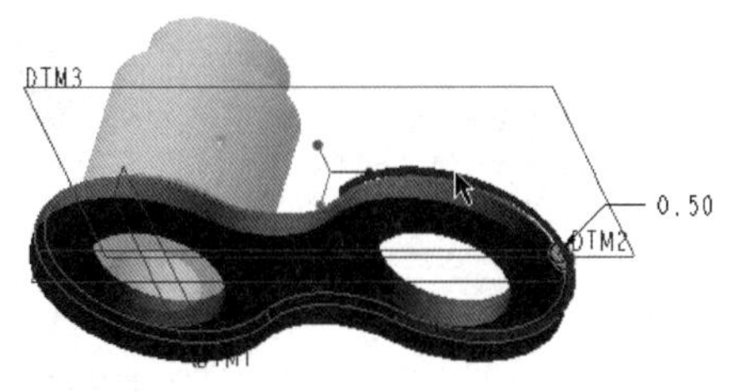

图 13-11 给内链板倒角

步骤 7：激活顶级装配。

在模型树上单击 HY_13_1_LINK1. ASM 顶级装配组件的节点，从出现的浮动工具栏中单击“激活”按钮。

取消隐藏装配的基准平面 ASM_RIGHT、ASM_TOP 和 ASM_FRONT。

步骤 8：镜像元件（这里指零件）。

（1）在“元件”组中单击“镜像元件”按钮，系统弹出图 13-12 所示的“镜像元件”对话框。

（2）选择 HY_13_1_NLB. PRT 作为元件参考，接着选择 ASM_FRONT 基准平面作为镜像平面参考。在“新建元件”选项组中选择“创建新模型”单选按钮，在“文件名”文本框中输入 HY_13_1_NLB1，公用名称为 HY_13_1_NLB1. prt。在“镜像”选项组中选择“仅几何”单选按钮，在“相关性控制”选项组中勾选“几何从属”复选框和“放置从属”复选框，如图 13-13 所示。

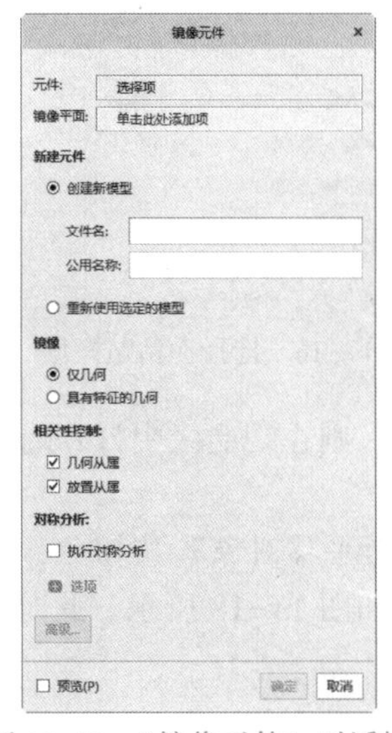

图 13-12 “镜像元件”对话框

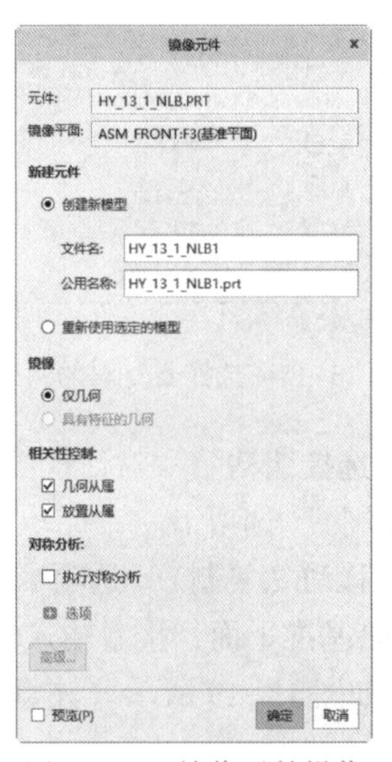

图 13-13 镜像元件操作

（3）单击“确定”按钮，镜像元件的结果如图 13-14 所示。

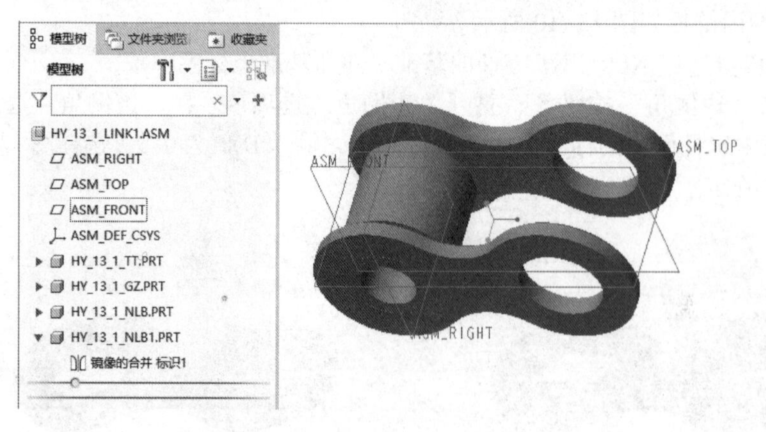

图 13-14　镜像零件的结果

步骤 9：平移复制零件。

（1）确保激活顶级装配，在导航区的模型树中选择 HY_13_1_TT. PRT，按〈Ctrl〉键的同时再选择 HY_13_1_GZ. PRT，如图 13-15 所示。

（2）按〈Ctrl+C〉快捷键，或者在功能区“模型”选项卡的“操作”组中单击“复制”按钮。

（3）在“操作”组中找到“选择性粘贴”按钮并单击它，系统弹出“选择性粘贴”对话框，从中勾选“对副本应用移动/旋转变换”复选框，如图 13-16 所示。

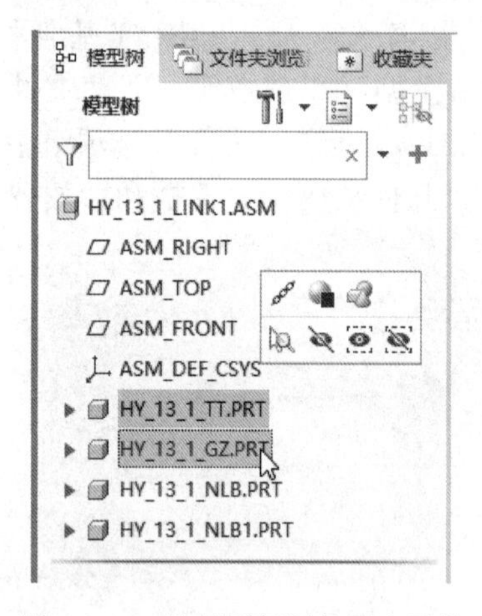

图 13-15　选择要复制的两个元件

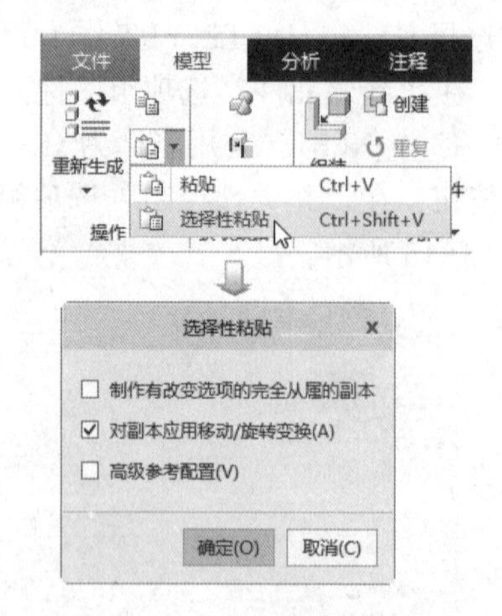

图 13-16　选择性粘贴操作

（4）在“选择性粘贴”对话框中单击“确定”按钮，则在功能区中打开图 13-17 所示的“移动（复制）”选项卡。

（5）在“移动（复制）”选项卡中单击“沿选定参考平移对象”按钮，在模型中选择 ASM_RIGHT 基准平面，接着输入偏移距离为 19. 05，如图 13-18 所示。此时，图形窗口中显示的模型如图 13-19 所示（注意判断平移方向）。

图 13-17 “移动（复制）”选项卡

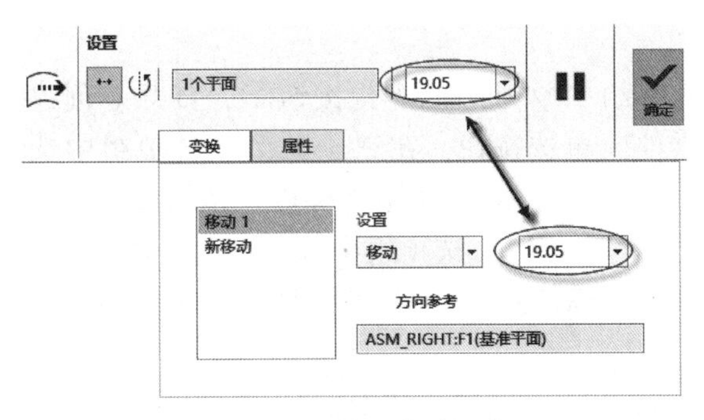

图 13-18 输入偏移距离

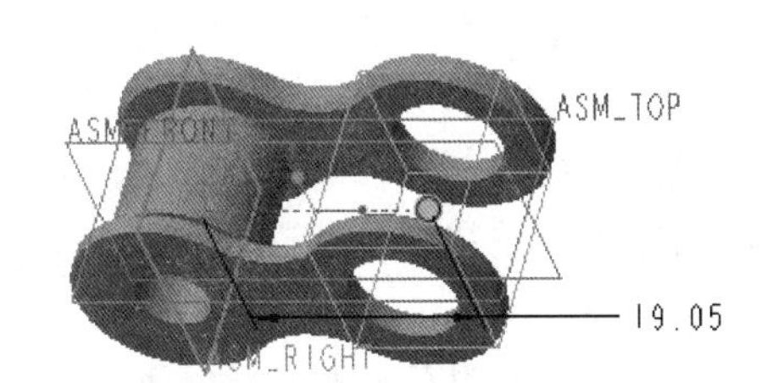

图 13-19 注意观察平移方向等

（6）在“移动（复制）”选项卡中单击“确定”按钮✔，通过平移复制得获得的装配效果如图 13-20 所示。

步骤 10：在装配中创建基准点。

（1）单击“基准点”按钮⁑，打开“基准点”对话框。选择其中一个套筒的轴线，接着按住〈Ctrl〉键选择装配体的基准平面 ASM_FRONT，在两者的相交处创建一个基准点 APNT0。

（2）切换至创建新点的状态，结合〈Ctrl〉键选择另一个套筒的轴线与装配体的基准平面 ASM_FRONT，在两者的相交处创建一个基准点 APNT1。

在装配组件中创建的两个基准点如图 13-21 所示。

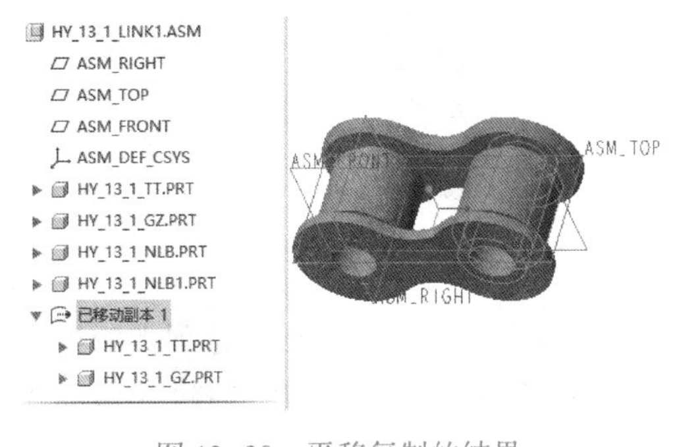

图 13-20 平移复制的结果

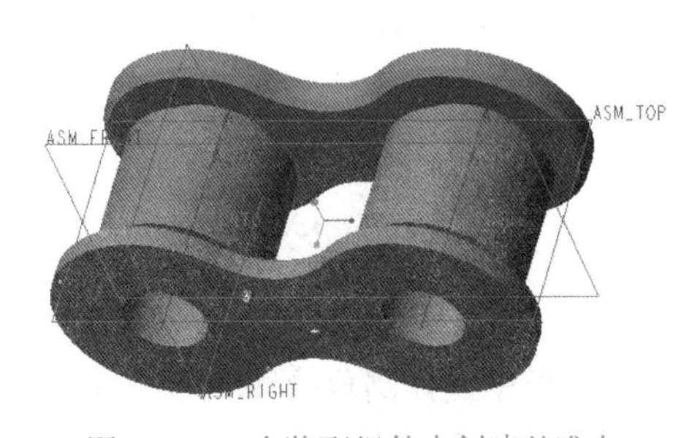

图 13-21 在装配组件中创建基准点

步骤 11：在指定的工作目录中保存文件。然后关闭该文件。

13.2.2 建立外链子组件

步骤 1：新建装配文件。

（1）单击“快速访问”工具栏中的“新建”按钮，弹出“新建”对话框。

（2）在“类型”选项组中选择“装配”单选按钮，在“子类型”选项组中选择“设计”单选按钮，在“名称”文本框中输入 HY_13_1_LINK2，并取消勾选“使用默认模板”复选框，单击“确定”按钮。

（3）系统弹出“新文件选项”对话框，在“模板”选项组中选择 mmns_asm_design 选项，单击“确定”按钮，进入装配设计模式。

步骤 2：在装配模式下设计销轴零件。

（1）在功能区“模型”选项卡的“元件”组中单击“创建”按钮，打开“创建元件”对话框，在“类型”选项组中选择“零件”单选按钮，在“子类型”选项组中选择“实体”单选按钮，在“名称”文本框中输入 HY_13_1_XZ，单击“确定”按钮。

（2）系统弹出“创建选项”对话框，在“创建方法”选项组中选择“定位默认基准”单选按钮，在“定位基准的方法”选项组中选择“对齐坐标系与坐标系”单选按钮，单击“确定”按钮。

（3）选择装配组件中的坐标系 ASM_DEF_CSYS，此时建立的 HY_13_1_XZ. PRT 零件自动处于被激活的状态。在模型树中将装配组件的 ASM_RIGHT、ASM_TOP 和 ASM_FRONT 基准平面隐藏。

（4）单击“拉伸”按钮，打开“拉伸”选项卡，选中“实心”按钮。选择该元件自身的 DTM3 基准平面作为草绘平面，进入草绘模式。绘制图 13-22 所示的剖面，单击“确定”按钮✔。

在“拉伸”选项卡的深度选项列表框中选择（对称）选项，输入拉伸深度为 22，单击“确定”按钮✔，创建的拉伸特征如图 13-23 所示。

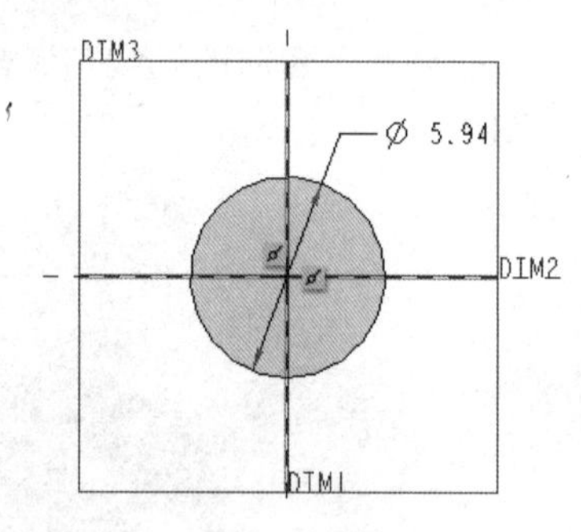

图 13-22　绘制剖面

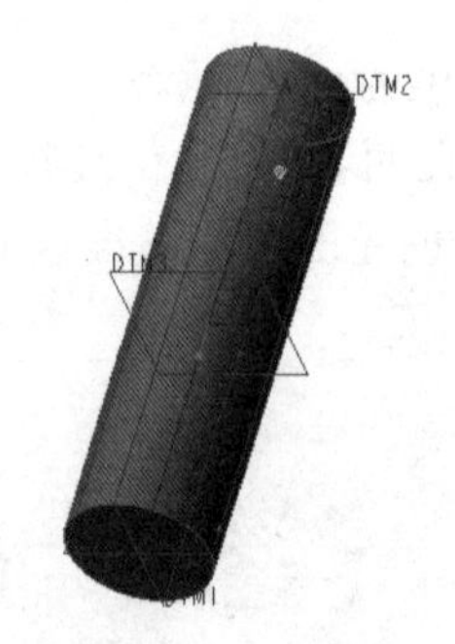

图 13-23　套筒模型

（5）单击“边倒角”按钮，打开“边倒角”选项卡。在“边倒角”选项卡的第一个下拉列表框中选择倒角的标注形式选项为 D×D，输入 D 值为 0.5，选择图 13-24 所示的边参考，单击“确定”按钮✔。

（6）隐藏该零件的基准平面。

步骤 3：激活顶级装配。

在模型树上单击或右击 HY_13_1_LINK2. ASM 顶级装配组件节点，从出现的浮动工具栏中单击“激活”按钮。

步骤 4：在装配模式下设计外链板。

（1）从“元件”组中单击“创建”按钮，打开“创建元件”对话框，在“类型”选项组中选择“零件”单选按钮，在“子类型”选项组中选择“实体”单选按钮，在“名称”文本框中输入 HY_13_1_WLB，单击“确定”按钮。

（2）系统弹出“创建选项”对话框，在“创建方法”选项组中选择“定位默认基准”单选按钮，在“定位基准的方法”选项组中选择“对齐坐标系与坐标系”单选按钮，单击“确定”按钮，接着选择装配中的坐标系 ASM_DEF_CSYS。

（3）单击“拉伸”按钮，打开“拉伸”选项卡，接着进入“放置”下滑面板，单击“定义”按钮，弹出“草绘”对话框。

单击“基准”→“基准平面”按钮，打开“基准平面”对话框，选择 DTM3 基准平面作为偏移参考，输入偏移距离为 8.4，如图 13-25 所示，单击“确定”按钮，系统自动给新建的该基准平面命名为 DTM4。

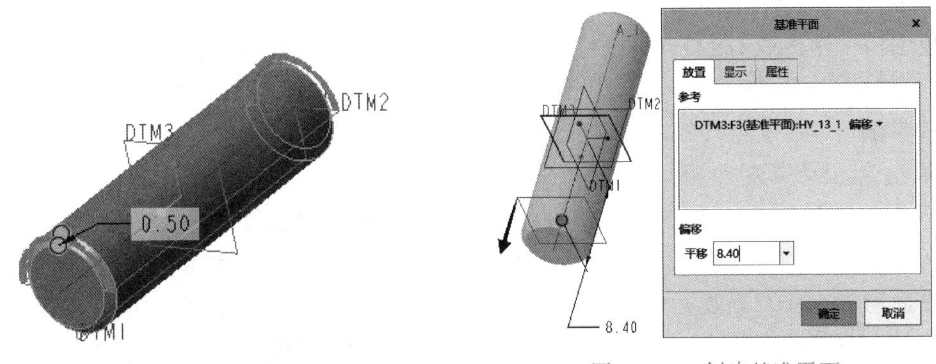

图 13-24　倒角　　　　图 13-25　创建基准平面

以 DTM4 基准平面作为草绘平面，以 DTM1 基准平面为“右”方向参考，单击“草绘”按钮，进入草绘模式。绘制图 13-26 所示的剖面，单击“确定”按钮。

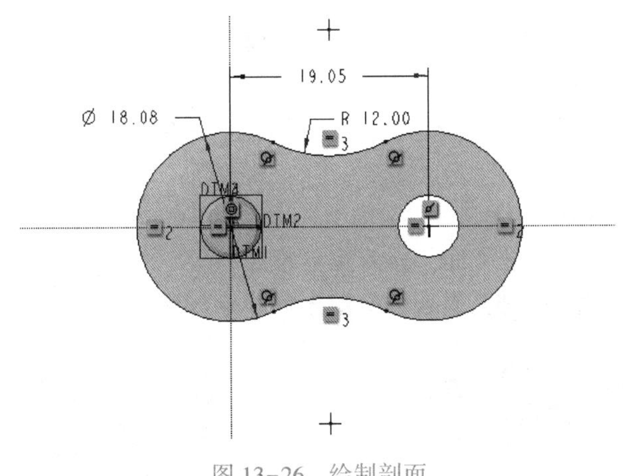

图 13-26　绘制剖面

在“拉伸”选项卡中的深度尺寸文本框中输入拉伸深度值为 2，单击“确定”按钮，完成的外链板如图 13-27 所示。

（4）单击“边倒角”按钮，打开“边倒角”选项卡。在“边倒角”选项卡上，从下拉列表框中选择倒角的标注形式选项为 D×D，输入 D 值为 0.5，选择图 13-28 所示的边参考，单击“确定”按钮。

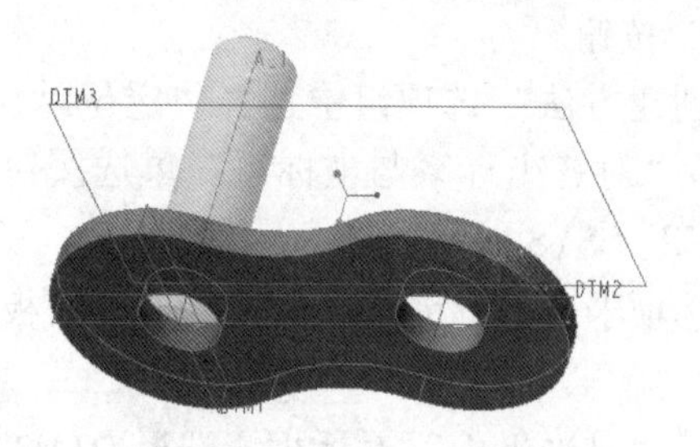

图 13-27　创建的外链板

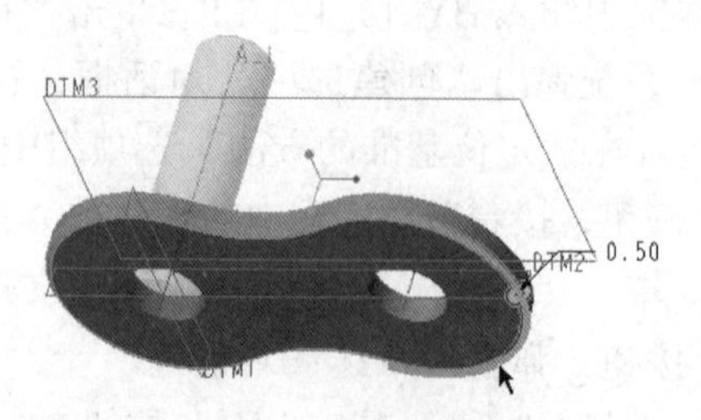

图 13-28　选择边参考

（5）隐藏外链板零件的基准平面。

步骤 5：激活顶级装配组件。

在模型树上单击或右击 HY_13_1_LINK2. ASM 顶级装配组件节点，从出现的浮动工具栏中单击“激活”按钮。

取消隐藏顶级装配组件的基准平面。

步骤 6：镜像装配外链板。

（1）在“元件”组中单击“镜像元件”按钮，弹出“镜像元件”对话框。

（2）选择 HY_13_1_WLB. PRT 作为元件（零件）参考，选择 ASM_FRONT 基准平面作为镜像平面参考，在“新建元件”选项组中选择“重新使用选定的模型”单选按钮。

（3）在“相关性控制”选项组中勾选“放置从属”复选框，在“对称分析”选项组中默认勾选“执行对称分析”复选框。

（4）单击“确定”按钮，镜像外链板的结果如图 13-29 所示。

步骤 7：移动复制零件。

（1）在模型树中选择 HY_13_1_XZ. PRT 零件。

（2）按〈Ctrl+C〉快捷键，或者在功能区“模型”选项卡的“操作”组中单击“复制”按钮。

（3）在“操作”组中找到“选择性粘贴”按钮并单击它，系统弹出“选择性粘贴”对话框，从中勾选“对副本应用移动/旋转变换”复选框，单击“确定”按钮。

（4）功能区出现“移动（复制）”选项卡，默认选中“沿选定参考平移对象”按钮，在模型中选择 ASM_RIGHT 基准平面，输入偏移距离为 19.05。

（5）单击“确定”按钮，得到的装配组件模型如图 13-30 所示。

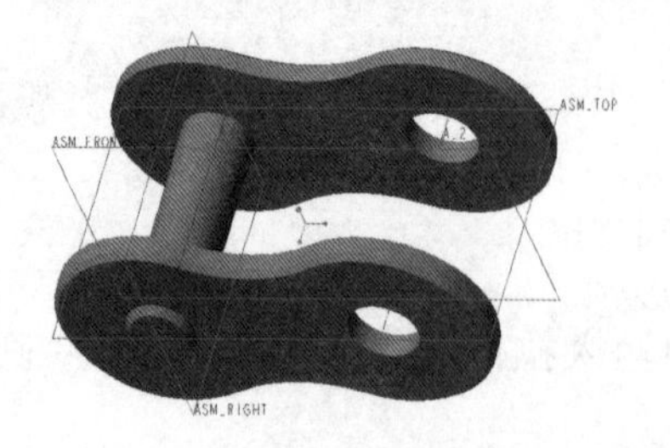

图 13-29　镜像外链板

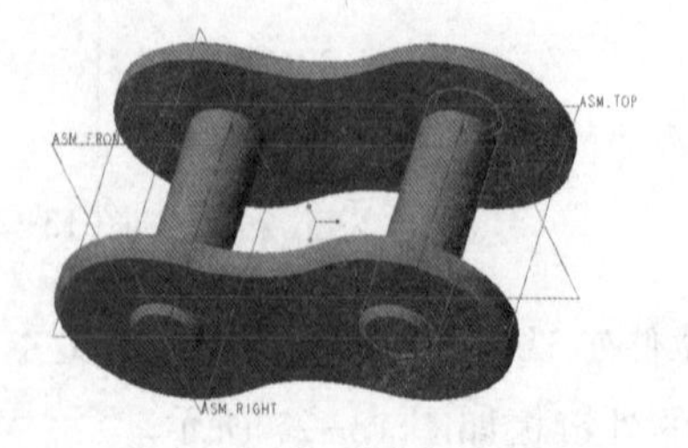

图 13-30　平移复制销轴

步骤 8： 创建基准点。

（1）单击“基准点”按钮，打开“基准点”对话框。选择其中一个销轴的轴线，按住〈Ctrl〉键再选择装配体中的基准平面 ASM_FRONT，在两者的相交处创建一个基准点 APNT0。

（2）切换至创建新点，结合〈Ctrl〉键分别选择另一个销轴的轴线与组件的基准平面 ASM_FRONT，在两者的相交处创建一个基准点 APNT1，如图 13-31 所示。

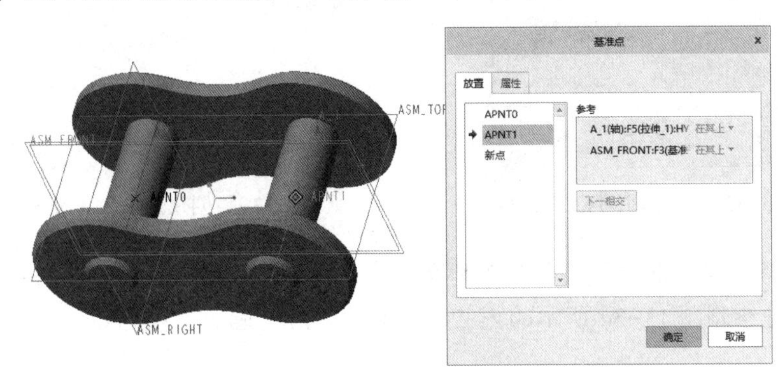

图 13-31　在装配组件中创建基准点

（3）单击“基准点”对话框中的“确定”按钮。

步骤 9： 在指定的工作目录下保存文件。然后可以将该文件关闭。

13.2.3 新建装配文件并建立骨架模型

步骤 1： 新建装配文件。

（1）单击“快速访问”工具栏中的“新建”按钮，弹出“新建”对话框。

（2）在“类型”选项组中选择“装配”单选按钮，在“子类型”选项组中选择“设计”单选按钮，在“名称”文本框中输入 HY_13_1_M，并取消勾选“使用默认模板”复选框，单击“确定”按钮。

（3）系统弹出“新文件选项”对话框，在“模板”选项组中选择 mmns_asm_design 选项，单击“确定”按钮，进入装配设计模式。

此时，可以设置在装配模型树中显示特征。

步骤 2： 建立标准骨架模型。

（1）单击“元件”组中的“创建”按钮，打开“创建元件”对话框，在“类型”选项组中选择“骨架模型”单选按钮，在“子类型”选项组中选择“标准”单选按钮，接受默认的名称为 HY_13_1_M_SKEL，如图 13-32 所示，单击“确定”按钮。

（2）在弹出的图 13-33 所示的“创建选项”对话框中，选择“创建特征”单选按钮，单击“确定”按钮。

（3）单击“草绘”按钮，系统弹出“草绘”对话框。选择 ASM_FRONT 基准平面作为草绘平面，以 ASM_RIGHT 基准平面作为“右”方向参考，单击“草绘”按钮，进入草绘模式。

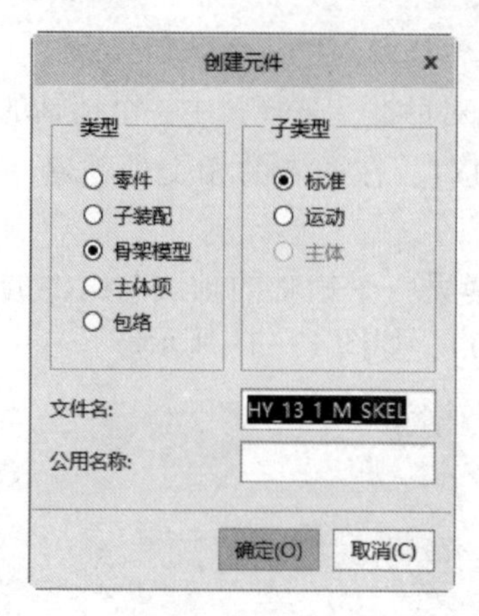

图 13-32 “元件创建”对话框

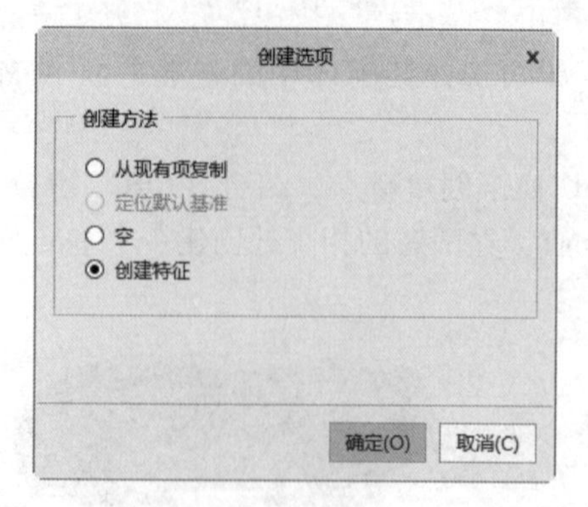

图 13-33 “创建选项”对话框

利用“参考”对话框指定绘图参考基准，接着使用“选项板”按钮的“多边形”图形库功能快速地绘制图 13-34 所示的正二十边形，单击“确定”按钮✔。

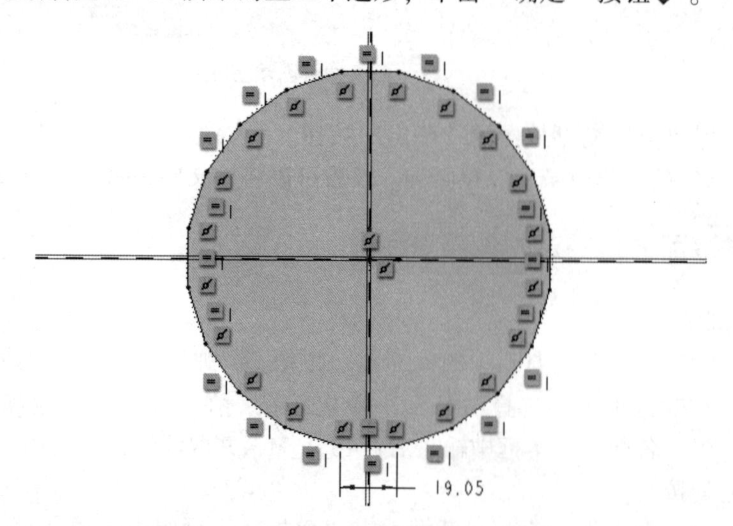

图 13-34 绘制正二十边形

说明 在草绘模式下，可以单击“草绘”组中的“选项板”按钮，打开图 13-35 所示的“草绘器选项板”对话框，在“多边形”选项卡的图形列表中双击“二十边形”，然后将其放置在绘图区域的指定位置，并设置相应的旋转角度、缩放因子和尺寸等。

步骤 3：在骨架模型中创建基准轴。

（1）单击“基准轴”按钮，打开“基准轴”对话框。

（2）选择 ASM_TOP 基准平面，接着按住〈Ctrl〉键选择 ASM_RIGHT 基准平面。

（3）单击“基准轴”对话框中的“确定”按钮，创建图 13-36 所示的基准轴 A_1 轴。

至此，完成了该标准骨架模型的创建。

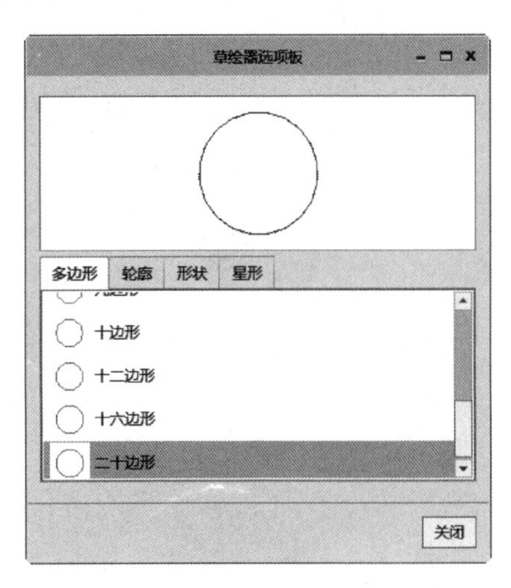

图 13-35 “草绘器选项板”对话框

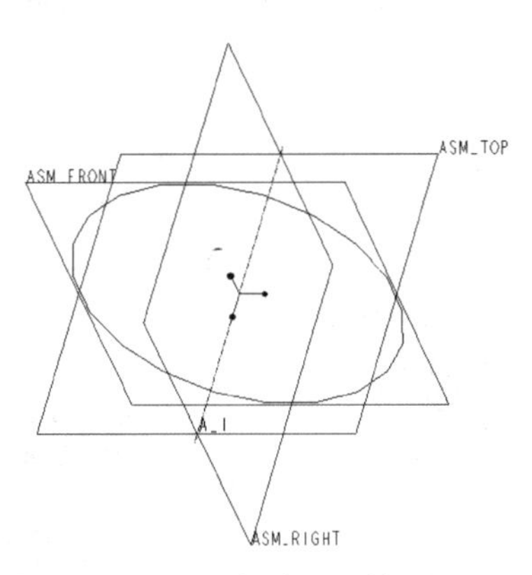

图 13-36 创建基准轴 A_1

13.2.4 总装配

步骤 1：激活顶级装配组件。

在模型树上单击或右击 HY_13_1_M. ASM 顶级装配组件的节点，从出现的浮动工具栏中选择“激活”按钮。

步骤 2：组装第 1 个内链子组件。

（1）在功能区“模型”选项卡的“元件”组中单击“组装”按钮，弹出“打开”对话框，选择源文件 HY_13_1_LINK1. ASM，单击该对话框的“打开”按钮。

（2）出现“元件放置”选项卡，增加选中“指定约束时在单独的窗口中显示元件”按钮。

（3）分别指定两组“重合”约束参考，均是点对点的重合约束，如图 13-37 所示。

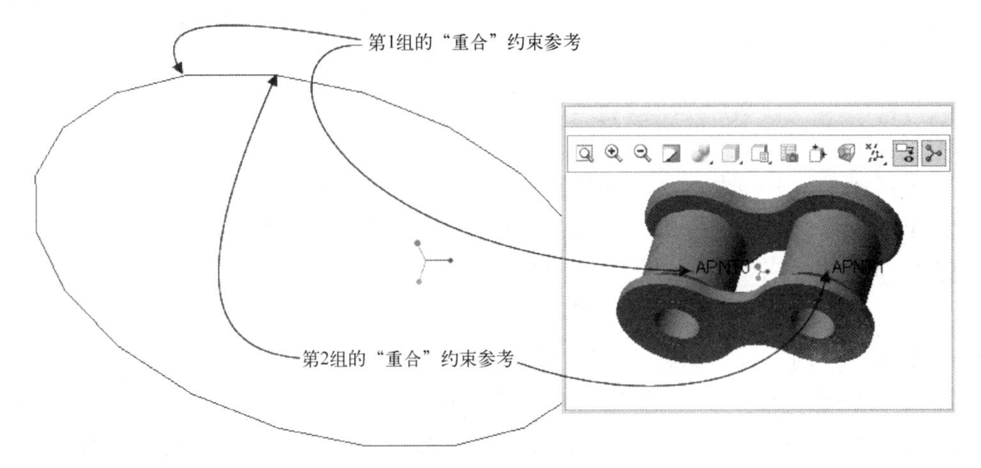

图 13-37 定义约束参考

（4）打开“放置”下滑面板，单击“新建约束”选项，并从“约束类型”下拉列表框中选择“平行”选项。然后在内链子组件中选择其自身的 ASM_FRONT 基准平面作为元件参考，在装配体中选择其 ASM_FRONT 基准平面作为装配参考，如图 13-38 所示。

（5）单击“确定”按钮，完成第 1 个内链子组件的装配，装配结果如图 13-39 所示。

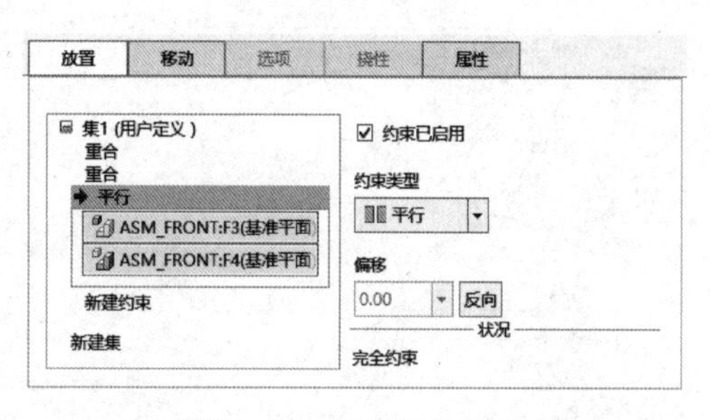

图 13-38　定义平行约束

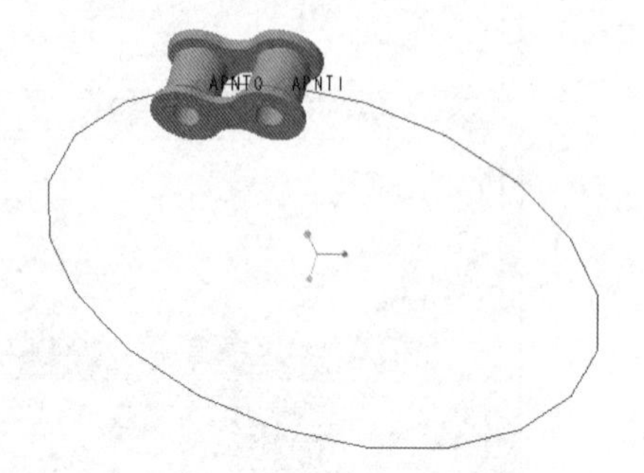

图 13-39　装配第 1 个内链子组件

步骤 3： 组装第 1 个外链子组件。

（1）在“元件”组中单击“组装”按钮，系统弹出“打开”对话框，选择源文件 HY_13_1_LINK2. ASM，单击对话框中的“打开”按钮。

（2）以单独的窗口显示 HY_13_1_LINK2. ASM，分别指定两组均是点对点的“重合”约束参考，如图 13-40 所示。

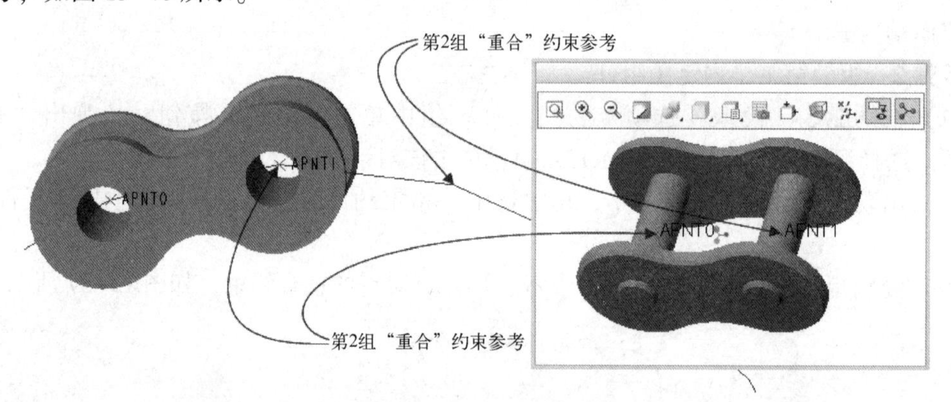

图 13-40　定义两组重合约束

（3）再新建一个平行约束，均选择各自的 ASM_FRONT 基准平面作为平行参考。

（4）单击“确定”按钮，装配好的第 1 个外链子组件的效果如图 13-41 所示。

步骤 4： 阵列内链子组件。

（1）在模型树上，选择图 13-42 所示的子组件（内链子组件）。

（2）单击“阵列”按钮，打开“阵列”选项卡。

（3）选择阵列类型选项为“轴”选项，选择骨架模型中的 A_1 轴，在“阵列”选项卡上单击“设置阵列的角度范围”按钮，设置其阵列的角度范围为 360°，并设置圆周上的阵列成员数为 10。

（4）单击“确定”按钮，阵列结果如图 13-43 所示。

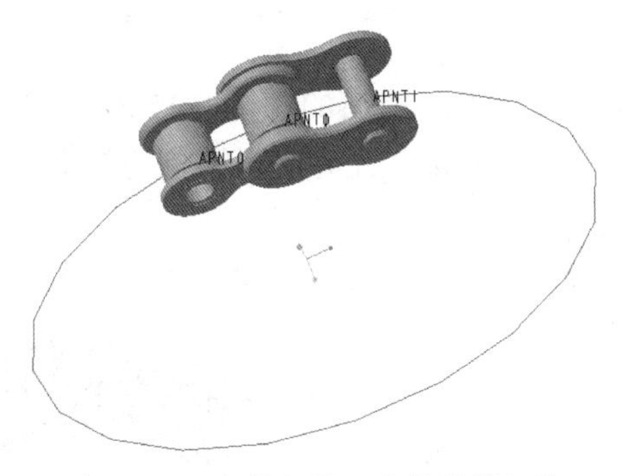

图 13-41　组装好第 1 个外链子组件

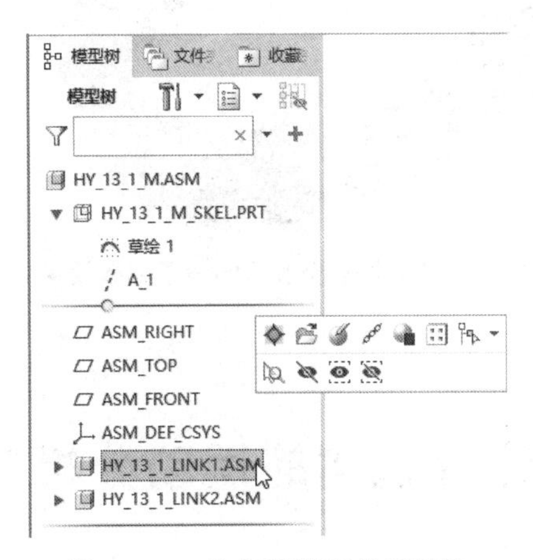

图 13-42　选择要阵列的子组件

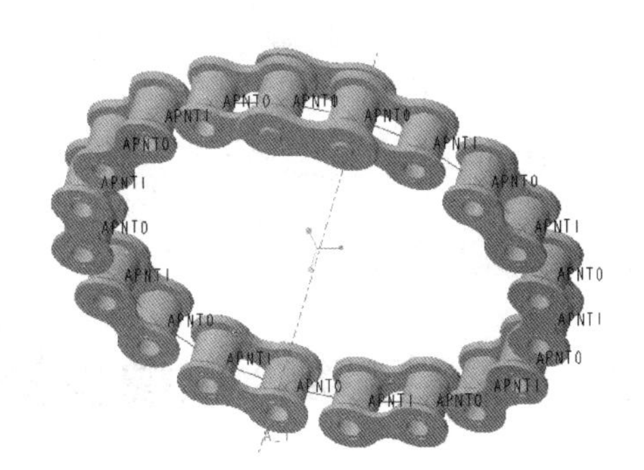

图 13-43　阵列内链子组件的结果

步骤 5：阵列外链子组件。

（1）在模型树上选择外链子组件（HY_13_1_LINK2. ASM）。

（2）单击“阵列”按钮，打开“阵列”选项卡。

（3）从“阵列类型”下拉列表框中选择“轴”选项，在模型窗口中选择骨架模型中的 A_1 轴。

（4）单击“阵列”选项卡上的“设置阵列的角度范围”按钮，设置其角度范围为 360°，并设置圆周上的阵列成员数为 10。

（5）单击“确定”按钮，阵列结果如图 13-44 所示。

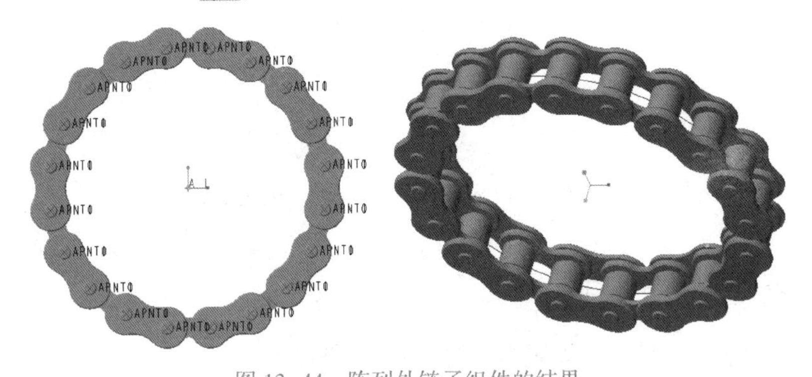

图 13-44　阵列外链子组件的结果

步骤 6：隐藏骨架模型。

在模型树上选择骨架模型，接着从弹出的图 13-45 所示的浮动工具栏中选择“隐藏”图标按钮，从而将骨架模型隐藏起来，此时滚子链条的效果如图 13-46 所示。

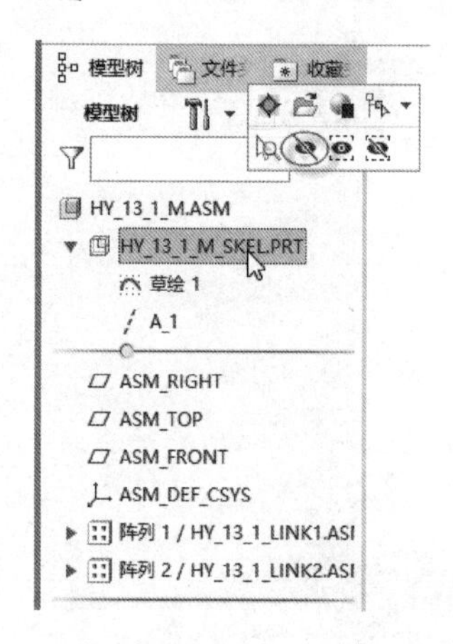

图 13-45 选择“隐藏”命令

图 13-46 隐藏骨架模型后的滚子链条效果

步骤 7：保存文件。

13.3 利用运动骨架模型进行连杆机构的运动分析实例

在 Creo Parametric 6.0 系统中，使用运动骨架模型，可以在创建实际的装配元件之前测试装配的基本结构和运动情况。也就是说，利用骨架模型便可以进行某些机构的运动仿真，这有助于改善机构的结构。

本实例为铰链四杆机构建立相应的运动骨架模型，然后利用骨架模型来进行该铰链四连杆机构的运动仿真。建立的运动骨架模型如图 13-47 所示。

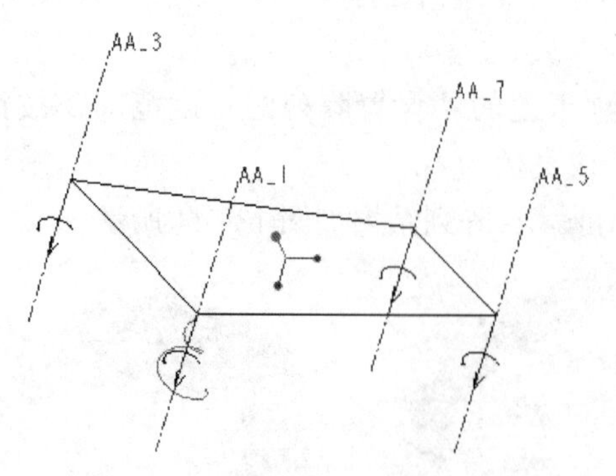

图 13-47 在 Creo Parametric 6.0 中建立的运动骨架模型

13.3.1 建立运动骨架模型

步骤 1：新建装配文件，并设置模型树的显示项目。

(1) 单击“快速访问”工具栏中的“新建”按钮，弹出“新建”对话框。

（2）在“类型”选项组中选择“装配”单选按钮，在“子类型”选项组中选择“设计”单选按钮，在“名称”文本框中输入HY_13_2，并取消勾选“使用默认模板”复选框，单击“确定”按钮。

（3）弹出“新文件选项”对话框，在“模板”选项组中选择mmns_asm_design选项，单击“确定”按钮，进入装配设计模式。

（4）在导航区的模型树上方单击“设置”按钮，从出现的快捷菜单中选择“树过滤器”选项，打开“模型树项”对话框。

（5）在“显示”区域中增加勾选“特征”和“放置文件夹”复选框，单击“确定”按钮。

步骤2：建立运动骨架模型文件。

（1）单击“元件”组中的“创建”按钮，打开“创建元件”对话框，在“类型”选项组中选择“骨架模型”单选按钮，在“子类型”选项组中选择“运动”单选按钮，接受默认的名称为MOTION_SKEL_0001，如图13-48所示，单击“确定”按钮。

（2）系统弹出图13-49所示的“创建选项”对话框，在“创建方法”选项组中选择“从现有项复制”单选按钮，在“复制自”选项组中输入或选择mmns_asm_design. asm，然后单击“创建选项”对话框中的“确定”按钮。

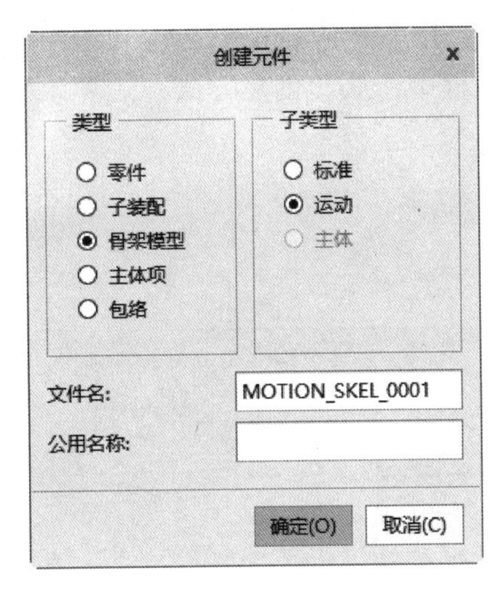

图13-48 创建运动骨架模型

图13-49 “创建选项”对话框

步骤3：在运动骨架模型中创建设计骨架。

（1）在模型树上选择运动骨架（MOTION_SKEL_0001. ASM），从浮动工具栏中选择“激活”按钮，将其激活。

（2）隐藏顶级装配体（组件）的基准平面，如图13-50所示。

（3）单击“草绘”按钮，打开“草绘”对话框。在模型窗口中选择运动骨架模型的ASM_FRONT基准平面作为草绘平面，以ASM_RIGHT基准平面作为“右”方向参考，单击“草绘”按钮，进入草绘模式中。

绘制图13-51所示的图形（由4条线段组成），单击“确定”按钮✔。

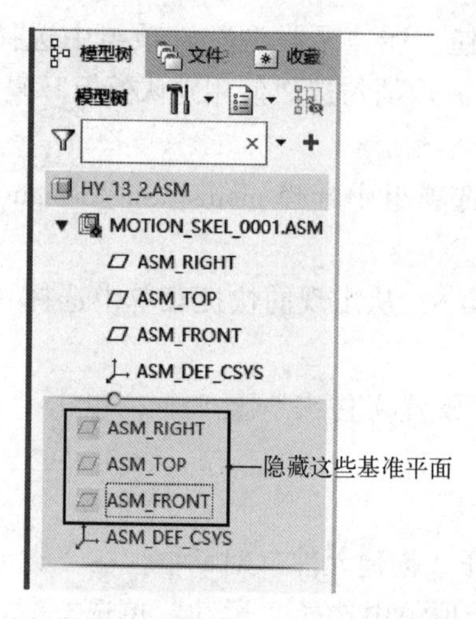

图 13-50　隐藏顶级装配的基准平面

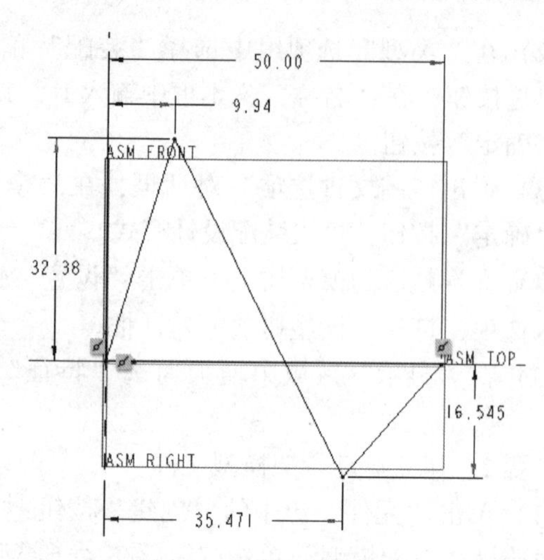

图 13-51　绘制连杆图形

步骤 4：在运动骨架中创建主体骨架 1。

（1）在“元件”组中单击“创建”按钮，打开“创建元件”对话框，在“类型”选项组中选择“骨架模型”单选按钮，在“子类型”选项组中选择“主体”单选按钮，接受默认的名称为 BODY_SKEL_0001，如图 13-52 所示，单击“确定”按钮。

（2）在打开的图 13-53 所示的“创建选项”对话框中，从“创建方法”选项组中选择“空”单选按钮，单击“确定”按钮。

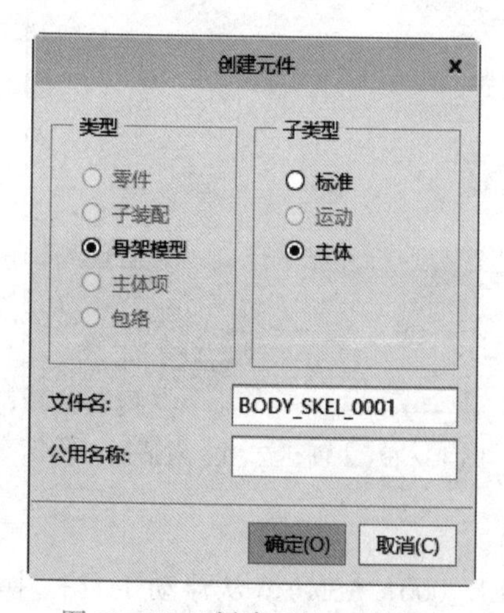

图 13-52　“创建元件”对话框

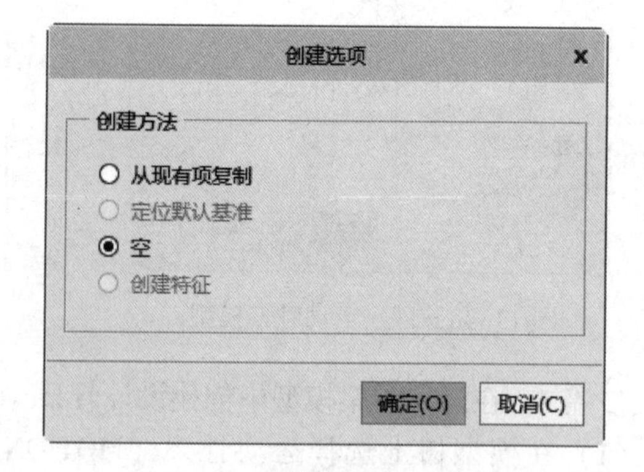

图 13-53　“创建选项”对话框

（3）系统弹出图 13-54 所示的“主体定义”对话框。在“参考”选项卡上单击“细节”按钮，打开“链”对话框。在“链”对话框上设置图 13-55 所示的选项。

（4）单击图 13-56 所示的曲线段，接着在“链”对话框中单击“确定”按钮，然后在“主体定义”对话框中单击“确定”按钮，在运动骨架中创建一个主体骨架。

步骤 5：在运动骨架中创建主体骨架 2。

（1）在“元件”组中单击“创建”按钮，打开“创建元件”对话框，在“类型”选项组中选择“骨架模型”单选按钮，在“子类型”选项组中选择“主体”单选按钮，设置名称为 BODY_SKEL_0002，单击“确定”按钮。

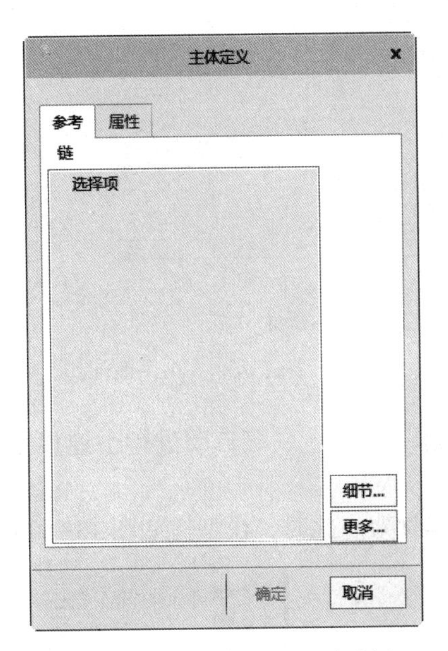

图 13-54 “主体定义”对话框

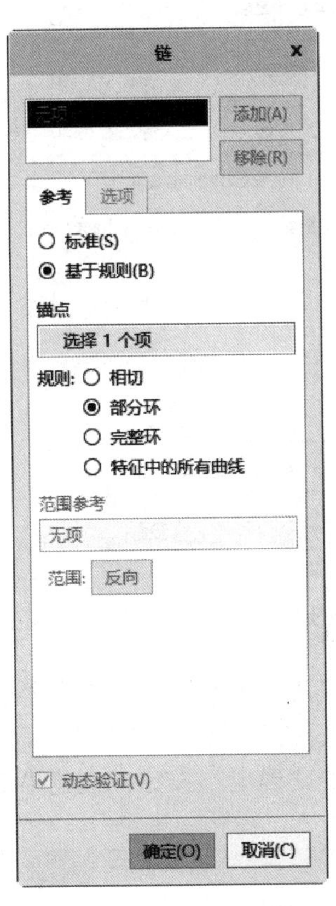

图 13-55 “链”对话框

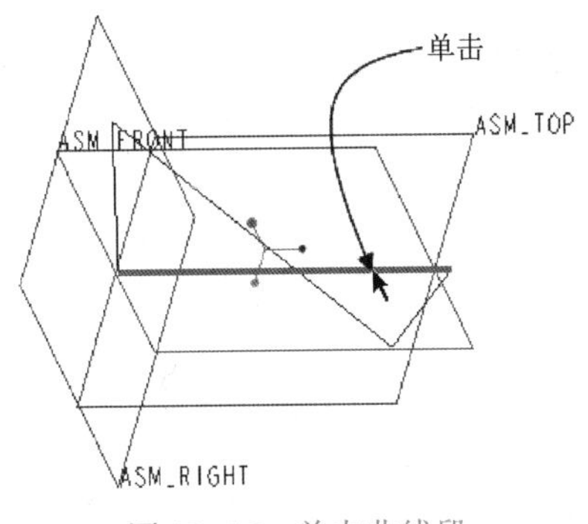

图 13-56 单击曲线段

（2）在打开的“创建选项”对话框中，从“创建方法”选项组中选择“空”单选按钮，单击“确定”按钮。

（3）系统弹出图 13-57 所示的“主体定义”对话框，勾选“在放置定义中使用连接”复选框。单击“细节”按钮，打开“链”对话框。在“链”对话框的“参考”选项卡上选择“基于规则”单选按钮，设置规则为“部分环”。

（4）单击图 13-58 所示的曲线段，单击“链”对话框中的“确定”按钮。

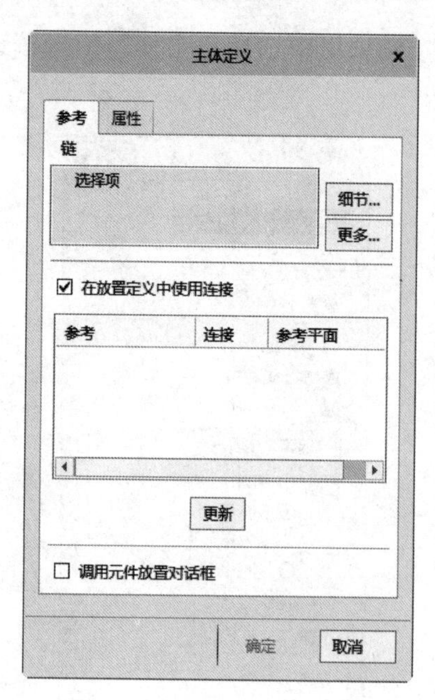

图 13-57 “主体定义”对话框

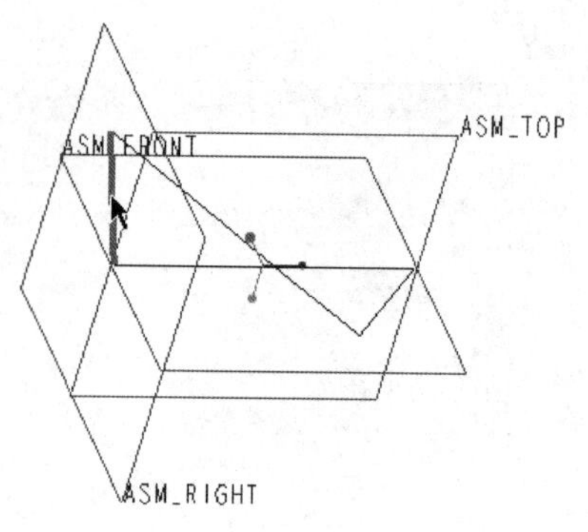

图 13-58 单击曲线段

（5）在“主体定义”对话框上单击“更新”按钮，系统自动进行了连接定义，其显示在对话框的列表中，如图 13-59 所示。

（6）单击“确定”按钮，创建第 2 个主体骨架。此时，模型树如图 13-60 所示。

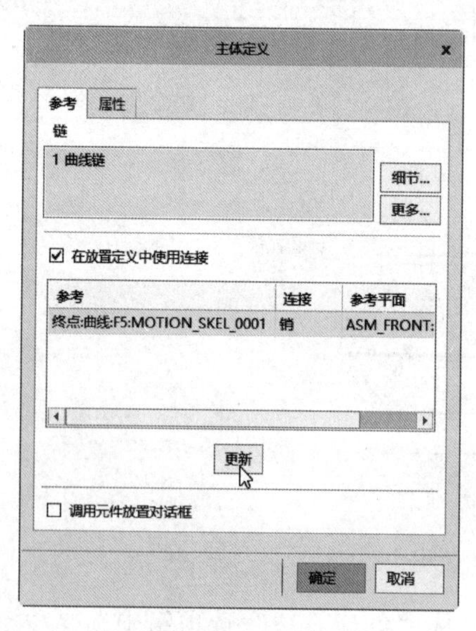

图 13-59 使用连接

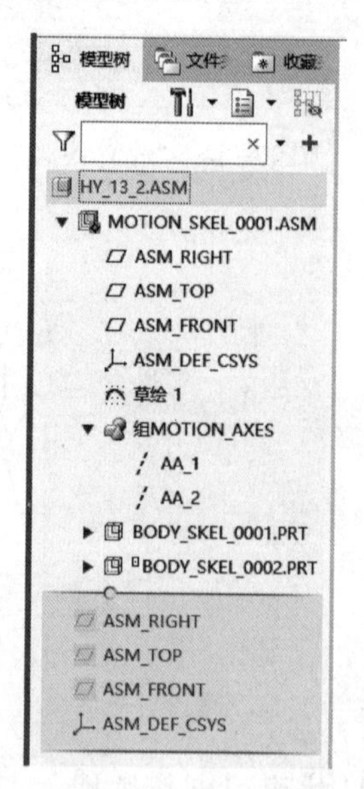

图 13-60 模型树显示

步骤 6：在运动骨架中创建主体骨架 3。

（1）在“元件”组中单击“创建”按钮，打开“创建元件”对话框，在“类型”选项组中选择“骨架模型”单选按钮，在“子类型”选项组中选择“主体”单选按钮，接受默认名称为 BODY_SKEL_0003，单击“确定”按钮。

（2）在打开的“创建选项”对话框中，从“创建方法”选项组中选择“空”单选按钮，单击“确定”按钮。

（3）弹出“主体定义”对话框，勾选“在放置定义中使用连接”复选框。单击“细节”按钮，打开“链”对话框。在“链”对话框的“参考”选项卡上选择“基于规则”单选按钮，设置规则为“部分环”。

（4）单击图13-61所示的曲线段，单击“链”对话框中的“确定”按钮。

（5）在“主体定义”对话框上单击“更新”按钮，默认的连接定义显示在对话框的列表中，如图13-62所示。

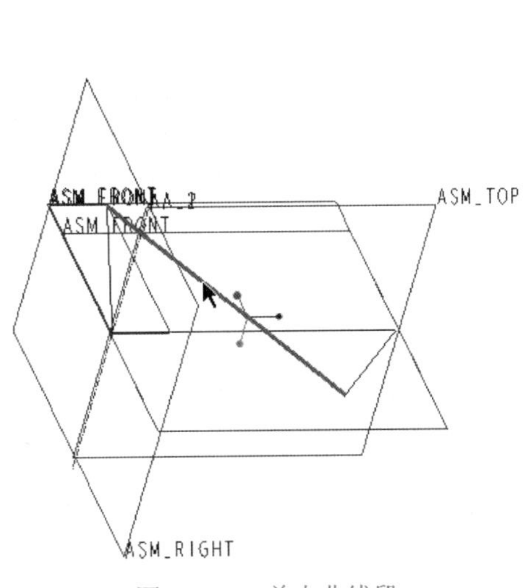

图13-61 单击曲线段

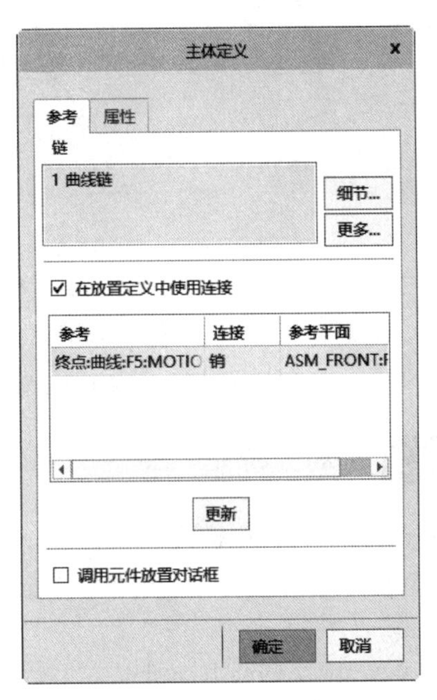

图13-62 显示连接定义

（6）单击“确定”按钮，创建第3个主体骨架。

步骤7：在运动骨架中创建主体骨架4。

（1）在“元件”组中单击“创建”按钮，打开“创建元件”对话框，在“类型”选项组中选择“骨架模型”单选按钮，在“子类型”选项组中选择“主体”单选按钮，接受默认名称为BODY_SKEL_0004，单击“确定”按钮。

（2）在打开的“创建选项”对话框中，从“创建方法”选项组中选择“空”单选按钮，单击“确定”按钮。

（3）弹出“主体定义”对话框，勾选“在放置定义中使用连接”复选框。单击“细节”按钮，打开“链”对话框。在“链”对话框的“参考”选项卡上选择“基于规则”单选按钮，设置规则为“部分环”。

（4）单击图13-63所示的曲线段，单击“链”对话框中的“确定”按钮。

（5）在“主体定义”对话框上单击“更新”按钮，默认的连接定义显示在对话框的列表中，如图13-64所示。

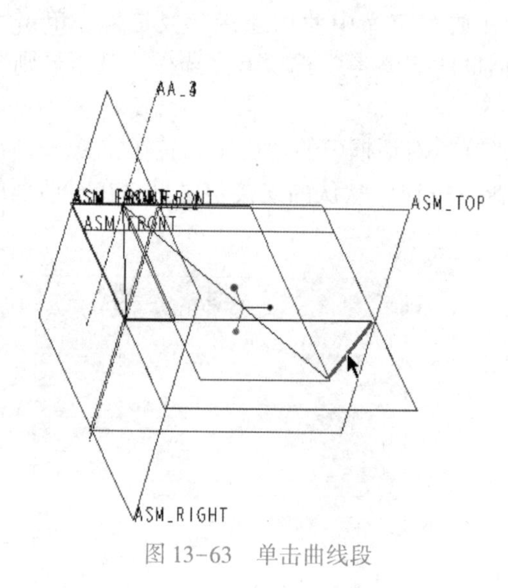

图 13-63　单击曲线段

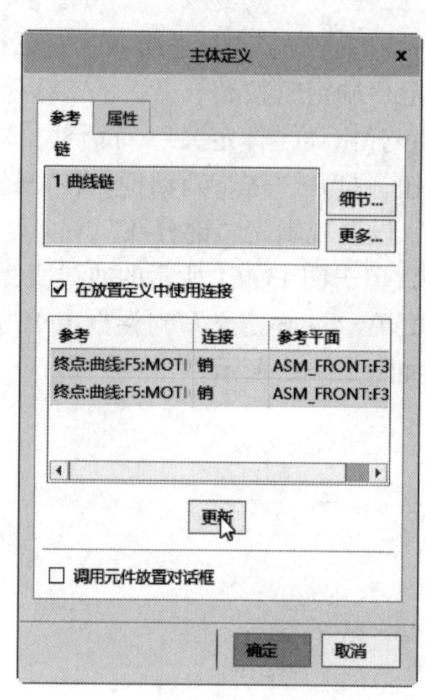

图 13-64　显示连接定义

（6）单击“确定”按钮，创建了第 4 个主体骨架。

13. 3. 2 运动分析

步骤 1：进入机构模式。

在功能区中切换至“应用程序”选项卡，单击“运动”组中的“机构”按钮，进入机构模式。

步骤 2：定义伺服电动机。

（1）单击“伺服电动机”按钮，则在功能区打开“电动机”选项卡。

（2）接受默认的名称为“电动机_1”（可以在“电动机”选项卡的“属性”滑出面板中查看到该默认的名称，允许修改其名称），选择图 13-65 所示的销钉连接（图中鼠标指针所指）定义运动轴。

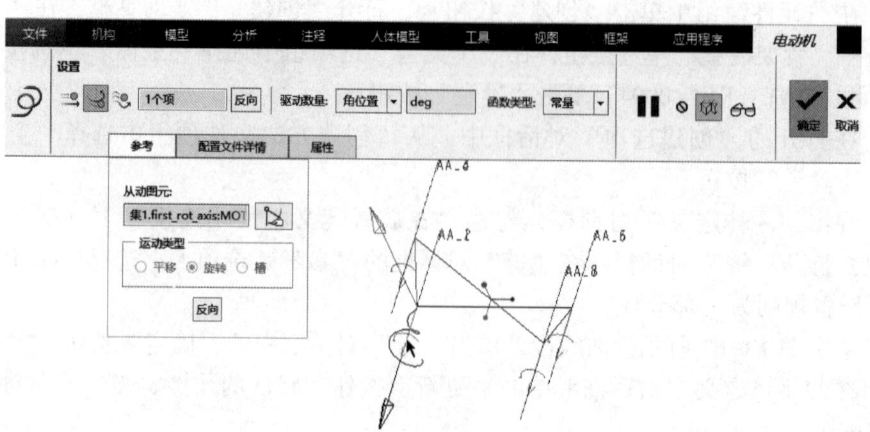

图 13-65　定义伺服电动机

（3）切换到“配置文件详情”选项卡，在“驱动数量”选项组的下拉列表框中选择“角速度”选项，在“初始状态”选项组中勾选“使用当前位置作为初始值”复选框，在“电动机函数”选项组的“函数类型”下拉列表框中选择“常量”选项，输入 A 值为 10，如图 13-66 所示。

（4）在“电动机”选项卡上单击“确定”按钮✔。

步骤 3：定义机构分析。

（1）单击“机构分析”按钮，打开“分析定义”对话框。

（2）接受默认的分析名称，从“类型”选项组的下拉列表框中选择“运动学”选项，“首选项”选项卡上的设置选项如图 13-67 所示。

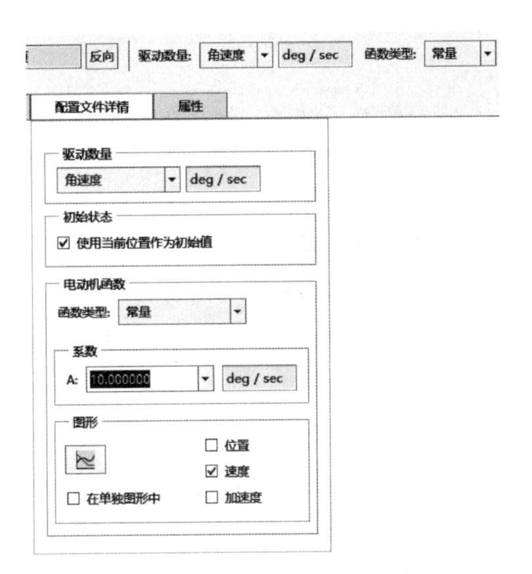

图 13-66　定义运动轮廓

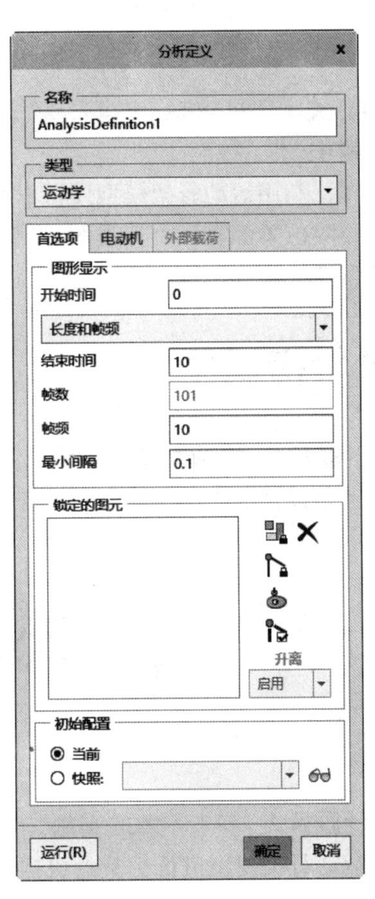

图 13-67　“分析定义”对话框

（3）单击“分析定义”对话框中的“运行”按钮，则可以在模型窗口中观察到机构的动态运动画面。运动一小段时间后，机构不能够再运行下去了，系统弹出“机构断开连接”对话框，这样便得到了该机构的一个极限位置，如图 13-68 所示。

说明 在“机构断开连接”对话框中单击“忽略”按钮，则进行下一运动帧的分析，有兴趣的读者可以依次单击“忽略”按钮，观察机构在设定时间内的运动情况。另外，倘若定义相反方向的伺服电动机，则可以得到该铰链四杆机构的自初始位置运动的另一个极限位置。

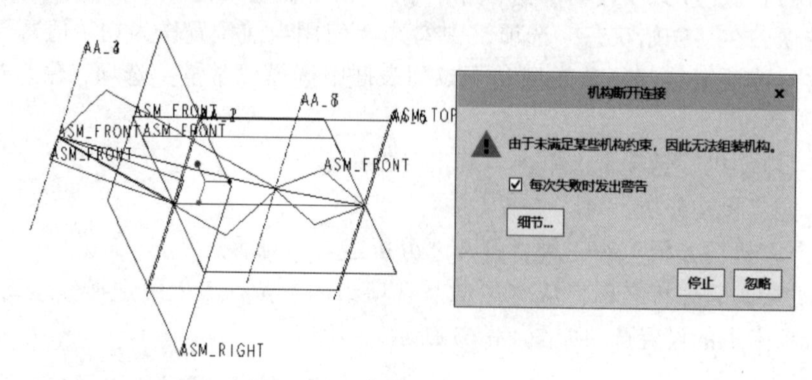

图 13-68　出现运动失败的现象

（4）关闭“机构断开连接”对话框后，单击“分析定义”对话框中的“确定”按钮。

步骤 4：保存文件。

这样，利用运动骨架模型便可以对该机构进行相关的运动学分析，从而对该机构的运动情况、极限位置等有一个直观的认识，这对于改善机构以及提高机构设计的一次成功率很有帮助。

13.4　初试牛刀

设计题目 1：参考本例的实例，设计图 13-69 所示的滚子链条，链条的标准链号为 12 A。完成该链条设计的参考文件位于配套资料包的 CH13→EX13_1 文件夹中。

图 13-69　滚子链条

设计题目 2：参考本章的实例，自行设计一个铰链四杆机构，为其建立运动骨架模型，并对其运动骨架模型进行相关的机构分析。